미토콘드리아

박테리아에서 인간으로, 진화의 숨은 지배자

국립중앙도서관 출판시도서목록(CIP)

미토콘드리아: 박테리아에서 인간으로, 진화의 숨은 지배자 / 닉 레인 지음 ; 김정은 옮김. —서울: 뿌리와이파리, 2008
　　p. ;　　cm. —(뿌리와이파리 오파비니아 ; 07)

원서명: Power, Sex, Suicide—Mitochondria and the Meaning of Life
원저자명: Nick Lane
참고문헌과 색인 수록
영어 원작을 한국어로 번역
ISBN 978-89-90024-88-6 03450 : ₩28,000

미토콘드리아[mitochondria]

474.342-KDC4
571.657-DDC21   CIP2008003272

Power, Sex, Suicide—Mitochondria and the Meaning of Life

Copyright ⓒ Nick Lane 2005
Power, Sex, Suicide—Mitochondria And The Meaning Of Life was originally published in English in 2005.
This translation is published by arrangement with Oxford University Press.

Korean translation copyright ⓒ 2009 by Puriwa Ipari Publishing Co.
Korean translation rights arrangement with OXFORD PUBLISHING LIMITED through EYA(Eric Yang Agency).

이 책의 한국어판 저작권은 EYA(에릭양 에이전시)를 통해 OXFORD PUBLISHING LIMITED 사와 맺은 독점계약에 따라 뿌리와이파리가 갖습니다. 신저작권법에 의해 한국 내에서 보호를 받는 저작물이므로 무단전재와 복제를 금합니다.

미토콘드리아

박테리아에서 인간으로, 진화의 숨은 지배자

닉 레인 지음 | 김정은 옮김

뿌리와
이파리

차례

그림 목록 … 6   감사의 말 … 8

서론　미토콘드리아: 세상의 숨은 지배자 …………………………… 13

제1부　희망적인 괴물: 진핵세포의 기원 ……………………… 39
01　진화의 가장 깊숙한 틈새 ……………………………… 50
02　조상을 찾아서 …………………………………………… 66
03　수소가설 ………………………………………………… 86

제2부　생명의 힘: 양성자 동력과 생명의 기원 ……………… 107
04　호흡의 의미 ……………………………………………… 114
05　양성자 동력 ……………………………………………… 135
06　생명의 기원 ……………………………………………… 149

제3부　내부자 거래: 복잡성의 기초 …………………………… 165
07　왜 세균은 단순한가? …………………………………… 177
08　미토콘드리아와 복잡성 ………………………………… 201

제4부　거듭제곱 법칙: 크기와 복잡성 ………………………… 229
09　생물학의 거듭제곱 법칙 ………………………………… 238
10　정온동물의 대변혁 ……………………………………… 269

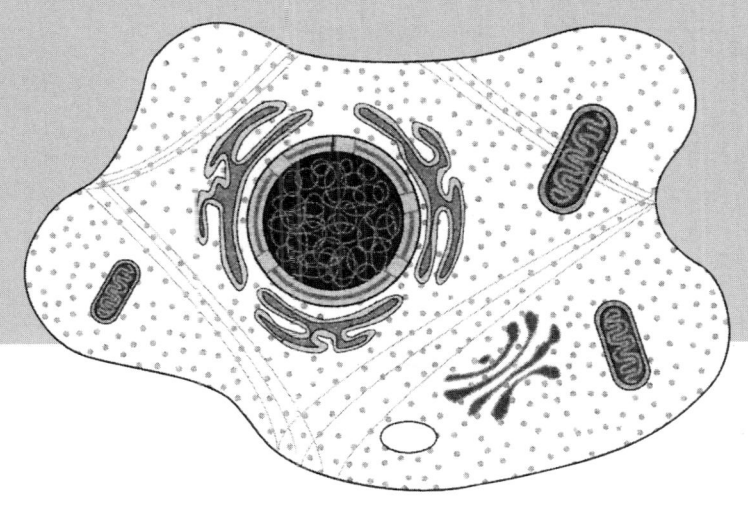

제5부	타살 또는 자살: 개체의 불안한 탄생	285
11	몸 안의 충돌	299
12	개체의 형성	322

제6부	양성 간의 전쟁: 고인류학과 성의 본질	341
13	성의 불균형	347
14	고인류학이 알려준 성의 일면	362
15	양성이 있어야만 하는 이유	386

제7부	생명의 시계: 미토콘드리아와 노화	399
16	미토콘드리아 노화이론	407
17	자가조정장치의 소멸	429
18	노화의 치료법?	448

에필로그	463	옮긴이의 말	478
용어풀이	483	더 읽을거리	489
찾아보기	515		

그림 목록

1. 크리스테와 막을 나타낸 간단한 미토콘드리아의 구조

2. 진핵세포와 세균을 간단히 비교한 그림.

3. 메탄생성고세균과 영향을 주고받는 하이드로게노솜.
왕립학회 회원이자 도싯 위프리드 기술센터 생태학·수문학 연구소의 블랜드 핀레이Bland Finlay 교수 제공.

4. 수소가설의 단계를 간단히 나타낸 그림.
마틴Martin 외. 진핵생물의 기원에 대한 내부공생적 시각, ATP를 생산하는 진핵생물의 세포소기관(미토콘드리아와 하이드로게노솜), 진핵생물의 타가영양 생활방식, 『생물화학Biological Chemistry』 382, pp. 1521~1539, 2001

5. 호흡연쇄와 호흡복합체

6. '생명의 기본입자'—미토콘드리아 막에 있는 ATP 효소
E. P. 고골Gogol, R. 에이겔러Aggeler, M. 사거먼Sagerman, R. A. 카팔디Capaldi. 「복합체의 구성단위마다 F 아데노신삼인산이 있는 대장균 단일 클론 항체의 극저온 현미경 관찰」, 『생화학Biochemistry』 28, (1989), pp. 4717~4724. ⓒ (1989) 미국화학학회의 허가를 얻어 발췌.

7. 호흡연쇄에서 양성자를 수송하는 과정.

8. 철-황 막을 갖고 있는 원시세포
W. 마틴Martin, M. J. 러셀Russell. 「세포의 기원에 관하여」, 『왕립학회 철학회보 B Philosophical Transactions of the Royal Society B』 358 (2003), pp. 59~83

9. 가지가 융합하는 메레슈코프스키의 계통수.
C. 메레슈코프스키Mereschkowsky. 「공생발생설에 기초한 두 가지 유형의 세포질에 대한 이론적 해석, 유기체의 기원에 관한 새로운 이론」, 『생물학 중앙회보Biologisches Centralblatt』 30 (1910), pp. 278~288, 289~303, 321~347, 353~367

10. '진핵생물처럼' 보이는 내막이 있는 아질산균.
ⓒ Yuichi Suwa

11. 구성단위가 암호화된 구조를 나타낸 호흡연쇄

12. 안정 시 대사율 대 체질량의 관계를 나타낸 그래프
    D. 매켄지Mackenzie, 「사이언스Science」 284, pp. 1607, 1999.

13. 세포 내 미토콘드리아 네트워크
    L. 그리파릭Griparic, A. M. 반 데어 블리에크van der Bliek, 「미토콘드리아 막의 다양한 형태」, 「트래픽Traffic」 2 (2001), pp. 235~244. ⓒ Munksgaard/Blackwell Publishing

14. 조류와 포유류의 체중과 수명의 상관관계를 나타낸 그래프
    페레즈-캄포Perez-Campo 외 「결정적 요소로서의 자유라디칼 생산비율」, 「비교생리학 학회지 B Comparative Physiology B」 168 (1998), pp. 149~158.
    스프링거 사이언스와 비즈니스 미디어의 친절한 허가로 수록.

각 장의 머리그림 ⓒ Ina Schuppe-Koistenen

감사의 말

책을 쓰는 일은 때로 무한한 공간을 홀로 여행하는 일처럼 느껴진다. 그러나 주위의 도움이 부족해서 그런 느낌이 드는 것은 아니다. 적어도 내 경우는 그렇다. 아무 때라도 전자우편으로 연락을 주고받을 수 있는 동료 연구자들, 책에 들어갈 내용의 일부나 전부를 읽어주며 힘겨운 고비마다 흔들림 없이 넘길 수 있도록 도와준 가족과 친구들을 비롯해 수많은 이들이 도움을 주었다.

여러 전문가들이 책 이곳저곳을 읽고 좀더 자세한 내용을 덧붙여주거나 수정할 곳을 지적해주었다. 그중에서 특히 적극적으로 관심을 갖고 원고의 많은 부분을 읽어주면서 어려운 순간을 잘 견뎌낼 수 있게 도와준 세 사람이 있다. 독일 뒤셀도르프 하인리히-하이네 대학의 식물학 교수인 빌 마틴은 열정적인 성격에 걸맞게 진화에 대해서도 남다른 통찰력을 지녔다. 빌 마틴과 대화를 나누는 일은 내게 크나큰 과학적 충격이다. 내가 그의 생각을 충분히 표현할 수 있기만을 바랄 뿐이다. 옥스포스 전쟁의 한복판에 있었던 콜로라도 주립대학 분자생물학과의 명예교수인 프랭크 해럴드는 피터 미첼이 세운 화학삼투 이론의 완전한 의미와 그 영향력을 처음으로 이해한 사람이며 그 자신의 실험과 (빼어난) 논문으로도 학계에 큰 기여를 했다. 나는 지나친 유전학적 접근법이 지닌 한계와 세포의 공간구조에 대해 프랭크 해럴드만한 통찰력을 지닌 사람을 본 적이 없다. 마지막으로 서잉글랜드 대학의 분자생물학과 강사인 존 핸콕에게 감사의 말을 전한다. 존 핸콕은 놀라울 정도로 방대하며 편향되지 않은 생물학 지식을 지녔다. 그의 예리한 지적은 종종 나를 깜짝 놀라게 했다. 이들은 내가 앞으로 소개할 가설 중 일부의 활용 가능성을 다시 생각하게 해주었다. 그 결과 (내 생각으로는) 미토콘드리아 안에 진짜 삶의 의미가 담겨 있다는 확신을 얻었다.

여러 전문가들이 자신의 전문 분야와 관련된 장을 읽어주었다 그들에게 고마움을 전할 수 있어 매우 기쁘게 생각한다. 중요한 항목이 서로 다른 영역에 걸쳐 방대하게 뻗쳐 있을 때는 한 사람의 견해만으로는 확신을 갖기가 무척 어려웠다. 내 전자우편에 그들이 친절히 답해주지 않았다면 아직도 그 문제들은 내게 성가신 골칫거리로 남아 있었을 것이다. 이 책에서 제기된 문제들이 내 무지만을 반영하는 게 아니라 과학적 호기심을 자극하는 학계 전체의 문제가 되었으면 하는 것이 내 바람이다. 이런 의미에서 런던 대학 퀸 메리 칼리지 생화학과의 존 앨런 교수, 마드리드 콤플루텐세 대학 동물생리학과의 구스타보 바르하 교수, 어바인 캘리포니아 주립대학 진화·생리학과의 앨버트 베넷 교수, 노던 일리노이 대학 진화생물학과의 부교수인 닐 블랙스톤, 케임브리지 MRC 던 인간영양연구소의 가틴 브랜드 박사, 머독 대학 해부학과의 부교수인 짐 커민스, 옥스퍼드 대학 식물학과의 크리스 리버 교수, 바젤 대학 생화학과의 고트프리트 샤츠 교수, 위트레흐트 대학 생화학과의 알로이서스 티렌스 교수, 런던 임페리얼 칼리지 과학커뮤니케이션연구소의 존 터니 박사, 프리부르 대학 동물학연구소의 티보르 뷜러이 박사, 에든버러 대학 유전학과 MRC 인간유전학연구소의 앨런 라이트 교수에게 고마움을 전한다.

은퇴 전 마지막 작업으로 이 책의 출간을 맡은 전前 옥스퍼드 대학 출판부의 마이클 로저스 박사에게도 고마움을 전한다. 영광스럽게도 그는 적극적인 관심을 보여주었으며 뛰어난 안목으로 초고 전체를 읽어주었다. 그의 예리한 평 덕분에 책이 한결 나은 모습으로 나올 수 있었다. 마이클에게서 이 책을 인계받은 옥스퍼드 대학 출판부의 수석 위탁편집자인 라타 메논은 대단한 열정을 바쳐 전체적인 내용뿐 아니라 상세한 부분까지 세심히 살펴주었다. 『멘델의 악마』의 저자인 옥스퍼드 대학 마크 리들리 박사에게도 깊은 감사의 뜻을 전한다. 그는 초고 전체를 읽고 귀중한 조언을 해주었다. 그처럼 너그러운 아량으로 진화생물학의 다양한 면면을 평가할 사람은 다시 없을 것이다. 그는 이 책이 아주 흥미로웠다고 평했고 나는 그 점이 꽤 자랑스럽다.

가족과 친구들은 여러 장을 읽고 일반 독자가 느낄 만한 어려움을 지적해주었다. 특히 도움이 될 만한 의견을 자주 보내주며 용기를 북돋아준 앨리슨 존스의 열의에 감사한다. 마이크 카터는 초고 일부가 너무 어렵다는 충고를 해주었다. 절친한 벗이 아니면 하기 어려운 진심어린 충고였다(나중에는 훨씬 나아졌다고도 했다). 특히 속 깊은 친구인 폴 애즈버리와 영국 시골에서 주제에 얽매이지 않고 대화를 나눌 때는 시간 가는 줄 몰랐다. 이언 앰브로즈는 늘 기꺼이 이야기를 들어주고 조언을 아끼지 않았으며 맥주잔이 앞에 있으면 더 잘해주었다. 존 엠슬리 박사는 진심 어린 격려로 용기를 북돋아주었다. 최고의 동료인 배리 풀러 교수는 언제라도 내 이야기를 들어주었다. 우리는 실험실에서, 술집에서, 심지어 스쿼시 코트에서도 의견을 주고받았다. 내 아버지 톰 레인은 당신도 마감에 쫓기며 글을 쓰는 가운데에도 이 책 대부분을 읽고 너그러운 칭찬과 함께 내 문체에서 적절치 못한 부분을 지적해주었다. 어머니 진과 동생 맥스는 우리 에스파냐계 가족이 그렇듯 무조건적인 지지를 아끼지 않았다. 이들 모두에게 고마움을 전한다.

책의 머리그림은 스톡홀름에서 생물의학을 연구하는 이나 슈페 코이스티넨 박사가 그려주었다. 그녀는 과학미술이라는 새로운 영역을 개척한 수채화가로도 유명하다. 이 책의 그림은 각 장의 주제에서 영감을 얻어 특별히 그려졌다. 나는 이 그림들이 이야기에 등장하는 소우주에 생명력을 불어넣고 책에 독특한 분위기를 자아내게 한 점을 대단히 고맙게 생각한다.

가장 힘겨웠던 시간 나내 항상 곁에 있어준 아내 아나에게 각별한 고마움을 전한다. 아나는 내 든든한 논쟁 상대였다. 책에 대한 의견을 내기도 하고 여러 차례 글자 하나하나까지 꼼꼼히 읽어주었다.

마지막으로 에네코에게 내 마음을 전한다. 에네코는 책을 쓰는 것보다는 책을 먹는 것을 더 좋아하지만 내게 큰 기쁨을 주었고 정말 많은 것을 깨닫게 해주었다.

서론

미토콘드리아: 세상의 숨은 지배자

미토콘드리아는 우리가 쓰는 에너지의 거의 전부를 ATP 형태로 생산하는 아주 작은 세포기관이다. 미토콘드리아는 세포다다 평균 300~400개씩 들어 있으며 몸 전체로 따지면 그 수가 모두 1경 개에 이른다. 복잡한 세포에는 반드시 미토콘드리아가 들어 있다. 미토콘드리아의 겉모습은 세균과 닮았는데, 겉만 그런 것이 아니다. 미토콘드리아는 한때 독립생활을 하던 진짜 세균이었으며 더 큰 세포 안에서 적응하게 된 것은 약 20억 년 전의 일이다. 과거에는 독립된 생명체였다는 것을 알리는 훈장처럼, 미토콘드리아는 유전물질 조각을 품고 있다. 미토콘드리아와 숙주세포 사이의 뒤틀린 관계는 에너지, 성, 번식력에서 세포자살, 노화, 죽음에 이르는 전체적인 생명의 구조를 이루어냈다.

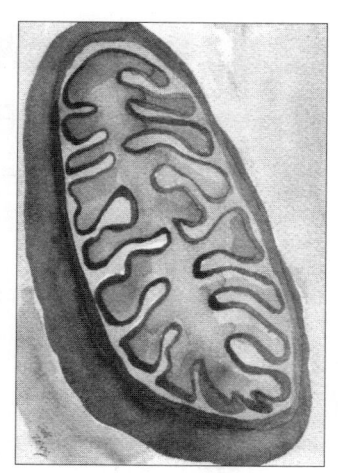

미토콘드리아—세포 속에 들어 있는 작은 발전소. 이 작은 발전소가 우리 삶을 조절하는 방식은 놀랍기만 하다.

미토콘드리아는 깊은 비밀을 감추고 있다. 많은 사람들이 이런저런 이유로 미토콘드리아라는 이름을 들어왔다. 신문과 책에서는 미토콘드리아를 한마디로 생명의 '발전소'라고 묘사한다. 살아 있는 세포 속에 들어 있는 작은 발전기인 미토콘드리아는 우리가 살아가는 데 필요한 모든 에너지를 생산한다. 세포는 산소를 이용해 음식물을 연소하는 장소이며, 세포 하나마다 보통 수백에서 수천 개의 미토콘드리아가 들어 있다. 미토콘드리아는 아주 작다. 미토콘드리아 1억 개를 모아야 모래알 한 알 정도밖에 되지 않는다. 미토콘드리아의 진화는 언제나 활용이 가능하고 활발하게 움직일 수 있는 터보엔진을 생명체에 달아준 격이다. 모든 동물에는 반드시 미토콘드리아가 있다. 가장 느린 동물도 예외가 아니다. 한곳에 붙박이로 사는 식물과 해조류조차도 광합성을 통해 태양에너지의 은밀한 소리를 증폭시키는 데 미토콘드리아를 이용한다.

 어떤 사람들은 '미토콘드리아 이브(Mitochondrial Eve)'라는 표현에 더 익숙하다. 미토콘드리아 이브는 오늘날 살아가는 모든 인류의 가장 최근 공통조상으로 추정되고 있다. 모계를 따라 올라가면서 유전물질을 추적하면, 다시 말해 어머니의 어머니, 또 그 어머니의 어머니 이런 식으로 계속 아득히 먼 옛날로 거슬러 올라가면 미토콘드리아 이브가 있다. 모든 어머니들의 거머니인 미토콘드리아 이브는 약 17만 년 전 아프리카 대륙에 살았던 것으로 추정되어 '아프리카 이브(African Eve)'라는 이름으로도 불린다. 유전학적인 조상도 같은 방법으로 추적할 수 있는데, 그 이유는 모든 미토콘드리아에 들어 있는 미량의 유전자 때문이다. 이 유전자는 정자가 아닌 난자를 통해서만 다음 세대로 전달된다. 다시 말해서 미토콘드리아 유전자가 모계의 성姓과 같은 구실을 하므로 모계를 따라 조상을 추적하는 일이 가능하다는 것이다. 이는 정복자 윌리엄이나 노아나 무함마드로부터 부계를 따라 그 후손을 추적하는 것과 같은 이치다. 이 학설은 일부 반대의견도 있지만 아직까지 여러모로 건재하다. 미토콘드리아를 이용한 기술은 인류의 조상을 밝히는 실마리를 줄 뿐 아니라 누가 인류의 조상이 아닌지를 명확히 밝히는 데도 도움이 된다. 미토콘드리아 유전자 분석결과에 따르면, 네안데르탈인은 현대의 호모 사피엔스와 혈통이 섞이지 않고 유럽의 가장자리로 내몰려 절멸했다.

미토콘드리아는 법의학에 활용되어 신문의 머리기사를 장식하기도 했다. 용의자나 변사자의 신원을 확인할 때도 미토콘드리아에 들어 있는 소량의 DNA가 활약을 했으며 그중에는 세간의 화제가 되었던 사건도 있다. 제정 러시아의 마지막 차르인 니콜라이 2세의 신원은 황제와 그 친척들의 미토콘드리아 유전자를 비교함으로써 밝혀졌다. 제1차 세계대전이 끝날 무렵, 베를린의 어느 강에서 구조된 한 열일곱 살 소녀는 자신이 차르의 잃어버린 딸 아나스타샤라고 주장하다 정신병원에 수용되었다. 그 주장은 70여 년 동안 논란을 일으키다가 1984년 그녀가 숨을 거둔 뒤 미토콘드리아 분석을 해본 결과 거짓임이 드러났다. 좀더 최근으로 오면 세계무역센터 참사현장에서 육안으로는 확인할 수 없었던 수많은 희생자 유해의 신원이 미토콘드리아 유전자를 활용해 밝혀졌다. 많은 가짜 사담 후세인 가운데 '진짜'를 밝히는 데도 같은 기술이 쓰였다. 미토콘드리아 유전자가 이렇게 쓸모가 많은 이유는 그 양이 풍부한 것과 어느 정도 연관이 있다. 미토콘드리아 하나에는 같은 유전자가 5~10개 정도씩 들어 있다. 보통 세포 하나에 수백 개의 미토콘드리아가 있기 때문에 세포마다 같은 유전자가 수천 개씩 들어 있는 셈이다. 반면 세포의 중앙조절기관인 핵에는 같은 유전자가 달랑 두 개뿐이다. 따라서 미토콘드리아 유전자를 하나도 추출하지 못하는 일은 거의 드물다. 한 번 추출되면 자신의 어머니와 모계 친척들 모두 같은 미토콘드리아 유전자를 갖는다는 사실로부터 인척관계를 판가름하는 것이 가능하다.

'미토콘드리아 노화이론(mitochondrial theory of ageing)'도 있다. 정상적인 세포호흡 과정에서 미토콘드리아로부터 누출되는 자유라디칼(free-radical) 분자가 노화와 수많은 질병의 원인이라는 주장이다. 미토콘드리아는 완벽한 '위험방지장치'를 갖추지 못했다. 산소를 이용해 영양분을 연소시키는 동안 자유라디칼이 불똥처럼 튀어 근처에 있는 미토콘드리아 유전자뿐 아니라 좀 더 멀리 떨어진 핵 유전자까지 손상시킨다. 우리 세포 속에 있는 유전자들은 하루에 1만 번에서 10만 번 정도 자유라디칼의 공격을 받는다. 한시도 쉬지 않고 괴롭힘을 당한다 해도 지나친 말이 아니다. 대개 공격은 별 탈 없이 지나가지만 유전자 서열이 변해 돌이킬 수 없는 변이를 가져오는 경우도 있다. 이런 자유라디칼의 공격은 평생 계속된다. 더 심각한 손상을 입은 세포는 죽게 되며 지속적인 손상이 계속되면 노화와 퇴행성 질환을 일으키게 된다. 많은 끔찍한 유전질환도 자유라디칼의 미토콘드리아 유전자 공격과 연관이 있다. 이런 질환은 대개 유전양상이 불규칙하며 증상은 세대에 따라 들쭉날쭉하지만 대체로 나이가 들수록 증세가 점점 심각해진다. 미토콘드리아 질환은 근육이나 뇌처럼 물질대사가 활발한 조직에 영향을 미쳐 운동장애, 실명, 청력소실, 근육퇴화 따위를 일으킨다.

논란이 되고 있는 불임 시술법 때문에 미토콘드리아가 친숙한 사람도 있다. '난세포질 이식(ooplasmic transfer)'이라고 불리는 이 불임 시술법은 건강한 여성에게서 공여받은 난자에 들어 있던 미토콘드리아를 불임 여성의 난자로 옮기는 것이다. 처음 이 불임 시술법이 기사화되었을 때 영국의 어떤 신문은 「한 아버지와 두 어머니 사이에서 태어난 아기」라는 제목으로 대서특필했다. 이와 같은 언론의 원색적인 묘사가 완전히 틀린 것은 아니다. 핵 속의 모든 유전자는 '진짜' 엄마로부터 오고 미토콘드리아 유전자 일부는 '세포질 공여' 엄마로부터 왔으니 아기의 유전자 일부는 두 엄마에게서 받은 게 맞다. 보기에도 건강한 30명 이상의 아기가 이 시술을 받고 태어났지만 영국과 미국에서는 이 기술이 도덕적으로나 법적으로나 인정받지 못하고 있다.

미토콘드리아는 영화 〈스타워즈〉에도 등장했다. 이 영화는 당신과 함께 있을지도 모르는 유명한 기운, 포스force를 어설프게 과학적으로 설명하려

들어 열성 팬들의 비난을 사기도 했다. 초기 영화에서 포스는 종교적인 것까지는 아니더라도 영적인 것으로 설정되었다. 그러나 후기 영화에서는 '미디클로리안midichlorian'이라는 물질의 산물로 등장한다. 한 정의로운 제다이 기사의 말에 따르면, 미디클로리안은 "살아 있는 모든 세포에 들어 있으며 현미경으로나 볼 수 있는 아주 작은 생명체다. 우리는 미디클로리안과 공생관계를 이루고 서로 도움을 주고받으며 살고 있다. 미디클로리안이 없으면 생명은 존재할 수도 없으며 포스도 전혀 알지 못했을 것이다." 미디클로리안의 이름과 성격이 미토콘드리아와 유사한 것은 분명 의도된 것이다. 미토콘드리아 역시 조상이 세균이며 우리 세포 속에서 공생체(다른 생물체와 서로 도움을 주고받으며 살아가는 생물체)로 살고 있다. 미디클로리안처럼 미토콘드리아도 신비로운 특성이 많으며 심지어 네트워크를 형성해 서로 소통을 하기도 한다. 미토콘드리아가 세균에서 기원했다는 린 마굴리스Lynn Margulis의 가설은 처음 발표된 1970년대에는 큰 논쟁을 불러일으켰으나 이제는 생물학자들 사이에 정설로 받아들여지고 있다.

이런 미토콘드리아의 다양한 모습은 신문과 대중매체를 통해 많은 사람들에게 친숙하게 다가왔다. 최근 20여 년 사이 과학계에서는 미토콘드리아의 새로운 면들이 속속 밝혀졌지만 일반 대중에게는 조금 생소할 것이다. 그중 가장 중요한 것은 예정된 세포자살, 아포토시스apoptosis다. 모든 세포는 더 큰 이익, 다시 말해 몸 전체를 위해 자살을 한다. 1990년대 중반 무렵부터 과학자들은 아포토시스를 결정하는 것이 핵 유전자가 아니라 미토콘드리아라는 사실을 발견했다. 예측을 뒤엎는 결과였다. 아포토시스는 의학 연구에서 중요한 의미를 지닌다. 아포토시스를 해야 할 상황에서 아포토시스가 일어나지 않는 것이 암의 근본원인이기 때문이다. 많은 과학자들이 핵 유전자에 초점을 맞추는 대신 이제는 미토콘드리아를 조작할 수 있는 다양한 방법을 찾고 있다. 그러나 숨겨진 의미는 그리 간단치 않았다. 암에 걸린 세포는 한 생명체의 일부라는 의무에서 벗어나 자유로워지고 싶어한다.

진화의 초기 단계에서 이런 속박은 분명 견디기 어려웠을 것이다. 자유롭게 살 수 있는 세포가 죽음이라는 형벌을 감수하면서까지 더 커다란 세포집단의 일원으로 살고자 한 이유는 무엇이었을까? 왜 둘 중 하나를 선택할 수 있을 때 독립생활을 하지 않았을까? 아포토시스가 없었다면 세포들을 연결해 다세포 생물로 만들어주는 결속력은 생기지 못했을 것이다. 그리고 아포토시스는 미토콘드리아에 의해 일어나기 때문에 다세포 생물은 미토콘드리아가 없으면 존재할 수 없다. 이 이야기를 뒷받침하듯 다세포 생물인 모든 식물과 동물의 세포 안에는 반드시 미토콘드리아가 있다.

오늘날 미토콘드리아의 중요성이 크게 부각되고 있는 분야가 또 있다. 바로 **진핵세포**(eukaryotic cell)의 기원이다. 진핵세포란 모든 식물과 동물, 조류藻類, 균류의 몸을 구성하는 핵이 있는 복잡한 세포다. eukaryotic이라는 단어는 '진짜 핵'을 뜻하는 그리스어에서 왔다. 핵은 세포에서 유전자가 들어있는 장소다. 그러나 솔직히 말해서 이 이름만으로 진핵세포를 설명하기는 조금 부족하다. 진핵세포에는 핵 말고도 미토콘드리아를 포함해 수많은 소기관들이 있다는 사실이 밝혀졌기 때문이다. 복잡한 진핵세포가 어떻게 만들어지게 되었는지도 뜨거운 논쟁거리다. 지금까지의 통설은 조금씩 진화를 거듭하던 원시진핵세포가 어느 날 세균 하나를 집어삼켰고 이 세균이 몇 세대를 거치면서 세포에 종속되어가다가 마침내 완전한 세포의 일부가 되면서 미토콘드리아로 진화되었다는 것이다. 이 가설에 따르면 우리 모두의 공통조상은 미토콘드리아가 없는 원시진핵 단세포 생물이라는 예측이 가능하다. 이 원시진핵 단세포 생물이야말로 미토콘드리아가 '사로잡혀' 이용되기 이전의 세포 형태를 보여주는 증거가 된다. 그러나 10여 년에 걸친 면밀한 유전학적 분석결과, 현재까지 알려진 모든 진핵세포는 미토콘드리아가 있거나, 지금은 없더라도 한때 있었던 것으로 밝혀졌다. 이는 진핵세포의 기원이 미토콘드리아의 기원과 밀접한 관계가 있음을 보여준다. 두 사건은 하나거나 동시에 진행된 것이다. 만약 이것이 사실이라면, 미토콘드리아는 다세포 생물의 진화에만 필요한 것이 아니라 다세포 생물을 구성하는 진핵세포가 처음 만들어지던 순간부터 필요했을 것이다. 이 또한 사실이라면, 지구상의 모든 생명체가 세균 수준을 넘어 진화하는 일은 미토콘드리아 없이는 불가능했다는 결론이 나온다.

미토콘드리아의 더 은밀한 일면은 양성兩性 간의 차이와 관련이 있다. 사실 미토콘드리아가 없었다면 성性은 없었을 것이다. 성은 누구나 알고 있지만 아무도 풀지 못한 어려운 문제다. 유성생식으로 한 아이가 태어나려면 아버지와 어머니, 두 사람이 필요하다. 반면 무성생식이나 단성생식을 할 경우에는 어머니만 있으면 족하다. 아버지 역할은 불필요할 뿐 아니라 자원과 공간의 낭비다. 게다가 성을 종족번식 수단으로 볼 때 두 가지 성별이 있다는 것은 전체 개체군의 절반 중에서 짝을 찾아야 한다는 의미다. 출산 여부와 관계없이 모든 사람이 똑같은 성을 갖거나 모두 다른 성을 갖는 편이 더 나았을 것이다. 두 가지 성은 모든 가능성 가운데 최악의 경우다. 이 수수께끼에 대한 해답도 미토콘드리아와 연관이 있다. 이 해답은 일반 대중에게는 그리 널리 알려지지 않았지만, 1970년대 후반에 밝혀져 학자들 사이에서 정설로 받아들여지고 있다. 우리에게 두 가지 성이 필요한 이유는 여성은 난자를 통해 자신의 미토콘드리아를 전달하도록 분화되지만, 남성은 정자를 통해 자신의 미토콘드리아를 전달하지 **못하도록** 분화되기 때문이다. 그 이유는 6부에서 자세히 살펴보게 될 것이다.

이 모든 연구는 미토콘드리아를 1950년대의 위치로 되돌려놓았다. 1950년대는 우리가 살아가는 데 필요한 에너지 대부분이 미토콘드리아에서 만들어진다는 사실이 처음 알려지면서 미토콘드리아 연구가 전성기를 이루었던 시기다. 1999년, 최고의 과학전문지 『사이언스』는 이런 분위기를 잘 반영했고, 표지와 많은 지면을 할애해 「미토콘드리아가 돌아왔다」라는 제목의 머리기사를 실었다. 미토콘드리아가 푸대접을 받던 중요한 이유가 두 가지 있다. 첫째는 생체에너지학(bioenergetics) 때문이다. 미토콘드리아에서 에너지가 만들어지는 과정을 연구하는 생체에너지학은 아주 어렵고 베일에 싸인 분야로 인식되었다. 강연장 밖에서 들리는 위로의 말 속에는 생체에너지학을 바라보는 시각이 잘 요약되어 있다. "걱정하지 마, 미토콘드리아학자가 하는 소리는 아무도 못 알아들어." 둘째는 20세기 중반 이후부터 우위를 차지하고 있는 분자유전학과 관계가 있다. 저명한 미토콘드리아학자인 이모 셰플러Immo Schaeffler는 이렇게 지적했다. "분자생물학자들은 미토콘드리아 유전자의 발견이 갖는 의미와 그 적용범위가 얼마나 큰지 직감하지 못해 미토콘드리아를 무시해온 것 같다. 인류학, 생물발생설(biogenesis), 질병, 진화, 그 밖의 다양한 분야와 연관된 수많은 난제의 해답을 찾기 위해 다방면에 걸친 방대한 자료를 충분히 수집하는 데 오랜 시간이 걸렸다."

나는 글을 시작하면서 미토콘드리아가 깊은 비밀을 감추고 있다고 했다. 미토콘드리아는 새롭게 유명세를 치르고 있지만 아직도 미궁 속에 있다. 겨우 제기되고 있는 많은 심오한 진화론적 문제들이 잡지를 통해 중기적으로 논의되기는커녕, 제대로 자리를 잡는 일도 드물다. 게다가 미토콘드리아와 연관된 주위의 다른 분야는 저마다 독자적으로 격리되는 경향이 있다. 이를테면 막을 통해 양성자를 수송하면서 미토콘드리아가 에너지를 생산하는 과정(화학삼투 작용)은 가장 하등한 세균을 포함해 모든 생명체에서 다 관찰된다는 것이 발견되었다. 참으로 기이한 현상이었다. 어떤 평론가는 "다윈 이래로 생물학에서는 아인슈타인이나 하이젠베르크, 슈뢰딩거에 비길 만한 이렇다 할 독창적인 착상이 없었다"고 했지만 이 발견은 사실로 확인되어 1978년 피터 미첼Peter Mitchell에게 노벨상을 안겨주었다. 아직도 이 과정에 대한 의문이 완전히 가신 것은 아니다. 이런 독특한 에너지 생산과정이 어떻게 수많은 다양한 생명체에서 이렇게까지 중요한 자리를 잡게 된 것일까? 그 해답은 생명의 기원을 조명해보면서 얻게 될 것이다.

미토콘드리아에 유전자가 남아 있다는 사실은 또 다른 흥미로운 궁금증을 자아낸다. 연구논문에서는 미토콘드리아 유전자를 비교해 우리 조상을 추적하고 미토콘드리아 이브를 찾아내거나 서로 다른 종 사이의 유연관계를 밝히기도 한다. 그러나 정작 미토콘드리아 유전자가 왜 존재하는지에 대해 의문을 제기하는 사람은 별로 없다. 그저 미토콘드리아 유전자를 그 조상이 세균이라는 것을 짐작케 해주는 유물 정도로 생각하는 것 같다. 문제는 미토콘드리아 유전자가 한 번에 간단히 핵으로 전이될 수 있다는 것이다. 서로 다른 종은 서로 다른 유전자를 핵으로 전이시킬 것이다. 그러나 미토콘드리아가 있는 **모든** 생물은 한결같이 미토콘드리아 유전자에 핵심 유전자를 남겨두고 있다. 이 유전자에는 어떤 특별한 점이 감춰져 있는 것일까? 앞으로 만나게 될 해답을 통해 세균이 절대 진핵세포처럼 복잡해질 수 없는 이유를 알게 될 것이다. 이 해답 속에는 우주 다른 곳에 있는 생명체가 세균의 굴레를 벗어나지 못할 수밖에 없는 이유가 담겨 있다. 이는 우리가 혼자가 아닐지도 모르겠지만 분명 외로울 수밖에 없는 이유이기도 하다.

과학논문에는 예리한 과학자들이 찾아낸 다른 문제들도 많다. 그러나 이 문제들은 일반 대중과는 거리가 멀다. 겉보기에 이 질문들은 우스꽝스러울 정도로 현학적이다. 제아무리 머리가 좋은 과학자라도 이런 문제에 단련되기란 쉽지 않을 것이다. 그러나 종합해보면 이 문제의 해답은 생명의 기원 자체에서 시작해 복잡한 세포와 다세포 생물의 탄생을 거쳐, 몸집의 대형화, 성의 분화, 정온동물의 출현, 노화와 죽음에 이르는 진화의 전체 궤적을 매끄럽게 이어주는 근거를 제공한다. 이로부터 드러나는 전체적인 그림을 통해 우리가 이곳에서 개체성을 갖고 사랑을 하며 늙고 죽는 까닭에 대해 새로운 시각을 갖게 될 것이며, 더불어 인류의 기원을 추적하는 방법과 우주 어딘가에 다른 생명체가 존재할 가능성도 헤아릴 수 있게 될 것이다. 한마디로 삶의 의미를 꿰뚫어보게 될 것이다. 설득력 있는 역사가인 펠리페 페르난데스 아르메스토Felipe Fernández-Armesto는 다음과 같이 말했다. "사건은 스스로 설명한다. 만약 무슨 일이 어떻게 일어났는지를 안다면 왜 그 일이 일어나게 되었는지를 이해하기 시작한 것이다." 마찬가지로 생명이라는 사건을 재구성할 때도 '어떻게'와 '왜'는 밀접한 관계가 있다.

나는 이 책을 쓰면서 생물학이나 과학에 기초지식이 부족한 일반 독자들에게 초점을 맞추려고 노력했다. 그러나 최신 연구동향 속에 함축된 의미를 다루자니 어쩔 수 없이 몇 가지 과학용어를 소개해야 했으며 독자들이 기본적인 세포생물학 지식을 갖추었다는 가정하에 이 책을 썼다. 생물학 용어를 숙지하고 있다 하더라도 어떤 부분은 여전히 어려울 것이다. 그러나 그 정도의 노력을 기울일 만한 가치는 충분하다고 믿는다. 아직은 불분명하지만 생명의 의미에 근접한 해답과 씨름하다 보면 과학이 매료되고 새로운 지식에 짜릿함을 느낄 수 있기 때문이다. 아득한 옛날, 수십억 년 전에 일어났던 사건들을 다루면서 또렷한 해답을 얻기를 기대하는 것 자체가 무리일 수 있다. 그렇지만 우리가 알고 있는 것, 또는 안다고 생각하는 것을 잘 활용하면 가능성의 폭을 좁혀갈 수 있을 것이다. 단서는 생명 여기저기에 흩어져 있다. 전혀 예기치 못한 곳에서 튀어나올 수도 있다. 그리고 이런 단서들을 이해하려면 현대 분자생물학을 잘 알아야만 한다. 그래서 몇몇 부분에서는 복잡한 내용을 다루게 될 것이다. 셜록 홈스처럼 단서를 근거로 어떤 가능성을 배제하고 나머지 가능성에 초점을 맞추게 될 것이다. 홈스의 표현을 빌리면 "불가능한 것들을 없애고 나면 일어날 성싶지 않은 일이 남더라도 그것은 분명 사실일 것이다." 진화에서 불가능 같은 단어를 휘두르는 것은 위험한 면도 있지만 생명이 지나왔던 길과 가장 유사한 경로를 재구성하면서 탐정이 된 듯한 즐거움을 누릴 수 있을 것이다. 여러분도 내가 느꼈던 것과 똑같은 흥분을 느끼게 되길 바란다.

쉽게 참고할 수 있도록 자주 등장하는 과학용어는 책 뒤에 따로 용어풀이를 두어 간단하게 설명해놓았다. 그러나 먼저 생물학에 배경지식이 없는 독자를 위해 세포생물학을 조금 다루고자 한다. 살아 있는 세포는 아주 작은 우주다. 세포는 생명을 가지고 독립적으로 존재할 수 있는 가장 단순한 형태로, 생물학에서는 생명의 기본단위로 여긴다. 아메바나 세균처럼 한 세포로 이루어진 생명체는 단세포 생물이라고 한다. 그 밖의 생물들은 셀 수 없이 많은 세포로 구성되어 있다. 인간은 수조 개의 세포로 이루어진 다세포 생물이다. 세포를 연구하는 학문인 세포학(cytology)은 세포(원래 의미는 빈 공간)를 뜻하는 그리스어 *cyto*에서 유래되었다. 많은 용어들이 cyto-를 어근으로 만들어졌다. 이를테면 시토크롬(cytochrome, 세포 내 색소 단백질), 세포질(cytoplasm, 세포에서 살아 있는 부분, 핵은 제외), 그리고 *cyte* 형태로 쓰인 적혈구(erythrocyte) 따위가 있다.

모든 세포가 똑같지는 않지만 어떤 것은 좀더 비슷하고 또 어떤 것은 그렇지 않다. 가장 단순한 형태의 세포인 세균은 특히 유별나다. 전자현미경으로 살펴봐도 세균의 구조를 파악할 만한 단서는 그리 많지 않다. 세균은 아주 작다. 직경은 몇 마이크로미터(1마이크로미터는 1/1,000밀리미터)에 불과하며 공 모양이나 막대 모양을 하고 있다. 세균은 단단하지만 투과성이 있는 세포벽으로 둘러싸여 외부환경과 분리된다. 세포벽 바로 아래에는 약하지만 비교적 투과성이 적은 몇 나노미터(1나노미터는 1/1,000,000밀리미터) 두께의 세포막이 있다. 이 보이지도 않을 정도로 얇은 세포막이 이 책에서 중요한 부분을 차지한다. 세균이 이 막을 이용해 에너지를 생산하기 때문이다.

세균을 포함한 모든 세포의 내부에는 세포질이 있다. 겔 형태의 유동체인 세포질에는 온갖 종류의 생체분자들이 녹아 있거나 떠다닌다. 일부 생체분자는 가장 고배율로 확대된 현미경 시야에서 어렴풋이 보이기도 한다. 세포질을 100만 배 확대해서 보면 두더지가 우글우글한 들판을 하늘에서 바라본 것처럼 울퉁불퉁하다. 먼저 이 생체분자들 사이로 길고 꼬불꼬불한 DNA가 보인다. 유전물질인 DNA의 모습은 게으른 두더지가 아무렇게나 땅을 파헤친 자국처럼 보인다. DNA의 분자구조는 반세기 전에 제임스 왓슨James Watson과 프랜시스 크릭Francis Crick이 밝혀낸 그 유명한 이중나선구조를 하고 있다. 그 밖에는 100만 배로 확대해도 겨우 보일락 말락 한 거대 단백질이 있다. 수백만 개의 원자가 일정하게 배열되어 만들어진 거대 단백질의 분자구조는 X선 회절을 통해 정밀하게 판독할 수 있다. 가장 간단한 세포인 세균은 눈에 보이지 않을 정도로 작지만 생화학적 분석을 통해 밝혀진 그 구조는 대단히 복잡하다. 따라서 보이지 않을 정도로 작은 이 생명체도 앞으로 많은 연구가 필요하다.

우리 인간은 세균과는 다른 종류의 세포로 구성되어 있다. 우선 우리 몸을 이루는 세포는 꽤 큰 편으로 보통 세균보다 부피가 10만 배 정도 더 크다. 당연히 내부에는 볼 게 더 많다. 구불구불하게 겹쳐진 복잡한 막에는 주름을 따라 털이 나 있고, 크고 작은 온갖 종류의 작은 주머니가 마치 냉장고의 저장용기처럼 남은 세포질을 밀봉해 보관하고 있다. 여기저기 가지를 뻗어 그물처럼 얽혀 있는 섬유도 있다. 이 섬유는 세포골격이며 세포가 형태를 유지할 수 있게 떠받치면서 세포에 탄성을 주는 구실을 한다. 그다음으로 **세포소기관**(organelle)이 있다. 우리 몸에서 신장이 오줌을 거르는 일단하는 것처럼 세포소기관은 세포질 여기저기에 흩어져 주어진 특정 기능을 수행한다. 그러나 무엇보다 중요한 것은 핵이다. 핵은 세포라는 작은 우주를 다스리는 장막에 가려진 행성이라고 할 수 있겠다. 이 행성에는 달 표면의 크레이터처럼 움푹 파인 자국(정확히 말하면 아주 작은 구멍)이 수없이 많다. 이런 핵을 품고 있는 진핵세포는 이 세상에서 가장 중요한 세포다. 진핵세포가 없었다면 우리가 사는 세상은 존재하지 못했을 것이다. 모든 식물과 동물, 조류藻類와 균류까지 우리가 볼 수 있는 모든 생물의 몸을 이루고 있는 세포는 저마다 자신의 핵을 품고 있는 진핵세포다.

핵 속에는 DNA가 있다. DNA는 유전자를 형성한다. 진핵세포의 DNA와 세균의 DNA를 비교하면 분자구조는 세밀한 곳까지 정확히 일치하지만 규모는 진핵세포의 DNA가 훨씬 크다. 세균의 DNA는 길고 구불구불한 고리 모양이다. 아무렇게나 헤집고 다니던 두더지가 남긴 자국이 결국 하나의 고리 모양 염색체를 이루는 것이다. 진핵세포에는 보통 여러 개의 다른 염색체가 있다. 사람은 세포마다 23개의 염색체가 있으며 고리 모양이 아닌 실 모양이다. 그러나 일직선으로 곧게 뻗어 있다기보다는 염색체마다 서로 다른 두 끝에 있다는 뜻에 가깝다. 정상적인 조건에서는 염색체를 현미경으로 관찰할 수 없지만 세포분열이 일어나는 동안에는 염색체의 구조가 바뀌어 막대 모양으로 응축되기 때문에 관찰이 가능하다. 대부분의 진핵세포는 같은 염색체를 두 개씩 갖고 있다. 이렇게 같은 염색체 쌍을 갖고 있는 세포를 이배체(diploid)라고 하며 인간은 총 46개의 염색체를 가진 이배체다. 이 염색체 쌍은 세포분열을 하는 동안 짝을 이루며 세포 한가운데 늘어선다. 이 상태를 현미경으로 관찰하면 단순한 별 모양의 염색체를 볼 수 있다. 염색체는 DNA로만 이루어진 게 아니라 특별한 단백질로 싸여 있다. 이 단백질 가운데 가장 중요한 것이 **히스톤**histone이다. 세균의 DNA는 히스톤으로 둘러싸여 있지 않기 때문에 이 히스톤은 진핵세포와 세균을 구분 짓는 중요한 차이점이라고 할 수 있다. 히스톤은 진핵세포의 DNA를 화학적인 공격으로부터 보호할 뿐 아니라 유전자로 쉽게 접근하지 못하게 한다.

프랜시스 크릭은 DNA의 구조를 알아낸 뒤 어떻게 유전정보가 전달되는지를 곧바로 이해했고 그날 밤 술집에서 자신이 알아낸 생명의 비밀을 공개적으로 밝혔다. DNA는 자기 자신과 단백질을 복제하기 위한 주형이다. 이중나선구조로 얽혀 있는 두 가닥의 DNA가 서로를 복제하기 위한 본이 되는 것이다. 그 결과 세포분열을 하여 두 가닥의 DNA가 완전히 분리되면 저마다 독립적으로 이중나선구조를 재구성할 수 있는 정보를 갖추게 된다. DNA에 암호화되어 저장된 정보를 해독하면 단백질의 분자구조가 된다. 크릭의 말을 빌리면 이는 모든 생물학의 '중심원리(central dogma)'인 단백질 합성을 위한 유전암호가 된다. 기다란 DNA의 티커테이프(주식시세 따위가 분당 900자의 속도로 실시간으로 계속 찍혀 나오는 종이테이프: 옮긴이)는 단 네 개의 분자로 된 '문자'가 끝없이 나열된 것처럼 보인다. 영어로 된 책이 모두 스물여섯 자의 알파벳으로만 이루어진 것과 비슷하다. DNA의 문자인 염기의 배열은 단백질의 구조를 나타내며 생명체의 몸속에는 수십억 개의 염기로 기록된 유전정보를 담은 완벽한 한 질의 장서인 유전체(게놈 genome)가 존재한다. 원칙적으로 유전자 하나는 단백질 하나를 만드는 암호이며 대개 수천 개의 염기로 이루어져 있다. 단백질은 아미노산(amino acid)이라는 기본단위로 구성되며 단백질의 기능적인 특성은 아미노산의 세부적인 배열로 결정된다. 아미노산의 배열은 유전자를 이루는 염기서열로 결정되므로 만약 염기서열이 변화되면, 곧 '변이'가 일어나면 단백질의 구조가 바뀔 수 있다(그러나 암호가 중복될 수도 있기 때문에 항상 그런 것은 아니다. 이렇게 서로 다른 염기의 조합이 같은 아미노산을 나타내는 것을 축중[degeneracy]이라고 한다).

생명체에게 단백질은 더없는 축복이다. 단백질의 형태와 기능은 거의 무한하며 생명의 풍부한 다양성은 단백질의 풍부한 다양성 덕분이라고 봐도 무리가 없다. 생명체가 물질대사, 운동, 비행능력, 시력, 면역, 신호전달에 이르는 모든 능력을 갖출 수 있게 된 것은 단백질 덕이다. 단백질은 기능에 따라 크게 몇 가지 종류로 나뉜다. 가장 중요한 단백질은 효소일 것이다. 효소는 생화학적 반응의 속도를 수십 배 증가시키는 촉매이며 놀라울 정도로 특정 기질에만 선택적으로 반응한다. 심지어 같은 원자(동위원소)로 구성되지만 다른 작용을 하는 효소도 있다. 그 밖의 중요한 단백질로는 호르몬과 그 수용체, 항체 같은 면역 단백질, 히스톤 같은 DNA 결합 단백질, 세포골격을 이루는 섬유 같은 구조 단백질이 있다.

DNA의 유전정보는 핵 속에 있는 방대한 정보의 보고이며 좀처럼 움직여지는 일이 없다. 귀한 백과사전을 아무나 만질 수 있는 곳에 두지 않고 도서관에 안전하게 보관하는 것과 같은 이치다. 세포에서 매일 쓰이는 유전정보는 복사본을 만들어 손쉽게 이용한다. 이 복사본은 RNA로 만들어진다. RNA는 DNA를 구성하는 분자와 비슷한 재료로 만들어지기는 하지만 두 가닥으로 된 이중나선구조가 아니라 한 가닥으로 이루어져 있다. RNA는 하는 일에 따라 몇 가지 종류로 구분된다. 먼저 전령(messenger) RNA가 있다. 이 RNA의 길이는 유전자 하나 정도의 길이와 비슷하다. RNA도 DNA

처럼 염기가 늘어선 모양을 하고 있는데, 그 순서는 DNA를 구성하는 유전자의 배열순서를 정확히 복제한 것이다. 유전자의 배열순서가 전령 RNA에 **전사**(transcribe)될 때 염기 하나가 바뀌기는 하지만 의미에는 아무 변화가 없다. 전령 RNA는 재빠른 심부름꾼이다. 핵 속에 있는 DNA에서 떨어져 나와 달 표면 같은 핵막의 구멍을 통과해 세포질로 빠져나온다. 세포질에는 **리보솜** ribosome이라는 수천 개의 단백질 생산공장이 있다. 분자구조는 엄청나게 크지만, 겉모습만으로는 그 특성을 알기 어렵다. 얼핏 보면 세포 내부에 있는 막구조에서 삐죽 튀어나온 것 같은 리보솜은 전자현미경으로 보면 거칠거칠한 것이 세포질에 점점이 흩어져 있는 것처럼 보인다. 리보솜은 서로 다른 종류의 RNA와 단백질로 구성되어 있으며 전령 RNA가 가져온 암호화된 내용을 아미노산의 서열로 이루어진 단백질이라는 언어로 **번역**(translate)하는 일을 맡고 있다. 전사와 번역이 일어나는 전 과정은 많은 단백질에 의해 통제되고 조절되는데 그 가운데 중요한 단백질이 유전자의 발현을 조절하는 **전사인자**(transcription factor)다. 유전자가 발현되면 활성이 없는 유전정보가 단백질로 바뀌어 세포 안이나 세포 밖 다른 곳으로 이동해 활발한 작용을 한다.

　기초적인 세포생물학 지식을 터득했으니 이제 다시 미토콘드리아로 돌아가자. 미토콘드리아는 세포소기관이다. 세포소기관이란 세포 안에서 특별한 일을 담당하는 작은 기관을 뜻한다. 미토콘드리아는 에너지 생산을 맡고 있다. 나는 미토콘드리아가 한때 세균이었으며 지금도 세균과 비슷한 생김새를 하고 있다고 말했다(그림 1). 미토콘드리아는 흔히 소시지나 지렁이 같은 모양으로 묘사되지만 용수철처럼 비틀리고 복잡한 모양을 하고 있는 미토콘드리아도 있다. 크기는 세균과 비슷해 몸길이는 1~4마이크로미터, 두께는 0.5마이크로미터 정도다. 세포에는 보통 여러 개의 미토콘드리아가 들어 있는데, 정확한 숫자는 그 세포가 물질대사를 얼마나 많이 해야 하는가에 따라 정해진다. 난자에는 다음 세대를 위한 약 10만 개의 미토콘드리아

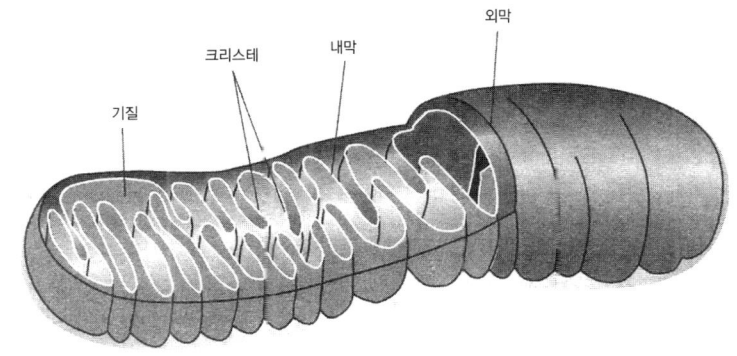

그림 1 미토콘드리아의 구조를 간단히 나타낸 그림. 외막과 내막의 구조를 보여준다. 크리스테라고 불리는 내막의 주름구조가 세포에서 호흡이 일어나는 곳이다.

가 들어 있다. 반면 적혈구와 피부세포는 미토콘드리아가 아주 적거나 아예 없다. 정자에는 보통 100개 이하의 미토콘드리아가 들어 있다. 성인 한 사람이 갖고 있는 미토콘드리아는 통틀어 1경 개 정도이며 이는 우리 몸무게의 약 10퍼센트에 해당하는 양이다.

미토콘드리아는 이중막으로 둘러싸여 있다. 외막은 매끈하고 하나로 이어져 있으며 내막은 심하게 구불구불하다. 이 복잡한 내막을 크리스테cristae라고 한다. 미토콘드리아는 한곳에 가만히 있지 않고 때때로 활기차게 세포 속을 돌아다니며 필요한 장소로 이동하기도 한다. 세균처럼 완전히 독립된 두 미토콘드리아로 분열하기도 하며 거대한 네트워크를 형성해 서로 융합하기도 한다. 공 모양, 막대 모양, 용수철 모양의 미토콘드리아가 처음 광학현미경에서 발견되었을 때는 그 정체에 대해 논란이 많았다. 처음부터 미토콘드리아의 중요성을 인식한 사람으로는 독일의 과학자 리하르트 알트만Richard Altmann이 있다. 그는 이 작은 알갱이가 생명을 이루는 진정한 기본입자라고 주장했고, 바이오블라스트bioblast라는 이름을 붙였다. 이것이 1886년의 일이다. 알트만은 바이오블라스트가 세포 속에서 유일하게 살아 있는 성분이며, 철기시대 사람들이 요새를 짓고 살았던 것처럼 바이오블라스트 공동체가 외부로부터 스스로를 보호하기 위해 함께 요새를 만든 것이 세포라고 생각했다. 세포막과 핵 같은 다른 구조물은 바이오블라스트 공동체가 어떤 목적을 두고 건설한 것이며, 이 작은 요새를 둘러싸는 젖줄인 시토졸(cytosol, 세포질의 액체 부분)은 저절로 만들어졌다고 생각했다.

알트만의 생각은 받아들여지지 않았다. 사람들은 그를 비웃기도 했고 바이오블라스트가 그의 상상 속에서 만들어진 것이라고 주장하기도 했다. 심지어 그의 표본이 정교하게 조작된 가짜라고 몰아세우기도 했다. 세포학자들이 세포분열이 일어나는 동안 염색체가 추는 웅장한 춤에 매료되면서 반론은 더 거세지기 시작했다. 이 춤을 잘 관찰하려면 투명한 세포 내용물을 염색해야만 했다. 산성을 띠는 염색체가 염색이 가장 잘 되었다. 공교롭게도 미토콘드리아는 같은 염색약에 잘 염색되지 않았다. 핵에 집착한 세포학자들은 이 현상을 대수롭지 않게 여겼다. 일시적으로나마 염색이 되는 염색약도 있었지만 미토콘드리아는 스스로 염색약을 투명하게 만들기 때문에 효과는 잠깐뿐이었다. 유령처럼 나타났다 사라지는 미토콘드리아의 모습은 실체를 확인하는 데 별 도움이 되지 않았다. 마침내 1897년에 칼 벤더Carl Benda가 미토콘드리아가 세포에 실제로 존재한다는 사실을 증명해냈다. 그는 미토콘드리아를 이렇게 정의했다. "공 모양이나 막대 모양, 용수철 모양이고 거의 모든 세포질에 존재하며…… 산이나 지질 용매에 의해 파괴된다." 칼 벤더는 실을 뜻하는 그리스어 미토스mitos와 작은 알갱이를 뜻하는 콘드린chondrin을 합성해 **미토콘드리아**mitochondria라는 용어를 만들었다. 오랜 세월을 거치면서 미토콘드리아라는 이름 하나만 남았지만 미토콘드리아의 이름은 무려 30개가 넘었다. 그중 일부만 살펴보면 콘드리오솜chondriosome, 크로미디아chromidia, 콘드리오콘트chondriokont, 에클렉토솜eclectosome, 히스토메어histomere, 미크로솜microsome, 플라스토좀plastosome, 폴리오플라즈마polioplasma, 비브리오덴vibrioden 따위가 있다.

마침내 미토콘드리아의 존재가 인정을 받았지만 그 기능은 아직 밝혀지지 않았다. 일부는 알트만의 주장처럼 생명을 구성하는 기본입자라고 생각했다. 그러나 좀더 구체적인 증거가 필요했다. 미토콘드리아를 단백질이나 지질이 합성되는 장소라고 생각한 사람도 있었고 유전물질이 들어 있는 곳이라고 생각한 사람도 있었다. 그러다 마침내 미토콘드리아를 염색할 때 색이 사라지는 현상에 대한 비밀이 밝혀졌다. 세포호흡을 할 때 양분이 산화되는 것처럼 염색약이 미토콘드리아에 의해 **산화되기** 때문에 탈색이 되었던 것이다. 따라서 1912년에 B. F. 킹스베리Kingsbury는 미토콘드리아가 세포에서 호흡이 일어나는 중심기관이라고 추측했다. 1949년 유진 케네디Eugene Kennedy와 앨버트 레닌저Albert Lehninger가 미토콘드리아 내부에서 호흡효소를 발견하면서 킹스베리의 추측이 사실로 증명되었다.

알트만의 바이오블라스트 이론은 비록 평판이 좋지 않았지만 미토콘드리아가 세균과 연관이 있는 독립된 개체이며 서로의 이익을 위해서 **공생자**(symbiont)로 세포 안에 살고 있다고 주장한 다른 과학자들도 많이 있었다. 공생자란 서로 이익을 주고받는 공생관계의 짝을 뜻한다. 대표적인 공생의 예로는 나일악어와 악어새의 관계를 들 수 있겠다. 악어새는 악어의 잇속을 청소해주면서 손쉽게 먹이를 해결한다. 세균 같은 세포 사이에서도 이와 비슷한 공생을 볼 수 있다. 가끔 세균이 자신보다 큰 세포 속으로 들어가는 경우도 있는데 이를 **세포내공생자**(endosymbiont)라고 한다. 1910년대에는 사실상 세포 내 모든 기관에 대해 세포내공생자로서의 가능성이 고찰되었다. 핵, 미토콘드리아, 엽록체(식물에서 광합성이 일어나는 장소), 중심립(세포골격을 만드는 세포소기관) 등이 공생을 통해 형태가 변한 것으로 추측되었다. 이 모든 가설의 근거는 형태와 운동성, 또는 자체적인 분열 같은 행동 정도였기 때문에 큰 의미는 없었다. 게다가 이 가설의 주장자들은 전쟁이나 언어, 또는 우선권을 차지하기 위해 분열되기 일쑤였고 의견일치를 보는 일이 드물었다. 과학사학자 잔 새프Jan Sapp는 빼어난 저서, 『연합에 의한 진화Evolution by Association』에서 이렇게 밝혔다. "그래서 험악한 이기주의로 서로를 비꼬는 이야기가 난무했다. 이들은 진화에서 창조적인 협동의 능력을 역설하던 자들이었다."

1918년이 지나고 프랑스의 과학자 폴 포르티에Paul Portier가 화려한 역작 『공생자Les Symbiotes』를 발표하면서 문제는 정점에 이르렀다. 포르티에는 대담하기 짝이 없는 주장을 펼쳤다. "모든 생명체, 다시 말해서 아메바에서 사람에 이르는 모든 동물과 민꽃식물에서 쌍떡잎식물에 이르는 모든 식물은 서로 다른 두 생명체의 결합인 접합(emboîtement)을 통해 만들어졌다. 저마다 살아 있는 세포에는 조직학자들이 미토콘드리아라고 부르는 원형질 구조물이 들어 있다. 그러나 이 미토콘드리아라는 기관은 내가 공생자라고 부르는 공생세균과 크게 다르지 않다."

포르티에의 연구는 프랑스에서는 열렬한 찬사와 신랄한 비평을 동시에 받았으나 영어권 국가에서는 크게 관심을 끌지 못했다. 그는 처음부터 미토콘드리아와 세균의 형태학적 유사성을 주장하지는 않았지만 방향을 바꿔 세포배양을 하듯이 미토콘드리아를 배양하려는 시도를 했다. 포르티에는 미토콘드리아 배양에 성공하려면 아직 세포 내 생활에 완전히 적응하지 않은 미토콘드리아인 '원시미토콘드리아(proto-mitochondria)'가 있어야 한다고 주장했다. 미토콘드리아 배양에 실패한 파스퇴르연구소의 세균학자들은 포르티에의 주장에 공공연하게 의문을 제기했다. 안타깝게도 한때 소르본 대학에서 안정된 자리를 잡고 있던 포르티에는 그 뒤 학계를 떠났고 그의 연구는 조용히 잊혀졌다.

그로부터 몇 년이 흘러 1925년, 미국의 이반 월린Ivan Wallin은 세균과 닮은 미토콘드리아의 특성을 다룬 독창적인 가설을 내놓으면서 깊은 공생관계가 새로운 종을 만들어내는 원동력이 된다고 주장했다. 그의 주장으로 미토콘드리아 배양문제가 다시 제기되었고, 월린 역시도 자신이 미토콘드리아 배양에 성공했다고 믿었다. 그러나 같은 실험의 재현에 실패하자 관심은 사그라졌다. 이번에는 공생도 똑같이 비난을 받았지만 미국의 세포생물학자 E. B. 윌슨Wilson은 이런 태도가 만연하자 다음과 같은 유명한 말을 남겼다. "의심할 나위 없이, 대중에게는 이런 이설異說이 오늘날 생물학계의 적잖은 언급에 비하면 뜬구름 잡는 소리로 들릴지도 모른다. 그러나 이런 이설에도 가능성이 있는 부분이 있으며 언젠가 진지하게 고찰될 날이 올 것이다."

그날은 반세기가 흐른 뒤 비로소 찾아왔다. 사이좋은 공생에 관한 이야기를 하기에 딱 좋은 어느 따사로운 여름날이었다. 1967년 6월, 린 마굴리스는 『이론생물학 학회지Journal of Theoretical Biology』에 역사적인 논문을 발표했다. 이 논문에서 마굴리스는 오래전에 논의되었던 '흥미롭고 환상적인 이야기'에 최신 과학이라는 새 옷을 덧입혀 부활시켰다. 당시에는 미토콘드리아의 특성이 많이 알려져 있었다. 미토콘드리아 안에 DNA와 RNA가 존재한다는 사실이 증명되었고 '세포질 유전(cytoplasmic heredity)'의 예(핵 유전자와는 별개로 나타나는 유전형질)가 분류되었다. 이후 우주학자인 칼 세이건Carl Sagan과 결혼한 마굴리스는 생명의 진화 연구에 우주론적 시각을 접목했다. 마굴리스는 생물학에만 머물지 않고, 대기의 변화에 관련된 지질학적 증거와 세균과 초기 진핵세포의 화석까지도 연구했다. 미생물 해부학과 화학에 대해 놀라운 통찰력을 갖추었던 마굴리스는 분류학적 기준을 적용해 공생 가능성을 결론지었다. 그러나 마굴리스의 연구는 퇴짜를 맞았다. 그녀의 독창적인 논문은 무려 열다섯 곳의 학술지에서 기고를 거절당하다 『이론생물학 학회지』 편집장 제임스 다니엘리James Danielli 앞까지 오게 되었고, 편집장의 선견지명으로 마침내 발표될 수 있었다. 마굴리스의 논문이 발표되자, 한 해 동안 논문인쇄에 대한 요청이 800회나 이루어지는 유례없는 일이 벌어졌다. 아카데믹 출판사에서 출판을 거부했던 마굴리스의 책, 『진핵세포의 기원The Origin of Eukaryotic Cells』도 마침내 예일 대학 출판부를 통해 1970년에 발표되었다. 이 책은 20세기에 가장 영향력 있는 생물학 저서 가운데 하나로 손꼽힌다. 마굴리스의 설득력 있는 증거 덕분에 한때는 이설로 취급되던 이론이 이제는 생물학자들 사이에서 정설로 받아들여지고 있다. 적어도 미토콘드리아와 엽록체에 적용될 때만큼은 그렇다.

격렬한 논의가 족히 10년 넘게 계속되었다. 난해하지만 중요한 논의였다. 이런 논의가 없었다면 최종적 합의에 대한 확신도 조금 덜했을 것이다. 세균과 미토콘드리아 사이에 유사성이 있다는 사실은 대체로 받아들여졌지만 모든 사람이 이것의 진의에 동의한 것은 아니었다. 확실히 미토콘드리아 유전자는 세균 유전자와 아주 흡사하다. 미토콘드리아에 들어 있는 염색체는 핵 속에 있는 실 모양 염색체와 달리 고리 모양을 하고 있다. 또 히스톤 단백질에 둘러싸여 있지 않고 '벌거벗은' 채로 있다. 게다가 DNA의 전사와 번역이 일어나 단백질이 합성되는 과정도 세균과 비슷하다. 미토콘드리아와 세균은 단백질이 조합되는 과정도 비슷한데, 일반적인 진핵세포에서 일어나는 과정과는 세부적인 면에서 많이 다르다. 미토콘드리아는 세균처럼 단백질 생산공장인 리보솜을 독자적으로 갖추고 있다. 다양한 항생제는 세균과 미토콘드리아에서 일어나는 단백질 합성을 차단하는 작용을 하지만 진핵생물의 핵 유전자에는 아무런 영향을 주지 않는다.

이 모두를 종합하면 미토콘드리아와 세균 사이의 유사성이 설득력 있게 들리겠지만, 사실은 정반대로 해석될 수 있는 가능성이 있으며 이로 인해 오랜 논쟁이 일어나게 되었다. 원칙적으로는 미토콘드리아의 진화속도가 핵보다 느리다면 미토콘드리아의 세균적인 특성이 설명될 수 있었다. 진화속도가 느릴수록 격세유전적인 특징이 더 많이 나타나기 때문에 만약 그렇다면 미토콘드리아는 세균과 많은 공통점을 드러낼 것이다. 미토콘드리아 유전자는 유성생식에 의해 재조합되지 않기 때문에 이 설명은 만족스럽지는 않아도 그럭저럭 받아들여졌다. 그러다 실제 진화속도가 알려지자 비로소 의문이 제기되었다. 진화속도를 판단하려면 미토콘드리아 유전자의 완전한 서열을 가지고 유전자 서열 간 대조를 해야만 한다. 1981년 케임브리지 대학의 프레드 생어Fred Sanger 연구진이 인간 미토콘드리아의 유전체 서열을 완전히 알아낸 뒤에야 미토콘드리아 유전자의 진화속도가 핵 유전자보다 빠르다는 사실이 알려지게 되었다. 미토콘드리아 유전자의 격세유전적인 특징은 직접적인 관계에 의해서만 설명될 수 있었다. 그리고 마침내 이 관계는 알파프로테오박테리아α–proteobacteria라는 아주 특이한 종류의 세균에 의해 밝혀지게 되었다.

마굴리스의 통찰이 뛰어나기는 해도 모든 면에서 오류가 없는 것은 아니다. 우리로서는 참 다행스러운 일이다. 마굴리스는 초기 공생 주창자들의 연구를 옹호하면서 정확한 성장요인만 찾아낸다면 언젠가 미토콘드리아의 배양이 가능할 것이라고 생각했다. 오늘날 우리는 이것이 불가능하다는 사실을 안다. 그 이유 역시 자세한 미토콘드리아의 유전체 서열이 밝혀지면서 드러났다. 미토콘드리아 유전자에 저장된 단백질 정보는 극히 소량이다(정확히 13개). 그뿐 아니라 이 단백질을 합성하려면 유전장비 일체가 필요하다. 대부분의 미토콘드리아 단백질(약 800개) 정보는 핵 유전자 속에 있다. 핵 속에는 미토콘드리아 단백질을 포함해 총 3만에서 4만 개에 이르는 단백질 정보가 저장되어 있다. 겉보기에는 독립적으로 보이는 미토콘드리아의 속사정은 아주 딴판인 것이다. 미토콘드리아와 핵 속에 있는 두 유전체 사이의 신뢰관계는 단백질 수준에서도 분명히 확인할 수 있다. 단백질은 몇 개의 기본단위로 구성되는데 몇몇 단백질은 기본단위에 대한 정보가 일부는 미토콘드리아에, 일부는 핵 속에 암호화되어 있다. 이런 두 유전체의 상호관계 때문에 미토콘드리아는 숙주세포를 떠나서는 배양될 수 없다. 따라서 공생자라기보다는 '세포소기관'으로 보는 게 옳다. 그러나 '세포소기관'이타는 이름만으로는 미토콘드리아의 범상치 않은 과거에 대한 실마리를 얻을 수 없으며 진화에 미친 영향이 얼마나 지대한지도 알 수 없다.

린 마굴리스의 학설에 동의하지 않는 생물학자들은 오늘날에도 많다. 일반적으로 공생의 진화론적 능력에 대한 견해에서 차이가 난다. 마굴리스에게 있어서 진핵세포는 복합적인 공생연합의 산물이다. 이 공생연합 안에서 구성세포들은 여러 단계를 거쳐 더 큰 전체로 통합된다. 이와 같은 마굴리스의 학설은 '연속적 세포내공생설(serial endosymbiosis theory)'이라는 이름을 얻었다. 세포와 세포 사이에서 연속적인 연합이 일어나 서로 협동하며 살아가는 세포들의 공동체가 형성되어 진핵세포가 만들어졌다는 의미다. 마굴리스는 엽록체와 미토콘드리아 외에 세포골격을 이루는 기관인 중심립도 스피로헤타Spirochaete라는 세균에서 유래되었다고 주장했다. 사실 마굴리스에 따르면 모든 생명체는 공생하는 세균들의 연합으로 이루어진 작은 우주다. 이 견해의 기원은 다윈이 쓴 다음과 같은 유명한 구절로 거슬러 올라간다. "모든 생명체는 저마다 하나의 작은 우주다. 이 작은 우주는 자가번식하는 유기체들로 이루어져 있다. 이 유기체는 상상할 수 없을 정도로 작고 하늘의 별만큼이나 많다."

이 작은 우주에 대한 생각은 아름답고도 감동적이지만 몇 가지 문제점이 있다. 연합은 경쟁의 반대가 아니다. 서로 다른 세균이 새로운 세포와 유기체를 형성하기 위해 연합을 한다는 것은 그저 경쟁을 가중시키는 결과만 가져올 뿐이다. 이제는 연합을 하는 기본단위가 아니라 연합의 결과 나타난 복잡한 유기체 사이에서 경쟁이 일어나며 미토콘드리아를 포함해 대다수의 기본단위가 저마다의 이기적인 이득을 충분히 챙겨왔다는 사실이 밝혀졌다. 그러나 모든 것을 포용하는 공생의 관점에서 볼 때 가장 큰 문제점은 역시 미토콘드리아다. 미토콘드리아는 이 작은 세계의 연합에서 지배권을 거머쥐고 경고하듯 손가락을 까닥거리고 있다. 모든 진핵세포에는 미토콘드리아가 있거나 지금은 없더라도 한때는 있었다. 다시 말해서 진핵세포에게 미토콘드리아는 **필수불가결한** 요소인 것이다.

도대체 왜 그런 것일까? 만약 세균 사이의 연합이 아주 공공연히 일어나는 현상이라면 연합하는 미생물의 조합에 따라 온갖 종류의 다양한 '진핵' 세포들이 존재해야 할 것이다. 말할 나위 없이 진핵세포는 다양하다. 특히 바다 밑바닥에 있는 진흙층같이 우리 손길이 잘 닿지 않는 곳에는 알려지지 않은 미소공동체가 얼마든지 있다. 그러나 놀랍게도 이렇게 광범위한 지역에 동떨어져 존재하는 진핵생물도 같은 조상에서 갈라져 나왔다는 사실이 밝혀졌다. 그리고 이들 모두 미토콘드리아가 있거나 한때 있었다. 진핵생물에서 다른 형태의 연합은 없다. 다시 말해 진핵생물을 이르는 연합이 실현되기 위해서는 미토콘드리아의 존재를 조건으로 한다는 의미다. 만약 미토콘드리아와의 연합이 일어나지 않았다면 다른 연합도 일어나지 않았을 것이다. 이는 거의 틀림없는 사실이다. 세균은 40억 년 가까이 협동과 경쟁을 하며 살아왔지만 진핵세포가 나타난 것은 단 한 번뿐이기 때문이다. 미토콘드리아를 획득한 순간, 생명의 역사에서 획기적인 변화가 일어난 것이다.

  과학자들은 늘 새로운 서식지와 유연관계를 추적한다. 생명체는 상상할 수 없을 정도로 극한 환경에서도 발견된다. 간단한 보기를 하나 들면, 새천년 벽두부터 마이크로미터 크기의 작은 플랑크톤과 함께 대단히 극한 환경에서 살아가는 **극소진핵생물**(pico-eukaryote)이라는 아주 작은 미생물이 발견되었다. 이 극소진핵생물은 남극해의 밑바닥, 에스파냐 남부 리우틴투에 있는 철분이 풍부하고 산성을 띠는 강물(진한 붉은색을 띠는 이 강을 고대 게니키아인들은 '불의 강'이라고 불렀다) 등지에 산다. 일반적으로 이런 가혹한 환경은 '극한 환경을 좋아하는' 강인한 세균을 위한 영역으로 여겨졌으므로 그곳에서 연약한 진핵생물을 발견하리라고 기대한 사람은 거의 없을 것이다. 극소진핵생물은 크기나 좋아하는 환경이 세균과 비슷하므로 세균과 진핵생물의 중간단계일 수도 있다는 가능성이 제기되었다. 그러나 극단적인 환경을 좋아하며 대단히 작은 이 극소진핵생물 모두가 기존의 진핵생물군에 속한다는 것이 밝혀졌다. 유전학적 분석을 통해 이들이 지금의 분류체계를 조금도 벗어나지 않는다는 사실이 증명된 것이다. 더욱 놀라운 것은 새로운 진핵생물의 변종들이 샘솟듯 발견되었지만 오랜 세월 동안 우리가 이미 알고 있던 기존 분류체계에 **하위분류군** 이상을 덧붙이지는 못했다.

이러한 전혀 예상치 못한 환경에서 독특한 조화를 이루는 연합을 발견하길 기대했지만 우리의 꿈은 이루어지지 않았다. 대신 우리는 그에 뒤지지 않는 발견을 했다. 지금까지 알려진 것 중 가장 작은 진핵세포인 오스트레오코쿠스 타우리*Ostreococcus tauri*는 일반적인 세균보다도 더 작으며 두께가 1밀리미터의 1/1,000(1마이크로미터)도 채 되지 않지만 완벽한 진핵생물의 특징을 갖추고 있다. 14개의 선형 염색체가 있는 핵과 한 개의 엽록체가 있으며 무엇보다도 앙증맞은 미토콘드리아 몇 개가 눈에 띈다. 뿐만 아니라 생각지도 못한 극단적인 조건에서 살아가는 다양한 진핵생물들이 속속 발견되면서 새로운 진핵생물의 하위분류군이 20~30개나 쏟아져 나왔다. 이 진핵생물들은 크기도 작고 극한 환경에서 독특한 방식으로 살아가고 있지만 모두 미토콘드리아가 있거나 한때 있었던 것으로 추측된다.

이 모든 것이 의미하는 것은 무엇일까? 이 연합에서 미토콘드리아의 위치는 다른 구성원들과 다르다는 뜻이다. 미토콘드리아는 복잡한 생물로 발전해가는 진화의 열쇠를 쥐고 있다. 이 책은 미토콘드리아가 우리 삶에 끼친 영향을 살펴볼 것이다. 전공서적에서 다루어지는 학술적인 설명은 될 수 있는 대로 무시하려고 한다. 포르피린porphyrin 합성 같은 부수적인 설명뿐 아니라 세포 속 어디서나 기본적으로 일어나는 크레브스 회로(Krebs cycle)까지도 말이다. 대신 우리는 미토콘드리아가 생명의 다양성을 왜 만들어내는지, 우리 삶을 어떻게 변화시키는지 살펴볼 것이다. 미토콘드리아가 세상의 숨은 지배자가 되어 에너지와 성과 죽음을 마음대로 조종하는 이유를 알게 될 것이다.

1

희망적인 괴물: 진핵세포의 기원

01 진화의 가장 깊숙한 틈새
02 조상을 찾아서
03 수소가설

지구에 사는 진정한 다세포 생물은 모두 핵이 있는 세포인 진핵세포로 이루어져 있다. 이 복잡한 세포의 진화과정은 신비에 싸여 있으며 생명의 역사에서 가장 열나지 않을 법한 사건 중 하나일 것이다. 이 사건에서 가장 결정적인 순간은 핵이 형성된 순간이 아니라 바로 두 세포가 하나가 된 순간이다. 한 세포가 다른 세포를 집어삼키면서 미토콘드리아를 품은 정체불명의 세포가 나타난 것이다. 그러나 한 세포가 다른 세포를 집어삼키는 일은 허다하게 일어난다. 단 한 번 일어났던 진핵세포의 합체가 그렇게 특별한 이유는 무엇일까?

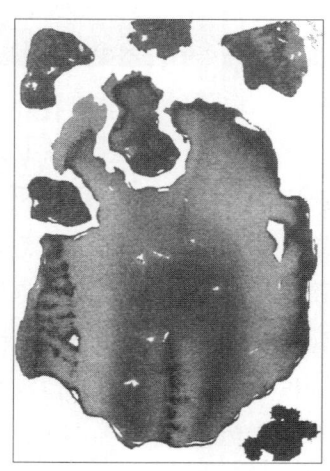

최초의 진핵생물—20억 년 전 특별한 공생체를 이루기 위해 다른 세포를 집어삼키는 한 세포.

이 우주에는 우리밖에 없을까? 코페르니쿠스가 지구와 다른 행성들이 태양 주위를 공전하고 있다는 사실을 밝힌 뒤로, 과학은 뿌리 깊게 자리잡고 있던 지구 중심적 우주관으로부터 작고 보잘것없는 우주의 가장자리로 우리를 내몰았다. 통계학적으로 볼 때 우주 어딘가에 생명이 존재할 가능성은 대단히 높다. 그러나 같은 통계학을 근거로 볼 때 그 생명체가 우리와 아무 상관이 없을 정도로 멀리 떨어져 있을 가능성 또한 대단히 높다. 그들과 마주칠 확률은 지극히 낮다.

그러나 최근 수십 년 사이, 흐름에 변화가 생기기 시작했다. 이 변화는 생명의 기원을 탐구하는 과학의 지위가 높아진 것과 때를 같이한다. 한때 금기로 여겨지며 쿨쩍스럽고 비과학적인 억측으로 치부되었던 생명의 기원이라는 주제는 이제 도전할 만한 과제가 되었다. 생명의 기원은 과거를 향하는 동시에 미래를 향해 조금씩 나아가기 시작했다. 우주학자와 지질학자는 시간이 시작되던 순간부터 앞으로 나아가면서 모든 것을 날려버리는 소행성의 충돌과 지옥불처럼 뿜어져 나오는 화산활동으로부터 무기화합물의 화학적 변화와 물질의 자기조직화(self-organizing) 특성까지 고려해 생명을 길러냈음직한 초기 지구의 조건을 알아내기 위해 노력하고 있다. 분자생물학자는 현재에서 시작해 시간을 거슬러 올라가면서 미생물의 유전자 서열을 정밀하게 대조하여 전체 생물의 계통수를 그 기원부터 완벽하게 구성하려는 시도를 하고 있다. 정확히 언제 어떻게 지구에서 생명이 시작되었는지는 계속 논란 중이지만 이제 생명의 탄생은 한때 생각했던 것처럼 불가능해 보이지도 않고 그 시기도 예상보다 훨씬 이른 것으로 추측되고 있다. '분자시계(molecular clock)'를 통해 추측해본 결과, 생명의 기원은 달과 지구에 수많은 크레이터가 형성되던 시기인 40억 년 전 무렵으로 거슬러 올라간다. 만약 이것이 사실이라면 부글부글 끓어오르며 쉴 새 없이 두들겨 맞던 지구라는 가마솥에서도 이렇게 빨리 생명이 탄생했는데 이 드넓은 우주 어디서든 같은 일이 벌어지지 말란 법이 있을까?

유황 불구덩이 같은 원시지구 한복판에서 생명이 탄생했다는 이 가설에 힘을 실어준 것은 세균의 놀라운 생명력과 번식력이다. 세균은 엄청나게 혹독한 조건에서도 잘 자라거나 적어도 생명을 유지할 수 있다. 깊은 바다 밑 바닥 온도와 압력이 대단히 높은 열수분출공(일명 '블랙 스모커black smoker')에서 활발하게 살아가는 세균들이 1970년대 후반에 발견되어 큰 충격을 불러일으켰다. 지구상의 모든 생명체는 세균과 조류와 녹색식물이 광합성으로 만들어낸 유기물질을 통해서 태양에너지에 의존해 살아간다는 고정관념이 단번에 뒤집히고 만 것이다. 잇달아 놀라운 발견이 계속되면서 생명체가 살 수 있는 범위에 대한 생각에 일대 변혁이 일어났다. '지하고온 생물권(deep-hot biosphere)'에는 자급자족하며 살아가는(독립영양) 세균이 수없이 많았다. 지각 아래로 몇 킬로미터를 내려가면 나타나는 지하고온 생물권에서 사는 생명체는 광물에서 양분을 얻으며 근근이 살아간다. 이들의 생장속도는 대단히 느려 한 세대가 지나는 데 약 100만 년이 걸린다. 그러나 이 세균은 죽었거나 휴면 중이 아니라 분명히 살아 있다. 이들의 생물량(biomass, 어떤 시점에서 일정한 지역 안에 존재하는 생물체의 총량을 질량이나 에너지 양으로 나타낸 지표: 옮긴이)은 태양광선이 닿는 지구 표면에 사는 세균 전체의 생물량과 맞먹는 것으로 추산된다. 어떤 세균은 유전자를 손상시킬 만한 양의 우주선宇宙線에 노출되고도 살 수 있으며, 핵발전소나 멸균된 통조림 속에서 번식하는 세균도 있다. 남극의 사막인 드라이밸리에서 보란 듯이 살아가고, 수백만 년 동안 얼어 있는 시베리아의 영구동토층에서 언 채로 지내기도 하며, 고무장화도 녹일 정도의 강한 염기성 호수나 산성 온천에서 끈질기게 생명을 이어가는 세균도 있다. 이 정도로 강인한 세균이 화성에 뿌리를 내렸을 때 적응에 실패할 것이라든지, 혜성에 히치하이크를 해서 넓은 우주공간을 돌아다니지 못한다는 것은 잘 상상이 되지 않는다. 그리고 만약 그런 곳에서 살 수 있다면 거기서 진화하지 못할 이유가 무엇이 있겠는가? 선전술이 뛰어난 나사NASA의 주도에 힘입어, 화성과 우주 저 멀리에서 생명의 흔적을 찾기 위해 깊이 있는 조사를 하고자 하는 오랜 열망을 담은 우주생물학(astrobiology)이라는 새로운 과학 분야가 세균 연구의 놀라운 공헌을 바탕으로 성장을 거듭해나갔다.

혹독한 조건에서도 생명이 유지된다는 사실은 몇몇 우주생물학자들로 하여금 살아 있는 생명체를 도편적인 물리법칙의 예외적인 특성으로 바라보도록 부추겼다. 그리고 보편적인 물리법칙은 우리를 둘러싼 세계에서 일어난 생명의 진화에 호의적인 것 같다. 자연상수가 아주 약간만 달라져도 태양은 만들어지지 않았거나 오래전에 다 타서 식어버렸을 것이다. 또 태양광선은 생명을 잉태할 수 있을 정도의 온기를 결코 만들어내지 못했을 것이다. 어쩌면 이 세계는 각각의 우주가 서로 다른 상수의 지배를 받는 다중우주(multiverse)이고, 그중에서 우리는 영국왕립천문대 대장 마틴 리스Martin Rees의 말처럼 생명에 호의적인 **친생명적인 우주**(biophilic universe)에 살고 있을지도 모른다. 입자물리학에서 아직 발견되지 않은 쿼크quark 덕분에, 아니면 기막힌 우연 때문에, 그것도 아니라면 친생명적인 법칙을 마련한 자애로운 창조주의 손길에 의해 우리는 운 좋게도 생명을 사랑하는 진짜 우주에 살고 있는 것이다. 어쨌든 우리 우주에는 생명이 환히 빛나고 있다. 심지어 일부 사상가는 더 나아가 궁극적인 인간의 진화, 그중에서도 인간의 의식까지도 기본적인 물리상수를 이용해 정확히 예측할 수 있는 보편법칙의 필연적 소산이라고 생각한다. 이런 생각은 라이프니츠와 뉴턴의 시계태엽 우주(clockwork universe)의 현대적 해석이라고 볼 수 있다. 볼테르는 이 우주관을 "이 세상은 자비로운 신의 섭리에 의해 만들어진 최선의 세상"이라고 풍자했다. 일부 물리학자와 우주학자는 우주를 지적인 생명체의 산실로 보는 이 우주관을 숭고하고 장엄하게 생각한다. 이런 우주관에서는 자연의 중심에서 일어나는 작용을 신의 마음속으로 들어가는 '창문'이라고 여긴다.

대부분의 생물학자는 더 신중하거나 덜 종교적이다. 진화생물학은 다른 과학 분야에 비해 더 교훈적인 이야기에 매달린다. 불규칙한 생명의 변화,

일어날 법하지 않은 기묘한 일의 등장, 생물군이 문(phylum) 단위로 하나씩 사라지는 현상은 물리법칙을 따른다기보다는 우연에 더 가까워 보인다. 스티븐 제이 굴드Stephen Jay Gould는 자신의 유명한 책, 『생명, 그 경이로움에 대하여Wonderful Life』에서 만일 생명이라는 영화를 처음부터 몇 번이고 계속 재생할 수 있다면 과연 무슨 일이 벌어질지 의문을 제기했다. 한 치의 어긋남도 없이 똑같은 역사가 그대로 반복되어 그때마다 인간이 진화의 정점에 올라서게 될까? 아니면 매번 낯설고 새로운 진기한 세상이 펼쳐질까? 새로운 세상이 나타난다면 '우리'는 분명 그 광경을 보지 못할 것이다. 굴드의 이런 문제제기는 수렴진화 능력을 충분히 헤아리지 못했다는 지적을 받았다. 수렴진화란 생명체가 조상에 관계없이 형태와 기능이 유사한 방향으로 진화하는 경향을 말한다. 수렴진화가 일어나 하늘을 나는 생명체는 모두 비슷한 날개를 갖게 되고, 사물을 보는 생명체는 모두 비슷한 눈을 갖게 된다는 것이다. 굴드에 대한 비판은 사이먼 콘웨이 모리스Simon Conway Morris의 책, 『생명의 해답Life's Solution』을 통해 가장 강하고 설득력 있게 제기되었다. 공교롭게도 콘웨이 모리스는 굴드의 연구에 참여했고 『생명, 그 경이로움에 대하여』에도 그에 대한 언급이 있지만 그는 이 책의 전체적인 추론에는 반대했다. 콘웨이 모리스는 생명이라는 영화를 되돌리면 항상 똑같은 내용이 반복된다고 말한다. 그 이유는 다음과 같다. 같은 문제에 대해 다양한 해결책이 나오는 것은 기술적인 문제에서나 가능하며, 자연선택에서 생명은 어떤 문제가 되었든 언제나 같은 해결책을 찾는 경향이 있다는 것이다. 그 경향은 우연과 필연 사이의 균형으로 요약될 수 있다. 우연성인 확률과 필연성인 수렴은 어느 정도까지 진화에 영향을 미칠까? 굴드는 모든 것을 우연으로 보았다. 그러나 콘웨이 모리스는 지적인 두 발 동물에게 여전히 다섯 손가락이 있을지 정도만 차이가 날 것으로 추측했다.

수렴진화에 대한 콘웨이 모리스의 생각에는 우주 어디서든 지적 생명체가 진화할 수 있다는 의미가 담겨 있다. 우주 어디에서도 고등한 지적 생명체가 진화하기는 어렵다는 사실이 발견된다면 적잖이 실망스러울 것이다. 아무리 다른 형태의 생명체라도 문제에 대한 최선의 해결책은 지적 생명체로 수렴되는 것이기 때문이다. 진화에서 지능은 생물체가 새로운 생태적 지위를 개척하고 활용할 수 있는 충분한 지혜를 주는 아주 유용한 자원이다. 지능을 갖춘 생명체가 우리밖에 없다는 생각을 가져서는 안 된다. 어느 정도 지능을 갖추고 자아를 인식할 수 있는 동물은 돌고래부터 곰, 고릴라까지 다양하다. 인류는 빠르게 진화해 가장 '높은' 생태적 지위를 차지했으며 이 과정에 몇 가지 우연한 요소가 개입되었다는 것은 의심할 나위가 없다. 그러나 인간의 생태적 지위를 비워두고 몇천만 년의 시간을 주면 먹을 것을 찾아 돌아다니며 차를 부수고 쓰레기통을 뒤엎는 곰이 그 자리를 차지하지 못한다고 누가 장담할 수 있겠는가? 당당하고 지적인 대왕오징어도 안 될 것 없지 않은가? 분명 호모 사피엔스는 멸종한 다른 인류에 비해 우연한 기회를 좀더 많이 얻었기 때문에 번성할 수 있었을 것이다. 그러나 수렴의 능력은 언제나 생태적 지위를 선호한다. 우리는 유일무이하게 잘 진화된 이성을 자랑스럽게 여기지만 지능의 진화 자체는 전혀 특별하지 않다. 더 고등한 지적 생명체가 이 지구에서 다시 진화될 수도 있고 같은 맥락에서 우주 어디에서든 나타날 수 있다. 생명은 언제나 최고의 해답을 수렴할 것이다.

수렴의 능력은 비행능력과 시각 같은 '마술처럼 멋진 특성'의 진화를 통해 설명된다. 생명체는 같은 해결책을 되풀이해 수렴해왔다. 반복적인 진화가 필연을 의미하지는 않더라도 어느 정도 개연성이 있다고 생각할 수 있다. 확실히 어려운 기술적 문제와 연관이 있지만 비행능력은 곤충과 익룡과 조류鳥類와 박쥐에서 정확히 네 번 진화가 일어났다. 그때마다 조상과 관계없이 날아다니는 동물은 아주 비슷한 형태의 날개를 갖는 쪽으로 진화되었다. 그리고 인간 역시 이런 자연이 설계한 날개의 특징을 본 따 비행기를 만들었다. 이와 비슷하게 눈은 40회에 걸쳐 독립적으로 진화했다. 매번 특별한 설계에 따라 눈의 진화가 제한적으로 일어났다. 포유류와 오징어에서는 흔히 '카메라 눈'이라고 하는 눈이 독립적으로 진화되었으며 곤충과 지금은 멸종한 삼엽충류에서는 겹눈이 진화되었다. 우리 인간은 다시 눈의 작동원리를 본 따 사진기를 발명했다. 돌고래와 박쥐가 사용하는 초음파 탐지장치 역시 독립적으로 진화되었다. 그리고 돌고래와 박쥐가 초음파를 이용한다는 것을 알지 못했을 때 우리는 독자적으로 음파 탐지기를 발명했다. 이 모든 장치는 정교하고 복잡하며 필요에 잘 들어맞는다. 몇 번에 걸쳐 서로 다른 시간과 장소에서 독립적으로 진화가 일어났다는 사실은 이렇게 진화될 확률이 낮지만은 않다는 것을 의미한다.

만약 그렇다면 수렴이 우연보다 비중이 크고 필요가 우연에 앞선다는 의미가 된다. 리처드 도킨스Richard Dawkins는 『조상 이야기The Ancestors Tale』에서 이렇게 말했다. "내가 끌린 것은 콘웨이 모리스의 신념이다. 그는 수렴진화의 발견이 깜짝 놀랄 만큼 색다르고 진기한 현상일 거라는 생각을 버려야 한다고 했다. 아마 우리는 수렴진화를 표준으로 받아들이게 될 것이며 오히려 그 예외에 놀라게 될 것이다." 따라서 생명이라는 영화를 다시 처음부터 재생시킨다면 우리는 이곳에 없을지도 모른다. 그러나 분명히 지적인 두 발 동물이 하늘을 나는 생명체를 올려다보며 천국의 의미를 생각하고 있을 것이다.

만약 초기 지구의 유황불 속에서 생명이 태어났다는 것이 우리가 한때 생각했던 것처럼 황당한 일이 아니고(이 내용은 2부에서 자세히 다룬다), 생명체에게 일어났던 모든 중요한 혁신적인 사건이 되풀이될 수 있다면, 문명을 이루는 지적 생명체가 우주 어디서든 진화될 수 있다고 믿는 게 합리적이다. 충분히 합리적이라는 것을 인정해도 떨칠 수 없는 의혹이 하나 있다. 지구에서 이렇게 다채로운 생명체의 진화가 일어난 것은 최근 6억 년 동안의 일이다. 이는 생명이 존재했던 전체 기간의 겨우 6분의 1에 해당하는 시간이다. 그 이전으로 약 30억 년 이상의 시간 동안에 볼 수 있는 생명체는 세균과 원시적인 진핵생물인 조류藻類 정도뿐이었다. 무언가가 진화에 제동을 걸고 있었던 것은 아닐까? 그래서 생명이 앞으로 나아가는 데 어떤 우연한 사건이 필요했던 것은 아닐까?

단순한 단세포 생물이 지배하던 세계의 막을 내리게 한 것은 수많은 세포가 한데 어우러져 한 몸을 이루는 다세포 생물의 진화였다. 그러나 만일 반복성이라는 잣대를 똑같이 적용한다면 다세포 생물이 진화될 확률은 그다지 높을 것 같지 않다. 아마 다세포 생물이 독립적으로 진화된 횟수는 극히 적을 것이다. 동물과 식물은 확실히 크기가 커지는 방향으로 진화가 일어났다. 균류도 (아마) 그랬을 것이다. 마찬가지로 세포군체는 조류에서 한 번 이상 진화가 일어났을 것이다. 홍조류, 갈조류, 녹조류로 나뉘는 조류는 단세포 생물이 번성하던 10억 년 전에 분기된 아주 오래된 분류군이다. 다세포화가 조류에서 단 한 차례만 일어났다고 주장할 만한 구조적인 특성이나 유전학적 특성은 없다. 사실 대부분의 조류는 아주 단순해서 진정한 다세포 생물이라기보다는 비슷한 세포들의 군치로 보는 편이 적당하다.

세포군체는 분열은 했지만 완전히 분리되지는 못한 세포들의 집단이다. 이런 세포군체와 진정한 다세포 생물의 차이는 유전적으로 동일한 세포들이 얼마나 전문화(분화[differentiation])되었는가에서 드러난다. 인간을 예로 들면, 뇌세포와 콩팥세포는 같은 유전자를 갖지만, 전체 유전자 중에서 필요한 유전자만 골라 활성화시킴으로써 서로 다른 일을 하도록 분화되었다. 하등한 생물로 내려가면 세포군체를 형성하는 생물이 수없이 많다. 세균의 콜로니colony(집락集落)에서조차도 세포들 사이에 약간의 분화가 일어나는 일이 흔하다. 세포군치와 다세포 생물 사이의 경계가 이렇게 모호하기 때문에 우리는 세균의 콜르니를 어떻게 해석할지 혼란스럽다. 대부분의 보통 사람들 눈에는 세균의 클로니가 진흙보다 조금 나은 정도로밖에 보이지 않지만 일부 학자들 중에는 다세포 생물로 해석해야 한다고 주장하는 사람도 있다. 그러나 중요한 것은 다세포 생물의 진화가 창조적이고 풍부한 생명의 흐름에 심각한 장애가 된 것 같지는 않다는 점이다. 만약 생명이 어떤 틀에 갇혀 빠져나오지 못했다면 그 이유는 세포들 사이의 연합이 지나치게 어려웠기 때문이 아니라는 것이다.

1부에서는 생명의 역사에서 정말 일어날 것 같지 않았던 한 사건을 다룰 것이다. 생명의 도약이 그토록 오랫동안 미루어졌던 것은 모두 이 사건 때문이었다. 내 생각에는 생명이라는 영화를 몇 번이고 다시 되돌리면, 매번 똑같은 전철을 되풀이해 밟게 될 것 같다. 우리가 볼 수 있는 행성에는 세균만 가득하고 다른 생명체는 없을 것이다. 이 지구에 온갖 다양성을 만들어낸 사건은 핵을 품고 있는 최초의 복잡한 세포인 진핵세포의 진화이며, 이것이 바로 우리가 1장에서 다룰 사건이다. '진핵세포' 같은 난해한 용어가 쓸데없는 예외로 보일 수도 있겠지만, 인간을 비롯해 지구에 사는 모든 진정한 다세포 생물은 진핵세포로만 이루어져 있다. 모든 식물, 동물, 균류, 조류가 다 진핵생물이다. 대부분의 학자들은 진핵세포가 한 번만에 진화했다는 것에 동의한다. 지금까지 알려진 모든 진핵생물은 모두 확실히 유연관계가 있다. 우리 모두는 유전학적으로 정확히 같은 조상으로부터 갈라져 나온 것이다. 동일한 확률법칙을 적용했을 때 진핵세포가 만들어질 확률은 다세포 생물이나 지적 생명체의 진화, 비행능력이나 시각의 진화가 일어날 확률보다 훨씬 낮아 보이며, 소행성이 충돌할 확률에 비길 만큼 전혀 예측할 수 없는 완벽한 우연처럼 보인다. 이 모든 것이 미토콘드리아와 무슨 상관이 있을지 궁금할 것이다. 그 해답은 모든 진핵생물이 미토콘드리아를 가지고 있거나 한때 가지고 있었다는 놀라운 발견으로부터 나온다. 아주 최근까지 미토콘드리아는 진핵생물의 진화과정에서 부수적으로 따라온 기관 정도로 인식되었다. 다시 말해서 진핵생물 진화의 진짜 주인공은 핵이며 미토콘드리아는 필수품이라기보다는 장식품에 가깝게 여겨졌다. 그러나 지금은 그렇지 않다는 것이 확인되었다. 최신 연구를 통해 밝혀진 내용에 따르면, 미토콘드리아를 획득한 사건은 이미 유전자로 가득 찬 핵을 갖고 있던 복잡한 진핵세포에 단순히 충분한 동력을 공급하는 일보다 훨씬 더 큰 중요성이 있다. 이 사건은 복잡한 진핵세포의 진화를 단번에 가능하게 만들었다. 만약 미토콘드리아와의 연합이 일어나지 않았다던 우리는 지금 이곳에 있지 못할뿐더러, 다른 지적인 생명체도, 진정한 다세포 생물도 이 땅에 나타나지 못했을 것이다. 그러므로 이 우연한 사건에 관한 질문은 이렇게 요약될 수 있다. 미토콘드리아는 어떻게 진화된 것일까?

01

진화의 가장 깊숙한 틈새

진핵세포가 병목현상을 거쳐 진화되지 않았다면 단 한 차례만 일어났던 것으로 볼 때 정말 믿기 어려운 사건의 연속이었을 것이다. 다세포 진핵생물에 대한 내 생각이 어느 정도 편견일 수도 있겠지만 나는 세균이 지구뿐 아니라 우주 어디에서라도 진흙더미를 훌쩍 벗어나 지적인 능력을 얻는 방향으로 진화할 수 있다고 믿지 않는다. 복잡한 생명체의 비밀은 괴물 같은 속성을 지닌 진핵세포 속에 숨겨져 있다. 일어날 것 같지 않았던 연합을 통해 20억 년 전에 태어난 이 희망적인 괴물(hopeful monster)은 오늘도 우리 몸속 가장 깊은 곳에서 소리 없이 우리 삶을 지배하고 있다.

세균과 진핵세포 사이의 차이는 생물학에서 볼 수 있는 다른 어떤 차이보다도 그 간격이 크다. 우리가 억지로 세균의 콜로니를 다세포 생물로 받아들인다 할지라도 세균은 가장 하등한 생물의 수준을 결코 넘어선 적이 없다. 그 까닭이 시간이나 기회가 부족했기 때문이라고는 보기 어렵다. 세균은 상상할 수 있는 모든 환경에서, 그리고 몇몇 상상치도 못한 환경에서 콜로니를 형성하며 20억 년 동안 지구를 지배해왔다. 오늘날에도 생물량으로 따지면 세균의 생물량은 다세포 생물 전체의 생물량을 합친 것보다 많다. 그러나 세균에게는 길을 가다 마주칠 큰 다세포 생물로 절대 진화될 수 없는 이유가 몇 가지 있다. 반면 주류적 시각에서 볼 때 세균보다 훨씬 나중에 등장한 진핵세포는 세균이 살았던 기간에 비하면 한 조각에 불과한 단 수억 년이라는 기간 동안 우리 주위의 모든 생명체를 샘솟게 한 거대한 생명의 원천을 만들어냈다.

노벨상 수상자인 크리스티앙 드 뒤브Christian de Duve는 생명의 기원과 그 역사에 오랜 관심을 기울여왔다. 그는 통찰력 있는 최근작 『생명은 진화한다Life Evolving』에서 진핵생물의 탄생은 우연한 사건이라기보다는 병목현상이었을 것이라는 견해를 내놓았다. 다시 말해서 진핵생물의 진화는 대기와 해양의 산소량 증가 같은 비교적 갑작스러운 환경의 변화로 인한 필연적인 결과이며 당시 살았던 모든 원시진핵생물 가운데 한 종류만 우연히 적응을 잘해서 병목구간을 빠져나왔고 변화하는 환경을 이용해 빠르게 번성했다는 것이다. 이 원시진핵생물이 우연이라는 인상을 심어주면서 번성하는 동안, 환경에 적응하지 못한 다른 경쟁자들은 사라졌다는 이야기다. 이런 일이 일어났을 가능성은 실제로 일어났던 일련의 사건들과 그와 연관된 선택압(selection pressure, 자연도태의 작용을 물리학적인 압력에 비교한 말: 옮긴이)에 의해 결정되며 확실한 것을 알기 전까지는 이 가능성도 배제할 수는 없다. 20억 년 전에 작용한 선택압에 대한 이야기이므로 확실한 것이 하나도 없어 보이는 게 당연하다. 그러나 서론에서 말했듯이 현대 분자생물학을 참고하면서 가능성이 없는 것을 조금씩 지워나가면 가장 있었음직한 사건들로 목록이 좁혀질 수 있을 것이다.

    드 뒤브에 대한 존경심은 이루 말할 수 없지만 그의 병목이론은 잘 받아들여지지 않는다. 그의 이론은 너무 획일적이며 진정한 생명의 다양성과는 상반된 모습이다. 자연계에는 모든 생물을 위한 생태적 지위가 빠짐없이 마련되어 있다. 세상은 단숨에 통째로 바뀌지 않으며 곳곳에는 다양한 틈새환경이 자리잡고 있다. 그중에서도 특히 산소가 부족하거나 아예 없는 환경이 예전에는 광범위하게 존재했고 오늘날도 마찬가지라는 사실이 중요하다. 이런 환경에서 살아가는 데 필요한 생화학적 능력은 산소가 풍부한 환경에서 살아가는 데 필요한 능력과는 판이하게 다르다. 한 진핵생물이 이미 존재한다고 해서 다양한 환경에서 다양한 '진핵생물'이 진화하는 것을 방해하지는 못한다. 뿐만 아니라 바다 밑바닥의 퇴적층처럼 완전히 고립된 환경에서 사는 단세포 진핵생물도 산소호흡을 하는 육상생물과 모두 유연관계가 있다. 내 생각으로는 최초의 진핵생물이 자신의 특성과 잘 맞지도 않는 환경에서조차 모든 경쟁자를 절멸시킬 정도로 경쟁력이 있었을 것 같지는 않다. 사실 진핵생물의 경쟁력은 아주 약해서 세균의 경쟁조차 물리치지 못했다. 진핵생물과 세균은 나란히 자리를 잡고 자신만의 생태적 지위를 개척해 나갔다. 분명한 것은 진핵생물이 산소호흡에 능숙해졌다고 해서 세균의 멸종을 불러오지는 않았다는 사실이다. 같은 자원을 놓고 끊임없이 혹독한 경쟁을 해왔지만 다양한 종류의 세균은 수십억 년 동안 살아남았고 더 널리 퍼져 나갔다.

    간단한 보기를 하나 들면 메탄생성고세균(methanogen)이라는 미생물이 있다. 전문용어로는 고세균(Archaea)이라고 부르는 이 미생물은 수소와 이산화탄소를 이용해 메탄기체를 만들며 살아간다. 메탄생성고세균의 중요성은 나중에 다시 나오기 때문에 여기서는 간단히 짚고 넘어가겠다. 메탄생성고세균에게는 이산화탄소는 풍부하지만 수소는 풍부하지 않다는 문제가 있다. 수소는 산소와 재빨리 결합해 물을 형성한다. 그러므로 산소가 풍부한 환경에서는 긴 시간 동안 수소가 존재하기 어렵다. 그러므로 수소기체가 있어야만 살아갈 수 있는 메탄생성고세균은 산소가 아예 없는 곳이나 끊임없이 화산활동이 일어나는 곳처럼 수소가 계속 공급되는 곳에서만 살아갈 수 있다. 그러나 수소기체를 이용하는 미생물이 메탄생성고세균 하나만 있는 게 아닌 데다 메탄생성고세균이 환경에서 수소를 얻는 방법이 특별히 효율적인 것도 아니다. 일명 **황산염환원세균**(sulphate-reducing bacteria)이라고 불리는 다른 종류의 세균은 황산염을 황화수소로 바꾸며(환원시켜) 살아간다. 황화수소는 썩은 달걀 냄새와 비슷한 고약한 냄새를 풍기는 기체다(실제로 달걀이 썩을 때 황화수소기체가 발생한다). 황산염환원세균도 수소기체를 이용하므로 한정된 자원을 놓고 메탄생성고세균과 경쟁을 벌일 수밖에 없으며, 이 경쟁에서 우위를 차지하는 것은 황산염환원세균이다. 그러나 메탄생성고세균은 자신만의 틈새환경에서 30억 년 동안이나 살아남았다. 이 틈새환경은 황산염환원세균에게 여러 가지 이유에서 불리한 환경이며 대개 황산염이 부족한 환경이다. 이를테면 민물호수 같은 경우에는 황산염이 부족해 황산염환원세균이 번식을 할 수 없다. 그러면 이런 호수 밑바닥에 쌓인 개흙이나 물이 고인 늪지에 메탄생성고세균이 살아간다. 이 미생물이 만들어내는 메탄기체는 늪지기체라고도 불린다. 때때로 이 기체는 신비로운 푸른 불꽃을 내며 늪지대 위로 날아다닌다. 이것이 바로 '도깨비불'로, 많은 사람들로 하여금 도깨비와 미확인 비행물체를 '목격'하게 만드는 현상이다. 그러나 메탄생성고세균이 만들어내는 산물만큼은 도깨비불처럼 허황되지 않다. 매장된 기름을 착취하는 대신 천연가스를 쓰자고 주장하는 사람이라면 메탄생성고세균에게 감사해야 할 것이다. 이 미생물이 천연가스 공급을 전적으로 책임지기 때문이다. 메탄생성고세균은 가축의 내장에도 산다. 대장 쪽으로 갈수록 산소가 희박하기 때문에 심지어 사람 몸속에도 살 수 있다. 메탄생성고세균은 특히 초식동물의 몸속에서 많이 발견되는데 일반적으로 식물에는 황 화합물이 많지 않기 때문이다. 반면 육류에는 황이 더 풍부하다. 따라서 육식동물의 장에는 메탄생성고세균 대신 황산염환원세균이 산다. 식성을 바꾸면 점잖은 자리에서 그 차이를 확인할 수 있을 것이다.

내 요지는 메탄생성고세균이 병목구간을 통과하는 경주에서는 패배했지만 틈새환경에서 꿋꿋이 살아가고 있다는 것이다. 좀더 큰 생물계도 이와 비슷하다. 경쟁에서 졌다고 완전히 사라지거나 조금 늦게 나타났다고 아슬아슬한 기반조차도 마련하지 못하는 경우는 드물다. 비행능력이 조류鳥類에서 이미 진화되었다는 사실이 훗날 가장 종류가 많은 포유류로 번성한 박쥐의 진화를 막지 않았다. 식물의 진화가 조류藻類의 멸종을 부르지도 않았다. 또 관다발식물이 진화했다고 이끼류가 사라지지도 않았다. 대멸종 때조차도 강(class) 전체가 모습을 감춘 예는 매우 드물었다. 공룡은 사라졌지만 파충류는 조류, 포유류와 팽팽한 경쟁을 치르면서 여전히 우리 사이에서 살고 있다. 내 생각으로는 드 뒤브가 진핵생물의 진화에서 가정한 것과 견줄 만한 병목현상은 진화에서 딱 한 번 있었던 것 같다. 그것은 바로 생명 그 자체의 기원이다. 단번에 일어났든, 여러 번에 걸쳐 일어났지만 결국 한 종류만 살아남았든, 어떤 경우라도 병목현상에 해당한다. 그러나 이는 우리로서는 알 길이 없기 때문에 그리 좋은 예라고는 할 수 없다. 확실한 것은 오늘날 살아가는 모든 생명체는 궁극적으로 같은 조상에서 갈라져 나왔다는 사실이다. 덧붙여, 이 사실은 지구에 생명체가 살게 된 것이 외계로부터의 끊임없는 침입으로 생명체가 불어났기 때문이라는 일부 견해와도 맞지 않는다. 이 견해는 현재까지 알려진 모든 생명체 사이에 존재하는 깊은 생화학적 연관성과도 일치하지 않는다.

진핵세포가 병목현상을 거쳐 진화되지 않았다면 단 한 차례만 일어났던 것으로 볼 때 정말 믿기 어려운 사건의 연속이었을 것이다. 다세포 진핵생물에 대한 내 생각이 어느 정도 편견일 수도 있겠지만 나는 세균이 지구뿐 아니라 우주 어디에서라도 진흙더미를 훌쩍 벗어나 지적인 능력을 얻는 방향으로 진화할 수 있다고 믿지 않는다. 복잡한 생명체의 비밀은 괴물 같은 속성을 지닌 진핵세포 속에 숨겨져 있다. 일어날 것 같지 않았던 연합을 통해 20억 년 전에 태어난 이 희망적인 괴물(hopeful monster)은 오늘도 우리 몸속 가장 깊은 곳에서 소리 없이 우리 삶을 지배하고 있다.

리처드 골드슈미트Richard Goldschmidt가 처음 희망적인 괴물이라는 개념을 내놓은 것은 1940년의 일이었다. 그해 오스왈드 에이버리Oswald Avery는 유전자가 DNA로 구성되어 있음을 증명했다. 골드슈미트는 손가락질을 받기도 했고 반다윈주의 영웅으로 추앙받기도 했다. 그러나 어떤 평가도 그를 적절히 판단했다고 보기는 어렵다. 그의 이론은 터무니없지도 않고 반다윈주의도 아니었다. 골드슈미트는 작은 **돌연변이**(mutation)가 점차 축적되는 작용이 중요하기는 하지만 이것만 가지고는 같은 종 안의 다양성밖에 설명하지 못한다고 주장했다. 이런 작은 돌연변이의 축적은 새로운 종의 기원을 설명할 수 있을 만큼 충분히 강력한 진화적 신기성(evolutionary novelty)의 원인이 되지는 못한다는 것이다. 골드슈미트는 종의 범주를 뛰어넘는 커다란 유전적 차이는 연속적인 작은 돌연변이의 축적으로는 도달할 수 없으며, 훨씬 더 근원적인 '대변이(macro-mutation)'인 '유전적 간격(genetic space)'을 뛰어넘는 괴물이 필요하다고 생각했다. 유전적 간격이란 서로 다른 두 종류의 서열 사이의 간격(한 유전자가 다른 유전자로 변하는 데 필요한 변화의 수)을 뜻한다. 그러나 골드슈미트는 무작위로 일어나는 대변이, 다시 말해 갑작스러운 유전자 서열의 큰 변화는 쓸모없는 돌연변이체를 만들어낼 확률이 훨씬 높다는 사실을 헤아리고 있었다. 그래서 그는 아주 드물게 나타나는 성공적인 돌연변이체에 '희망적인 괴물'이라는 이름을 붙였다. 골드슈미트에게 희망적인 괴물은 작은 돌연변이의 축적이 아니라 갑작스럽고 큰 유전적 변화로부터 운 좋게 얻어진 좋은 결과다. 이런 돌연변이는 전형적인 미친 과학자가 평생 동안 좌충우돌하며 실패만 거듭하다 우연히 얻어낸 그런 결과에 비길 수 있다. 현대 유전학을 이해하게 되면서, 우리는 대변이가 적어도 다세포 생물에서는 종 분화를 설명하지 못한다는 사실을 알게 되었다(린 마굴리스의 주장에 따르면 세균의 경우에는 가능할 수도 있다). 그러나 내가 보기에는 최초의 진핵세포를 만들어낸 두 유전체 사이의 융합은 순수하게 작은 변이의 축적이라기보다는 '희망적인 괴물'을 창조하기 위한 대변이었다.

그렇다면 최초의 진핵생물은 어떤 괴물이었을까? 그리고 그 기원이 확실치 않은 이유는 무엇일까? 그 해답을 이해하려면 먼저 진핵세포의 특징과 세균과 진핵세포 사이의 두드러진 차이를 살펴봐야 한다. 이미 서론에서 그 내용을 다루었기 때문에 여기서는 차이의 규모, 다시 말해 그 틈이 얼마나 큰지에 초점을 맞출 것이다.

세균과 진핵생물의 차이

세균과 비교했을 때 대부분의 진핵세포는 매우 큰 편이다. 세균의 크기는 몇 마이크로미터를 넘는 일이 거의 없다. 크기가 세균만한 아주 작은 진핵생물인 극소진핵생물도 있지만 대부분의 진핵세포는 세균보다 10~100배 정도 크다. 부피로 따지면 1만 배에서 10만 배까지 차이가 난다.

크기만 다른 것이 아니다. 진핵생물의 중요한 특징은 그리스어에서 유래된 이름에서 알 수 있듯이 '진짜' 핵을 갖고 있다는 것이다. 보통 둥근 모양인 핵은 단백질과 얽혀 있는 DNA(유전물질)가 가득 들어 있으며 이중막으로 싸여 있다. 여기서 벌써 세균과의 세 가지 큰 차이점이 드러난다. 첫째, 세균은 핵이 아예 없거나 막이 없는 원시적인 형태의 핵을 지닌다. 그래서 세균의 다른 이름인 '원핵생물(prokaryote)'은 그리스어로 '핵 이전'이라는 뜻이다. 어쩌면 섣부른 판단일 수도 있지만 대부분의 학자들은 원핵세포라는 이름이 제대로 지어졌다는 데 의견이 비슷하다(핵이 있는 세포가 핵이 없는 세포만큼이나 오래전에 나타났다고 주장하는 학자도 있다). 원핵세포는 핵이 있는 세포(진핵세포)보다 먼저 나타난 것으로 보인다.

둘째, 세균과 진핵세포는 유전자의 총량을 의미하는 전체 유전체의 규모에서 큰 차이를 보인다. 일반적으로 세균은 효모 같은 가장 간단한 단세포 진핵생물과 비교해도 DNA가 훨씬 적다. 이 차이는 보통 수백에서 수천 개에 이르는 전체 유전자의 개수나 전체 DNA 내용물을 비교해도 뚜렷하게 드러난다. C값(C-value)이라고도 알려진 전체 DNA 내용물은 DNA의 '염기 문자'의 양으로 측정된다. 여기에는 유전자뿐 아니라 **암호화되지 않은 DNA** 서열도 포함된다. 이 DNA 서열은 단백질을 만드는 정보가 암호화되지 않았기 때문에 진정한 '유전자'라고 부를 수 없다. 세균과 진핵세포는 유전자 개수와 C값에서 모두 큰 차이가 난다. 세균에 비해 효모 같은 단세포 진핵생물은 약 예닐곱 배, 인간은 약 스무 배 정도 많은 유전자를 갖고 있다. C값, 곧 전체 DNA 내용물의 차이는 더욱 놀랍다. 진핵생물은 세균보다 암호화되지 않은 DNA가 훨씬 많아서 진핵생물의 전체 DNA 내용물은 세균에 비해 많게는 최대 수십만 배까지 차이가 나기도 한다. 커다란 아메바의 일종인 아메바 두비아(*Amoebae dubia*)의 유전체는 작은 진핵세포인 뇌회백염 원충(*Encephalitozoon cuniculi*)의 유전체보다 20만 배나 크다. 이 엄청난 차이는 복잡성이나 전체 유전자 개수와는 아무 관계가 없다. 아메바 두비아는 사람과 비교해도 200배나 많은 DNA를 갖고 있지만 복잡성은 확연히 떨어진다. 이 기묘한 현상을 C값 역설(C-value paradox)이라고 한다. 암호화되지 않은 DNA에 어떤 진화론적 목적이 있는지에 대해서는 아직 의견이 분분하다. 몇몇 암호화되지 않은 DNA의 구실은 확실히 밝혀졌지만 많은 부분이 여전히 의문으로 남아 있다. 아메바에게 왜 이렇게 많은 DNA가 필요한지를 이해하기란 사실 어렵다(이 내용은 4부에서 다시 다룰 것이다). 어쨌든 이는 사실이고 진핵생물에는 원핵생물보다 수십 배나 많은 DNA가 들어 있는 것에 대해 어떤 설명이 필요하다. DNA를 유지하려면 비용이 든다. 늘어난 DNA를 모두 복제하고 정확히 복제가 이루어지도록 감시하는 데는 에너지가 들며 이 에너지는 세포분열 환경과 속도에 영향을 준다. 이 속에 담긴 의미는 나중에 자세히 살펴볼 것이다.

셋째, DNA의 구조에서 큰 차이가 난다. 서론에서 지적한 것처럼 대부분의 세균은 하나의 고리 모양 염색체를 갖고 있다. 이 염색체는 세포벽에 고정되어 있기는 하지만 세포 안을 자유롭게 떠다니면서 빠른 속도로 복제할 준비가 되어 있다. 게다가 세균에는 '잔돈' 유전물질이라고 할 수 있는 작은 고리 모양 DNA도 있다. 이 DNA를 플라스미드plasmid라고 하며 독립적으로 복제되어 한 세균에서 다른 세균으로 전달되기도 한다. 플라스미드의 교환은 주머니 속 잔돈으로 물건을 사는 것에 비유할 수 있다. 약에 대한 저항성을 띠는 유전자가 그렇게 빨리 세균집단 사이에 퍼질 수 있는 이유도 플라스미드로 설명될 수 있다. 마치 한 동전이 하루 동안 스무 개의 다른 주머니를 거치는 것과 비슷하다. 다시 세균 유전자의 중앙은행으로 되돌아가 보자. 몇몇 세균은 염색체를 단백질로 감싸고 있지만, 그래도 세균 유전자는 '헐벗은' 상태이기 때문에 비교적 접근이 쉽다. 말하자면 적금보다는 보통예금에 가깝다고 할 수 있겠다. 세균 유전자는 비슷한 목적을 수행하는 유전자들끼리 한데 모여 **오페론**operon이라는 기능적인 단위를 이루는 경향이 있다. 이와 달리 진핵세포의 유전자에는 질서 비슷한 것도 없다. 진핵세포에는 꽤 많은 수의 실 모양 염색체가 들어 있으며 똑같은 염색체가 쌍을 이루고 있어 그 수는 보통 두 배로 늘어난다. 인간의 경우에는 모두 23쌍의 염색체가 있다. 진핵생물에서는 유전자들이 사실상 아무런 순서도 없이 염색체 위에 늘어서 있으며 길게 늘어지는 암호화되지 않은 DNA 서열 때문에 유전자의 흐름이 중간 중간 끊어지곤 한다. 단백질 하나를 만들려면 아주 넓은 영역의 DNA 서열을 모두 읽은 뒤 DNA 조각을 자르고 다시 이어 붙여야만 단백질을 합성하는 데 필요한 완전한 설계도를 만들 수 있다.

진핵생물의 유전자는 무작위로 여기저기 흩어져 있을 뿐 아니라 접근도 어렵다. 염색체는 유전자로 접근하는 통로를 차단하는 히스톤이라는 단백질에 단단히 감겨 있다. 세포분열을 하는 동안 유전자가 두 배로 복제될 때나 단백질을 합성하기 위해 전사가 일어날 때는 DNA에 접근할 수 있도록 히스톤의 배치가 변하고 그다음은 전사인자라는 단백질이 이 과정을 조절한다.

종합하면 진핵생물의 유전체 구성은 각주만으로 도서관 전체를 채우고도 남을 정도로 아주 복잡한 일이다. 이런 복잡한 구성의 또 다른 면은 (세균에게서는 찾아볼 수 없는 성을 통해) 5장에서 만나게 될 것이다. 그러나 이제 가장 중요한 문제인 이 모든 복잡성을 유지하는 데 필요한 에너지 비용이라는 문제가 남았다. 세균은 언제나 얄미울 정도로 간소하고 능률적인 데 반해, 진핵생물은 대개 둔하고 복잡하다고 할 수 있다.

세포골격과 많은 세포소기관

핵을 제외한 다른 부분에서도 진핵세포는 세균과 아주 다른 특성을 나타난다. 진핵세포는 '속이 들어찬' 세포라고 불려왔다(그림 2). 진핵세포를 구성하는 내용물 대부분은 지질이라는 지방분자가 두 겹을 이룬, 눈에 보이지 않을 정도로 얇은 막으로 이루어져 있다. 이 막은 둥근 주머니 모양, 길쭉한 대롱 모양, 차곡차곡 쌓여 있는 모양의 밀폐된 작은 공간을 만들며 지질 울타리로 둘러싸여 액체상태인 세포액과 분리된다. 서로 다른 막구조는 다양한 임무를 수행하도록 분화되어, 세포의 구성물질을 만들거나 음식물을 분해해 에너지를 생산하거나 운반, 저장, 분해를 담당하기도 한다. 흥미롭게도 진핵세포의 막구조는 형태나 크기가 무척 다양하지만 대부분 단순한 소포가 변형된 것이다. 길쭉하거나 납작하거나 대롱 모양이거나 단순한 공 모양이기도 한 다양한 막구조에서 가장 놀라운 것은 핵막이다. 핵막은 하나의 이중막이 핵을 둘러싸고 있는 것처럼 보이지만 실제로는 커다랗고 납작한 소포들이 연달아 겹쳐져 있는 구조다. 더 놀라운 사실은 세포 속에 있는 다른 막구조와 이어져 있다는 점이다. 따라서 핵막은 항상 연속된 단일(또는

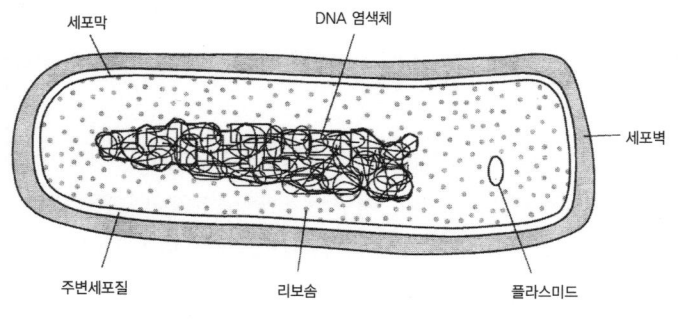

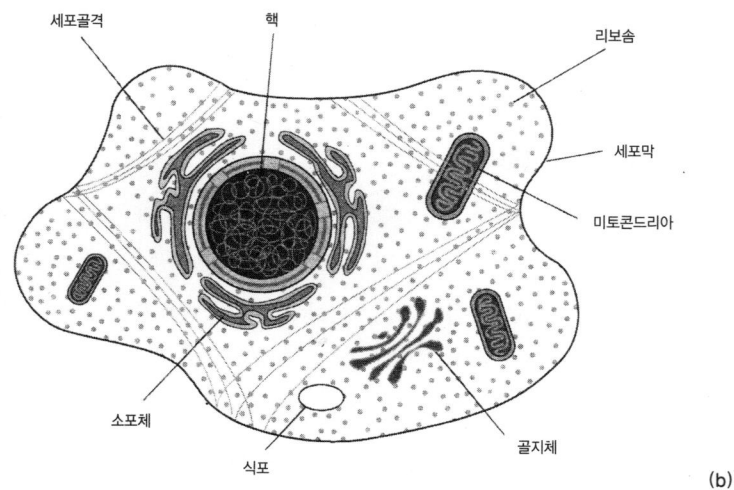

그림 2 세균(a)과 진핵세포(b)의 세포구조를 비교한 그림. 그림의 비례는 정확하지 않으며 세균은 (b)에 들어 있는 미토콘드리아와 비슷한 크기다. 진핵세포의 실제 막구조는 이보다 훨씬 복잡하지만 알아보기 쉽도록 간단하게 묘사했다. 세균은 전자현미경 시야에서도 확인할 수 있는 게 별로 없다.

이중)막인 세포의 외막과는 그 구조가 다르다.

    다음으로 진핵세포 속에는 세포소기관이라는 작은 기관이 들어 있다. 세포소기관에 속하는 것으로는 미토콘드리아나 엽록체가 있다. 식물과 조류에 들어 있는 엽록체는 태양에너지를 화학에너지로 바꾸어 유기물로 저장하는 작용인 광합성을 한다. 미토콘드리아처럼 엽록체도 **시아노박테리아** cyanobacteria라는 세균에서 유래되었다. 시아노박테리아는 진짜 광합성을 하여 산소를 발생시키는 유일한 세균이다. 미토콘드리아와 엽록체가 모두 한때 독립생활을 하던 세균이었고 자기 몫의 유전자를 지니고 있으며 지금도 어느 정도 독립된 생명체의 특징을 유지하고 있다는 점에 주목해야 한다. 이 둘은 모두 숙주세포에서 에너지 생산을 담당하고 있다. 이 두 세포소기관과 다른 막구조의 차이는 워낙 뚜렷하기 때문에 한눈에 구분된다. 미토콘드리아와 엽록체는 핵처럼 이중막으로 둘러싸여 있지만, 핵과 달리 이들을 둘러싼 이중막은 진짜 하나로 연결된 울타리다. 게다가 자기 몫의 DNA와 리보솜과 단백질 조립능력을 가지고 어느 정도 독립적인 방식으로 분열을 하는 따위의, 조상이 세균이라는 사실을 알려주는 특징을 갖고 있다.

진핵세포가 속이 들어찬 세포라면 세균은 속을 알 수 없는 세포다. 군데군데 겹쳐져 결을 이루고 있는 하나의 외막을 제외하면 세균에게서는 진핵세포처럼 요란한 내막체계를 좀처럼 찾아보기 어렵다. 그러나 화려한 진핵세포의 막이든 듬성듬성한 세균의 막이든 기본구조는 똑같다. 둘 다 글리세롤인산염으로 된 물에 잘 녹는 '머리'와 기름에만 녹는 기다란 탄화수소 꼬리가 결합된 구조로 이루어진 지질막이다. 세제가 저절로 작은 거품을 형성하는 것처럼 이 기본구조는 안쪽으로는 탄화수소 꼬리가 묻히고 바깥쪽으로는 수용성 머리가 나오면서 서로 합쳐져 자연적으로 막을 형성한다. 세균과 진핵생물 사이의 이런 공통점 때문에 생화학자들은 두 생물군이 공통조상에서 유래했다는 확신을 얻었다.

이 모든 차이점과 공통점의 의미를 따져보기에 앞서 진핵세포의 간이역 여행을 마무리하도록 하자. 내가 이야기하고 싶은 세균과 진핵세포의 차이점이 아직 두 가지 남아 있다. 첫째는 진핵세포 속에는 막구조와 세포소기관 말고도 세포골격이라는 단백질 섬유로 된 치밀한 뼈대가 있다는 것이며, 둘째는 진핵생물은 세균과 달리 세포벽이 없거나 있다 해도 세균과는 그 방식이 다르다는 것이다(식물의 세포와 일부 조류와 균류에 세포벽이 있지만 이 생물들의 세포벽은 세균의 세포벽과는 완전히 다르며 훨씬 나중에 진화되었다).

내부에 있는 세포골격과 외부를 둘러싸는 세포벽은 완전히 다르지만 둘 다 세포의 모양을 유지하는 일을 담당한다. 같은 맥락에서 큐티클로 된 곤충의 외골격과 인간의 내골격도 모양은 다르지만 둘 다 형태를 유지하는 작용을 한다. 구조와 성분이 다양한 세균의 세포벽은 일반적으로 단단한 외형을 유지하며 환경이 갑자기 변했을 때 세균이 터질 정도로 팽창하거나 붕괴되는 일을 방지하는 작용을 한다. 또 세포벽에는 염색체가 달라붙을 수 있는 튼튼한 표면과 채찍 모양을 한 편모 같은 다양한 운동기관도 있다. 이와 달리 진핵세포는 내부의 세포골격을 통해 형태를 유지하면서 유동적인 외막을 갖고 있다. 세포골격은 고정된 구조가 아니라 끊임없이 형태를 변화시키는 구조다. 많은 에너지가 필요한 이런 형태변화를 통해 세포골격은 세포벽이 따라올 수 없을 정도의 운동성을 갖게 되었으며, 세균과 달리 자유롭게 형태를 바꿀 수 있게 된 진핵세포(적어도 원생동물[protozoa])는 이루 헤아릴 수 없이 많은 이득을 얻었다. 이를테면 진핵생물인 아메바는 굼실굼실 기어다니며 먹이를 감싸 **식세포작용**(phagocytosis)을 한다. 식세포작용은 위족(pseudopodia, 가짜 발이라는 뜻)이라는 일시적인 돌기를 만들어 먹이를 둘러싼 다음 세포 안에 식포를 만드는 작용을 일컫는다. 위족은 세포골격의 역동적인 변화 덕분에 안정된 상태를 유지하며 쉽게 나타났다 사라졌다 할 수 있다. 지질로 이루어진 막이 세제거품처럼 유동적이라 쉽게 떨어져 나와 소포를 만든 뒤 다시 하나로 합쳐질 수 있기 때문이다. 형태를 바꾸고 식세포작용을 통해서 먹이를 섭취하는 능력은 단세포 진핵생물을 세균과는 다른 진정한 포식자로 차별화시켰다.

짧은 여행—세균에서 진핵생물까지

진핵세포와 세균은 본래 같은 구성물질(핵산, 단백질, 지질, 탄수화물)로 이루어져 있다. 진핵세포와 세균의 유전암호는 완전히 일치하며 막을 구성하는 지질도 아주 비슷하다. 의심할 나위 없이 세균과 진핵세포가 공통된 형질을 물려받은 것이다. 그런가 하면 진핵세포의 구조는 모든 면에서 세균과 다르다. 진핵세포는 세균보다 부피가 평균 1만 배에서 10만 배까지 크며, 핵과 많은 막구조와 세포소기관을 갖추고 있다. 진핵세포는 보통 세균에 비해 수십 배나 더 많은 유전물질과 유전자 조각을 특별한 순서도 없이 더 작은 공간에 담고 있다. 진핵세포의 염색체는 고리 모양이 아니라 직선 모양이며 히스톤 단백질에 둘러싸여 있다. 진핵생물 대부분은 항상은 아니더라도 유성생식을 한다. 역동적인 세포골격으로 형태를 유지하며 세포벽은 없을 수도 있다. 따라서 진핵생물은 먹이를 찾아다니며 세균을 통째로 삼키는 일이 가능해졌다.

미토콘드리아는 이런 차이점 가운데 그저 하나를 더 추가한 것처럼 보일지도 모르겠지만 미토콘드리아가 그렇지 않음을 곧 확인하게 될 것이다. 한 가지 의문이 든다. 세균은 40억 년 동안 거의 변하지 않았는데 왜 진핵생물은 이렇게 복잡한 진화의 여정을 거쳐 온 것일까?

생물학에서 가장 뜨거운 주제 가운데 하나인 진핵세포의 탄생을 리처드 도킨스는 '위대한 역사적 랑데부'라고 일컬었다. 이는 과학과 추측을 골고루 적당히 갖추었기 때문에 냉정하다는 과학자들에게도 격한 열정을 불러일으킨다. 새로운 증거가 하나씩 나올 때마다 진핵세포의 진화론적 기원을 설명하는 가설도 하나씩 생겨나는 것처럼 느껴지기도 한다. 이런 가설들은 보통 둘로 나뉜다. 다양한 세균 세포의 연합을 기초로 진핵세포의 기원을 설명하려는 쪽과 다양한 연합에 의존하지 않고 진핵세포의 특징 대부분을 진핵세포 내부에서 끌어내려는 쪽이 있다. 린 마굴리스는 미토콘드리아와 엽록체가 독립생활을 하던 세균에서 유래했다고 주장했다. 또 세포골격과 세포골격을 형성하는 기관인 중심립을 비롯해 다른 몇 가지 진핵세포 기관도 세균과의 연합에서 유래했다고 주장했지만 그다지 학계의 관심을 끌지는 못했다. 문제는 세포구조의 유사성이 직접적인 진화관계로부터 도출되었을지도 모른다는 것이다. 이 관계에서 세포내공생자는 계속 퇴화를 해왔기 때문에 그 조상은 추측을 통해 짐작할 수밖에 없다. 아니면 세포구조의 유사성이 비슷한 선택압을 받으면 반드시 비슷한 구조가 발달한다는 수렴진화의 결과일 수도 있다. 앞에서 말했듯이 특정 문제를 해결할 수 있는 기술적인 방법은 많지 않기 때문이다.

엽록체나 미토콘드리아와 달리, 자신만의 유전체가 없는 세포골격 같은 기관은 기원을 밝히기 어렵다. 정확한 계통을 추적할 수 없다면 어떤 세포소기관이 공생자고 어떤 세포소기관이 진핵세포의 창조물인지를 증명하기란 쉽지 않다. 대부분의 생물학자들은 미토콘드리아와 엽록체만 빼고 핵과 세포소기관을 포함해 진핵세포의 특징 대부분이 순수하게 진핵세포의 창조물이라는 가장 단순한 개념 쪽으로 기울었다.

이 모순의 미로를 따라가기 위해 우리는 서로 대립하고 있는 두 이론을 살펴볼 것이다. 진핵세포의 기원에 대해 내가 가장 가능성이 높다고 생각하는 두 이론은 '주류적 시각(mainstream view)'과 '수소가설(hydrogen hypothesis)'이다. 주류적 시각은 린 마굴리스가 처음 창안한 가설을 발전시킨 개념으로, 옥스퍼드 대학의 생물학자 톰 캐벌리어 스미스Tom Cavalier-Smith가 그 체계를 확립하는 데 크게 이바지했다. 캐벌리어 스미스만큼 세포의 분자구조와 진화론적 관계를 자세히 파악한 학자는 드물다. 그는 세포의 진화와 관련해 중요하면서도 논란을 불러일으킨 이론들을 수없이 많이 내놓았다. 주류적 시각과는 완전히 다른 이론인 수소가설은 독일 뒤셀도르프에 있는 하인리히-하이네 대학의 미국인 생화학자 빌 마틴Bill Martin이 강력하게 주장했다. 유전학자인 마틴은 진핵생물의 기원을 연구하면서 형태학적인 면보다는 생화학적인 면에 더 관심을 가졌다. 일부에서는 고정관념을 뒤엎는 가설에 격앙되고 신랄하기까지 한 반응을 보였다. 그러나 그의 가설은 무시할 수 없는 뚜렷한 생태학적 논리를 기초로 세워졌다. 두 사람은 종종 학회에서 충돌했으며 이들의 관점은 코난 도일의 챌린저 교수가 떠오르는 빅토리아 시대의 통속극 같은 분위기로 회의를 압도한다. 진핵세프의 기원을 주제로 2002년 런던왕립학회에서 열린 한 토론회에서 캐벌리어 스미스와 마틴은 상대방의 관점에 대해 토론회 내내 논쟁을 벌였다. 토론회가 끝난 뒤에도 근처 술집으로 자리를 옮겨 몇 시간이나 논쟁을 계속하던 그들의 모습은 내게 깊은 인상을 주었다.

02

조상을 찾아서

아직도 어딘가에서 진짜 아케조아가 사람들의 눈에 발견되기만을 기다리고 있을 가능성은 여전히 남아 있지만, 오늘날에는 아케조아라는 생물군 전체가 허상일 것이라는 의견이 지배적이다. 조사된 모든 진핵생물은 미토콘드리아가 있거나 한때 있었다. 증거를 신뢰한다면 어디에도 원시적인 아케조아란 없다. 그리고 이것이 사실이라고 가정하면 미토콘드리아와 진핵생물의 연합은 진핵생물이 처음 탄생한 바로 그때 시작되었으며 이 둘을 따로 떼어 생각할 수 없는 밀접한 관계였을 것이다. 진핵생물을 번성하게 만든 이 연합은 단 한 차례만 일어났던 사건이었다.

진핵세포는 어떻게 세균에서 진화했을까? 주류적 시각의 추측에 따르면 이 과정은 세균이 조금씩 형태를 바꾸면서 원시진핵세포로 변하는 작은 단계들이 이어져온 길이다. 이 원시진핵세포는 오늘날과 같은 진핵세포의 특징을 모두 갖추고 있으면서 미토콘드리아만 없다. 그러면 이 작은 단계들은 무엇일까? 어떻게 이들이 세균과 진핵생물의 차이라는 깊은 틈새를 건너는 길을 발견하고 그 길을 따라가기 시작했을까?

톰 캐벌리어 스미스는 진핵생물의 진화에 박차를 가한 중요한 단계는 파국적인 세포벽 소실이라고 주장했다. 사전을 보면 '파국(catastrophe)'은 '일이나 사태가 잘못되어 결판이 남', 또는 '비극적인 결말'이라고 정의되어 있다. 아마 어떤 세균이라도 세포벽이 없어지면 두 가지 정의가 금방 현실이 될 것이다. 세포벽이 없는 대부분의 세균은 아주 연약해서 안락한 실험실 환경을 벗어나면 살기 힘들다. 그렇다고 이런 파국이 보기 드문 사건이라는 뜻은 아니다. 돌연변이나 약물의 공격 때문에 자연상태에서 세균의 세포벽이 손상되는 것은 흔히 있는 일이다. 이를테면 페니실린 같은 일부 항생제는 세균의 세포벽 형성을 차단해 약효를 낸다. 화학전을 벌이고 있는 세균은 분명히 이런 항생물질을 생산할 것이다. 이는 황당한 이야기가 아니다. 대부분의 새로운 항생제는 정확히 이런 싸움을 벌이는 세균과 균류에서 분리되기 때문이다. 그러므로 파국적인 세포벽 소실이라는 첫 단계는 별 문제가 없어 보인다. 그렇다면 두 번째 단계에서 사태가 잘못되어 결판이 난 뒤 살아남은 것은 무엇일까?

1장에서 확인한 것처럼 거추장스러운 세포벽으로부터 해방되는 것은 엄청난 이득으로 작용할 가능성이 크다. 특히 형태를 바꾸면서 먹이를 통째로 둘러싸 잡아먹는 식세포작용을 할 수 있다는 점은 큰 장점이다. 캐벌리어 스미스에 따르면 식세포작용은 진핵세포와 세균을 구분 짓는 명확한 특징이다. 형태유지와 운동문제를 해결한 세균은 분명 결판을 낼 수 있었을 것이다. 그러나 세균에게는 내부골격이 없다고 믿었기 때문에 세균이 세포벽 없이 생존한다는 것은 오랜 세월 동안 모자에서 토끼를 끄집어내는 속임수 마술처럼 보였다. 세균에게 내부골격이 없는 게 사실이라면, 한 세대 만에 복잡한 세포골격이 진화되지 못했다면, 세포벽이 없는 세균은 절멸하고 말았을 것이다. 그러나 이는 터무니없는 가정으로 밝혀졌다. 2001년, 과학잡지 『셀』과 『네이처』에 발표된 독창성 있는 두 논문을 통해 옥스퍼드 대학의 로라 존스Laura Jones와 동료 연구진, 케임브리지 대학의 푸시니타 반 덴 엔트Fusinita van den Ent와 동료 연구진은 세포벽과 함께 세포골격까지 갖춘 세균이 있다는 사실을 증명했다. 이 세균은 영화 〈원스 어폰 어 타임 인 더 웨스트〉에서 헨리 폰다가 한 것과 비슷한 모양의 허리띠와 멜빵을 하고 있다. 그러나 만약의 사태를 철저히 대비한 헨리 폰다와 달리 이 세균은 형태를 유지하기 위해 둘 다 꼭 필요하다.

　세균은 주로 공 모양(구균[coccus])이 많지만 짧은 막대 모양(간상균[bacillus])이나 실이나 용수철 모양을 한 세균도 있고 세모나 네모 모양을 한 별난 세균이 발견된 적도 있다. 이런 별난 모양이 세균에게 어떤 이득이 되는지도 매우 궁금하지만, 기본적인 세균의 형태는 공 모양이며 다른 모양이 되려면 내부골격이 필요한 것으로 추측된다. 공 모양이 아닌 세균에 들어 있는 단백질 섬유의 구조를 현미경으로 관찰하면 진핵생물인 효모에서 발견되는 단백질 섬유와 아주 비슷하며 이와 비슷한 단백질 섬유가 인간과 식물에서도 발견된다. 세포골격을 이루는 단백질 섬유는 근육수축 작용으로 잘 알려진 액틴actin과 비슷하다. 공 모양이 아닌 세균의 경우는 세포막 아래에서 이 섬유가 용수철 모양으로 꼬여 세포구조를 확실하게 지탱하고 있다. 분명한 것은 만약 섬유를 만드는 유전자가 없어지면 짧은 막대 모양을 하고 있는 정상적인 간상균도 공 모양 구균이 된다는 사실이다. 35억 년 된 암석에서 간상균의 흔적이 발견된 것으로 볼 때, 세포골격은 최초의 세포가 나타나고 머지않아 등장했다고 생각할 수 있다. 이 결론은 다른 의문을 낳는다. 세포골격이 처음부터 줄곧 있었다면 세포벽 없이 살 수 있는 세균이 그렇게 적은 이유는 무엇일까? 이 문제는 3부에서 다시 다루게 될 것이다. 지금은 가능성 있는 결론을 얻은 것에 만족하자.

고세균의 '발견'—빠져 있는 연결고리인가?

세포벽 없이 번성한 생물은 진핵생물과 고세균, 단 두 종류뿐이다. 눈여겨 볼 만한 원핵생물(세균처럼 핵이 없는 생물) 무리인 고세균은 1977년에 일리노이 대학의 칼 우스Carl Woese와 조지 폭스George Fox가 발견해 '선조(ancient)'를 뜻하는 그리스어를 따서 이름을 붙였다. 대부분의 고세균에는 세포벽이 있다. 그러나 이들의 세포벽은 세균의 세포벽과는 화학적인 조성이 조금 다르며, 강한 산성을 좋아하는 테르모플라즈마Thermoplasma 같은 일부 종류는 완전히 세포벽이 없다. 신기하게도 페니실린 같은 항생제는 고세균의 세포벽 합성에는 아무런 영향도 미치지 않아 세포벽이 세균 사이에서 화학전의 표적일지도 모른다는 생각에 힘을 실어주었다. 고세균은 세균처럼 아주 작다. 너비는 대략 몇 마이크로미터 크기에 핵이 없으며 하나의 고리 모양 염색체를 갖고 있다. 게다가 세균처럼 생김새와 구조가 다양한 것으로 보아 일종의 세포골격도 있을 것으로 추측된다. 고세균이 이렇게 최근에 들어서야 발견된 까닭은 대부분의 고세균이 '극한미생물'이기 때문이다. 고세균은 생물이 살 것 같지 않은 가장 혹독한 환경에서 살아간다. 강한 산성 온천에서 사는 테르모플라즈마, 썩어가는 늪지에서 늪지기체를 만들며 살아가는 메탄생성고세균, 심지어 유전 속에 파묻혀 사는 고세균도 있다. 특히 유전에 사는 고세균은 유정을 '산성화'시키는 꽤나 성가신 존재로 상업적인 관심을 끌었다. 이 고세균은 기름 속의 황 함량을 증가시킨다. 기름 속의 황 함량이 증가하면 유정의 쇠파이프나 송유관이 부식된다. 그린피스라도 이보다 더 교활한 방해공작을 생각해내기란 어려울 것이다.

고세균의 '발견'이라는 말은 상대적인 의미를 지닌다. 기름을 산성화시키는 고세균이나 늪지기체를 만드는 메탄생성고세균 같은 몇몇 고세균이 이미 수십 년 전부터 알려져 있었기 때문이다. 그러나 이 고세균들은 크기가 작고 핵이 없었던 탓에 언제나 세균으로 오인되었다. 다시 말해서 분류를 다시 할 정도로 이들의 특성이 충분히 파악되지 않았다. 오늘날에도 고세균을 세균으로 분류해 다양한 원핵생물의 독특한 하위분류군 가운데 하나로 넣기를 고집하는 학자가 있다. 그러나 우스와 그 밖의 다른 학자들의 면밀한 유전학적 조사를 공정한 시각으로 지켜본 대부분의 사람들은 고세균과 세균 사이에는 세포벽의 구조가 다른 것 정도가 아닌 근본적인 차이가 있다는 확신을 얻었다. 지금까지 알려진 바에 따르면, 고세균의 유전자 가운데 약 30퍼센트는 다른 생물군에서는 볼 수 없는 독특한 유전자다. 이런 독특한 유전자 대부분은 메탄기체 생성 같은 물질대사나 막지질 같은 세포구조와 연관된 것들로 세균에게서는 발견되지 않는다. 이 중대한 차이 때문에 대부분의 과학자가 고세균을 독립된 '영역(domain)'으로 분류하기에 이르렀다. 그 결과 오늘날 우리는 생물을 분류할 때, 세균·고세균·진핵생물, 이렇게 크게 세 영역으로 나눈다. 진핵생물에는 우리가 알고 있는 모든 다세포 생물과 균류가 들어간다. 세균과 고세균은 모두 핵이 없는 세포인 원핵세포인 반면 진핵생물은 모두 핵이 있다.

아무리 극단적인 환경을 좋아하며 별난 성질을 타고났다 해도 역시 고세균은 세균과 진핵생물의 특징을 골고루 모자이크했다. 나는 곰곰이 생각한 끝에 '모자이크'라는 표현을 골랐는데 이런 형질은 대부분 독립된 단위로 작용하기 때문이다. 다시 말해서, 단백질 합성 유전자나 에너지 대사에 관여하는 유전자처럼 함께 작용하는 유전자 집단은 하나의 단위로 암호화되어 있다. 각각의 독립된 단위는 마치 모자이크 조각처럼 아귀가 꼭 들어맞아 유기체의 전체적인 형태를 구성한다. 고세균의 경우는 어떤 조각은 진핵세포의 것과 비슷하고, 어떤 조각은 세균과 더 유사하다. 마치 세포의 형질이 한가득 담긴 자루에서 제비뽑기를 해서 만든 것 같다. 그래서 고세균은 현미경으로 보면 세균으로 오해하기 쉬운 원핵생물이지만, 개중에는 진핵생물과 아주 비슷한 방식으로 히스톤 단백질이 염색체를 감싸고 있는 종류도 있다.

고세균과 진핵생물의 유사성은 여기서 끝이 아니다. 히스톤이 있다는 것은 고세균의 DNA에 쉽게 접근할 수 없다는 뜻이다. 그러므로 고세균도 DNA를 복제하거나 전사하려면(단백질을 만들기 위해 유전암호를 해독하려면), 진핵생물처럼 복잡한 전사인자가 필요하다. 고세균의 DNA 전사과정을 자세히 살펴보면 진핵생물에서 일어나는 과정과 아주 흡사하지만 조금 단순하다. 고세균과 진핵생물은 단백질을 합성하는 방식도 비슷하다. 서론에서 본 것처럼 모든 세포는 리보솜이라는 작은 분자공장에서 단백질을 합성한다. 리보솜은 생명의 세 영역 모두 대체로 비슷해 이 세 영역이 같은 조상에서 갈라져 나왔음을 보여주지만 세부적인 면에서는 많은 차이가 난다. 흥미로운 사실은 세균과 고세균 사이의 리보솜 차이가 고세균과 진핵생물 사이의 차이보다 더 크다는 것이다. 이를테면 디프테리아 독소는 고세균과 진핵세포의 리보솜에서는 단백질 합성을 차단하지만 세균에는 작용하지 않는다. 클로람페니콜chloramphenicol, 스트렙토마이신streptomycin, 가나마이신kanamycin 같은 항생제는 세균의 단백질 합성과정을 차단하지만 고세균과 진핵세포에는 영향을 주지 않는다. 이는 단백질 합성이 개시되는 방식과 리보솜의 세부구조가 다르기 때문이다. 따라서 고세균의 리보솜은 세균보다는 진핵생물과 공통점이 더 많다.

이 모두는 고세균이 우리가 찾을 수 있음직한 세균과 진핵세포 사이의 빠져 있는 연결고리와 가깝다는 의미가 된다. 고세균과 진핵생물은 비교적 최근에 공통조상에서 갈라져 나왔으므로, '자매' 분류군으로 보는 게 적당하다. 따라서 고세균과 진핵생물의 공통조상에게 있었을지도 모르는 세포벽 소실이 훗날 진핵생물의 진화를 몰아친 파국의 한 단계였다는 캐벌리어 스미스의 주장을 뒷받침하는 것처럼 보인다. 최초의 진핵생물은 오늘날의 고세균과 비슷한 모양이었을 것이다. 그러나 이상하게도 어떤 고세균도 진핵생물처럼 먹이를 잡아먹기 위해 형태를 바꾸며 돌아다니는 생존방식을 취하지 않는다. 진핵생물처럼 유연한 세포골격 대신 오히려 고세균은 매우 뻣뻣한 막구조를 발달시켜 세균에 가까운 모양을 하고 있다. 그러므로 '진핵생물다워'지려면 단지 세포벽이 떨어지는 것 이상의 무언가가 필요하다. 그러나 그것이 생활방식보다 더 복합적인 조건이 될 수 있었을까? 기존 세포골격을 좀더 유동적으로 변형시켜 통째로 먹이를 삼키고 식세포작용을 하게 된 세포벽 없는 고세균이 진핵생물의 조상이었을까? 고세균이 미토콘드리아를 어떻게 얻었는지를 단순히 미토콘드리아를 잡아먹었다는 것만 가지고 설명할 수 있을까? 그렇다면 지금도 미토콘드리아를 품기 전 모습을 간직한 살아 있는 화석처럼 고세균과 비슷한 형질이 더 많은 원시진핵생물이 조금은 남아 있지 않을까?

아케조아—미토콘드리아가 없는 진핵생물

캐벌리어 스미스가 1983년에 제안한 가설에 따르면 지금도 단순한 단세포 진핵생물 가운데 일부는 최초의 진핵생물과 비슷한 특징을 갖고 있다. 미토콘드리아가 없는 원시적인 진핵생물은 1,000여 종이 넘는다. 캐벌리어 스미스는 이 가운데 상당수는 단순히 필요가 없어진 미토콘드리아가 나중에 퇴화되었을 가능성이 크지만(진화에서는 항상 필요 없는 형질을 재빨리 버린다), 적어도 아주 일부는 '원시 무無미토콘드리아 생물(primitively amitochondriate)'일 가능성이 있다고 주장했다. 다시 말해서 한 번도 미토콘드리아를 가진 적이 없는, 진핵생물 연합이 일어나기 이전의 원시생물이 존재한다는 것이다. 이 세포들은 대부분 효모처럼 발효에 의존해 에너지를 생산할 것이다. 산소가 있어도 살 수 있는 종류도 가끔 있겠지만 대개 산소 농도가 대단히 낮거나 산소가 완전히 없는 곳에서 주로 서식하기 때문에 오늘날에는 산소 농도가 낮은 환경에서 번성할 것이다. 캐벌리어 스미스는 그 기원이 아주 오래되었고 동물처럼 먹이를 찾아 돌아다니는 습성이 있다는 뜻으로 이 가상의 생물군에 '아케조아archezoa'라는 이름을 붙였다. 공교롭게도 '아케조아'라는 이름은 고세균인 '아케아'와 혼동을 일으킨다. 나도 이 혼동이 유감스러울 따름이다. 정리하던 고세균은 원핵생물(핵이 없는 생물)이며 생명의 세 영역 가운데 하나인 반면, 아케조아는 한 번도 미토콘드리아를 가진 적이 없는 진핵생물(핵이 있는 생물)이다.

다른 훌륭한 가설처럼 캐벌리어 스미스의 가설도 유전자 서열 분석기법을 통해 확실하게 검증이 가능했고, 유전암호의 정확한 염기서열을 밝힐 수 있게 되는 결실을 맺었다. 다른 진핵생물과 유전자 서열을 비교함으로써 서로 다른 종이 얼마나 가까운 유연관계를 맺는지를 결정할 수 있으며, 반대로 아케조아가 '현대' 진핵생물과 얼마나 동떨어져 있는지 결정하는 것도 가능하다. 그 근거는 단순하다. 유전자 서열은 염기라는 수천 개의 '문자'로 이루어져 있다. 어떤 유전자든지 염기서열은 시간이 흐를수록 돌연변이가 일어나 조금씩 변화한다. 특정 염기가 사라지거나 생기기도 하고, 다른 염기로 뒤바뀌기도 한다. 그러므로 공통조상에게서 같은 유전자의 복사본을 물려받은 두 종이 있다면 이 두 종의 정확한 염기서열은 시간이 흐를수록 조금씩 달라질 것이다. 이런 변화는 수백만 년에 걸쳐 아주 서서히 축적된다. 다른 요인도 고려해야 하지만 염기서열이 변화된 횟수를 측정하면 두 종이 공통조상에서 갈라진 시기를 알 수 있다. 이 자료는 진화의 유연관계를 가지로 나타낸 나무인 계통수를 만드는 데 활용된다.

만약 가장 오래된 진핵생물 중에서 아케조아의 존재가 진짜로 밝혀질 수 있다면 캐벌리어 스미스는 빠져 있는 연결고리인 원시진핵세포를 발견하게 되는 것이다. 이 원시 진핵세포는 한 번도 미토콘드리아를 가진 적이 없으며 형태를 바꾸고 식세포작용을 할 수 있는 역동적인 세포골격과 핵이 있어야만 한다. 캐벌리어 스미스의 가설이 발표되고 몇 년이 지나지 않아 등장한 첫 번째 아케조아 후보들은 겉으로 보기에도 그의 예언을 그대로 만족시키는 것 같았다. 유전학적 분석을 통해 가장 오래된 진핵생물들 중에서 확정된 네 종류의 원시진핵생물은 미토콘드리아뿐 아니라 다른 세포소기관도 대부분 없었다.

1987년 우스의 연구진은 세균과 크기가 비슷하며 다른 세포 속에서만 살아갈 수 있는 한 기생생물의 유전자 서열을 밝혔다. 이 기생생물은 미포자충류(microsporidia)에 속하는 *V. 네카트릭스necatrix*다. 미포자충류라는 이름은 이 생물군이 갖고 있던 감염성 포자 때문에 붙여졌다. 이 포자는 꼬불꼬불한 관이 밖으로 가득 튀어나와 있으며 그 관을 통해 내용물이 배출된다. 배출된 내용물은 새로운 한살이를 시작하고 결국 더 많은 감염성 포자를 만들어낸다. 아마 가장 널리 알려진 미포자충류는 노세마*Nosema*일 것이다. 노세마는 꿀벌과 누에의 전염병을 일으키는 것으로 유명하다. 노세마는 숙주세포 속에 들어가면 마치 작은 아메바처럼 행동한다. 이리저리 움직이면서 식세포작용을 하며 먹이를 집어삼킨다. 노세마는 핵, 세포골격, 세균의 것과 비슷한 작은 리보솜은 있지만 미토콘드리아 다른 세포소기관은 없다. 미포자충류는 척추동물, 절지동물, 환형동물, 심지어 섬모충류(섬세한 털과 비슷한 '섬모[cilia]'라는 운동기관을 이용해 먹이를 잡는 단세포 생물)에 속하는 단세포 동물까지, 진핵생물 계통수의 여러 가지에 속하는 다양한 세포에 기생한다. 미포자충류는 모두 다른 진핵세포의 몸속에서만 살아갈 수 있는 기생생물이기 때문에 진정한 최초의 진핵생물이 될 수 없다(감염시킬 숙주세포가 없으면 살 수 없었을 테니까). 그러나 미포자충류에 감염되는 생물의 종류가 아주 다양한 것을 보면 이들의 기원이 진핵생물 계통수의 뿌리까지 거슬러 올라가는 아주 오래전이라는 것을 엿볼 수 있다. 이 가설은 유전학적 분석을 통해 증명될 것 같았지만 곧 맹점이 하나 있음이 밝혀진다.

몇 년이 흐른 뒤, 유전학적 분석을 통해 아카메바archamoebae, 메타모나드metamonad, 파라바살리아parabasalia라는 세 원시진핵생물 무리가 진핵생물의 조상 후보로 확정되었다. 이 세 무리는 기생생물로 잘 알려져 있지만 독립생활을 하는 종류도 있기 때문에 미포자충류보다 최초의 진핵생물로 더 적당한 것 같다. 기생충인 이들은 고통과 질병과 죽음의 원인이 된다. 혐오스럽고 생명을 위협하는 이 세포들 중에서 우리 조상을 선택해야 한다니 참 씁쓸하다. 아카메바 중에는 아메바성 이질을 일으키는 엔타메바 히스톨리티카*Entamoeba histolytica*가 가장 유명하다. 아메바성 이질의 증세는 설사에서 장출혈, 복막염까지 다양하다. 이 기생충은 장벽을 파고들어가 혈류를 따라 이동하다가 간, 허파, 뇌 같은 다른 기관에 침입해 오랫동안 수많은 낭포를 만든다. 특히 이 기생충에 간이 감염되어 목숨을 잃는 사람이 해마다 10만 명에 이른다. 다른 두 무리는 목숨을 위협하지는 않지만 불쾌하기는 마찬가지다. 메타모나드 가운데 가장 널리 알려진 종류는, 역시 장내에 기생하는 기아르디아 람블리아*Giardia lamblia*다. 이 기생충은 장벽을 공격하거나 혈관을 타고 다니지는 않지만 그래도 감염이 되는 것은 영 불쾌한 일이다. 조심성 없이 오염된 시냇물을 마신 여행자는 그 값을 톡톡히 치르게 된다. 물 같은 설사와 '달걀 썩는' 냄새가 진동하는 방귀가 몇 주에서 몇 달 동안 계속될 수 있다. 파라바살리아에서 가장 유명한 종류는 트리코모나스 바지날리스*Trichomonas vaginalis*다. 이 미생물이 일으키는 질환은 성교를 통해 전염되는 질환 가운데 가장 흔하지만 증세는 별로 심각하지 않다(그러나 이 미생물에 감염되면 AIDS 같은 다른 병에 걸릴 위험성이 커진다). T. 바지날리스는 주로 질 성교를 통해 전염되며 남성에게도 요도감염을 일으킬 수 있다. 여성에게는 질염을 일으키고 냄새가 고약한 초록색 질 분비물이 나오게 만든다. 이 역겨운 조상의 포트폴리오를 쭉 보고 나니, 친구는 고를 수 있지만 가족은 고를 수 없다는 말을 절감한다.

진핵생물의 전진

좀 불쾌하긴 하지만 어쨌든 아케조아는 미토콘드리아를 얻기 전 초기 상태에서 살아남은 원시적인 진핵생물에 걸맞은 조건을 갖추게 되었다. 유전학적 분석을 통해 이들이 약 20억 년 전에 오늘날의 진핵생물 조상과 갈라졌다는 것이 확인되었으며, 이들의 단순한 형태는 먹이를 찾아다니며 통째로 집어삼키는 식세포작용을 하는 단순한 초기 생활방식과 잘 들어맞는다. 지금부터 20억 년 전 어느 화창한 아침, 오늘날의 아케조아와 사촌뻘 되는 단순한 생물 하나가 세균을 삼키지만 무슨 이유에서인지 소화를 시키지 못했다. 이 세균은 자신을 집어삼킨 아케조아 내부에서 살아남아 번식했다. 서로 어떤 이득을 주고받았는지는 모르지만 이 은밀한 제휴로부터 결국 미토콘드리아가 있는 오늘날의 모든 진핵생물들, 우리가 잘 아는 식물과 동물과 균류가 발생한 것이다.

이 재구성에 따르면, 연합을 통해 얻은 최초의 이득은 아마도 산소와 관련이 있을 것이다. 이 연합은 대기와 해양의 산소량이 갑자기 증가하던 시기에 일어났다. 이는 단순한 우연의 일치만은 아니었을 것이다. 확실히 약 20억 년 전쯤 지구 전체가 얼음으로 뒤덮여 있던 '눈덩이 지구' 시기를 벗어나면서 대기의 산소량은 급격히 증가했다. 이 시기는 진핵생물 연합이 일어난 때와 절묘하게 들어맞는다. 오늘날의 미토콘드리아는 세포호흡을 하면서 당과 지방을 태울 때 산소를 이용하기 때문에 산소량이 증가하던 시기에 미토콘드리아가 생겼다고 해서 놀랄 일은 아니다. 산소가 없는 환경에서 에너지를 생산하는 다른 에너지 생산방법인 혐기성 호흡과 비교했을 때, 산소호흡의 에너지 효율이 높은 편이다. 그러나 뛰어난 에너지 생산방법이 처음부터 장점으로 작용했을 거라고 보기는 어렵다. 다른 세포 속에 기생하는 세균이 자신이 만든 에너지를 숙주세포에게 전달할 이유가 없기 때문이다. 오늘날 세균은 자신이 만든 에너지를 모두 저장한다. 에너지를 친절하게 이웃한 세포에게 전달한다는 것은 있을 수 없는 일이다. 따라서 숙주세포의 영양분에 쉽게 접근할 수 있었던 미토콘드리아의 조상이 이득을 본 것은 분명하지만 숙주세포가 어떤 이득을 얻었는지는 뚜렷하지 않다.

아마 처음에는 린 마굴리스가 애초에 제안한 것처럼 기생관계였을 가능성이 크다. 스웨덴 웁살라 대학의 시브 안데르손Siv Andersson 연구진은 중요한 연구결과를 1998년 『네이처』지에 발표했다. 이 연구는 발진티푸스를 일으키는 리케차 프로와제키이Rickettsia prowazekii라는 기생세균의 유전자가 인간 미토콘드리아의 유전자와 상당 부분 일치한다고 밝혔다. 그 결과 인간 미토콘드리아도 한때 리케차와 별다를 게 없는 기생생물이었을 가능성이 더 커졌다. 최초로 침입한 세균이 기생생물이었다 해도 이 달갑지 않은 손님이 숙주세포에 치명적인 해를 끼치지 않는 한, 불평등한 '협력관계'는 계속 이어졌을 것이다. 오늘날 많은 전염병이 시간이 지날수록 위험성이 줄고 있다. 기생충도 숙주가 죽을 대마다 새로운 보금자리를 찾아다닐 필요가 없기 때문에 숙주가 살아 있는 편이 이득이다. 매독 같은 질환은 수세기에 걸쳐 많이 약화되었고, AIDS에서도 이미 이와 비슷한 변화가 일어나고 있는 것이 감지되었다. 흥미롭게도 세대를 거듭할수록 일어나는 이런 약화현상은 아메바에서도 일어난다. 이 경우에도 처음에는 기생세균이 숙주 아메바를 곧잘 죽게 만들었지만 결국 아메바의 생존에 없어서는 안 되는 존재가 된다. 기생세균에 감염된 아메바의 핵은 원래 아메바와 서로 맞지 않아 결국 아메바를 죽게 만들므로 사실상 새로운 종이 탄생하는 것이다.

먹이를 찾아다니는 습성이 있는 '먹성' 좋은 숙주인 진핵세포는 손님인 기생생물에게 끊임없이 먹을 것을 제공한다. 흔히 세상에 공짜 밥은 없다고 한다. 그러나 이 기생생물은 숙주에게 별 피해를 주지 않고 숙주가 쓰고 버린 대사산물 찌꺼기만을 태웠을 것이다. 이는 공짜 밥과 별반 다르지 않다. 시간이 흐르면서 숙주가 기생생물의 막에 '수도꼭지' 같은 통로를 만들어 기생생물의 에너지 성산력을 활용하는 법을 배우면서 관계가 역전되었을 것이다. 한때 숙주에 기생하던 손님은 이제 노예가 되어 생산한 에너지를 상전이 된 숙주에게 빼앗겼을 것이다.

　이 이야기는 몇 가지 가능한 시나리오 중 하나일 뿐이며 여기서 중요한 것은 시기다. 이 둘의 관계가 에너지를 토대로 이루어진 게 아니라고 해도 최초의 이득은 역시 산소량 증가로 설명될 수 있을 것이다. 혐기성 생물에게 산소는 독소나 다름없다. 산소는 쇠못을 녹슬게 하듯 무방비상태에 있는 세포를 '삭게' 만든다. 만약 기생세균이 산소를 이용해 에너지를 생산하는 호기성 세균이고 숙주는 발효를 통해 에너지를 생산하는 혐기성 세포였다면, 호기성 세균은 세포 안에 장착된 '촉매변환기'(자동차 배기가스 속의 유해성분을 해가 없는 성분으로 바꿔주는 장치: 옮긴이)처럼 주위로부터 산소를 빨아들여 해가 없는 물로 바꿔 산소의 독성으로부터 주인을 보호했을 가능성이 있다. 시브 안데르손은 이 가설에 '산소-독소 가설(Ox-Tox hypothesis)'이라는 이름을 붙였다.

　다시 한번 정리해보자. 세균 하나가 세포벽을 잃었지만 몸속에 형태를 유지할 수 있는 세포골격이 있는 덕분에 살아남는다. 이 세균은 오늘날의 고세균과 닮았다. 몇 차례 세포골격이 변화된 끝에, 이 세포벽 없는 고세균은 식세포작용을 통해 먹이를 잡는 법을 배운다. 점점 크기가 커진 세포는 자신의 유전자를 막으로 감싸 핵을 만든다. 이 세포는 아마 오늘날 편모충류와 비슷한 아케조아가 되었을 것이다. 어느 날 배고픈 아케조아 한 마리가 작은 호기성 세균을 삼키지만 소화를 시키지 못한다. 이 세균이 숙주세포의 몸속에서 살아가는 법을 알고 있는 오늘날의 리케차와 비슷한 기생생물이었다고 해보자. 두 생물은 순조롭게 기생관계를 이루고 함께 살아간다. 그러나 대기 중에 산소량이 증가하면서 숙주세포와 기생생물 둘 다에게 이득이 생기기 시작한다. 기생생물이 공짜 밥을 먹는 것은 변함없지만, 숙주에게는 큰 이득이 생겼다. 숙주는 몸속에 있는 기생생물이 촉매변환기 작용을 하는 바람에 독성 산소로부터 보호를 받게 된다. 그리고 마침내 이 숙주는 고마움도 모르고 기생생물의 막에 '수도꼭지'를 꽂아 에너지를 착취하는 일을 저지르게 된다. 이렇게 해서 오늘날의 진핵세포가 탄생하고 진화한 것이다.

 꼬리를 물고 이어지는 이런 긴 추론은 과학이 어떻게 그럴 듯한 이야기를 구성하고 거의 모든 논점을 증거로 뒷받침하는지를 보여주는 좋은 본보기다. 이 전체적인 과정이 나에게는 필연적인 것처럼 느껴진다. 여기서 일어날 수 있다면 우주 어디에서라도 일어날 수 있을 것이다. 어느 한 단계도 황당하지 않다. 여기에는 크리스티앙 드 뒤브가 가정한 것처럼 단순히 병목구간만 있다. 이 병목구간에서 진핵생물의 진화는 산소가 없다면 일어날 것 같지 않은 일이지만 산소량이 증가하자마자 거의 필연적인 일이 된다. 이 시나리오 대부분은 추측에 불과하지만 이미 알려진 사실을 토대로 만들어졌기 때문에 많은 이들에게 설득력을 얻었다. 1990년대 후반, 별다른 이견이 없던 이 분야에 일대 반전이 일어났다. 과학계에서는 '좋은' 소식에 가끔 이런 일이 생기기도 하는데, 사실상 단 5년 만에 공든 탑이 완전히 무너졌다. 이 가설의 거의 모든 논점에서 반론이 제기된 것이다. 그러나 이는 전조에 불과할지도 모른다. 만약 진핵생물이 단 한 번에 진화되었다면 지금까지의 이야기는 완전히 잘못 짚은 것이다.

패러다임의 반전

먼저 아케조아의 '원시 무無미토콘드리아 생물'이라는 위치가 무너지기 시작했다. 아케조아는 한 번도 미토콘드리아를 가진 적이 없는 생물이라는 의미다. 그러나 다른 아케조아의 유전자 서열이 계속 알려지면서 진핵세포의 조상이라고 추측했던 E. 히스톨리티카(아메바성 이질의 원인균) 같은 생물이 최초의 진핵생물과는 거리가 멀다는 시각이 등장하기 시작했다. 게다가 같은 엔타메바 무리 안에서 발견된 더 원시적인 세포에도 미토콘드리아가 있었다. 유감스럽게도 유전학적 연대측정법에 의해 추정한 연대는 오차가 발생하기 쉬웠기 때문에 논쟁을 불러일으켰다. 그러나 만약 연대가 맞다 해도

E. 히스톨리티카의 조상이 처음부터 미토콘드리아가 없었다기보다는, 한때 있었지만 지금은 사라졌다는 결론이 나올 뿐이다. 아케조아를 한 번도 미토콘드리아를 가진 적이 없는 생물군이라고 정의할 때, E. 히스톨리티카는 아케조아가 될 수 없었다.

1995년, 미국 국립보건원의 그레이엄 클라크Graham Clark와 캐나다 댈하우지 대학의 앤드루 로저Andrew Roger는 E. 히스톨리티카에 미토콘드리아가 있던 흔적이 하나라도 있는지부터 다시 조사했고 그런 흔적을 찾아냈다. DNA 서열로 볼 때 미토콘드리아에서 유래된 것이 거의 확실한 유전자 두 개가 핵 유전체 속에 꼭꼭 숨어 있었다. 이 유전자는 초기 미토콘드리아에서 숙주세포의 핵으로 전이된 것으로 추정되었다. 여기서 주목해야 할 것은 미토콘드리아에서 숙주세포로 유전자가 전이되는 현상은 무척 흔하다는 것이며, 그 이유는 3부에서 알아볼 것이다. 오늘날 미토콘드리아가 갖고 있는 유전자는 아주 소량이며, 나머지는 모두 사라졌거나 핵으로 전이되었다. 이렇게 핵으로 전이된 유전자로부터 만들어진 단백질이 다시 미토콘드리아에서 작용하는 일도 종종 있다. 흥미롭게도 E. 히스톨리티카의 세포 속에는 타원 모양의 세포소기관이 있는데, 이것이 퇴화한 미토콘드리아의 흔적이 아닐까 추측되고 있다. 이 세포소기관은 형태와 크기는 미토콘드리아와 비슷하며, 여기서 추출된 단백질은 다른 생물의 미토콘드리아에서도 발견된다.

자연스럽게 뜨거운 관심이 다른 원시 무미토콘드리아 생물무리로도 옮아갔다. 이들도 역시 한때 미토콘드리아가 있었을까? 비슷한 연구가 이어졌고, 지금까지 조사된 모든 '아케조아'가 한때 미토콘드리아를 갖고 있었지만 그 뒤 사라진 것으로 밝혀졌다. 이를테면 편모충류는 미토콘드리아가 확실히 있었을 뿐 아니라 아직도 그 흔적을 간직하고 있다. 편모충류에서는 미토솜mitosome이라는 세포소기관이 미토콘드리아의 기능 가운데 일부를 계속 담당하고 있다(가장 널리 알려진 기능인 산소호흡은 하지 않았다). 가장 예상치 못했던 결과가 나온 것은 아마 미포자충류일 것이다. 가장 원시적인 생물군이라고 여겨졌던 미포자충류는 과거에 미토콘드리아가 있었을 뿐 아니라 원시적인 생물군과는 전혀 상관이 없다는 사실이 밝혀졌다. 오히려 이들은 비교적 최근에 등장한 진핵생물인 고등한 균류와 대단히 밀접한 유연관계가 있었다. 아주 오래되어 보이는 미포자충류의 겉모습은 다른 세포 속에서 기생하는 생활방식이 만들어낸 작위적인 모습이었다. 이들이 다양한 종류의 생물을 감염시킨다는 사실은 기생생물로서 큰 성공을 거두었음을 보여주는 증거일 뿐이다.

아직도 어딘가에서 진짜 아케조아가 사람들의 눈에 발견되기만을 기다리고 있을 가능성은 여전히 남아 있지만, 오늘날에는 아케조아라는 생물군 전체가 허상일 것이라는 의견이 지배적이다. 조사된 모든 진핵생물은 미토콘드리아가 있거나 한때 있었다. 증거를 신뢰한다면 어디에도 원시적인 아케조아란 없다. 그리고 이것이 사실이라고 가정하면 미토콘드리아와 진핵생물의 연합은 진핵생물이 처음 탄생한 바로 그때 시작되었으며 이 둘을 따로 떼어 생각할 수 없는 밀접한 관계였을 것이다. 진핵생물을 번성하게 만든 이 연합은 단 한 차례만 일어났던 사건이었다.

만약 진핵생물의 원형이 아케조아가 아니라면, 다시 말해 식세포작용을 통해 먹이를 잡아먹으며 살아가는 단순한 세포가 아니었다면 도대체 무엇이었을까? 아마 그 해답은 오늘날 살아가는 진핵생물의 DNA 서열 속에 있을 것이다. 앞서 우리는 유전자 서열을 비교해 이전 미토콘드리아 유전자 서열을 밝히는 일이 가능하다는 것을 알았다. 숙주에서 유래된 유전자도 같은 방법으로 확인할 수 있을지 모른다. 원리는 간단하다. 미토콘드리아와 유연관계가 있는 특정 세균이 알파프로테오박테리아라는 것을 알고 있으므로, 이 세균에서 유래된 유전자를 제외한 나머지 유전자가 어디서 온 것인지 조사한다. 그 나머지 중에서 지난 20억 년 동안 서서히 변화되어온 진핵생물 고유의 유전자를 추정할 수 있을 것이다. 일부는 다른 어딘가에서 전이된 것일 수도 있지만, 그렇다 해도 원래 숙주로부터 내려온 유전자가 상당량 남아 있을 게 분명하다. 이 유전자는 최초의 제휴를 한 조상으로부터 전해져 내려오면서 조금씩 변이가 축적되어왔겠지만, 아직도 처음 숙주세포의 특징을 어느 정도 지니고 있을 것이다.

로스앤젤레스 캘리포니아 주립대학의 마리아 리베라Maria Rivera와 동료 연구진은 이 접근법을 이용한 연구결과를 1998년에 발표한 뒤 연구를 좀더 보강해 2004년에 『네이처』지를 통해 발표했다. 이들은 생명의 세 영역을 대표하는 표본을 뽑아 완전한 유전체 서열을 비교해 진핵생물에는 **정보 유전자**(informational gene)와 **기능 유전자**(operational gene)라는 두 종류의 유전자가 있다는 사실을 알아냈다. **정보 유전자**는 DNA의 복사, 전사, 자기복제, 단백질 합성을 담당하는 기본적인 유전장치가 암호화된 유전자다. **기능 유전자**는 세포의 물질대사와 연관된 늘 쓰이는 단백질이 암호화된 유전자다. 다시 말해 에너지를 생산하는 데 쓰이는 단백질을 만들거나, 생명체를 구성하는 기본물질인 지질이나 아미노산을 만드는 일을 담당한다. 흥미롭게도, 거의 모든 기능 유전자가 미토콘드리아의 조상으로 추정되는 알파프로테오박테리아에서 유래했다. 알파프로테오박테리아에서 유래된 유전자는 생각보다 훨씬 많았다. 미토콘드리아의 조상은 진핵생물의 유전자에 의외로 큰 기여를 한 것으로 추측된다. 그러나 가장 놀라운 것은 정보 유전자의 불변성이었다. 정보 유전자가 고세균에 존재한다는 것은 예상과 일치했지만, 강한 유사성을 나타낸 고세균은 뜻밖에도 수렁을 좋아하고 산소를 싫어하며 늪지기체인 메탄을 만들어내는 메탄생성고세균이었다.

이는 메탄생성고세균에게 단순히 의혹만 던지는 단편적인 증거가 아니었다. 콜럼버스 오하이오 주립대학의 존 리브John Reeve와 동료 연구진은 진핵생물의 히스톤(DNA를 둘러싸고 있는 단백질)이 메탄생성고세균의 히스톤과 밀접한 관계가 있음을 밝혔다. 이 두 히스톤 단백질 사이의 유사성은 단순한 우연이 아니었다. 히스톤의 구조뿐 아니라 DNA와 히스톤이 이루는 3차원적 구조까지 기가 막힐 정도로 비슷했다. 두 생명체에서 완전히 똑같은 구조가 발견될 확률은 두 경쟁사에서 독립적으로 생산된 두 대의 비행기에 똑같은 제트엔진이 장착될 확률과 비슷하다. 같은 엔진은 당연히 흔하지만 경쟁사의 엔진에 대해 전혀 아는 바가 없는 상태에서 똑같은 엔진이 두 번 '발명된다'는 것은 쉽게 납득하기 어려운 일이다. 상대 경쟁사로부터 이 엔진을 샀거나 훔쳤다고밖에 짐작할 수 없다. 마찬가지로 메탄생성고세균과 진핵생물에서 히스톤과 DNA가 이루는 구조가 비슷한 것은 같은 조상에서 유래했기 때문이라는 설명이 가장 그럴 듯하다. 둘 다 같은 조상에서 진화된 것이다.

이 모두를 한데 포장하면 손색없는 물건이 나온다. 두 개의 확실한 증거가 드러난 것이다. 이 증거가 믿을 만하다면 우리는 히스톤 단백질 유전자와 정보 유전자를 메탄생성고세균으로부터 물려받은 것이다. 졸지에 우리의 가장 오랜 선조는 치사한 기생충에서 늪이나 동물 창자에 사는 좀더 낯선 생물로 바뀌게 되었다. 메탄생성고세균이 진핵세포의 제휴를 이루어낸 최초의 숙주가 된 것이다.

이제 최초의 진핵세포는 어떤 희망적인 괴물이었는지를 알아볼 차례다. 이 희망적인 괴물은 메탄생성고세균(에너지를 얻는 과정에서 메탄기체를 만들어내는 고세균) 한 마리와 리케차 같은 기생생물인 알파프로테오박테리아 한 마리가 만나 이루어낸 산물이다. 참으로 놀라운 일이다. 메탄생성고세균만큼 산소를 싫어하는 생물도 흔치 않다. 이들은 산소가 전혀 없는 썩은 물웅덩이 같은 곳에서만 살 수 있다. 거꾸로 리케차는 산소 없이는 못 사는 생물이다. 다른 세포 속에서 살아가는 리케차는 자기복제와 산소호흡에 필요한 최소의 유전자만을 남기고 그 밖의 다른 유전자는 모두 버리면서 특별한 생태적 지위를 차지했다. 여기에 문제점이 있다. 만약 이 추측대로 진핵세포가 산소를 싫어하는 메탄생성고세균과 산소를 좋아하는 세균 사이의 공생에서 태어났다면, 메탄생성고세균과 알파프로테오박테리아는 어떻게 만난 것일까? 또 알파프로테오박테리아는 어떻게 식세포작용을 하지 못하는 숙주 속으로 들어갈 수 있었을까? 메탄생성고세균은 확실히 형태를 바꾸거나 다른 세포를 잡아먹을 수 없다. 그렇다면 도대체 어떻게 그 속에 들어간 것일까?

시브 안데르손의 산소-독소 이론을 적용하면 아직 설명이 가능하다. 다시 말해서 게걸스럽게 산소를 먹어치우는 알파프로테오박테리아가 산소라는 독소로부터 숙주인 메탄생성고세균을 보호해 숙주세포가 위험을 무릅쓰고 새로운 환경으로 나아가게 했을 가능성이 있다. 그러나 이 시나리오에는 여전히 큰 문제가 있다. 유기물 찌꺼기를 발효시키며 살아가는 원시적인 아케조아라면 이런 관계가 이해된다. 유기물 찌꺼기가 있는 환경 어디로든 이동할 수 있다면 아케조아는 번성할 것이다. 찌꺼기를 찾아 헤매는 이런 단세포 생물은 죽은 동물의 시체를 찾아 드넓은 아프리카 평원을 어슬렁거리는 자칼과 흡사하다. 그러나 메탄생성고세균은 이렇게 방랑을 했다간 죽음을 면치 못할 것이다. 하마가 물웅덩이를 벗어날 수 없는 것처럼 메탄생성고세균은 산소가 없는 환경을 떠날 수 없다. 산소가 있으면 메탄생성고세균은 견딜 수는 있지만 에너지를 생산할 수는 없다. 메탄생성고세균이 연료로 이용하는 수소는 산소가 있는 환경에서는 존재하기 어렵기 때문이다. 그러므로 물웅덩이를 벗어난 메탄생성고세균은 다시 물웅덩이로 돌아올 때까지 굶을 수밖에 없다. 유기물 찌꺼기가 잔치를 벌일 만큼 많아도 메탄생성고세균에게는 그림의 떡일 뿐이다. 아예 물웅덩이를 떠나지 않는 편이 나을 것이다. 따라서 메탄생성고세균의 이득과 산소를 게걸스럽게 먹어치우는 기생생물의 이득 사이의 격차가 너무 크다. 위험을 무릅쓰고 새로운 환경에 나가도 메탄생성고세균에게는 아무런 이득이 없다. 산소가 없는 환경을 좋아하는 메탄생성고세균은 전혀 에너지를 생산할 수 없다.

이런 모순이 두드러지는 이유는 이들의 관계가 ATP 형태로 전환된 에너지에 의존할 수 없기 때문이다. 세균에게는 ATP를 전달할 만한 장치가 없었으므로 친절하게 서로를 '먹여 살릴' 수 없다. 이들의 만남은 세균이 메탄생성고세균의 유기물을 일방적으로 소비하는 기생관계일 수밖에 없다. 그러나 여기에는 문제가 하나 있다. 메탄생성고세균을 부추겨 산소가 없는 편안한 물웅덩이를 떠나게 하지 않는 한, 산소에 의존하는 세균이 메탄생성고세균의 내부에서 에너지를 생산할 방법이 없다는 것이다. 알파프로테오박테리아가 가축을 몰듯 메탄생성고세균을 물웅덩이에서 산소가 가득한 죽음의 들판으로 끌고 나왔을 거라고 생각하는 사람도 있을 것이다. 그러나 세균 처지에서 이런 일은 하는 것은 불가능하다. 결국 메탄생성고세균은 물웅덩이를 떠나면 굶게 될 것이고 산소에 의존하는 세균은 물웅덩이에 살면 굶게 될 것이다. 그렇다면 중간지점, 곧 산소가 조금만 있는 환경은 어떨까? 양쪽 모두에게 똑같이 불편할 것이다. 이런 관계라면 서로 견디기 어려울 것 같다. 진핵세포를 만들어낸 안정된 공생관계가 정말 이렇게 시작되었을까? 있을 법하지도 않을뿐더러 상식에도 어긋나는 이야기다. 그러나 다행히도 또 다른 가능성이 있다. 최근까지 허황된 소리라고 여겨졌던 이 가능성은 점점 설득력을 얻고 있다.

… 03

수소가설

새로운 증거가 더해지자 수소가설은 이 까다로운 질문에 답을 할 수 있게 되었다. 놀랍게도 이 과정에서 진화적 신기성(새로운 형질의 진화)은 단 하나도 없다. 고백하건대, 나는 처음에는 이 개념에 대해 반대입장에 있었지만 지금은 그런 일이 거의 확실히 일어났다고 믿게 되었다. 마틴과 뮐러가 제안한 일련의 사건은 진화론적으로는 분명한 논리를 갖추었지만, 결정적으로 환경, 다시 말해 우연한 상황을 조건으로 하는 진화론적 선택압에 의존한다. 오늘날 우리는 그 일이 지구에서 일어났다는 것을 알지만 스티븐 제이 굴드의 이야기처럼 만약 생명이라는 영화가 몇 번이고 되풀이된다면 똑같은 일련의 사건이 되풀이될지 의문이다.

진핵세포의 조상을 찾아나선 여정은 큰 어려움에 처했다. 핵은 있지만 미트 콘드리아는 없는 원시적인 중간단계의 생물, 곧 빠져 있는 연결고리가 있을 거라는 생각은 결정적인 반증이 나온 것은 아니지만 점점 확신을 잃어가고 있다. 유망한 연결고리 후보는 모조리 전혀 연관이 **없으며** 후대에 더 단순한 생활방식에 적응한 생물이라는 사실이 밝혀졌다. 이 생물들은 모두 오래 전에는 미토콘드리아가 있었지만 주로 기생생물로 새로운 틈새환경에 적응해 살다 보니 결국 미토콘드리아가 퇴화되었던 것이다. 미토콘드리아가 없어도 진핵생물이 될 수 있는 것으로 추측된다. 미토콘드리아가 없는 원생동물은 수천 종에 이른다. 그러나 아주 예전에 한 번이라도 미토콘드리아를 가진 적이 없는 진핵생물은 없는 것으로 보인다. 만약 진핵세포가 되는 유일한 길이 미토콘드리아를 품는 것밖에 없다면 진핵세포는 미토콘드리아의 세균 조상과 숙주세포 사이의 공생으로부터 정교하게 만들어졌을 것이다.

만약 진핵세포가 서로 다른 두 세포 사이의 연합으로 태어났다면 의문이 하나 생긴다. 연합을 한 세포는 무엇일까? 교과서적인 시각에 따르면 숙주세포는 미토콘드리아가 없는 원시진핵세포다. 그러나 미토콘드리아가 없는 원시진핵세포가 없었다면 이는 명백히 있을 수 없는 일이다. 린 마굴리스는 세포내공생설에서 사실상 서로 다른 두 세균의 연합을 제안했고, 빠져 있는 연결고리에 대한 개념이 시들해지면서 마굴리스의 가설이 재조명되었다. 그러나 마굴리스와 다른 모든 사람들의 생각은 모두 비슷했다. 이들의 생각에 따르면, 숙주세포는 오늘날 효모가 하는 것처럼 발효로 에너지를 생산했는데 미토콘드리아를 통해 산소를 다루는 능력을 얻게 되었고 그 결과 더 효율적으로 에너지를 생산하게 된 것이다. 현재의 진핵생물 유전자 서열을 다양한 세균과 고세균의 유전자 서열과 비교하면 이 숙주세포의 정체를 추적할 수 있을 것이다. 현대의 서열분석기술은 이제 막 이것을 가능하게 하기 시작했다. 그러나 우리가 방금 보았듯이 이렇게 확인한 해답이 새로운 충격을 던져주었다. 진핵세포의 유전자는 늪이나 동물의 창자에서 메탄을 만들며 살아가는 존재감 없는 고세균인 **메탄생성고세균**과 가장 가까운 유연관계를 갖는 것으로 추정된다.

메탄생성고세균이라니! 해답이 되레 수수께끼다. 1장에서 우리는 메탄생성고세균이 이산화탄소와 수소기체를 이용해 살아가며 메탄기체를 부산물로 내놓는다는 사실을 확인했다. 결합하지 않은 수소기체는 산소가 없는 곳에서만 존재할 수 있으므로 메탄생성고세균이 살 수 있는 곳은 **무산소** 환경, 곧 산소가 없는 구석진 곳으로 국한된다. 메탄생성고세균은 주위에 산소가 어느 정도 있어도 견딜 수 있다. 우리가 물속에 들어가면 잠깐 동안 숨을 참으면서 버틸 수 있는 것과 마찬가지다. 문제는 이런 처지에 놓이면 메탄생성고세균은 에너지를 전혀 생산하지 못하고 자신이 좋아하는 무산소 환경으로 다시 돌아올 때까지 '숨을 참아야' 한다는 것이다. 메탄생성고세균이 에너지를 생산하는 과정은 산소가 완전히 **없는** 환경에서만 작동할 수 있기 때문이다. 그러므로 숙주세포가 정말 메탄생성고세균이라면 이 공생의 성격에 심각한 의문이 제기된다. 도대체 왜 메탄생성고세균은 산소에 의존해 살아가는 세균과 인연을 맺고자 했을까? 오늘날의 미토콘드리아는 분명히 산소에 의존한다. 예전부터 쭉 그래 왔다면 어느 쪽도 상대방의 환경에서는 살아갈 수 없다. 이것은 심각한 모순이며 전통적인 시각의 테두리 안에서는 해결이 불가능해 보인다.

그러던 1998년, 1장에서 소개했던 빌 마틴은 오랜 동료인 뉴욕 록펠러 대학의 미클로스 뮐러Miklós Müller와 공동 연구에 착수해 『네이처』 지에 파격적인 가설 하나를 소개했다. 이들은 이 가설에 '수소가설'이라는 이름을 붙였다. 이름에서 짐작할 수 있듯, 이 가설은 산소보다는 수소와 밀접한 연관이 있다. 마틴과 뮐러에 따르면, 이 가설의 핵심은 미토콘드리아와 비슷하게 생긴 **하이드로게노솜**hydrogenosome이라는 세포소기관이 에너지 대사의 부산물로 수소를 만든다는 것이다. 하이드로게노솜은 원시적인 단세포 진핵생물에서 주로 발견된다. '아케조아'의 후보 가운데 하나였던 트리코모나스

바지날리스도 하이드로게노솜을 갖고 있다. 미토콘드리아처럼 하이드로게노솜은 에너지 생산을 담당한다. 그러나 이들의 에너지 생산방법은 조금 달라서 부산물로 수소기체를 내놓는다.

오랫동안 하이드로게노솜의 진화론적 기원은 신비에 싸여 있었지만 뮐러와 여러 학자들, 특히 런던 자연사박물관의 마틴 엠블리Martin Embley와 그의 동료들은 여러 형태적 유사성을 고려할 때 하이드로게노솜과 미토콘드리아가 공통조상에서 유래했으며 실제로 연관이 있다고 제안하기에 이르렀다. 대부분의 하이드로게노솜은 유전체가 모두 사라졌기 때문에 이 제안을 입증하기 어려웠지만 이제는 어느 정도 확실성을 얻게 되었다.[1]

다시 말해서 최초의 진핵세포를 만들어낸 공생관계를 시작한 세균이 무엇이 되었든 미토콘드리아와 하이드로게노솜이 모두 그 후손이라는 뜻이다. 오늘날 우리가 직면한 중요한 모순에 대해 마틴은 미토콘드리아와 하이드로게노솜의 조상 세균은 두 가지 물질대사를 모두 할 수 있었을 것이라고 생각했다. 만약 그렇다면 이 세균은 산소호흡도 하고 수소도 만들어내는 아주 재주 많은 세균이 분명하다. 우리는 곧 이 문제로 다시 돌아갈 것이다. 지금은 '수소가설'에만 주목하자. 마틴과 뮐러의 주장에 따르면, 최초의 진핵생물에게 진화에서 이득으로 작용한 것은 산소대사가 아니라 이 조상 세균의 수소대사였다.

마틴과 뮐러는 때때로 하이드로게노솜을 갖고 있는 진핵생물이 작은 메

---

[1] 1998년 네덜란드 네이메헌 대학의 요하네스 하크슈타인Johannes Hackstein과 동료들은 소량이기는 하지만 유전체를 갖고 있는 하이드로게노솜을 발견했다. 이들의 연구는 상을 받아 마땅하다. 이 하이드로게노솜은 한 기생생물의 돗속에 들어 있었는데, 이 기생생물은 배양을 할 수 없었기 때문에 이들이 편안하게 원래 살던 곳에서 살게 하면서 '정밀한 조작을 통해 추출'해야만 했다. 이들이 사는 곳은 바퀴벌레 창자였다. 이런 생각지도 못한 성과를 거둔 하크슈타인의 연구진은 2005년 『네이처』지에 하이드로게노솜의 완전한 유전자 서열을 발표했고 하이드로게노솜과 미토콘드리아가 모두 알파프로테오박테리아의 후손이라는 사실을 밝혀냈다.

탄생성고세균의 숙주 구실을 한다는 사실에 매료되었다. 메탄생성고세균은 숙주세포 안으로 들어가 그 안에서 잘 살아가고 있었다. 메탄생성고세균은 하이드로게노솜을 돌보는 것처럼 함께 나란히 늘어서 있다(그림 3). 마틴과 밀러는 이들 사이에 정확히 무슨 일이 일어나는지를 알아냈다. 이들은 일종의 물질대사 연합을 이루며 살고 있었다. 메탄생성고세균은 특이하게 이산화탄소와 수소만 있으면 에너지뿐 아니라 살아가는 데 필요한 모든 유기물질까지 스스로 만들어낼 수 있다. 이들은 이산화탄소(CO_2)에 수소원자(H)를 결합시켜 포도당($C_6H_{12}O_6$) 같은 탄수화물을 만드는 데 필요한 기본적인 구성단위를 생산하고, 이것으로 핵산과 단백질과 지질을 모두 만들어낼 수 있다. 메탄생성고세균은 에너지를 만들어낼 때도 수소와 이산화탄소를 이용하며 그 과정에서 메탄을 내놓는다.

메탄생성고세균은 물질대사를 스스로 해결할 수 있는 독특한 능력이 있으면서도 심각한 문제가 하나 있었다. 그 문제는 1장에서 이미 확인했다. 이산화탄소가 아무리 풍부해도 산소가 있는 환경에서는 수소는 산소와 반응해 물이 되기 때문에 수소가 존재하기 어렵다. 그러므로 메탄생성고세균의 입장에서 보면 적은 양의 수소라도 공급해주는 것이 있다면 고마울 수밖에 없다. 하이드로게노솜은 메탄생성고세균이 필요한 바로 그 수소기체와 이산화탄소 모두를 대사과정에서 내놓는다. 게다가 더 중요한 사실은 하이드로게노솜은 물질대사를 할 때 산소를 필요로 하지 않는다는 것이다. 오히려 하이드로게노솜은 산소가 없는 환경을 더 좋아해 메탄생성고세균처럼 산소 농도가 아주 낮은 곳에서 살아간다. 당연히 메탄생성고세균은 하이드로게노솜을 탐스런 새끼돼지를 기르듯이 먹이고 돌볼 수밖에 없다. 마틴과 밀러는 이런 밀접한 물질대사의 결합이 원래 진핵생물 연합의 토대가 되었을 것이라고 추측했다.

빌 마틴의 주장에 따르면, 하이드로게노솜과 미토콘드리아는 전체적인 모습이 불분명한 다양한 미토콘드리아 영역의 양끝에 있다. 교과서적인 미

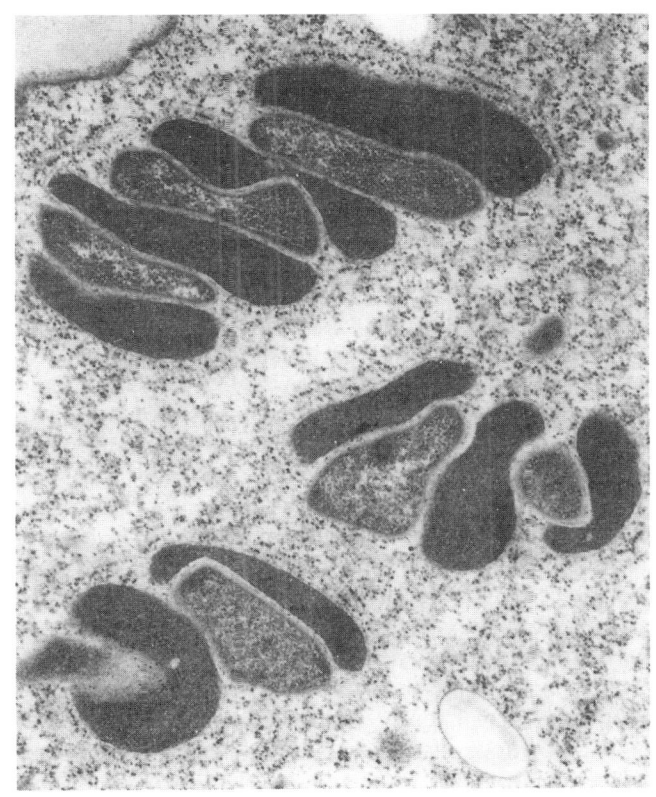

그림 3 메탄생성고세균(밝은 호색)과 하이드로게노솜(어두운 회색)의 모습. 이들은 커다란 진핵세포의 세포질 속에 살고 있다. 이들이 살고 있는 진핵세포는 섬모충류에 속하는 플라지오파일라 프론타타 *Plagiopyla frontata*다. 수소가설은 메탄생성고세균(살아가는 데 수소가 필요한 고세균)과 수소생성세균(하이드로게노솜과 미토콘드리아의 조상)이 이런 밀접한 물질대사 관계를 맺었고 결국 진핵세포로 발전했을 것으로 본다. 다시 말해, 메탄생성그세균이 점점 더 커져서 수소생성세균을 물리적으로 집어삼킨 것이다.

토콘드리아에 익숙한 사람에게는 무척 놀랄 일이지만 많은 단세포 진핵생물이 산소가 없는 곳에서 활동하는 미토콘드리아를 갖고 있다. 이 '혐기성' 미토콘드리아는 양분을 태울 때 산소 대신 질산염이나 아질산염 같은 다른 간단한 화합물을 이용한다. 그 외에는 대체로 사람의 미토콘드리아와 아주 비슷한 방식으로 작동하므로 연관이 있다는 것은 의심할 나위가 없다. 그러므로 이 영역은 산소에 의존하는 인간의 호기성 미토콘드리아에서 질산염이나 아질산염 같은 물질을 이용하는 '혐기성' 미토콘드리아를 거쳐 조금 다른 작용을 하지만 그래도 연관성이 있는 하이드로게노솜까지 뻗쳐 있다. 이렇게 다양한 미토콘드리아의 존재는 결국 전체 영역을 이루게 한 조상의 정체에 초점을 맞추게 한다. 마틴은 이 공통조상이 어떤 모습을 하고 있을지 의문을 품었다.

이 의문에는 진핵생물의 기원, 더 나아가 지구와 우주 어딘가에 있는 모든 복잡한 생명체에 대한 깊은 의미가 담겨 있다. 이 공통조상은 두 가지 형태 중 하나가 될 것이다. 먼저 다양한 물질대사 능력을 갖춘 정교한 세균일 가능성이 있다. 이 물질대사 능력은 훗날 자신만의 독특한 틈새환경에 적응한 후손들에게 골고루 돌아갔다. 이 경우에서 후손은 분화과정에서 더 단순하고 소박해졌기 때문에 '진화'했다기보다는 '퇴화'했다고 보는 편이 옳다. 두 번째로 공통조상 후보가 단순한 산소호흡 세균일 가능성이 있다. 아마 앞 장에서 나왔던 독립생활을 하던 리케차의 조상일 것이다. 만약 그렇다면 그 후손은 진화를 거듭할수록 더 다양해져야만 한다. 이번에는 '퇴화'라기보다는 '진화'한 것이다. 이 두 가능성은 각각 다른 예측을 낳는다. 첫 번째 경우, 이 조상 세균이 여러 가지의 복잡한 물질대사를 할 수 있는 능력이 있었다면 수소생산에 관여하는 유전자 같은 특별한 유전자를 후손에게 바로 물려줄 수 있었을 것이다. 수소생산에 적응한 진핵생물은 나중에 형태가 얼마나 달라지든 관계없이 모두 같은 조상에게서 유전자를 물려받았을 것이다. 만약 이들이 수소생산에 관여하는 유전자를 같은 조상에게서 물려받았다면, 훗날 여러 다양한 숙주세포에서 살아가는 이들의 유전자는 서로 밀접한 유연관계가 있을 것이다. 한편 단순한 산소호흡 미토콘드리아에서 모두 유래한 것이라면 이들은 산소가 부족한 환경에 적응할 때마다 온갖 다양한 형태의 혐기성 물질대사 방법을 독자적으로 만들어내야만 했을 것이다. 하이드로게노솜의 경우, 수소생산에 관여하는 유전자는 각각의 경우마다 독립적으로 진화되어야 했을 것이고(아니면 유전자 수평이동에 의해 무작위로 옮겨졌을 것이다) 그러면 숙주세포만큼 가지각색의 하이드로게노솜이 진화되었을 것이다.

두 가지 가능성은 확실한 선택을 할 수 있게 한다. 만약 공통조상이 복잡한 물질대사를 했다면 수소생산 유전자는 모두 연관성이 있어야 한다. 반면, 공통조상이 단순한 물질대사를 했다면 수소생산 유전자는 모두 연관성이 없어야 한다. 그렇다면 어느 쪽일까? 그 해답은 아직 완전히 해결되지 않았지만, 몇몇 예외를 제외하면 대부분의 증거가 첫 번째 가능성을 뒷받침하는 것 같았다. 새천년에 들어서자, 혐기성 미토콘드리아와 하이드로게노솜의 유전자 중 적어도 일부는 그 기원이 같다는 증거를 보여주는 몇몇 연구결과가 발표되었다. 이를테면, 하이드로게노솜에서 수소기체를 만들어낼 때 쓰이는 효소(피루빈산염-페레독신 산화환원효소[pyruvate-ferredoxin oxidoreductase], 또는 PFOR)는 공통조상에서 유래한 것이 거의 확실했다. 게다가 미토콘드리아와 하이드로게노솜에서 ATP 수송을 담당하는 막 펌프(membrane pump)도 같은 조상에서 유래한 것으로 추측된다. 철-황 호흡 단백질(respiratory iron-sulphur protein)의 합성에 필요한 효소도 공통조상에서 유래한 것으로 여겨졌다. 위 연구결과들은 이 공통조상이 다방면으로 물질대사를 아주 잘했음을 의미한다. 이들은 산소나 다른 물질을 이용해 호흡할 수도 있으며 환경에 따라 수소기체를 만들어내기도 한다. 결정적으로 오늘날에도 알파프로테오박테리아의 일종인 로도박터*Rnodobacter* 같은 이런 재주 많은 세균이 존재한다(그렇지 않다면 어느 정도 가설로 치부되었을 것이다). 그런 면에서 보면 로도박터가 리케차보다 미토콘드리아의 조상에 더 가까울지도 모른다.

만약 이것이 사실이라면 왜 리케차와 미토콘드리아의 유전체는 그렇게 유사한 것일까? 마틴과 뮐러에 따르면, 리케차와 미토콘드리아의 유전체가 비슷한 데는 두 가지 요인이 있다. 첫 번째 요인은 리케차가 알파프로테오박테리아의 일종이라는 점이다. 따라서 리케차에서 **호기성**(산소에 의존한) 호흡에 관여하는 유전자는 **호기성** 미토콘드리아의 유전자뿐 아니라 그 밖에 독립생활을 하는 다른 호기성 알파프로테오박테리아와도 연관이 있다. 다시 말해서 미토콘드리아의 유전자가 리케차의 유전자와 비슷한 이유는 미토콘드리아가 리케차에서 **유래했기** 때문이 아니라, 리케차와 미토콘드리아에서 호기성 호흡을 담당하는 유전자가 같은 조상에서 유래했기 때문이다. 이 유전자를 전해준 조상은 리케차와는 많이 다를 수도 있다. 만약 이것이 사실이면, 다른 의문이 생긴다. 만약 다른 조상에서 유래했다면 이들은 왜 이렇게 비슷해진 것일까? 여기서 마틴과 뮐러는 1부를 시작하면서 다루었던 **수렴진화**를 두 번째 요인으로 제시했다. 리케차와 미토콘드리아는 생활방식과 생활환경이 비슷하다. 둘 다 다른 세포 속에서 호기성 호흡을 통해 에너지를 생산하며 살아간다. 리케차와 미토콘드리아의 유전자는 비슷한 선택압을 받았기 때문에 유전자와 DNA 서열에서 모두 수렴적인 변화가 일어나기 쉬웠을 것이다. 수렴이 유사성의 원인이라면 리케차의 유전자는 산소에 **의존하는** 포유류의 미토콘드리아하고만 유사성이 있고 바로 앞에서 다루었던 **혐기성** 미토콘드리아와는 유사성이 없어야만 한다. 만약 공통조상이 리케차와 완전히 다르다면, 다시 말해서 로도박터처럼 물질대사 기술을 한 포대 갖고 있는 재주 많은 세균이라면 리케차와 혐기성 미토콘드리아 사이에서 유사점을 찾기를 기대하기는 어려울 것이다. 그리고 이 둘 사이에는 대체로 유사점이 없다.

중독자에서 주도자로

현재까지 증거를 통해 지목된 진핵세포 연합의 두 주인공은 메탄생성고세균과 다양한 물질대사 기술을 가진 로도박터 같은 알파프로테오박테리아다. 수소가설에 따르면, 수소에 중독된 메탄생성고세균의 물질대사와 그 수소를 공급할 수 있는 세균의 능력 때문에 생태적 요구조건이 확연히 다른 두 주인공이 어우러지게 되었다. 그러나 많은 사람들에게 이 간단한 해결책은 여러 가지 의문을 불러일으켰다. 어떻게 혐기성(또는 산소량이 아주 적은) 환경에서만 일어날 수 있는 연합으로부터 온전히 산소에만 의존하는 진핵생물, 특히 다세포 진핵생물이라는 꽃이 화려하게 피어날 수 있었을까? 이 연합이 굳이 대기와 해양에 산소량이 증가하던 때에 일어난 이유는 무엇일까? 우리가 믿는 것처럼 단순한 우연의 일치일까? 오늘날 남아 있는 혐기성 진핵생물처럼, 이들의 산소호흡 유전자가 진화과정에서 도태되지 않은 이유는 무엇일까? 형태를 바꾸면서 세균을 잡아먹을 수 있는 원시진핵생물이 숙주가 아니라면 알파프로테오박테리아는 도대체 어떻게 그 속에 들어가게 된 것일까?

새로운 증거가 더해지자 수소가설은 이 까다로운 질문에 답을 할 수 있게 되었다. 놀랍게도 이 과정에서 진화적 신기성(새로운 형질의 진화)은 단 하나도 없다. 고백하건대, 나는 처음에는 이 개념에 대해 반대입장에 있었지만 지금은 그런 일이 거의 확실히 일어났다고 믿게 되었다. 마틴과 뮐러가 제안한 일련의 사건은 진화론적으로는 분명한 논리를 갖추었지만, 결정적으로 환경, 다시 말해 우연한 상황을 조건으로 하는 진화론적 선택압에 의존한다. 오늘날 우리는 그 일이 지구에서 일어났다는 것을 알지만 스티븐 제이 굴드의 이야기처럼 만약 생명이라는 영화가 몇 번이고 되풀이된다면 똑같은 일련의 사건이 되풀이될지 의문이다. 이 문제에 대해 나는 회의적이다. 내가 보기에는 마틴과 뮐러가 주장한 이 일련의 특별한 사건은 실제로 일어났다 해도 예측할 수 없는 다른 환경에 놓였을 때는 똑같은 현상이 반복될 수 없을 것이다. 이것이 내가 진핵세포의 진화를 근본적으로 우연한 사건이며 지구에서만 단 한 차례 일어났던 일이라고 생각하는 이유다. 그럼 무슨 일이 일어났는지 자세히 살펴보자. 나는 이것을 '그래서 그렇게 된' 이야기라고 부르겠다. 나는 이야기를 명확하게 하기 위해 핵심을 흩뜨리는 수많은 '그럴지도 몰라'는 생략했다(그림 4 참조).

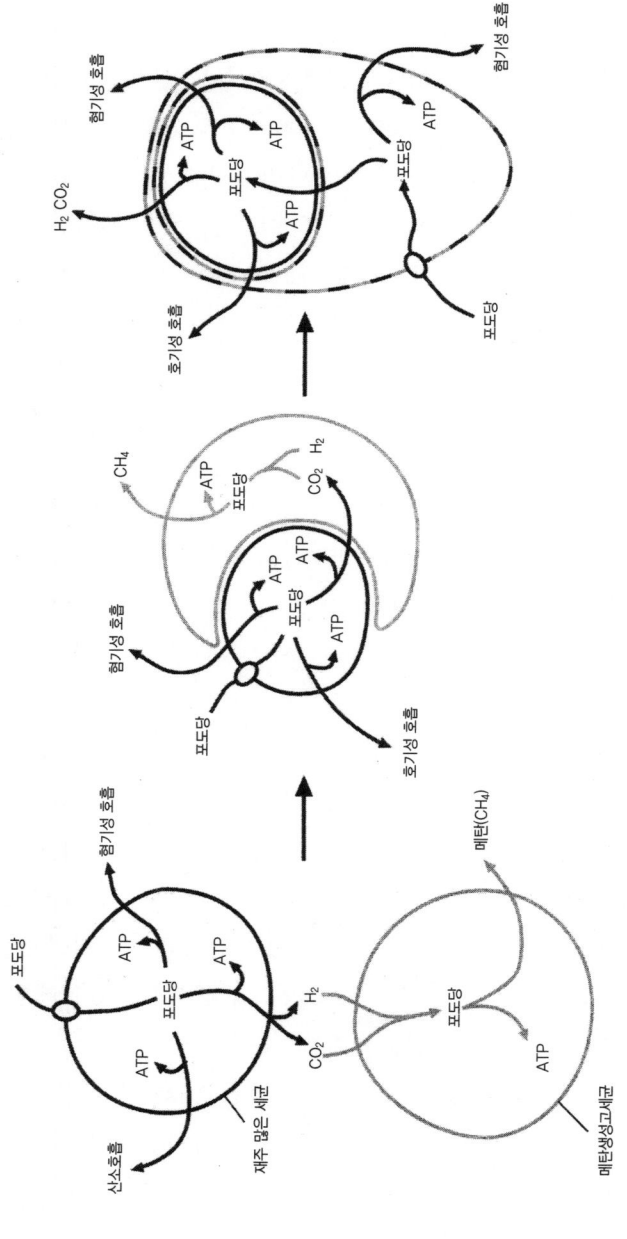

그림 4 수소기설 제주 많은 세균과 메탄생성고세균 사이의 관계를 간단히 나타낸 그림. (a) 이 세균은 산소호흡과 혐기성 호흡을 모두 할 수 있다. (b) 이 세균은 산소호흡과 혐기성 호흡을 통해 수소를 생산할 수도 있다. 혐기성 환경에서 메탄생성고세균은 이 세균이 만들어낸 수소와 이산화탄소를 이용한다. 공생관계가 가까워진다. (b) 메탄생성고세균은 세균이 생산하는 수소에만 의존한다. 세균은 점점 메탄생성고세균 속으로 들어간다. (c) 이제 세균은 완전히 내부로 들어갔다. 세균으로부터 숙주세포 유전자가 이동하면서 이동하면서 숙주세포도 메탄만 만들던 물질대사를 벗어나 세균과 독같은 방식으로 유기화합물을 받아들여 발효시키는 능력을 얻게 된다.

(a) 서로 협력하는 두 세포   (b) 물질대사 공생   (c) 연합을 이룬 가상의 최초 진핵생물

옛날 옛적 산소가 거의 없는 깊은 바다에 메탄생성고세균 하나와 알파프로테오박테리아 하나가 나란히 살고 있었다. 움직일 수 있었던 알파프로테오박테리아는 먹을 것을 찾아 이리저리 바쁘게 돌아다녔고 이따금씩 먹이(다른 세균의 노폐물)를 발효시켜 에너지를 생산해 수소와 이산화탄소를 찌꺼기로 내놓았다. 메탄생성고세균은 이 찌꺼기만 있으면 필요한 것은 뭐든지 만들 수 있었기 때문에 둘은 아주 기분 좋고 편안한 관계를 유지하며 행복하게 살았다. 메탄생성고세균과 알파프로테오박테리아는 날마다 조금씩 더 가까워졌고 메탄생성고세균은 자신의 은인을 끌어안기 위해 점점 모습을 바꾸었다. 이런 형태변화는 그림 3에서 확인할 수 있다.

시간이 흐르자 숨이 막힐 정도로 둘러싸인 불쌍한 알파프로테오박테리아는 먹이를 흡수할 수 있는 표면이 얼마 남지 않게 되었다. 방법을 찾지 못하면 굶어 죽을 지경에 놓였지만 메탄생성고세균에게 꼭 휩쓸려 있어서 빠져나올 수가 없었다. 이제 알파-프로테오박테리아는 메탄생성고세균의 몸속으로 들어가는 것 말고는 달리 선택권이 없었다. 그러면 메탄생성고세균이 자신의 표면을 통해 필요한 먹이를 흡수함으로써 둘은 편안한 관계를 계속 이어나갈 수 있을 것이다. 그래서 알파프로테오박테리아는 메탄생성고세균의 몸속으로 들어갔다.

이야기를 계속 이어가기 전에 식세포작용 없이 다른 세균의 몸속에서 살아가는 세균의 예를 몇 가지 짚고 넘어가자. 가장 잘 알려진 예는 무시무시한 세균 포식자인 델로비브리오 *Bdellovibrio*다. 이 세균은 초당 세포 길이의 100배 정도 되는 거리를 이동할 정도로 아주 빠른 속도로 움직이다가 숙주세포와 충돌한다. 충돌 바로 직전에는 빠르게 회전하면서 세포벽을 뚫고 들어간다. 일단 세포 속으로 들어가면 숙주세포의 세포질 성분을 이용하여 증식해서 한 시간에서 세 시간 내에 생활주기를 끝낸다. 공격적이지 않은 세균 중에서 다른 세균이나 고세균에 들어갈 수 있는 종류가 얼마나 되는지는 정확히 밝혀지지 않았다. 그러나 다른 세포 속으로 들어가기 위해 꼭 식세포작용이 필요한 것은 아니라는 수소가설의 기본조건이 그렇게 터무니없는 것 같지는 않다. 게다가 2001년에 발견된 쥐똥나무벌레의 세포내공생체(다른 세포 속에 공생하는 세균)는 이 가설을 더욱 그럴 듯하게 보이도록 만들었다. 쥐똥나무벌레는 솜뭉치처럼 생긴 작고 하얀 곤충이다. 화초에서 주로 볼 수 있는 이 곤충의 몸속에는 베타프로테오박테리아가 세포내공생을 하고 있는 세포가 있다. 놀랍게도 이 베타프로테오박테리아의 몸속에 더 작은 감마프로테오박테리아가 사는 경우까지 있었다. 따라서 한 세균이 다른 세균 속에 살고, 다시 그 세균이 곤충의 세포 안에 살면서 이 세균들 모두 편안하게 잘 살고 있다는 것을 보여준다. 이 발견은 오래된 시 한 구절을 떠오르게 한다. "커다란 벼룩 위에 작은 벼룩이 올라가 깨물고 있네, 그 작은 벼룩 위에는 더 작은 벼룩이 있고, 그렇게 끝없이 이어지네."

다시 본론으로 돌아가자. 알파프로테오박테리아는 이제 메탄생성고세균의 몸속으로 완전히 들어갔다. 지금까지는 좋았는데 새로운 문제가 하나 생겼다. 메탄생성고세균은 먹이를 흡수하는 방법을 몰랐다. 여태까지는 알파프로테오박테리아가 대주는 수소와 이산화탄소를 이용해 스스로 양분을 만들었는데 이제는 그럴 수가 없게 되었다. 다행히 알파프로테오박테리아가 구원에 나섰다. 알파프로테오박테리아는 먹이를 흡수하는 데 필요한 모든 유전자를 갖추고 있었기 때문에 이 유전자들을 메탄생성고세균에게 넘겨주기만 하면 아무 문제가 없을 것이다. 유전자를 넘겨받은 메탄생성고세균이 외부로부터 먹이를 흡수할 수 있게 되었으므로 알파프로테오박테리아는 수소와 이산화탄소를 계속 공급할 수 있어야만 했다. 그러나 문제는 그렇게 쉽사리 해결되지 않았다. 메탄생성고세균은 알파프로테오박테리아를 대신해 먹이를 흡수하고 그 먹이를 포도당으로 바꾸었다. 문제는 알파프로테오박테리아는 포도당을 분해해 에너지를 만들지만 메탄생성고세균은 포도당을 세포 구성성분으로 쓴다는 것이다. 결국 포도당을 놓고 줄다리기가 벌어졌고 메탄생성고세균은 몸속에 살고 있는 알파프로테오박테리아를 먹여 살리기 위해 포도당을 건네주는 대신 세포를 구성하는 데 써버렸다. 이런 일이 지속되면 둘 다 굶어 죽게 될 것이다. 알파프로테오박테리아가 유전자를 더 넘겨주어 메탄생성고세균이 포도당을 일부 발효시켜 알파프로테오박테리아가 쓸 수 있는 산물로 분해하면 문제가 해결될 수 있었다. 그래서 알파프로테오박테리아는 유전자를 넘겨주었다.

어쩌면 이런 의문이 들지도 모르겠다. 어떻게 아무 생각도 할 수 없는 세균이 거래를 성사시키는 데 필요한 유전자를 알아서 넘겨줄 수 있을까? 이런 종류의 문제는 자연선택을 논의할 때마다 골칫거리가 되지만 대개는 집단 개념을 도입하면 간단히 해결된다. 세균집단을 보면 어떤 집단은 번성하고 어떤 집단은 쇠퇴하고 어떤 집단은 현상유지를 한다. 작은 알파프로테오박테리아가 다닥다닥 달라붙은 채로 살아가는 메탄생성고세균 집단을 생각해보자. 어떤 알파프로테오박테리아는 메탄생성고세균에게 완전히 둘러싸이지 않고 상대적으로 '멀리 떨어진' 관계를 유지할 수 있다. 이들은 사이좋게 지내지만 꽤 많은 수소가 주위로 버려지거나 다른 메탄생성고세균에게 갈 것이다. 이런 '헐렁한' 관계는 단단한 관계에 비해 손실이 많다. 알파프로테오박테리아로 둘러싸이게 되면 손실되는 수소는 줄어든다. 메탄생성고세균마다 여러 개의 알파프로테오박테리아가 달라붙어 있을 테고, 그중에는 다른 것들에 비해 더 많이 감싸여 있는 것도 있을 것이다. 그래서 전체 집단이 잘 굴러가는 동안 몇몇 알파프로테오박테리아는 너무 꼭 둘러싸인 탓에 숨이 막힐 수도 있다. 이들이 숨이 막혀 죽게 되면 무슨 일이 벌어질까? 아마 다른 알파프로테오박테리아가 그 자리를 대신하게 되고 전체적인 관계에는 아무 영향을 주지 않을 것이다. 한편 죽은 알파프로테오박테리아의 유전자는 주위에 흩어지게 될 것이다. 이 가운데 일부는 유전자 수평이동방법을 통해 메탄생성고세균에게 받아들여지고 어떤 것은 메탄생성고세균의 염색체에 편입될 것이다. 이런 일이 수백만, 또는 수천만의 메탄생성고세균에게서 동시에 일어난다고 가정해보자. 적어도 몇몇 경우에서는 제대로 된 유전자(함께 하나의 기능단위로 작용하는 유전자인 오페론)가 모두 옮겨질 수도 있을 것이다. 만약 그렇게 된다면 메탄생성고세균은 주위로부터 유기 물질을 흡수하게 될 것이다. 발효를 하는 데 필요한 유전자도 정확히 같은 과정을 거쳐 메탄생성고세균에게 전달되었을 것이다. 두 종류의 유전자가 동시에 이동하면 안 된다는 법도 없다. 모든 것은 그 군집이 얼마나 역동적 인가에 달렸다. 만약 어떤 관계가 주위보다 특히 성공을 거두게 되면 자연 선택에 의해 이 성공적인 관계는 곧 더욱 풍성한 결실을 맺게 될 것이다.

이야기는 여기서 끝나지 않는다. 이제부터 깜짝 놀랄 만한 결말이 기다리고 있다. 유전자 수평이동으로 두 꾸러미의 유전자를 얻게 된 메탄생성고세균은 이제 무엇이든지 할 수 있게 되었다. 주위로부터 양분을 흡수할 수도 있고 그 양분을 발효시켜 에너지를 만들 수도 있게 되었다. 미운 오리 새끼가 백조로 변한 것처럼 메탄생성고세균도 더 이상 메탄생성고세균으로 있을 필요가 없어졌다. 한때는 유일한 에너지 공급원에 갇혀 메탄만 생산하며 살았지만 이제는 자유롭게 돌아다닐 수 있게 된 것이다. 산소가 풍부한 환경도 피할 필요가 없었다. 더군다나 산소가 풍부한 환경에서 어슬렁거리며 다니면 몸속에 있는 알파프로테오박테리아가 산소를 이용해 더 많은 에너지를 효과적으로 생산할 수 있어 더 큰 이득이 되었다. 이제 숙주세포(더 이상 메탄생성고세균이라고 부를 이유가 없다)에게 필요한 것은 수도꼭지인 ATP 펌프뿐이었다. 이 수도꼭지를 알파프로테오박테리아의 막에 꽂기만 하면 온 세상이 자신의 무대가 될 것이다. ATP 펌프야말로 진핵생물의 진정한 혁신적인 창조물이며, 우리가 서로 다른 진핵생물 무리의 유전자 서열을 신뢰한다면 ATP 펌프는 진핵생물이 연합을 시작한 초기에 만들어졌다.

생명과 우주와 만물, 다시 말해서 진핵세포의 기원에 대한 해답은 결국 단순한 유전자 이동으로 끝이 난다. 작지만 현실적인 일련의 단계를 밟아가면서 수소가설은 화학적으로 의존하던 두 세포가 어떻게 미토콘드리아 작용을 하는 세포소기관을 갖는 정체불명의 세포로 연합하게 되었는지 설명한다. 이 세포는 당류 같은 유기물을 외막을 통해 받아들여 세포질에서 효모와 비슷한 방식으로 발효를 할 수 있다. 이 발효산물이 미토콘드리아에 전달되면 미토콘드리아는 산소를 이용해 이 산물을 산화시킨다. 질산염 같은 다른 분자도 마찬가지다. 이 정체불명의 세포에는 아직까지 핵이 없다. 세포벽은 있을 수도 있고 없을 수도 있다. 세포골격은 있지만 아메바처럼 형태를 마음대로 바꾸지는 못했을 것이다. 정리하자면, 우리는 핵이 없는 진핵세포의 '원형(prototype)'을 유추한 것이다. 이 진핵세포의 원형이 어엿한 진핵생물이 되는 과정은 3부에서 다시 알아볼 것이다. 이 장을 마무리 지으며 수소가설에서 우연의 장는에 대해 알아보자.

우연과 필연

수소가설의 각 단계는 선택압에 의존한다. 이 선택압은 특별한 적응을 하도록 몰아갈 만큼 강력할 수도 있고 그렇지 않을 수도 있다. 그리고 각 단계는 전적으로 바로 전 단계에 의존한다. 그러므로 생명의 영화를 다시 되돌렸을 때 정확히 같은 과정이 반복될지 깊은 의구심이 든다. 반대론자들에 따르면, 수소가설의 가장 큰 문제점은 마지막 몇 단계에 있다. 다시 말해서, 산소가 없는 환경에서만 작용할 수 있었던 화학적인 의존관계로부터 산소가 풍부한 환경에서 번성하는 진핵세포가 나오게 된 단계가 문제가 된 것이다. 이런 현상이 일어나려면, 유전자를 활용하지 못하는 시간이 아무리 오래 지속되더라도 두 세포가 만나는 초기 단계부터 산소호흡에 관여하는 모든 유전자가 고스란히 보전되어 있어야만 한다. 만약 수소가설이 옳다면 분명히 일어났던 현상이겠지만 변화가 조금만 더디게 일어났다면 산소호흡에 관여하는 유전자는 변이가 일어나 사라졌을 테고, 산소에 의존하는 다세포 진핵생물은 절대로 나타나지 못했을 것이다. 더불어 우리도 없었을 테고 그 어느 것도 세균 덩어리를 넘어서지 못했을 것이다.

이 유전자들이 사라지지 않았다는 것은 터무니없는 요행처럼 여겨진다. 따라서 이것 하나만 봐도 왜 진핵생물이 단 한 번에 진화되었는지가 설명될 것 같다. 그러나 어쩌면 우리 조상이 올바른 방향으로 가도록 부추긴 환경도 있었을 것이다. 2002년 로체스터 대학의 에이리얼 앤바Ariel Anbar와 하버드 대학의 앤드루 놀Andrew Knoll이 『사이언스』 지에 발표한 연구결과에 따르면, 완전히 혐기성 생활을 하던 생물로부터 진핵생물이 발생한 이유는 산소 농도가 증가하던 시점에 바다에서 일어난 화학적인 변화 때문일 가능성이 있다. 대기의 산소 농도가 증가하자 바닷속의 황산염 농도도 함께 증가했다(황산이온인 SO_4^{2-}를 형성하는 데 산소가 필요하기 때문이다). 그러자 1장에서 잠시 등장했던 황산염환원세균이라는 세균이 폭발적으로 증가하게 되었다. 오늘날의 생태계에서 황산염환원세균은 메탄생성고세균과 수소를 놓고 경쟁을 벌이는 관계이므로 두 종류가 같은 환경에서 함께 사는 일은 무척 드물다.

산소량 증가를 생각할 때, 사람들은 대개 대기 중의 산소를 더 많이 떠올린다. 그러나 산소량 증가가 가져온 효과는 사실 깜짝 놀랄 정도로 생각지도 못한 곳에서 일어날 수 있다. 내가 『산소: 세상을 만들어낸 분자Oxygen: The Molecule that Made the World』에서 지적한 것처럼 실제로 일어났던 일은 이렇다. 화산에서 뿜어져 나오는 코를 찌르는 유황증기에는 황이 황 원자와 황화수소 형태로 들어 있다. 이 황 성분이 산소와 반응하면 산화가 일어나 황산염이 된다. 오늘날의 산성비도 이와 비슷한 현상이다. 공장에서 대기로 방출되는 황 화합물이 대기 중의 산소에 의해 산화되어 황산(H_2SO_4)을 형성한다. 황산 속의 'SO_4^{2-}'를 황산기라고 하는데 이 황산기가 황산염환원세균이 수소를 산화시킬 때 필요한 물질이다. 화학적으로 보면 이 반응에서 수소의 산화와 황의 환원이 같은 의미가 되므로 황산염환원세균이라는 이름이 붙게 된 것이다. 여기서 마찰이 생긴다. 산소 농도가 증가하면 황은 황산염의 형태로 산화되어 바다에 축적되므로, 산소가 많아질수록 황산염도 증가한다. 이 황산염은 황산염환원세균이 황화수소를 만드는 데 필요한 원료가 된다. 황화수소는 기체게만 물보다 무겁기 때문에 바다 밑에 가라앉는다. 그다음에 일어나는 현상은 황산염과 산소 그 외 물질의 농도가 이루는 동적 평형상태에 달렸다. 그러나 만약 (태양광선이 도달하지 못해 광합성이 잘 일어나지 않는) 깊은 바닷속에서 황화수소가 산소보다 더 빨리 형성된다면 바다에는 '층이 형성될' 것이다. 오늘날 그런 현상을 잘 관찰할 수 있는 곳으로는 흑해를 들 수 있다. 일반적으로 심해에는 물이 흐르지 않고 황화수소 냄새를 풍기는 곳c 있다(전문용어로는 '흑해현상[euxinic]'이라고 한다). 반면 햇빛이 비치는 바다 표면에는 산소가 풍부하다. 지질학적 증거에 의하면, 20억 년 전에 전 세계 바다에서 일어났던 현상은 정확히 이것과 똑같다. 흑해에 있는 흐르지 않는 바닷물은 적어도 10억 년은 되었으며 그보다 더 오래되었을 수도 있다.

이제 결론을 내릴 차례다. 산소량이 증가했을 때 황산염환원세균도 따라서 증가했을 것이다. 만약 오늘날처럼 메탄생성고세균이 이 대식가 황산염환원세균과 경쟁할 수 없다면, 메탄생성고세균은 수소 결핍에 시달렸을 것이다. 바로 이 점 때문에 메탄생성고세균이 로도박터 같은 수소생성세균과 밀접한 관계를 맺게 되었을 것이다. 여기까지는 좋다. 그런데 산소호흡에 관여하는 유전자가 사라지기 전에 진핵생물의 원형으로 하여금 산소가 많은 표면으로 올라가도록 부추긴 것은 무엇이었을까? 이 역시도 황산염환원세균일 가능성이 크다. 이번에는 다른 양분을 두고 경쟁이 벌어졌을 것이다. 질산염, 인산염, 몇 가지 금속 같은 양분은 햇빛이 비치는 수면에 훨씬 많다. 진핵생물의 원형은 더 이상 물웅덩이에 얽매일 필요가 없었기 때문에 세상에 나오면 더 큰 이득을 얻었을 것이다. 만약 그렇다면 경쟁에서 불리한 자리에 있던 최초의 진핵세조가 산소호흡에 관여하는 우전자를 잃기 전에 일찌감치 산소가 풍부한 수면으로 올라오게 되었을지도 모른다. 수면으로 올라오고 나서야 이들은 산소호흡 유전자가 아주 쓸모가 많다는 사실을 알았을 것이다. 정말 뜻밖의 반전이 아닐 수 없다! 진핵생물은 사이가 좋지 않던 두 미생물 사이의 불공평한 경쟁을 통해 당당히 등장했다. 약자에게 승리를 안겨준 자연의 조화는 참 놀랍다. 성경 말씀은 옳았다. 온유한 자가 진짜 이 땅을 차지했으니까.

정말 이런 일이 일어났던 것일까? 너무 오래전 일이라 확신을 갖고 말하기는 어렵다. 풍자적인 이탈리아 노래 한 소절이 생각난다. 해석하면 대강 이런 뜻이 된다. "사실인지는 모르겠지만 참 그럴 듯해." 나는 수소가설이 이미 알려진 증거를 다른 어떤 이론보다도 잘 활용한 파격적인 가설이라고 생각한다. 수소가설은 가능한 일과 불가능한 일을 적절히 조화시켜 진핵생물이 단 한 번에 진화되었다는 사실을 설명했다.

그 밖에도 수소가설이나 다른 이론이 기본적으로 옳다고 납득하기 위해 고려할 것은 또 있다. 이것은 미토콘드리아를 통해 얻게 되는 근본적인 이득과 더 밀접한 관계가 있다. 그것은 **모든** 진핵생물이 미토콘드리아를 가지고 있거나 (지금은 없어도) 한때 가진 적이 있는 이유를 설명한다. 우리가 처음에 살펴보았듯이, 진핵생물의 생활양식은 에너지 낭비가 심하다. 형태를 바꾸고 먹이를 감싸 잡아먹는 활동은 에너지를 많이 소모한다. 미토콘드리아 없이 이렇게 살 수 있는 진핵생물은 다른 생물의 몸속에서 호사를 누리는 기생생물뿐이다. 게다가 이들은 거의 아무것도 할 필요가 없다. 다만 형태는 바꿔야 한다. 다음 몇 장에서는 진핵생물이 살아가는 모습을 속속들이 살펴볼 것이다. 역동적인 세포골격을 이용한 형태변화, 대형화, 엄청난 양의 DNA 축적, 성, 다세포화, 이런 모든 변화는 미토콘드리아가 있었기에 가능했다. 그러므로 세균의 경우는 일어날 수도 없는 일이며, 혹 일어날 수 있다 해도 그 가능성이 너무 미미하다.

그 이유는 막을 통해 일어나는 정교한 에너지 생산과정과 연관이 있다. 세균과 미토콘드리아의 에너지 생산방법은 본질적으로 같다. 그러나 미토콘드리아에서는 그 과정이 세포 내부에서 일어나는 반면, 세균은 세포막을 이용한다는 차이가 있다. 에너지 생산의 내면화로 진핵생물의 진화가 가능했을 뿐 아니라 생명의 기원 자체에도 빛을 더했다. 2부에서는 세균과 미토콘드리아의 에너지 생산과정을 살펴볼 것이다. 그리고 에너지 생산과정이 육상생물 진화에 어떻게 기여를 했으며, 왜 진핵생물에게만 세상을 지배할 기회가 돌아갔는지를 알아볼 것이다.

2

생명의 힘: 양성자 동력과 생명의 기원

04 호흡의 의미
05 양성자 동력
06 생명의 기원

미토콘드리아 내부에서 일어나는 에너지 생산과정은 생물학에서 가장 기이한 메커니즘으로, 그 발견은 다윈과 아인슈타인의 발견에 견줄 만하다. 미토콘드리아는 몇 나노미터 두께의 생체막을 통해 양성자를 수송함으로써 전위차를 만들어 동력을 생산한다. 이 양성자의 동력은 생명의 기본입자라고 일컬어지는 막에 있는 버섯 모양 단백질을 지나면서 ATP 형태의 에너지를 생산한다. 이 파격적인 메커니즘은 DNA처럼 생명의 근본이 되며 지구상에 있는 모든 생명의 기원을 꿰뚫어볼 수 있게 해준다.

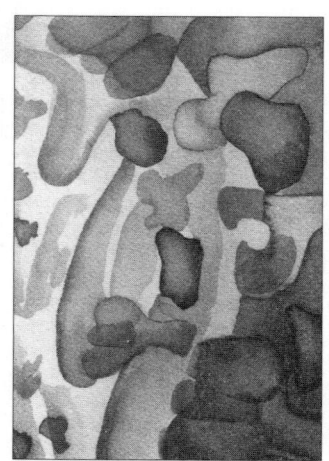

생명의 기본입자—미토콘드리아의 막에서 에너지를 생산하는 단백질.

에너지와 생명은 떼려야 뗄 수 없는 관계다. 숨이 멈추면 생명을 유지하는 데 필요한 에너지를 생산하지 못해 몇 분 안에 죽게 될 것이다. 그러니 계속 숨을 쉬자. 들숨 속에 들어 있는 산소는 우리 몸 구석구석에 있는 15조 개의 세포로 전달되며 세포에서는 세포호흡을 통해 포도당이 산화된다. 우리 몸은 에너지가 넘치는 멋진 기계장치다. 우리는 가만히 앉아만 있어도 단위질량을 비교했을 때 매초 태양이 생산하는 에너지보다 1만 배가 넘는 에너지를 생산한다.

그냥은 믿기 어려운 이야기일 테니 계산을 통해 비교해보자. 태양의 밝기는 약 4×10^{26}와트이며 전체 질량은 2×10^{30}킬로그램이다. 약 100억 년이 넘는 시간 동안 살아오면서 태양의 구성물질은 1그램당 6,000만 킬로줄의 에너지를 생산했을 것이다. 그러나 이 에너지는 한꺼번에 폭발한 게 아니라 천천히, 그리고 꾸준히 발생하기 때문에 일정한 비율로 오랜 시간 동안 태양에너지가 공급될 수 있었다. 한 시점에서 핵융합이 일어나는 부분은 태양의 거대한 질량 가운데 극히 일부에 불과하며 핵융합반응은 밀도가 높은 핵에서만 일어난다. 바로 이것이 태양이 그렇게 오랫동안 탈 수 있는 이유다. 태양의 밝기를 질량으로 나누면, 태양은 1그램마다 약 0.0002밀리와트의 에너지를 생산한다는 계산이 나온다. 다시 말해서 태양에서는 1그램의 질량에서 1초당 0.0000002줄의 에너지($2\mu J/g/sec$)가 발생하는 것이다. 이제 몸무게가 70킬로그램인 사람이 있다고 해보자. 이 사람이 나와 비슷하다면 하루에 12,600킬로줄(약 3,000칼로리)의 열량을 섭취할 것이다. 열효율을 30퍼센트로 잡으면 (열이나 신체활동이나 저장지방으로) 전환되는 에너지는 1그램의 질량에서 1초당 평균 2밀리줄($2mJ/g/sec$), 다시 말해 1그램당 약 2밀리와트라는 계산이 나온다. 이는 태양보다 1,000배나 큰 수치다. 왕성하게 에너지를 생산하는 아조토박터 *Azotobacter* 같은 세균은 1그램의 질량에서 1초당 10줄의 에너지를 생산한다. 이는 태양이 생산하는 에너지보다 5,000만 배나 많은 양이다.

현미경으로 세포를 관찰하면 모두 생명력이 넘친다. 식물과 균류와 세균도 예외가 아니다. 세포는 기계처럼 혼자 윙윙 돌아가며 특별한 임무를 수행하기 위한 에너지를 전달한다. 그 에너지는 운동이나 복제를 하는 데 이용되기도 하고, 세포 내 물질을 만들거나 세포 밖으로 분자를 내보내는 일을 맡기도 한다. 세포도 기계와 마찬가지로 여러 부품으로 이루어져 있고 이 부품이 돌아가는 데 에너지가 필요하다. 스스로 에너지를 생산하지 못하는 생명체는 적어도 철학적인 테두리 안에서 볼 때 무생물과 구분하기 어렵다. 바이러스는 창조주의 손길을 연상시키는 형태 때문에 살아 있는 것처럼 '보이기만' 할 뿐, 생명과 무생물의 경계에 놓여 있다. 바이러스는 자신을 복제하는 데 필요한 모든 정보를 갖추고 있지만 다른 세포를 감염시키기 전까지는 무생물처럼 지내야만 한다. 감염된 세포의 에너지와 세포내소기관을 이용해야만 복제를 할 수 있기 때문이다. 이는 바이러스가 지구상에 나타난 최초의 생명체도 아니고, 외계에서 지구로 전해진 생명체도 아니라는 뜻이다. 바이러스는 완전히 다른 생명체에 의지해 살아가므로 다른 생명체가 없으면 존재할 수 없다. 바이러스의 단순성은 원시적인 게 아니라 정교하게 단순화된 복잡성이다.

생명에 중요한 영향을 미친다는 사실이 명백한데도 생물학적 에너지는 그 중요성에 비춰볼 때 충분히 주목을 받지 못했다. 분자생물학자들의 말에 의하면 생명은 곧 정보다. 정보는 단백질과 세포와 몸을 구성하기 위한 설계도인 유전자에 암호화되어 있다. 유전물질인 DNA의 이중나선구조는 정보시대를 상징하는 기호가 되었으며 그 구조를 발견한 왓슨과 크릭은 누구나 잘 아는 이름이 되었다. 이런 현상이 생기게 된 데는 개인적인 이유와 경험적인 이유와 상징적인 이유가 뒤섞여 작용했다. 명석하고 재기 넘치는 왓슨과 크릭은 놀라울 정도로 침착하게 DNA 구조의 비밀을 벗겼다. DNA 구조의 발견과정을 기록한 왓슨의 유명한 책 『이중나선 *The Double Helix*』은 한 세대를 대변할 정도로 큰 의미가 있었고 과학에 대한 일반 대중의 인식을 바꿔놓았다. 그리고 그 뒤 왓슨은 직설적이고도 열정적으로 유전학 연구를 대변했다. 유전자 서열분석을 통해 우리는 인간과 다른 생명체를 비교할 수 있게 되었으며 인류의 역사와 더불어 생명의 역사까지 자세히 들여다볼 수 있게 되었다. 인류의 비밀을 밝히기 위해 인간유전체계획이 기획되었고 유전자 요법은 치명적인 유전질환을 앓고 있는 사람들에게 희망의 빛을 밝혀주었다. 그러나 무엇보다도 유전자 자체가 강력한 상징이 되었다. 사람들은 유전과 환경의 영향을 두고 논쟁을 벌이기도 하고, 유전자의 효과에 대해 거부감을 갖기도 한다. 복제나 유전자 조작으로 태어난 아기에 대해 부도덕성을 지적하거나 유전자 변형 농작물에 우려를 나타내기도 한다. 그러나 무엇이 옳고 그른지를 떠나 이렇게 다양한 견해가 나오게 된 까닭은 마음 깊은 곳에서 본능적으로 유전자의 중요성을 이미 알고 있기 때문이다.

우리가 생명체의 에너지에 대해 온갖 칭찬을 다 하고 있는 것도 분자생물학이 오늘날 생물학의 중심에 자리잡고 있기 때문일지도 모른다. 이는 산업혁명이 현대 정보화 시대로 나아가기 위해 꼭 필요한 전 단계였다고 추어올리는 것과 비슷하다. 컴퓨터가 작동하는 데 전기가 꼭 필요하다는 사실은 강조할 필요도 없을 정도로 명백한 사실이지만 컴퓨터를 중요하게 여기는 이유는 정보처리력 때문이지 전기력 때문이 아니다. 우리가 전기의 중요성을 느낄 때는 건전지가 다 닳았거나 전기 플러그가 보이지 않을 때 정도일 것이다. 마찬가지로 세포에 필요한 에너지를 공급하는 것도 중요한 일이기는 하지만, 그 에너지를 통제하고 이용하는 정보체계보다 뒷전으로 밀리는 것도 사실이다. 에너지가 없는 생명은 죽음에 이르지만 정보로 통제되지 않는 에너지는 화산이나 지진이나 폭발처럼 파괴적일 수 있다. 그러나 태양에서 오는 찬란한 생명의 빛을 보면 통제되지 않는 에너지가 항상 파괴적인 것만은 아니다.

유전학에는 대중적인 관심이 쏠리는 것과 대조적으로, 생체에너지론에 깃들어 있는 불길한 의미에 대해 괴로워하는 사람은 과연 얼마나 될지 궁금하다. 생체에너지론의 전문용어는 신비스러운 마법사의 망토처럼 알 수 없는 상징이 가득하다. 열정적으로 생화학을 연구하는 학자라도 '화학삼투', '양성자 동력(proton-motive force)' 같은 용어에는 주춤한다. 이런 개념 속에 담겨 있는 속뜻이 유전학만큼 중요성을 얻을 날이 올 수도 있지만 아직까지는 잘 알려지지 않았다. 1978년에 노벨화학상을 수상한 생체에너지론의 거장 피터 미첼의 이름은 왓슨과 크릭만큼 유명해야 마땅한데도 우리에게는 친숙하지 않다. 왓슨이나 크릭과 달리, 미첼은 사람들 앞에 나서기를 꺼려한 괴팍한 천재였다. 그는 콘월의 낡은 시골농가를 직접 설계하고 개조해 실험실을 꾸몄다. 한때 목축으로 얻은 수익을 연구자금으로 쓰기도 했으며 심지어 질이 좋은 크림을 생산해 상을 받은 적도 있다. 미첼이 쓴 책은 왓슨의 『이중나선』과는 비교할 수 없을 정도로 눈에 띄지 않는다. 딱딱한 학술적인 내용만 지루하게 늘어놓은 논문 외에 자신의 이론을 설명한 '작은 회색 책' 두 권을 자비로 출판하기도 했는데, 미첼 자신보다 더 눈에 띄지 않는 이 책은 일부 관심 있는 전문가들 사이에서만 소문이 났다. 미첼의 개념은 이중나선 같이 시선을 사로잡는 상징적인 기호 속에 담을 수 없다. 그러나 미첼은 생물학 역사에서 가장 위대한 이론을 명확하게 증명하는 데 크게 기여했으며 오랫동안 인정받았던 기존 학설을 뒤엎는 획기적인 혁명을 이루어냈다. 저명한 분자생물학자 레슬리 오겔Leslie Orgel은 이렇게 말했다. "흔히 생각하듯이 다윈 이후 생물학에서 아인슈타인이나 하이젠베르크나 슈뢰딩거와 비길 만한 독창적인 착상이 없었던 것이 아니……. 그의 동시대인들은 '미첼 박사님, 진담입니까?' 하고 물을지도 모른다."

2부에서는 미첼이 발견한 생명체에서 일어나는 에너지 생산과정과 그의 개념 속에 담긴 생명의 기원에 대한 참뜻을 폭넓게 다루고자 한다. 뒷부분에서는 이 개념을 통해 미토콘드리아가 우리에게 어떤 영향을 주었는지 살펴볼 것이다. 다시 말해서 모든 고등한 생명체의 진화에 미토콘드리아가 꼭 필요한 이유와 에너지 생산의 정밀한 메커니즘이 활기가 넘친다는 사실을 알게 될 것이다. 그 메커니즘은 생명에게 기회를 주었고 그 기회는 세균과 진핵세포에서 완전히 다른 작용을 한다. 에너지 생산이 일어나는 정교한 메커니즘이 세균이 세균을 넘어 절대 복잡한 다세포 생물로 진화되지 못하게 한다는 것도 알게 될 것이다. 그러나 동시에 똑같은 메커니즘이 진핵생물에게는 무한한 가능성을 제공해, 몸집이 커지고 더욱 정교해져 오늘날 우리가 주위에서 볼 수 있는 경이로운 현상을 이루어낸 복잡성의 비탈을 오를 수 있는 추진력이 되었다는 사실 또한 살펴볼 것이다. 이 에너지 생산 메커니즘은 완전히 다른 방향에서 진핵생물에게도 한계로 작용한다. 성性과 심지어 양성의 기원까지도 이 에너지 생산방법의 한계에 의해 설명될 수 있다는 사실을 깨닫게 될 것이다. 더 나아가 우리가 20억 년 전 미토콘드리아와 체결한 계약서에는 마지막 순간에 겪게 될 노화와 죽음에 대한 내용도 눈에 잘 띄지 않게 작은 글씨로 적혀 있었다.

이 모든 것을 이해하려면 먼저 생명체의 에너지에 대한 미첼의 통찰에 담긴 중요성을 파악할 필요가 있다. 그의 개념은 겉으로 보면 단순하지만 그 진가를 제대로 느끼려면 좀더 자세히 살펴봐야 한다. 그러기 위해서 먼저 역사적인 배경을 살펴보고자 한다. 역사적인 배경을 따라가면서 당시의 어려운 문제점과 노벨상이 널려 있던 생화학의 황금기에 그 문제들을 놓고 씨름하던 위대한 과학자들도 함께 살펴볼 것이다. 빛나는 발견의 여정을 따라가는 동안 어떻게 작은 세포에서 태양을 무색하게 만들 정도로 많은 에너지가 생산되는지 알게 될 것이다.

04

호흡의 의미

프리츠 리프만과 헤르만 칼카르는 1941년에 ATP가 생명의 '보편적인 에너지 통화'라고 선언했다. 놀랍게도 이 주장은 기본적으로 옳았다. ATP는 식물, 동물, 균류, 세균 할 것 없이 모든 종류의 세포에서 발견되었다. 1940년대에는 ATP가 발효와 호흡을 통해서만 만들어지는 것으로 알려졌지만 1950년대에는 여기에 광합성이 보태졌다. 광합성으로 ATP를 생산할 때는 태양에너지가 이용된다. 그러므로 생명의 3대 에너지 경로인 호흡, 발효, 광합성에서 모두 ATP가 생산된다는 사실은 생명의 기본적인 통일성을 보여주는 또 다른 뜻 깊은 본보기다.

형이상학자들과 시인들은 생명의 불꽃을 주제로 진지하게 글을 쓰곤 했다. 17세기에 살았던 연금술사인 파라켈수스Paracelsus는 이렇게 단언했다. "사람도 공기가 없으면 불꽃처럼 사그라진다." 은유는 진실을 반영해야 하지만 형이상학자들은 '근대 화학의 아버지'인 라부아지에Lavoisier를 얕잡아 보았던 것 같다. 라부아지에는 생명의 불꽃은 한낱 비유가 아니며 생명은 정말 불꽃과 비슷하다고 말했다. 라부아지에가 과학논문에서 문학적인 내용을 다루면서 연소와 호흡은 하나이며 완전히 같은 과정이라고도 하자 시인들은 크게 반감을 내비쳤다. 이에 대해 라부아지에는 1790년 프랑스왕립아카데미 앞으로 보내는 논문에서 이렇게 밝혔다.

> 호흡은 탄소와 수소가 천천히 연소되는 현상으로 등불이나 촛불이 타는 것과 모든 면에서 흡사하다. 이와 같은 관점에서 숨을 쉬고 있는 동물은 살아 있는 연소체다……. 동물의 몸을 이루는 주성분인 혈액은 이 연료를 운반한다. 만약 어떤 동물이 호흡으로 쓰여 없어지는 것만큼 음식물을 섭취해 연료를 계속 새로 보충해주지 않는다면 연료가 다 닳아 등불이 꺼져버리듯 동물도 죽고 말 것이다.

탄소와 수소는 모두 음식물 속에 들어 있는 포도당 같은 유기연료에서 나온다. 그러므로 음식물을 섭취하면 호흡에 필요한 연료가 공급된다는 라부아지에의 말은 옳다. 그러나 안타깝게도 4년 뒤 프랑스 혁명이 일어나 라부아지에가 단두대에서 처형되는 바람에 그의 연구는 그걸로 끝이 나고 말았다. 버나드 자페Bernard Jaffe는 『도가니Crucibles』에서 이 사건에 대한 '후대의 심판'을 내렸다. "프랑스 혁명에서 가장 참담한 행위는 왕의 처형이 아니라 라부아지에의 처형이다. 이 사실을 인정하기 전에는 프랑스 혁명의 가치가 올바르게 평가되었다고 할 수 없다. 라부아지에는 프랑스 역사상 다섯 손가락 안에 꼽히는 위대한 인물이기 때문이다." 라부아지에의 동상은 프랑스 혁명이 일어나고 100년이 지난 뒤인 1890년대에 세워졌다. 그 뒤 조각의 얼굴이 라부아지에의 얼굴이 아니라 라부아지에가 죽기 직전 그의 학술원 비서였던 콩도르세의 얼굴이라는 사실이 밝혀졌다. 프랑스인들은 '어쨌든 가발을 쓰면 누구나 그 얼굴이 그 얼굴'이라며 실용주의적인 판단을 내렸고 동상은 제2차 세계대전 중에 녹아 없어질 때까지 그대로 남아 있었다.

라부아지에는 호흡의 화학적 성질에 대한 생각을 크게 변화시켰지만 정작 호흡이 일어나는 장소에 대해서는 알지 못했다. 그는 피가 허파를 지날 때 호흡이 일어난다고 생각했다. 호흡이 일어나는 장소에 대한 논란은 19세기 내내 끊이지 않다가 마침내 1870년에 독일의 생리학자 에두아르트 플뤼거Eduard Pflüger가 호흡이 몸속 모든 세포에서 일어나는 세포의 일반적인 작용이라는 사실을 생물학자들에게 인식시켰다. 그렇지만 정확히 세포 안 어디에서 호흡이 일어나는지는 아무도 몰랐으며 대부분 핵에서 일어날 거라고 추측했다. 1912년에 B. F. 킹스베리가 미토콘드리아에서 호흡이 일어난다고 주장했지만 받아들여지지 않았으며 그로부터 37년이 지난 뒤인 1949년에 유진 케네디와 앨버트 레닌저가 미토콘드리아에 호흡효소가 있다는 것을 증명하면서 그 주장이 인정받게 되었다.

호흡을 할 때 일어나는 포도당의 연소는 일종의 전기화학적인 반응으로, 정확히 말하면 **산화**반응이다. 오늘날의 정의에 따르면, 물질이 **산화된**다는 것은 전자를 잃는다는 뜻이다. 산소(O_2)는 강력한 산화제다. 전자를 끌어당기려고 하는 화학적인 '욕구'가 아주 강해 포도당이나 철 같은 물질로부터 전자를 끌어내기 때문이다. 반대로 물질이 전자를 얻는 것은 **환원된**다고 한다. 산소는 포도당이나 철에서 나온 전자를 얻기 때문에 물(H_2O)로 환원되었다고 말할 수 있다. 물을 형성할 때 산소원자가 양성자(H^+) 두 개와 결합해 전하량을 맞춘다는 것을 주목하자. 종합하면, 포도당의 산화란 전자 두 개와 양성자 두 개(전자 두 개와 양성자 두 개를 합치면 완전한 수소원자 두 개가 된다)가 포도당에서 산소로 이동하는 과정이다.

산화와 환원은 항상 동시에 일어난다. 전자는 따로 떨어져 안정된 상태로 있을 수 없기 때문에 다른 화합물로부터 얻을 수밖에 없다. 한쪽이 산화되는 사이 다른 쪽에서는 동시에 환원이 일어나기 때문에 한 분자로부터 다른 분자로 전자가 이동하는 반응은 모두 **산화환원 반응**이다. 본질적으로 생물체가 에너지를 생산하는 과정에서 일어나는 반응은 모두 산화환원 반응이다. 이때 꼭 산소가 필요한 것은 아니다. 화학반응 중에는 전자는 이동하지만 산소와는 연관이 없는 산화환원 반응이 많다. 심지어 건전지에서 발생하는 전류의 흐름도 음극(천천히 산화되면서 전자를 내놓는다)에서 양극(전자를 받아들여 환원된다)으로 전자가 이동하며 생기는 산화환원 반응이다.

호흡이 연소 또는 산화와 같은 화학반응이라는 라부아지에의 말은 **화학적으로 옳다**. 그러나 라부아지에는 호흡이 일어나는 장소만 몰랐던 것이 아니라 호흡이 하는 일도 제대로 파악하지 못했다. 그는 열이 파괴할 수 없는 유동체 같은 것이며 호흡을 통해 열이 만들어진다고 믿었다. 그러나 분명 우리는 양초처럼 활활 타고만 있지는 않는다. 우리는 연료를 태워 단순히 열로만 에너지를 방출하는 게 아니라, 달리거나 생각하거나 근육을 만들거나 음식을 조리하거나 사랑을 할 때 쓴다. 간혹 양초를 만들 때 쓸 수도 있겠다. 이 모든 작업은 저절로 일어나는 게 아니라 에너지가 필요하기 때문에 '일'이라고 정의할 수 있다. 이 모든 것을 반영해 호흡의 모든 것을 이해하려면 에너지의 본질에 대한 제대로 된 평가가 필요했다. 이 평가는 19세기 중반 열역학이 대두되면서 비로소 가능해졌다. 가장 눈에 띄는 발견은 1843년 영국의 과학자 제임스 프리스콧 줄James Prescott Joule과 윌리엄 톰슨William Thomson(켈빈 경Lord Kelvin)의 연구로, 이들은 열과 역학적인 일이 서로 전환될 수 있다는 증기기관의 원리를 발견했다. 이 발견은 더욱 발전해 훗날 열역학 제1법칙이라고 불리게 되었다. 열역학 제1법칙에 따르면 에너지는 형태를 바꿀 수는 있지만 절대 만들어지거나 파괴될 수는 없다. 1847년 독일의 의사이자 물리학자인 헤르만 폰 헬름홀츠Hermann von Helmholtz는 이 개념을 생물학에 적용하여 호흡을 통해 음식분자에서 나온 에너지의 일부가 근육을 움직이는 힘으로 쓰인다는 사실을 증명했다. 근육수축에 열역학을 적용한 물리학적 통찰은 당시로서는 획기적인 일이었다. 당시만 해도 생명에 활기를 불어넣는 특별한 힘이나 기운은 단순히 화학작용으로 만들어낼 수 없다는 믿음인 '생기론生氣論'이 널리 퍼져 있었기 때문이다.

에너지를 새롭게 이해하게 되자 마침내 분자 사이의 결합 속에 '잠재적' 에너지가 숨어 있다가 화학반응이 일어날 때 방출된다는 사실을 알게 되었다. 생물체는 이 에너지 일부를 다른 형태로 저장했다가 근육수축과 같은 일로 바꿀 수 있다. 그러므로 내가 때때로 편하게 '에너지 생산'이라는 표현을 쓰기는 하지만 엄밀히 따지면 생명체에서는 '에너지 생산'이 일어날 수 없다. 내가 말하는 에너지 생산은 포도당 같은 연료의 화학결합 속에 들어 있는 잠재적 에너지를 생명체가 다양한 형태의 일을 하는 데 원동력으로 쓰이는 에너지 '통화通貨'로 전환한다는 뜻이다. 따라서 에너지 생산이란 곧 에너지 통화를 더 생산한다는 뜻이 되는 것이다. 이제 그 에너지 통화에 대한 이야기로 들어가 보자.

세포 속 색소

19세기가 끝날 무렵이 되자 과학자들은 호흡이 세포 안에서 일어나며 모든 생명체의 에너지 급원이라는 사실을 알게 되었다. 그러나 포도당이 산화되면서 발생하는 에너지가 어떻게 생명체가 필요한 에너지로 변하는지는 누구도 짐작하지 못했다.

분명 포도당은 산소가 있어도 저절로 불이 붙지 않는다. 화학자들은 산소가 열역학적으로는 반응성이 크지만 **동역학적으로는** 안정되어 있다고 말한다. 쉽게 말하면 산소는 **빠르게 반응하지** 않는다. 그 이유는 산소는 반응에 앞서 먼저 '활성화'가 되어야 하기 때문이다. 활성화가 되려면 에너지 공급(성냥 같은 것)이나 활성화 에너지를 낮춰 반응이 빨리 일어나도록 돕는 물질인 촉매가 필요하다. 빅트리아 시대의 과학자들은 호흡에 관여하는 촉매에 모두 철이 들어 있는 이유가—녹이 만들어질 때처럼—철이 산소와 매우 높은 친화력을 갖고 있기 때문인 것으로 보았지만 철은 역반응도 일으킬 수 있다. 철을 포함하면서 산소와 가역적으로 결합할 수 있는 복합체 가운데 하나는 바로 혈액을 붉게 보이게 하는 색소인 헤모글로빈이다. 혈액의 색은 살아 있는 세포에서 일어나는 실제 호흡작용을 알아내기 위한 첫 번째 실마리가 된다.

헤모글로빈 같은 혈색소가 색이 있는 까닭은 특정한 색을 띠는 빛(일부 가시광선)은 흡수하고, 나머지 빛은 다시 반사하기 때문이다. 복합체가 흡수한 빛은 일정한 모양을 나타내며 이 모양을 흡수 스펙트럼(absorption spectrum)이라고 한다. 산소와 결합할 때 헤모글로빈은 청록색과 노란색 부분은 흡수하고 붉은색은 반사하는 스펙트럼을 나타내므로 동맥혈이 선명한 붉은빛을 띠게 된다. 산소가 헤모글로빈과 분리되는 정맥혈에서는 이 흡수 스펙트럼의 모양이 바뀌게 된다. 산소와 결합하지 않은 헤모글로빈의 스펙트럼은 녹색 부분 전체를 흡수하고 붉은색과 파란색을 반사한다. 따라서 정맥혈이 자색紫色을 띤다.

호흡이 세포 안에서 일어나기 때문에 많은 학자들은 동물 조직에서 헤모글로빈과 비슷한 색소를 찾기 시작했다. 최초로 성과를 거둔 사람은 찰스 맥문Charles MacMunn이라는 아일랜드인 의사였다. 그는 마구간 다락에 작은 실험실을 차려놓고 틈틈이 연구를 했다. 맥문은 벽에 난 작은 구멍을 통해 환자가 오는지 지켜보다가 연구를 방해받고 싶지 않을 때면 가정부에게 종을 쳐서 알렸다. 1884년 맥문은 헤모글로빈과 비슷한 방식으로 흡수 스펙트럼이 변하는 색소를 조직 속에서 발견했다. 맥문은 이것이 바로 그렇게 찾아 헤매던 '호흡 색소(respiratory pigment)'라고 주장했다. 그러나 안타깝게도 맥문은 이 색소의 흡수 스펙트럼이 복잡한 이유를 설명하지 못했다. 1925년 케임브리지 대학의 폴란드인 생물학자 데이비드 케일린David Keilin이 다시 이 색소를 발견할 때까지 맥문의 연구는 까마득히 잊혀졌다. 어느 모로 보나 명석한 학자이자 훌륭한 스승이며 상냥한 사람이었던 케일린은 이 색소를 처음 발견한 사람이 맥문이라는 사실을 분명히 밝혔다. 그러나 케일린은 맥문의 연구를 뛰어넘어 이 복잡한 스펙트럼이 한 색소가 아니라 세 가지 색소에서 나온 것이라는 사실을 증명했다. 그 결과 맥문을 쩔쩔매게 했던 복잡한 흡수 스펙트럼 문제를 케일린이 해결하게 되었다. 케일린은 이 색소에 **시토크롬**(세포 색소라는 뜻)이라는 이름을 붙이고 흡수 스펙트럼 띠의 위치에 따라 a, b, c로 분류했다. 오늘날에도 이 방법에 따라 시토크롬을 분류한다.

그러나 이상하게도 케일린이 발견한 시토크롬은 그 어느 것도 산소와 직접 반응하지 않았다. 뭔가 빠트린 것이 있는 게 분명했다. 이 빠진 연결고리는 독일인 화학자 오토 바르부르크Otto Warburg(베를린 대학)에 의해 설명되었다. 그는 이 연구로 1931년 노벨상을 수상했다. 발견이 아니라 설명했다는 표현을 쓴 것은 바르부르크가 직접 관찰을 한 것이 아니라 매우 독창적인 방법을 통해 그 연결고리를 확인했기 때문이다. 호흡 색소는 헤모글로빈과 달리 세포 속에 들어 있는 양이 극히 적기 때문에 정교하지 못하고 임시변통만 능했던 당시 기술로는 이 색소를 분리해 직접 연구하기란 사실상 불가능했다. 대신 바르부르크는 어두울 때는 철 화합물과 결합하고 밝을 때는 해리되는 일산화탄소의 화학적인 성질을 이용하는 기발한 방법으로 그가 '호흡발효소(respiratory ferment)'[2]라고 이름 붙인 물질의 흡수 스펙트럼을 연구했다. 이 스펙트럼은 헤모글로빈과 엽록소(광합성을 할 때 태양광선을 흡수하는 녹색 색소)와 비슷한 헴 화합물(haemin compound)의 스펙트럼으로 밝혀졌다.

흥미롭게도 이 호흡발효소의 스펙트럼은 파란색 부분을 강하게 흡수하고 초록과 노랑과 빨간 빛은 반사했다. 그 결과 헤모글로빈처럼 빨간색도 아니고 엽록소처럼 초록색도 아닌 갈색을 나타냈다. 그러나 바르부르크는 이 발효소가 간단한 화학변화를 통해 빨간색이나 초록색으로 변하고 스펙트럼도 헤모글로빈이나 엽록소의 스펙트럼과 아주 비슷해진다는 사실을 알아냈다. 이 현상은 한 가지 추측을 불러일으켰으며 바르부르크는 그 추측에 대해 노벨상 수상연설에서 다음과 같이 밝혔다. "혈액과 식물의 잎 속에 들어 있는 색소는 발효소에서 나왔다……. 분명 발효소는 헤모글로빈과 엽록소보다 더 오래전부터 존재했을 것이다." 바르부르크의 말에는 호흡이 광합성보다 먼저 시작되었다는 의미가 담겨 있다. 이것이 통찰력 있는 추론이었음을 앞으로 확인하게 될 것이다.

호흡연쇄

바르부르크의 연구는 큰 진전을 가져왔지만, 호흡이 일어나는 과정은 여전히 오리무중이었다. 노벨상 수상 당시 바르부르크는 호흡이 한 단계에 일어나는 과정(포도당 속의 결합에너지가 한 번에 방출되는)이라고 생각했던 것 같다. 그래서 데이비드 케일린이 발견한 시토크롬과 어울리는 전체적인 설명을 하지 못했다. 한편 케일린은 호흡연쇄를 구상하고 있었다. 케일린이 생각한 과정은 수소원자나 수소원자를 구성하는 양성자와 전자가 포도당에서 떨어져 나와 마치 소방관들이 물 양동이를 전달하듯 시토크롬들에게 연달아 전달되다 마지막으로 산소와 만나 물을 이루는 과정이었다. 이렇게 작은 단계

---

2) 일산화탄소(CO)에 노출된 세포는 어두울 때는 호흡이 중단되었다가, 빛을 비추면 일산화탄소가 분리되면서 호흡이 다시 시작될 수 있다. 바르부르크는 빛을 비춘 뒤 일산화탄소가 해리되는 속도에 의해 호흡속도가 결정될 것이라고 추론했다. 만약 어떤 파장의 빛을 비추었을 때 발효소가 그 빛을 빠르게 흡수하면 일산화탄소도 빨리 해리되고 호흡속도도 빨라지는 것을 측정할 수 있을 것이다. 반면 발효소가 특정 파장의 빛을 흡수하지 않는다면 일산화탄소는 분리되지 않을 것이고 호흡도 일어나지 않을 것이다. 바르부르크는 증기램프의 불꽃으로 만든 31가지의 서로 다른 파장의 빛을 발효소에 비춘 다음, 각각의 경우 호흡속도를 측정했다. 바르부르크는 이 결과를 하나로 조합해 이 발효소의 흡수 스펙트럼을 만들었다.

들이 연이어 일어나는 것이 무슨 장점이 있을까? 가장 거대한 체펠린 비행선이었던 힌덴부르크호가 비극적인 최후를 맞는 모습을 찍은 1930년대 사진을 본 적이 있는 사람이라면 수소와 산소가 반응할 때 얼마나 엄청난 에너지가 방출되는지 짐작할 수 있을 것이다. 케일린은 이 반응을 여러 중간 단계로 잘게 쪼개면 각 단계마다 작지만 다루기 쉬운 에너지가 나올 것이라고 추측했다. 이 에너지가 (당시에는 아직 밝혀지지 않은 방법을 통해) 나중에 근육수축 같은 작용을 하는 데 쓰일 수 있을 것이다.

케일린과 바르부르크는 구체적인 면에서는 의견이 많이 달랐지만 1920년대와 1930년대에 활발하게 연락을 주고받았다. 얄궂게도 케일린의 호흡연쇄 개념으로 덕을 본 사람은 바르부르크였다. 바르부르크는 1930년대에 오늘날 조효소(coenzyme)라고 불리는 호흡연쇄의 부가적인 비단백질 구성요소를 발견했다. 이 새로운 발견으로 바르부르크는 1944년에 두 번째로 노벨상 수상자로 선정되었지만 히틀러는 그가 유태인이라는 이유로 노벨상 수상을 허가하지 않았다(그러나 바르부르크의 국제적인 명성을 무시할 수 없어 감옥에 가두거나 죽이지는 않았다). 안타깝게도 호흡연쇄의 구조와 기능에 대한 케일린의 창의적이고 깊이 있는 통찰은 한 번도 노벨상을 수상하는 영광을 누리지 못했다. 이 부분은 명백히 노벨상 위원회의 잘못이라고 생각한다.

이제까지 밝혀진 호흡의 전체적인 과정은 다음과 같다. 포도당은 작은 조각으로 부서진 다음, 에너지를 뽑아내는 연쇄반응이 일어나는 쳇바퀴 속으로 들어가는데, 이 과정이 그 유명한 크레브스 회로[3]다. 이 과정에서 탄소

---

[3] 한스 크레브스Hans Krebs 경은 크레브스 회로를 밝혀내 1953년에 노벨상을 받았다. 그러나 이 회로를 상세하게 이해하기까지 많은 다른 학자들의 연구가 보태졌다. 이 회로에 대한 크레브스의 독창적인 논문은 1937년에 『네이처』지로부터 출판을 거절당했다. 그의 좌절은 이후 실의에 빠진 수많은 후배 생화학자들에게 용기를 불어넣었다. 크레브스 회로는 호흡에서 중추적인 역할을 할 뿐 아니라, 아미노산과 지방과 헴 단백질과 다른 중요한 분자가 만들어지는 지점이기도 하다. 이 책에서 그 내용을 다루지 못해 아쉽다.

와 산소 원자가 떨어져 나와 이산화탄소가 된다. 수소원자는 바르부르크의 조효소와 결합해 호흡연쇄로 들어간다. 여기서 수소원자는 전자와 양성자로 쪼개지고 각자 다른 길로 간다. 양성자에서 어떤 일이 일어나는지는 나중에 살펴보고 지금은 전자의 경로를 따라갈 것이다. 전자는 한 줄로 늘어선 전자전달자에 의해 호흡연쇄로 전달된다. 전자전달자는 바로 옆에 있는 전자전달자에 의해 연쇄적으로 환원(전자를 얻음)과 산화(전자를 잃음)가 일어난다. 다시 말해 호흡연쇄는 산화환원 반응이 연쇄적으로 계속되는 형태로, 아주 가느다란 전선과 비슷한 작용이 일어난다. 이 전선을 따라 한 전자전달자로부터 다음 전자전달자르 1/200~1/50초마다 1개꼴로 전자가 운반된다. 각 산화환원 반응은 발열반응이다. 쉽게 말해서 반응이 일어날 때마다 에너지가 발생한다는 것이다. 가지막에 전자는 시토크롬 c로부터 산소로 전달되며, 이때 전자가 양성자와 다시 결합해 물이 형성된다. 이 마지막 단계가 일어나는 장소는 바르부트크의 호흡발효소로, 케일린은 이것에 **시토크롬 산화효소**(cytochrome oxidase)라는 새로운 이름을 붙였다.

오늘날 우리는 호흡연쇄가 미토콘드리아의 내막에 파묻혀 있는 네 개의 거대한 단백질 복합처로 구성됟다는 사실을 안다(그림 5). 이 복합체 하나는 탄소원자의 수백만 배나 되지단 그래 봐야 전자현미경으로 보일락 말락 한 크기다. 각각의 복합체는 수많은 단백질과 조효소와 시토크롬들로 이루어져 있으며, 이 중에는 케일린과 바르부르크가 발견한 것도 있다. 신기하게도, 이 복합체를 이루는 단백질의 일부는 미토콘드리아 유전자에 암호화되어 있고 일부는 핵 유전자에 암호화되어 있기 때문에 이 복합체는 서로 다른 두 유전체에 들어 있는 정호가 하나로 합쳐진 것이다. 미토콘드리아 하나의 내막에는 엄청난 수의 호흡연쇄가 파묻혀 있다. 이 호흡연쇄들은 실제로는 따로 떨어져 있는 것처럼 보이며, 각기 다른 호흡연쇄 안에 있는 복합체들조차도 완전히 독립된 것으로 보인다.

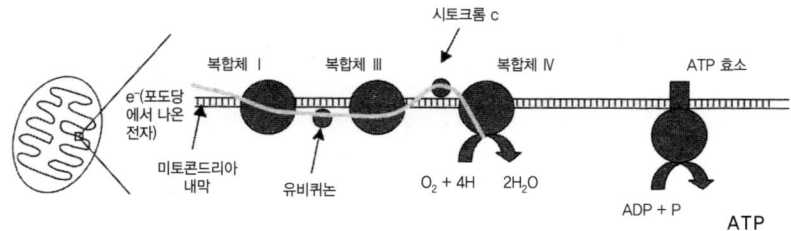

그림 5 호흡연쇄를 간단히 나타낸 그림. 복합체 I, III, IV와 ATP 효소가 보인다. 전자(e⁻)는 복합체 I과 복합체 II 중 하나만 거치기 때문에 이 그림에는 복합체 II가 없다. 복합체 I이나 II를 거친 전자를 복합체 III으로 운반하는 것은 전달자인 유비퀴논ubiquinone(조효소 Q라고도 하며 식료품점에서 건강식품으로 팔리기도 하지만 효과는 의심스럽다)이다. 호흡연쇄에서 전자가 지나가는 길은 곡선으로 나타냈다. 시토크롬 c는 복합체 III에서 복합체 IV(시토크롬 산화효소)로 전자를 운반하며 복합체 IV에서 전자는 양성자와 산소와 반응해 물이 된다. 우리가 눈여겨볼 것은 복합체들이 따로 떨어진 채로 막에 박혀 있다는 사실이다. 복합체 사이에서는 유비퀴논과 시토크롬 c가 복합체 사이를 오가며 전자를 전달하지만, 호흡연쇄를 지나는 전자의 흐름과 ATP 합성이 일어나는 ATP 효소 사이를 연결하는 중간과정이 밝혀지지 않아 30여 년 동안 학계 전체를 혼란에 빠트렸다.

에너지 통화 ATP

케일린이 처음 구상한 호흡연쇄 개념은 본질적으로 옳았지만, 가장 중요한 문제라고 할 수 있는 에너지가 만들어지는 순간 사라지지 않고 어떻게 저장되는가에 대한 문제는 해결하지 못했던 것 같다. 에너지는 전자가 호흡연쇄를 따라 산소로 이동할 때 발생한다. 그러나 그 에너지는 대개 미토콘드리아 바깥에 있는 세포의 다른 장소에서, 그것도 나중에 쓰인다. 그러므로 분자상태로 존재하는 어떤 중간산물이 있어야만 했다. 아마 이 중간산물은 호흡으로 발생한 에너지를 저장한 다음 세포 안 다른 장소로 전달되고 어떤 일을 수행하는 데 쓰일 것이다. 이 중간산물이 무엇이든 세포 안에서 늘 일어나는 여러 다양한 일을 하는 데 충분히 적합해야 하며 쓰이기 전까지는 그대로 보존될 수 있어야만 했다(세포 안에서 짧은 거리를 움직이는 데도 어느 정도 시간이 걸리기 때문이다). 다시 말해 이 중간산물 분자는 편의를 제공받는 대가로 지불하는 일반적인 지폐나 동전 같은 구실을 해야만 했다. 따라서 호흡연쇄는 새로운 화폐를 만드는 조폐창이 되는 것이다. 그렇다면 이 화폐는 무엇일까?

그 해답이 처음으로 희미하게 나타난 것은 발효를 연구하는 과정에서였다. 와인제조와 양조에서 발효는 전통적으로 중요했지만 그 과정에 대해서는 의외로 거의 알려지지 않았다. 발효에 대한 화학적인 이해는 라부아지에로부터 시작되었다. 모든 산물의 무게를 정확히 측정한 라부아지에는 발효가 설탕이 알코올과 이산화탄소로 분해되는 화학반응이라는 결론을 내렸다. 라부아지에가 틀린 것은 아니지만 발효를 특별한 기능이 없는 단순한 화학반응으로만 보았기 때문에 중요한 점을 간과했다고 할 수 있다. 라부아지에가 보기에 효모는 그저 설탕의 화학적인 분해가 일어나도록 촉매작용을 하는 침전물일 뿐이었다.

19세기에는 발효를 연구하는 학자들이 두 무리로 갈라졌다. 한쪽에서는 발효를 어떤 기능이 있는 생명현상으로 보았으며(주로 생명의 기운은 '단순한' 화학으로는 설명할 수 없다고 믿었던 생기론자), 한쪽에서는 발효를 순전히 화학적인 과정으로 생각했다(주로 화학자). 한 세기 내내 이어져온 이 다툼은 생기론자인 루이 파스퇴르Louis Pasteur에 의해 결론이 났다. 파스퇴르는 효모가 살아 있는 세포이며 발효는 산소가 없을 때 효모에서 일어나는 작용이라는 것을 증명했다. 파스퇴르는 발효를 '산소 없이 일어나는 생명활동'으로 묘사했다. 생기론자였던 파스퇴르는 발효에는 어떤 목적이 있다고 확신했다. 그 목적은 어떤 식으로든 효모에게 이득이 되는 기능이겠지만 파스퇴르는 그 기능이 무엇인지에 대해서는 '완전히 캄캄하다'는 것을 시인했다.

파스퇴르가 죽은 지 2년 만인 1895년, 에두아르트 부흐너Eduard Buchner는 발효가 일어나려면 살아 있는 효모가 있어야 한다는 생각을 바꿔놓았으며 이 연구로 부흐너는 1907년에 노벨상을 수상했다. 파스퇴르는 프랑스 포도주 생산에 이용되는 효모로 실험을 했던 반면, 부흐너는 독일 양조업에 이용되는 효모를 실험재료로 선택했다. 확실히 독일 효모는 프랑스 효모보다 더 강했다. 부흐너는 효모를 모래와 함께 막자에 갈아 곤죽을 만들고 수압을 이용한 압착기로 짜서 즙을 냈다. 이 '압착 효모즙'에 설탕을 넣고 배양하면 몇 분이 지나 발효가 시작되었다. 이때 만들어진 알코올과 이산화탄소를 살아 있는 효모를 발효시켰을 때 나오는 것과 비교해보면, 양은 좀 적었지만 비율은 똑같았다. 부흐너는 발효가 어떤 생물학적인 촉매에 의해 일어난다고 제안하고 이 생물학적 촉매를 효소(enzyme, en zyme은 그리스어로 효모 속에라는 뜻이다)라고 불렀다. 부흐너는 살아 있는 세포가 수많은 효소들이 갖가지 산물을 만들어내는 화학공장일 거라고 추측했다. 부흐너는 세포가 죽은 뒤라도 조건이 알맞기만 하면 이 화학공장이 다시 가동될 수 있다는 것을 최초로 증명했다. 이 발견으로 생기론은 종말을 맞게 되었고 모든 생명현상은 결국 환원주의 원리로 설명될 수 있다는 새로운 시각이 대두되었으며, 이 새로운 시각은 20세기 생체분자과학 연구를 지배했다. 그러나 부흐너의 영향으로 살아 있는 세포도 환원주의적 시각에서 효소가 가득 들어 있는 자루 정도로만 여겼고, 최근에 들어서야 생물학에서 막의 중요성이 간과되어 왔다는 것을 깨닫게 되었다.

　부흐너의 효모즙을 이용해 영국의 아서 하든Arthur Harden 경과 독일의 한스 폰 오일러Hans von Euler는 그 밖의 다른 학자들과 함께 20세기의 첫 10년 동안 조금씩 발효과정을 짜맞춰갔다. 이들은 발효과정이 모두 12단계로 이루어져 있으며, 각 단계마다 고유한 효소에 의해 반응이 일어난다는 사실을 밝혀냈다. 이 단계들은 공장의 생산라인처럼 서로 연결되어 있어 한 반응의 산물이 다음 반응의 시작점이 된다. 이 연구로 하든과 폰 오일러는 1929년에 공동으로 노벨상을 수상했다. 그러던 1924년, 깜짝 놀랄 만한 일이 일어났다. 이미 노벨상을 수상한 바 있는 오토 마이어호프Otto Meyerhof가 근육세포에서 발효와 거의 똑같은 과정이 일어난다는 것을 밝혀냈다. 근육에서 만들어지는 최종 산물은 기분 좋게 취하게 만드는 알코올이 아니라 근육통을 일으키는 젖산이었지만 12단계의 생산라인은 거의 모두 같다는 사실이 증명되었다. 이는 생명에 근본적인 통일성이 있음을 보여주는 놀라운 증거였다. 다윈의 예측처럼 한갓 단순한 효모도 근원을 따지면 인류와 연관이 있음을 암시하는 증거였다.

1920년대가 끝날 무렵, 세포에서 일어나는 발효가 에너지를 만들어내기 위한 과정이라는 것이 거의 확실하게 밝혀졌다. 발효는 세포의 예비에너지 공급원으로(사실 발효가 유일한 에너지 공급원인 세포도 있다), 대개 주에너지 공급원인 산소호흡이 제대로 되지 않을 때 일어난다. 따라서 발효와 호흡은 둘 다 세포에 에너지를 공급하는 같은 목적을 수행하는 과정으로 확인되었다. 차이가 있다면 발효는 산소가 없을 때 일어나고 호흡은 산소가 있을 때 일어난다는 것이다. 그러나 더 큰 문제가 남아 있었다. 발효의 각 단계는 다른 장소, 다른 시간에서 이용되기 위한 에너지 저장과 어떻게 연결될까? 발효도 호흡처럼 일종의 에너지 통화를 만드는 걸까?

이 문제는 1929년 하이델베르크 대학의 카를 로만 Karl Lohmann이 ATP를 발견하면서 해결되었다. 로만은 발효가 ATP(아데노신삼인산[adenosine triphosphate]) 합성과 연관이 있음을 밝혀냈다. ATP는 이용되기 전까지 세포에 몇 시간 동안 저장될 수 있다. ATP는 아데노신에 인산기 세 개가 잇달아 연결된 약간 불안정한 구조를 하고 있다. ATP로부터 맨 끝에 있는 인산기가 떨어져 나올 때 많은 양의 에너지가 방출되며 이 에너지가 수많은 생물학적인 일을 하는 데 필요한 동력으로 쓰인다. 1930년대에 러시아의 생화학자 블라디미르 엥겔하르트 Vladimir Engelhardt는 근육수축을 할 때 ATP가 필요하다는 사실을 밝혀냈다. ATP를 공급받지 못하면 근육은 사후강직이 일어날 때처럼 팽팽한 긴장상태에 놓인다. 근섬유가 ATP를 분해하면 근육이 다시 이완과 수축을 하는 데 필요한 에너지가 방출되고 아데노신이인산(ADP)과 인산(P)이 된다.

$$ATP \rightarrow ADP + P + 에너지$$

세포에 공급되는 ATP는 한정되어 있기 때문에 새로운 ATP를 공급하려면

ADP와 인산으로부터 끊임없이 ATP를 재생산해야만 하며 그러기 위해서는 당연히 에너지가 필요하다. 이 반응은 앞에 나온 반응식에서 화살표 방향을 거꾸로 한 것과 같다. 발효의 기능은 바로 ATP를 재생산하는 데 필요한 에너지를 공급하는 것이며 포도당 한 분자를 발효시키면 ATP 두 분자가 다시 만들어진다.

엥겔하르트는 곧바로 다음 과제에 도전했다. 근육이 수축하기 위해서는 ATP가 필요하지만 ATP는 산소 농도가 낮을 때 발효를 통해서만 만들어진다. 산소가 있는 조건에서 근육이 수축하려면 틀림없이 뭔가 다른 과정을 통해 필요한 ATP를 생산할 것이다. 엥겔하르트는 이것이 바로 산소호흡의 기능일 거라고 생각했다. 다시 말해서 산소호흡도 ATP 생산을 담당한다는 것이다. 엥겔하르트는 자신의 주장을 증명하기 위해 연구에 착수했다. 당시의 학자들이 겪던 어려움은 주로 기술적인 문제였다. 호흡 연구에 이용하기 위해 근육을 가는 일이 쉽지 않았던 엥겔하르트는 훨씬 더 쉽게 다룰 수 있는 색다른 실험재료의 도움을 받기로 했다. 그것은 바로 새의 적혈구였다. 이 실험을 통해 엥겔하르트는 호흡이 정말 ATP를 생산하며 발효로 만들어지는 것보다 양도 훨씬 많다는 것을 밝혀냈다. 곧 뒤를 이어 에스파냐의 세베로 오초아Severo Ochoa는 호흡을 통해 포도당 한 분자에서 38개의 ATP 분자가 만들어진다는 것을 증명했으며 오초아는 이 발견으로 1959년에 노벨상을 수상했다. 이는 산소호흡을 할 때 만들어지는 ATP의 양이 발효를 할 때보다 포도당 한 분자당 19배나 많다는 뜻이 된다. 전체 생산량은 더 놀랍다. 보통 사람의 경우, ATP 생산속도는 초당 9×10^{20}개이며 회전율(생산되고 소비되는 ATP의 비율)로 환산하면 하루에 약 **65킬로그램**이다.

처음에는 ATP의 중요성을 받아들인 사람이 그리 많지 않았다. 그러나 1930년대에 코펜하겐에서 이루어진 프리츠 리프만Fritz Lipmann과 헤르만 칼카르Herman Kalckar의 연구를 통해 ATP의 중요성이 확립되었으며 1941년에 (이번에는 미국에서) 이들은 ATP가 생명의 '보편적인 에너지 통화'라고 선언했다. 1940년대라는 것을 감안하면 쉽게 역풍을 맞을 수도 있고 경력에도 누가 될 수 있는 대담한 주장이었을 것이다. 그러나 놀랍게도 이 주장은 기본적으로 옳았다. ATP는 식물, 동물, 균류, 세균 할 것 없이 모든 종류의 세포에서 발견되었다. 1940년대에는 ATP가 발효와 호흡을 통해서만 만들어지는 것으로 알려졌지만 1950년대에는 여기에 광합성이 보태졌다. 광합성으로 ATP를 생산할 때는 태양에너지가 이용된다. 그러므로 생명의 3대 에너지 경로인 호흡, 발효, 광합성에서 모두 ATP가 생산된다는 사실은 생명의 기본적인 통일성을 보여주는 또 다른 뜻 깊은 본보기다.

정체를 알 수 없는 물결무늬

흔히 ATP에는 '고에너지 결합'이 있다고 말한다. 이 고에너지 결합은 단순한 줄표(—)가 아니라 '물결무늬(~)'로 나타내며 이 결합이 끊어지면 많은 양의 에너지가 방출되어 세포 안에서 다양한 일을 하는 데 쓰인다고 여겨진다. 불행하게도 아주 편안해 보이는 이 설명은 사실과 다르다. ATP에 속해 있는 화학결합은 전혀 특별하지 않다. 굳이 특별한 것을 찾으라면 ATP와 ADP 사이의 평형일 것이다. 127쪽에 나온 반응이 자연스러운 평형상태를 이룰 때보다 세포 속에는 ATP가 ADP에 비해 압도적으로 많다. 만약 ATP와 ADP를 섞어 시험관에 넣고 며칠 동안 그대로 놓아두면 이 혼합물은 모두 ADP와 인산으로 분해될 것이다. 그러나 세포 속에서는 완전히 정반대 현상이 일어난다. ADP와 인산이 거의 모두 ATP로 전환되는 것이다. 이는 오르막으로 물을 끌어올리는 일과 비슷하다. 산꼭대기로 물을 끌어올리려면 많은 에너지가 든다. 그러나 산 정상에 있는 저수지에 물을 한번 가득 채워두기만 하면, 나중에 언제든 물을 다시 흘려보낼 때 이용할 수 있는 엄청난 위치에너지를 얻게 된다. 이 방식을 이용해 수력발전을 하기도 한다. 전력수요가 적은 밤에는 저수지로 물을 끌어올렸다가 전력수요가 치솟을 때

물을 방출한다. 영국에서는 인기 있는 연속극이 방영될 때 전력수요가 급등한다고 한다. 맛있는 차 한 잔과 함께 연속극을 보기 위해 수백만 명이 동시에 부엌으로 가서 찻물을 끓이기 때문이다. 이렇게 폭발적인 전력수요가 있을 때는 웰시마운틴 저수지의 수문을 열고, 수요가 수그러드는 밤이 되면 다음 번 단체 티타임을 위해 다시 저수지에 물을 채워두는 것이다.

세포에서 ADP는 ATP의 형태로 위치에너지를 저장하기 위해 끊임없이 '높은 곳으로' 끌어올려진다. 아래로 흘러가는 물이 전자제품에 전기를 공급하는 데 쓰이는 것처럼, 이렇게 저장된 ATP는 수문이 열리기를 기다렸다가, 세포 안에서 일어나는 다양한 일을 하는 데 동력으로 쓰인다. 높은 곳으로 물을 끌어올릴 때 많은 에너지가 필요한 것처럼 고농도의 ATP를 만들 때도 당연히 많은 에너지가 필요하다. 이 에너지를 공급하는 것이 호흡과 발효의 일이다. 호흡과 발효로 발생하는 에너지는 세포 안의 ATP를 고농도로 유지하는 데 쓰인다. 이는 정상적인 화학평형을 거스르는 현상이다.

이 개념이 세포에서 일어나는 ATP의 작용을 이해하는 데 도움이 되기는 하지만 ATP가 실제로 어떻게 만들어지는지는 설명하지 못한다. 그 해답은 생체에너지학의 거장인 에프라임 라커Efraim Racker가 1940년대에 했던 발효 연구에서 찾을 수 있을 것 같다. 폴란드에서 태어나고 빈에서 자란 라커는 당시 많은 사람들이 그랬듯이 1930년대가 끝날 무렵 나치를 피해 영국으로 왔다. 라커는 전쟁이 터지자 맨 섬에 수용되어 있다가 미국으로 이주했고 몇 해 동안 뉴욕에서 살았다. 발효에서 일어나는 ATP 합성과정을 밝혀낸 것은 그의 50년 공적 가운데 최초의 성과였다. 라커는 발효에서 당이 작은 조각으로 분해될 때 발생한 에너지가 화학평형을 거스르면서 분해된 조각에 인산기를 결합시키는 데 쓰인다는 것을 발견했다. 다시 말해서, 발효를 통해 고에너지 인산염 중간산물이 만들어지면 이 중간산물은 자신의 인산기를 ATP를 형성하는 데 전달한다. 전체적인 변화는 높은 곳에서 흘러내려 온 물이 물레방아를 돌리는 것처럼 에너지의 흐름이 자연스러웠다. 물의 흐름이 물레방아를 돌리는 현상과 짝을 이루는 것처럼 ATP의 형성도 다른 화학반응과 짝을 이루어 일어난다. 그러므로 발효를 통해 방출된 에너지는 짝을 이루는 화학반응, 곧 ATP 형성반응을 일으킨다. 아마 라커를 비롯해 학계 전체는 호흡으로 ATP가 만들어지는 방법도 이와 비슷한 짝지음 반응모형으로 설명할 수 있으리라고 예측했을 것이다. 그러나 예측은 빗나갔다! 수십 년간 아무런 실마리도 얻지 못하고 헛된 수고만 하고 말았다. 그러나 최종 해답은 분자생물학의 DNA 이중나선구조를 제외한 다른 어떤 것보다도 생명의 본질과 복잡성에 대해 더욱 심오한 통찰력을 주었다.

문제는 고에너지 중간산물이 무엇인가에 달려 있었다. 호흡에서 ATP가 만들어지는 장소인 ATP 효소(ATP 합성효소)라는 거대한 효소복합체는 라커와 동료 연구진이 뉴욕에서 발견했다. 미토콘드리아 내막을 전자현미경으로 관찰하면 3만 개나 되는 ATP 효소가 마치 버섯이 돋아난 것처럼 막에 박혀있는 모습을 희미하게 볼 수 있다(그림 6). 1964년 ATP 효소의 모습을 처음 발견한 라커는 이 ATP 효소를 '생물학의 기본입자'로 묘사했다. 곧 알게 되겠지만 그 묘사는 오늘날에 들어서야 딱 맞는 표현이었음이 밝혀졌다. ATP 효소는 호흡연쇄의 복합체들과 함께 미토콘드리아 내막에 들어 있지만 이들과 직접적으로 연결되어 있지 않고 따로따로 막에 파묻혀 있다. 여기에 문제의 본질이 있다. 자로 떨어져 있는 이 복합체들이 어떻게 물리적인 공간을 극복하고 서로 소통을 하는 것일까? 좀더 구체적으로 말해서, 호흡연쇄에서 전자의 흐름을 통해 발생한 에너지는 어떻게 ATP 효소에 전달될까?

호흡에서 알려진 유일한 반응은 전자가 호흡연쇄를 따라 전달될 때 일어나는 산화환원 반응뿐이다. 복합체들이 차례로 산화되고 환원된다고 알려졌지만 그게 전부였다. 복합체들은 다른 어떤 분자와도 상호작용을 하는 것 같지 않았다. 반응은 모두 ATP 효소와 물리적으로 동떨어진 곳에서만 일어났다. 학자들은 발효의 경우처럼, 호흡에서도 분명 발생한 에너지를 이용하여 고에너지 중간산물을 형성해 직접 ATP 효소로 이동할 것이라고 추측

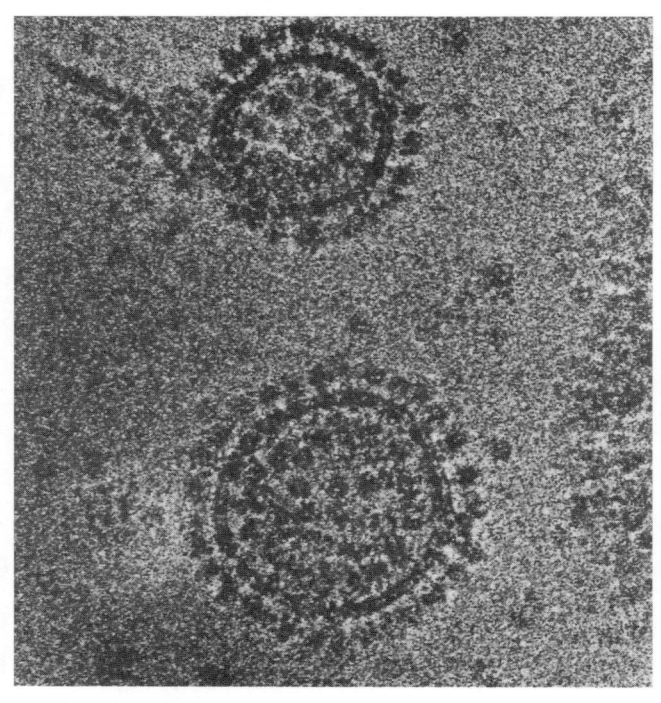

그림 6 에프라임 라커가 '생명의 기본입자'라고 이름 붙인 ATP 효소. 이 ATP 효소 단백질은 막소포(membrane vesicle) 위에 버섯처럼 돋아나와 있다.

했다. 어쨌든 화학반응이 일어나려면 접촉을 해야 한다. 멀리 떨어져서 일어나는 작용은 화학자에게 기이한 마술과도 같다. 이 가상의 고에너지 중간산물은 발효에서 형성되는 당-인산 사이의 결합과 비슷한 결합이 있어야만 결합이 끊어질 때 ATP의 고에너지 결합을 형성하는 데 필요한 에너지를 전달할 수 있을 것이다. ATP 효소는 이 반응에서 촉매작용을 할 것으로 추측되었다.

과학에서 흔히 있는 일처럼 어떤 큰 변화의 문턱에서는 대강의 윤곽이 완전히 이해된 것 같은 착각에 빠진다. 남은 할 일이라고는 고에너지 중간산물의 정체 같은 몇 가지 소소한 부분을 보충하는 것밖에 없어 보였다. 확실히 이 중간산물은 정체를 밝히기 어려웠다. 가장 재주 많고 명민한 학자들이 모두 나서서 이 중간산물을 찾느라 꼬박 20여 년을 허비했다. 최소 스무 가지 이상의 물질이 후보에 올랐다가 아닌 것으로 밝혀졌지만, 그래도 중간산물을 찾는 것은 시간문제처럼 보였다. 에두아르트 부흐너의 제자들이 너무나 잘 아는 바와 같이, 효소가 담긴 주머니에 불과한 세포의 화학적인 특성을 생각하면 당연히 중간산물이 존재해야만 했다. 효소는 화학반응을 했고, 화학반응이란 분자를 이루는 원자 사이의 결합이기 때문이다.

그러나 작은 문제 하나가 호흡의 화학반응에서 골칫거리가 되었다. 생산되는 ATP 분자의 개수가 일정하지 않았다. 한 분자의 포도당에서 만들어지는 ATP 개수는 28~38개였다. 시간이 흐를수록 그 수는 더 다양해졌으며 최고 38개까지 나왔지만 대개는 28개 근처였다. 그러나 중요한 것은 일정하지가 않다는 점이다. 전자가 호흡연쇄를 거쳐 이동하면서 ATP가 만들어지기 때문에 한 쌍의 전자가 호흡연쇄를 통과하면 2~3개의 ATP가 만들어진다. 화학식에서 계수를 맞추느라 고생을 해본 사람이라면 잘 알겠지만 화학식은 모름지기 딱 떨어지는 정수가 나와야 한다. 1/2개의 분자가 2/3개의 분자와 반응하는 것은 있을 수 없는 일이다. 그렇다면 어떻게 ATP가 만들어지는 데 필요한 전자의 개수는 그렇게 들쭉날쭉하고 딱 떨어지지 않는 것일까?

소소한 골칫거리는 또 있었다. 호흡을 하려면 막이 **필요했다**. 막이 없으면 호흡은 절대 일어나지 않았다. 막은 단순히 호흡복합체를 담는 주머니가 아닌 것이다. 막이 파손되면 호흡은 짝풀림이 일어났다. 이 현상은 자전거에서 체인이 벗겨져 아무리 페달을 세게 밟아도 바퀴가 굴러가지 않는 현상과 비슷하다. 호흡에서 짝풀림이 일어나면 포도당의 산화는 호흡연쇄를 거쳐 일사천리로 진행되지만 ATP는 만들어지지 않는다. 다시 말해서, 들어가는 물질과 나오는 물질 사이에 짝이 풀리면 에너지는 열로 분산되고 만다. 이 기묘한 현상은 단순히 기계적인 막 손상문제가 아니다. 짝풀림 현상은 겉으로 보면 아무 상관도 없어 보이는 화학물질에 의해 일어나기도 한다. **짝풀림 물질**(uncoupler)이라고 부르는 이런 화학물질은 물리적으로 막을 파괴하지 않는다. 이 화학물질(흥미롭게도 여기에는 아스피린과 엑스터시도 포함된다)은 모두 비슷한 방식으로 포도당 산화와 ATP 생성이라는 짝을 풀리게 만들지만, 어떤 화학적인 공통분모가 있는 것 같지는 않다. 짝풀림은 전통적인 시각으로는 설명이 안 되는 현상이었다.

1960년대에 들어서자 학계는 절망의 구렁텅이로 **빠져들기** 시작했다. 라커는 (양자역학에 대한 리처드 파인만Richard Feynman의 유명한 말을 떠올리면서) "철저하게 혼란에 **빠져보지** 않은 사람은 문제를 이해할 수 없다"고 말했다. 호흡은 ATP의 형태로 에너지를 생산한다. 그러나 그 방식은 화학의 기본법칙을 따르기는커녕 오히려 조롱하는 것처럼 보였다. 도대체 어떻게 된 일일까? 이런 이상한 현상이 자꾸 발견되자 새로운 관점에서 다시 생각해야 한다는 목소리가 높아지고 있었지만, 아무도 1961년에 피터 미첼이 내놓을 충격적인 답은 예상치 못했다.

05

양성자 동력

세균은 기본적으로 양성자 동력을 이용한다. ATP를 보편적인 에너지 통화라고 하지만 세포의 모든 곳에서 쓰이지는 않는다. 세균의 항상성 유지와 운동에는 ATP보다는 주로 양성자 동력이 쓰인다. 이처럼 생명유지를 위해 꼭 필요한 곳에 양성자 동력이 쓰인다는 사실에서 호흡연쇄가 ATP 합성에 필요한 것보다 더 많은 양성자를 내보내는 0 유가 설명되며, 이와 함께 전자 한 개가 호흡연쇄를 통과할 때 만들어지는 ATP 분자가 몇 개인지 결정할 수 없는 이유도 설명된다. 양성자 동력은 ATP 합성뿐 아니라 여러 면에서 생명현상의 밑바탕이 된다. 그리고 지금까지 드러난 것은 아주 일부에 불과하다.

피터 미첼은 생체에너지학계의 아웃사이더였다. 미첼은 제2차 세계대전이 일어나기 전에 운동을 하다가 다쳐 징병대상에서 제외되자 케임브리지 대학에서 생화학을 공부했고 1943년에 박사과정을 시작했다. 전쟁 중에도 미첼은 창조적이고 예술적인 재능을 지닌 장난기 많은 괴짜로 주위에 소문이 자자했다. 음악에 조예가 깊었던 미첼은 젊은 베토벤처럼 머리를 길게 기르기를 좋아했다. 그 역시도 베토벤처럼 훗날 귀가 먹었다. 미첼은 전쟁이 끝난 지 얼마 안 된 암울한 시절에도 롤스로이스를 타고 다닐 정도의 재력을 지녔던 복이 많은 사람이었다. 미첼은 삼촌인 고드프리 미첼Godfrey Mitchell이 운영하던 윔페이라는 건설회사의 지분을 갖고 있었는데, 훗날 그 지분은 미첼의 사설연구소인 글린연구소를 유지하는 데 한몫을 톡톡히 했다. 미첼은 가장 명석한 청년 과학자로 알려져 있었지만 박사학위를 받기까지 무려 7년이라는 시간이 걸렸다. 전시 연구목표(항생제 생산)를 세우고 잠시 샛길로 빠진 탓도 있었지만 연구주제를 다시 제출하라는 요구를 받았기 때문이기도 했다. 한 논문 심사관은 그의 논문을 '논문이 아니라 장난'이라고 투덜거렸다. 미첼을 잘 아는 데이비드 케일린은 '논문 심사관에 비해 지나치게 독창적인 것이 미첼의 문제'라고 지적했다.

미첼은 세균과 관련된 연구를 했는데, 특히 자주 농도차를 거스르면서 세균이 특정 분자를 어떻게 세포 안팎으로 드나들게 하는지에 관심을 가졌다. 미첼의 관심 분야는 반응이 일어나는 시간순서뿐 아니라 공간에서 방향성까지 염두에 둔 벡터 물질대사(vectorial metabolism)였다. 미첼은 세균의 수송체계를 밝히는 실마리가 세균 세포의 외막에 있다고 생각했다. 외막은 단순히 공간을 나누는 경계가 아니다. 살아 있는 모든 세포는 끊임없이 이 막을 통해 선택적으로 물질교환을 한다. 최소한 먹을 것은 들여보내고, 노폐물은 내보내야 한다. 반투과성을 갖고 있는 이 막은 분자의 출입을 제한하고 세포 안의 농도를 조절하는 작용을 한다. 미첼은 외막을 통해 능동수송이 일어나는 분자역학에 매료되었다. 미첼은 효소가 특정 기질에만 작용하듯이, 많은 막 단백질이 특정 분자만 수송한다는 것을 감지했다. 반대편의 농도가 높아지면 능동수송이 서서히 멈춘다는 것도 효소와 비슷했다. 풍선에 공기가 찰수록 바람을 불어넣기 어려운 것과 마찬가지로 농도차를 없애려는 힘이 강해지게 된다.

미첼은 1940년대와 1950년대 초반에는 케임브리지 대학에서, 그 뒤 1950년대 후반에는 에든버러 대학에서 자신의 견해를 발전시켰다. 그는 능동수송이 살아 있는 세균의 작용과 연관이 있는 생리학적 일면이라는 사실을 알았다. 당시에는 생리학과 생호학 사이에 교류가 거의 없었다. 그러나 막을 사이에 두고 능동수송이 일어나려면 확실히 에너지가 필요했고, 따라서 미첼은 생화학적 측면에서 생체에너지학을 깊이 고찰하게 되었다. 미첼은 만약 막 펌프가 농도차를 형성하면 원칙적으로 이 농도차가 추진력으로 작용한다는 사실을 곧 깨달았다. 풍선에서 빠져나오는 공기의 힘을 이용해 풍선이 앞으로 나아가고, 증기압을 이용해 엔진의 피스톤이 움직이는 것처럼 세포도 같은 방법으로 이런 힘을 이용할 것이다.

이 고찰을 바탕으로 미첼은 아직 에든버러에 있던 1961년에 급진적인 새 이론을 『네이처』지에 발표했다. 미첼은 이 이론에서 세포호흡이 **화학삼투 짝지움**(chemiosmotic coupling)에 의해 일어난다고 제안했다. 미첼이 뜻하는 화학삼투 짝지움이란 삼투압 차가 화학반응을 일으키고 화학반응이 삼투압 차를 일으킨다는 뜻이다. 정확한 뜻은 기억이 아련할 수도 있겠지만 삼투(osmosis)는 학창시절부터 많이 들어왔던 용어일 것이다. 보통 삼투는 막을 사이에 두고 농도가 낮은 용액으로부터 농도가 높은 용액 쪽으로 물이 이동하는 현상을 말한다. 그러나 미첼이 뜻하는 삼투는 전혀 다른 뜻이다. '화학삼투(chemiosmosis)'라는 말에서 물 대신 어떤 화학물질이 이동할지도 모른다는 상상을 할 수도 있겠지만 이것도 미첼의 생각과는 다르다. 미첼은 '삼투'라는 용어를 그리스어의 본래 의미인 '밀다'라는 뜻으로 썼다. 미첼이 말하는 화학삼투는 농도 기울기와 **반대방향으로** 분자가 막을 미는 현상을 뜻한다. 그러므로 어떤 의미에서 보면 화학삼투는 농도 기울기를 따르는 삼투 현상과는 정반대 현상이다. 미첼에 따르면, 호흡연쇄가 하는 일은 바로 막 너머로 양성자를 수송해 건너편에 양성자 저장소를 만드는 것이다. 여기서 막은 댐과 마찬가지다. 이 댐에 갇혀 양성자의 압력이 높아지면 양성자가 조금씩 방출되고 이때 ATP를 형성한다는 것이다.

그 과정은 이렇다. 앞서 4장에서 확인한 것처럼 호흡연쇄 복합체는 막에 박혀 있다. 호흡연쇄로 들어온 수소원자는 양성자와 전자로 나뉘게 된다. 전자는 마치 전선에서 전류가 흐르듯이 산화환원 반응을 번갈아하며 호흡연쇄를 따라 이동한다(그림 7). 미첼에 따르면, 이때 방출되는 에너지는 절대로 고에너지 중간산물을 형성하지 못한다. 물결무늬를 파악하기 어려웠던 까닭은 존재하지 않았기 때문이었다. 대신 전자가 흐르면서 방출되는 에너지는 양성자를 막 바깥으로 수송하는 데 쓰인다. 네 개의 호흡복합체 중 세 개가 전자의 흐름으로 방출된 에너지를 이용해 양성자를 막 건너편으로 수송한다는 것이다. 막은 양성자를 통과시키지 못하므로 역류는 거의 없으며 막 바깥쪽에는 양성자가 저장된다. 양성자는 양전하를 띠기 때문에 양성자 기울기에는 전기적인 성질과 농도적인 성질이 모두 존재한다. 전기적인 성질은 막을 사이에 두고 전위차를 만드는 반면, 농도적인 성질은 양성자 농도의 차이, 곧 산성도(pH)의 차이를 만들어 막 바깥쪽이 안쪽에 비해 산성을 띠게 된다. 미첼은 막을 사이에 둔 pH의 차이와 전위차가 결합된 이 힘을 '양성자 동력'이라고 이름 붙였다. 이 힘이 바로 ATP 합성을 일으키는 원동력이다. ATP는 ATP 효소에 의해 만들어지기 때문에 미첼은 ATP 효소가 이용하는 힘이 양성자 동력일 것이라고 예측했다. 양성자 동력은 높은 압력을 받고 있는 양성자 저장소로부터 빠져나오는 양성자의 흐름으로, 미첼은 이 흐름을 양성자 전류 또는 프로티시티proticity라고 부르고자 했다.

미첼의 생각은 간단히 묵살되거나 정신 나간 소리로 치부되거나 창의성이 없다는 비난을 받았다. 라커는 훗날 이렇게 적었다. "학계의 일반적인

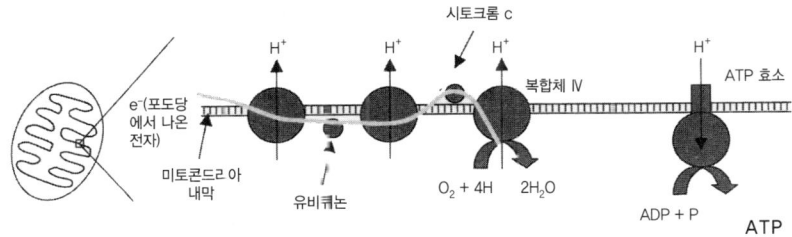

그림 7 호흡연쇄를 간단히 표현한 그림. 그림 5와 비슷하지만 이번에는 중간산물의 실체인 양성자가 등장한다. 전자(e^-)가 호흡연쇄를 따라 복합체 I부터 복합체 IV까지 이동하고 각 단계에서 발생한 에너지는 막을 통해 양성자를 수송하는 일을 맡는다. 그 결과 막을 사이에 두고 양성자의 농도차가 생긴다. 이 차이는 산성도의 차이(수소이온 농도차로 정의된다)와 +1가의 양전하를 띠는 양성자 때문에 생기는 전위차로 측정된다. 양성자 저장소는 곧 위치에너지의 저장소다. 이는 산꼭대기에 있는 저수지가 수력발전을 할 수 있는 위치에너지의 저장소 구실을 하는 것과 마찬가지다. 게다가 농도 기울기를 따라 생기는 양성자의 흐름은 역학적인 일을 수행하는 동력으로 쓰이며, 이 경우 그 일은 ATP 합성이 되는 것이다. ATP 효소를 통과하는 양성자의 흐름을 '양성자 동력'이라고 하며, 이 양성자 동력이 ATP 효소라는 작은 분자모터를 돌려 ADP와 인산으로부터 ATP를 합성한다.

태도로 볼 때 그의 이론은 궁정의 어릿광대가 하는 헛소리나 종말을 예언하는 예언자의 소리처럼 들렸다." 미첼의 이론에는 낯설다 못해 신비롭기까지 한 전기화학 전문용어가 등장했으며 당시 효소학자들 대부분에게는 익숙하지 않은 개념이 적용되었다. 미첼의 이론을 처음부터 진지하게 받아들인 사람이라고는 라커와 암스테르담의 빌 슬레이터Bill Slater(케일린의 제자) 뿐이었으나 그들도 회의적이기는 마찬가지였다. 그러나 슬레이터의 인내심은 곧 한계에 다다르고 말았다.

미첼은 명철한 모습을 보이다가, 말꼬리를 물고 늘어지며 따지다가, 버럭 성을 내다가, 허풍스럽게 떠벌리기를 번갈아했다. 그의 이런 태도가 상황을 더 악화시켰다. 미첼은 반대론자들을 무척 화나게 했던 것이 분명하다. 미첼과 논쟁을 벌이던 슬레이터는 '펄쩍 뛰게 화가 난다'는 표현을 몸소 보여주기라도 하듯 한 발로 펄쩍펄쩍 뛰며 불같이 화를 냈다. 이 논쟁은 미첼에게도 큰 타격을 주었다. 미첼은 위궤양이 악화되어 에든버러 대학을 떠나야만 했다. 2년 동안 과학계를 떠나 지내면서 미첼은 콘월 주 보드민 근처에 있던 폐허가 된 18세기 장원 글린하우스를 집과 사설연구소로 쓰기 위해 복원했다. 그는 앞으로 있을 전투에 대비해 채비를 단단히 하고 1965년에 학계의 최전선으로 다시 돌아왔다. 마침내 전투가 시작되었다. 그 뒤 20년 동안 계속된 격렬한 논쟁은 호흡에서 일어나는 ATP 생산과정인 산화적 인산화반응(oxidative phosphorylation)을 따서 '옥스포스ox phos' 전쟁이라는 이름이 붙었다.

화학삼투 가설의 승리

미첼의 가설은 예전 이론을 따라다니며 괴롭히던 문제를 말끔히 해결했다. 호흡에서 왜 막이 필요하며 온전해야 하는지가 설명되었다. 손상된 막을 통해 양성자가 역류하게 되면 양성자 동력은 열로 분산된다. 물이 새는 댐이 쓸모가 없는 것과 같은 이치다.

짝풀림 물질의 불가사의한 작용도 해결되었다. 앞서 나왔지만 '짝풀림'은 포도당 산화와 ATP 생산 사이의 연결이 끊어지는 현상으로 자전거에서 체인이 풀리는 현상과 흡사하다. 체인이 풀리면 페달을 밟아도 바퀴는 더 이상 구르지 않는다. 짝풀림 물질은 모두 들어오는 에너지를 나가는 에너지로 연결시키지 못하지만 이들 사이에는 어떤 공통점도 없어 보였다. 미첼은 이 물질들 사이에 어떤 공통점이 있다는 사실을 증명했다. 짝풀림 물질은 모두 막지질에 용해되는 약산이었다. 약산은 주위의 산도에 따라 양성자와 결합을 하기도 하고 해리되기도 하기 때문에 짝풀림 물질은 양성자를 막 이쪽 저쪽으로 운반할 수 있다. 주위가 염기성이거나 약산성이면 이들은 양성자를 내놓고 음전하를 띤다. 그러고는 전기적인 인력에 의해 양전하를 띠는 산성 쪽으로 가기 위해 막을 통과한다. 그러면 강한 산성을 띠던 곳은 약한 산성이 되고 짝풀림 물질은 양성자와 다시 결합한다. 이렇게 다시 전기적으로 중성이 되면 이 물질들은 또 농도 기울기를 일으키는 원인이 된다. 이들은 막을 건너 더 약한 산성을 띠는 곳으로 이동하고 그 결과 양성자를 잃고 전기적인 인력에 끌린다. 이런 현상이 되풀이되기 위해서는 양성자와 결합을 하는지 안 하는지에 관계없이 짝풀림 물질이 막을 녹여야 했는데, 이는 초기의 설명 시도에 더욱 혼란만 가중시키는 미묘한 조건이었다(일부 약산은 양성자와 결합할 때만 지질에 녹거나 지질에 녹았을 때만 양성자와 결합한다. 이들은 양성자를 내놓으면 더 이상 지질에 녹지 못하므로 다시 막을 통과하지 못한다. 그러므로 이런 물질은 호흡에서 짝풀림을 일으키지 못한다).

게다가 모호한 물결무늬인 고에너지 중간산물이 있어야만 설명될 것 같던 '떨어져서 일어나는 기이한 작용'에 대한 문제도 화학삼투 가설로 해결되었다. 막의 한 지점에서 수송된 양성자는 막 표면 어디서나 똑같은 힘으로 작용한다. 댐의 수압을 결정하는 것이 펌프의 위치가 아니라 전체적인 물의 부피인 것과 같다. 그러므로 막의 한 곳에서는 양성자를 바깥으로 수송하지만, 양성자 전체가 미는 힘에 의해 생기는 압력을 이용해 막 어디서든지 양성자가 ATP 효소를 통해 다시 막 안쪽으로 들어올 수 있다. 다시 말해서 화학적인 중간산물 따위는 없으며 그 중간산물에 해당하는 것이 바로 양성자 동력이다. 호흡으로 발생한 에너지는 양성자 동력을 만들기 위해 양성자 저장소를 채우는 데 쓰인다. 이로써 ATP를 생산하는 데 쓰이는 전자의 개수가 정수가 아닌 문제도 해결되었다. 전자 하나가 전달될 때마다 일정한 개수의 양성자가 막을 통해 수송되지만 댐의 틈새를 통해 다시 역류되는 양성자도 있고 다른 목적에 쓰이는 양성자도 있다. 이 양성자들은 ATP 효소의 동력으로 쓰이지 않는다(이 내용은 다음 단락에서 살펴볼 것이다).

아마 화학삼투 이론에서 무엇보다 중요한 것은 검증 가능한 구체적인 예측을 수없이 많이 내놓았다는 사실일 것이다. 미첼은 그 뒤 10년에 걸쳐 새 단장을 한 글린하우스에서 평상의 연구 동반자인 제니퍼 모이얼Jennifer Moyle을 포함한 다른 연구진들과 함께 실제로 미토콘드리아의 내막을 사이에 두고 pH 기울기뿐 아니라 전압(약 150밀리볼트)까지 만들어진다는 사실을 밝혀냈다. 건전지 전압의 1/10에 불과한 150밀리볼트라는 전압이 별것 아니라고 느낄 수도 있겠지만, 이것이 분자 수준이라는 것을 생각해야 한다. 막의 두께는 겨우 5나노미터(10^{-9}미터)에 불과하다. 그러므로 막의 두께가 1미터라면 반대편에서 느끼는 전압은 3,000만 볼트에 해당한다. 이는 번개의 전압과 비슷하며 일반 가정용 전압의 1,000배에 달한다. 계속해서 미첼과 모이얼은 갑자기 산소량이 증가하면 막을 통해 배출되는 양성자의 수가 일시적으로 증가한다는 사실을 밝혀냈다. 또 호흡에서 '짝풀림 물질'이 정말 막을 사이에 두고 양성자를 왕복하게 만든다는 것과 양성자 동력이 ATP 효소에 동력을 공급한다는 사실도 증명했다. 게다가 미첼의 연구진은 양성자의 수송이 호흡연쇄에서 전자가 이동하는 현상과 짝지어 일어나므로 재료가 되는 물질(수소원자, 산소, ADP, 인산)이 하나라도 부족하면 반응이 느려지거나 심지어 멈출 수도 있음을 밝혀냈다.

그 이후부터 미첼과 모이얼 외에 다른 과학자들도 화학삼투를 연구하고 실험하기 시작했다. 라커도 호흡복합체를 분리해 인공 지질소포에 첨가하면 여전히 양성자 기울기가 만들어진다는 것을 증명함으로써 학계를 설득하는 데 일조했다. 그러나 그 어떤 실험보다도 연구자들, 적어도 식물학자들에게 화학삼투 이론의 신빙성을 알리는 데 큰 기여를 한 실험은 아마 코넬 대학의 안드레 야겐도르프André Jagendorf와 어니스트 우리베Ernest Uribe가 1966년에 수행한 실험일 것이다. 야겐도르프는 처음에는 화학삼투 가설에 대해 냉담했다. 그는 이렇게 적었다. "스웨덴에서 열린 생체에너지학회에서 피터 미첼이 화학삼투에 대해 이야기하는 것을 들었다. 그의 말은 도통 무슨 소리인지 알 수 없었다. 사람들이 이렇게 어처구니없고 이해할 수 없는 소리만 하는 연사를 초청했다는 것이 언짢을 따름이었다." 그러나 야겐도르프는 직접 실험을 해본 뒤 미첼이 옳다는 것을 확신했다.

야겐도르프와 우리베는 엽록체 막을 pH 4의 산에 담그고 막 양쪽의 산성도가 같아질 때까지 기다렸다. 그렇게 준비한 시료에 pH 8의 염기를 주입해 막을 사이에 두고 네 단계의 산성도 차를 만들었다. 이들은 빛이나 다른 에너지 공급원 없이 이 과정만으로 다량의 ATP가 만들어진다는 사실을 발견했다. 양성자의 농도차만으로 ATP가 합성된 것이다. 여기서 눈여겨볼 것은 이들이 실험에 이용한 막이 **광합성** 막이라는 사실이다. 미첼의 이론에는 호흡과 광합성처럼 아무 상관이 없어 보이는 에너지 생산방법을 아우르는 놀라운 특징이 있었다.

1970년대 중반이 되자, 학계는 대부분 미첼의 이론을 받아들이게 되었다. 미첼은 반대론자들에게 너무 화가 난 나머지 이들이 '전향'한 날짜를 표로 만들어 남겨두기까지 했다. 그러나 아직은 자세한 분자구조에 대한 연구도 더 많이 필요했으며 논쟁의 여지가 남아 있었다. 미첼이 1978년에 단독으로 노벨화학상을 수상하면서 또다시 신랄한 반응을 불러일으켰지만 내가 보기에는 미첼의 개념적인 비약은 노벨상을 받아 마땅했다. 그는 개인적으로 건강이 좋지 않은 상태에서 냉랭한 생체에너지학회와 싸우며 10년 정도 힘든 시간을 보냈지만 가장 신랄한 비판을 하던 학자들이 생각을 바꾸는 모습을 지켜보면서 견뎌냈다. 미첼은 노벨상 수상연설에서 이들의 지적인 도량에 대해 감사의 말을 하면서 위대한 물리학자 막스 플랑크Max Planck의 말을 인용해 "새로운 과학개념이 승리하게 되는 이유는 반대론자들을 설득해서가 아니라 반대론자들이 죽기 때문"이라고 했다. 미첼은 이 염세적인 이야기를 한 것이 "유일하게 보람을 느낀 성과"였다고 말했다.

1978년부터 연구자들은 전자전달계와 양성자 펌프와 ATP 합성이 일어나는 자세한 과정을 조금씩 다듬어나가기 시작했다. 존 워커John Walker가 ATP 효소의 구조를 원자 수준까지 자세히 밝히는 더없이 큰 성과를 거두었다. 이 성과로 워커는 몇 년 앞서 ATP 합성의 기본과정을 제시했던 폴 보이어Paul Boyer와 함께 1997년에 노벨화학상을 수상했다(보이어가 제안한 과정은 전체적으로 미첼이 제시했던 과정과 기본적인 토대는 비슷하지만 세부적인 부분에서 달랐다). ATP 효소는 자연의 나노기술을 보여주는 놀랍고도 멋진 본보기다. 전동기처럼 움직이는 ATP 효소는 지금까지 알려진 가장 작은 기계장치로, 아주 작은 단백질 부품으로 이루어져 있다. ATP 효소를 이루는 두 가지 주요 부품은 막을 관통해 박혀 있는 구동축과 그 구동축에 연결된 회전헤드다. 전자현미경으로 봤을 때 버섯의 갓처럼 보이는 부분이 회전헤드다. 막 바깥쪽에 저장된 양성자의 압력은 구동축을 통과하면서 회전헤드를 돌아가게 한다. 양성자 세 개가 구동축을 통과할 때마다 회전헤드의 축은 120도씩 회전한다. 그러므로 이 과정이 세 번 일어나면 회전헤드가 한 바퀴 회전하는 것이다. 회전헤드에는 결합부위가 세 곳 있으며 이 세 곳의 결합부위에서 ATP가 만들어진다. 회전헤드가 돌아갈 때마다 가해지는 압력은 화학결합을 형성하거나 끊는 작용을 한다. 처음 축이 120도 돌아갈 때 ADP가 결합한다. 두 번째 120도 돌아갈 때 이 ADP에 인산이 붙어 ATP가 형성되고, 마지막 120도 돌아갈 때 ATP를 내놓는다. 인간의 경우는 회전헤드가 한 바퀴 회전할 때마다 9개의 양성자를 이용해 세 분자의 ATP가 생산된다. 다른 종에서는 ATP 효소가 회전헤드를 한 바퀴 돌리기 위해 필요한 양성자 수가 달라지기도 하므로 문제는 조금 더 복잡해진다.

    ATP 효소는 거꾸로 돌기도 한다. 어떤 조건에서는 ATP 효소가 거꾸로 돌면서 ATP를 분해해 이때 나오는 에너지를 이용하여 양성자 저장소 압력을 거스르면서 반대방향으로 양성자를 수송할 수도 있다. 사실 ATP 효소(ATP 합성효소가 아닌)라는 이름이 붙은 이유도 바로 이런 작용이 먼저 발견되었기 때문이다. 이 별난 특징 속에는 생명의 깊은 비밀이 숨겨져 있다. 그 비밀은 잠시 후 다시 살펴볼 것이다.

호흡의 깊은 의미

넓은 의미로 볼 때 호흡은 양성자 펌프를 이용해 에너지를 생산한다. 산화환원 반응에 의해 만들어지는 에너지는 막을 통해 양성자를 수송하는 데 쓰인다. 막을 사이에 두고 양성자는 약 150밀리볼트의 전압을 만들어낸다. 이 양성자 동력은 ATP 효소라는 전동기를 돌려 모든 생명체가 공통으로 쓰고 있는 에너지 통화인 ATP를 생산한다.

이와 아주 유사한 과정이 광합성에서도 일어난다. 광합성에서는 태양에너지를 이용해 호흡을 할 때와 비슷한 방식으로 양성자를 엽록체 막 바깥으로 수송한다. 세균에서도 미토콘드리아와 똑같은 작용이 일어나 세포막 바깥쪽에 양성자 동력이 형성된다. 미생물학자가 아닌 사람에게는 생물학에서 세균의 에너지 생산방법처럼 복잡한 것은 아마 없을 것이다. 세균은 메탄, 황, 콘크리트 할 것 없이 거의 모든 원료로부터 에너지를 긁어모을 수 있는 것처럼 보인다. 드러나는 차이는 아주 다양하지만 근본적으로는 서로 연관성이 있다. 에너지 생산방법이 아무리 다양해도 기본원리는 완전히 똑같다. 모두 잇달아 산화환원 반응을 일으키면서 마지막 전자수용체에 전자를 전달하는 것이다(이 마지막 전자수용체는 CO_2, NO_3^-, NO_2^-, NO, SO_4^{2-}, SO_3^-, O_2, Fe^{2+}이거나 다른 것일 수도 있다). 이렇게 산화환원 반응을 거쳐 만들어진 에너지는 막 너머로 양성자를 수송하는 데 쓰인다.

이 근본적인 통일성에 주목해야 하는 이유는 단지 똑같기 때문이 아니라 독특하면서 포괄적인 에너지 생산방법이기 때문이라는 이유가 더 클 것이다. 레슬리 오겔의 말처럼 "양성자 펌프로 에너지를 생산하는 세포에 돈을 들이고자 하는 사람은 거의 없을 것이다." 그러나 양성자 펌프에는 모든 형태의 호흡과 광합성의 비밀이 숨겨져 있다. 이 과정 모두, 산화환원 반응을 통해 방출된 에너지는 막 너머로 양성자를 수송해 양성자 동력을 만드는 데 쓰인다. 막 너머로 양성자를 수송하는 현상도 DNA처럼 지구상 모든 생명체가 남기는 서명署名으로 추측된다. 곧, 생명의 근본현상인 것이다.

양성자 동력은 피터 미첼이 생각했던 것처럼 단순한 ATP 생산원에 그치지 않고 훨씬 폭넓은 중요성을 지니고 있다. 양성자 동력은 일종의 역장力場으로, 미세한 힘 공급원이 세균을 둘러싸고 있는 것이다. 양성자의 힘은 몇 가지 생명체의 기본적인 특징과 연관이 있는데 그중 가장 중요한 현상이 외막을 통해 세포 안팎으로 분자를 이동시키는 능동수송(active transport)이다. 세균에는 세포 속으로 영양분을 들여오거나 노폐물을 내보내는 데 양성자 동력을 이용하는 막 운반체(membrane transporter)가 10여 가지 있다. 이 막 운반체는 양성자 동력으로부터 에너지를 조금 떼어 능동수송을 하는 데 이용한다. 이를테면 젖당은 양성자 기울기와 짝을 이루어 농도차를 거스르면서 세포 속으로 수송된다. 막 펌프는 젖당 한 분자와 양성자 한 개와 결합해 젖당을 들여오는 값을 ATP가 아니라 양성자 기울기가 줄어드는 것으로 치르게 된다. 세포 안의 나트륨 이온 농도를 낮게 유지할 때도 이와 비슷한 방법이 쓰인다. 나트륨 이온 하나를 내보내려면 양성자 하나를 들여와야 한다. 이번에도 양성자 기울기가 줄어드는 대신 ATP는 소비하지 않는다.

양성자 기울기가 혼자서 줄어들 때도 있다. 이때 열이 발생한다. 이런 상황을 호흡에서 짝풀림이 일어났다고 한다. 짝풀림이 일어나면 전자의 흐름과 양성자 펌프가 정상적으로 작동해도 ATP는 생산되지 않는다. 대신 막에 난 구멍을 통해 양성자가 역류하면서 양성자 기울기로 가야 할 에너지가 열로 분산된다. 이 현상은 그 자체만으로도 아주 쓸모 있는 열 생산수단이기도 하지만 ATP 수요가 없을 때도 전자를 계속 흐르게 하는 작용도 한다는 것을 4부에서 확인하게 될 것이다. ATP 수요가 없으면 '정체'된 전자가 호흡연쇄를 빠져나와 산소와 반응해 산소 자유라디칼이라는 유해물질이 만들어지기 쉽다. 강에 있는 수력발전용 댐과 비교해 생각해보자. 전력수요가 적어지면 범람이 일어날 위험이 있으므로 배수로를 만들어 이런 위험을 줄인다. 이와 비슷하게 호흡연쇄가 잘 돌아가고 유지될 수 있는 것도 전자의 흐름이 ATP 합성으로부터 분리될 수 있기 때문이다. 어떤 양성자는 수력발전용 댐의 중앙수문(ATP 효소)을 통해 흘러가는 대신 배수로(막공[membrane pore])를 통해 우회한다. 이런 원활한 양성자의 흐름은 전자가 빠져나가 발생할지도 모르는 자유라디칼 발생문제를 예방하는 데 도움이 된다. 자유라디칼은 중대한 건강상의 문제를 일으킬 수 있으며 이 내용은 책의 후반부에서 확인하게 될 것이다.

양성자 동력은 능동수송 외에 다른 작용에도 이용될 수 있다. 1970년대에 미국의 미생물학자 프랭클린 해럴드Franklin Harold와 동료 연구진들은 세균이 양성자 동력을 이용해 운동을 한다는 사실을 밝혀냈다. 많은 세균이 세포 표면에 달린 타래송곳처럼 생긴 편모를 회전시키면서 운동을 한다. 이런 운동을 통해 세균은 1초에 몸길이의 수백 배나 되는 거리를 이동할 수 있다. 편모를 돌리는 단백질은 작은 전동기 구실을 하는데 양성자의 흐름을 이용해 구동축을 돌리는 동력을 얻는다는 점에서 ATP 효소와 비슷하다.

요약하자면, 세균은 기본적으로 양성자 동력을 이용한다. ATP를 보편적인 에너지 통화라고 하지만 세포의 모든 곳에서 쓰이지는 않는다. 세균의 항상성 유지(세포 안팎으로 물질을 능동수송하는 것)와 운동(편모를 이용한 추진력)에는 ATP보다는 주로 양성자 동력이 쓰인다. 이처럼 생명유지를 위해 꼭 필요한 곳에 양성자 동력이 쓰인다는 사실에서 호흡연쇄가 ATP 합성에 필요한 것보다 더 많은 양성자를 내보내는 이유가 설명되며, 이와 함께 전자 한 개가 호흡연쇄를 통과할 때 만들어지는 ATP 분자가 몇 개인지 결정할 수 없는 이유도 설명된다. 양성자 동력은 ATP 합성뿐 아니라 여러 면에서 생명현상의 밑바탕이 된다. 그리고 지금까지 드러난 것은 극히 일부에 불과하다.

양성자 동력의 중요성은 ATP를 쓰면서까지 양성자를 내보내기 위해 거꾸로 돌아가는 ATP 효소의 기묘한 특성도 설명한다. ATP 효소가 거꾸로 돌아가면 세포에 저장된 ATP가 빠르게 빠져나가기 때문에 얼핏 생각하면 손해처럼 보인다. 그러나 양성자 동력이 ATP보다 더 중요하다는 사실을 깨닫고 나면 이 현상이 이해되기 시작한다. 이는 〈스타워즈〉에서 우주 순양함이 제국군 함대를 공격하기 전에 먼저 완전한 방어막을 구축해야 하는 것과 비슷하다. 양성자 동력은 보통 호흡을 통해 충전된다. 그러나 만일 호흡을 하지 못하게 되면 세균은 발효를 통해 ATP를 생산한다. 이제 모든 것은 거꾸로 돌아간다. 즉각 ATP 효소는 금방 만든 ATP를 분해해 이때 나온 에너지를 막 건너편으로 양성자를 내보내는 데 이용한다. 양성자를 충전시켜 역장을 일정 수준까지 긴급 복구하는 것이다. DNA 복제 같은 중요한 일을 포함해 ATP에 의존하는 모든 작용은 양성자 기울기가 복구될 때까지 기다려야만 한다. 이 상황으로 볼 때 발효의 주목적은 양성자 동력을 유지하는 것이라고 말할 수 있다. 양성자 동력을 유지하는 일이 세포에서 일어나는 다른 중요한 작용, 이를테면 DNA 복제 같은 것보다 훨씬 중요하다는 것이다.

내 생각으로는 이 모두가 양성자 펌프가 아주 오래된 유물이라는 사실을 넌지시 일러주는 것 같다. 양성자 펌프는 세균이 생명을 유지하는 데 무엇보다 중요한 기본장치다. 이는 생명의 세 영역에서는 모두 다 일어나며, 모든 형태의 호흡과 광합성뿐 아니라 항상성과 운동 같은 세균의 다른 특징에서도 중요하게 작용하는 완전히 통일된 메커니즘이다. 간단히 말해서 생명의 기본적인 특성인 것이다. 같은 맥락에서 생명의 기원이 양성자 동력이라는 자연적인 에너지와 얽혀 있다는 추측은 상당히 일리가 있다.

06

생명의 기원

이 철-황 세포는 계속 에너지를 공급받을 뿐 아니라, 기본적인 생화학반응의 촉매작용을 하고 그 반응에서 나온 산물을 농축시키는 초소형 전기화학 반응장치 구실까지 한다. 생명체를 이루는 기본 구성단위에 속하는 RNA와 ADP와 단순한 아미노산과 작은 펩티드 따위는 모두 철-황 화합물의 촉매작용으로 만들어질 수 있다. 최초의 세포가 귄터 베히터스호이저의 생각처럼 퇴적된 진흙층에서 만들어졌을 수도 있지만 러셀의 모형에는 두 가지 큰 장점이 있다. (바닷물에 흩어져 버리지 못하게 막아주는) 막으로 둘러싸이는 것과 양성자 기울기라는 천연 에너지 공급원으로부터 동력을 얻는 것이다.

오늘날 학계에서는 지구에서 어떻게 생명이 시작되었는지에 대한 연구가 활발히 진행되고 있다. 착상과 이론과 예측과 자료가 난무하는 게 서부개척시대를 연상시킨다. 이 문제는 여기서 자세히 다루기에는 너무 방대하므로 우리는 화학삼투의 중요성과 연관된 부분만 살펴볼 것이다. 그러나 먼저 전체적인 파악을 위해 잠깐 생명의 기원에 관한 문제를 살펴보자.

생명의 진화는 거의 대부분 자연선택의 힘에 좌우된다. 그리고 그다음으로는 자연선택의 지배를 받을 수 있는 형질의 유전에 달렸다. 오늘날 우리는 DNA 형태로 유전자를 물려주고 물려받는다. 그러나 DNA는 아주 복잡한 분자라서 갑자기 '짠' 하고 나타날 수는 없다. 게다가 서론에서 이야기한 것처럼 DNA는 화학적인 활성을 띠지 않는다. DNA는 그저 단백질을 합성하는 암호일 뿐이므로 DNA가 활성화되어 아미노산 서열로 바뀌고 단백질을 합성하려면 활성이 큰 중간매개체인 다양한 RNA의 도움을 받아야 한다. 일반적으로 단백질은 생명체의 존재를 가능하게 만드는 중요한 성분이다. 아무리 단순한 생명체라도 생명을 유지하는 데 필요한 요구조건은 다양하고도 복잡하다. 그 요구조건을 충족시킬 수 있을 정도로 다양한 구조와 기능을 갖춘 것이 바로 단백질이다. 단백질 하나하나는 자연선택을 통해 저마다 특별한 소임을 다하도록 다듬어져왔다. 이런 단백질의 소임 가운데 가장 중요한 것은 DNA를 복제하고 복제된 DNA의 주형으로 RNA를 만드는 것이다. 유전 없이는 자연선택도 불가능하며 이 모든 단백질이 자연선택을 통해 더 우수한 유전암호를 만들 수 있도록 충분히 되풀이될 수도 없기 때문이다. 따라서 단백질이 진화되려면 DNA가 필요하고 DNA가 진화되려면 단백질이 필요하므로 유전암호의 기원은 닭이 먼저인지, 달걀이 먼저인지와 비슷한 문제다. 이 모든 것은 어떻게 시작되었을까?

오늘날 학계에서 널리 받아들여지는 해답은 중간매개체인 RNA가 중심에 있었다는 것이다. RNA는 DNA보다 간단해 심지어 시험관 속에서도 합성할 수 있다. 그러므로 RNA가 초기 지구나 우주 어딘가에서 우연히 만들어졌을 것이라는 추측도 해봄직하다. 혜성의 표면에서 RNA 구성성분 일부를 포함하는 풍부한 유기물이 관측된 적도 있다. RNA는 DNA와 비슷한 방법으로 자가복제를 할 수 있으므로 자연선택의 영향이 미칠 수 있는 복제단위를 형성할 수 있다. 또 곧바로 단백질을 암호화할 수 있기 때문에 오늘날 RNA가 실제 하는 일처럼 복제를 위한 주형과 기능을 이어주는 연결고리 구실을 한다. DNA와 달리 RNA는 화학적인 활성을 띤다. RNA는 형태가 복잡하며 어떤 화학작용에서는 효소처럼 촉매 구실을 하기도 한다(RNA 촉매를 리보자임 ribozyme이라고 부른다). 따라서 생명의 기원을 연구하는 학자들은 독립적으로 자가복제를 하는 RNA 분자에 자연선택이 작용해 이 RNA 분자가 조금씩 복잡성을 축적하다가 더 안정되고 효과적인 DNA와 단백질 복합체로 대체된다는 원시 'RNA 세계' 쪽으로 가닥을 잡아가고 있다. 만약 이 짧은 여행에 흥미를 느꼈다면 크리스티앙 드 뒤브의 『생명은 진화한다』를 읽어보길 권한다. 멋진 여행안내서가 될 것이다.

근사하기는 하지만 'RNA 세계'에는 두 가지 심각한 문제가 있다. 첫째, 리보자임은 그리 재주 많은 촉매가 아니다. 가장 기본적인 촉매작용만 할 수 있는 리보자임이 복잡한 세계를 만들어내는 게 과연 가능할지가 큰 의문이다. 내 생각에는 리보자임보다는 무기염류가 최초의 촉매로 더 어울린다. 오늘날 많은 효소의 중심부에서 철, 황, 망간, 구리, 마그네슘, 아연 따위의 금속이나 이 금속을 포함한 무기염류를 볼 수 있다. 효소반응이 일어날 때 촉매작용을 하는 물질은 단백질이 아니라 보결분자단(prosthetic group)이라고 하는 무기염류다. 단백질은 실제 반응에 참여하기보다는 반응의 효율을 높이는 구실을 한다.

둘째, 에너지와 열역학의 수지타산이라는 더 중요한 문제가 있다. RNA의 복제는 생물학적인 일에 해당하므로 에너지가 공급되어야만 일어날 수 있다. RNA는 매우 불안정하고 쉽게 분해되기 때문에 에너지가 꾸준히 공급되어야만 한다. 이 에너지는 어디서 왔을까? 우주생물학자들의 말에 따르면, 초기 지구에는 에너지원이 풍부했다. 그중 몇 가지를 보기로 들면, 운석충돌, 번개, 화산분출과 깊은 바닷속 열수분출공에서 나오는 열 따위가 있다. 그러나 이렇게 모습이 제각각인 에너지가 어떻게 생명체가 이용할 수 있는 무언가로 전환될 수 있었는지는 잘 설명되지 않았다. 오늘날에도 이 에너지들 중에서 곧바로 이용될 수 있는 에너지는 아무것도 없다. 수십 년에 걸쳐 찬반 논쟁이 거듭되어왔지만, 가장 설득력 있는 제안은 아마 다양한 형태의 에너지가 모두 어울려 만들어진 '원시수프(primordial soup)'의 발효일 것이다.

원시수프 개념은 1950년대에 한 실험을 통해 힘을 얻었다. 스탠리 밀러Stanley Miller와 해럴드 유리Harold Urey는 원시지구의 대기와 비슷하다고 생각한 상태를 재현하기 위해 수소와 메탄과 암모니아를 섞어 기체혼합물을 만들고 여기에 번개 대신 전기스파크를 일으켰다. 이들은 진한 유기물의 혼합물을 만드는 데 성공했고, 그 속에는 아미노산 같은 생명의 전구물질도 들어 있었다. 지구 대기에 이런 기체가 풍부하게 들어 있었다는 증거가 어디에도 없었기 때문에 이들의 가설은 지지를 받지 못했다. 그리고 오늘날에는 당시의 대기가 유기물이 형성되기가 더 어려운 훨씬 산화된 상태였다고 추측되고 있다. 그러나 혜성에 유기물이 풍부하다는 것이 확인되면서 완전히 빙 둘러 다시 제자리로 돌아오게 되었다. 생명을 우주와 연관 짓고 싶어하는 많은 우주생물학자들은 원시수프가 우주공간에서 요리되었을 것이라고 주장한다. 그렇다면 지금부터 40억~45억 년 전의 약 5억 년 동안 지구와 달을 곰보로 만들었던 어마어마한 소행성의 폭격 속에서 지구는 자비로운 원조를 받은 것이다. 만일 이 원시수프가 정말 있었다면 생명은 결국 수프 발효에 의해 시작되었을 수밖에 없었을 것이다.

그러나 발효가 최초의 에너지 공급원이 되는 데는 몇 가지 문제점이 있다. 첫째, 앞서 확인한 것처럼 발효는 호흡이나 광합성과는 달리 막 너머로 양성자를 수송하지 않기 때문에 불연속성과 시간에 관한 문제가 대두된다.

만약 발효될 수 있는 유기물이 모두 우주공간에서 왔다던 양분공급은 거대한 소행성 충돌이 끝난 40억 년 이후에는 차츰 줄어들기 시작했을 것이다. 발효되는 양분이 다 없어지기 전에 그 구성원소를 이용해 광합성이나 다른 방법으로 유기물을 만들어내지 못했다면 생명의 불꽃은 차츰 사그라졌을 것이다. 그리고 여기서 우리는 시간에 관한 문제에 봉착한다. 화석증거를 통한 결과는 지구에서 최초의 생명이 나타난 시기를 늦어도 38억 5,000만 년 전으로 추정하며 광합성이 시작된 시기는 약 35억 년에서 27억 년 전 사이로 본다(이 시기도 최근까지 논란이 되고 있다). 발효와 광합성 사이에 단 하나의 중간단계도 발견되지 않은 상황이기 때문에 짧게는 몇억 년에서 길게는 10억 년에 이를 수도 있는 시간의 단절은 몹시 거북하게 느껴진다. 다른 에너지 공급원 없이 소행성이 전해준 유기물만으로 생명체가 그렇게 오랫동안 먹고사는 게 가능할까? 별로 그럴싸하게 들리지 않는다. 특히 오존층이 형성되기 이전이라 자외선이 마구 내리쬐어 복잡한 유기물이 쉽게 파괴될 수 있는 상황이었음을 감안하면 더욱 그렇다.

둘째, 발효가 아주 단순하며 원시적이라는 생각은 완전히 잘못된 것이다. 미생물이 생화학적으로 단순할 거라는 인식에는 우리의 오만이 깔려 있다. 이 그릇된 인식의 시작은 루이 파스퇴르로 거슬러 올라간다. 그는 발효를 '산소가 없는 생명현상'이라고 묘사해 단순성을 암시했다. 그러나 앞서 보았듯이 파스퇴르는 발효과정에 대해 '완전히 깜깜하다'는 것을 인정했기 때문에 미생물이 단순하다는 결론을 도저히 내릴 수 없는 처지였다. 발효가 일어나려면 적어도 12개의 효소가 필요하므로 최초의 유일한 에너지 제공 수단으로서 발효는 환원 불가능한 복잡성(irreducibly complex)을 갖춘 것으로 보인다. 내가 의도적으로 선택한 환원 불가능한 복잡성이란 용어는 생명의 진화에는 창조주의 손길이 필요하다고 주장하는 일부 생화학자들이 만든 것이다. 이들은 생명이 오직 '지적인 설계'를 따라 만들어졌다고 말한다. 진화생물학자라면 누구나 마찬가지겠지만 나는 이 주장에 동의하지는 않는다. 그러나 이런 반론은 어쨌든 부딪히게 되어 있고 경우에 따라서는 문제가 되기도 한다. 다른 에너지 공급원이 전혀 없는 RNA 세계에서 발효를 일으키는 데 필요한 모든 효소들이 어떻게 하나의 기능단위로 진화될 수 있었는지가 정말 의문이다. 그러나 '다른 형태의 에너지 공급이 전혀 없는 세계'라는 조건에 주목하자. 우리가 필요한 것은 에너지를 공급하는 수단이며 이는 '환원 가능한 복잡성'이다. 따라서 우리는 다른 에너지 공급원 없이 발효가 어떻게 진화될 수 있었는지를 고민할 게 아니라, 어디서 진화에 필요한 에너지를 얻었는지에 대한 문제를 놓고 씨름하는 게 합당하다. 광합성은 나중에 진화되었고 발효는 에너지 공급 없이 진화했다고 보기에 너무 복잡하다면 우리에게는 아직 호흡이 남아 있다. 호흡이 초기 지구에서 진화될 가능성이 있었을까? 이 가능성에 부정적인 측에서는 대개 원시지구에 산소가 아주 희박했다는 것을 근거로 든다(이 부분을 자세히 알고 싶다면 내 책 『산소: 세상을 만들어낸 분자』를 보라). 그러나 산소의 양은 문제가 되지 않는다. 산소호흡 말고도 황산염이나 질산염, 심지어 철을 이용하는 다른 형태의 호흡도 있기 때문이다. 이런 호흡들도 모두 막을 사이에 두고 양성자를 수송하기 때문에 기본 메커니즘이 광합성과 아주 비슷해 진화의 중간단계일 가능성을 암시한다. 오토 바르부르크가 1931년에 호흡이 광합성보다 먼저 진화되었을 것이라고 제안했던 점을 주목하자. 여기서 우리는 한 가지 문제에 부딪힌다. 호흡도 '환원 불가능한 복잡성'을 지닌 것은 아닐까? 나는 그렇지 않다고 단언한다. 오히려 원시지구의 조건으로 볼 때 호흡은 거의 필연적인 결과라고 생각한다. 그러나 이 문제를 고찰하기 전에 발효를 최초의 에너지 공급원으로 보는 시각에 대한 가장 결정적인 반론을 마지막으로 짚고 넘어갈 필요가 있다.

이 반론이 세 번째 문제로, 지구상에 알려진 모든 생명체의 최초의 보편적 공통조상(the Last Universal Common Ancestor)인 LUCA와 연관이 있다. 몇몇 아주 흥미로운 자료에는 LUCA가 일반적인 발효를 하지 않았을 것이라는 암시가 나타난다. 만약 LUCA가 발효를 하지 않았다면 생명이 시작되던 때로 거슬러 올라가는 훨씬 오래된 생명형태도 발효를 하지 않았을 것이라는 추측이 가능하다. 이 자료를 내놓은 사람은 1부에서 등장했던 빌 마틴이다. 1부에서 우리는 생명의 세 영역, 고세균과 세균과 진핵생물을 다루었으며, 진핵생물은 세균과 고세균의 연합으로 만들어진 게 거의 확실하다는 사실을 확인했다. 만약 그렇다면 진핵생물은 상대적으로 나중에 진화되었어야 하고, LUCA는 세균과 고세균의 공통조상이어야만 한다. 마틴은 발효의 기원을 연구하면서 이 논리를 적용했다. 그 결과 우리는 공통된 유전암호 같은 세균과 고세균 사이의 어떤 기본적인 성질은 LUCA로부터 전해진 반면 중요한 차이점은 나중에 발달했을 것이라는 추측을 어렴풋이 할 수 있다. 이를테면, 산소를 만드는 광합성은 시아노박테리아와 녹조류와 녹색식물에서만 일어난다. 녹색식물과 조류漢類는 모두 시아노박테리아를 따라한 것이다. 식물과 조류에서 광합성이 일어나는 장소는 엽록체이며, 엽록체는 바로 시아노박테리아에서 유래했기 때문에 광합성은 시아노박테리아로부터 시작되었다고 볼 수 있다. 결정적으로 고세균 중에서는 광합성을 하는 종류가 발견된 적이 없다. 게다가 세균에서도 시아노박테리아를 제외하고 광합성을 하는 무리는 발견된 적이 없다. 그러므로 광합성은 시아노박테리아에서 독립적으로 진화되었으며, 이는 세균과 고세균이 갈라진 뒤에 일어난 일이라는 추측이 가능하다.

다시 발효로 돌아와 같은 논리를 적용해보자. 만약 발효가 최초의 에너지 생산수단이었다면, 공통된 유전암호가 세균과 고세균 둘 다에서 발견된 것처럼 비슷한 에너지 생산경로를 확인할 수 있어야만 한다. 반대로 발효가 광합성처럼 나중에 진화되었다면 일부 세균과 고세균에서만 발효가 발견될 것이다. 그렇다면 결과는 어떨까? 흥미로운 결과가 나왔다. 고세균과 세균은 모두 발효를 한다. 그러나 각 단계에서 촉매로 작용하는 효소가 달랐다. 이 효소들 중 몇몇은 전혀 연관성이 없다. 고세균과 세균의 발효효소에 공통점이 없다면 이들의 발효경로는 나중에 두 영역에서 독립적으로 진화된 것이 틀림없다. 이는 LUCA가 적어도 오늘날 우리가 알고 있는 발효는 하지 못했을 것이라는 의미가 된다. 그리고 LUCA가 발효를 할 수 없었다면 살아가는 데 필요한 에너지를 어디선가 얻어야만 했을 것이다. 우리는 세 번째로 같은 결론에 이르렀다. 발효는 지구상에 나타난 최초의 에너지원이 아니다. 생명은 다른 길에서 시작된 것이 분명하다. 원시수프 개념은 잘못되었거나 아무리 잘 봐줘도 생명의 기원과는 연관이 없다.

최초의 세포

내 생각처럼 막을 통해 양성자를 수송하는 현상이 생명의 기본이라고 가정해보자. 그렇다면 같은 근거에 따라 이 현상은 세균과 고세균에게서 동시에 볼 수 있어야만 한다. 실제로도 그렇다. 둘 다 비슷한 성분으로 이루어진 호흡연쇄를 갖고 있으며, 둘 다 이 호흡연쇄를 이용해 막 너머로 양성자를 수송함으로써 양성자 동력을 만들며, 둘 다 구조와 기능이 기본적으로 같은 ATP 효소를 지니고 있다.

오늘날에는 호흡이 발효보다 훨씬 복잡하지만, 알맹이만 놓고 보면 실은 훨씬 단순하다. 호흡에는 전자전달계(기본적으로 단순한 산화환원 반응), 막, 양성자 펌프, ATP 효소가 필요하다. 반면 발효를 하려면 적어도 12개의 효소가 순서대로 작용해야 한다. 호흡이 생명 역사의 초창기부터 진화되었다는 가설에서 가장 큰 문제는 막이 필요하다는 것이다(미첼은 1955년 모스크바에서 열린 학술발표에서 이 문제를 언급했다). 오늘날의 세포막은 아주 정교하기 때문에 RNA 세계에서 진화되어왔다고 상상하기는 어렵다. 물론 세포막보다 단순한 막도 있지만 이런 막은 대부분 아무것도 통과시킬 수 없다는 문제가 있다. 이런 투과성이 없는 막은 바깥세상과의 교류를 차단해 물질대사를 방해하기 때문에 결국 생명을 지속시키지 못한다. LUCA의 호흡에 막이 필요하다고 가정할 때 그 막이 어떤 종류의 막이었을지 오늘날의 고세균과 세균으로부터 추측할 수 있을까?

이 문제에 대한 해답을 통해 특별한 진화의 분수령이 드러났다. 빌 마틴과 글래스고 대학의 마이크 러셀Mike Russell은 2002년 런던왕립학회에서 그 해답의 가장 깊은 속뜻을 뚜렷이 밝혔다. 세균과 고세균의 생체막은 둘 다 지질로 구성되었지만 공통점은 별로 없다. 세균의 막지질은 소수성(유성) 지방산이 친수성(물을 좋아하는 성질) 머리 부분에 에스테르 결합(ester bond)이라는 화학결합으로 연결된 구조다. 이와 달리 고세균의 막지질은 다섯 개의 탄소 가지로 이루어진 이소프렌isoprene이 서로 결합해 중합체를 이룬다. 이소프렌 단위체는 다양한 교차결합을 형성하므로 고세균의 생체막은 세균과 달리 아주 단단하다. 게다가 이소프렌 사슬이 친수성 머리 부분에 결합되는 방법은 에테르 결합(ether bond)이라는 다른 화학결합이다. 친수성 머리는 세균과 고세균 모두 글리세롤인산염이기는 하지만 서로 거울에 비친 모습처럼 대칭을 이룬다. 이 둘은 왼손 장갑을 오른손에 낄 수 없듯이 서로 바꿔 쓸 수 없다. 이 차이가 별것 아니라고 생각될 수도 있겠지만, 세포의 지질막을 구성하는 모든 성분은 특별한 효소를 이용해 복잡한 생화학적 경로를 통해서 만들어진다는 사실을 생각해야 한다. 성분이 다르면 그 성분을 만드는 데 필요한 효소도 다르고 그 효소를 만드는 유전암호도 달라진다.

세균과 고세균의 막 성분과 최종 구성이 바탕부터 온전히 달랐기 때문에, 마틴과 러셀은 LUCA(최초의 보편적 공통조상)에게 지질막이 없었을 것이라는 결론에 이르렀다. 루카의 후손들이 나중에 독립적으로 지질막을 진화시킨 것이 분명했다. 그러나 만약 우리 확신처럼 LUCA에서 화학삼투 현상이 일어났다면 분명히 양성자를 수송할 수 있는 어떤 막이 있었을 것이다. 지질로 만들어진 게 아니라면 이 막은 과연 무엇으로 만들어졌을까? 마틴과 러셀이 내놓은 해답은 파격적이었다. 이들은 LUCA의 막이 무기염류인 철-황 화합물로 이루어진 얇은 거품상태의 막이며, 유기물이 가득 들어 있는 아주 미세한 공간을 감싸고 있을 것이라고 추측했다.

마틴과 러셀에 따르면 철-황 화합물은 당류와 아미노산과 뉴클레오티드를 합성하는 최초의 유기화학 반응에서 촉매로 작용했고, 결국 앞서 나왔던 'RNA 세계'의 자연선택에서 우월한 위치를 차지할 수 있었다. 마틴과 러셀의 왕립학회 논문에는 일어났음직한 반응에 대한 생각이 상세히 담겨 있다.

풀 메탈 재킷 full metal jacket

황철석(가짜 금) 같은 철-황 화합물이 생명의 기원에 어떤 구실을 했을지도 모른다는 생각이 처음 나온 시기는 깊이 3,000킬로미터의 바다 밑에서 '블랙 스모커'가 발견된 1970년대 무렵이다. 초고온 상태의 열수분출공인 블랙 스모커는 초고압인 해저에서 거대하고 뒤틀린 검은 탑의 형상을 하고 주위를 둘러싼 바닷속에 '검은 연기'를 소용돌이치게 한다. 철과 황화수소를 포함한 무기염류와 화산기체 성분으로 이루어진 이 '연기'는 주위 바닷물에 철-황 화합물을 침전시킨다. 가장 놀라운 사실은 고온고압 상태이면서 완전히 어둠 속에 있는 이 열수분출공에 생명이 넘친다는 것이다. 그곳 생물들은 태양에너지와 상관없이 열수분출공으로부터 바로 에너지를 얻어 완벽한 생태계를 이루며 살고 있었다.[4]

---

[4] 어떤 미생물도 태양에너지로부터 진정으로 자유롭지는 못하다. 지하고온 생물권에 사는 미생물을 비롯해 지구에 사는 모든 생명체는 산화환원 반응을 통해 에너지를 얻는다. 이것이 가능한 이유는 태양의 산화력에 의해 대기와 해양의 화학평형이 지구 자체와 불균형을 이루고 있기 때문이다. 지하고온 생물권에 사는 미생물도 산화환원 반응을 이용하는데 이 반응도 상대적으로 산화상태에 있는 해양이 없으면 불가능하기 때문에 결국 태양에너지에 의해 일어나는 반응이다. 이 미생물들은 한 세포가 복제되는 데 100만 년이 걸릴 수도 있을 정도로 대사작용과 변화가 대단히 느리다. 그럴 수밖에 없는 한 가지 이유는 이들이 지표면으로부터 조금씩 떨어져 내려오는 산화된 무기염류에 의지하면서 근근이 살아가기 때문이다.

철-황 화합물은 유기화학 반응에 촉매로 작용할 수 있는 능력이 있다. 오늘날까지도 많은 효소에서 철-황 화합물이 보결분자단으로 작용하는 것을 관찰할 수 있다. 철-황 화합물이 지옥불 같은 블랙 스모커에서 수많은 유기물질을 형성하기 위해 이산화탄소를 환원시키는 촉매작용을 한 생명의 모태 자체였을 것이라는 가능성을 처음 제기한 사람은 독일의 화학자이자 변리사인 귄터 베히터스호이저Gunter Wächtershäuser였다. 그는 1980년대 말과 1990년대에 잇달아 뛰어난 논문을 발표하면서 자신의 가설을 발전시켰다. 한 학자는 그의 논문을 읽으면서 마치 4차원 공간으로 빠져나온 100년 뒤의 과학논문과 우연히 마주친 기분이었다고 말했다.

베히터스호이저는 이 최초의 유기화학 반응이 철-황 화합물의 표면에서 일어났을 것이라고 생각했다. 유전학적으로 볼 때 호열성 미생물(고온고압 상태에서 사는 미생물)이 세균과 고세균 모두를 통틀어 가장 오래된 무리라는 사실이 그의 생각을 뒷받침하는 것처럼 보였다. 그러나 이 유전학적 증거는 최근 들어 의문시되고 있으며 베히터스호이저가 가정한 반응은 열역학적인 면에서 지적을 받고 있다. 블랙 스모커 이야기의 가장 큰 문제점은 희석문제일 것이다. 일단 결정의 2차원적 표면 위에서 반응을 하여 전구물질이 형성되면 이 물질들은 넓은 바닷속으로 뿔뿔이 흩어질 것이다. 결정 표면에 고정되어 있지 않고는 이 물질들이 흩어지는 것을 막을 길이 없다. 그러나 이렇게 무기염류에 고정된 상태라면 물 흐르듯이 돌아가는 생화학적 반응이 일어나는 모습을 상상하기 어렵다.

마이크 러셀은 1980년대 후반에 그 대안을 내놓고 지금까지 계속 다듬고 있다. 최근에는 빌 마틴이 그의 연구에 합세했다. 러셀은 거대하고 무시무시한 블랙 스모커보다는 소박하게 용암이 스며 나오는 곳에 더 관심을 두었다. 아일랜드 파이나에 있는 이런 지대에는 3억 5,000만 년 된 황철석의 퇴적층이 있다. 그곳에는 러셀이 생명 자체의 모태로 가정했던 거품형태의 침전물뿐 아니라 펜 뚜껑 간한 관 모양 구조가 엄청나게 많이 형성되어 있다. 러셀은 이 거품이 화학적으로 다른 두 액체가 서로 섞여 형성되었을 것이라고 추측했다. 지하 깊은 곳에서 스며 나오는 뜨겁고 환원된 알칼리성 지하수와 좀더 산화된 상태에 산성을 띠며 이산화탄소와 철 염류가 함유된 바닷물이 만나는 것이다. 이 두 액체가 섞이는 구역에서 황화철(FeS) 같은 철-황 화합물이 미세한 거품막 속에 침전되었을 것이다.

러셀의 추측은 막연한 생각이 아니었다. 러셀과 그의 오랜 동료인 앨런 홀Alan Hall은 실험실에서 이 거품막을 재현해냈다. 러셀과 홀은 황화나트륨 용액(지각 안쪽에서 스며 나오는 열수의 흐름을 재현)을 염화철 용액(초기 바다를 재현)에 주입해 작고 미세하며 철-황으로 둘러싸인 막을 만들어냈다(그림 8). 이 거품막에서 확인할 수 있는 두 가지 놀라운 특성을 볼 때 러셀과 홀은 방향을 제대로 잡은 것 같다. 첫째, 이 세포는 막 안쪽보다 바깥쪽이 더 산성을 띠면서 자연스럽게 화학삼투를 일으킨다. 이 상황은 막을 사이에 두고 pH 차가 나면 ATP를 생산할 수 있는 조건으로 충분하다는 야겐도르프-우리베 실험과 비슷하다. 러셀의 세포는 자연적으로 pH 농도차가 나기 때문에 막에 ATP 효소만 있다면 ATP를 생산할 수 있다. 완전한 기능을 할 수 있는 발효과정 전체를 만들어내는 것보다 엄청나게 간단하다! 생명의 기원을 향하는 첫 발걸음을 떼는 데 ATP 효소 정도만 갖추면 된다니, 일찍이 ATP 효소를 '생명의 기본입자'라고 한 라커의 표현은 그가 생각한 것보다 훨씬 더 정곡을 찌른 표현이었다.

둘째, 이 거품막 속에 있는 철-황 결정은 전자를 전달할 수 있다(오늘날 미토콘드리아 막에 존재하는 철-황 단백질도 이런 성질이 있다). 맨틀에서 분출되는 환원상태의 지하수는 전자가 풍부하다. 반면 상대적으로 산화된 상태인 바다에는 전자가 별로 없으므로 막을 사이에 두고 수백 밀리볼트의 전압이 형성된다. 오늘날 세균의 막에서 볼 수 있는 전압과 그 크기가 아주 비슷하다. 이 전압 때문에 막의 한쪽에서 다른 쪽으로 전자의 흐름이 생기며 이 전자의 흐름은 초보단계의 양성자 펌프 메커니즘을 일으킬 수 있는 양성자의 흐

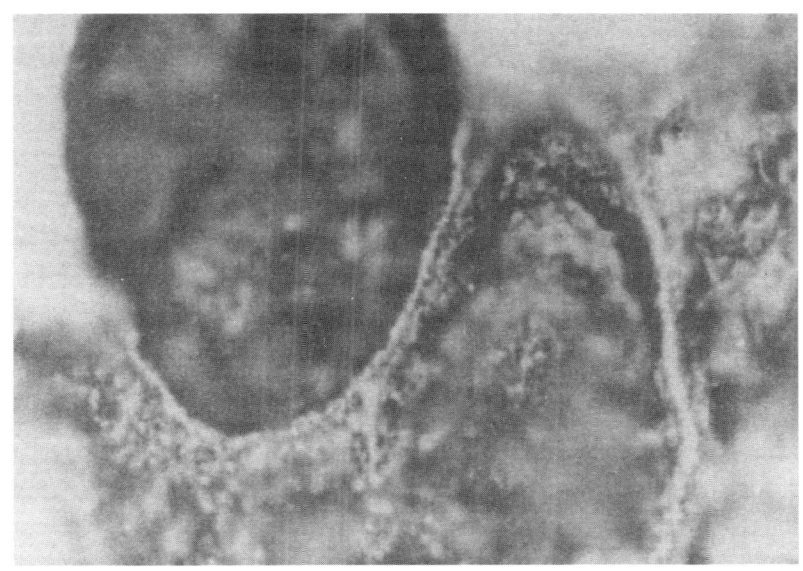

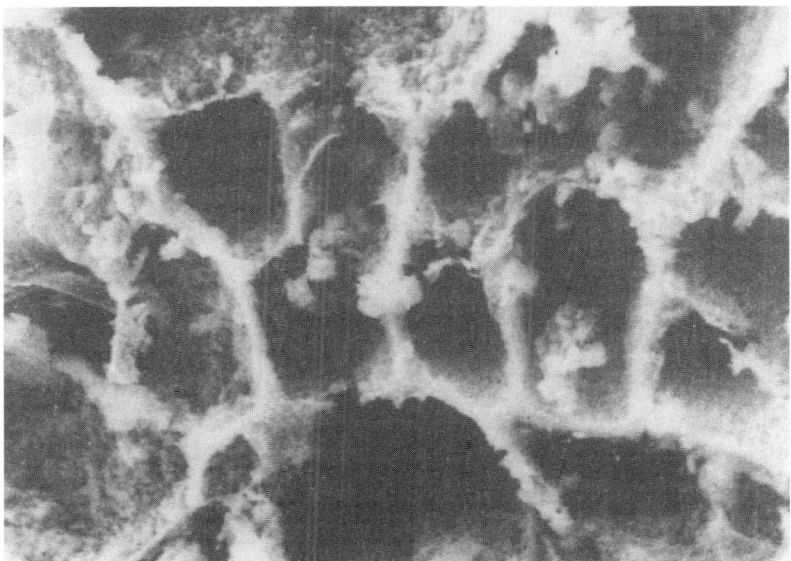

그림 8 철-황 막을 갖고 있는 원시세포.
위: 아일랜드 파이나에 있는 3억 5,000만 년 된 철-황 화합물(황철석) 박편의 현미경 사진.
아래: 실험실에서 만들어낸 원시세포구조의 전자현미경 사진. 철이 풍부한 초기 바다를 재현한 염호·철(FeCl₂) 용액에 열수를 재현한 황화나트륨(NaS) 용액을 주입시켜 만들었다.

생명의 기원 161

름을 유도한다.

이 철-황 세포는 계속 에너지를 공급받을 뿐 아니라, 기본적인 생화학 반응의 촉매작용을 하고 그 반응에서 나온 산물을 농축시키는 초소형 전기화학 반응장치 구실까지 한다. 생명체를 이루는 기본 구성단위에 속하는 RNA와 ADP와 단순한 아미노산과 작은 펩티드 따위는 모두 철-황 화합물의 촉매작용으로 만들어질 수 있다. 최초의 세포가 귄터 베히터스호이저의 생각처럼 퇴적된 진흙층에서 만들어졌을 수도 있지만 러셀의 모형에는 두 가지 큰 장점이 있다. (바닷물에 흩어져버리지 못하게 막아주는) 막으로 둘러싸이는 것과 양성자 기울기라는 천연 에너지 공급원으로부터 동력을 얻는 것이다.

생명 그 자체

이 모든 이야기가 황당하게 들리는가? 내 생각에는 이 이야기보다 진핵생물의 진화가 더 황당하다. 지구에서 무슨 일이 일어났는지 생각해보자. 이런 조건은 초기 지구에서 드물지 않았을 것이다. 화산활동은 오늘날에 비해 15배나 활발했다. 지각은 더 얇았고 바다는 더 얕았으며 대륙을 형성하는 지각판들이 막 만들어지기 시작하고 있었다. 지표면 어디에서나 용암이 흘러나왔으며 당연히 화산활동은 훨씬 격렬했을 것이다. 철-황 막으로 둘러싸인 수백만 개의 작은 세포가 형성되려면 지각 깊은 곳에서 나오는 지하수와 바닷물 사이에 산성도와 산화환원 상태만 다르면 된다. 이 차이는 분명히 존재했다.

러셀이 상상한 초기 지구는 대양을 산화시키는 태양에너지에 의존해 살아가는 거대한 전기화학적인 세포다. 자외선은 물을 분해하고 철을 산화시킨다. 물이 분해될 때 나오는 수소는 중력에 붙들려 있기에는 너무 가볍기 때문에 우주공간으로 날아가 버린다. 바다가 점점 산화되고 맨틀은 상대적으로 환원된 상태에 놓인다. 기본적인 화학법칙에 따라 혼합이 일어나는 구역에서는 산화환원과 화학삼투 기울기의 차이가 큰 세포가 필연적으로 형성될 것이다. 이런 혼합이 일어나는 데는 달의 인력에 의한 높은 조수간만 차가 큰 도움이 되었을 것이다. 당시 생긴 지 얼마 되지 않았던 달은 지금보다 지구와 가까웠을 것이다. 이제 이런 무기세포가 실제로 존재했으며 어쩌면 대규모로 형성되었을지도 모른다는 확신도 어느 정도 할 수 있다. 그리고 타이나에 있는 지층에서 그 흔적을 확인할 수도 있었다. 여기서부터 세균까지 이어지는 진화의 길은 아득히 멀지만 이 정도면 첫 걸음으로 만족할 만하다.

러셀의 세포가 형성되는 과정에서 필요한 조건은 타당할 뿐 아니라 안정적이고 연속적이다. 오직 태양에너지에만 의존하며 광합성이나 발효처럼 획기적인 특성을 필요로 하지도 않는다. 태양이 바다만 산화시키면 된다. 우주생물학자들에 의해 논의된 에너지는 모두 운석의 충돌, 화산의 열, 번개 따위였다. 과학자들은 선사시대의 신화에서도 언제나 중요한 자리를 차지하는 태양의 능력을 이상할 정도로 간과해왔다. 뛰어난 미생물학자인 프랭클린 해럴드는 그의 고전 『생명의 힘Vital Force』(나는 이 책에 경의를 표하는 뜻에서 2부의 제목을 이렇게 정했다)에 이렇게 적었다. "지구 전체에 흐르는 에너지의 거대한 물결이 오늘날 철학에서 알고 있는 것보다 생물학에서 훨씬 더 중요한 구실을 한다는 것은 의심할 여지가 없다. 아마 이 에너지의 물줄은 생명의 진화를 허락했을 뿐 아니라 생명의 존재 자체도 가능하게 했을 것이다."

수억 년 동안 태양은 열역학 제2법칙을 거스르는 데 필요한 에너지원을 끊임없이 공급해왔다. 태양은 화학적인 불균형을 일으켜 자연적으로 화학삼투 작용을 하는 세포를 형성하게 했다. 이 원시적인 무기세포가 가지고 있던 조건은 오늘날 모든 세포의 기본적인 특성 속에서 여전히 착실하게 반복되고 있다. 유기세포든 무기세포든 모든 세포는 막으로 둘러싸여 세포 속 유기물질이 바닷속으로 흩어져버리지 못하게 막고 있다. 둘 다 무기염류(오늘날에는 보결분자단을 효소에 끼워 넣어)를 생화학반응의 촉매로 이용하며, 막을 울타리 겸 에너지 운반통로로 이용하고 있다. 둘 다 막 바깥쪽은 양전하로 대전되고 산성을 띠며 막 안쪽은 음전하로 대전되고 염기성을 띠는 화학삼투 기울기에 의해 에너지를 생산한다. 둘 다 산화환원 반응, 전자전달, 양성자 펌프를 이용해 이 기울기를 다시 만들어낸다. 세균과 고세균이 광활한 대양을 모험하기 위해 요람을 벗어나던 순간, 자신의 출신을 증명하는 확실한 증표를 지니고 있었으며 오늘날까지도 그 증표를 자랑스럽게 뽐내고 있다.

그러나 생명 그 자체의 기원을 보여주는 이 증표 속에는 생명의 기본적인 한계도 들어 있다. 이런 의문이 들지도 모른다. 왜 세균은 세균을 넘어 진화하지 못했을까? 왜 세균은 40억 년 동안 진화하면서 진정한 다세포 생물, 곧 지적인 세균을 만들어내지 못했을까? 왜 진핵생물이 진화하기 위해서는 고세균과 세균의 결합이 필요했을까? 그냥 세균이나 고세균의 복잡성이 점점 증가하면서 진핵생물이 되었을 수도 있지 않았을까? 3부에서는 오랜 세월에 걸쳐 수수께끼로 남아 있던 이 문제의 해답과 식물과 동물로 널리 번성한 진핵생물의 계보 속에 담긴 의미를 살펴볼 것이다. 그 의미는 막으로 둘러싸여야만 일어날 수 있는 화학삼투 작용을 이용한 에너지 생산방법의 근본적인 특성과 연관이 있다.

3

내부자 거래: 복잡성의 기초

07 왜 세균은 단순한가?
08 미토콘드리아와 복잡성

세균은 20억 년 동안 지구를 지배했다. 세균은 생화학적 능력에서는 거의 한계가 없을 정도로 진화했지만 몸집을 불리거나 형태를 복잡하게 만드는 법을 알지 못했다. 다른 행성에 사는 생명체도 세균과 같은 굴레를 벗어나지 못하고 있을지 모른다. 지구에서 생명체의 몸집이 커지고 복잡해진 것은 미토콘드리아가 에너지 생산을 담당하면서부터였다. 그러면 왜 세균은 자신만의 에너지 생산수단을 몸속에 들이지 않았을까? 그 해답은 오랜 세월 동안 끈질기게 남아 있는 미토콘드리아 DNA라는 20억 년 된 역설 속에 있다.

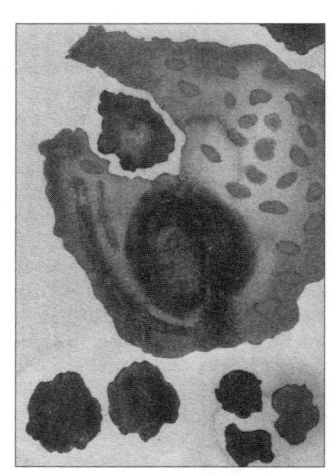

몸속에 다른 물질을 담고 있는 커다란 세포—진핵생물의 에너지 생산은 미토콘드리아 안에서 일어난다.

진화생물학자들로 하여금 맥주를 엎지르게 만드는 말이 몇 개 있다. 의도, 목적론, 복잡성이 증가하는 오르막(ramp of ascending complexity), 비다윈주의자 같은 용어들이다. 이 용어들은 모두 진화에 대한 종교적인 시각과 연관이 있다. 종교적인 시각에서 볼 때, 생명체는 가장 하등한 동물로부터 천사까지 이어지는 부드러운 곡선 위에서 인간성이 증가하면서 복잡성이 더해지고 진화되도록 '예정되어 있으며' 이는 위대한 '존재의 사슬(chain of being)'인 창조주에게 가까이 다가가는 것이다. 오늘날 이런 시각은 종교사상가뿐 아니라 우주생물학자들 사이에까지 널리 퍼져 있다. 우리를 둘러싼 세상에 생명을 불러온 것이 물리법칙이라는 개념은 편안하며 인간의 감성조차도 물리작용의 필연적인 결과라는 생각이 들게 한다. 나는 1부에서 이 생각에 동의하지 않는다고 했고 앞으로 3부에서는 생물학적인 복잡성의 기원을 살펴보면서 이 주제를 곰곰이 생각해볼 것이다.

 1부에서 우리는 지구에 사는 모든 복잡한 다세포 생물이 진핵생물로 이루어져 있음을 확인했다. 이와는 대조적으로 세균은 거의 40억 년 동안 꿋꿋하게 세균으로 살아왔다. 진핵세포와 세균 사이의 건널 수 없는 틈이 있으며, 우주 어딘가에도 세균처럼 틀에 박힌 채 살아가는 생명체가 분명히 있을 것이다. 우리는 세균과 고세균 사이의 범상치 않은 만남으로 진핵세포가 처음 만들어졌다는 것도 확인했다. 이제 우리는 진핵생물에서 복잡성의 '씨앗'이 어떻게 뿌려졌는지 살펴볼 것이다. 진핵생물에서 복잡성이 진화하는 데 도움이 될 것 같은 부분은 정확히 어디일까? 내 착각일 수도 있겠지만 진핵생물의 모습 뒤에 있는 진화라는 거대한 화폭을 바라보고 있노라면 어떤 목적이 있다는 느낌마저 든다. 창조주에게 가까이 다가가기 위한 거대한 존재의 사슬이라는 개념은 잘못된 것이라 해도 우연히 나타난 것은 아니다. 3부에서 우리는 미토콘드리아가 뿌린 복잡성의 씨앗을 살펴볼 것이다. 미토콘드리아가 있었기 때문에 생명체는 복잡한 형태로 진화될 수 있었다. 복잡한 생명체가 되기 위한 원동력은 저 높은 곳에서 떨어진 게 아니라 진핵세포 내면으로부터 나온 것이다.

철저한 무신론자이자 노벨상을 수상한 분자생물학자, 자크 모노Jacques Monod는 그의 유명한 책 『우연과 필연Chance and Necessity』에서 목적론이라는 주제와 씨름했다. 그는 심장이 펌프이며 그 기능은 온몸에 피를 돌게 하는 것이라는 사실을 언급하지 않고 심장을 논하는 것은 아무 의미가 없다고 말했다. 그러나 이 말은 목적을 내포한다. 만약 심장이 피를 돌게 하기 위해 진화되었다고 한다면 앞날의 목적을 결정한 것이므로, 결국 진화의 궤적에서 이미 마지막 종착점은 예정되어 있다는 목적론의 과실을 저지르게 된다. 심장이 무엇을 '위해' 진화되기란 어렵다. 그러나 심장이 피를 온몸에 보낼 **목적**으로 진화되지 않았다면 그렇게 정교한 펌프가 되었다는 것은 진짜 기적이다. 모노의 논지는, 생물학에는 목적이 가득하며 또렷한 궤적이 있는데 이런 목적과 궤적이 존재하지 않는 척하는 것은 부당하며 오히려 우리는 그 목적과 궤적을 설명해야 한다는 것이다. 우리가 해답을 찾아야 할 문제는 바로 이것이다. 예측할 수 없이 마구잡이로 찾아오는 눈먼 기회가 어떤 작용을 거쳐 우리가 늘 보는 정교하고 목적을 갖춘 생물학적 장치를 만들어 내는 것일까?

다윈의 해답은 두말할 나위 없이 자연선택이었다. 눈먼 기회는 개체군 안에서 마구잡이로 변이를 만들어내지만 선택은 마구잡이로 이루어지지 않는다. 적자생존의 법칙에 따라 특정 환경에 두루 적합한 생명체만 선택을 받고 살아남는다. 살아남은 생물은 자신의 성공적인 유전형질을 자손에게 전달한다. 따라서 다른 변이들이 자연선택에 의해 제거되는 사이에 피를 순환시키는 심장의 기능을 개선한 변이는 자손에게 전달된다. 한 세대마다(자연 상태에서) 겨우 몇 퍼센트만이 살아남아 자손을 번식시킬 수 있는데 이들은 아주 운이 좋거나 환경에 잘 적응한 것이다. 여러 세대를 거듭하면 운으로 살아남은 것은 여지없이 사라지고 결국 자연은 가장 잘 적응한 형질 중에서도 더 잘 적응한 것만 선택해 그 기능을 다듬어간다. 이 과정은 다른 선택압에 의해 변화의 경향이 바뀔 때까지 계속 이어진다. 그러므로 무작위로 일어나는 변이의 작용을 일정한 궤적으로 바꿔주는 톱니바퀴 같은 구실을 하는 것은 자연선택이다. 다시 생각하니 점점 복잡성이 상승하는 오르막처럼 보일 수 있을 듯하다.

결국 다음 세대로 전해지는 것은 유전자밖에 없기 때문에 생물학적인 적응의 결과는 유전자 서열에 기록된다(엄밀히 따지면 미토콘드리아도 다음 세대로 전달된다). 진화기간 동안 유전자 서열의 변화는 계속 자연선택의 지배를 받으며 미세한 정교함을 차곡차곡 쌓아나가다가 마침내 생물학적 복잡성이라는 아찔한 금자탑을 이룬다. 개체군 내에서 무작위로 변이를 일으키는 유전암호인 유전자에 대해 다윈은 아무것도 아는 바가 없었다. DNA '문자'인 염기서열에 돌연변이가 일어나면 단백질을 구성하는 아미노산의 서열이 바뀔 수 있다. 이 변화는 유리한 결과를 가져올 수도 있고, 불리한 결과를 가져올 수도 있고, 아무 영향을 끼치지 않을 수도 있다. 이런 변이는 복제과정에서 생기는 오류만으로도 일어날 수 있으며, 세대마다 DNA 서열을 구성하는 총 수십억 개의 염기 중에서 수백 개에 이르는 서열에서 일어나고 있다. 이런 변이는 겉으로 드러나는 변화를 일으킬 수도 있고, 그렇지 않을 수도 있다. 이런 작은 변화는 분명히 존재하며 다윈이 예견한 느린 진화론적 변화의 원동력이 된다. 수억 년에 걸쳐 서로 다른 종 사이에서 유전자 서열이 점차 분기되는 현상은 이 과정이 일어나고 있음을 보여준다.

그러나 작은 돌연변이가 유전체(한 생명체를 이루는 완전한 유전자 한 묶음)의 변화를 가져오는 유일한 방법은 아니며, 유전체학(genomics, 유전체를 연구하는 학문)을 연구하면 할수록 작은 돌연변이는 그리 중요한 것 같지 않아 보인다. 작은 세균의 유전체에 한 사람 분량의 유전암호를 담을 수는 없는 노릇이니 적어도 복잡성이 증가하려면 유전자가 더 많아야간 한다. 여러 생물 종을 조사해보면 일반적으로 복잡성의 정도는 유전자 개수나 전체 DNA 정보량과 연관이 있다. 그렇다면 그 차이만큼의 유전자는 어디서 온 것일까? 그 해답은 복제다. 기존 유전자나 유전체 전체를 복제하거나 서로 다른 둘 이상의 유전체가 연합된 것으로부터 복제하거나 반복적인 DNA 서열로부터 복제한 것이다. 이들은 유전체 전체를 통해 자신을 복제하는 '이기적' 복제자(replicator)가 분명하지만 어쩌면 훗날 (유기체 전체를 위해) 유용한 기능을 수행하는 데 함께 선택될지도 모른다.

다윈주의를 기존의 유전체를 향해 점차 조금씩 다듬어나간다는 개념으로 본다면 이런 복제는 엄밀하게 따지면 다윈주의가 아니다. 오히려 DNA 내용물 전체를 통해 일어나는 대규모의 극적인 변화라고 할 수 있다. 이 복제를 통해 만들어지는 것이 새로운 유전자 자체가 아니라 새로운 유전자를 위한 원료라고 해도 유전적 공간을 뛰어넘는 엄청난 도약이자 기존의 유전자 서열이 단번에 변화되는 것이다. 그러나 유전적 공간을 뛰어넘는 큰 도약만 빼면 이 과정은 다윈주의와 별다를 게 없다. 복제를 통한 유전체의 변화는 본질적으로 무작위적인 방식으로 일어나고 여러 차례 자연선택의 지배를 받는다. 작은 변화를 통해 새로운 유전자 서열은 새로운 기능을 갈고닦을 것이며, DNA 내용물에 큰 도약도 전혀 쓸모없는 괴물을 만들어내지만 않는다면 그냥 지나갈 것이다. 만약 두 배의 DNA를 유지하는 게 아무 이익이 없다면 불필요한 여분의 DNA는 자연선택을 통해 다시 버려질 게 분명하다. 그러나 만약 복잡한 생명체가 많은 유전자를 필요로 한다면 DNA 서열의 제거가 새로운 유전자를 형성하는 데 필요한 원료까지 제거하는 결과를 초래하므로 최대한 이룰 수 있는 복잡성에 한계를 가져올 것이다.

이 문제는 우리를 다시 복잡성의 오르막으로 안내한다. 우리는 세균과 진핵생물 사이에 커다란 불연속성이 있다는 사실을 이미 알고 있다. 세균이 늘 세균이라는 사실은 놀라울 뿐이다. 세균은 엄청나게 다양하고 생화학적인 면에서는 고도로 복잡하지만 40억 년이라는 시간 동안 형태적으로 복잡한 생명체로는 발돋움하지 못했다. 크기로 보나 형태로 보나 특징으로 보나 세균은 어느 쪽으로도 진화했다고 보기 어렵다. 이와는 대조적으로 진핵생물은 세균에게 주어졌던 시간에 비해 반밖에 되지 않는 시간 동안 복잡성의 오르막을 확실히 올라섰다. 진핵생물은 정교한 내막체계를 발달시켰으며 세포소기관을 분화시켰고 단순한 세포분열 대신 복잡한 세포주기를 만들어냈다. 그리고 성의 분화, 엄청난 크기의 유전체, 식세포작용, 포식성, 다세포화, 분화, 대형화를 이루어냈으며 마침내 비행, 시각, 청각, 음파탐지, 두뇌, 지각과 같은 역학적인 설계에서도 화려한 위업을 달성했다. 이런 진보가 반복적으로 일어나는 한 충분히 복잡성이 증가하는 오르막으로 여겨질 수 있을 것이다. 여기서 우리는 세균과 진핵생물을 다시 돌아보게 된다. 세균은 생화학적인 능력에서는 거의 한계가 없을 정도로 다양하지만 복잡성을 향해 나아가지는 못했다. 진핵생물은 생화학적인 다양성은 적지만 형태학적인 설계 측면에서는 화려하게 번성했다.

　세균과 진핵생물 사이의 경계선에 서서, 다윈주의자는 이렇게 말할지도 모른다. "아, 그렇지만 세균은 분명 복잡성을 이루어냈어. 더 복잡한 진핵성 물을 만들어냈잖아. 또 진핵생물은 차례로 더 복잡한 생물을 많이 만들어냈고." 이 말은 어떤 면에서는 옳지만 문제점이 하나 있다. 나는 그 문제점이 미토콘드리아와 연관이 있다고 생각한다. 미토콘드리아를 불러들일 수 있는 것은 세포내공생뿐이다. 세포내공생은 한 세포 안에서 두 유전체가 연합하는 것으로 유전적인 간격을 크게 뛰어넘는 도약이다. 미토콘드리아가 없었으면 복잡한 진핵생물은 아예 나타나지도 못했을 것이다. 이런 관점은 두 가지 개념에서 나왔다. 진핵세포 자체도 미토콘드리아를 길러낸 연합에서 유래했다는 것과 미토콘드리아를 가지고 있거나 과거에 가진 적이 있어야만 진핵생물이 될 수 있는 **필수조건**을 만족한다는 것이다. 이런 해석은 진핵세포의 진화를 바라보는 주류적인 시각과 차이가 난다. 그러므로 이런 해석이 왜 문제가 되는지 알아보도록 하자.

　1부에서 우리는 톰 캐벌리어 스미스가 추정한 진핵세포의 기원을 알아보았다. 그 내용을 다시 한번 요약하면 이렇다. 어느 날 핵이 없는 원핵세포 하나가 세포벽을 잃었다. 아마 다른 세균이 만든 항생물질의 공격을 받았기 때문일 것이다. 그러나 이 세균은 내부에 이미 단백질 뼈대(세포골격)가 있었기 때문에 세포벽을 잃은 채 살아남았다. 세포벽의 소실은 이 세포의 생활방식과 번식방법에 큰 변화를 가져왔다. 이 세포는 핵이 만들어지고 생활주기가 복잡해졌으며, 세포골격을 이용해 이동하거나 아메바처럼 형태를 바꾸었다. 또 세균 같은 큰 먹이를 식세포작용을 이용해 통째로 잡아먹는 새로운 포식성 생활방식도 개발했다. 간단히 말해서 최초의 진핵세포는 모범적인 다원주의에 딱 들어맞게 생활방식과 핵을 발전시킨 것이다. 좀더 시간이 흐른 뒤 이 진핵세포는 특별한 세균 하나를 집어삼켰다. 아마 리케차 같은 기생생물이었을 것이다. 진핵세포의 몸속에 들어간 이 세균은 살아남았고, 모범적인 다원주의에 따라 마침내 미토콘드리아가 되었다.

이 추론에서 눈여겨볼 것이 두 가지 있다. 첫째는 다원주의의 진화방식을 따르지 않는 서로 다른 두 유전체의 연합에 대한 중요성을 소홀히 다룸으로써 다원주의의 편견이라고 할 만한 시각을 드러낸 것이며, 둘째는 이 과정에서 미토콘드리아의 중요성을 간과한 것이다. 이 추론에 따르면, 미토콘드리아는 완전한 기능을 갖춘 진핵세포와 연합을 했기 때문에 기아르디아 같은 많은 원시적인 진핵세포 계열에서는 미토콘드리아가 곧바로 다시 사라졌다. 이 관점으로 보면 미토콘드리아는 에너지를 생산하는 효과적인 수단일 뿐 그 이상도 이하도 아니다. 미토콘드리아의 획득은 새로운 세포가 구식 우유배달차의 모터 대신 최신 경주용 자동차의 엔진을 장착한 것에 지나지 않는다. 내 생각에 이 관점은 모든 복잡한 세포가 미토콘드리아를 갖는 이유와 미토콘드리아가 복잡성의 진화에 필수적인 이유를 제대로 파악하지 못했다.

이제 빌 마틴과 미클로스 뮐러의 수소가설을 따져보자. 이 가설도 1장에서 이미 살펴보았다. 이 급진적인 이론에 따르면, 완전히 다른 두 원핵세포가 서로 화학적으로 의존하며 아주 밀접한 관계를 형성했다. 마침내 둘 중

하나가 다른 원핵세포를 물리적으로 집어삼키고 두 유전처가 한 세포 안에서 연합을 했다. 이는 유전적 간격을 뛰어넘어 '희망적인 괴물'을 창조하는 큰 도약이다. 이 유전적 도약에 이어서 새로운 생명체는 일련의 다윈주의적인 선택압을 받아 합병된 세포로부터 숙주세포 쪽으로 유전자의 이동이 일어나게 되었다. 수소가설의 결정적인 특징은 핵이 있고 포식성 생활을 하지만 미토콘드리아가 없는 원시진핵생물이 전혀 등장하지 않는다는 것이다. 오히려 최초의 진핵생물은 기본적으로 비다윈주의적 과정을 거쳐 두 원핵생물의 연합으로 태어났으며 여기에는 어떤 중간단계도 없다.

그림 9를 보자. 이것은 1905년 러시아의 생물학자 콘스탄틴 메레슈코프스키Konstantine Merezhkovskii가 그린 계통수다. 이 계통수는 일반적인 계통수와 달리 가지의 위치가 불편하게 뒤집혀 있다. 계통수에 대한 논쟁은 예전부터 끊임없이 이어져왔으며 그중에서도 특히 캄브리아기의 대폭발이 기존 계통수를 뒤집었다고 주장한 스티븐 제이 굴드의 계통수는 유명하다. 캄브리아기의 대폭발은 지금부터 5억 6,000만 년 전에 생명체가 갑작스럽게 대규모로 증가한 현상을 이른다. 그 후 문 전체의 멸종으로 계통수의 굵직한 가지 대부분이 무참히 잘려나갔다. 데니얼 데닛Daniel Dennett은 『다윈의 위험한 생각Darwin's Dangerous idea』에서 어느 모로 보나 대단히 급진적인 굴드의 진화계통수를 축이 뒤틀어진 것만 빼면 우뚝 솟은 큰키나무라기보다 여기저기 가지가 삐져나온 초라한 떨기나무 같은 여느 진화계통수와 다를 게 없다며 비난했다. 그러나 굴드의 계통수도 메레슈코프스키의 것처럼 파격적이지는 않다. 메레슈코프스키의 진화계통수는 완전히 위아래가 뒤바뀌었다. 그의 계통수에서는 새로운 영역을 만들기 위해 가지가 나뉘는 게 아니라 합쳐지는 것을 볼 수 있다.

나는 굳이 진화를 외치고 싶지 않다. 공생이 신기성을 만들어내는 메커니즘의 일부라 해도 이런 주장들이 기본적인 진화론적 규범을 벗어난다고 생각하지 않는다. 이를테면 최근 고인이 된 존 메이너드 스미스John Maynard

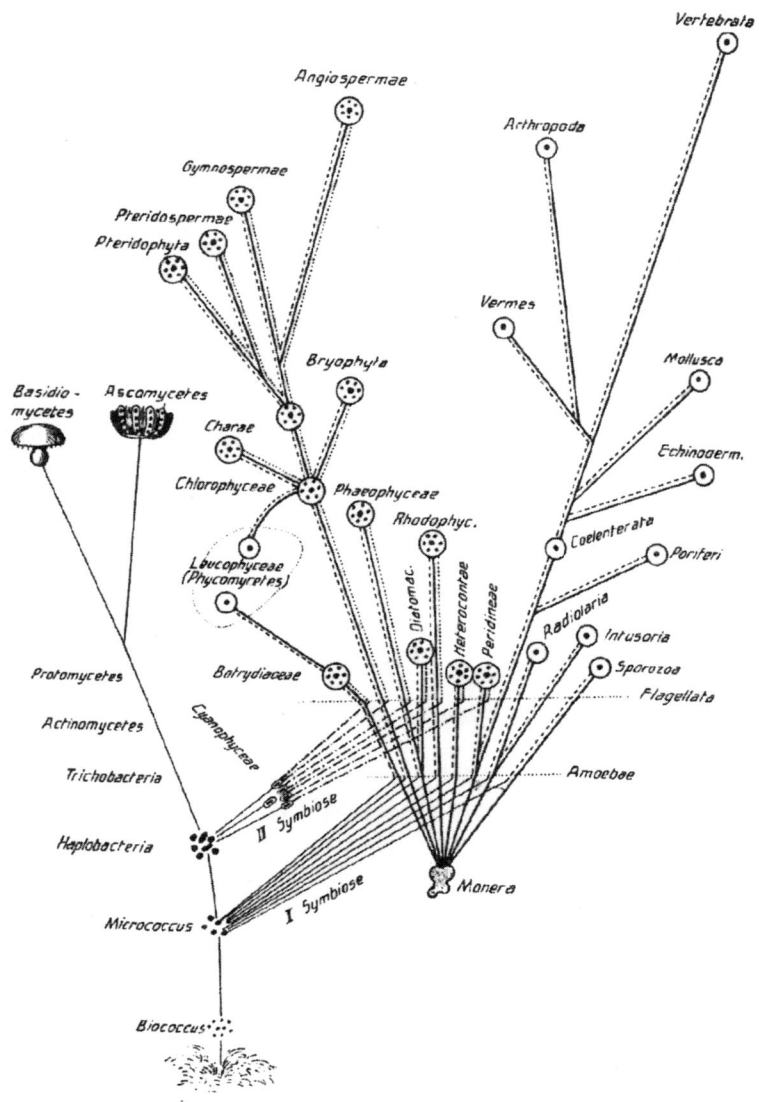

그림 9 메레슈코프스키의 거꾸로 된 계통수. 가지들이 합쳐지는 모습을 볼 수 있다. '다윈주의적인' 보통 계통수는 가지가 갈라지기만 할 뿐 합쳐지지는 않는다. 진핵세포의 기원은 세포내공생이다. 이 계통수는 가지를 가르는 게 아니라 거꾸로 두 가지를 합치는 방법으로 세포내공생을 표현했다.

Smith와 외르스 사트마리Eörs Szathmáry가 함께 쓴 『생명의 기원Origins of Life』에는 생물학적 공생이 자전거와 내연기관이 공존하는 오토바이와 비슷하다는 주장이 등장한다. 이 재기 넘치는 논리처럼 공생을 진보로 본다 해도 누군가 먼저 자전거와 내연기관을 발명해야 한다는 문제가 남는다. 생명도 이와 비슷하다. 자연선택을 통해 먼저 공생을 할 부분이 만들어져야만 한다. 공생은 이미 만들어져 있는 부분을 독창적으로 활용하는 것일 뿐이다. 따라서 공생은 다윈주의의 범위 안에서 가장 잘 설명된다.

이는 모두 옳지만 가장 근원적이고 참신한 진화의 일부가 공생에 의해서만 일어난다는 사실을 불분명하게 한다. 메이너드 스미스와 사트마리의 논리를 따른다면, 다시 말해서 자전거와 내연기관이 자연선택에 의해 독립적으로 발전될 수 있다면, 원칙적으로는 오토바이도 독립적으로 발전될 수 있을 것이다. 기존의 요소들을 뒤섞어 오토바이를 개발하는 게 더 빠르다는 것은 의심할 여지가 없지만, 공생을 하지 않더라도 충분한 시간이 주어졌을 때 자전거가 어떤 식으로든 빨라지는 쪽으로 발전되지 못할 근본적인 이유는 없다. 그러나 진핵생물의 경우는 이와 다르다. 내 생각에 세균은 자연선택만으로 진핵생물로 진화될 수 없다. 세균과 진핵생물 사이의 건널 수 없는 틈을 이어주는 다리로 공생이 꼭 필요했으며 복잡성의 씨를 뿌리는 데 미토콘드리아의 연합이 꼭 필요했다. 미토콘드리아가 없었다면 복잡한 생명체는 나타나지 못했으며, 공생이 없었다면 미토콘드리아도 없었고, 미토콘드리아의 연합이 없었다면 우리는 한갓 세균을 벗어나지 못했을 것이다. 공생이 다윈주의적인지 아닌지에 관계없이, 공생하는 미토콘드리아가 필요한 이유를 이해하는 것은 우리 과거와 지금 우리가 서 있는 자리를 이해하는 데 무엇보다 중요하다.[9]

3부에서는 원핵생물과 진핵생물 사이에 이렇게 깊은 단절이 있는 이유와 이 깊은 단절을 이어주는 방법이 공생밖에 없는 이유를 알아볼 것이다. 2부에서 다루었던 화학삼투를 이용한 에너지 생산방법을 통해서는 원핵생물이 자연선택에 의해 진핵생물로 진화된다는 것은 거의 불가능하다. 이것이 바로 세균은 계속 세균이고 세포와 유기화학과 화학삼투에 기반을 둔 우리가 아는 생명체는 우주 어디에서도 세균 수준의 복잡성을 뛰어넘어 발전을 할 수 없는 이유다.

---

5) 마크 리들리Mark Ridley는 빼어난 저서 『멘델의 악마Mendel's Demon』를 통해 진핵세포의 진화에서 연합이 필요한 이유에 대해 고찰하면서 다음과 같은 의문을 던진다. 미토콘드리아가 자신의 유전자를 유지하고 있는 것은 단순히 우연이었을까? 이런 연합 없이 진핵생물이 진화될 수 있을까? 리들리는 연합과 미토콘드리아 유전자의 유지가 모두 우연일 거라고 주장했다. 나는 리들리의 주장에는 동의하지 않지만 다른 시각을 확인하고 싶다면 그의 책을 강력히 추천한다.

07

왜 세균은 단순한가?

항생물질에 저항력을 가진 유전자를 버리듯이 세균은 다른 유전자도 그 순간 필요가 없으면 가차 없이 버린다. 항상 기용되는 유전자가 아니라면 세균에서는 어떤 유전자라도 무작위로 일어나는 돌연변이와 복제속도를 빠르게 하기 위한 선택을 통해 사라질 수 있다. 진핵생물에 비해 유전자 수가 적은데도 세균에는 '쓰레기' DNA가 얼마 없는 것을 보면 이런 과정이 세균의 주염색체에 미치는 효과를 짐작할 수 있다. 세균이 작고 군더더기가 없는 0 유는 당장 필요 없는 짐 꾸러미를 바로 버리기 때문이다.

프랑스의 위대한 분자생물학자 프랑수아 자코브François Jacob에 따르면 모든 세포의 꿈은 두 개가 되는 것이다. 우리는 몸에서 세포가 꿈을 이루지 않도록 주의 깊게 지켜봐야 한다. 그러지 않으면 암에 걸리고 말 테니까. 그러나 자코브는 미생물학자고 세균에게는 한 세포에서 두 세포로 되는 것이 그저 꿈이 아니다. 세균은 엄청나게 빠른 속도로 번식한다. 환경이 좋으면 대장균(E. coli)은 20분마다 한 번꼴로 분열을 한다. 곧, 하루에 72번 분열하는 셈이다. 대장균 한 마리의 무게는 약 1조분의 $1(10^{-12})$그램이다. 대장균 한 마리가 하루 72번 분열하면 그 수는 $2^{72}(=10^{72 \times \log 2}=10^{21.6})$개로 늘어나고, 무게는 10^{-12}그램에서 4,000톤으로 불어난다. 대장균의 무게는 기하급수적으로 늘어나 단 이틀이면 5.977×10^{21}톤인 지구의 질량을 능가하게 된다!

다행히 이런 일은 일어나지 않는다. 정상적인 상태에서 세균은 반쯤 굶주리고 있기 때문이다. 세균은 닥치는 대로 먹이를 먹어치운 뒤 양분이 부족하면 성장을 멈춘다. 보통 세균은 일생 대부분을 먹이가 올 때를 기다리며 죽은 듯이 보낸다. 그러나 양분이 있을 때 세균이 복제하기 위해 분주히 움직이는 속도를 보면 얼마나 엄청난 선택압이 작용하는지 한눈에 알 수 있다. 놀랍게도 대장균은 분열하는 데 걸리는 시간이 DNA를 복제하는 데 걸리는 시간보다 짧다(대장균이 DNA를 복제하는 데 걸리는 시간은 세포분열을 하는 데 걸리는 시간의 두 배인 40분이다). 대장균은 DNA 복제를 채 끝맺기도 전에 새로운 복제를 시작하기 때문에 이런 일이 가능하다. 빠른 속도로 세포분열을 하는 동안 몸 이곳저곳에서 완벽한 유전체의 복사본이 동시에 몇 개씩 만들어지고 있는 것이다.

세균은 자연선택이라는 극한 상황에 적나라하게 노출되어 있다. 엄청난 번식속도에 세균이 왜 여전히 세균인지를 밝혀줄 비밀이 숨어 있다. 개체군의 성장이 양분에 의해 결정되는 어떤 세균 개체군이 있다고 해보자. 이 개체군이 영양을 공급하면 세균의 개체수가 급격히 늘어날 것이다. 가장 빨리 분열한 세포들이 개체군을 지배하고 상대적으로 느리게 분열한 세포들은 설 자리를 잃는다. 양분이 떨어지면 적어도 다음번 양분이 공급될 때까지 개체군의 성장은 소강상태에 들어선다. 가장 복제속도가 빠른 세균이 가장 강하고 자연상태에서 살아남을 수 있기 때문에 새로운 개체군은 불가피하게 가장 복제속도가 빠른 세균으로 구성된다. 이는 중국이 강력한 산아제한법을 실시해 가족당 자녀수를 한두 명으로 제한하는 데 성공하지 못했다면 전 세계 인구를 지배했을 거라는 사실만큼이나 자명하다.

DNA 복제속도가 세포분열이 일어나는 속도보다 느리기 때문에 세균의 분열속도는 DNA 복제속도로 결정된다. 한 번 세포분열을 할 때마다 한 개 이상의 DNA를 복제할 수 있을 정도로 열심히 복제를 해도 한 번에 복제할 수 있는 복사본의 수에는 한계가 있다. 원칙적으로 DNA 복제속도는 유전체의 크기와 복제에 이용할 수 있는 자원에 의해 결정된다. 풍족하지는 못하더라도 적당한 양의 ATP도 복제를 위해 꼭 필요하다. 에너지 효율이 낮거나 자원이 부족한 세포는 ATP 생산이 저조해 유전체의 복제가 느려지는 경향이 있다. 다시 말해서 세균이 번성하려면 경쟁자들보다 유전체를 더 빨리 복제해야 하며 유전체의 복제속도를 빠르게 하려면 유전체를 더 작게 만들거나 더 효과적인 에너지 생산방법을 찾아야 한다. 만약 ATP 생산속도가 같은 두 세균이 있다면 유전체의 크기가 작은 쪽이 더 빨리 복제가 일어날 것이고 결국 개체군을 지배할 것이다.

만약 자원이 부족할 때 경쟁자들보다 더 효과적으로 ATP를 생산할 수 있는 능력을 지닌 특별한 유전자가 있다면 세균도 유전체의 크기가 더 커지는 상황을 견딜 수 있을 것이다. 미시간 주립대학의 제임스 티제James Tiedje와 콘스탄티노스 콘스탄티니디스Konstantinos Konstantinidis는 유전체 서열이 완전히 밝혀진 115종의 세균을 조사했다. 이들의 흥미로운 연구결과에 따르면, 자원의 양은 부족해도 그 종류가 다양한 곳이나 성장이 느려도 별로 지장이 없는 환경에서는 유전체의 크기가 큰 세균(약 900만~1,000만 개의 염기로 이루어진 9,000개의 유전자가 있다)이 우위를 차지했다. 그런 환경의 대표적인 예는 바로 토양이다. 토양 속에 사는 수많은 세균은 1년에 겨우 세 번 정도만 번식을 하므로, 어떤 경우보다도 복제속도가 자연선택에서 차지하는 비중이 적다. 이런 조건에서는 부족한 자원을 활용하는 능력이 무엇보다 중요하기 때문에 다양한 물질대사를 하기 위해서는 더 많은 유전자가 필요하다. 결국 다양한 물질대사 능력을 얻기 위해서는 번식속도라는 확실한 장점을 대가로 지불해야만 한다. 흙 속 어디에나 사는 스트렙토미세스 아버미틸리스*Streptomyces avermitilis* 같은 세균이 유전체의 크기가 크면서 다양한 물질대사를 할 수 있는 것은 우연이 아니다.

그러므로 성장이 느릴 때는 유전체가 커도 견딜 만한 데다 다양성이라는 부가가치까지 얻게 된다. 그렇다 해도 똑같이 다양한 능력을 갖춘 세균들 사이에서는 여전히 크기가 작은 것이 선택되므로 세균 유전체의 '한계'는 DNA 염기 1,000만 개 정도가 된다. 이 정도면 세균 유전체 중에서 가장 큰 축에 속하며 일반적인 세균의 유전자 수는 이보다 훨씬 적다. 세균 유전체의 크기가 작은 보편적인 이유는 유전체의 크기가 커지면 복제하는 데 더 많은 시간과 에너지가 들어 결국 선택에서 불리해지기 때문이다. 그러나 아무리 다양한 물질대사를 할 수 있는 세균이라도 같은 환경에 사는 진핵생물과 비교하면 유전체의 크기가 작다. 이번 7장에서는 가장 재주 많은 세균조차도 옴짝달싹 못하게 옭아매는 선택압으로부터 진핵생물은 어떻게 자유로워질 수 있었는지를 알아볼 것이다.

유전자 소실

작은 유전체를 유지하기 위해 세균이 선택할 수 있는 방법은 둘 중 하나다. 겁이 나서 판돈을 걸지 못하는 도박꾼처럼 변화를 두려워하며 항상 같은 유전자의 능력에 의존하면서 수동적으로 살거나 끊임없이 자신이 가진 유전자를 버리고 대신 다른 유전자를 얻으면서 좀더 적극적으로 사는 것이다.

더 정교해지기 위해(그리고 더 많은 유전자를 얻기 위해) 꾸준히 진보하는 과정이 진화라고 생각하는 사람이라면 조금 뜻밖이라고 느낄 수도 있지만 세균은 자신의 유전자를 걸고 한판 드박을 벌인다. 세균은 유전자를 얻는 것만큼이나 자주 잃기도 한다. 유전자 소실은 세균에게 흔히 일어나는 현상이다.

리케차 프로와제키이는 유전자 소실의 가장 극단적인 예를 보여준다. 리케차 프로와제키이는 쥐와 이가 득실거리는 불결한 환경에 모여 있는 사람들을 희생양으로 삼는 무시무시한 전염병인 발진티푸스의 원인균이다. 발진티푸스가 유행해 군대 전치가 몰살된 사례는 역사책에 수없이 등장한다. 나폴레옹의 군대가 1812년에 러시아에서 퇴각한 이유도 폴란드와 리투아니아 난민이 옮겨온 발진티푸스 때문이었다. 리케차 프로와제키이라는 이름은 20세기 초반의 선구적인 학자였던 미국의 하워드 리케츠Howard Ricketts와 체코의 스타니슬라우스 폰 프로바제크Stanislaus von Prowazek의 이름을 따서 붙여진 것이다. 리케츠와 프로바제크는 튀니지계 프랑스인인 샤를 니콜Charles Nicolle과 함께 발진티푸스가 인간의 몸에 기생하는 이의 배설물을 통해 옮겨진다는 것을 발견했다. 마침내 1930년에 발진티푸스의 예방백신이 개발되었지만 안타깝게도 리케츠와 프로바제크를 포함한 초기 연구자들은 거의 모두 발진티푸스로 세상을 떠났다. 유일한 생존자인 니콜은 헌신적인 연구를 인정받아 1928년에 노벨상을 받았다. 이들의 발견은 면도와 세탁과 의복 소각 같은 위생기준을 정해 두 번에 걸친 세계대전에서 발진티푸스가 퍼지지 않게 하는 데 큰 기여를 했다.

바이러스와 크기가 비슷할 정도로 아주 작은 세균인 리케차는 다른 세포의 몸속에서 기생생활을 한다. 리케차는 기생생활에 아주 잘 적응했기 때문에 숙주세포를 떠나서는 살지 못한다. 스웨덴 웁살라 대학의 시브 안데르손과 동료 연구진은 리케차의 유전체를 처음으로 분석해 그 결과를 1998년 『네이처』지에 발표하여 큰 반향을 불러일으켰다. 세포 내에서 기생생활을 하면서 리케차의 유전체가 단출하게 변한 방식은 우리 몸속에서 미토콘드리아가 변해온 방식과 유사했다. 게다가 유전자 서열도 많은 부분에서 비슷했기 때문에 안데르손과 동료 연구진은 1부에서 확인한 것처럼 리케차가 현존하는 생물 가운데 미토콘드리아와 가장 가깝다고 선언하기에 이르렀지만 학계에서는 쉽게 받아들여지지 않았다.

우리가 눈여겨볼 것은 유전자를 버리는 리케차의 습성이다. 리케차는 진화과정에서 대부분의 유전자를 잃고 이제는 겨우 834개의 단백질 합성 유전자만 남았다. 미토콘드리아 유전자에 비하면 엄청나게 많은 양이지만 자연상태에서 가장 가까운 종의 유전자와 비교하면 거의 4분의 1밖에 되지 않는 양이다. 이렇게 유전자를 대부분 버릴 수 있는 이유는 단순하다. 당장 쓸모가 없기 때문이다. 다른 세포 안에서 살아간다는 것은 다 차려진 밥상 앞에 앉는 것과 다를 바 없다. 손이 큰 주방장의 부엌에 얹혀살다 보면 기생생물은 스스로 무언가를 만들 필요를 느끼지 못하게 된다. 그런데 신기하게도 이렇게 편하게 먹고사는 기생생물이 살이 찌는 게 아니라 몸집이 작아진다. 불필요한 유전자를 버리기 때문이다.

잠시 여기서 하던 이야기를 멈추고 유전자 소실에 작용하는 압력에 대해 생각해보자. 유전자 손상은 유전자 종류에 상관없이 아무 때나 무작위로 일어난다. 그러나 **유전자 소실**은 무작위로 일어나지 않는다. 단세포 생물이든 다세포 생물이든 꼭 필요한 유전자가 소실되면(또는 그 기능을 다하지 못할 정도로 손상되면) 절멸하고 만다. 야생에서는 더 이상 살아갈 수 없으므로 자연선택에 의해 제거되는 것이다. 그러나 소실되는 유전자가 필수적인 유전자가 아니라면 유전자의 소실이나 손상은 그리 치명적이지는 않다. 인간의 경우를 보면 인류의 조상은 수백만 년 전에 비타민 C를 생성하는 유전자를 잃었지만 비타민 C가 풍부한 과일을 많이 먹는 식습관 때문에 멸종을 면하고 살아남아 번성했다. 이 사실을 알 수 있는 이유는 대부분의 유전자가 구멍이 뚫린 채 깊은 바다 밑바닥에 가라앉아 있는 난파선처럼 황폐한 모습으로 우리 몸속의 '쓰레기(junk)' DNA 속에 여전히 자리잡고 있기 때문이다.

이렇게 남아 있는 서열은 다른 종의 기능 유전자와 아주 흡사하다.

    생화학적 수준에서 보면 리케차는 우리의 원시적인 조상과 상당히 비슷하다. 리케차에게 아미노산과 뉴클레오티드 같은 필수적인 세포 구성성분을 만드는 유전자가 필요 없는 것은 우리에게 비타민 C를 만드는 유전자가 필요 없는 것과 같다. 모두 숙주세포로부터 얻으면 그만이다. 리케차 입장에서 이런 물질을 만드는 유전자가 손상된다고 해서 뭐가 대수겠는가? 별다른 영향 없이 유전자만 사라지고 말 것이다. 세균의 경우에는 보기 드물게 리케차는 전체 유전체의 4분의 1이 '쓰레기' DNA로 구성되어 있다. 이 '쓰레기' DNA는 최근에 사라진 유전자를 확인할 수 있는 잔재다. 이렇게 유전자는 파괴되더라도 흔적이 모두 사라지는 것은 아니다. 이 파괴된 유전자는 유전체 속에서 여전히 서서히 붕괴되고 있다. 이 쓰레기 DNA는 리케차의 복제속도를 느려지게 하므로 언젠가는 모두 사라지게 될 것이다. 불필요한 DNA를 제거하는 돌연변이가 일어나기만 하면 복제속도가 빨라져 자연선택을 받을 게 분명하기 때문이다. 그러므로 첫 단계로 손상이 일어나면 유전자가 완전히 소실되는 두 번째 단계가 이어진다. 리케차는 이 과정을 거쳐 벌써 유전체의 5분의 4가 사라졌으며, 이 과정은 지금도 여전히 진행 중이다. 시브 안데르손은 "유전체 서열은 진화의 시공간을 보여주는 스냅사진일 뿐"이라고 했다. 지금 우리는 불필요한 유전자가 소실되면서 점차 퇴화되고 있는 어느 기생생물의 한순간을 포착한 스냅사진을 본 것이다.

세균에서 유전자 득실의 균형

대부분의 세균은 기생생활이 아닌 독립생활을 한다. 당연히 리케차보다 훨씬 많은 유전자가 필요하지만 독립생활을 하는 세균도 불필요한 유전자를 버리는 것에 대해서만큼은 리케차와 비슷한 압력을 받는다. 그러나 독립생활을 하는 세균은 무조건 유전자를 많이 버리려 들지는 않는다. 독립생활을 하는 세균의 유전자 소실 경향은 실험을 통해서 관찰할 수 있다. 1998년 헝가리 부다페스트에 위치한 외트뵈시롤란드 대학의 연구원인 티보르 벨러이Tibor Vellai, 크리스티너 타카치Krisztina Takács, 가보르 비더Gábor Vida는 (기술 면에서가 아니라 개념 면에서) 단순하지만 의미심장한 실험결과를 보고했다. 이들은 플라스미드(1장에서 유전적인 '잔돈'으로 소개했다)라는 세균의 유전자 '고리' 세 개를 조작하는 실험을 했다. 모두 항생물질에 저항하는 유전자를 가지고 있는 세 개의 플라스미드는 크기가 다르다는 것 말고는 다른 차이가 없었다. 이 플라스미드는 대장균 배지에 첨가되어 배양되었고 대장균은 이 플라스미드를 받아들였다. 다시 말해서 **형질전환**(transfection, 외부로부터 들어온 DNA나 RNA에 의해 생물의 유전적인 성질이 변하는 현상: 옮긴이)이 일어나 대장균이 플라스미드를 이용할 수 있게 된 것이다.

첫 번째 실험에서 이 연구원들은 세 가지 플라스미드가 **형질전환**된 대장균에 항생물질을 첨가해 따로 배양했다. 세균이 플라스미드를 잃는 것은 항생물질에 대한 저항력을 잃는 것이고 결국 죽음에 이르게 된다. 이런 선택압이 작용하는 상태에서 가장 큰 플라스미드를 가진 콜로니가 가장 성장이 느렸다. DNA를 복제하는 데 더 많은 시간이 걸리기 때문이다. 12시간 동안 배양하자, 가장 작은 플라스미드가 **형질전환**된 대장균의 콜로니는 열 배로 커졌다. 두 번째 실험에서는 항생물질 없이 배양되었다. 이번에는 플라스미드의 크기에 관계없이 세 가지 모두 비슷한 속도로 자랐다. 어째서 이런 일이 벌어진 것일까? 확인을 해보자 대장균이 필요 없는 플라스미드가 버려졌음이 밝혀졌다. 세 가지 대장균 모두 비슷한 속도로 자랄 수 있었던 까닭은 항생물질이 없는 환경에서는 불필요한 항생물질에 저항력을 가진 유전자를 그냥 버렸기 때문이다. 대장균이 복제속도를 증가시키기 위해 불필요한 유전자를 내던진 것이다. 그야말로 '용불용설'을 보여주는 단적인 예다!

이 연구를 통해 알 수 있는 것은 세균이 쓸모없는 유전자를 버리는 데 걸리는 시간이 몇 시간에서 며칠에 불과하다는 사실이다. 이렇게 유전자 소실이 빠른 속도로 일어난다는 것은 어떤 순간이라도 생존에 필요한 최소한의 유전자만 보유하려는 세균의 습성을 보여준다. 자연선택은 머리만 땅속에 처박고 있는 타조와 같다. 순간적인 위기만 모면할 수 있다면 장기적으로 볼 때 얼마나 어리석은 행동인지는 따지지 않는다. 항생물질에 저항성을 가진 유전가가 필요 없어지면 개체군을 구성하는 거의 모든 세포가 그 유전자를 버린다. 앞으로 언젠가 절실하게 필요하게 될지도 모르는데 말이다. 항생물질에 저항력을 가진 유전자를 버리듯이 세균은 다른 유전자도 그 순간 필요가 없으면 가차 없이 버린다. 플라스미드같이 옮겨 다닐 수 있는 유전자를 더 손쉽게 없앨 수 있지만, 세균은 주염색체에 있는 유전자도 제거할 수 있다. 항상 이용되는 유전자가 아니라면 어떤 유전자라도 무작위로 일어나는 돌연변이와 복제속도를 빠르게 하기 위한 선택을 통해 사라질 수 있다. 진핵생물에 비해 유전자 수가 적은데도 세균에는 '쓰레기' DNA가 얼마 없는 것을 보면 이런 과정이 세균의 주염색체에 미치는 효과를 짐작할 수 있다. 세균이 작고 군더더기가 없는 이유는 당장 필요 없는 짐 꾸러미를 바로 버리기 때문이다.

그러나 세균은 유전자를 버리듯 손쉽게 유전자를 다시 얻을 수도 있기 때문에 유전자를 버리는 것이 생각만큼 무모한 짓은 아니다. 세균이 새로운 유전자를 받아들이는 방법을 유전자 수평이동(lateral gene transfer)이라고 한다. 유전자 수평이동은 세균접합(bacterial conjugation)이라는 일종의 교배방법을 통해 주위(죽은 세포)로부터 DNA를 받아들이는 것이다. 세균은 이런 능동적인 유전자 획득을 통해 소실된 유전자를 보상한다. 유전자 소실은 무작위로 일어나는 과정이기 때문에 다시 환경이 바뀌기 전까지(이를테면 계절변화) 개체군 내에 있는 세균 모두에서 불필요한 유전자가 완전히 사라지지는 않는다. 적어도 일부는 불필요한 유전자 서열을 온전하게 유지하고 있기 때문에 다시 환경이 바뀌면 유전자를 유지하고 있는 세균으로부터 유전자 수평이동이 일어나 다른 세균들도 그 유전자를 얻게 된다. 항생물질에 대한 저항력이 세균 전체에 급속히 퍼지는 현상도 이런 유전자의 상부상조로 설명될 수 있다.

세균의 유전자 수평이동의 중요성은 1970년대부터 이미 인식되고 있었지만 최근에 들어서야 진화계통수를 혼란스럽게 할 수 있는 척도로 평가되기 시작했다. 어떤 세균 종에서는 변이의 90퍼센트 이상이 일반적인 자연선택이 아니라 유전자 수평이동에서 유래된 것으로 확인되었다. 서로 다른 종, 속, 심지어 다른 생물계까지 넘나들면서 유전자 이동이 일어나는 것으로 볼 때 세균은 수직유전을 통해 전달되는 일관된 핵심 유전자는 없는 것으로 보인다. 이 때문에 세균의 경우는 '종'을 정의하기가 당혹스러울 정도로 어렵다. 보통 식물이나 동물에서 종은 서로 교배를 해서 생식력이 있는 자손을 만들 수 있는 생물의 집단으로 정의된다. 세균은 무성생식을 통해 자신과 똑같은 세포집단을 형성하므로 이 정의를 적용할 수 없다. 이론적으로는 어떤 세포집단에서 돌연변이가 일어나 시간이 지나면서 유전적으로나 형태적으로 충분히 달라지면 '종의 분화'가 일어났다고 한다. 그러나 유전자 수평이동 때문에 결국 뒤죽박죽이 되어버린다. 유전자가 짧은 시간 안에 광범위하게 뒤바뀔 수 있기 때문에 조상의 흔적이 모두 지워진다. 조상이 다른 세포의 유전자와 치환이 일어나지 않고 몇 세대에 걸쳐 딸세포에게 온전하게 전달되는 유전자는 전혀 없다. 현재 이런 유전자 수평이동이 가장 잘 관찰되는 세균은 임균(Neisseria gonorrhoeae)이다. 임균은 유전자 재조합이 워낙 빠르게 일어나므로 클론을 검출하는 것도 불가능하다. 진정한 계통을 알려준다는 리보솜 RNA의 유전자마저도 조상을 알아볼 수 없을 정도로 자주 뒤바뀐다.

시간이 흐를수록 유전자 수평이동은 큰 차이를 만든다. 보기를 하나 들면, 유전자 수평이동을 통해 만들어진 대장균 '종'의 서로 다른 두 균주는 유전자 구성이 크게 달랐다(전체 유전체의 1/3인 거의 2,000개의 유전자가 달랐다). 이는 포유류 전체의 차이보다도 크며, 어쩌면 척추동물 전체의 차이보다 클지도 모른다! 세포분열이 일어나는 동안 **오로지** 딸세포에게 전달되는 유전자를 통해서만 변이가 전해진다는 수직유전의 중요성이 종종 세균의 경우에는 모호해진다. 상상해보라. 자신의 뿌리를 알고자 집안 대대로 내려오는 보물창고를 살피는데 알아낸 것이라고는 조상이 다른 집안의 보물을 서로 끊임없이 훔치지 않고는 못 배기는 도벽환자라는 사실밖에 없는 것이다. 계통수의 가지는 엄중하게 수직유전에 기초를 두고 있다. 집안의 보물창고에는 조상에게서 물려받은 물건만 있을 거라는 생각이 착각인 것처럼 계통수의 진실성도 의심스러울 수밖에 없다. 적어도 세균의 계통수만큼은 나무 모양보다는 그물 모양으로 표현하는 게 더 나을 것 같다. 어떤 학자는 계통수를 만들면서 겪는 어려움을 자포자기한 심정으로 이렇게 표현하기도 했다. "계통수는 오직 하느님만이 만들 수 있다."

그렇다면 세균은 자신의 유전자를 왜 그렇게 인심 좋게 나눠주는 것일까? 개체군 전체의 이익을 위하는 이타주의적인 습성 때문에 유전자를 나눈다고 생각할 수도 있겠지만 실은 그렇지 않다. 이는 철저히 이기적인 행태로 메이너드 스미스는 이 현상을 '진화를 위한 안정화 전략'이라고 표현했다. 유전자 수평이동과 전통적인 '수직'유전을 비교해보자. 수직유전을 할 경우 세균 개체군이 항생제의 위협에 놓였는데 생명을 구할 수 있는 유전자를 갖고 있는 세포가 얼마 없다면 그 세포들만 살고 항생제에 무방비인 세포들은 죽게 될 것이다. 그러면 군데군데 살아남은 세포의 자손들이 개체군의 빈자리를 메우며 번식할 것이다. 그런데 만약 상황이 바뀌어 선호하는 유전자가 달라지면 생존한 개체군 역시 위기를 맞을 수 있다. 순간적으로 상황이 급변하는 조건에서는 엄청나게 다양한 유전자를 갖춰야만 가장 긴박한 상황에서도 살아남을 수 있을 것이다. 그러면 세포가 아주 거대해져야 하고 결국 복제속도에서 경쟁력을 잃게 될 것이다. 긴박한 상황은 크기가 작은 세균에게도 마찬가지로 위협이 되지만 주위 환경으로부터 유전자를 구하는 것으로 문제를 해결할 수 있다. 크기가 작은 세균은 복제속도가 빠른 터다 자신을 둘러싼 거의 모든 위협에 유연하게 대처할 수 있는 유전적인 특성이 있다. 이렇게 유전자를 얻거나 버리는 방법을 통해 세균은 거대한 유전자를 가진 덩치 큰 세균이나 새로운 유전자를 전혀 받아들이려 하지 않는 세균과의 경쟁에서 우위를 차지하게 되었을 것이다. 새로운 유전자를 받아들이는 방법으로는 유전자가 손상되었을지도 모르는 죽은 세균으로부터 받아들이는 것보다는 세균접합이 더 효과적이었을 것이다. 그 결과 겉보기에는 이타적이지만 알고 보면 이기적인 세균의 유전자 교환이 세균 사이에서 널리 일어나게 되었다. 전체적으로 우리는 세균의 상반된 두 성향의 동적인 균형을 살펴보았다. 유전자를 잃는 성향은 일반적인 조건에서 세균 유전체의 크기를 가능한 한 작게 만들기 위한 것이며, 유전자 수평이동을 통해 새로운 유전자를 얻는 성향은 필요에 의한 것이다.

나는 리케차 같은 세균과 대장균 실험을 예로 들어 유전자 소실을 설명했다. 그러나 세균의 유전체가 빈약하다(유전자의 수가 적고 쓰레기 DNA가 없다)는 사실 외에 '자연상태'에서 유전자 소실의 중요성을 증명하기란 거의 불가능하다. 그러나 세균 사이에서 유전자 수평이동의 중요성은 세균으로 하여금 불필요한 유전자를 버리게 하는 선택압의 세기와 그 영향력이 얼마나 큰지를 잘 보여준다. 만약 영향력이 크지 않다면 유전자를 버렸다 다시 받아들였다 하는 수고는 하지 않을 게 분명하다. 세균은 새로운 유전자를 받아들여도 유전체를 확장시키지 않기 때문에 분명 그만큼의 유전자를 버릴 것이다. 유전자를 버려야만 유전체의 크기를 가능한 한 작게 만들어 같은 종 내의(또는 다른 종 사이의) 경쟁에서 우월한 조건을 차지할 수 있을 것이다.

세균 유전체의 크기는 약 900만~1,000만 개의 염기가 최대 한계로 알려져 있다. 이 정도면 약 9,000개의 유전자를 암호화할 수 있다. 아마 이보다 많은 유전자를 얻게 된 세균은 다시 유전자를 버리려고 할 것이다. 유전자를 복제하는 데 걸리는 시간이 늘어나 별다른 반대급부도 없이 번식만 느려지기 때문이다. 바로 이 점이 세균과 진핵생물의 큰 차이다. 세균은 연구하면 할수록 딱히 일반화하기가 어렵다. 최근 몇 년 사이 세균에서도 선형 염색체, 핵, 세포골격, 내막 따위가 발견되었다. 모두 한때 진핵생물 고유의 특징이라고 여겨졌던 것들이었다. 그러나 유전자 개수의 차이만큼은 면밀한 조사에서도 사라지지 않고 결정적인 차이로 남아 있다. 왜 세균은 DNA 서열이 1,000만 개를 넘지 못할까? 1장에서도 밝혔지만 단세포 진핵생물인 아메바 두비아는 6조 7,000억 개의 염기를 축적하고 있다. 이는 가장 큰 세균보다 6만 7,000배나 많은 양이며, DNA 양만 따지면 인간보다도 200배나 많은 양이다. 어떻게 진핵생물은 세균을 옭아매고 있는 복제문제에서 벗어날 수 있었을까? 내 생각으로는 1999년 티보르 벨러이와 가보르 비더가 그 문제의 핵심에 접근했으며 그 해답은 의외로 단순하다. 이들에 따르면 세균은 외막을 통해 호흡을 해야 하기 때문에 물리적인 크기와 유전체의 양과 복잡성이 제한될 수밖에 없다. 왜 이것이 문제가 되는지 지금부터 알아보자.

기하학이라는 걸림돌

2부에서 살펴보았던 호흡과정을 떠올려보자. 산화환원 반응이 막을 사이에 두고 양성자 기울기를 만들면, 이 기울기가 ATP를 합성하는 원동력으로 쓰인다. 에너지를 만드는 데는 완전한 막이 꼭 필요하다. 진핵세포는 미토콘드리아의 내막을 이용해 ATP를 생산하지만 세포소기관이 없는 세균은 세포의 외막을 이용해야만 한다.

세균의 한계는 기하학적인 문제다. 이해를 돕기 위해 세균을 주사위 모양이라고 가정하고 부피를 두 배로 늘려보자. 주사위에는 모두 6면이 있다. 이 주사위 모양 세균에서 한 모서리의 길이가 1,000분의 1밀리미터(1마이크로미터)라고 하면 길이가 두 배 늘어날 때 겉넓이는 네 배 늘어나므로, 전체 겉넓이는 6제곱마이크로미터($1 \times 1 \times 6$)에서 24제곱마이크로미터($2 \times 2 \times 6$)로 늘어난다. 한편, 부피는 넓이와 높이의 곱에 비례하므로 여덟 배로 늘어나 1세제곱마이크로미터($1\times1\times1$)에서 8세제곱마이크로미터($2\times2\times2$)로 증가하게 된다. 주사위의 한 모서리가 1마이크로미터였을 때는 단위부피당 겉넓이의 비율이 6/1=6이지만, 한 모서리의 길이가 2마이크로미터가 되면 단위부피당 겉넓이의 비율은 24/8=3이 된다. 이제 이 주사위 모양 세균은 부피에 대한 겉넓이의 비율이 절반밖에 되지 않는다. 주사위의 크기를 또다시 두 배로 늘려도 같은 결과가 나오지만 이번에는 단위부피당 겉넓이의 비율이 96/64=1.5로 떨어진다. 세균에서 호흡의 효율은 단위부피(만들어진 에너지를 쓰는 세포의 질량)당 겉넓이(에너지 생산에 쓰이는 외막)의 비율에 달려 있기 때문에, 이론적으로 세균의 크기가 커지면 호흡의 효율은 크게 떨어진다(좀더 자세히 말하면 단위질량당 쓸 수 있는 에너지가 2/3로 떨어진다. 이 내용은 4부에서 살펴볼 것이다).

호흡의 효율이 떨어지는 현상은 양분을 흡수하는 문제와도 연관이 있다. 단위부피당 겉넓이 비율이 감소하면 필요한 양분을 제대로 흡수할 수 없다. 이런 문제는 세포의 모양을 바꾸거나(이를테면 막대 모양이 공 모양보다 표면적 대 부피의 비율이 크다) 막을 여러 번 접어 융털(소장에서 볼 수 있으며 흡수를 극대화하기 위한 구조를 하고 있다) 모양으로 바꿔서 어느 정도 해결할 수 있다. 그러나 복잡한 형태는 망가지기 쉽다거나 정확히 복제가 어렵다거나 하는 이유로 자연선택에서 제외될 가능성이 있다. 찰흙으로 작품을 만들어본 사람이라면 알겠지만, 단순한 공 모양이 가장 안정되고 만들기도 쉽다. 우리만 그런 게 아니다. 대부분의 세균도 둥근 모양(구균)이거나 막대 모양(간균)이다.

에너지로 환산했을 때 세균의 크기가 '정상' 세포의 두 배가 되면 단위부피당 ATP 생산량이 절반으로 줄어든다. 게다가 세포의 부피가 늘어난 만큼 단백질과 지질과 탄수화물 같은 세포 구성성분을 만드는 데 필요한 에너지가 더 늘어난다. 당연히 크기가 작고 유전체의 규모가 작을수록 자연선택을 받을 확률이 커진다. 그렇게 생각하면 진핵생물과 비슷할 정도로 큰 세균이 얼마 되지 않는 것은 그리 놀랄 일이 아니며 예외적인 큰 세균도 알고 보면 규칙에서 벗어나지 않는다. 이를테면 1990년대에 발견된 거대한 황세균 티오마르가리타 나미비엔시스Thiomargarita namibiensis(나미비아의 유황진주)는 직경이 100~300마이크로미터(0.1~0.3밀리미터)로 진핵생물과 비슷한 크기다. 이 세균의 발견으로 어느 정도 술렁임이 있기도 했지만, 사실 이 세균의 몸은 거의 대부분이 커다란 액포다. 이 액포에는 나미비아 해안가의 용승류에 의해 끊임없이 운반되는 원료가 호흡에 쓰이기 위해 저장되어 있다. 이 세균의 거대한 몸집은 진짜가 아니라 마치 물이 가득 든 고무풍선처럼 둥근 액포의 표면을 감싸고 있는 얇은 층에 불과했다.

  세균에게 기하학은 걸림돌로 작용한다. 다시 양성자 펌프로 돌아가 보자. 세균은 에너지를 생산하기 위해 외막을 사이에 두고 세포 바깥쪽 공간으로 양성자를 수송해야 한다. 세포막을 둘러싸는 이 공간을 주변세포질(periplasm)이라고 한다.[6] 세포벽은 양성자가 흩어지는 것을 막아준다. 피터 미첼도 세균이 호흡을 활발하게 하면 세균을 배양하던 배지가 산성으로 변화되는 현상을 관찰했다. 세포벽이 없어진다면 아마 더 많은 양성자가 뿔뿔이 흩어질 것이다. 이런 상황을 헤아려보면 세포벽이 없는 세균이 약할 수밖에 없는 이유가 이해될 것이다. 세균에게 세포벽이 없어진다는 것은 형태를 지탱하는 구조만 잃어버리는 게 아니라 주변세포질 공간의 바깥쪽 경계까지 사라

---

[6] 학술적으로 말하면 주변세포질은 그람음성균(Gram-negative bacteria)의 내막과 외막 사이의 공간을 뜻한다. 그람음성균이라는 이름은 그람염색법이라는 특수한 염색법에서 유래한 이름이다. 이 염색법으로 착색이 되는 세균은 그람양성균(Gram-positive bacteria)이라고 하며, 착색이 되지 않는 세균은 그람음성균이라고 한다. 이런 차이는 세포벽과 세포막의 구조가 다르기 때문에 생긴다. 그람음성균은 두 겹의 세포막과 얇은 세포벽이 있으며, 바깥쪽 세포막이 세포벽과 접하고 있다. 반면, 그람양성균은 두꺼운 세포벽과 한 겹의 세포막이 있다. 정확히 말하면 주변세포질은 그람음성균에만 있다. 그람음성균에만 두 세포막 사이에 공간이 있기 때문이다. 그러나 두 종류의 세균 모두 세포벽이 있다. 세포벽은 세포의 바깥쪽이자 세포벽의 안쪽인 공간을 둘러싸고 있다. 나는 편하게 그람양성균에 있는 이 공간도 주변세포질이라고 부르겠다. 구조는 다르지만 이 공간도 모두 비슷한 일을 하기 때문이다.

지는 것을 뜻한다(당연히 안쪽 경계인 세포막은 있다). 바깥쪽 경계가 없으면 양성자의 기울기는 줄어들 수밖에 없다. 일부 양성자는 막의 정전기에 의해 '붙들려' 있기도 하므로 양성자 기울기가 완전히 사라지지는 않을 것이다. 양성자 기울기가 조금이라도 분산되면 에너지 생산이 효율적으로 이루어지지 않는다. 에너지 생산이 중단되면 세포의 살림살이도 모든 면에서 중단된다. 세포벽이 사라지면 세포는 약해지는 정도가 아니라 전혀 살 수 없게 된다.

세포벽 없이 살아가는 세균

여러 형태의 세균이 살아가면서 부분적으로 세포벽을 잃기도 하지만 영구적으로 세포벽을 없애는 데 성공한 원핵생물은 단 두 종류뿐이다. 오늘날에도 존재하는 이 원핵생물이 세포벽을 잃고 살아가게 된 사정을 살펴보는 것은 꽤 흥미로운 일이 될 것이다.

먼저 마이코플라즈마 Mycoplasma 가 있다. 대개 다른 세포 속에서 기생생활을 하는 마이코플라즈마는 유전체의 크기가 매우 작다. 1981년에 발견된 마이코플라즈마 제니탈리움 Mycoplasma genitalium 은 지금까지 알려진 세균 중 가장 작은 세균으로 유전자 개수가 500개가 채 되지 않는다. 그러나 M. 제니탈리움으로 인한 성병은 성병 중에서 가장 흔하며 그 증세는 클라미디아 Chlamydia 감염과 비슷하다. M. 제니탈리움은 크기가 아주 작아서(직경이 1/3 마이크로미터 이하로 대부분의 세균보다 엄청나게 작은 크기다), 전자현미경 없이는 관찰할 수 없다. M. 제니탈리움은 배양이 어려웠던 탓에 1990년대 초반 유전자 서열 연구가 어느 정도 진행되기 전까지는 그 중요성이 간과되어왔다. 리케차처럼 마이코플라즈마도 뉴클레오티드, 아미노산 따위를 만드는 데 필요한 유전자 모두를 사실상 잃었다. 리케차와 달리 마이코플라즈마는 산소호흡을 위한 유전자도 없으며 막에서 호흡이 일어나는 데 필요한 다른 장치도 없다. 마이코플라즈마는 시토크롬이 없기 때문에 발효를 통해 에너지를 얻어야만 한다. 6장에서 살펴본 것처럼 발효는 막을 통해 양성자를 수송하지 않는다. 이 정도면 마이코플라즈마가 세포벽 없이 살아갈 수 있는 이유가 설명된 것 같다. 그러나 포도당을 발효해서 생산할 수 있는 ATP의 양은 산소호흡을 했을 때에 비해 19배나 적다. 이로써 마이코플라즈마가 왜 세포 규모와 유전체의 양이 줄어드는 쪽으로 퇴화되었는지도 설명이 된다. 마이코플라즈마는 속세를 떠나 살아가는 구도자처럼 가진 것을 훨훨 벗어 버린 것이다.

세포벽 없이 살아갈 수 있는 두 번째 원핵생물은 고서균인 테르므플라즈마다. 테르모플라즈마는 섭씨 60도의 온천수에 살며 최적 산도가 pH 2인 극한미생물이다. 아마 테르고플라즈마가 가장 살기 좋은 곳은 음식점일지도 모른다. 가장 좋아하는 환경이 뜨거운 식초나 마찬가지니 말이다. 한때 린 마굴리스는 테르모플라즈마가 진핵세포 조상인 고세균일지도 모른다그 주장했다. '야생에서' 세포벽 없이 살 수 있는 이들의 성질 때문이었다. 그러나 1부에서 확인한 것처럼 여러 증거로 볼 때 가장 강력한 조상 후보는 역시 메탄생성고세균이다 2000년 『네이처』지에 발표된 테르모플라즈마 아키도필룸*Thermoplasma acidophilum*의 완전한 유전체 서열을 보면 진핵생물과 유연관계가 가깝다는 아무런 증거가 없었다.

테르모플라즈마는 어떻게 세포벽 없이 살아갈 수 있을까? 방법은 간단하다. 산성환경이 주변세포질 구실을 하기 때문에 이들은 자신만의 주변서포질이 필요 없다. 보통 세균은 외막 너머에 세포벽으로 둘러싸여 있는 공간인 주변세포질로 양성자를 수송한다. 그 결과 주변세포질이라는 작은 공간은 산성을 띠며 이는 화학삼투가 일어나는 데 꼭 필요한 조건이 된다. 다시 말해서 일반적인 세균은 평소에 산성용액이 담긴 욕조를 가지고 다니는 것이다. 이와는 달리 산성용액에 푹 빠져서 사는 테르도플라즈마는 아주 효과적이고 거대한 공용 주변세포질을 지닌 셈이다. 그래서 이들은 각자 가지고 있던 욕조를 버릴 수 있었다. 테르모플라즈마가 세포 내부를 중성으로 유지하기만 한다면 세포막을 사이에 두고 자연스럽게 화학삼투차를 얻을 수 있다. 그렇다면 이들은 어떻게 세포 내부를 중성으로 유지할 수 있는 것일까? 이 방법도 간단하다. 이들도 여느 세균과 똑같이 세포호흡을 통해 막 바깥쪽으로 열심히 양성자를 내보내는 것이다. 곧, 테르모플라즈마도 대부분의 원핵생물과 마찬가지로 양분을 섭취하고 얻은 에너지를 써서 세포 밖으로 양성자를 수송해 농도차를 만든다. 그 결과 세포 속으로 역류하는 양성자가 ATP를 합성하는 ATP 효소의 동력으로 쓰인다.

이론상으로 테르모플라즈마는 세포벽이 없다고 에너지 효율이 떨어지거나 유전체의 크기가 작아져서는 안 되지만, 실제로는 세포벽 소실로 인해 어느 정도 퇴화가 진행된 상태다. 테르모플라즈마는 직경이 5마이크로미터에 달하지만 유전체를 이루는 염기의 수는 100만에서 200만 개 정도이며 유전자 수는 1,500개뿐이다. 이 정도면 세균 유전체 중에서는 가장 작은 축에 든다. 실제로도 테르모플라즈마의 유전체는 기생생활을 하지 않는 세균의 유전체 중에서 지금까지 알려진 것 가운데 가장 작다. 아무래도 고농도의 양성자가 몸속으로 유입되는 것을 막으려면 추가 에너지가 필요하므로 유전체를 복제하는 데 써야 할 에너지를 양성자를 내보내는 데 전환시켜 쓰는 것으로 추측된다.[7]

이제 정리를 해보자. 마이코플라즈마와 테르모플라즈마의 예외는 오히려 원칙을 증명할 뿐이다. 세균과 고세균은 세포막 바깥쪽을 통해 에너지를 생산해야 하므로 복잡성이 증가할 수 없다. 일반적으로 세균은 세포의 부피가

---

7) 테르모플라즈마는 크기가 아주 다양하다. 그러나 크기가 꽤 크더라도 모양은 둥글며 유전체의 크기는 작다. 강한 산성인 환경에서 살아가는 테르모플라즈마는 세포 속으로 들어오는 양성자를 막아야 하기 때문에 커다란 공 같은 모양을 함으로써 표면적 대 부피의 비율을 낮출 수밖에 없다. 크기가 커지면 당연히 호흡의 효율은 떨어진다. 호흡의 효율이 저하된 것이 유전체의 크기를 작아지게 하는 데 어느 정도 영향을 끼쳤을 것이다. 주위의 산성도가 테르모플라즈마의 크기에 영향을 미치는지 알아보는 일도 흥미로울 것이다.

증가할수록 에너지 효율이 급격히 떨어지기 때문에 크게 자랄 수 없다. 만약 주변세포질의 바깥쪽 경계인 세포벽을 잃게 되면 양성자 기울기가 분산되어 에너지 효율이 떨어지므로 세균은 약해질 수밖에 없다. 세포벽 없이 살아갈 수 있는 원핵생물이라고는 기생생활을 하면서 발효로 살아가는 작고 퇴화된 구도자인 마이코플라즈마나 산성용액에서 살 수 있는 테르모플라즈마밖에 없다. 세포벽을 잃었기 때문에 이론상으로는 알갱이를 먹는 게 가능하지만 둘 중 어느 것도 진핵생물처럼 먹이를 감싸 식세포작용을 하는 포식성을 나타내지 않았다. 둘 중 어느 것도 핵의 진화가 일어날 기미도 없으며 다른 진핵생물의 특징 또한 지니고 있지 않다. 이제 진핵생물의 특징이 미토콘드리아의 존재로 결정된다는 이야기를 시작해보자.

내부자 거래가 수지맞는 이유

미토콘드리아는 숙주세포의 몸속에 산다는 이점이 있다. 미토콘드리아가 내막과 외막이라는 두 개의 막으로 둘러싸여 있다는 것을 떠올려보자. 이 막은 완전히 분리된 두 공간인 기질과 막간 공간(inter-membrane space)을 에워싸고 있다. 호흡연쇄와 ATP 효소복합체는 모두 미토돈드리아 내막에 박혀 있으며, 그곳에서 기질로부터 막간 공간으로 양성자를 수송한다(29쪽 그림 1 참조). 그러므로 화학삼투를 일으키는 데 필요한 산성환경은 미토콘드리아 안에 들어 있기 때문에 세포 기능의 다른 면에는 영향을 미치지 않는다(좀더 정확히 말하면 양성자가 중화되어 진짜 산성을 띠지는 않지만 이것이 논점을 변화시키지는 않는다).

에너지 생산이 세포 안에서 이루어진다는 것은 더 이상 세포벽이 필요 없다는 뜻이다. 게다가 세포벽이 없어도 약해질 염려가 없다. 세포벽이 사라지면 세포의 외막은 에너지 생산에서 해방되어 신호전달, 운동, 식세포작용 같은 다른 일을 할 수 있게 분화된다. 무엇보다 에너지 생산이 세포 안으로 들어오면 세균을 짓누르던 기하학의 구속에서 벗어날 수 있다. 진핵생물의 부피는 세균보다 평균 1만 배에서 10만 배 정도 크지만 크기가 커졌다고 해서 호흡의 효율이 저하되지는 않았다. 진핵세포는 에너지 효율을 높이고 싶으면 세포 안에 있는 미토콘드리아 막의 표면적을 늘리기만 하면 된다. 이는 미토콘드리아를 몇 개 늘리면 간단히 해결된다. 따라서 에너지 생산의 내면화는 세포벽 소실과 함께 세포의 대형화를 가능하게 했다. 화석기록에서는 세균과 확연히 구분되는 커다란 진핵세포를 종종 볼 수 있다. 이런 큰 세포는 지질학적 시간으로 볼 때 무척 갑작스럽게 나타났으며 이때 에너지 생산의 내면화도 함께 일어났다. 거대한 진핵세포가 화석기록에 갑자기 나타난 것은 지금부터 약 20억 년 전이다. 이 시기를 미토콘드리아의 기원으로 추정하는 게 어느 정도 타당하지만 화석으로는 미토콘드리아의 존재가 판별되지 않는다.

세균은 크기가 작아지는 쪽으로 강한 선택압을 받았지만 진핵생물은 그렇지 않다. 진핵세포는 크기가 커지면 미토콘드리아를 늘려 간단히 에너지의 균형을 유지할 수 있다. 말하자면 돼지를 좀더 많이 치는 것이다. 진핵세포는 산화시킬 수 있는 양분이 충분하기만 하면 기하학적인 구속을 받지 않는다. 먹일 것이 충분하기만 하면 돼지는 얼마든지 키울 수 있는 것과 같다. 세균에게는 크기가 커지는 게 불리하지만 진핵생물에게는 오히려 이득이다. 이를테면 진핵생물은 크기가 커지면서 습성이나 생활방식을 바꾸는 게 가능해졌다. 세포가 크고 활발하면 DNA 복제에 시간을 모두 쏟아 부을 필요가 없다. 대신 그 에너지와 시간을 단백질 무기를 개발하는 데 들일 수 있다. 곰팡이 세포처럼 이웃한 세포에 치명적인 효소를 뿜어 그 세포를 소화시킨 다음 즙액을 빨아들인다거나, 포식자로 변신해 작은 세포를 통째로 삼킨 다음 자신의 몸속에서 소화를 시킬 수 있게 된 것이다. 이런 방법이 있으면 경쟁에서 유리한 자리를 차지하기 위해 복제를 서두를 필요가 없다. 그저 경쟁자를 먹어버리면 된다. 포식습성은 진핵생물의 전형적인 생활방식으로, 진핵세포의 크기 증가와 함께 시작되었으며 몸집이 커지기 위한 에너지 장벽을 넘어야만 얻을 수 있는 특성이다. 이를 인간사회와 비교해보자. 인간사회는 농경을 시작하면서 공동체의 규모가 커지는 것이 가능해졌다. 일할 사람이 늘어나 안정적으로 식량을 공급할 수 있게 되자 군대를 만들거나 강력한 신무기를 개발할 수 있는 여력이 생기게 되었다. 수렵과 채집으로는 이렇게 큰 집단을 유지할 수 없기 때문에 수많은 다양한 경쟁에서 뒤질 수밖에 없을 것이다.

포식과 기생은 세포의 완전히 상반된 성질처럼 보인다. 얼핏 생각하면 기생생물은 진화가 덜 된 것처럼 보이므로 진핵생물 중에는 기생생물이 없을 것 같다. '기생충'이라는 말에는 경멸의 뜻이 담겨 있는 반면 '포식자'라는 단어에는 두려움이 담겨 있다. 포식습성은 진화에서 군비경쟁을 부추겼고 그 결과 포식자와 피식자가 경쟁적으로 더 큰 몸집을 가지려는 경향이 생겼다. 이것이 바로 붉은 여왕 효과(red queen effect)로, 서로 상대적으로 같은 자리에 있기 위해 둘 다 뛰어야 한다는 의미다. 내가 아는 바로는 어떤 세균도 진핵생물처럼 먹이를 통째로 둘러싸 잡아먹지 않는다. 이는 그리 놀랄 일이 아닐 것이다. 포식습성을 가지려면 뭔가를 잡아먹기 전에 먼저 아주 든든한 에너지 기반이 필요하다. 세포 수준에서 볼 때 식세포작용을 하려고 먹이를 둘러싸려면 특히 역동적인 세포골격과 다양하게 형태를 바꿀 수 있는 능력이 더 필요하다. 이 두 작용에는 엄청난 ATP가 소모된다. 따라서 식세포작용이 일어나는 데는 모두 세 가지 요소가 필요하다. 형태를 자유롭게 바꿀 수 있어야 하고(세포벽이 소실된 뒤 더 역동적인 세포골격을 발달시켜야 한다), 먹이를 통째로 삼킬 수 있을 정도로 크기가 커야 하며, 풍부한 에너지를 얻을 수 있어야 한다.

세균은 세포벽을 잃을 수는 있지만 절대로 식세포작용을 하지는 못한다. 벨러이와 비더는 식세포작용을 하려면 큰 몸집과 풍부한 ATP 공급이 추가로 필요하기 때문에 세균은 진핵생물처럼 효과적인 포식자가 될 수 없었을 것이라고 주장했다. 세균은 외막을 통해 호흡을 하기 때문에 몸집이 커질수록 단위부피당 생산되는 에너지는 적어지게 된다. 어떤 세균이 다른 세균을 잡아먹을 수 있을 정도로 몸집이 커진다 하더라도 식세포작용을 하는 데 필요한 에너지를 얻는 것은 거의 불가능하다. 게다가 세포막은 에너지 생산을 담당하고 있기 때문에 식세포작용이 일어나는 동안에는 양성자 기울기가 흐트러져 에너지 생산에도 문제가 생길 것이다. 호흡 대신 막을 쓰지 않는 발효를 하면 이 문제를 비껴갈 수 있겠지만, 발효로는 호흡만큼 충분한 에너지를 생산하지 못하므로 식세포작용을 할 수 없을 것이다. 벨러이와 비더는 발효를 하면서 식세포작용을 하는 진핵세포는 모두 기생생물이라는 사실을 알아차렸다. 이들은 다른 곳에서 에너지를 아낄 수 있을 것이다(이를테면 뉴클레오티드와 아미노산과 DNA 조각과 단백질 같은 것을 생산하지 않는다).[8]

적당한 범위에서 에너지를 희생함으로써 이들은 식세포작용을 하는 데 드는 에너지를 지불할 수 있을지도 모른다. 그러나 이 가설에 대한 체계적인 연구가 이루어지는지는 알 수 없다. 안타깝게도 티보르 벨러이는 이 분야의 연구에서 손을 뗐다.

이 개념은 흥미롭기도 하거니와 세균과 진핵생물의 차이를 어느 정도 설명하는 길이 될 수도 있다. 그러나 나는 마음 한구석이 조금 찜찜하다. 왜

---

[8] 발효가 처한 문제는 무척 흥미롭다. 포도당 한 분자에서 생산되는 ATP의 양으로 따지면 발효는 호흡에 비해 효율이 훨씬 떨어진다. 그러나 단시간에 생산할 수 있는 ATP의 양은 더 많다. 다시 말해서 같은 자원을 놓고 경쟁을 벌일 때 발효를 하는 세포가 호흡을 하는 세포에 비해 월등히 유리하다는 뜻이다. 그러나 발효는 포도당 같은 분자를 완전히 산화시키지 않고 알코올 같은 대사산물을 노폐물로 내놓기 때문에 실제로도 그런 결과가 나오는지는 확실치 않다. 이 대사산물을 알코올을 태울 수 있는 세포, 다시 말해서 호흡능력이 있는 세포가 활용하게 된다. 그러므로 토끼와 거북이 이야기처럼 더 천천히 일어나는 호흡이 최후의 승자가 될 수도 있다. 식세포작용에서는 '반쯤 먹다' 에너지가 바닥나는 게 천천히 먹는 것보다 더 해로울 수 있다. 또 호흡이 실질적으로 다세포 생물의 진화를 **부추겼다**는 흥미로운 가능성이 있다. 다세포 생물은 어떤 원료라도 충분히 축적할 수 있을 정도로 크기 때문에 발효를 하는 세포에게 먼저 원료를 **빼앗기는** 것을 막을 수 있다.

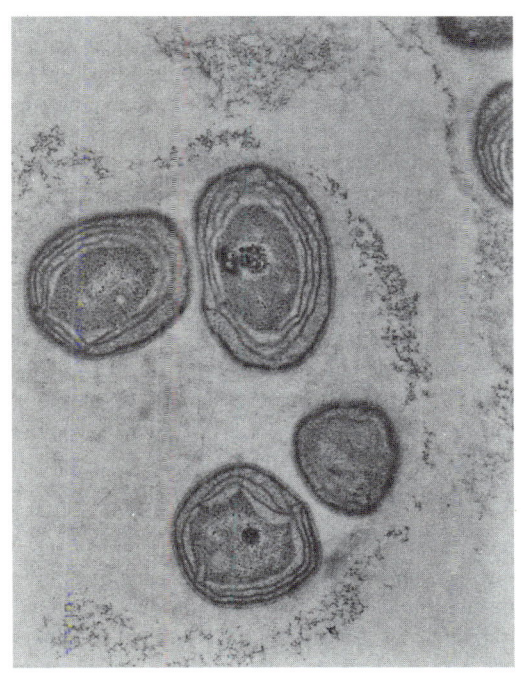

그림 10 내부에 생체에너지막(bioenergetic membrane)이 있는 아질산균. 이 막 때문에 '진핵생물처럼' 보인다.

세균은 몸집이 커지게 되면 언제나 불리할까? 그렇게 다양한 방법으로 살아갈 수 있는 세균 가운데 어느 하나도 몸집도 키우면서 동시에 에너지 효율까지 좋아지게 할 수 있는 방법을 찾은 세균이 없다는 사실이 기이할 따름이다. 그리 어려운 일 같지도 않아 보인다. 에너지 생산을 위한 내막을 조금 늘리기만 하면 될 텐데 말이다. 세포 내에 에너지 생산수단을 갖추게 된 것이 진핵생물에서 크기와 습성의 획기적인 도약을 이루게 했다면, 세균이 내막을 갖지 못하게 막아선 것은 무엇이었을까? 니트로소모나스Nitrosomonas와 니트로소구균(Nitrosococcus)에 속하는 일부 세균은 에너지 생산을 담당하는 꽤 복잡한 내막체계를 갖고 있다(그림 10). 그 점에서는 진핵세포와 '성김새'가 비슷하다. 넓은 범위를 감싸고 있는 세포막이 넓은 주변세포질 구역을 만든다. 이는 완전한 진핵세포를 향해 내디딘 작은 발걸음처럼 보인다. 그런데 왜 그 발걸음은 거기서 한 발짝도 더 나가지 못한 것일까?

다음 장에서는 1부 끝 무렵에 핵이 없는 채로 내버려둔 최초의 가상 진핵생물 이야기로 다시 돌아가서 이 가상 진핵생물이 다음 단계로 나아가게 한 요인은 무엇이었는지를 알아볼 것이다. 또 2부에서 탐구했던 에너지 생산 원리에 대한 지식의 도움을 받으며, 두 세포 사이의 공생이 성공할 수 있었던 이유와 세균이 자연선택만으로 진핵생물처럼 되는 것이 불가능했던 이유도 알게 될 것이다. 진핵생물만이 세균 세계에서 거대한 포식자가 될 수 있었던 이유와 진핵생물이 세균 세계를 영원히 뒤집어엎은 진짜 이유가 무엇인지도 알게 될 것이다.

08

미토콘드리아와 복잡성

호흡은 미토콘드리아에게 존재의 의미라고 할 수 있다. 호흡 속도는 상황에 따라 아주 민감하게 변한다. 이런 갑작스러운 상황변화가 일어나면 미토콘드리아는 분자 수준에서 그 변화에 적응해야 한다. 따라서 앨런의 주장은, 이런 변화에 효과적으로 대처하려면 미토콘드리아가 유전자 전초기지를 유지할 필요가 있다는 것이다. 그래야단 미토콘드리아 막에서 일어나는 산화환원 반응이 그곳을 기반으로 한 유전자에 의해 엄격히 통제될 수 있기 때문이다.

형태학적인 면에서 세균이 작고 소박한 모습을 유지하는 이유를 앞 장에서 살펴보았다. 그 이유는 주로 세균이 겪는 선택압과 연관이 있다. 세균은 진핵생물과 달리 서로 잡아먹는 일이 거의 없다. 그러므로 세균의 번성은 대개 복제속도로 결정되며, 복제속도는 두 가지 중요한 요소로 결정된다. 첫째, 세균의 복제에서는 유전체의 복제가 가장 느린 단계이기 때문에 유전체의 크기가 커질수록 복제속도가 느리다. 둘째, 세포분열을 하려면 에너지가 소모되므로 에너지 효율이 낮을수록 복제속도가 느리다. 유전체가 큰 세균은 유전체가 작은 세균에 비해 늘 경쟁에서 뒤처진다. 따라서 세균은 유전자 수평이동을 통해 유전자를 교환하며 언제나 유용한 유전자들만 챙겨서 지니고 다니다가 짐이 된다 싶으면 주저 없이 바로 버린다. 그러므로 세균은 유전자가 적을수록 더 경쟁력이 있다고 할 수 있다.

만약 유전자 개수와 에너지 생산효율이 모두 같은 두 세균이 있다면, 크기가 작을수록 복제속도가 빠를 것이다. 그 이유는 세균이 먹이의 흡수뿐 아니라 에너지 생산까지 바깥쪽 세포막에 의존하기 때문이다. 세균의 크기가 커질수록 부피에 비해 표면적은 덜 늘어나기 때문에 에너지 효율은 그만큼 줄어들게 된다. 크기가 커지면 에너지 효율이 낮아지고 언제나 경쟁에서 작은 세균에게 뒤지기 쉽다. 크기가 커짐에 따라 이런 에너지 제약이 따르기 때문에 세균은 식세포작용을 할 수 없다. 먹이를 둘러싸 잡아먹으려면 크기도 커야 하지만 형태를 바꾸는 데 엄청난 에너지가 필요하기 때문이다. 그러므로 세균에게서는 진핵생물처럼 먹이를 잡아 통째로 삼키는 포식작용을 볼 수 없다. 진핵생물은 몸속에서 에너지 생산을 할 수 있게 되면서 이 문제를 비켜갈 수 있었던 것으로 추측된다. 몸속에서 에너지를 생산할 수 있게 된 진핵생물이 표면적에 얽매이지 않고 에너지 효율이 줄지도 않으면서 크기를 수천 배까지 늘릴 수 있게 된 것이다.

이것만 가지고 세균과 진핵생물을 구분하는 근거로 삼기에는 좀 부족한 것 같다. 일부 세균에서 무척 복잡한 내막구조가 발견되는 것을 보면 세균도 표면적의 구속에서 벗어날 길이 있었는데도 여전히 크기와 복잡도 면에서 진핵생물에 미치지 못한다. 이 장에서는 그 문제에 대한 해답을 모색해볼 것이다. 그리고 그 해답은 미토콘드리아는 넓은 내막 전체에 걸쳐 호흡을 조절할 수 있는 유전자가 필요하다는 것이다. 지금까지 알려진 미토콘드리아는 모두 유전자를 지니고 있다. 미토콘드리아가 지니고 있는 유전자는 아주 특별하며 미토콘드리아가 이렇게 특별한 유전자를 보유할 수 있는 이유는 숙주세포와 맺고 있는 공생관계의 특성 때문이다. 세균은 이런 이점을 얻지 못한다. 당장 불필요한 유전자는 어떤 것이든 가리지 않고 버리는 세균의 습성은 에너지 생산을 관장하는 핵심 유전자를 유지하지 못하게 만드는 장애물로 작용하며 이 장애물은 세균이 진핵생물과 같은 크기와 복잡성을 발전시키지 못하게 가로막고 있다.

미토콘드리아 유전자가 중요한 이유와 세균이 자기 몫의 유전자를 손에 넣지 못한 이유를 이해하기 위해서 20억 년 전 처음 진핵세포 연합에 가담한 세포들이 맺은 관계의 본질을 파악할 필요가 있다. 1부에서 우리는 미토콘드리아는 있지만 핵은 아직 만들어지지 않은 가상의 진핵세포 이야기를 하다가 잠시 미루어두었다. 진핵세포는 '진정한' 핵을 가진 세포라는 뜻이므로 이 가상의 세포를 아직은 진핵세포라고 부르기 어렵다. 그러므로 이제 이 낯선 가상의 세포를 진짜 진핵세포로 변신시킨 선택압은 무엇이었는지 생각해보자. 이 선택압은 진핵세포의 기원뿐 아니라 진정한 복잡성의 기원까지 밝혀줄 열쇠를 쥐고 있다. 다시 말해서 세균이 세균으로 남아 있을 수밖에 없는 이유, 세균이 공생을 하지 않고 자연선택만으로 절대 복잡한 진핵생물로 진화될 수 없는 이유를 설명해줄 것이다.

1부를 떠올려보면 수소가설의 핵심은 공생자로부터 숙주세포로 유전자가 전이되는 것이다. 진화적 신기성은 아무것도 필요 없으며 이미 존재하고 있는 두 세포가 긴밀한 공동체 관계로 들어가기만 하면 된다. 우리는 미토콘드리아에서 핵으로 유전자가 전이되었음을 알 수 있다. 오늘날 미토콘드리아에 남아 있는 유전자는 아주 적으며 핵에는 미토콘드리아에서 유래한 유전자가 많이 있기 때문이다. 같은 유전자가 다른 종의 미토콘드리아에서 발견되면 그 유전자는 미토콘드리아에서 유래한 게 분명하다. 모든 종에서 수천 개에 이를 것으로 추측되는 엄청난 양의 미토콘드리아 유전자가 사라졌다. 핵을 구성하는 데 쓰인 유전자와 그냥 사라진 유전자가 정확히 몇 개씩인지는 학자들 사이에 논란이 되고 있지만 핵을 이루는 데 쓰인 유전자가 족히 수백 개는 될 것이다.

DNA의 '점착성(stickiness)'과 복원력(resilience)에 익숙하지 않은 사람에게는 미토콘드리아에 있던 유전자가 갑자기 핵에서 나타나는 것은 마치 모자에서 토끼를 끄집어내는 속임수 마술처럼 보일지 모른다. DNA는 도대체 어떻게 그렇게 할 수 있는 것일까? 이처럼 유전자가 옮겨 다니는 현상이 세균에게는 흔히 나타난다. 이 현상을 유전자 수평이동이라고 하며 주위 환경으로부터 유전자를 구하는 것이 세균에게는 늘 있는 일이다. 보통 '환경'이라고 하면 세포의 바깥쪽을 생각하지만 필요한 유전자를 세포 안에서 얻는 일이 더 흔하다.

최초의 미토콘드리아가 자신의 숙주세포 안에서 분열을 할 수 있었다고 가정해보자. 현재 세포마다 수십 개에서 수백 개씩 들어 있는 미토콘드리아는 다른 세포 내부에서 적응해 산 지 20억 년이 지났지만 오늘날까지도 어느 정도 독립적으로 분열을 한다. 그러므로 두 개 이상의 미토콘드리아를 가진 최초의 숙주세포를 상상하는 것은 그리 어렵지 않다. 이제 두 미토콘드리아 중 하나가 먹이를 충분히 얻지 못해 죽었다고 가정해보자. 죽은 미토콘드리아의 유전자는 숙주세포의 세포질에 흩어질 것이다. 이 유전자는 대부분 사라지고 극히 일부만 일반적인 유전자 전이방법을 통해 핵에 합쳐질 것이다. 원칙적으로 이 과정은 미토콘드리아가 죽을 때마다 반복되며 그때마다 숙주세포에 좀더 많은 유전자가 전이될 가능성이 있다.

이런 유전자 전이가 일어나는 일은 가능성이 희박하거나 이론일 뿐이라고 생각하기 쉽지만 실제로는 그렇지 않다. 호주 애들레이드 대학의 제레미 티미스Jeremy Timmis와 동료 연구진은 2003년 『네이처』 지에 발표한 논문을 통해 이 과정이 진화기간 내내 얼마나 끊임없이 자주 일어나는지를 증명했다. 이들이 관심을 가진 세포소기관은 미토콘드리아가 아니라 엽록체(식물의 광합성 기관)였다. 엽록체와 미트콘드리아는 여러 면에서 비슷하다. 둘 다 어느 정도 독립적으로 에너지를 생산하는 세포소기관이며 한때 독립생활을 하던 세균이었다. 또 규모가 많이 작아지기는 했지만 자신만의 유전체가 있다. 티미스와 동료 연구진은 담배(*Nicotiana tabacum*)에서 1만 6,000개의 종자마다 한 번꼴로 엽톡체 유전자가 핵으로 전이되는 현상이 나타난다는 사실을 발견했다. 이 수치가 뭐 대단하랴 싶을 수도 있겠지만 담배 한 포기가 한 해 동안 생산하는 종자가 약 100만 개 정도라는 것을 생각하면 해마다 담배 한 포기당 적어도 60개의 종자에서 엽록체 유전자가 핵으로 전이된다는 뜻이다.

이와 아주 유사한 전이가 미토콘드리아에서 핵으로 일어난다. 많은 종의 핵 유전체에서 엽록체와 미토콘드리아의 유전자가 발견되면서 자연상태에서 이런 유전자 전이가 일어난다는 사실이 증명되었다. 다시 말해서 같은 유전자가 미토콘드리아나 엽록체, 그리고 핵에서 발견된다는 뜻이다. 인간 유전체계획을 통해 인간의 몸속에서 미토콘드리아 DNA로부터 핵으로 적어도 354회의 독립적인 유전자 전이가 있었다는 사실이 밝혀졌다. 이렇게 미토콘드리아에서 전이된 핵 염기서열을 넘트numt, 또는 핵-미토콘드리아 서열(nuclear-mitochondrial sequence)이라고 한다. 넘트는 산산조각이 났지만 미토콘드리아 유전자 서열 전체를 보여준다. 어떤 조각은 반복적으로 나타나고 어떤 조각은 그렇지 않다. 영장류와 다른 포유류에서는 이런 넘트가 지난 5억 8,000만 년 동안 지속적으로 전이되었으며 주의 깊게 조사하면 아마 이 시기는 훨씬 전으로 거슬러 올라갈지도 모른다. 미토콘드리아의 DNA는 핵 속에 있는 DNA보다 훨씬 빨리 진화되기 때문에 넘트의 서열은 아주 오래전에 미토콘드리아가 어떤 모습이었는지를 알려주는 타임캡슐 구실을 한다. 그러나 이런 이상한 서열이 때로는 혼동을 초래하기도 해서 넘트를 공룡의 DNA로 오인한 연구진들이 부끄러워 얼굴을 붉히면서 자리를 피한 일도 있었다.

유전자의 전이는 오늘날에도 계속되고 있으며 이따금씩 관찰되기도 한다. 2003년 워싱턴 월터리드 육군의료원의 클레슨 터너Clesson Turner와 동료 연구진이 관찰한 바에 따르면, 팰리스터 홀 증후군(Pallister-Hall syndrome)이라는 희귀한 유전병을 앓고 있는 한 환자는 미토콘드리아 유전자가 저절로 핵으로 전이되는 현상이 나타났다. 이런 유전자 전이가 수많은 유전병에서 얼마나 자주 일어나는지 정확히 아는 사람은 아무도 없다.

유전자 전이는 두드러지게 한 방향으로만 일어난다. 다시 최초의 가상 진핵생물로 돌아가 보자. 만약 숙주세포가 죽게 되면 공생자인 원시미토콘드리아는 생사를 장담할 수 없는 환경으로 다시 나오게 될 것이다. 그러나 원시미토콘드리아의 생사에 관계없이 이 가상의 공생실험은 분명 실패한 것이다. 반면 미토콘드리아가 죽으면 숙주세포에 다른 미토콘드리아가 살아 있는 한 공생은 유지될 것이다. 살아 있는 미토콘드리아가 분열을 하면 다시 원래 상태로 돌아갈 수 있기 때문이다. 미토콘드리아가 하나씩 죽을 때마다 숙주세포의 세포질로 나오는 미토콘드리아 유전자는 일반적인 유전자 재조합방법을 거쳐 핵의 염색체에 통합될 가능성이 있다. 유전자 전이는 한 방향으로만 돌아가는 톱니바퀴와 비슷하다. 이 톱니바퀴는 미토콘드리아에서 숙주세포 쪽으로 유전자가 전이되는 방향으로만 돌아가며 절대 반대방향으로는 돌아가지 않는다.

핵의 기원

전이된 유전자는 어떻게 될까? 앞서 1부와 2부에서 등장했던 빌 마틴은 이 과정이 진핵세포 핵의 기원을 밝혀줄지도 모른다고 말했다. 그 방법을 이해하려면 먼저 앞에서 다루었던 두 가지 논점을 떠올려야 한다. 먼저 진핵세포가 고세균과 세균의 결합으로 처음 시작되었다고 주장하는 빌 마틴의 수소가설을 떠올리자. 그리고 6장에서 나왔던 고세균과 세균은 세포막을 구성하는 지질의 종류가 다르다는 이야기를 떠올리자. 여기서 자세한 내용은 별로 중요하지 않다. 최초의 가상 진핵생물에게서 발견할 수 있을 법한 막의 종류만 생각해보자. 숙주세포는 고세균이었으니까 고세균의 막을 가지고 있어야만 한다. 미토콘드리아는 세균이었으니까 세균의 막을 가지고 있어야만 한다. 그렇다면 오늘날 실제 볼 수 있는 막은 무엇일까? 진핵생물의 막은 지질구조뿐 아니라 막 속에 파묻힌 단백질(호흡연쇄를 구성하는 단백질과 핵막에서 발견되는 단백질 따위)의 서길한 구조까지도 세균의 막과 사실상 모두 똑같다. 진핵생물에게서 볼 수 있는 세균의 막으로는 세포막, 미토콘드리아막, 세포 내에 존재하는 여러 막의 구조, 이중막인 핵막이 있다. 진핵생물 어디에도 고세균 막의 흔적은 없다. 그러나 다른 특징들로 볼 때 숙주세포가 고세균이라는 것은 엄연한 사실이다.

고세균의 막은 발견되지 않고 세균의 막만 발견되자 일부 학자들은 수소가설에 의문을 제기했다. 그러나 마틴은 이런 명백한 예외를 오히려 자신의 가설을 뒷받침하는 강점으로 여겼다. 마틴은 세균의 지질을 만드는 유전자가 다른 많은 유전자와 함께 숙주세포로 전이되었다는 의견을 내놓았다. 이렇게 전이된 유전자가 기능 유전자였다면 자신이 늘 하던 일을 계속했을 것이다. 말하자면 지질을 만들었을 것이다. 이 유전자가 예전과 같은 기능을 수행하지 못할 이유가 없다. 그러나 한 가지 차이점이라면 숙주세포는 이렇게 만들어진 물질을 세포의 특정 장소로 정확히 보낼 능력이 없었을 것이다(단백질을 특정 장소에 보내는 것은 '주소'서열[address sequence]에 의해 결정되는데 이 주소서열은 종마다 다르기 때문이다). 그 결과 숙주세포는 지질과 같은 세균의 산물을 만들 수는 있어도 정확히 어떻게 이용해야 할지 몰랐을 것이다. 특히 어디로 보내야 할지 몰랐을 것이다. 지질은 당연히 물에 녹지 않는다. 그러므로 정확한 위치의 막을 찾아가지 못하면 물밖에 없는 공간을 둘러싸는 작고 둥근 기름방울이 되어 세포질에 떠다닐 것이다. 이 기름방울은 서로 합쳐져 둥근 모양이나 관 모양이나 납작한 모양의 소포를 이룰 것이다. 최초의 진핵생물에서 이 소포들은 합성장소인 염색체 근처에 헐렁하고 느슨한 구조를 이루며 모여 있었을 것이다. 그리고 이 구조는 오늘날 핵막의 구조와 정확히 일치한다. 핵막은 미토콘드리아나 엽록체의 막처럼 매끈하게 이어진 이중막이 아니라 납작한 소포가 늘어서 있는 구조를 하고 있다. 또 세포 내 다른 막구조도 핵막구조와 비슷하다. 더 나아가 오늘날의 진핵세포는 세포분열을 할 때 각각의 딸세포에게 전달할 염색체를 나누기 위해 핵막을 용해시킨다. 그리고 이 딸세포의 염색체 주위에서 새로운 핵막이 형성된다. 이렇게 핵막이 형성되는 모습은 마틴의 의견을 떠오르게 한다. 따라서 마틴의 시나리오에서는 핵막과 함께 진핵생물의 다른 막구조가 형성된 이유도 유전자 전이를 통해 설명된다. 필요한 것은 지도 판독의 차이 때문에 생긴 약간의 방향 혼동뿐이다.

그래도 하나 더 해결해야 할 문제가 있다. 세포 전체의 막이 세균의 막으로 구성되어야 한다. 다시 말해서 세포막에 있는 고세균의 지질을 세균의 지질로 바꿔야 한다는 뜻이다. 이런 일은 어떻게 일어나게 되었을까? 세균의 지질에 유연성이나 새로운 환경에 대한 적응력 같은 어떤 장점이 있었다면 세균의 지질만 표현된 세포는 그 장점을 노렸을 것이다. 만약 실제로 그런 장점이 있었다면 자연선택에 의해 고세균의 지질은 세균의 지질로 대체되었을 게 분명하다. 진화적 '신기성'은 필요치 않으며 이미 존재하고 있던 부분만 이용한 것이다. 그러나 막이 모두 바뀌지 않은 진핵생물이 남아 있을 가능성도 있다. 이렇게 막에 고세균 지질의 흔적이 남아 있는 원시적인 진핵세포가 있는지 알아보는 일도 아주 흥미로울 것이다. 이 가능성을 뒷받침하듯이 우리 같은 동물뿐 아니라 균류와 식물을 포함해 사실상 모든 진핵생물에는 고세균 막의 기본 탄소골격인 이소프렌(157쪽 참조)을 만드는 유전자가 있다. 우리는 이소프렌을 막을 구성하는 데 쓰지 않고 이소프레노이드isoprenoid를 만드는 데 쓴다. 테르펜terpene, 또는 테르페노이드terpenoid라고도 부르는 이소프레노이드는 이소프렌 단위가 결합되어 만들어진 모든 구조를 뜻하며 자연적으로 만들어지는 화합물 중에서 종류가 가장 많다. 지금까지 발견된 종류만 해도 2만 3,000개가 넘으며 스테로이드, 비타민, 호르몬, 방향족, 색소, 일부 중합체가 여기에 속한다. 이소프레노이드 중에는 생체 내에서 강한 효과를 내는 종류가 많아서 신약개발에 쓰이기도 한다. 식물의 대사산물로 만드는 항암제인 택솔Taxol도 이소프레노이드의 일종이다. 그러므로 고세균의 지질을 만드는 데 필요한 장치가 모두 사라진 것은 아니다. 오히려 더 풍부하게 활용되고 있다.

이 이론이 옳다면 마틴은 일련의 단순한 단계들을 거쳐 완벽한 진핵세포가 형성되는 과정을 도출해낸 것이다. 이 진핵세포는 불연속적인 이중막으로 둘러싸인 핵이 있고 내부에 막구조가 있으며 미토콘드리아 같은 세포소기관이 있다. 이 세포는 더 이상 에너지 생산을 위한 주변세포질이 필요 없기 때문에 세포벽이 없다(그러나 당연히 세포막은 있다). 고세균인 메탄생성고세균에서 유래했기 때문에 유전자를 히스톤 단백질로 감싸고 있으며 유전자 전사와 단백질 합성체계가 기본적으로 진핵생물과 같다(1부를 보라). 한편 이 가상의 진핵세포 조상은 식세포작용을 통해 먹이를 통째로 삼키지 않았을 것이다. 고세균이나 세균에서 전해진 세포골격은 갖추고 있었지만 아직 역동적인 세포골격을 손에 넣지 못해 아메바 같은 원생동물처럼 운동능력을 갖추지는 못했을 것이다. 대신 최초의 진핵생물은 단세포 조류처럼 주위에 다양한 소화효소를 분비해 세포의 바깥쪽에서 먹이를 쿡해했을 것이다. 이 추론은 최근 유전학적 연구를 통해 확인되고 있지만, 아직은 불확실한 부분이 많기 때문에 여기서는 다루지 않겠다.

미토콘드리아가 유전자를 모두 전이시키지 않은 이유

미토콘드리아로부터 숙주세포로 유전자가 전이되었다는 가설은 특별한 기능을 갖춘 새로운 유전자 같은 진화적 신기성을 도입할 필요 없이 진핵세포의 기원을 적절하게 설명한다. 그러나 아주 **편안한** 이 가설은 또 다른 의문을 불러온다. 왜 미토콘드리아에는 유전자가 남아 있는 것일까? 왜 모든 유전자가 핵으로 전이되지 않은 것일까?

미토콘드리아에 유전자를 남겨두는 것은 큰 불이익이 된다. 첫째, 세포마다 복제된 미토콘드리아 유전체가 수백, 또는 수천 개까지 있을 것이다 (보통 미토콘드리아 하나마다 5~10개의 복제된 유전체가 있다). 이 엄청난 양의 유전자 덕분에 미토콘드리아 DNA는 변사체의 신원을 확인하는 과정이나 법의학에서 아주 중요하게 이용된다. 미토콘드리아 유전자는 넘칠 정도로 풍부하기 때문에 유전자 몇 개를 분리하는 일은 식은 죽 먹기다. 그러나 이렇게 풍부하다는 것은 세포분열을 할 때마다 크게 쓸모도 없는 유전자를 엄청나게 많이 복제해야 한다는 의미도 된다. 그뿐만이 아니다. 모든 미토콘드리아는 저마다 유전장치 일습을 갖추고 있어 자신의 유전자를 전사하고 단백질을 합성할 수 있다. 앞에서 확인했듯 쓸모없는 DNA를 빨리 제거하는 세균이 번성한다는 기준에서 보면 이런 여분의 유전장치를 유지하는 것은 심각한 낭비다. 둘째, 6부에서 확인하겠지만 같은 세포 내에서 서로 다른 두 유전체가 경쟁을 하면 파멸을 초래할 가능성이 있다. 자연선택은 미토콘드리아 사이, 또는 미토콘드리아와 숙주세포 사이의 경쟁을 불러일으킨다. 이 경쟁은 장기적인 손실은 생각지도 않고 그저 자신의 유전자를 위한 단기적인 이익에만 급급한 경쟁이다. 셋째, 미토콘드리아에 저장된 유전자는 공격을 받기 쉽다. 파괴적인 자유라디칼이 새어나오는 호흡연쇄 근처에 유전자를 두는 것은 귀중한 장서를 유명한 방화광의 오두막에 두는 것과 같다. 미토콘드리아 유전자가 얼마나 손상에 취약한지는 미토콘드리아의 빠른 진화속도를 보면 알 수 있다. 포유류에서 미토콘드리아 유전자의 진화속도는 핵 유전자에 비해 20배나 빠르다.

　따라서 미토콘드리아 유전자를 보유한다는 것은 막대한 비용이 드는 일이다. 정말 이상한 일이다. 유전자 전이가 그렇게 간단히 일어난다면 미토콘드리아 유전자가 일부 남아 있는 이유는 도대체 무엇일까? 첫째로 가장 확실한 이유는 그 유전자가 문제가 되지 않기 때문이다. 미토콘드리아 유전자의 산물은 미토콘드리아가 작용하는 데 필요한 단백질이다. 이 단백질은 대부분 세포호흡을 하는 데 필요한 것으로 세포의 생명과 직결된 중요한 물질이다. 만약 이 유전자까지 핵으로 전이되면 이 단백질 산물은 어떤 경로를 거쳐 다시 미토콘드리아로 되돌아와야만 한다. 그리고 만약 이 과정에 실패하면 세포는 죽게 될 것이다. 그러나 실제로 핵에 암호화된 많은 단백질이 미토콘드리아로 되돌아간다. 이런 단백질들은 짧은 아미노산 사슬을 '꼬리표'로 달고 있다. 이 꼬리표는 일종의 '주소'로 마지막 도착점이 어디인지를 정확하게 알려준다. 미토콘드리아 막에 있는 단백질 복합체는 이 꼬리표를 알아차리고 통관절차를 밟듯이 막을 통해 들어오고 나가는 물질을 통제한다. 수백 개의 단백질이 이렇게 꼬리표가 붙어 미토콘드리아로 전달된다. 그러나 이 단순한 체계는 한 가지 의문을 불러일으킨다. 그러면 모든 단백질이 이런 방법으로 꼬리표를 붙여 미토콘드리아로 전달될 수는 없는 것일까?

　교과서적인 해답에 따르면 가능한 일이다. 다만 이렇게 정렬이 되는 데도 진화기간 거의 대부분이라는 아주 오랜 시간이 걸렸다. 몇 번 우연한 기회에 단백질이 성공적으로 미토콘드리아로 돌아올 수 있었을 것이다. 이 과정이 일어나려면 먼저, 그 유전자는 핵 속에 적절하게 끼워 넣어져야만 할 것이다. 다시 말해서 일부가 아닌 유전자 전체가 전이되어 핵 DNA에 통합되어야만 한다. 유전자가 통합되면 핵 DNA와 연결되고 단백질 합성을 위한 전사가 정상적으로 진행되어야만 할 것이다. 유전자가 핵 DNA에 삽입되는 과정은 어느 정도 무작위로 일어나므로 정상적인 서열을 이루고 단백질을 합성하는 작용을 하기는커녕 이미 자리잡고 있는 다른 유전자까지도 쓸모없이 만들어버릴 수 있기 때문에 이는 무척 까다로운 과정이다. 그다음, 만들어진 단백질이 정확한 주소 꼬리표를 얻어야만 한다. 이것 역시 완전히 우연에 의존해야 한다. 만약 단백질이 미토콘드리아로 돌아가지 못하면 세포질에 쌓일 테고 그러면 영락없이 트로이로 들어가는 입구를 찾지 못한 처량한 트로이의 목마 신세가 되는 것이다. 정확한 꼬리표를 얻는 데는 시간이 필요하고 그 시간은 영원할 수도 있다. 따라서 미토콘드리아에 남아 있는 소량의 유전자는 단지 찌꺼기에 지나지 않는다고 말하는 학자도 있다. 어쩌면 수백만 년이 흐른 뒤에는 미토콘드리아에 유전자가 하나도 남지 않게 될 날이 올지도 모른다. 게다가 종이 다르면 미토콘드리아에 있는 유전자 개수가 다르다는 사실도 느리고 무작위적인 이 과정의 특징을 뒷받침하는 것처럼 보인다.

핵으로는 부족하다

그러나 이 해답은 별로 설득력이 없다. 모든 종에서 미토콘드리아 유전체가 거의 사라지기는 했지만 완전히 사라진 종은 단 한 종도 없다. 100개 이상의 유전자가 남아 있는 종도 없다. 약 20억 년 전 미토콘드리아가 수천 개의 유전자에서 시작되었다는 것을 감안하면 이제 이 과정은 모든 종에서 거의 완료시점에 근접하고 있다. 이 과정은 동시에 일어났기 때문에 종마다 독립적으로 유전자 소실이 진행되었다. 현재 모든 종의 미토콘드리아 유전자는 95퍼센트에서 99.9퍼센트까지 소실된 상태다. 이 과정이 완전히 우연에 의해서만 일어났다면 미토콘드리아 유전자가 모두 핵으로 전이되어 유전자가 하나도 없는 미토콘드리아를 가진 종도 발견되어야만 할 것이다. 그러나 아직 그런 경우는 나타나지 않고 있다. 현재까지 알려진 모든 미토콘드리아는 아주 소량이라도 유전자를 지니고 있다. 더 나아가 종에 관계없이 미토콘드리아에서 추출한 유전자는 하나같이 똑같은 핵심 유전자였다. 모든 종에서 독립적으로 유전자 대부분이 사라졌지만 본질적으로 똑같은 소량의 유전자는 지키고 있는 것이다. 이것 역시 우연의 탓으로 돌리기는 어려울 것 같다. 흥미롭게도 미토콘드리아와 처지가 비슷한 엽록체에서도 정확히 같은 현상을 관찰할 수 있다. 어떤 엽록체도 유전자를 완전히 잃지 않았으며 역시 똑같은 핵심 유전자가 항상 나타난다. 이와는 대조적으로 미토콘드리아와 연관이 있는 다른 세포소기관인 하이드로게노솜과 미토솜 같은 기관에서는 거의 모두 유전자가 사라졌다.

미토콘드리아에 남아 있는 소량의 유전자를 설명하기 위한 가설은 많이 나왔지만 대부분 크게 설득력이 없었다. 이를테면 일부 단백질은 크기가 너무 크거나 물에 녹지 않기 때문에 미토콘드리아로 전달될 수 없다는 가설이 한때 주목을 받은 적도 있다. 그러나 몇몇 종에서는 이런 단백질이 전달되고 있으며 유전공학적인 수단을 통해서 전달에 성공한 적도 있다는 사실로 미루어볼 때, 단백질의 물리적인 특성이 미트콘드리아로 단백질이 전달되는 데 제약이 되지 않는 것은 분명하다. 미토콘드리아의 유전체계에 일반적인 유전암호체계를 따르지 않는 예외가 있기 때문에 미토콘드리아 유전자가 더 이상 핵 유전자로 그대로 바뀔 수 없다는 가설이 나온 적도 있다. 이 유전자가 핵으로 전이되면 일반적인 유전암호에 따라 단백질을 만들기 때문에 미토콘드리아의 유전체계에서 만들던 것과는 다른 단백질이 되고 그 결과 제대로 작용을 하지 못할 수도 있다는 것이다. 그러나 미토콘드리아 유전자는 일반적인 유전암호체계를 따르므로 이 역시도 답이 될 수 없다. 이 가설들과는 일치하는 부분이 없기 때문에 미토콘드리아 유전자가 모두 핵으로 전이되지 않고 아직까지 끈질기게 미토콘드리아에 남아 있는 까닭은 여전히 오리무중이다. 마찬가지로 엽록체도 유전암호체계가 다르지 않기 때문에 미토콘드리아처럼 핵심 유전자를 항상 지니고 있는 이유가 아직 밝혀지지 않았다.

내가 옳다고 믿는 해답은 스웨덴 룬드 대학의 존 앨런John Allen이 내놓은 가설이다. 이 가설은 1993년에 처음 만들어졌지만 요즘 들어 진화생물학자들 사이에서 신임을 얻기 시작했다. 앨런의 주장에 따르면, 미토콘드리아 유전자가 핵으로 옮겨져야 마땅한 이유는 아주 많지만 어떤 유전자도 미토콘드리아에 남아 있어서는 안 될 '불가피한' 이유는 딱히 없으므로 미토콘드리아가 유전자를 보유해야 할 만한 아주 강력하고 확실한 **장점**이 분명히 있다. 이 유전자들은 우연히 남은 것이 아니라 수많은 불이익을 **무릅쓰고** 자연선택에 의해 남은 것이다. 미토콘드리아에 소량의 유전자가 남아 있는 것을 보면 장단점을 저울질하는 과정에서 이 장점이 우세했음을 알 수 있다. 불이익은 분명하고 중요하다고 여겼으면서 장점은 간과하고 있었다는 사실은 조금 놀랍다. 장점이 훨씬 더 큰 비중을 차지하는 게 분명하다.

앨런이 말하는 확실한 장점은 바로 호흡과 연관이 있다. 호흡은 미토콘드리아에게 **존재의 의미**라고 할 수 있다. 호흡속도는 상황에 따라 아주 민감하게 변한다. 우리가 깨어 있느냐, 잠을 자느냐, 유산소 운동을 하느냐, 가만히 앉아 있느냐, 글을 쓰느냐, 공을 차느냐에 따라 다 다르다. 이런 갑작스러운 상황변화가 일어나면 미토콘드리아는 분자 수준에서 그 변화에 적응해야 한다. 상황변화에 따른 요구는 아주 중요하며 변동이 심하기 때문에 멀리 떨어진 곳에 있는 관료주의적인 핵 유전자에 의해 조절되기는 어렵다. 이와 비슷한 갑작스러운 요구변화는 동물뿐 아니라 분자 수준에서 훨씬 더 환경변화(이를테면 산소 농도변화나 온도변화 따위)에 민감한 반응을 보이는 식물과 균류와 미생물에서도 일어난다. 따라서 앨런의 주장은, 이런 변화에 효과적으로 대처하려면 미토콘드리아가 유전자 전초기지를 유지할 **필요가 있다는 것이다**. 그래야만 미토콘드리아 막에서 일어나는 산화환원 반응이 그곳을 기반으로 한 **유전자에 의해** 엄격히 통제될 수 있기 때문이다. 여기서 중요한 것은 유전자에 의해 암호화되는 단백질이 아니라 유전자 자체다. 우리는 왜 유전자가 중요한지를 살펴볼 것이다. 그러나 먼저 즉각적으로 대처하기 위한 국지적인 유전단위의 필요성에 주목하자. 나는 이 유전단위는 미토콘드리아가 자기 몫의 유전자를 가져야 하는 이유를 설명할 뿐 아니라 세균이 자연선택을 거쳐 더 복잡한 진핵세포로 발전할 수 없는 이유까지도 설명한다고 믿는다.

균형의 문제

호흡이 일어나는 과정을 다시 한번 떠올려보자. 양분에서 떨어져 나온 전자와 양성자는 산소와 반응해 우리가 살아가는 데 필요한 에너지를 공급한다. 이 에너지는 단계적인 작은 반응을 연달아 거치면서 조금씩 만들어진다. 이 단계적인 반응은 전자의 흐름이 아주 가느다란 전선을 지나듯 호흡연쇄를 따라 내려가면서 일어난다. 에너지가 만들어지는 지점에서는 막 너머로 양성자를 수송하고 저장한다. 댐에서 저수지에 물을 가둬두는 것과 같은 이치다. 이 저장소로부터 특별한 출구(ATP 효소 모터의 구동축)를 통해 양성자가 역류하는 힘을 이용하여 세포에서 통용되는 에너지 '통화'인 ATP를 생산한다.

호흡속도를 간단히 생각해보자. 호흡과정은 모두 톱니바퀴처럼 잘 들어맞기 때문에 한 톱니바퀴의 속도가 나머지 톱니바퀴의 속도를 결정한다. 그렇다면 전체적인 톱니바퀴의 속도를 결정하는 것은 무엇일까? 바로 수요다. 왜 그런지 한번 곰곰이 따져보자. 만약 호흡연쇄를 따라 이동하는 전자의 흐름이 빨라지면 양성자를 수송하는 속도도 빨라지고(양성자의 수송속도는 전자의 흐름에 의해 결정되기 때문이다) 양성자 저장소가 '가득 찬다.' 저장소가 가득 차면 압력이 높아져 양성자가 ATP 효소의 구동축을 통해 역류하면서 빠른 속도로 ATP가 만들어진다. 만약 ATP의 수요가 없으면 어떤 일이 벌어질지 생각해보자. ATP는 ADP와 인산으로 만들어지며 다시 분해될 때 에너지를 공급하고 ADP와 인산으로 되돌아간다는 것을 4장에서 확인했다. 수요가 없으면 ATP는 세포에서 쓰이지 않는다. 호흡을 통해 ADP와 인산이 모두 ATP

로 전환되면 그게 끝이다. 재료가 바닥났으니 ATP 효소는 서서히 멈춰야만 한다. ATP 효소의 모터가 돌지 않으면 양성자는 더 이상 구동축을 통해 전달될 수 없기 때문에 양성자 저장소가 가득 차게 된다. 결국 양성자 저장고의 압력이 너무 높아지면 더 이상 막 바깥으로 양성자를 수송할 수 없게 된다. 양성자를 수송하지 못하면 전자가 호흡연쇄를 따라 흐르지 못한다. 다시 말해서 수요가 적으면 모든 것이 멈추고 새로운 수요가 생겨 장치를 다시 돌릴 때까지 호흡이 느려지게 된다. 그러므로 호흡속도를 결정하는 것은 결국 수요다.

그러나 지금까지의 이야기는 모든 것이 잘 돌아가고 톱니바퀴에 기름칠이 잘 되어 있을 때의 이야기다. 다른 이유 때문에 호흡이 느려지기도 하는데 이번에는 수요가 아니라 공급과 연관이 있다. 앞서 보기로 들었던 ADP와 인산의 공급을 생각해보자. 보통 ADP와 인산의 농도는 ATP 소비를 반영하지만 ADP와 인산이 그냥 부족할 가능성도 언제나 존재한다. 다음으로는 산소나 포도당의 공급이 부족할 가능성이 있다. 만약 주위에 산소가 풍부하지 않다면, 곧 숨쉬기가 어렵다면, 마지막에 전자를 받을 수 있는 물질이 없기 때문에 호흡연쇄를 따라 이동하는 전자의 흐름이 분명 느려질 것이다. 전자는 호흡연쇄를 따라 역류되고 ADP가 부족할 때와 마찬가지로 모든 것이 느려진다. 포도당은 어떨까? 이번에는 호흡연쇄로 들어가는 전자와 양성자의 수가 줄어들어 전자의 흐름이 느려지게 된다. 말하자면 1초당 호흡연쇄를 따라 흐르는 전자의 양이 줄어든다.

그러므로 전반적인 호흡속도는 수요, 다시 말해서 ATP의 **소비**를 반영하는 것이 이상적이다. 그러나 상황이 나쁠 때, 이를테면 굶주리고 있다거나 숨을 쉬기 어렵다거나 물질대사를 위한 재료가 부족하다거나 할 때, 호흡속도는 수요보다는 공급에 의해 결정된다. 그러나 두 경우 모두 전체적인 호흡속도는 호흡연쇄를 따라 흐르는 전자의 속도로 결정된다. 만약 전자의 흐름이 빨라지면 포도당과 산소의 소비가 빨라지고 결국 호흡이 빨라진다.

이제 다시 본론으로 돌아가 호흡속도를 느려지게 하는 세 번째 요소를 생각해보자. 이는 수요나 공급이 아니라 배선의 질, 다시 말해서 호흡연쇄 구성성분 자체와 연관이 있다.

전자전달계의 구성성분은 두 가지 상태 중 하나를 선택할 수 있다. 산화(전자와 결합하지 않은 상태) 아니면 환원(전자와 결합한 상태)이다. 동시에 두 상태로 존재할 수는 없으니 전자전달자는 산화되거나 환원된 상태 중 하나로 존재한다. 만약 한 전자전달자가 이미 전자를 갖고 있다면 호흡연쇄를 따라 그 전자를 전달하기 전까지는 새로운 전자를 받을 수 없다. 그러면 이 전자가 전달될 때까지 호흡은 멈출 것이다. 반대로 전자를 갖고 있지 않다면 전자를 건네받기 전에는 전달할 전자가 없다. 이번에도 호흡은 전자가 전달될 때까지 멈출 것이다. 그러므로 전체적인 호흡속도는 산화와 환원 사이의 동적 평형상태에 달렸다. 미토콘드리아 하나에는 수천 개의 호흡연쇄가 있다. 호흡은 호흡연쇄 안의 전자전달자가 50퍼센트는 산화되고(앞 전자전달자로부터 전자를 바로 받을 수 있다) 50퍼센트는 환원되어 있을 때(다음 전자전달자에게 전자를 바로 전달할 수 있다) 가장 원활하게 진행된다. 만약 호흡속도를 그래프로 나타내면 정상분포에 들어맞는 반듯한 종 모양의 곡선이 그려질 것이다. 호흡은 종 모양 곡선의 꼭대기에서 가장 빠르며, 전자전달자가 산화나 환원 중 한쪽에만 치우친 상태인 양끝에서 가장 느리다. 호흡속도가 가장 빠른 종 모양의 꼭대기를 최적의 균형상태를 이룬 '산화환원 균형점(redox poise)'이라고 한다. 산화환원 균형점을 벗어나면 에너지 생산이 느려지는데 이렇게 호흡속도가 느려지면 세균의 경우는 자연선택에서 아주 불리해진다.

그러나 산화환원 균형점에서 벗어나면 효율이 떨어지는 것보다 더 나쁜 아주 가혹한 대가를 치르게 된다. 호흡연쇄를 구성하는 전자전달자는 모두 잠재적인 반응성을 띠고 있다. 전자전달자는 전자를 전해주고 '싶어'하는 화학적인 성질을 타고났다. 호흡이 정상적으로 진행되는 경우, 전자전달자는 보통 자신보다 전자를 더 받고 '싶어'하는 호흡연쇄의 다음 전달자에게 전자를 전달한다. 그러나 다음 전자전달자에 이미 전자가 가득 차 있으면 호흡연쇄는 막혀버린다. 이제 반응성이 강한 전자전달자가 자신의 전자를 다른 곳에 전달하면서 큰 위험이 발생한다. 전자를 이어받을 가능성이 가장 큰 후보는 산소다. 산소는 과산화라디칼(superoxide radical) 같은 독성이 강한 자유라디칼을 형성하기 쉽다. 자유라디칼 때문에 생기는 손상에 대해서는 『산소』에서 자세히 다루었다. 이 책에서 중요한 점은 자유라디칼이 닥치는 대로 반응을 하여 모든 생체분자를 손상시킨다는 것이다. 호흡연쇄를 통해 형성된 자유라디칼은 전혀 예기치 못한 방향으로 생명에 깊은 영향을 미친다. 여기에는 정온동물의 진화와 세포자살과 노화가 포함되며 이 내용은 다음에 살펴볼 것이다. 지금은 다만 호흡연쇄가 막히면 자유라디칼이 새어나오기 쉽다는 것만 알고 넘어가자. 이는 수도관이 막히면 작은 틈새에서도 쉽게 물이 새는 것과 비슷하다.

그러므로 두 가지 중요한 이유 때문에 균형을 유지해야 한다. 호흡을 가능한 한 빠르게 유지하기 위해서와 반응성이 강한 자유라디칼이 새는 것을 막기 위해서다. 그러나 호흡의 균형을 유지하는 일은 호흡연쇄로 들어가는 전자와 나오는 전자의 개수만 맞추면 되는 게 아니다. 균형은 호흡연쇄를 구성하는 전자전달자의 개수와도 연관이 있다. 전자전달자도 우리 몸 여느 곳과 마찬가지로 끊임없이 바뀌어야 하기 때문에 계속 그 숫자가 달라진다.

이런 경우를 생각해보자. 만약 호흡연쇄에 전자전달자가 충분하지 않다면 무슨 일이 일어날까? 전자전달자가 부족하다는 것은 호흡연쇄에서 전자의 전달이 느려진다는 뜻이다. 이는 불이 났을 때 불을 끄려고 양동이를 들고 늘어선 사람의 숫자가 적으면 물 공급이 느려지는 것과 같다. 이렇게 물을 전달하는 속도가 느리면 물이 부족한 것과 똑같은 결과가 생긴다. 저수지에 아무리 물이 많아도 집은 다 타버리고 말 것이다. 반대로 호흡연쇄 중간에 전자전달자가 너무 많으면, 호흡연쇄를 따라 전달되는 전자보다 쌓여 있는 전자가 더 많아질 것이다. 다시 물 양동이 사슬과 비교해보자. 사슬이 끝나는 곳보다 시작되는 곳에서 양동이를 전달하는 속도가 더 빠르면 중간에서는 정체가 일어나게 되고 결국 모든 게 엉망진창이 되고 말 것이다. 두 경우 모두 원료와 관계없이 호흡연쇄의 전자전달자 개수가 불균형을 이루었기 때문에 호흡이 느려지는 결과를 초래한다. 호흡을 해야 하는 상황에서 전자전달자의 농도에 문제가 생기면 호흡이 느려지고 손상의 원인이 되는 자유라디칼이 누출된다.

미토콘드리아에 유전자가 필요한 이유

이제 왜 미토콘드리아가(그리고 엽록체가) 자기 몫의 유전자를 보유해야 하는지를 알아볼 차례다. 호흡연쇄에서 마지막으로 전자를 전달받는 물질이라고 4장에서 소개되었던 시토크롬 산화효소를 떠올리면서 이런 경우를 한번 생각해보자. 100개의 미토콘드리아가 있는 어떤 세포가 있는데 그중 한 미토콘드리아에 시토크롬 산화효소가 부족하다고 해보자. 이 미토콘드리아는 호흡이 느려지고 전자가 호흡연쇄에서 빠져나가지 못하자 자유라디칼이 형성되어 손상될 위험에 놓이게 된다. 이런 상황을 바로잡으려면 시토크롬 산화효소가 좀더 필요하므로 미토콘드리아는 유전자에게 '**시토크롬 산화효소를 좀더 만들어!**'라고 신호를 보낼 것이다. 어떻게 이 신호를 보낼 수 있을까? 그 신호는 자유라디칼 자체에서 나올 가능성이 크다. 자유라디칼이 갑자기 많아지면 자유라디칼에 의해 산화될 때만 활성화되는 전사인자(이런 전사인자를 '산화환원에 민감'하다고 한다)를 통해 유전자의 활성이 바뀐다. 다시 말해서 시토크롬 산화효소가 충분하지 않으면 호흡연쇄는 전자의 흐름이 원활하지 못해 자유라디칼을 형성한다. 자유라디칼이 갑자기 증가하면 세포는 시토크롬 산화효소가 충분하지 않다는 신호로 해석하고 시토크롬 산화효소를 좀더 만들게 된다.[9]

시토크롬 산화효소를 만드는 유전자가 핵에 있다고 해보자. 신호가 도착하면 핵은 시토크롬 산화효소를 더 만들라는 명령을 내린다. 그리고 새로 합성된 단백질에 주소 꼬리표를 달아 미토콘드리아로 보낸다. 그러나 이 꼬리표는 미토콘드리아 하나하나를 구분하지는 못한다. 핵에서 보면 '미토콘드리아'는 하나의 개념이므로 세포 안에 있는 모든 미토콘드리아는 완전히 주소가 똑같다(그리고 미토콘드리아 집단은 끊임없이 변하기 때문에 딱히 다른 방법을 생각하기 어렵다). 그러므로 새로 합성된 시토크롬 산화효소는 미토콘드리아 100개 모두에 골고루 전달된다. 시토크롬 산화효소가 부족했던 미토콘드리아는 충분한 공급을 받지 못하는 반면, 다른 미토콘드리아들은 시토크롬 산화효소가 너무 많아져 곧바로 핵에 연락을 한다. "시토크롬 산화효소의 생산을 중단해!" 하고. 상황이 어떻게 될지는 불을 보듯 뻔하다. 미토콘드리아는 분명 호흡을 조절할 능력을 잃고 자유라디칼을 너무 많이 만들어내게 될 것이다. 호흡조절력을 잃게 된 세포는 자연선택에 의해 제거된다. 결국 호흡을 조절할 능력을 잃게 되는 중대한 문제가 발생하므로 세포는 감당할 수 있는 양만큼 미토콘드리아 수를 제한할 수밖에 없다.

이번에는 시토크롬 산화효소의 유전자가 미토콘드리아에 있다고 가정해보자. "시토크롬 산화효소를 좀더 만들어!"라는 신호를 보내면 신호는 그 미토콘드리아 안에 있는 유전자에게만 전해진다. 신호를 받은 유전자는 시토크롬 산화효소의 생산을 늘린다. 시토크롬 산화효소는 곧바로 호흡연쇄로

---

9) 여기서 궁금증이 하나 생긴다. 어떻게 세포는 신호를 해석해 시토크롬 산화효소가 더 필요하다는 사실을 '아는' 것일까? 자유라디칼은 ATP의 수요가 적을 때도 발생한다. ATP 수요가 적을 때는 전자가 잘 흐르지 않아 자유라디칼이 발생하지만 이 문제는 새로운 복합체를 더 만드는 것으로 해결되지는 않는다. ATP 수요가 늘어나지 않기 때문에 전자의 흐름도 빨라지지 않을 것이다. 이 경우 세포는 ATP 양을 감지해 '고농도의 ATP'와 '고농도의 자유라디칼'이라는 두 신호를 조합한다. 이럴 때는 양성자 기울기를 감소시켜 전자의 흐름을 유지하는 게 적절한 해결책이 될 것이다(2부 146~147쪽을 보라). 실제로 이런 현상이 일어난다는 증거가 있다. 이와는 반대로 호흡복합체가 충분하지 않으면 ATP 양은 감소할 것이다. 이번에는 '저농도의 ATP'와 '고농도의 자유라디칼'이 짝을 이룰 것이다. 이론상으로는 이런 체계에 의해 호흡복합체가 더 필요한 것과 수요가 적은 것을 구별한다.

들어가 전자흐름의 불균형을 바로잡고 산화환원 평형을 회복한다. "이제 그만 시토크롬 산화효소의 생산을 중단해!" 하는 신호가 다시 보내지면 이번에도 신호는 미토콘드리아 안에 있는 유전자만 받기 때문에 그 미토콘드리아에만 효과가 미친다. 이런 신속하고 국지적인 반응은 세포 안에 있는 미토콘드리아 어디에서나 일어날 수 있다. 그리고 이론적으로는 같은 시간, 같은 세포 안에 있는 서로 다른 미토콘드리아에서 완전히 다른 작용이 일어날 수도 있다. 세포의 위치에서 보면 수많은 유전자 전진기지를 유지하는 데 많은 비용이 들기는 하지만 유전자를 핵으로 옮기면 더 나쁜 결과를 초래하므로 전체적인 호흡속도를 통제하는 것이 오히려 이득이다.

생화학을 전공했거나 예리한 독자라면 이쯤에서 고개를 갸웃거릴 것이다. 나는 2부에서 호흡복합체가 적어도 45개의 서로 다른 단백질 구성단위(subunit)로 이루어진 거대한 단백질이라고 했다. 이 구성단위의 유전자 중에서 미토콘드리아에 있는 것은 일부에 불과하며 대부분은 핵 속에 들어 있다. 그러므로 호흡복합체는 서로 다른 두 유전체에 들어 있는 유전자가 합쳐진 일종의 합성물이다. 그렇다면 어떻게 얼마 되지도 않는 미토콘드리아 유전자가 호흡복합체의 생산을 좌지우지할 수 있을까? 어떤 구조를 결정하든 반드시 핵과 의논해야 하지 않을까? 그럴 필요는 없다. 호흡복합체는 핵심 단백질을 중심으로 조합되며 이 핵심 단백질은 몇 개 되지 않는다. 이 핵심 단백질이 막에 한번 끼워지면 일종의 표지 겸 뼈대로 작용해 그 위에 나머지 구성단위가 조립된다. 그러므로 이런 결정적인 구성단위의 유전자가 만일 미토콘드리아에 들어 있다면 미토콘드리아는 새로 만들어야 할 호흡복합체의 개수를 조절할 수 있는 것이다. 실제로 미토콘드리아는 구조를 결정하고 막에 핵심 단백질이라는 깃발을 꽂는다. 핵에서 만들어지는 다른 단백질 구성단위는 그 깃발 주위에 모여들기만 하면 된다. 핵은 수백 개의 미토콘드리아가 필요한 단백질을 동시에 만들어낼 수 있고, 전체적으로 볼 때 세포 안에 있는 깃발의 수는 대략 비슷하게 유지될 것이다. 미토콘드리아

하나하나에서 생기는 변화를 바로잡기 위해 전체적인 핵의 전사속도가 달라지지는 않지만 그 효과는 세포 안에 있는 모든 미토콘드리아의 호흡속도를 단번에 안정적으로 유지할 것이다.

만약 이와 같은 앨런의 가설이 옳다면, 어떤 유전자가 미토콘드리아에 남아 있어야 하는지 어느 정도 예측이 가능하다. 미토콘드리아 유전자는 호흡연쇄를 구성하는 단백질 복합체의 핵심 구성단위에 대한 정보를 담고 있어야만 한다. 이 핵심 구성단위가 막에 박히는 것은 마치 "이곳에 만들어!" 하고 이야기하는 것과 같다. 실제로 이런 현상이 일어나고 있었다(그림 11 참조). 게다가 미토콘드리아와 비슷한 위치에 있는 엽록체에서도 이런 현상을 관찰할 수 있다. 말할 나위 없이 우연이나 다른 이유에 의해 유전자가 더 남아 있을 가능성도 있다. 그러나 **모든 종**의 미토콘드리아와 엽록체의 유전자에는 항상 결정적인 전자전달 단백질에 대한 유전정보가 들어 있다. 이와 함께 운반 RNA 분자처럼 미토콘드리아에서 단백질을 생산하는 데 필요한 장치에 대한 정보도 들어 있다. 극단적으로 유전자가 소실된 경우라도 호흡과 연관된 핵심 단백질의 유전자는 어김없이 미토콘드리아에 남아 있었다. 이를테면, 말라리아를 일으키는 말라리아충(*Plasmodium*)의 미토콘드리아는 단 세 개의 단백질 합성 유전자만 보유하고 있으며, 따라서 미토콘드리아마다 이 단백질들을 만드는 데 필요한 장치를 유지하고 있다. 이 세 유전자에는 모두 호흡연쇄의 핵심 전자전달 단백질인 시토크롬을 만드는 정보가 들어 있다. 예측은 적중했다.

앨런의 가설은 다른 예측도 가능하게 했는데 이 역시도 대체로 정확해 보인다. 전자를 전달할 필요가 없는 세포소기관에서는 유전체가 소실될 것이라는 예상을 할 수 있다. 일부 혐기성 진핵생물의 하이드로게노솜은 이를 보여주는 좋은 본보기다(1부 89쪽 참조). 하이드로게노솜은 미토콘드리아와 연관이 있다고 알려져 있으며 의심할 나위 없이 세균에서 유래했다. 하이드로게노솜은 발효를 통해 에너지를 생산하며 이 과정에서 수소기체를 내놓는

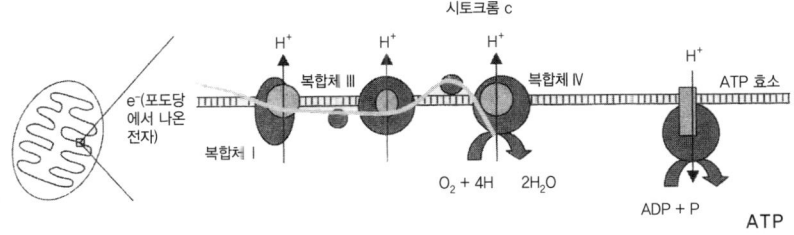

그림 11 호흡연쇄에서 구성단위의 위치를 간단히 나타낸 그림. 모든 복합체는 수많은 구성단위로 이루어져 있다. 이를테면 복합체 I은 약 46개의 구성단위로 구성되어 있다. 그 가운데 일부는 미토콘드리아, 일부는 핵 유전자에 암호화되어 있다. 존 앨런의 가설에 으하면 호흡속도를 국지적으로 조절하기 위해서는 미토콘드리아 유전자가 필요하며 미토콘드리아 유전자에 암호화된 구성단위는 막에 부착되는 핵심 구성단위여야만 한다. 그림을 보면 이 가설이 대체로 옳다는 것을 확인할 수 있다. 미토콘드리아 유전자에서 합성된 구성단위(엷은 회색)는 막 깊숙이 파묻혀 있다. 반면 핵 유전자에서 합성된 구성단위(진한 회색)는 미토콘드리아 유전자에서 합성된 구성단위를 둘러싸고 있다. 이 그림에는 복합체 II가 없다. 복합체 II는 양성자를 수송하지 않으며 미토콘드리아 유전자에 암호화된 구성단위도 없다.

다. 앨런의 가설에 따르면, 하이드로게노솜은 전자를 운반하지 않기 때문에 산화환원 평형을 유지할 필요가 없으므로 유전체가 없어야만 한다. 그리고 사실상 모든 경우에서 하이드로게노솜의 유전체는 정말 사라졌다.

세균이 복잡성에 이르지 못하게 하는 장애물

만약 미토콘드리아의 호흡속도를 조절하는 핵심 유전자가 존재해야 한다면, 이것만으로 자연선택에 의해 세균이 진핵생물로 진화되지 못하는 이유를 설명할 수 있을까? 어디까지나 개인적인 추측이지만 난 그렇다고 생각한다(이에 대한 부연설명은 다른 곳에서 다루었다. 참고문헌을 참즈하라). 세균은 미토콘드리아와 크기가 비슷하므로 분명 에너지를 생산하는 막의 일정 영역에 걸쳐 호흡을 조절하는 한 세트의 유전자가 있을 것이다. 니트로소모나스나 니트로소구균같이 넓은 내막이 발달한 세균도 마찬가지일 것이다. 이들도 한 세트의 유전자로 그럭저럭 살아가니까 역시 그 정도면 충분한 게 분명하다. 그러나 이 세균의 몸집을 부풀려 내막의 크기가 두 배로 늘어났다고 해보자. 아마 막에서 통제가 안 되는 부분이 생기기 시작할 것이다. 아직 괜찮다고 생각한다면 다시 두 배로 늘려보자. 그리고 또 두 배로 늘려보자. 내막의 크기를 두 배로 늘리는 과정을 예닐곱 번 정도 반복하면 이 세균은 진핵생물과 비슷한 크기가 될지 모른다. 이 세포가 호흡속도를 조절할 수 있을지 나는 의심스럽다. 어떻게 하면 호흡속도의 조절력을 다시 얻을 수 있을까?

호흡을 조절하기 위한 한 세트의 유전자를 더 만들어 늘어난 막을 조절하기 위해 보내는 방법이 있다. 그러나 어떻게 딱 필요한 유전자를 선택할 수 있을까? 내 생각으로는 어떤 유전자를 선택해야 하는지 한눈에 알아볼 수 있는 선견지명 없이는 불가능한 일로 보이며 진화에서 그런 선견지명이 있었던 예는 없다. 이 방법이 효과를 보려면 아마 유전체 전체를 복제한 뒤 한쪽 유전체에서 쓸모없는 유전자가 모두 사라질 때까지 조금씩 제거해 나가야 할 것이다(실제로 미토콘드리아는 이런 과정을 거쳤다). 그러나 어떤 유전체의 유전자를 없애야 할지 어떻게 알 수 있을까? 둘 다 단백질을 합성하려면 활성화되어야 할 것이다. 그러나 그렇게 되면 한 세균 안에서 활성화 상태로 있는 이 두 유전체는 서로 엄청난 선택압을 받아 불필요한 유전자를 다투어 버리려고 할 것이다. 두 유전체 모두에서 유전자 소실이 일어나게 되어 결국 이 경쟁은 세포를 파멸로 몰아갈 것이다(이 내용은 6부에서 자세히 다룰 것이다). 스스로도 안정이 되지 않으니 다른 세포와 경쟁을 할 수 없는 것은 말할 것도 없다.

유전체마다 영향을 미치는 범위의 한계를 정하는 게 가능하면 이런 유전체 사이의 경쟁을 멈출 수 있을지도 모른다. 진핵생물은 미토콘드리아 유전체를 이중막 속에 가둬 이 문제를 해결했다. 그러나 세균은 이 방법을 쓸 수 없다. 추가로 만든 유전자 세트를 가둬두면 영양공급을 할 길이 없어 ATP도 생산하지 못할뿐더러 세균에게는 ATP를 밖으로 내보내는 장치가 없다. ATP 형태의 에너지를 경쟁자에게 내보내는 것은 세균에게는 자살행위나 다름없다. 150여 개의 미토콘드리아 수송 단백질 가운데 하나인 ATP 외수송 단백질(ATP exporter)은 진핵생물들만의 특징이다. ATP 외수송 단백질 유전자 서열은 동물과 식물과 균류에서 서로 연관성이 있으며 세균에게는 이와 비슷한 유전자가 없다는 것을 확인할 수 있다. 이는 ATP 외수송 단백질이 모든 진핵생물의 공통조상에서 진화되었음을 의미한다. 다시 말해서 ATP 외수송 단백질이 만들어진 시기는 가상의 진핵세포 조상이 만들어진 이후로, 중요한 생물군은 갈라지기 전이다.

진핵생물에서는 두 세포의 연합관계가 진화기간 내내 안정적이었기 때문에 이런 섬세한 장치를 발달시킬 시간이 있었다. 두 세포는 사이좋게 살았으므로 부족한 게 없었고 그 결과 진화가 일어날 충분한 시간과 안정성이 확보되었다. 이 안정성은 서로 협력하는 두 세포의 연합에 다른 이득이 있었기에 가능했다. 수소가설이 옳다고 가정할 때, 최초의 이득은 서로 다른 두 세포가 완전히 화학적으로 의존상태에 놓인 것이다. 그러나 단순히 자연선택에 의해 진화된 세균의 경우에서는 이와 비슷한 안정성을 찾아볼 수 없다. 단지 유전자 세트를 복제해 막 속에 가둬두는 것만으로는 아무 이득도 볼 수 없다. 별도의 유전자와 막을 유지하면서 반대급부가 없다면 에너지 낭비라는 것은 말할 것도 없고 이런 세포는 자연선택에 의해 순식간에 사라질 것이다. 어찌 되었든 세균의 경우 넓어진 막에서 호흡을 조절하는 데 필요한 추가 유전자는 언제나 자연선택에 의해 버려져야만 하는 거추장스러운 짐이 될 뿐이다. 항상 바깥 세포막을 통해 호흡을 하는 작은 세포가 세균으로서는 가장 안정된 상태다. 이런 작은 세균이 더 크고 능률이 떨어지며 자유라디칼을 만들어내는 경쟁자들과 견주어볼 때 자연선택을 받을 가능성이 크다.

마침내 우리는 세균이 복잡성을 얻고 몸집이 커지는 것을 가로막는 장애물에는 어떤 것이 있는지를 모두 살폈다. 세균은 최대한 빠른 속도로 복제하며 복제속도는 ATP 생산속도에 제한을 받는다. 바깥쪽 막을 통해 양성자를 내보내면서 ATP를 생산하는 세균은 몸집이 커지면 에너지 효율이 떨어지기 때문에 몸집을 늘리지 못한다. 이 사실은 진핵생물처럼 먹이를 잡아먹는 생활방식을 불가능하게 만들었다. 식세포작용을 하려면 큰 몸집과 함께 바깥쪽 막을 통한 호흡으로는 얻을 수 없는 엄청난 에너지가 필요하기 때문이다. 일부 세균 중에는 복잡한 내막체계를 발달시킨 종이 있기는 하다. 그러나 그런 내막의 넓이도 진핵세포 하나에 들어 있는 미토콘드리아 내막에 비하면 보잘것없다. 유전자의 전진기지가 없는 세균은 넓은 범위에 걸쳐 호흡속도를 조절할 수 없기 때문이다. 빠른 복제와 효과적인 에너지 생산에 강한 선택압이 작용하는 상황에서 이런 유전자의 전진기지를 세웠다가는 자연선택에 의해 제거되고 말 것이다. 오직 세포내공생만이 넓은 범위에 걸쳐 호흡을 조절하는 데 필요한 장기적인 조건을 마련하기 위한 안정성을 충분히 갖추었다.

드넓은 우주 어딘가에는 조금 다른 일이 일어날 수도 있을까? 가능성은 무한하다고 하지만 나는 이것만큼은 그럴 것 같지 않다. 자연선택은 확률에 근거한다. 비슷한 선택압이 작용하면 우주 어디에서나 비슷한 결과가 나올 확률이 가장 크다. 자연선택이 그렇게 자주 눈이나 날개처럼 비슷한 해결책으로 수렴된 것을 보면 알 수 있다. 40억 년 동안 진화가 일어났지만 세균이 자연선택을 통해 진핵생물로 진화된 예는 단 한 차례도 없었다. 또 유전자를 모두 잃고도 여전히 제구실을 하는 미토콘드리아도 없었다. 나는 이런 사건들이 어디에서 또 일어날 수 있을지 의아하다.

진핵생물을 이룬 공생체의 본질은 무엇일까? 우리는 1부에서 진핵세포가 있을 법하지 않은 상황을 연달아 거치면서 진화해 단 한 번만 지구에 나타났음을 확인했다. 어디선가 이와 비슷한 일련의 사건이 반복되고 있을지도 모르지만 나는 복잡성의 증가가 불가피하다는 것을 뒷받침하는 물리법칙을 본 적이 없다. 실제로 일어났던 일 때문에 물리학이 난처한 처지에 놓인 것이다. 아무리 잘 봐줘도 복잡한 다세포 생물로 진화한다는 것은 불가능해 보이며 복잡성이라는 핵심 요소가 빠지면 지적인 생명체는 있을 수 없다. 그러나 단 한 번, 세균의 단순성을 유지하던 울타리가 무너지면서 크고 복잡한 최초의 세포, 최초의 진핵생물이 탄생했다. 이로부터 우리 자신을 포함해 오늘날 우리를 둘러싸고 있는 모든 화려한 생명의 세계를 향해 나아가는 멈출 수 없는 대장정이 시작된 것이다. 진핵세포가 탄생하기까지의 과정은 미토콘드리아에 의존하는 길이라고 할 수 있다. 미트콘드리아의 존재는 몸집의 대형화와 복잡성 증가를 위한 가능성을 마련한 게 아니라 필연성을 제공했다.

4

거듭제곱 법칙: 크기와 복잡성

09 생물학의 거듭제곱 법칙
10 정온동물의 대변혁

생명은 본래부터 복잡해지고자 하는 성질을 타고났을까? 복잡성이 증가하는 비탈을 오르도록 생명체를 떠미는 힘은 유전자가 아닌 다른 곳에 있다. 크기와 복잡성은 대체로 연관성이 있다. 크기가 커지면 유전적으로나 형태학적으로나 복잡성이 요구되기 때문이다. 그러나 크기가 커지는 것이 생명체에게 즉각적인 이득이 되지는 않는다. 크기가 커지면 미토콘드리아가 많아지며 미토콘드리아가 많아진다는 것은 힘이 세지고 대사효율이 증가한다는 의미다. 미토콘드리아는 두 가지의 대변혁에서 원동력으로 작용했다고 추측된다. 하나는 복잡성이 나아가는 데 없어서는 안 될 DNA와 유전자의 축적이며, 다른 하나는 지구에 널리 퍼진 정온동물의 진화다.

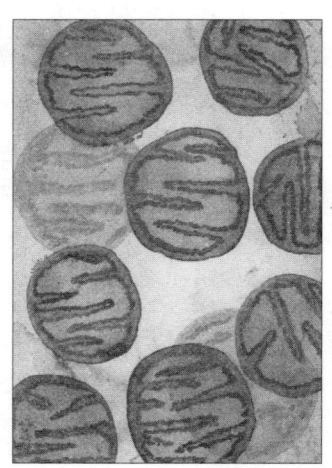

다다익선─미토콘드리아의 수가 크기와 복잡성의 진화를 결정한다.

생물학에는 크기에 대한 편견이 만연해 있다. 우리는 주로 식물과 동물과 균류처럼 눈에 보이는 커다란 생명체에 흥미를 느낀다. 세균이나 바이러스에 대한 관심은 다분히 인간중심적이어서, 주로 이들이 일으키는 무시무시한 질병의 원인을 밝히기 위한 의학적인 호기심에서만 접근이 이루어지기 때문에 끔찍한 병을 일으킬수록 더 많은 관심을 갖는다. 며칠 만에 사지를 모두 괴사시키는 세균은 도저히 매력적이라고 할 수 없지만 지구의 대기와 기후에 깊은 영향을 미치는 수많은 플랑크톤에 비해 훨씬 더 많은 관심을 끈다. 질병을 일으키는 미생물이 전체 미생물에서 차지하는 비율은 아주 낮지만 미생물학 교과서는 병원성 미생물에 초점을 맞추고 있다. 우주공간에서 생명의 징후를 찾을 때 우리가 찾는 것은 꼬불꼬불한 촉수가 달린 지적인 외계인이지 현미경으로나 겨우 볼 수 있는 세균이 아니다.

앞서 몇 장에서 우리는 생물학적 복잡성의 기원을 생각했다. 우리 조상인 최초의 진핵생물, 곧 핵과 미토콘드리아 같은 세포소기관을 갖춘 형태적으로 복잡한 세포가 왜 세균으로부터 나타나게 되었는지를 살펴보았다. 나는 세포에서 일어나는 기본적인 에너지 생산과정을 볼 때, 공생이 복잡성의 진화를 위해 꼭 필요하다고 주장했다. 자연선택 하나만으로는 진핵세포의 진화가 일어나기 어렵다. 미토콘드리아를 이용한 세포 내 에너지 생산이 진핵세포의 진화라는 도약을 가능하게 했다. 진핵세포 사이에서는 공생이 흔한 일인 데 비해 세균 사이에서는 세포내공생(한 세균이 다른 세균의 몸속에 사는 현상)이 일어나기 어렵다. 세균의 세포내공생을 통해 복잡한 진핵세포가 만들어진 것은 단 한 번 일어났던 특별한 사건이었으며, 아마 1부에서 다루었던 일어날 법하지 않은 일련의 사건을 거쳤을 것이다.

이미 최초의 진핵생물이 나타났기 때문에 우리는 당당하게 복잡성이 상승하는 오르막에 대한 이야기를 할 수 있다. 우리가 겉모습에 현혹된 것은 아닌지 조금 의심스럽기도 하지만 단세포 생물에서 인간으로 변화되는 과정은 확실히 복잡성이 증가하는 오르막처럼 보인다. 이제 더 큰 의문이 서서히 모습을 드러낸다. 진핵생물의 크기와 복잡성을 증가하게 만든 것은 무엇이었을까? 다윈 시대에 인기 있던 해답이자 많은 생물학자들로 하여금 종교와 진화론을 잘 조화시킬 수 있게 한 해답은 본래 생명은 더 복잡해지도록 예정되어 있다는 것이다. 이 같은 논리에 따르면, 진화는 수정란으로부터 개체가 발생하는 것처럼 복잡성이 증가하는 과정이다. 이 과정은 신이 관장하는 예정된 과정이며 한 걸음씩 천국에 다가가는 과정이다. '고등한 동물', '만물의 영장'처럼 흔히 쓰는 표현 속에는 이런 철학이 담겨 있으며, 다윈 자체로 돌아가자는 진화론자들의 설득에도 아랑곳없이 오늘날에는 이런 생각들이 지배적이다. 과학에서 비유는 아주 강력하며 낭만적일 수도 있지만 깊은 오해를 불러일으키기 쉽다. 행성들이 태양 주위를 돌듯 전자가 원자핵 주위에서 일정한 궤도를 이루며 돈다는 강한 시각적인 비유도 오해를 불러일으켰다. 이 비유는 오랫동안 양자역학을 환상적이고 불가사의한 학문으로 만들었다. 진화가 개체발생과 비슷하다는 생각은 진화에서는 아무것도 예측할 수 없다는 진실을 감춰버린다. 진화는 예정대로 실행될 수 **없다**(반면 배胚발생이 일어나려면 반드시 유전자의 사전계획이 있어야만 한다). 그러므로 복잡성은 신에 가까이 다가가고자 하는 목표를 향해 나아갈 수 없다. 즉각적인 이득에 대한 즉각적인 보상만 있을 뿐이다.

예정된 것이 아니라면 복잡성의 진화는 단순한 우연의 소산일까, 아니면 자연선택의 작용으로 일어난 필연적인 결과일까? 세균의 경우에는 형태적으로 더 복잡해지려는 경향이 조금도 나타나지 않는 것을 보면 자연선택이 복잡성을 선호할 가능성은 낮다. 자연선택이 복잡한 것만큼 단순한 것도 좋아한다는 사실을 보여주는 예는 수없이 많다. 한편으로 세균은 호흡문제로 어려움을 겪지만 진핵생물은 그렇지 않다는 것도 확인했다. 진핵생물의 복잡성은 단지 우연히 진화된 것일까? 종교적 의미를 강하게 풍기지 않기 위해 스티븐 제이 굴드는 복잡성을 술주정뱅이의 비틀거리는 발걸음에 비유하기도 했다. 가던 길 한쪽이 벽으로 가로막혀 있으면 이 술주정뱅이는 길도랑에 빠지기 쉽다. 이유는 단순하다. 그가 생각하기에는 더 이상 갈 곳이 없기 때문이다. 복잡성에서 이 벽에 비유할 수 있는 것은 생명의 기초다. 적어도 독립된 생명체라면 세균보다 단순해지는 것이 불가능하기 때문에 무작정 나아가다 보면 더 복잡해질 수밖에 없다는 것이다. 이는 진화에 성공하면 새로운 생태적 지위를 이용하기가 더 쉽기 때문에 생명체가 더 복잡해진다는 시각인 '개척'이론(pioneering theory)과 연관이 있다. 가장 단순한 생태적 지위를 세균이 차지한 상태에서 생명체에게 남은 길은 더 복잡해지는 것밖에 없다는 것이다.

두 주장 모두 복잡성에는 아무런 본질적인 이득이 없다는 뜻을 내포한다. 다시 말해서 진핵생물이 더 복잡한 형태로 진화되도록 부추기는 타고난 특징 같은 것은 없으며 단지 환경에 나타난 가능성에 반응했을 뿐이라는 것이다. 한동안 나는 두 이론이 진화의 어떤 경향을 설명한다는 것을 의심하지 않았다. 그러나 지구상에 있는 복잡한 생명체를 이루는 체계 전체가 이리저리 표류하는 진화의 흐름이 합쳐져 이루어졌다는 것을 그대로 받아들이기는 어려웠다. 표류에는 방향성이 없다는 문제가 있기 때문이다. 나는 진핵생물의 진화에 본래부터 어떤 방향성이 있었다는 느낌을 지울 수 없다 거대한 존재의 사슬이라는 개념은 환상일지도 모르지만 고대 그리스 시대부터 2,000년 동안 강하게 인류를 지배해왔다. 생물학에서 명백한 '목적'을 지닌 진화(피를 돌게 하는 심장 따위)를 설명해야 하는 것처럼 더 큰 복잡성을 향해 가는 명백한 궤적도 설명해야만 한다. 무작정 걷다 빈 틈새에서 멈추는 것만으로 정말 복잡성의 오르막처럼 보이는 무언가가 만들어질 수 있을까? 스티븐 제이 굴드의 비유를 조금 바꿔 생각하면 이런 의문이 든다. 비틀거리는 술주정뱅이들은 어떻게 길도랑에 빠지지 않고 그렇게나 많이 길을 건너간 것일까?

이 문제에 대한 해답으로 진핵세포에는 있지만 세균에게는 없는 성性이 제시되었다. 마크 리들리는 『멘델의 악마』에서 성과 복잡성 사이의 연관성을 설득력 있게 주장했다. 리들리에 따르면, 유전자에 복제오류나 해로운 돌연변이가 생겼을 때 무성생식으로는 효과적으로 제거할 수 없다는 문제점이 있다. 게다가 유전체의 크기가 커지면 최악의 오류가 일어날 가능성도 함께 커진다. 유성생식을 통해 유전자를 재조합하면 이런 오류가 일어날 위험이 줄어들 수 있으므로 개체가 돌연변이 때문에 파멸을 겪지 않는 한 유전자 수의 증가를 견딜 수 있다는 것이다(그러나 이 주장은 아직 검증된 적이 없다). 유전자가 많이 축적될수록 복잡성이 증가할 가능성이 커지므로 진핵생물의 경우 유성생식이 복잡성의 문을 활짝 열었을 가능성은 분명 존재한다. 리들리의 주장은 한편으로는 신빙성이 있지만 성이 복잡성으로 가는 통로라는 생각에는 문제가 있다. 이 점은 리들리 자신도 인정했다. 특히 세균의 유전자 개수는 세균이 무성생식만 한다 해도 이론적인 무성생식 한계보다 한참 적다. 게다가 세균은 무성생식에만 의존하지 않는다(세균은 유전자 수평이동을 통해 필요한 유전자를 받아들일 수 있다). 리들리는 이 자료가 모순이 있으며 무성생식을 할 수 있는 유전자 수의 한계는 초파리와 인간 사이 어딘가에 있다는 것을 시인했다. 그렇다면 복잡성으로 들어가는 문은 성의 진화라는 문지기가 열기는 어려울 것 같다. 뭔가 다른 문지기가 있는 게 분명하다.

진핵생물이 몸집이 커지고 복잡해진 데는 어떤 내재적인 성향이 작용했지만 나는 그 이유가 성보다는 에너지와 연관이 있다고 본다. 에너지 대사 효율이 다양성과 복잡성을 향해 돌진하는 진핵생물의 뒤에서 추진력으로 작용했을지도 모른다. 같은 원리가 모든 진핵세포의 에너지 효율을 높이는 쪽으로 작용해 식물, 동물, 균류 할 것 없이 단세포 생물과 다세포 생물 모두 크기가 커지는 방향으로 진화되었다. 정처 없이 걷다 비어 있는 틈새에 빠진다거나 성이라는 규칙에 떠밀려가는 것보다 진핵생물 진화의 궤적은 몸집이 커지는 내재적인 성향과 규모가 커질수록 경비가 절감된다는 측면을 잘 설명한다. 동물은 몸집이 커질수록 대사율(metabolic rate)이 낮아지고 살아가는 데 비용이 덜 든다.

나는 여기서 크기와 복잡성을 하나로 합치고자 한다. 살아가는 데 경비가 덜 들기 때문에 크기의 대형화를 선호하는 게 사실이라 해도 크기와 복잡성 사이에 정말 연관성이 있을까? 복잡성이라는 용어는 정의하기가 쉽지 않다. 정의를 시도하면 어쩔 수 없이 편견이 개입된다. 우리는 복잡한 생명체라고 하면 지능, 행동, 감즉, 언어 따위를 떠올리지 곤충처럼 애벌레에서 나비로 극심한 형태적 변화를 겪는 복잡한 한살이를 떠올리지는 않는다. 이런 편견, 특히 크기에 대한 편견은 나만 그런 것이 아니다. 내 생각에는 대부분의 사람들이 나무가 풀보다 복잡하다고 생각하는 것 같다. 그러나 광합성 조직만 따지면 풀이 훨씬 진화되었다고 말할 수 있을지도 모른다. 우리는 다세포 생물이 세균보다 복잡하다고 우긴다. 그러나 세균의 생화학적인 능력은 어떤 진핵생물도 따라올 수 없을 만큼 정교하다. 심지어 우리는 화석기록에서도 크기가 커지는 (더불어 복잡성도 증가하는) 방향으로 진화되는 경향을 보고 싶어했고 이 경향을 반영한 것이 코프의 법칙(Cope's Rule, 시간이 흐를수록 좋은 몸집이 커지는 쪽으로 진화한다는 법칙: 옮긴이)이다. 코프의 법칙은 한 세기 동안 별 의심 없이 받아들여지다가 1990년대에 몇몇 체계적인 연구를 통해 실체가 없는 허상이라는 결론이 났다. 몸집이 커지는 종과 몸집이 작아지는 종이 비슷한 비율로 나타난 것이다. 우리는 우리처럼 몸집이 큰 동물들에게 너무 홀린 나머지 크기가 작은 생명체를 대수롭지 않게 여기는 경향이 있다.

그렇다면 크기와 복잡성을 하나로 합쳐 크기가 큰 생명체가 일반적으로 더 복잡하다고 할 수 있을까? 몸집이 커지는 것 하나만으로도 새로운 문제가 한 무더기 생긴다. 대부분의 문제는 앞 장에서 다루었던 부피 대 표면적 비율과 연관이 있다. 위대한 유전학자인 J. B. S. 홀데인Haldane은 1927년에 발표된 『적당한 크기에 관하여On Being the Right Size』라는 명쾌한 글에서 아주 작은 벌레를 예로 들어 이 문제를 일부 다루었다. 이 벌레는 매끄러운 피부에서 산소가 확산되며 곧게 뻗은 창자를 통해 양분을 흡수하고 단순한 콩팥으로 배설을 한다. 벌레의 몸길이와 둘레가 열 배씩 늘어나면 부피는 10^3배, 곧 1,000배가 늘어난다. 모든 세포에서 대사율이 똑같다고 할 때 벌레는 1,000배나 많은 산소와 먹이를 흡수해야 하고 1,000배나 많은 배설물을 내놓게 된다는 결과가 나온다. 게다가 형태변화가 없다고 가정하면 표면적은 10^2배, 곧 100배만 증가하는 문제가 생긴다. 몸집이 커지면서 늘어난 요구량에 맞추려면 벌레의 창자나 피부 1제곱밀리미터에서 1분 동안 흡수하는 양분이나 산소의 양은 열 배로 늘어야 할 것이다. 마찬가지로 콩팥에서 배출되는 노폐물의 양도 열 배로 늘어야 할 것이다.

어떤 지점에서든 한계를 넘어서야만 하고 그 한계를 넘어서면 특별한 적응을 통해 몸집이 더 커질 수 있다. 이를테면 아가미나 허파는 산소를 더 많이 받아들이기 위해 표면적이 넓어지며(사람의 허파는 표면적이 100제곱미터에 달한다) 창자는 흡수면적을 넓히기 위해 주름으로 뒤덮인다. 이런 정교한 분화가 일어나려면 형태적인 복잡성과 유전적인 복잡성이 필요하다. 따라서 생명체의 크기가 커지면 다양한 형태로 분화된 세포가 늘어나며(우리가 이용하는 분류법에 따르면 인간의 몸을 구성하는 세포의 종류는 200가지에 이른다) 유전자도 많아지는 경향이 있다. 홀데인은 이렇게 말했다. "고등한 동물이 하등한 동물에 비해 몸집이 큰 까닭은 더 복잡하기 때문이 아니다. 몸집이 더 크기 때문에 복잡해진 것이다. 비교해부학이란 부피에 대한 표면적 비율을 늘리기 위한 노력을 다루는 학문이다."

몸집이 커지는 데 따르는 기하학적 장애가 극복하기 쉽지 않은 것처럼, 몸집이 커지는 데는 다른 불이익이 따른다. 몸집이 큰 동물은 날거나 몸을 숨기거나 울창한 숲을 지나거나 늪지처럼 부드러운 지반을 걷기가 더 어렵다. 몸집이 큰 동물이 높은 곳에서 떨어지면 끔찍한 결과가 초래될 것이다. 떨어지는 동안의 공기저항은 표면적에 비례하기 때문이다(몸집이 큰 동물은 질량에 비해 표면적이 작다). 생쥐 한 마리가 수직으로 뚫린 갱도에 떨어지면 잠깐 정신을 잃었다가 재빨리 달아날 것이다. 사람이 떨어지면 뼈가 부러질 것이다. 말이 떨어지면 '텀벙거릴(splash)' 것이다(이는 홀데인의 말을 그대로 옮긴 것으로 무슨 뜻인지는 나도 잘 모르겠다). 이렇게 보면 자연은 몸집이 큰 생물에게 그다지 친절한 것 같지 않은데 왜 자꾸 몸집을 커지게 하는 걸까? 또다시 홀데인이 이 점에 몇 가지 설득력 있는 답을 내놓았다. 크기가 커지면 힘이 세지기 때문에 짝짓기 경쟁이나 포식자와 피식자 사이의 싸움에서 이득을 본다. 크기가 커지면 기관을 효과적으로 활용할 수 있다. 이를테면 눈은 일정한 크기의 감각세포로 이루어져 있기 때문에 눈의 크기가 커지면 감각세포의 수가 늘어나 사물을 더 또렷하게 볼 수 있다. 물의 표면장력은 곤충에게 치명적일 수 있는데(그래서 곤충은 종종 돌출된 입을 이용해 물을 가신다), 몸집이 커지면 이런 물의 표면장력 때문에 생기는 문제가 줄어든다. 또 몸집이 커지면 체온을 더 잘 유지한다(수분유지도 마찬가지다). 이 때문에 크기가 작은 포유류와 조류는 극지방에서 보기 힘들다.

이 해답은 타당성이 있지만 포유류가 생명의 중심이라는 시각을 무심코 드러낸다. 왜 포유류처럼 큰 무언가가 처음 진화되어야 했는지 누구도 설명하려 들지 않는다. 내가 궁금한 것은 큰 포유류가 작은 포유류보다 더 잘 적응을 하는지가 아니다. 내가 알고 싶은 것은 어떻게 작은 세포가 큰 세포로 자라고 다세포 생물이 되고 마침내 우리 인간처럼 역동적이고 활력이 넘치는 생명체가 되었는가 하는 문제다. 간단히 말해서 우리가 눈으로 볼 수 있는 생물이 존재하는 이유를 알고 싶은 것이다. 크기가 커지면 복잡성이 커지고 이에 따라 즉각적인 비용이 요구된다. 다시 말해 새로운 유전자와 더 나은 구성체계와 더 많은 에너지가 필요하다. 새로운 체계를 유지하는 데 드는 비용을 능가하는 즉각적인 보상이 어떤 이득을 가져왔기에 자발적으로 크기가 커졌을까? 4부에서는 생물학적 범위에서 '거듭제곱 법칙(power law)'이 복잡성을 향한 또렷한 궤적의 토대가 되었을지도 모를 가능성을 살펴볼 것이다. 진핵생물은 이 복잡성을 바탕으로 번성을 한 반면 세균은 이 복잡성의 영향을 전혀 받지 않은 것처럼 보인다.

09

생물학의
거듭제곱 법칙

뼈가 무게에 비례해 같은 강도를 유지하려면 뼈의 단면적은 몸무게와 같은 비율로 증가해야만 한다. 거인의 몸이 열 배가 아니라 두 배만큼 커진다고 생각해보자. 거인의 부피와 몸무게는 여덟(2^3) 배로 늘어날 것이다. 늘어난 몸무게를 지탱하기 위해 뼈의 단면적도 여덟 배 증가해야 한다. 그러나 뼈에는 단면적뿐 아니라 길이도 있다. 단면적이 여덟 배 늘어나고 길이가 두 배 늘어난다면 전체 골격은 이제 열여섯(2^4) 배 무거워지게 된다. 다시 말해서 골격이 체질량에서 차지하는 비율이 증가하게 된다. 이론적으로 이 비율은 4/3 또는 1.33제곱에 비례하지만, 뼈의 강도가 일정하지 않기 때문에 실제로는 그보다 낮다(약 1.08).

런던에서는 누구나 한 길만큼의 쥐 속에서 산다고들 한다. 야행성인 쥐들은 낮 동안 마루 밑이나 시궁창 속에서 꾸벅꾸벅 졸고 있을 것이다. 어쩌면 당신이 침대에서 이 책을 읽고 있는 지금 이 순간, 부엌에서는 쥐들이 한바탕 난리를 치고 있을지도 모를 일이다(옆집 부엌에서 말이다). 어떤 쥐는 시궁창에서 썩어가고 있을지도 모른다. 쥐의 수명은 3년 정도로 짧은 편이다. 한때 흑사병의 매개체로 공포의 대상이던 쥐는 여전히 불결함과 추잡함의 상징이다. 그러나 동시에 우리 인간은 쥐에게 큰 신세를 지고 있다. 실험실에서 깨끗하게 살아가는 시궁쥐의 사촌들은 (좀 고풍스런 표현을 쓰자면) 모르모트처럼 인간 질병의 증세와 수많은 새로운 치료법을 시험하기 위한 실험동물로 의학교과서를 새로이 쓰는 일을 돕고 있다. 쥐는 우리 인간과 여러모로 비슷하기 때문에 실험실에서 아주 유용한 동물이다. 쥐는 우리와 같은 포유류이고 장기의 구조와 기능도 비슷하며 같은 감각기관을 가진 데다 심지어 감정까지도 비슷하다. 쥐도 우리처럼 주위 환경에 아주 호기심이 많다. 쥐도 암, 동맥경화, 당뇨병, 백내장과 같은 노화로 인한 질병을 앓는다. 그러나 어떤 치료법이 효과적인지 알아보기 위해 70년을 기다릴 필요가 없다는 점에서 실험재료로서 큰 장점이 있다. 쥐에게는 이런 퇴행성 질환이 2년 안에 나타난다. 쥐들도 우리처럼 지루하면 많이 먹는 경향이 있어 곧잘 살이 찐다. 애완용 쥐를 길러본 사람이라면(쥐랑 함께 일을 하는 연구원들에게는 흔한 일이다) 쥐가 지루해하지 않고 과식하지 않도록 주의해야 한다는 것을 잘 안다. 건포도를 숨겨두는 것도 좋은 방법이다.

쥐는 모든 면에서 우리와 매우 가깝기 때문에 쥐의 장기가 얼마나 빨리 움직이는지 알면 깜짝 놀랄 것이다. 쥐의 심장, 허파, 간, 콩팥, 창자는 인간에 비해 평균 일곱 배나 격렬하게 움직여야 한다(골격근은 제외). 이 점을 좀 더 자세히 알아보자. 현대판 샤일록이 쥐의 간 1그램과 사람의 간 1그램을 잘라내려 한다고 치자. 세포의 크기는 사람이나 쥐나 비슷하니까 두 개의 간 조각을 이루는 세포의 수도 엇비슷할 것이다. 이 조직들을 잠시 동안 살아 있는 채로 두고 활동량을 측정할 수 있다면 쥐의 간 조직이 인간의 간 조직에 비해 산소와 영양분을 일곱 배나 많이 소모하는 것을 현미경으로 확인할 수 있다. 이것은 실험을 통해 확인된 사실이다. 왜 이런 현상이 일어나는지가 이 장의 주제다.

대사율의 차이가 극심한 이유는 불분명하지만 그 결과는 매우 중요하다. 세포의 크기는 쥐나 인간이나 비슷하기 때문에 쥐의 세포는 인간의 세포보다 일곱 배나 분주하게 움직여야만 한다(기하학적인 한계에 도전하는 홀데인의 벌레만큼이나 바쁘게 움직여야 한다). 이는 모든 생물학적인 면에 고루 영향을 미친다. 세포마다 일곱 배 빨리 유전자를 복제해야 하고 새로운 단백질을 일곱 배 더 만들어야 하며 일곱 배나 많은 염류를 세포 밖으로 내보내야 하고 음식물의 독소를 일곱 배나 많이 제거해야 하며 그 밖의 많은 일을 일곱 배씩 더 해야 한다. 이렇게 빠른 대사작용을 유지하기 위해 쥐는 몸집에 비해 일곱 배나 많은 먹이를 섭취해야 한다. 말의 식욕은 저리가라다. 만약 쥐의 식욕을 사람에 비유하면 300그램 정도의 스테이크로는 양이 차지 않고 2킬로그램은 족히 먹어야 한다는 의미다! 이는 기본적으로 수학적인 문제로서 유전자와는 아무 관계가 없다(적어도 직접적인 관계는 없다). 그리고 쥐는 3년을 사는 반면 우리는 그 20배하고도 10년이나 더 사는 이유를 부분적으로 설명한다.

그림 12를 보면 쥐와 인간이 특별한 그래프 위에 자리잡고 있다. 이 그래프는 가장 작은 포유류인 뒤쥐부터 가장 큰 포유류인 코끼리와 흰긴수염고래까지 이어져 있다. 큰 동물은 작은 동물에 비해 확실히 먹이와 산소를 더 많이 소비한다. 그러나 질량 증가에 따른 산소 소비량 증가는 생각처럼 크지 않다. 질량이 두 배가 되면 전체 세포수도 두 배로 증가한다. 만약 세포마다 살아가는 데 필요한 에너지의 양이 같다면 질량이 두 배로 증가할 때 필요한 양분과 산소의 양도 두 배로 늘어나야 할 것이다. 한 치의 오차도 없이 질량이 증가할 때마다 대사율도 정확히 등가로 증가할 것 같다. 그러나 실제로는 이런 현상이 일어나지 않는다. 몸집이 커질 때마다 세포가 생명을

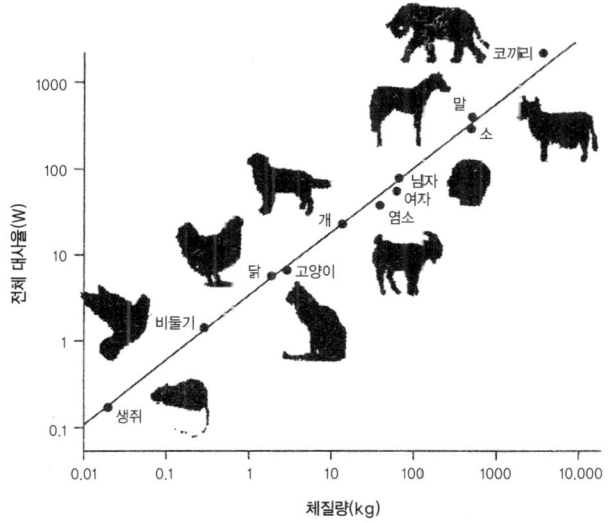

그림 12 체질량에 따른 안정 시 대사율의 관계를 보여주는 그래프. 생쥐에서 코끼리까지 체질량이 다양한 포유류가 등장한다. 로그-로그 그래프의 기울기는 3/4. 곧 0.75로 가로축이 4만큼 증가할 때 세로축은 3만큼 증가한다는 의미다. 이 기울기는 지수를 나타낸다. 대사율은 질량의 3/4제곱, 다시 말해서 질량$^{3/4}$으로 변한다.

유지하는 데 필요한 양분의 양은 적어진다. 큰 동물의 대사율은 더 '높아야 하지만' 실제로는 그렇지 않다. 대사율의 증가는 질량 증가에 비해 작게 나타난다. 우리는 쥐와 사람의 대사율이 일곱 배 차이가 난다는 것을 앞에서 확인했다. 동물은 몸집이 커지면 몸무게 1그램당 필요한 먹이의 양이 줄어든다. 코끼리와 쥐를 놓고 세포 하나(또는 몸무게 1그램)를 유지하는 데 필요한 양분의 양을 따져보면 1분당 코끼리가 필요한 양분과 산소의 양은 쥐에 비해 1/20에 불과하다. 달리 말하면 코끼리 한 마리만한 쥐떼는 진짜 코끼리 한 마리보다 20배나 더 많은 양분과 산소를 소비하는 셈이다. 확실히 코끼리가 되는 것이 경비절감에 효과적이다. 그러나 몸집이 커지면 양분과 산소의 소비가 감소한다는 것만으로 생명체의 크기가 커지고 더 복잡해지는 진화의 경향을 설명할 수 있을까?

대사율은 산소와 양분의 소비로 결정된다. 대사율이 낮아진다는 것은 세포에서 산소와 양분의 소비가 적어진다는 뜻이다. 그리고 몸을 구성하는 모든 세포에서 산소 소비량이 줄어들면 호흡률과 심장박동 같은 것이 모두 느려질 수 있다. 그러므로 코끼리의 심장박동은 팔딱거리는 생쥐의 심장박동에 비하면 느릴 수밖에 없다. 코끼리는 세포 하나당 필요한 산소와 양분의 양이 적기 때문에 심장이 빠르게 움직일 필요가 없다(심장 크기는 동물의 전체적인 크기와 비례한다고 추정했다). 또 다른 예기치 못한 결과는 노화속도가 느려진다는 것이다. 생쥐는 약 2~3년을 살고 코끼리는 약 60년을 산다. 코끼리와 생쥐는 일생 동안 비슷한 횟수만큼 심장이 뛰고 몸을 구성하는 세포가 소비하는 산소와 양분의 양도 얼추 비슷하다(코끼리는 60년 동안이고 생쥐는 3년 동안이다). 세포가 연소시키는 에너지의 양은 정해져 있는 것 같지만 코끼리의 세포에서는 생쥐에 비해 훨씬 연소가 천천히 일어나며(코끼리 세포의 대사율이 더 낮다), 이런 현상은 분명 몸집의 크기와 연관이 있을 것이다. 이 연관성은 생태와 진화에 깊은 영향을 끼쳤다. 동물의 크기는 개체군의 크기, 하루 동안 움직이는 영역의 범위, 자손의 수, 생식을 할 수 있을 정도로 성숙되는 데 걸리는 시간, 개체군이 재편성되는 속도, 새로운 종의 기원이 될 수 있는 진화속도 따위에 영향을 끼쳤다. 이 모든 특징들이 동물의 대사율만으로 놀라우리만치 정확하게 예측이 가능하다.

왜 대사율이 크기에 따라 달라지는지 생물학자뿐 아니라 물리학자와 수학자까지도 한 세기가 훨씬 넘도록 갈피를 잡지 못했다. 이 관계를 처음 체계적으로 연구한 사람은 독일의 생리학자인 막스 루브너Max Rubner였다. 루브너는 1883년 몸무게가 3.2킬로그램에서 31.2킬로그램까지 나가는 개 일곱 마리의 대사율을 그래프로 나타냈다. 루브너의 자료 자체는 곡선을 나타냈지만 대신 로그-로그 그래프(log-log plot)에 대입했다면 직선으로 나타났을 것이다. 로그 그래프를 이용하는 이유는 여러 가지가 있지만 가장 중요한 이유는 승수乘數를 분명하게 확인할 수 있다는 것이다. 보통 그래프에서는 축의 수치가 일정한 수만큼 더해지면서 증가하지만(10+10+10······), 로그 그래프에서는 곱으로 증가한다(10×10×10······). 그 결과 한 변수가 거듭제곱을 하는 동안 상대변수는 얼마나 거듭제곱을 했는지 확인할 수 있다. 간단한 정육면체를 생각해보자. 한 축에는 표면적의 로그값을 대입하고 다른 축에는 부피의 로그값을 대입하면 정육면체의 크기가 커질 때마다 두 값이 어떻게 변하는지 확인할 수 있다. 정육면체 한 모서리의 길이가 열 배 늘어나면 표면적은 100배, 부피는 1,000배 늘어난다. 로그-로그 그래프에서는 표면적이 100배 늘어나는 것은 두 칸, 부피가 1,000배 늘어나는 것은 세 칸에 해당하므로 이를 그래프로 나타내면 기울기를 얻는다. 따라서 정육면체는 표면적이 두 단계 증가할 때마다 부피가 세 단계씩 증가하기 때문에 기울기는 2/3, 곧 0.67이 된다. 로그 그래프에서 직선의 기울기는 지수를 나타내므로, 이 경우의 지수는 2/3가 된다. 정의에 의하면 지수는 어떤 수를 몇 번 거듭제곱할지를 명확하게 나타낸다($2^2=2×2$, $2^4=2×2×2×2$). 그러나 2/3 같은 분수지수를 다룰 때는 로그-로그 그래프를 직선의 기울기로 생각하는 편이 훨씬 간편하다. 지수가 1이라는 것은 한 축의 값이 변할 때 다른 축의 값도 같은 크기만큼 변한다는 뜻이다. 다시 말해서 두 변수는 정확히 비례한다. 지수가 1/4이라는 것은 한 축의 값이 1만큼 변할 때 다른 축의 값은 4만큼 변한다는 뜻이다. 비례관계는 있지만 변화량이 달라진다.

다시 막스 루브너 이야기로 돌아가자. 질량의 로그값과 대사율의 로그값을 그래프로 계산하던 루브너는 대사율이 질량의 2/3제곱에 비례한다는 사실을 발견했다. 다시 말해서 대사율의 로그값이 두 단계 증가할 때마다 질량의 로그값은 세 단계씩 증가한다는 것이다. 이 결과는 우리가 앞에서 살펴보았던 정육면체의 부피와 표면적 사이의 관계와도 정확히 일치한다. 루브너는 개들의 열 손실로 이 관계를 설명했다. 대사작용을 통해 생산되는 열량은 세포수로 결정되는 반면, 외부로 빠져나가는 열량은 표면적에 비례한다(복사열로 손실되는 열량이 표면적에 비례하는 것과 마찬가지다). 동물의 몸집이 커질수록 질량의 증가율은 표면적의 증가율보다 더 높다. 만약 모든 세포가 같은 비율로 열을 생산한다면 전체적인 열 생산비율은 질량에 따라 증가하겠지만, 열 손실은 표면적과 연관이 있을 것이다. 따라서 몸집이 큰 동물일수록 체온을 더 잘 유지하므로, 코끼리의 체세포가 쥐의 체세포와 같은 비율로 열을 생산한다면 코끼리는 말 그대로 녹아 없어질 것이다. 대사율이 높아야 하는 목적이 몸을 따뜻하게 유지하는 것이고 몸집이 큰 동물이 열을 더 잘 유지할 수 있다면 코끼리는 더 이상 대사율을 높게 유지할 필요가 없다. 코끼리는 약 섭씨 37도의 체온을 안정적으로 유지하기만 하면 된다. 그러므로 동물의 크기가 커질수록 대사율은 표면적 대 질량비에 비례해 낮아지게 된다.

개가 품종에 따라 크기와 모양이 아주 다양하다고는 해도, 루브너는 결국 한 종만 놓고 실험한 것이다. 반세기가 지난 뒤, 스위스계 미국인 생리학자 막스 클라이버Max Kleiber는 여러 가지 다른 종 사이의 대사율과 질량의 관계를 로그-로그 그래프로 나타내고, 쥐에서 코끼리에 이르는 유명한 그래프를 만들어냈다. 이 그래프의 지수는 당초 예상했던 2/3가 아니라 3/4(0.75, 실제로는 반올림해서 0.73이다. 그림 12 참조)으로 나와 클라이버뿐 아니라 다른 이들까지도 크게 놀랐다. 다시 말해서 대사율의 로그값이 세 단계 증가할 때마다 질량의 로그값은 네 단계씩 증가하는 것이다. 미국의 새뮤얼 브로디Samuel Brody를 비롯한 다른 학자들도 비슷한 결과를 얻었다. 게다가 0.75라는 지수는 포유류뿐 아니라 조류, 파충류, 어류, 곤충, 나무, 심지어 단세포 생물에도 모두 적용된다는 사실이 밝혀졌다. 무려 10^{21} 범위에 걸쳐 대사율이 질량의 3/4제곱(질량$^{3/4}$)이라는 규칙이 적용되는 것이다. 많은 다른 특징 역시 1/4의 배수(1/4 또는 3/4)를 기본으로 한 지수를 따라 변화해 '1/4지수 비례(quarter-power scaling)'라는 일반적인 용어가 나오게 되었다. 이를테면 맥박속도, 대동맥의 지름, 나무줄기의 지름, 수명까지 모든 것이 1/4지수 비례에 대체로 들어맞았다. 일부 학자들은 1/4지수 비례의 보편적인 타당성에 이의를 제기했으며 그 가운데 가장 설득력이 있었던 사람은 데이비스 캘리포니아 주립대학의 앨프리드 휴스너Alfred Heusner였다. 그러나 이 1/4지수 비례는 거의 모든 일반 생물학 교재에 '클라이버 법칙(Kleiber's law)'이라는 이름으로 실리게 되었다.[10]

대사율이 도대체 왜 질량의 3/4제곱에 따라 변해야 하는지는 그 뒤 반세기 동안 의문으로 남아 있다가 이제 우리가 살펴보게 될 해답 하나가 희미하게 형체를 드러내기 시작했다. 그러나 한 가지는 분명했다. 표면적 대 부피의 비율과 대사율을 연관 짓는 2/3지수가 정온동물인 포유류와 조류에 적용되는 것은 의미가 있지만 양서류와 곤충 같은 변온동물에 적용되어야 하는 명확한 이유가 없었다. 변온동물은 체내에서 열을 만들지 않거나 만들어도 소량만 만든다. 그러므로 만들어지는 열과 손실되는 열의 균형을 중요한 변수로 보기 어렵다. 이런 견지에서 보면 3/4지수나 2/3지수나 의미 없기는 마찬가지다. 3/4지수를 논리적으로 설명하기 위한 다양한 시도가 있었지만 어떤 것도 학계 전체로부터 인정을 받지는 못했다.

그러던 1997년, 미국 로스앨러모스 국립연구소의 고에너지 입자물리학자인 제프리 웨스트Geoffrey West는 앨버커키에 있는 뉴멕시코 대학의 생태학자인 제임스 브라운James Brown, 브라이언 엔퀴스트Brian Enquist와 함께 공동 연구를 시작했다(이들의 연구는 학문 간 공동 연구를 지원하는 단체인 산타페 협회를 통해 이루어졌다). 이들은 포유류의 순환계, 곤충의 기관(trachea), 식물의 관다발계 같은 복잡하게 가지를 친 공급망의 프랙털fractal 기하학에 기반을 둔 파격적인 해석을 내놓았다. 고도로 집적된 이들의 수학적인 모형은 1997년 『사이언스』지를 통해 발표되었고 순식간에 많은 이들의 상상력을 사로잡았다.

---

10) 어떻게 하면 막스 루브너의 2/3지수와 막스 클라이버의 3/4지수가 조화를 이룰 수 있을까? 일반적인 해답은 같은 종 내에서는 대사율이 2/3지수로 변하고 다른 종끼리 비교할 때는 3/4지수로 변화한다는 것이다.

생명체 안의 프랙털

'부서진'이라는 뜻의 라틴어 *fractus*에서 유래한 프랙털은 어떤 배율로 보나 비슷하게 보이는 기하학적 형태를 뜻한다. 프랙털은 작게 쪼개도 어느 정도는 계속 같은 형태를 유지한다. 프랙털의 선구자인 브누아 만델브로Benoit Mandelbrot의 말에 따르면, 그 이유는 '여러 면에서 전체를 닮은 부분으로 이루어진 형태'이기 때문이다. 바람, 비, 얼음, 침식, 중력 같은 자연의 힘은 산, 구름, 강, 해안선 같은 자연적인 프랙털을 무작위로 만들어낼 수 있다. 프랙털을 '자연의 기하학'이라고 묘사한 만델브로는 자신의 접근법을 제목으로 쓴 기념비적인 논문 「영국의 해안선은 얼마나 길까?」를 1967년에 『사이언스』지를 통해 발표했다. 프랙털은 가지의 각도와 조밀도('프랙털 차원 [fractal dimension]')를 지정한 반복적인 기하학 규칙을 이용해 수학적으로도 만들 수 있다.

두 가지 형태의 프랙털 모두 규모 불변성(scale invariance)이라고 알려진 특성이 있다. 규모 불변성이란 어떤 크기의 배율에서도 비슷한 모습으로 '보이는' 성질이다. 이를테면 작은 돌멩이는 거대한 절벽과 종종 닮은꼴을 하고 있으며 심지어는 산의 형상과 비슷할 때도 있다. 이런 이유에서 지질학자들은 사진을 찍을 때 항상 망치를 함께 놓고 찍는다. 그래야만 나중에 사진을 볼 때 크기를 가늠할 수 있기 때문이다. 또 작은 강줄기의 모습은 우주에서 바라본 거대한 아마존의 모습처럼 보이기도 하고 산꼭대기에서 바라본 작은 시냇물처럼 보이기도 하고 심지어 욕실 창문에서 떨어진 물에 뒷마당 흙이 패인 모습처럼 보이기도 한다. 일정한 기하학적 규칙을 반복해 비슷한 형태를 끝없이 생성하면 수학적 '반복' 프랙털이 만들어진다. 티셔츠나 포스터를 장식하는 매우 복잡하고 아름다운 프랙털 형상조차도 반복적인 기하학적 규칙(이따금 꽤 복잡한 규칙)을 세우고 그에 따라 점을 찍어 만든다. 프랙털은 많은 이들이 언제라도 수학의 깊은 아름다움을 가까이 느낄 수 있게 한다.

자연상태에 존재하는 대부분의 프랙털은 규모 불변성이 무한히 계속되지 않기 때문에 진정한 프랙털은 아니다. 그래도 잔가지의 도양은 나무 전체의 모습과 비슷하며 조직이나 기관에서 혈관이 갈라진 모습도 몸 전체의 혈관계 모습과 닮아 크기를 가늠하기 어렵다. 코끼리의 심혈관계는 생쥐의 심혈관계와 닮았지만 그 크기는 거의 10^6배 차이가 난다(다시 말해서 코끼리의 심혈관계는 생쥐의 심혈관계보다 100만 배 더 크다). 이 정도 규모로 배율이 달라져도 비슷한 형태로 유지되는 망상구조를 묘사할 때 프랙털 기하학은 자연스러운 언어다. 자연적인 망상구조는 진정한 프랙털은 아니지만 여전히 이런 수학적 원리로 정확히 정의되는 프랙털과 충분히 유사하다.

웨스트와 브라운과 엔퀴스트는 자연의 공급망이 가지는 프랙털 기하학이 몸집과 대사율의 비례를 설명할 수 있을지 자문했다. 아주 설득력 있는 발상이었다. 대사율은 산소와 양분 소비량에 비례하는데 산소와 양분은 체표를 통해 확산되는 게 아니라 동물의 몸속에서 여러 갈래로 갈라진 혈관 같은 공급망을 통해 세포로 전달될 수 있기 때문이다. 산소와 양분 전달에 의해 대사율이 결정된다면 결국 공급망의 특성에 의해 결정되는 것이라는 추측은 일리가 있다. 1997년에 『사이언스』지에 발표된 논문에서 웨스트와 브라운과 엔퀴스트는 세 가지 기본 전제조건을 내놓았다. 첫째, 이 공급망은 모든 세포에 양분과 산소를 공급하기 위해 유기체 전체에 고루 퍼져 있다. 둘째, 가장 작은 가지인 모세관은 공급망의 단위로 그 크기가 일정하다. 다시 말해서, 어떤 동물이나 크기에 관계없이 모세관의 크기는 모두 같다. 셋째, 공급망을 통해 양분을 전달할 때는 최소한의 에너지만 쓰인다. 진화기간 동안 공급망은 자연선택에 의해 최소의 시간과 노력을 들여 양분을 전달할 수 있게 최적화되었다는 것이다.

혈관의 탄성과 연관된 몇 가지 다른 요소도 함께 고려해야 하지만 여기서는 그것까지 생각할 필요는 없다. 중요한 것은, 프랙털 공급망이 자기유사성을 유지하기 위해(어떤 배율로 보나 비슷하게 '보이기' 위해) 몸집의 크기가 확대되는 동안 전체 가지의 수는 부피에 비해 느리게 증가한다는 것이다. 이는 관찰결과 사실로 확인되었다. 예를 들어 고래는 쥐보다 몸무게가 10^7(1,000만)배나 더 나가지만 대동맥부터 모세혈관까지 가지의 수는 고작 70퍼센트 많을 뿐이다. 프랙털 기하학의 이상적인 계산에 따르면, 크기가 큰 동물은 공급망이 차지하는 공간이 상대적으로 더 작다. 그 결과 모세혈관 하나가 돌봐야 하는 '최종 이용자'인 세포의 수는 더 많아지고, 이는 세포 하나에 분배되는 양분과 산소의 몫이 줄어든다는 의미다. 세포에 공급되는 양분이 줄어들면 대사율은 낮아질 게 분명하다. 정확히 얼마나 낮아질까? 프랙털 모형을 통해 예측한 결과에 따르면 대사율은 체질량의 3/4제곱에 대응한다. 이를 로그-로그 그래프에 나타내면 대사율의 로그값이 세 단계 증가할 때마다 질량의 로그값은 네 단계씩 증가하는 그래프가 그려질 것이다. 다시 말해서, 프랙털 모형을 통해 대사율이 질량에 비례한다는 것을 이론적으로 예측함으로써 클라이버의 법칙인 1/4지수 비례의 보편성을 설명했다. 이것이 사실이라면 생물계 전체가 프랙털 기하학의 지배를 받게 된다. 프랙털 기하학이 몸 크기와 개체군의 밀도와 수명과 진화속도까지, 실로 모든 것을 결정하게 된다.

이것만으로는 부족하다는 듯, 프랙털 모형은 더욱 파격적인 예측을 계속 내놓고 있다. 클라이버의 법칙은 포유류, 곤충류, 나무처럼 여러 갈래로 갈라진 또렷한 공급망을 가진 큰 생물뿐 아니라 공급망 같은 것은 전혀 없어 보이는 단순한 단세포 생물에도 확실하게 적용되므로 단세포 생물도 어떤 종류의 프랙털 공급망이 있어야 한다는 것이다. 이는 우리가 아직 알아차리지 못한 생물학적 구조가 존재할지도 모른다는 의미를 담고 있을 만큼 파격적인 예측이므로 제안자들조차 이를 '가상의' 공급망이라고 표현한다. 그러나 이제는 세포질이 교과서에서 소홀히 지나가던 별 특징이 없는 점액질이 아니라 훨씬 더 조직화된 뭔가로 보이기 시작했기 때문에, 이 '가상의' 공급망이 있을 가능성을 받아들이는 생물학자들이 늘어나고 있다. 이 '가상

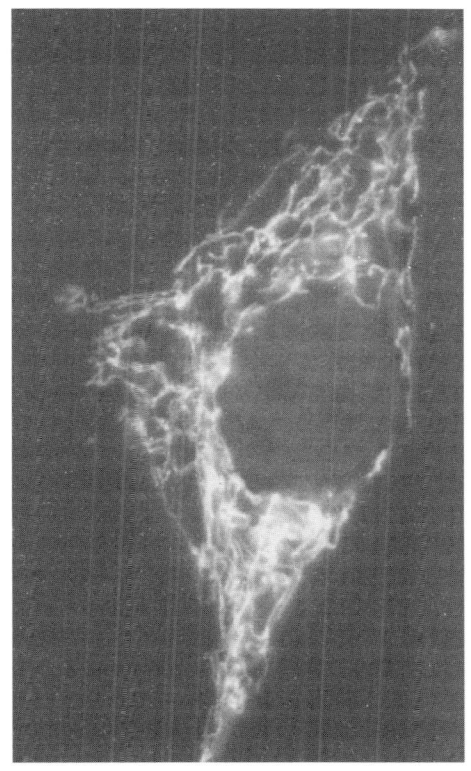

그림 13 조직배양된 한 포유류 세포의 미토콘드리아 망상구조. 미토트래커MitoTracker라는 염색약으로 염색했다. 미토콘드리아는 세포를 돌아다니며 이처럼 망상구조를 형성할 수 있다. 그러나 이 망상구조의 형태는 프랙털 도형과는 조금 다르다.

의' 공급망의 특징은 아직 불분명하다. 그러나 세포 안에는 세포질의 '흐름'이 있다는 것과 생각보다 훨씬 정교한 여러 가지 생화학적 반응이 일어나고 있다는 것은 확실하다. 세포는 대부분 내부구조가 아주 복잡하며 미토콘드리아와 세포골격의 섬유강을 갖고 있다. 그러나 이것이 정말 프랙털 기하학의 법칙이 똑같이 적용되는 프랙털 공급망일까? 가지를 이루고 뻗어나간 것은 분명하지만 **나무형태**의 공급망을 이루는 순환계와 닮았다고 보기에는 조금 부족하다(그림 13). 프랙털 기하학의 자기유사성 체계를 적용해보면 이 모습은 유사해 보이지는 않는다.

이런 불분명한 부분에 대처하고자, 웨스트와 브라운과 엔퀴스트는 가지를 형성하는 명확한 해부학적 구조의 필요성을 제거하고 대신 단계적인 공급망(러시아 인형처럼 공급망 안에 또 다른 공급망이 들어가는 구조)을 기반으로 자신들의 모형을 재조정했다. 다른 물리학자, 특히 펜실베이니아 대학의 제이안스 바나바Jayanth Banavar와 동료 연구진은 프랙털 기하학의 필요성을 완전히 제거하기 위해 공급망 모형의 단순화를 시도했지만 이들도 역시 가지 모양 공급망을 조건으로 한다. 1990년대 후반에는 몇 달에 한 번꼴로 다양하고 난해한 수학적 주장이 저명한 과학잡지의 지면을 채웠고, 종종 "이것은 차원의 동질성을 위배했기 때문에 틀린 게 분명하다······"는 따위의 날카로운 수학적 반격이 되돌아왔다. 논쟁은 양극화되는 경향을 띠었다. 생물학자들은 가상의 보편적인 규칙에도 예외가 있으리라는 것을 잘 안다("그래, 좋아. 그럼 가재는 어쩌지?" 이런 식이다). 반면 웨스트 같은 물리학자들은 하나의 통일된 설명을 찾는다. 웨스트는 직설적으로 불만을 드러냈다. "만약 갈릴레이가 생물학자였다면 다양한 재질의 사물을 다양한 속도로 피사의 사탑에서 떨어뜨리면 어떻게 될지를 나열한 책을 썼을 것이다. 생물학자 갈릴레이는 갈피를 잡을 수 없을 정도로 다양한 현상을 관찰하면서 저변에 깔린 진리를 꿰뚫어보려 하지 않았을 것이다. 공기저항을 무시한다면 모든 사물이 무게에 관계없이 같은 속도로 떨어질 텐데 말이다."

수요에 따른 공급인가, 공급에 따른 수요인가?

웨스트와 브라운은 로스앨러모스 국립연구소의 생화학자 윌리엄 우드러프William Woodruff와 공동으로 2002년 가장 흥미로웠던 발견을 발표했다. 이들은 『국립과학 학회지Proceedings of the National Academy of Sciences』에 발표된 자료를 통해 자신들의 프랙털 모형을 미토콘드리아까지 확대했다. 이들은 미토콘드리아뿐 아니라 미토콘드리아마다 수천 개씩 들어 있는 호흡복합체까지도 똑같이 1/4지수 비례가 적용된다고 밝혔다. 다시 말해서, 대사율과 몸 크기 사이의 관계가 호흡복합체 하나 수준부터 흰긴수염고래까지 확장된다는 것이 이들의 주장이다. 무려 '10^{27}'에 이르는 놀라운 범위다. 이 책을 구상하기 시작할 때부터 나는 이 논문을 다루기로 마음먹었다. 논문을 주의 깊게 읽으면서 중심논리를 파악하려 했지만 도무지 논문이 내포하는 의미를 이해할 수 없었다. 그때부터 나는 그들의 논문과 씨름을 했다. 미토콘드리아 속에 있는 호흡복합체 하나부터 흰긴수염고래까지 대사율이 일직선으로 곧게 연결된다는 것이 사실일까? 만약 이것이 사실이라면 어떤 의미가 있을까?

대사율은 주로 미토콘드리아 안에서 일어나는 산소 소비량의 비율로 나타내기 때문에 결국 대사율은 미토콘드리아 자체의 에너지 전환을 반영한다. 미토콘드리아에서 생산되는 에너지의 비율은 기본적으로 생물체의 크기에 비례한다. 웨스트와 동료 연구진에 따르면, 이 직선의 기울기가 세포, 미토콘드리아와 함께 마침내 저 깊숙한 곳에 있는 호흡복합체까지 연결된 공급망의 특성을 결정짓는다는 것이다. 이는 차곡차곡 이어지는 연속적인 공급망이 대사율을 제한하고 각각의 미토콘드리아에 특정 대사율을 강요한다는 것을 의미한다. 웨스트와 동료 연구진은 이 공급망에 구속력이 있다고 여기고 이를 '공급망 서열 주도권(network hierarchy hegemony)'이라고 불렀다.[11]

그러나 만약 공급망이 대사율을 제한한다면 동물의 크기가 커질수록 미토콘드리아는 좋든 싫든 대사율이 느려지도록 강요받는다. 다시 말해서 도달할 수 있는 최고치의 힘이 줄어들어야만 하는 것이다. 그 이유는 동물의 크기가 커질수록 공급망 비례에 따라 모세관 하나가 영양을 공급해야 하는 세포의 수가 늘어나기 때문이다(그렇지 않으면 모형은 전혀 설득력이 없다). 대사율은 모세관의 밀도와 함께 줄어들 수밖에 없다. 이렇게 되면, 웨스트와 동료 연구진도 인정했듯이, 크기가 커지는 것은 기회가 아니라 구속이며 아무런 효율성도 없다.

 만약 이것이 사실이라면 웨스트의 평소 주장 가운데 하나가 잘못된 게 분명하다. 웨스트는 이렇게 주장했다. "생명체의 크기가 커지면 효율이 더 높아진다. 자연에서 동물의 크기가 커지는 방향으로 진화가 일어나는 이유는 바로 이 때문이다. 몸집이 커지는 게 에너지를 이용하는 훨씬 나은 방법이다." 웨스트의 프랙털 논리가 옳다면 진실은 완전히 정반대가 되어야만 한다. 동물의 몸집이 커지면 이 동물의 몸을 구성하는 세포는 공급망을 통해 에너지 이용량을 줄이라는 강요를 받게 된다. 큰 동물은 에너지를 적게 쓰면서 살길을 찾아야만 한다. 적어도 자신의 질량에 비해 적게 써야 한다. 이는 효율성이 없는 정도가 아니라 배급에 가깝다. 만약 공급망이 정말 대사율을 억제한다면 왜 몸집이 크고 복잡해지는 방향으로 진화가 일어났는지도 설명이 되지 않는다.

 정말 생명체는 자신의 공급망에 의해 제한을 당하는 것일까? 공급망은 분명히 중요하고 프랙털의 성격을 지녔지만 공급망이 대사율을 억제하는 게 사실인지 충분히 의문을 가질 만하다. 실제로는 그 반대일 수도 있다. 수요가 공급망을 조절하는 사례가 분명히 존재한다. 수요와 공급의 균형은 경

---

11) 사실 이들은 이것을 기초로 특별한 예측을 했다. 공급망의 구속에서 자유로워지면 공급망이 있을 때보다 미토콘드리아가 더 느리게 움직여야 한다는 것이다. 배양을 하면 세포는 주위의 배지로부터 충분한 양분을 직접 공급받는다. 배지에는 공급망이 없기 때문에 세포를 구속하는 것이 없고, 구속을 받지 않으면 대사율이 올라가야만 한다. 이를 근거로 웨스트와 우드러프와 브라운은 포유류의 세포를 배양하면 대사작용이 더 활발해져야 한다고 예측했다. 그리고 몇 세대를 배양하면 세포마다 약 5,000개의 미토콘드리아가 들어가게 될 것이며 각각의 미토콘드리아에는 약 3,000개의 호흡복합체가 있을 것이라고 예상했다. 이 수치는 문제가 있어 보인다. 포유류의 세포는 배양에 적응하면서 미토콘드리아 수를 줄이고 대신 발효를 통해 에너지를 생산하여 대사산물로 젖산염을 내놓는 경향을 나타냈다. 젖산염의 축적은 세포의 성장을 방해하는 것으로 알려져 있다. 또한 미토콘드리아 하나에 들어 있는 호흡복합체의 수는 3,000개가 아니라 줄잡아 3만 개는 되는 것으로 추정된다. 웨스트와 우드러프와 브라운이 예측한 수치는 '관찰결과와 일치'하기는커녕 열 배나 벗어난다.

제학자들에게나 어울리는 것 같지만 이 경우에는 점점 더 복잡해지는 방향으로 나아가는 진화의 궤적과 진정한 복잡성은 생기지 않을 것처럼 영원히 틀을 벗어나지 못하는 세균의 세계 사이에 차이를 만든다. 만약 세포와 생명체가 크기가 커지면서 더 효율이 좋아진다면 크기가 커지는 데 따른 충분한 보상과 동기가 된다. 만약 크기의 대형화와 복잡성이 정말 함께 일어난다면 크기가 커지는 데 따른 보상은 복잡성 증가에 대해서도 똑같이 보상이 될 것이다. 그래야만 진화에서 생명체가 더 커지고 복잡해지는 타당한 이유가 된다. 그러나 만약 크기가 커질 때 돌아오는 것이 강요에 의한 검소, 다시 말해서 구두쇠의 인색한 접대뿐이라면 생명체는 크기가 더 커지고 복잡해지는 경향을 나타낼 이유가 없다. 크기가 커지면서 생명체는 더 많은 유전자와 더 복잡한 조직을 유지해야 하는 형벌을 이미 받았다. 그러나 만약 프랙털 모형이 옳다면 영원히 가난하게 살 것을 맹세하는 형벌을 하나 더 받는 셈이다. 몸집이 커지는 게 뭐가 좋아서?

보편상수에 대한 의문

프랙털 모형이 정말 옳은지에 대한 의문은 많지만 그중에서도 가장 의혹을 불러일으키는 것은 대사율과 질량의 관계를 나타낸 직선의 기울기, 곧 지수 자체의 타당성이다. 프랙털 모형의 가장 큰 장점은 질량을 알면 대사율을 추측할 수 있다는 것이다. 3차원의 몸속에서 갈라져 나간 공급망의 프랙털 기하학만을 고려한 프랙털 모형은 동물과 식물과 균류와 조류와 단세포 생물의 대사율이 모두 질량의 3/4제곱, 곧 질량에 비례한다고 예측했다. 그러나 만약 이 지수가 0.75가 아니라는 결과가 꾸준히 나온다면 프랙털 모형은 문제가 있으며 옳지 않다는 사실이 실험을 통해 밝혀지는 것이다. 누턴 세계관의 오류가 상대성 이론의 탄생으로 이어진 것처럼, 실험을 통해 어떤 가설의 오류가 밝혀지는 것은 멋진 새 가설이 나오는 계기가 되기도 한다. 그러나 원래 모형은 역사의 저편으로 물러날 수밖에 없다. 여기서는 프랙털 기하학만이 생물학의 거듭제곱 법칙을 설명할 수 있다. 다만 거듭제곱 법칙이 존재할 경우, 다시 말해서 0.75라는 지수가 정말 보편상수일 때만 가능하다.

앨프리드 휴스너를 비롯해 많은 이들이 막스 루브너의 원래 2/3지수 비례가 더 정확하다고 주장하면서 3/4지수의 보편타당성을 놓고 수십 년째 논쟁을 벌이고 있다는 이야기는 앞에서 다루었다. 이 문제는 2001년에 결정적 국면을 맞게 되었다. 매사추세츠 케임브리지에 있는 MIT의 물리학자 피터 도즈Peter Dodds와 댄 로스먼Dan Rothman과 조수아 웨이츠Joshua Weitz는 '3/4지수 비례'를 따르는 물질대사를 전면 재검토했다. 이들은 클라이버와 브로디의 최초 자료뿐 아니라 다른 자료들까지 모두 재검토했다.

과학에서는 한 분야를 굳건히 지탱하던 토대가 면밀한 조사로 한순간에 쓸모없는 돌무더기로 뒤바뀌는 일이 흔히 일어난다. 클라이버와 브로디의 자료가 3/4(정확히 말하면 각각 0.73, 0.72)지수를 뒷받침하는 것은 맞지만 이들의 자료는 워낙 소규모였다. 클라이버의 자료에는 겨우 13종의 포유류만 등장한다. 그 뒤 나온 자료들은 수백 종의 생물을 포함하고 있지만 다시 분석하자 3/4지수를 얻을 수 없었다. 조류와 작은 포유류의 지수범위는 2/3에 가까웠다. 흥미롭게도 큰 포유류는 훨씬 큰 지수값을 나타냈다. 이것이 3/4지수의 기초가 된 것이다. 만약 전체 자료를 가지고 대여섯 자릿수에 걸쳐 단 하나의 직선을 그린다면 기울기는 대략 3/4쯤 될 것이다. 그러나 한 직선으로 그린다는 것 자체에 이미 보편적인 비례법칙이 있다는 가정이 내포된 것이다. 이런 가정을 배제한다면 어떤 결과가 나올까? 기울기가 다른 두 직선을 그리는 편이 자료에 훨씬 더 충실한 결과다. 그러면 이유가 무엇이든 큰 포유류는 작은 포유류와 다른 양상을 나타낸다.[12]

그래프가 조금 지저분해 보인다고 해서 똑 떨어지는 보편상수를 선호할 만큼 확실한 실험적 이유가 있을까? 그렇게 보기는 어렵다. 양서류는 0.88

이라는 훨씬 가파른 기울기를 나타낸다. 유대류의 기울기는 조금 낮아서 0.60이다. 단세포 생물을 포함해 1,960종의 정보를 담고 있어 자주 인용되었으며 3/4지수 비례를 진짜 보편적 법칙으로 만들었던 A. M. 헤밍슨Hemmingsen의 자료는 어떤 생물군이든지 기울기가 0.60에서 0.75 사이에 위치하도록 손을 본 신기루였음이 밝혀졌다. 도즈와 로스먼과 웨이츠는 이 재검토에서 '3/4지수 비례는…… 단세포 생물에는 전혀 설득력이 없다'는 데 동의했다. 이들은 또 수생 무척추동물과 조류漢類는 기울기의 범위가 0.30에서 1.0에 이른다는 것을 발견했다. 결국 어떤 생물군에서도 단일한 보편상수를 입증하지 못했다. 단일한 보편상수로 인식되려면 전체 생물군에 걸쳐 한 직선이 그려져야만 한다. 이 경우에는 생물군 하나하나가 보편상수를 나타내지 않는데도 직선의 기울기를 대략 0.75가 되게 한 것이다.

  웨스트와 동료 연구진은 자료를 자세히 검토하면 프랙털 공급망의 보편적 중요성이 분명히 드러난다고 주장했다. 생물군 사이의 차이 때문에 갈릴레이의 공기저항 같은 무의미한 '잡음'이 생겼다는 것이다. 이 주장이 옳을 수도 있지만 적어도 누군가는 서로 다른 생물군을 가로질러 일직선을 그려 만든 '보편적' 비례법칙이 통계학적으로 조작된 결과일 가능성을 생각해야 한다. 이 생물군 가운데 전체적으로 이 '법칙'을 따르는 생물군은 하나도 없다. 보편적인 법칙을 믿을 만한 타당성 있는 이론적 토대가 있다면 보편적인 법칙에 미련이 있을지도 모르겠다. 그러나 프랙털 모형 역시도 이론적 토대가 의심스럽다.

---

12) 애덜레이드 대학의 크레이그 화이트Craig White와 로저 세이모어Roger Seymour가 2003년에 발표한 다른 재분석결과도 비슷하게 나왔다.

공급망 한계의 한계

공급망이 기능을 제한하는 상황은 분명히 존재한다. 이를테면 세포마다 들어 있는 미세소관(microtubule)의 공급망은 분자상태의 물질을 소규모로 분배하는 데 아주 효과적이지만 아마 그 한계범위는 세포 크기일 테고, 그 한계범위를 넘어서면 심혈관계가 그 몫을 대신할 것이다. 마찬가지로, 곤충은 몸집이 커질 수 있는 최대 크기의 한계가 세포마다 산소를 전달하는 기관의 조직망으로 결정된다. 우리에게는 한없이 감사할 일이다. 석탄기 동안 대기 중의 산소 농도 증가는 갈매기만한 크기의 거대 잠자리의 진화를 촉진시켰을 것이다. 이 내용은 『산소』에서 다루었다. 공급망은 크기의 최소 한계에도 영향을 미쳤다. 아마 뒤쥐의 심혈관계가 포유류에서는 거의 최소 한계일 것이다. 대동맥이 더 작아지면 심장박동 에너지가 낭비될 것이고 혈액은 점성 때문에 원활하게 흐르지 못할 것이다.

이런 제약이 있다면 프랙털 모형이 제시한 것처럼 공급망은 산소와 양분의 전달비율을 제한하게 될까? 실제로는 그렇지 않다. 프랙털 모형은 **안정 시 대사율**과 몸집의 크기를 연관 지어 생각한 것이다. 안정 시 대사율을 결정하는 것은 가만히 앉아 있을 때, 곧 양분은 충분히 공급되지만 활발하게 소화가 일어나지 않는 '흡수 전 상태'의 산소 소비량이다. 그러므로 조금 작위적이라고 할 수 있겠다. 우리는 가만히 있는 상태로 그리 오래 시간을 보내지 않는다. 하물며 야생에서 살아가는 동물은 말할 나위도 없을 것이다. 휴식을 취할 때 소비하는 산소와 양분의 양이 대사작용의 최대치가 될 수 없다. 만약 그랬다면 우리는 온 힘을 다해 내달리지 못할 것이고 가만히 앉아 있는 것 말고는 사실상 어떤 활동도 할 힘이 없을 것이다. 아마 음식을 소화할 체력을 따로 비축해두지도 못할 것이다. 반대로 호기성 효율의 한계라고 정의할 수 있는 **최대 대사율**은 확실히 산소의 전달비율에 의해 제약을 받는다. 숨이 가빠지면 우리 몸에는 젖산이 축적된다. 에너지 요구량을 맞추기 위해 근육세포에서 발효가 일어나기 때문이다.

만약 최대 대사율도 0.75지수 비례를 따른다면 프랙털 모형은 유지될 것이고 마찬가지로 프랙털 기하학으로 최대 호기성 범위를 예측할 수 있을 것이다. 최대 호기성 범위란 휴식을 취할 때와 가장 격렬한 활동을 할 때의 산소 소모량 차이를 뜻한다. 만약 최대 대사율과 안정 시 대사율이 어떤 식으로든 연관성이 있다면, (진화과정에서) 둘 중 하나가 그대로 있는 상태에서 다른 하나만 증가하는 일은 있을 수 없을 것이다. 일반적으로 최대 대사율이 높아지면 안정 시 대사율도 높아진다. 여러 해 동안 이 '호기성 범위'(안정 시 대사율에서 최대 대사율 사이의 산소 소비 변화량)는 5~10배 사이로 고정되어 있다고 여겨졌다. 다시 말해서 모든 동물은 가만히 있을 때에 비해 최대로 활동할 때 산소를 약 열 배 정도 더 소비한다는 것이다. 만약 이것이 옳다면, 안정 시 대사율과 최대 대사율은 모두 몸 크기의 0.75제곱에 비례할 것이다. 호흡기관 전체는 하나의 독립된 단위로 작용하게 되는데 프랙털 기하학을 이용해 이 단위 하나하나의 비율을 예측할 수 있다.

그렇다면 최대 대사율은 0.75지수에 비례할까? 확실한 결론을 내리기에는 자료분포가 너무 산발적이다. 같은 종이라도 동물마다 체력은 천차만별이다. 운동선수의 산소 소비량은 방 안에 틀어박혀 텔레비전만 보는 사람에 비해 엄청나게 높다. 보통 사람들은 운동을 할 때 산소 소비량이 열 배 정도 늘어나는 반면, 운동선수 중에는 20배까지 증가하는 사람도 있다. 그레이하운드처럼 체력이 뛰어난 개는 30배, 말은 50배까지 증가한다. 영양붙이(일명 가지뿔영양)는 65배까지 늘어나 포유류 가운데 최고를 기록한다. 체력이 뛰어난 동물은 몸 크기에 비해 심장과 허파의 부피가 크고, 적혈구에 있는 헤모글로빈의 양도 많으며, 모세혈관도 더 촘촘하게 퍼져 있다. 이렇게 호흡과 심혈관계가 특별한 적응을 하면서 이 동물들은 산소 소비량의 범위를 넓혀왔다. 이런 적응이 산소 소비량의 범위와 크기의 연관성을 아예 없애버리는 것은 아니지만, 다른 요소들과 얽혀 있는 크기와의 관계를 밝히는 것을 어렵게 만든다.

자료분포가 산발적인데도 최대 대사율이 크기와 비례할 것이라는 의심은 오래도록 지속되었다. 그러나 비례 지수는 0.75보다 큰 값이 될 것으로 추정되었다. 그러던 1999년 뱅거에 위치한 웨일스 대학의 찰스 비숍Charles Bishop은 몸 크기가 대사율에 미치는 근본적인 영향을 밝히기 위해 한 종 안에서 체력의 차이 때문에 생기는 오차를 보정하는 방법을 개발했다. 비숍은 포유류에서 심장이 차지하는 비율이 몸 전체 부피의 약 1퍼센트인 반면, 헤모글로빈 농도는 혈액 100밀리리터당 평균 약 15그램이라는 사실에 주목했다. 앞서 확인했듯이 체력이 뛰어난 포유류는 심장이 크고 헤모글로빈 농도가 높다. 만약 이 두 요소가 보정된다면(자료를 표준에 맞춰 '정상화' 한다면), 산발적인 자료의 95퍼센트가 제거될 것이다. 그러면 최대 대사율의 로그값과 질량의 로그값의 관계는 직선으로 나타난다. 이 직선의 기울기는 대략 0.88로 대사율이 네 단계 변할 때마다 질량은 다섯 단계씩 변한다. 이것이 의미하는 것은 무엇일까? 대사율과 질량이 정확히 비례하는 관계에 가까워진다는 뜻이다. 질량이 증가할 때마다 대사율도 비슷한 비율로 증가한다는 예상에 근접한 것이다. 질량이 두 배로 늘어나면, 다시 말해 세포수가 두 배로 늘어나면 최대 대사율도 두 배 가까이 늘어난다. 최대 대사율은 안정 시 대사율에 비해 모순이 적었다. 이는 산소 소비량의 범위가 몸집에 비례하므로 몸집이 커질수록 안정 시 대사율과 최대 대사율의 차이가 커진다는 의미다. 곧, 몸집이 커질수록 예비체력을 더 많이 비축한다는 것이다.

　정말 멋진 이야기지만 우리의 논점에서 볼 때는 0.88이라는 기울기가 프랙털 모형의 예상(0.75)과 일치하지 않는다는 점이 가장 중요하다. 이는 통계학적으로 볼 때 아주 큰 차이다. 이런 관점에서 프랙털 모형은 이 자료와도 일치하지 않는 것으로 추측된다.

더 궁금한 것들

그렇다면 왜 최대 대사율은 더 큰 지수값에 비례할까? 세포수가 두 배로 늘어날 때 대사율도 두 배가 된다면 모든 세포는 이전과 똑같은 양의 산소와 양분을 소비할 것이다. 이 관계가 정확히 비례하는 관계라면 지수는 1이 된다. 지수가 1에 가까워진다는 것은 몸집의 크기에 관계없이 세포의 대사능력이 거의 일정하게 유지된다는 뜻이다. 최대 대사율의 경우는 이 점이 절대적으로 중요하다. 이것이 왜 중요한지를 이해하기 위해 근력에 대해 생각해보자. 몸집이 커질수록 힘이 세지기를 바라지 약해지기를 바라는 사람은 없을 것이다. 실제로는 어떤 일이 벌어질까?

근력의 세기는 근섬유의 수로 결정된다. 밧줄의 세기가 밧줄을 이루는 섬유의 수로 결정되는 것과 같은 이치다. 두 경우 모두 힘의 세기는 단면적에 비례한다. 밧줄을 구성하는 섬유가 얼마나 많은지 확인하고 싶다면 밧줄을 잘라보면 된다. 밧줄의 세기는 지름에 의해 결정되지 길이에 의해 결정되는 것이 아니다. 그러나 밧줄의 무게는 지름도 중요하지만 길이도 중요하다. 지름 1센티미터에 길이 20미터인 밧줄을 지름 1센티미터에 길이 40미터인 밧줄과 비교하면 강도는 같지간 무게는 절반이 된다. 근육의 세기도 마찬가지로 단면적에 의해 결정된다. 근육의 세기는 제곱에 비례하는 반면, 동물의 무게는 세제곱에 비례한다. 이는 모든 근육세포가 같은 힘을 낸다 해도 전체적인 근육의 세기는 고작 질량의 2/3제곱(질량$^{0.67}$)만큼 증가할 수 있다는 뜻이다. 개미는 자신의 몸무게보다 수백 배나 무거운 나뭇가지를 들어올리고 메뚜기는 하늘 높이 뛰는데, 우리는 겨우 우리 몸무게 정도의 무게밖에 들지 못하고 자기 키 정도의 높이밖에 뛸 수 없는 이유가 바로 이 때문이다. 근육세포 자체가 약한 것은 아닌데도 우리는 몸무게에 비해 힘이 약할 수밖에 없다.

1937년 슈퍼맨 만화가 처음 나왔을 때, 어떤 일화에서는 '클라크 켄트의 괴력을 과학적으로 설명'하기 위해 체질량과 근력의 관계를 이용하기도 했다. 만화의 내용에 따르면, 슈퍼맨의 고향별인 크립톤 행성 사람들은 신체 구조가 우리보다 수백만 년 더 진화되었다. 크기와 힘이 1대 1 비율로 증가한다면 슈퍼맨은 자신의 몸집에서 개미나 메뚜기와 비길 수 있는 능력을 발휘하는 것이다. 그보다 10년 앞서, J. B. S. 홀데인은 지구든 어디서든 이런 일이 절대 일어날 수 없다는 것을 다음과 같은 이야기에 빗대어 증명했다. "몸무게에 비례해 독수리나 비둘기 정도의 근력을 가진 천사는 날개를 움직이기 위한 근육이 들어갈 수 있도록 가슴 부위가 1미터 정도 앞으로 튀어나와야 하며 몸무게를 줄이기 위해 다리는 작대기처럼 앙상해져야 한다."

생물학적인 적응을 하기 위해서는 야수처럼 센 힘을 갖는 것만큼이나 무게에 비해 강한 힘을 갖는 것이 중요하다. 비행, 그리고 나무를 흔들거나 바위를 오르는 따위의 많은 운동능력은 체력으로만 결정되는 것이 아니라, 모두 체력 대 몸무게의 비율로 결정된다. 지렛대의 길이와 수축속도를 포함해 근육에서 생산되는 힘을 의미하는 여러 요소들의 크기는 몸무게와 함께 증가할 수 있다. 그러나 세포 자체가 크기가 커지면서 힘이 약해진다면 아무 의미가 없다. 이게 무슨 소리인가 싶을 수도 있겠다. 왜 세포가 커지면서 약해지겠는가? 근육세포가 프랙털 공급망으로 제한을 받는다면 세포가 산소와 영양 공급에 제약을 받아 약해질 수도 있다. 그러면 근육은 두 가지 불이익을 당할 것이다. 근육세포 하나로 보면 약해져야 하며 근육 전체로 보면 같은 시간 동안 상대적으로 더 많은 무게를 견뎌야만 한다. 한마디로 엎친 데 덮친 격이 되는 것이다. 이는 우리가 가장 바라지 않는 상황이다. 크기가 커지면서 늘어나는 무게를 지탱해야 하는 것은 어쩔 수 없지만 크기가 커지면서 근육세포가 약해지는 것은 확실히 막을 수 있다! 그렇지만 그 이유는 프랙털 기하학이 적용되지 않기 때문만은 아니다.

만약 크기가 커지면서 근육세포가 약해지지 않는다면 대사율은 체질량과 정비례관계를 이룰 것이다. 지수 비례는 1이 되어야만 한다. 다시 말해서, 질량이 증가할 때마다 대사율도 같은 비율로 증가한다. 그렇지 않으면 근육세포는 같은 힘을 유지할 수 없기 때문이다. 그러면 우리는 이런 예측을 할 수 있다. 세포 하나하나의 물질대사 능력이 크기에 따라 줄어드는 게 아니라 오히려 질량에 대한 물질대사 비율이 1, 또는 그 이상이 되어야 한다는 것이다. 물질대사 능력은 줄어들어서는 안 된다. 이는 실제로도 그렇다. 간(앞서 확인했듯이 쥐가 인간보다 활동량이 일곱 배 높다) 같은 기관과 달리 골격근에서는 힘과 대사율이 모든 포유류에서 크기에 관계없이 비슷하다. 이렇게 비슷한 대사율을 계속 유지하기 위해서는 근육세포마다 모세혈관의 밀도가 일정해야만 한다. 곧, 쥐나 코끼리나 모세혈관에 연결된 세포의 수는 같아야만 한다는 것이다. 프랙털의 비율을 따르기는커녕, 골격근의 모세혈관망은 몸 크기의 증가에 따라 거의 변하지 않는다.

골격근과 다른 기관의 차이는 일반적으로 아주 극단적인 경우다. 모세혈관의 밀도는 프랙털 공급망으로 제한되는 게 아니라 세포조직의 요구로 결정된다. 만약 조직의 요구가 증가하면 세포는 산소를 더 많이 소비한다. 조직의 산소 농도가 떨어지면 세포는 저산소 상태에 놓인다. 그다음에는 무슨 일이 일어날까? 이렇게 산소가 부족한 세포는 조난신호를 보낸다. 이 신호는 혈관내피 성장인자(vascular-endothelial growth factor) 같은 화학물질이다. 자세한 내용을 알 필요는 없지만, 중요한 점은 이 전달신호가 조직에 새 모세혈관을 만들게 한다는 것이다. 이 과정은 자칫 위험할 수도 있는데 이런 방법을 통해 악성종양 속으로 혈관이 침투하기 때문이다(이것이 바로 몸의 다른 부분으로 종양이 번지는 전이[metastasis]의 첫 단계다). 새 혈관의 병적인 성장과 연관된 질병에는 성인 실명의 가장 대표적인 원인 가운데 하나인 망막의 황반변성도 있다. 그러나 일반적으로는 새 혈관이 형성되던 생리학적 균형이 복원된다. 만약 우리가 규칙적인 운동을 시작하면 증가하는 산소 요구량을 맞추기 위해 새로운 모세혈관이 근육에 자라기 시작한다. 마찬가지로 고산지대에 적응할 때는 낮은 산소 압력이 새로운 모세혈관의 성장을 촉진한다. 몇 달 사이에 뇌에서는 모세혈관이 50퍼센트 더 증가하지만 낮은 곳으로 돌아오면 다시 원래 수치를 회복한다. 근육, 뇌, 종양에 관계없이 모든 경우에서 모세혈관의 밀도는 공급망의 프랙털적인 성격이 아니라 조직의 수요로 결정된다. 산소가 더 필요하면 세포는 그저 요청만 하면 된다. 그러면 모세혈관망은 새로운 혈관을 공급하는 은혜를 베푼다.

모세혈관의 밀도가 조직의 요구로 결정되는 이유 중 하나는 산소의 독성과 연관이 있을 수도 있다. 산소가 너무 많으면 오히려 해롭다. 앞 장에서 확인했듯이 반응성이 강한 자유라디칼을 형성하기 때문이다. 이런 자유라디칼의 형성을 막는 가장 좋은 방법은 조직 내 산소량을 가능한 한 낮추는 것이다. 실제로 갑각류 같은 수생 무척추동물부터 포유류에 이르기까지 동물계 전체를 통틀어 조직의 산소량은 놀랄 만큼 낮은 농도로 유지된다. 모든 생물조직의 산소 분압은 평균 3~4킬로파스칼로, 대기 중의 수치와 비교했을 때 3~4퍼센트에 해당하는 수준이다. 포유류처럼 활동적인 동물에서 산소가 빠르게 소비된다면 더 빨리 전달하면 된다. **흐름**은 빨라지지만 조직 내 산소 농도가 증가할 필요는 없다. 빠른 흐름을 유지하기 위해 공급도 빨라져야만 한다. 말하자면 강력한 추진력이 필요한 것이다. 포유류의 경우는 특별한 적혈구와 헤모글로빈이 이런 추진력을 만들어 갑각류와는 비교할 수 없을 만큼 산소를 원활하게 공급한다. 그러므로 체력이 뛰어난 동물은 적혈구와 헤모글로빈의 개수가 많다.

이제 문제의 핵심에 다다랐다. 산소의 독성 때문에 조직에서는 산소 농도를 가능한 한 낮게 유지하기 위해 산소 전달을 제한한다. 이는 모든 동물에서 비슷하며 산소 요구량이 증가하면 혈액의 흐름을 빨라지게 함으로써 요구에 맞춘다. 조직에 흐르는 혈류는 최대 산소 요구량을 맞춰야 하므로 이에 따라 종마다 적혈구 개수와 헤모글로빈 수치가 결정된다. 그러나 조직마다 산소 요구량은 다르다. 혈액 속의 헤모글로빈 함량은 종마다 어느 정도 고정되어 있기 때문에 어떤 조직에서 특별히 산소가 더 필요하다고 해서 바뀔 수는 없다. 그러나 모세혈관의 밀도는 바뀔 수 있다. 산소 요구량이 적은 조직은 모세혈관의 밀도를 낮게 유지하면 산소 전달을 제한할 수 있다. 반대로 산소 요구량이 많은 조직은 모세혈관이 더 많이 필요하다. 만약 골격근처럼 산소 요구량이 들쭉날쭉한 조직이라면 일정하게 낮은 산소 농도를 유지할 수 있는 유일한 방법은 휴식을 취할 때 근육 모세혈관계에서 다른 곳으로 혈류를 돌리는 것이다. 따라서 골격근의 안정 시 대사율이 아주 낮게 나오는 것은 당연한 결과다. 간 같은 다른 기관으로 혈액이 흘러가기 때문이다. 반대로 격렬한 운동을 할 때는 골격근이 많은 양의 산소를 소비하기 때문에 일부 기관으로 가는 혈류가 부분적으로 줄어들게 된다.

골격근 모세혈관계에서 혈류가 바뀌는 현상은 최대 대사율이 0.88이라는 높은 비례 지수를 나타내는 이유를 설명한다. 전체 대사율에서 차지하는 비중이 높은 근육세포의 비례 지수는 1이다. 다시 말해서 크기에 관계없이 모든 동물의 근육세포는 똑같은 힘을 낸다. 그러므로 대사율은 안정 시 값인 질량$^{2/3}$이나 질량$^{3/4}$(둘 중 어느 쪽이든 정확한 값)과 근육의 값인 1 사이의 어떤 값이 될 것이다. 이 값은 1고 아주 가깝지는 않다. 비례 지수가 작은 기관의 대사율도 여전히 전체 대사율에 포함되기 때문이다.

결국 모세혈관의 밀도는 조직의 수요를 반영한다. 온전히 조직의 수요에 맞춘 공급망이기 때문에 모세혈관의 밀도는 실질적으로 대사율과 연관이 있다. 산소가 많이 필요하지 않은 조직은 혈관이 상대적으로 성기게 분포한다. 흥미롭게도 조직의 수요가 몸 크기와 비례한다면, 다시 말해서 몸집이 큰 동물의 기관이 작은 동물의 기관에 비해 산소와 양분을 많이 공급받을 필요가 없다면, 모세혈관망과 수요 사이의 연관성은 공급망이 몸 크기에 비례한다는 느낌을 줄 수 있다. 공급망은 항상 조직의 수요로 조절되지 공급망으로 조직의 수요가 조절되는 것은 아니기 때문에 이는 그저 느낌에 지나지 않는다. 웨스트와 동료 연구진들은 상관관계를 인과관계로 혼동한 것 같다.

물질대사의 본질

안정 시 대사율이 1보다 작은 지수(정확한 값은 중요하지 않다)에 비례한다는 사실은 세포의 에너지 요구량이 크기가 클수록 감소한다는 것을 의미한다. 몸집이 큰 생물일수록 생명을 유지하는 데 자신이 가진 자원의 많은 부분을 할애할 필요가 없다는 것이다. 게다가 1보다 작은 지수가 단세포 생물부터 흰긴수염고래까지 모든 진핵생물에 적용된다는 사실은 (다시 말하지만 모든 경우에서 지수가 정확히 일치하지 않아도 문제될 것이 없다) 에너지 효율성이 아주 광범위하게 영향을 미친다는 의미다. 그러나 이는 크기에 따른 이득이 어떤 경우에나 같다는 뜻은 아니다. 에너지 수요가 왜 떨어지는지, 그리고 이것이 진화에 어떤 기회를 가져왔는지 알기 위해 대사율의 구성요소와 대사율이 크기에 따라 달라지는 이유를 이해할 필요가 있다.

사실 지금까지 밝혀진 내용으로 볼 때, 크기가 커질수록 구속을 당한다기보다 효율성이 증가했다. 이는 지수만으로는 설명이 거의 불가능하다. 앞 장에서 확인한 것처럼 세포막에서 에너지를 생산하는 세균은 크기가 커질수록 대사율이 감소한다. 따라서 세균의 대사능력은 표면적 대 부피의 비율, 곧 질량$^{2/3}$에 비례한다. 이는 구속이라고 볼 수 있으며 세균이 눈에 보이지 않을 정도로 작아야만 하는 이유를 설명한다. 진핵세포는 세포 안에 있는 미토콘드리아에서 에너지를 생산하므로 이런 구속을 받지 않는다. 진핵세포가 세균보다 훨씬 크다는 사실에서 세균과 같은 방식으로 크기에 대한 구속을 받지 않는다는 것을 확인할 수 있다. 큰 동물의 경우에는 크기가 커질수록 에너지 요구량이 감소하는 이유를 밝히지 못하면, 이 비례가 기회라기보다 구속을 반영할 가능성을 배제할 수 없다.

앞서 대부분의 골격근이 안정 시 대사율에서 차지하는 비율이 아주 낮다는 사실을 확인했다. 이것으로부터 우리는 안정 시 대사율과 최대 대사율에서 기관마다 기여도가 다를 가능성이 있다는 것에 주목해야 한다. 가만히 있을 때 산소의 소비는 대부분 간이나 콩팥이나 심장 같은 기관에서 일어난다. 이런 기관의 산소 소비량을 결정하는 것은 전체적인 몸 크기에 비례하는 기관의 크기(크기에 따라 변할 수 있다)와 기관을 구성하는 세포의 대사율(수요에 의해 결정된다)이다. 이를테면 심장박동은 모든 동물의 안정 시 대사율에 필수적으로 포함된다. 동물은 크기가 커질수록 심장박동이 느려진다. 몸에서 심장이 차지하는 비율은 몸 크기에 따라 어느 정도 일정하지만 몸집이 클수록 심장박동이 느려지기 때문에 전체적인 대사율에 대한 심장근육의 기여도는 떨어져야 한다. 아마 다른 기관에서도 이와 비슷한 현상이 일어날 것이다. 큰 동물에서 심장박동이 점점 느려지는 것은 그만한 여유가 있기 때문이다. 이런 여유가 생긴 까닭은 분명히 조직의 산소 수요가 감소했기 때문일 것이다. 반대로 조직의 산소 요구가 증가하면, 이를테면 있는 힘을 다해 달리기를 하면 심장은 산소를 공급하기 위해 더 빨리 뛰어야만 할 것이다. 몸집이 큰 동물에서 심장박동이 더 느려진다는 사실은 몸집이 커짐으로써 얻는 에너지 효율이 정말 존재한다는 의미다.

　기관과 조직이 다르면 몸의 크기가 증가할 때의 반응도 다르다. 가장 좋은 본보기는 뼈다. 뼈는 근육처럼 단면적에 의해 강도가 결정되지만 근육과 달리 대사작용이 활발하게 일어나지는 않는다. 두 가지 모두 비례관계에 영향을 미친다. 키가 18미터인 거인이 있다고 해보자. 이 거인은 보통 사람에 비해 가로, 세로, 높이가 도두 열 배씩 크다. 이것도 홀데인의 글에 나오는 이야기다. 홀데인은 이 글에서 『천로역정Pilgrim's Progress』에 등장하는 두 거인인 교황과 이교도를 인용해 이야기를 풀어나갔다. 『천로역정』을 포함해 홀데인이 인용한 몇 권의 참고도서를 보면 그의 글이 얼마나 오래전에 쓰였는지 짐작할 수 있다. 오늘날 일상적으로 하는 연구에 존 번연John Bunyan(1626~1688, 『천로역정』의 지은이 : 옮긴이)의 책을 참고도서로 쓸 과학저술가가 과연 얼마나 될까? 뼈의 강도는 단면적에 의해 결정되므로 이 거인의 뼈는 일반인의 뼈보다 100배 더 단단하다. 그러나 뼈가 지탱해야 하는 몸무게는 1,000배로 늘어난다. 거인의 뼈 1제곱센티미터가 지탱해야 하는 몸무게가 보통 사람보다 열 배나 더 많은 것이다. 사람의 넓적다리뼈는 열 배의 힘이 가해지면 부러지기 때문에 교황과 이교도라는 두 거인은 한 발자국을 내디딜 때마다 넓적다리뼈가 부러져야 한다는 이야기다. 그 때문에 홀데인은 삽화에 등장하는 거인이 항상 앉아 있다고 생각했다.

뼈의 강도와 몸무게 사이의 비례는 크고 육중한 동물이 작고 가벼운 동물과 형태가 다른 이유를 설명한다. 이런 관계를 처음 설명한 사람은 갈릴레이다. 갈릴레이는 『새로운 두 과학에 관한 논의와 수학적 논증*Discorsi e dimonstrazioni mathematiche intorno a due nuove scienze attenenti alla meccanica*』이라는 오늘날과는 잘 어울리지 않는 멋진 제목의 책에 이 내용을 담았다. 갈릴레이는 큰 동물의 뼈가 작은 동물의 가느다란 뼈와 비교했을 때 길이에 비해 굵기가 더 빨리 자란다는 것을 발견했다. 줄리언 헉슬리 Julian Huxley 경은 1930년대에 확고한 수학적 기틀 위에서 갈릴레이의 발견을 설명했다. 뼈가 무게에 비례해 같은 강도를 유지하려면 뼈의 단면적은 몸무게와 같은 비율로 증가해야만 한다. 거인의 몸이 열 배가 아니라 두 배만큼 커진다고 생각해보자. 거인의 부피와 몸무게는 여덟(2^3) 배로 늘어날 것이다. 늘어난 몸무게를 지탱하기 위해 뼈의 단면적도 여덟 배 증가해야 한다. 그러나 뼈에는 단면적뿐 아니라 길이도 있다. 단면적이 여덟 배 늘어나고 길이가 두 배 늘어난다면 전체 골격은 이제 열여섯(2^4) 배 무거워지게 된다. 다시 말해서 골격이 체질량에서 차지하는 비율이 증가하게 된다. 이론적으로 이 비율은 4/3 또는 1.33제곱에 비례하지만, 뼈의 강도가 일정하지 않기 때문에 실제로는 그보다 낮다(약 1.08). 그러나 갈릴레이가 1637년에 깨달은 것처럼 뼈의 질량은 자신이 몸무게를 지탱해야만 하는 동물의 크기를 제한한다. 그 한계는 뼈의 질량이 전체 질량을 따라잡는 시점이 된다. 고래는 물의 부력이 몸을 떠받치기 때문에 크기의 한계를 뛰어넘은 동물이 될 수 있었다.

몸의 크기가 증가함에 따라 뼈가 체질량에서 차지하는 비율이 증가하며 뼈에서는 물질대사가 활발하게 일어나지 않는다는 사실은 거인의 몸에서 물질대사가 활발하지 않은 부분의 비율이 높다는 것을 의미한다. 이 현상은 전체적인 대사율을 낮추며 크기에 따른 대사율의 비율에 영향을 미친다(비례 지수 0.92). 그러나 뼈 질량의 차이만으로는 크기가 커질수록 대사율이 감소하는 이유가 충분히 설명되지 않는다. 만약 다른 기관의 비율도 비슷한 방식으로 변한다면 어떨까? 간이나 콩팥 기능에도 간세포나 콩팥세포를 더 추가할 필요성이 거의 없어지는 그런 경계점이 존재하지 않을까? 이렇게 기관의 기능에 경계점이 있을 것이라고 생각하는 이유는 두 가지다. 첫째, 몸집이 커지면 기관의 상대적인 크기는 작아진다. 예를 들어 몸무게에서 간이 차지하는 비율은 몸무게 20그램인 생쥐에서는 5.5퍼센트, 집쥐에서는 4퍼센트, 몸무게 200킬로그램인 조랑말에서는 0.5퍼센트다. 간세포마다 대사율이 같더라도 조랑말은 전체 질량에서 간이 차지하는 비율이 낮기 때문에 대사율이 낮아질 것이다. 둘째, 대사율은 간세포마다 일정하지 않다. 한 세포당 산소 소비량은 쥐가 말에 비해 약 아홉 배가 높다. 아마 체강 내에 들어갈 수 있는 기관의 크기에는 최소 한계가 있는 것 같다. 간은 지금의 크기를 유지해 복막 안에서 이리저리 움직이지 않는 대신, 구성세포의 대사율을 제한한다. 두 가지 요소(상대적으로 작은 기관의 크기, 낮은 세포당 대사율)가 조합되자 크기가 커짐에 따라 기관이 대사율에서 차지하는 비중은 현격히 떨어지게 된다.

 이제 우리는 동물의 안정 시 대사율이 다양한 측면으로 이루어져 있음을 알게 되었다. 전체적인 대사율을 계산하려면 각각의 조직과 그 조직을 이루는 세포, 심지어 세포에서 일어나는 특별한 생화학경로가 대사율에 미치는 영향이 어느 정도인지를 알아야만 한다. 이런 접근법을 통해 휴식을 취하다 운동을 하면 대사율이 왜 변하는지와 어떻게 변하는지도 설명할 수 있다. 이는 샤를 앙투안 다르보Charles-Antoine Darveau와 동료 연구진이 이용한 방식이다. 이들의 연구는 캐나다 비교생화학계의 대가인 밴쿠버 브리티시컬럼비아 대학의 피터 호카치카Peter Hochachka의 실험실에서 진행되었으며 결과는 2002년에 『네이처』지를 통해 발표되었다. 다르보와 동료 연구진들은 각 측면마다 대사율에 기여하는 정도와 중요한 호르몬(갑상선 호르몬과 카테콜아민 catecholamine 따위)의 영향을 합산해 대사율과 크기의 비례를 설명할 수 있는 방정식을 만들려고 시도했다. 웨스트와 바나바의 연구진들은 독자 편지란을 통해 다르보 논문의 수학적 배경에 이의를 제기했다. 솔직히 말해 다르보의 방정식은 좀 다듬을 필요가 있었다. 호카치카의 연구진은 좀더 설득력 있는 개념 접근을 통해 방정식을 보강하여 2003년에 『비교생화학과 생리학 Comparative Biochemistry and Physiology』지에 발표하려 했다. 그러나 안타깝게도 피터 호카치카는 2002년 9월, 65세에 전립선암으로 세상을 떠났다. 주치의와 공저로 발표된 호카치카의 마지막 논문이 악성 전립선 세포의 불규칙적인 대사작용에 관한 연구라는 사실만 봐도 학문에 대한 그의 끊임없는 열정이 어느 정도였는지 가늠할 만하다.

호카치카의 주장에는 수학적인 문제가 있었고 실수를 순순히 승복하는 모습이 평자(우선 나도 포함된다)들로 하여금 수학에 문제가 있다면 혹시 다른 부분, 어쩌면 접근법 전체에 문제가 있는 것은 아닐까 하는 의심을 불러일으켰는지도 모른다. 그렇지는 않았다. 처음 접근에는 오류가 있었는지 모르지만 생물학적 토대는 튼튼했으며 나는 좀더 정교하게 수정되기를 바랐다. 그러나 그의 이론은 대사작용의 요구가 크기에 따라 감소하고 이것이 공급망을 조절하는 것이며 그 반대가 아니라는 사실을 이미 잘 증명했다. 더 중요한 것은 이 이론이 복잡성의 진화, 특히 생물학자들이 오랫동안 회피해온 문제인 포유류와 조류에서 정온성의 진화를 꿰뚫어보았다는 것이다. 크기와 물질대사 효율 사이의 연관성과 이 특성을 바탕으로 훨씬 큰 규모의 복잡성으로 나아간 방법을 이보다 더 잘 보여주는 예는 없다. 정온동물의 진화는 그저 추울 때 몸을 따뜻하게 유지하는 것 이상의 의미가 있다. 생명체에게 완전히 새로운 에너지의 전환점을 마련했던 것이다.

10

정온동물의 대변혁

내온성은 열 생산과 열 손실이 균형을 이룰 수 있을 만큼 충분히 큰 동물에서 진화되기 쉽다. 반면 최초의 내온성 포유류의 후손 중 크기가 작은 동물들은 열 보존문제를 해결하기 위해 더 적응을 해야만 했다. 집쥐 같은 작은 포유류는 정상적인 열 생산을 하려면 미토콘드리아가 풍부하게 함유된 갈색 지방을 보충해야만 한다. 이 갈색 지방에서는 미토콘드리아 막을 거쳐 양성자가 다시 스며들어와 열을 방출한다. 따라서 작은 포유류의 안정 시 대사활동은 격한 운동을 할 수 있는 근육능력이 아니라 열 손실비율과 연관이 있다는 의미다.

정온동물의 다른 이름인 온혈동물은 오해를 불러일으키기 쉬운 용어다. 이는 몸과 혈액의 온도가 주위보다 높게 안정적으로 유지된다는 뜻이다. 그러나 도마뱀처럼 '냉혈'동물이라고 불리는 동물도 살아가는 동안 주위보다 높은 온도를 유지하기 때문에 이런 관점으로 보면 온혈동물이다. 도마뱀은 햇볕에 몸을 데운다. 이 방법이 별로 효과가 없을 것 같지만, 적어도 영국에서는 많은 파충류가 포유류와 비슷한 온도인 섭씨 35~37도 정도로 일정한 체온을 유지한다(그러나 대개 밤에는 체온이 떨어진다). 도마뱀 같은 파충류를 조류, 포유류와 구분 짓는 특징은 체온을 조절하는 능력이 아니라 체내에서 열을 생산하는 방법이다. '외온동물(ectotherm)'인 파충류는 필요한 열을 주위에서 얻는 반면 '내온동물(endotherm)'인 조류와 포유류는 체내에서 열을 생산한다.

내온동물이라는 용어도 어느 정도 설명이 필요하기는 하다. 많은 생물들, 이를테면 곤충, 뱀, 악어, 상어, 참치, 심지어 일부 식물까지도 내온적인 성격이 있다. 이 생물들은 체내에서 열을 생산하고 그 열을 이용해 주위보다 높은 체온을 유지한다. 이들의 내온성(endothermy)은 모두 독립적으로 진화되었다. 이런 동물들은 활동을 하는 동안 열을 생산하기 위해 일반적으로 근육을 이용한다. 내온성의 이점은 근육의 온도와 직접적인 연관이 있다. 대사율을 비롯한 모든 생화학반응은 온도에 따라 달라진다. 온도가 섭씨 10도 증가할 때마다 대사율은 두 배씩 증가한다. 따라서 모든 종에서 호기성 용량은 체온이 증가하면서 함께 증가한다(반응이 감소하는 온도에 이를 때까지). 속도와 지구력은 체온이 높을수록 향상되기 때문에 짝짓기를 할 때나 포식자와 피식자 사이의 생존경쟁을 할 때 체온이 높으면 여러모로 유리하다.[13]

조류와 포유류의 내온성은 근육활동에 의존하는 게 아니라 간이나 심장 같은 기관의 활동에 의존한다. 포유류는 추위로 몸이 떨리거나 격렬한 운동을 할 때만 근육에서 열을 생산한다. 대부분의 생물은 휴식을 취할 때(햇볕을 쬘 때는 제외) 체온이 떨어지는 반면, 포유류와 조류는 일정하고 높은 체온을 유지한다. 충격적일 정도로 심한 자원의 낭비다. 크기가 같은 포유류와 파충류가 대사방법과 생활습관을 통해 같은 체온을 유지한다면 포유류는 파충류에 비해 6~10배 정도 더 많은 열량을 소모해야 같은 체온을 유지할 수 있다. 주위의 온도가 낮아지면 이 차이는 더욱 커진다. 파충류의 체온은 떨어지지만 포유류는 대사율을 높여 섭씨 37도라는 일정한 체온을 유지하기 때문이다. 주위의 온도가 섭씨 20도일 때 파충류는 포유류에 비해 겨우 2~3퍼센트의 에너지만 이용하며, 섭씨 10도일 때는 겨우 1퍼센트의 에너지만 이용한다. 야생에서 포유류가 살아가기 위해 쓰는 에너지는 비슷한 크기의 파충류에 비해 '평균' 30배가량 많다. 쉽게 말해서 파충류가 한 달 동안 먹을 수 있는 양식을 포유류는 하루에 먹어치운다는 뜻이다.

이렇게 낭비가 심한 생활방식을 유지하려면 엄청난 진화비용이 든다. 포유류는 단순히 온기를 유지하는 데 그치지 않고 30배 많은 에너지를 생장과 생식에 전환시킬 수 있었다. 자연선택의 최대 목적은 성숙과 번식을 위해 살아남는 것이 전부인데 이를 위한 비용치고는 정말 막대한 비용이다. 적어도 이 비용과 맞먹는 이득이 있는 게 분명하다. 그렇지 않다면 자연은 파충류의 생활방식을 선택하고 조류와 포유류의 진화는 초장에 막을 내렸을 것이다. 정온성의 진화를 그 자체만으로 설명하려는 시도는 대부분 이런 어려움 때문에 좌절을 겪는다.

내온성의 장점으로는 밤에도 활동할 수 있는 능력이나 생태영역을 극지

---

13) 도마뱀은 추워지면 (동면을 하는 포유류와 조류처럼) 행동이 느려지므로 포식자의 먹이가 되기 쉽다. 귀가 없는 도마뱀은 이런 문제를 머리 위쪽에 있는 혈동(blood sinus, 혈관계 일부가 확대된 공간: 옮긴이)을 이용해 해결했다. 아침이면 굴 밖으로 머리를 내밀고 가만히 있으면서 포식자를 경계하는 눈빛을 늦추지 않는다. 그러다 필요하면 머리를 굴속으로 쏙 잡어넣는다. 머리 위쪽의 혈동을 통해 몸 전체가 따뜻해지고 움직임이 빨라지게 되면 도마뱀은 위험을 무릅쓰고 밖으로 나온다. 자연선택은 절대 기회를 놓치지 않는다. 어떤 도마뱀은 혈동이 눈꺼풀과 연결되어 있어 혈동을 통해 천적에게 혈액을 발사하기도 한다. 특히 개는 이 맛을 아주 싫어한다.

방까지 확대한 것을 들 수 있다. 우리가 확인한 바와 같이 체온이 높으면 대사율이 증가한다. 대사율이 증가하면 움직임이 빨라지고 체력이 좋아지며 반응시간이 줄어든다는 장점이 있다. 단점이라면 들인 비용에 비해 그 이득이 미미하다는 것이다. 특히 막대한 에너지를 들여 올라가는 체온은 아주 하찮은 수준이다. 며칠 동안 도마뱀의 안정 시 대사율을 네 배 정도 상승시킬 수 있는 엄청난 음식을 소화시켰을 때 얻는 체온상승 효과는 겨우 섭씨 0.5도다. 이렇게 올라간 체온을 유지하려면 도마뱀은 평소보다 네 배나 많은 먹이를 먹어야 한다. 이것은 간단한 문제가 아니다. 도마뱀은 먹이를 구하는 데 더 많은 시간을 들여야 하고 따라서 위험에 노출되는 시간도 길어질 수밖에 없다. 속도와 지구력이란 장점도 별것 아니다. 체온이 섭씨 0.5도 증가하면 화학반응 속도는 약 4퍼센트 증가한다. 이 정도는 대부분의 종에서 개체 간의 운동능력 차이에 불과하다. 문제는 털가죽이나 깃털로 간단히 대신할 수 있는 열 손실이 아니다. 도마뱀에게 인공 털가죽 옷을 입힌 재미난 실험이 있었다. 그런데 이 털가죽이 보온능력을 개선해 몸을 따뜻하게 만들기는커녕 정반대의 효과를 냈다. 오히려 도마뱀이 주위로부터 열을 흡수하지 못하게 방해하는 구실을 한 것이다. 절연체는 외부로 열이 빠져나가지 못하게 할 뿐 아니라 들어오지도 못하게 한다. 간단히 말해서 체온 증가에는 이로부터 얻는 하찮은 이득과 맞바꿀 수 없는 더 즉각적이고 중대한 비용이 드는 것이다. 그렇다면 이제 포유류와 조류에서 일어난 내온성의 진화를 어떻게 설명해야 할까?

내온성의 진화에 대한 가장 개연성이 있으면서 그럴싸한 설명은(아직 아무 것도 증명된 바는 없지만) 대부분 앨버트 베넷Albert Bennett과 존 루벤John Ruben이 1979년에 『사이언스』지에 발표한 설득력 있는 탁월한 논문에서 나왔다. 이들은 그 후 각각 어빙 캘리포니아 주립대학과 오리건 주립대학에서 지금껏 연구를 계속하고 있다. '호기성 용량(aerobic capacity)' 가설로 알려진 이들의 이론은 두 가지 가정을 기반으로 한다. 첫째는 최초의 이득은 온도와 전혀 상관이 없는 동물의 호기성 용량과 연관이 있다는 가정이다. 다시 말해서 처음 자연선택을 받은 것은 안정 시 대사율과 체온이 아니라 최대 대사율과 근력에 따른 속도와 지구력이라는 것이다. 둘째는 안정 시 대사율과 최대 대사율 사이에 직접적인 연관성이 있다는 가정이다. 둘 중 하나는 오르지 않고 하나만 오르는 것은 (진화과정에서) 불가능하다. 그러므로 최대 대사율(높은 호기성 용량)이 더 높은 쪽이 선택을 받으면 안정 시 대사율도 따라서 증가할 수밖에 없다. 그럴 듯한 가정이다. 안정 시 대사율이 최대 대사율과 연관성이 있으며 호기성 용량의 범위는 몸 크기와 함께 증가한다는 것은 앞에서 이미 살펴보았다. 그러므로 둘 사이에는 분명히 연관성이 있다. 그러나 이것이 원인일까? 하나가 증가하거나 덜어지면 다른 하나도 반드시 그럴까?

베넷과 루벤의 주장에 따르면, 안정 시 대사율은 체내에서 만들어내는 열이 안정적으로 체온을 올리는 지점까지 증가했다. 이 지점에 다다르자 내온성은 생태적 영역의 확장 같은 자체의 장점에 의해 선택되었다. 그때부터 자연선택은 피하지방층과 털가죽과 솜털과 깃털 같은 절연층의 진화를 도와 체내에서 생산되는 열을 유지하는 쪽으로 방향을 잡았다.

복잡성에 도달하다

호기성 용량 가설이 들어맞으려면, 최대 대사율과 안정 시 대사율은 도마뱀보다 포유류와 조류에서 월등히 높아야만 한다. 이는 잘 알려진 사실이다.[14] 도마뱀은 빨리 지치므로 호기성 운동능력이 낮다. 도마뱀은 아주 잽싸게 움직일 수 있지만(몸이 데워졌을 때), 도마뱀의 근육은 보통 젖산염을 만들어내는 혐기성 호흡으로 에너지를 생산한다(2부를 보라). 도마뱀은 30초 정도는 폭발적인 속도를 유지할 수 있으며, 그 능력을 이용해 근처에 있는 구멍에 들어가 숨는다. 그리고 나서 체력을 회복하는 데 몇 시간이 걸리기도 한다. 이와 대조적으로, 비슷한 크기의 포유류나 조류의 호기성 운동능력은 도마뱀의 6~10배가 된다. 행동이 더 잽싸다든가 발이 더 빠른 것은 아니지만 훨씬 오랜 시간 동안 일정한 체력을 유지할 수 있다. 베넷과 루벤은 그들의 논문에서 이렇게 밝혔다. "활동량이 증가하면 생존과 번식을 하는데 유리한 위치를 차지하므로 자연선택에서 장점으로 작용한다. 체력이 뛰어난 동물이 자연선택에서 유리하다는 것은 쉽게 이해할 수 있다. 이들은 먹이를 찾거나 천적을 피하기 위해 날거나 달릴 때 훨씬 더 뛰어난 능력을 유지한다. 또 영역을 지키거나 다른 동물의 영역을 침범할 때도 우위를 차지할 것이고 구애와 짝짓기에 성공할 확률도 더 높을 것이다."

체력과 속도를 높이기 위해 동물이 할 수 있는 일은 무엇일까? 무엇보다 먼저 골격근의 호기성 용량을 증가시켜야만 한다. 그러려면 미토콘드리아와 모세혈관과 근섬유가 더 많이 필요하며 이는 바로 공간배정이라는 문제와 맞닥뜨리게 된다. 조직 전체가 근섬유로 뒤덮이면 근육이 수축할 수 있는 공간과 모세혈관이 산소를 전달할 공간이 줄어들게 되므로 조직의 분포를 최적으로 맞춰야만 한다. 어느 정도까지는 이 구성요소들을 더 촘촘하게 배치하는 것으로 호기성 용량을 향상시킬 수 있지만, 그 한계를 넘으면 효율성 증가 외에는 다른 개선책이 없다. 실제로도 이런 현상을 볼 수 있다. 호주 뉴사우스웨일스에 있는 울런공 대학의 토니 헐버트Tony Hulbert와 폴 엘스Paul Else에 따르면, 포유류의 골격근에는 비슷한 크기의 도마뱀 근육에 비

---

14) 공식으로 나타내면 대사율=aM^{b}으로 표현할 수 있다. 여기서 a는 종-특이상수, M은 질량, b는 비례 지수다. 상수 a는 포유류가 양서류보다 다섯 배 더 크지만 두 종류 모두 크기에 비례한다(나란한 직선을 나타낸다). 포유류와 파충류에서 안정 시 대사율과 다양한 기관의 모세혈관 밀도가 차이가 나는 이유, 다시 말해서 종에 따라 상수가 다른 이유는 프랙털 모형으로는 설명할 수 없다. 내온성의 증가에 대한 설명도 마찬가지다. 이 설명은 산소에 대한 조직의 수요에서 찾을 수 있다. 조직은 호기성 용량을 더욱 향상시키기 위해 더 많은 산소를 필요로 한다. 조직의 수요가 프랙털 공급망과 함께 기관과 근육의 재편성이 일어나게 만든 원동력이다.

해 미토콘드리아가 두 배 더 많으며 미토콘드리아 막에 있는 호흡복합체의 분포도 더 치밀하다. 쥐는 도마뱀에 비해 골격근에 있는 호흡효소의 활동이 거의 두 배 더 활발하다. 쥐의 근육은 도마뱀의 근육에 비해 호기성 운동능력이 전체적으로 여덟 배 높다. 이 정도 차이면 훨씬 높은 최대 대사율과 호기성 용량이 완전히 설명된다.

　이로써 호기성 용량 가설의 첫 번째 가정은 해결된다. 지구력에 대한 선택은 근육세포 미토콘드리아의 능력을 향상시켜 최대 대사율을 더 높이는 결과를 가져온 것이다. 그렇다면 두 번째 가정은 어떨까? 왜 최대 대사율과 안정 시 대사율은 연관성이 있을까? 그 이유는 분명하지 않다. 아직 타당성이 있다고 증명된 해석은 아무것도 없다. 그렇지만 어떤 연관성이 있으리라는 것은 짐작할 수 있다. 앞서 체력이 다 소진된 도마뱀이 체력을 회복하는 데는 몇 시간이 걸리기도 한다고 했다. 도마뱀은 단 몇 분만 극심하게 움직여도 체력이 다 떨어진다. 도마뱀이 체력을 회복하는 데 시간이 오래 걸리는 것은 근육보다는 극심한 대사작용으로 생긴 노폐물과 그 밖의 다른 산물을 처리하는 간이나 신장 같은 기관의 능력과 더 관련이 깊다. 기관이 노폐물을 처리하는 속도는 기관 고유의 대사능력으로 결정된다. 다시 말해서 미토콘드리아가 더 많으면 회복도 더 빠르다. 아마 지구력의 이점은 회복하는 데 걸리는 시간에도 적용될 것이다. 근육의 호기성 용량이 여덟 배 높아진 상태에서 이에 걸맞은 기관의 변화가 없다면 포유류는 운동을 하고 난 뒤 체력을 회복하는 데 몇 시간 정도가 아니라 하루 종일이 걸릴지도 모른다.

　기관은 근육과 달리 공간배치 때문에 어려움을 겪을 염려는 없다. 근육에서는 미토콘드리아의 밀도가 크기에 따라 달라지지 않지만 기관에서는 다르다. 동물의 크기가 커질수록 우리가 앞 장에서 다루었던 거듭제곱의 법칙에 따라 동물의 기관 속에 있는 미토콘드리아는 점점 성기게 분포하게 된다. 이것이 기회로 작용한다. 큰 동물의 기관은 힘을 얻기 위해 근육처럼 조직구조가 재구성될 필요가 없다. 미토콘드리아를 좀더 늘리기만 하면 된다. 이 기회가 내온성을 일으킨 것으로 추측된다. 최고 수준의 비교생물학 연구로 정평이 난 헐버트와 엘스는 포유류의 기관에는 도마뱀에 비해 미토콘드리아가 다섯 배나 많지만 다른 면에서는 별 차이가 없다는 결과를 얻었다. 이를테면 호흡효소의 효과는 정확히 같다. 근육이 어렵사리 힘을 배가시킬 때마다 새로운 힘의 균형을 맞추는 방법은 비교적 간단하다. 반쯤 비어 있는 기관에 미토콘드리아만 좀더 채워 넣으면 된다. 그러면 호기성 활동 때문에 소모한 체력을 빨리 회복할 수 있게 될 것이다. 요점은 간 같은 기관의 작용이 몸을 따뜻하게 하기 위해 필요한 것이 아니라 근육의 수요와 관련이 있다는 것이다.

양성자 누출

그러나 여기에는 엄청난 문제점이 도사리고 있다. 근육이 안정 시 대사율에 기여하는 정도가 낮다는 것은 앞서 확인했다. 산소 독성에 대한 위험성 때문에 혈류가 근육에서 기관으로 전환되고 기관에는 손상을 일으키는 미토콘드리아의 수가 상대적으로 적다. 그렇다면 최초의 포유류에게는 무슨 일이 있었을까? 최초의 포유류는 호기성 용량이 증가하자 이를 보상하기 위해 기관에 미토콘드리아 수를 늘렸지만 혈류를 돌릴 곳이 없었기 때문에 혈액은 기관이나 근육을 바로 통과해야만 했다.

어느 날 최초의 포유류 한 마리가 새로 얻은 호기성 능력을 발휘해 아주 손쉽게 잡은 먹이를 소화하다 잠이 든다. 글리코겐과 지방으로 저장할 양을 채우고도 좀더 에너지를 소비해야 한다. 이 포유류의 미토콘드리아에는 양분에서 뽑아낸 전자가 가득 찬다. 위험한 상황이다. 미토콘드리아의 호흡연쇄는 전자의 흐름이 느려져 전자가 쌓이게 된다. 이와 더불어 주위에는 산소가 가득하다. 혈류를 다른 곳으로 돌릴 수가 없기 때문이다. 이런 상황이 되면 전자는 호흡연쇄에서 쉽게 빠져나와 반응성이 큰 자유라디칼을 형성해 세포를 손상시킬 수 있다. 그다음은 어떻게 될까?

케임브리지 대학의 마틴 브랜드Martin Brand가 이 문제에 대해 내놓은 해결책은 전자전달계 전체를 계속 가동시켜 에너지를 낭비하는 것이다. 자유라디칼로 생기는 위험은 호흡연쇄에서 전자의 흐름이 멈출 때 최대가 된다. 전자는 대개 호흡연쇄에서 다음 복합체로 곧바로 전해진다. 그러나 정상적인 흐름이 막혀 호흡복합체에 전자가 가득 차면 산소와 반응하기 쉽다. 전자가 다시 흐르게 하려면 보통 ATP를 소모해야만 한다.[15]

만약 ATP 수요가 없다면 흡흡체계 전체가 제대로 작동되지 못하고 산소와 반응하게 될 것이다. 이런 상황은 잘 먹고 휴식을 취할 때 벌어진다. 이 상황을 벗어날 방법이 하나 있다. 전자의 흐름과 ATP 생산이 연결되지 않도록 하는 것이다. 2부에서 이 현상을 수력발전용 댐에서 수요가 적을 때 배수로를 통해 물을 내보냄으로써 범람을 방지하는 것에 비유했다. 호흡연쇄의 경우에는 ATP를 생산하는 ATP 효소(중앙수문)를 통과하는 대신 일부 양성자가 막에 있는 다른 구덩(배수로)을 통과하고, 그 결과 양성자 기울기에 저장된 에너지 일부가 열로 분산된다. 이런 방법으로 양성자 기울기가 짝이 풀리면 느린 양성자 흐름이 유지되면서 자유라디칼에 의한 손상도 막는다(배수로가 범람을 막는 것과 같다). 이런 과정을 통해 자유라디칼에 의한 손상을 막는다는 사실을 애버딘의 존 스피크먼John Speakman과 동료 연구진은 마틴 브랜드와 함께 쥐를 대상으로 한 연구를 통해 밝혔다. 이들의 연구내용이 고스란히 드러나는 논문 제목은 다음과 같다. 「짝풀림과 생존: 대사작용이

---

15) ATP는 호흡을 통해 ADP와 인산으로부터 합성되며 세포활동이 일어나는 동안 다시 ADP와 인산으로 돌아간다. 세포 속에 있는 ADP와 인산이 이미 모두 ATP로 전환되었다면 원료가 없기 때문에 호흡은 멈출 수밖에 없다. 세포가 ATP를 소모하면 ADP와 인산이 다시 생기므로 호흡이 다시 시작된다. 그러므로 호흡속도는 ATP 수요로 결정된다.

활발한 쥐는 미토콘드리아에서 짝풀림이 더 많이 일어나며 더 오래 산다」. 이 내용은 7부에서 더 자세히 알아보겠지만 간단히 말해서 이 쥐들이 더 오래 사는 까닭은 자유라디칼에 의한 손상이 더 적기 때문이다.

포유류가 쉬고 있을 때는 약 4분의 1 정도의 양성자 기울기가 열로 흩어질 것이다. 파충류도 마찬가지지만 파충류의 세포에는 미토콘드리아가 겨우 50여 개 정도밖에 없기 때문에 1그램당 생산하는 열량이 포유류의 5분의 1에 불과하다. 파충류는 기관의 크기도 포유류에 비해 상대적으로 작고 따라서 전체 미토콘드리아의 수도 적기 때문에 전체 열 생산량은 열 배 정도 차이가 나게 된다. 이 방법을 통해 최초의 대형 포유류는 체온을 상당히 올릴 수 있을 정도의 열을 생산했을 것이다. 호기성 용량에 따른 뜻밖의 결과였지만, 한번 이 방법으로 열을 생산하기 시작하자 몸을 따뜻하게 유지하기 위해 내열성 자체가 자연선택을 받게 된다. 반면 작은 동물은 단열을 더 잘하거나 심지어 열 생산비율을 높여도 겨우 체온을 유지할 수 있는 열을 생산할 수 있다. 이 특성들은 이미 내온성이 생긴 동물의 후손 사이에서 나타났을 것이다. 그렇지 않으면 우리는 무조건 체온 증가 자체가 목적인 원래 문제로 되돌아가야 한다. 다시 말해서 내온성은 열 생산과 열 손실이 균형을 이룰 수 있을 만큼 충분히 큰 동물에서 진화되기 쉽다. 반면 최초의 내온성 포유류의 후손 중 크기가 작은 동물들은 열 보존문제를 해결하기 위해 더 적응을 해야만 했다. 집쥐 같은 작은 포유류는 정상적인 열 생산을 하려면 미토콘드리아가 풍부하게 함유된 갈색 지방을 보충해야만 한다. 이 갈색 지방에서는 미토콘드리아 막을 거쳐 양성자가 다시 스며들어와 열을 방출한다. 따라서 작은 포유류의 안정 시 대사활동은 격한 운동을 할 수 있는 근육능력이 아니라 열 손실비율과 연관이 있다는 의미다.

이 개념은 오랫동안 수수께끼로 남아 있던 몇 가지 문제를 해결했으며 대사율이 모든 생물계를 통틀어 질량에 비례한다는 보편상수에 대한 부질없는 미련을 불식시켰다. 이는 작은 포유류와 조류(이들 중 어떤 것도 큰 포유류의 크기에 접근하지 못한다)가 약 2/3제곱에 비례하는 이유를 명확히 했다. 작은 포유류와 조류에서는 대사율의 대부분이 근육기능과 연결되지 못하고 대신 체열을 유지하는 데 쓰인다. 이와는 대조적으로 큰 포유류와 파충류에서는 열 생산이 먼저가 아니다. 오히려 열이 지나치게 많아지면 더 큰 문제를 일으키므로 대형 포유류에서는 기관의 대사능력이 근육의 요구에 균형을 맞추는 데 필요할 뿐 열 생산과는 관계가 없다. 최대 대사율이 0.88지수에 비례하기 때문에 안정 시 대사율 역시 그렇다.

동물들이 이 예측과 얼마나 잘 들어맞는지는 먹이나 환경이나 종과 같은 다른 요소로 결정된다. 이를테면 유대류나 사막생물과 개미핥기 종류는 다른 포유류에 비해 대사율이 낮다. 이들은 격렬하게 움직이면 회복하는 데 더 오랜 시간이 걸리거나 전혀 격렬하게 움직이지 않을 것이라는 예측을 할 수 있다—일반적으로 이는 사실이다.[16] 에너지 효율의 범위가 보여주는 것은 호기성 용량의 정점을 이룬 활동적인 조류와 포유류부터 느리지만 몸을 잘 보호하는 아르마딜로나 거북까지 다양한 생활방식에 적응할 수 있는 기회인 것으로 추측된다.

오르막을 향한 첫 걸음

미토콘드리아를 이용한 에너지 생산으로 진핵세포는 세균보다 '평균' 1만 배에서 10만 배 정도 더 커지게 되었다. 크기가 커지면서 에너지 효율이 선물로 따라왔다. 공급망의 효율에 의해 정해진다고 추측되는 한계 내에서 에

---

16) 캥거루 같은 일부 유대류는 대사율이 낮아도 대단히 빨리 움직일 수 있다. 캥거루가 빨리 움직일 수 있는 이유는 달리기와 달리 두 발을 모아 깡충깡충 뛸 때 속도가 빨라질수록 산소 소비가 줄어들기 때문이다. 따라서 캥거루는 산소를 더 많이 소비하지 않으면서 더 빠르게 뛸 수 있다. 깡충깡충 뛰는 것이 더 효과적인 이유는 산소를 소모하는 근육수축과 연관성이 별로 없는 반동의 탄력을 이용하기 때문이다.

너지 효율은 몸집이 클수록 높아진다. 에너지 효율은 즉각적인 이익에 대한 즉각적인 보상이고 크기가 커지면서 따르는 불이익(더 많은 유전자와 더 많은 에너지와 더 나은 조직의 필요성)을 즉각적으로 상쇄시킨다. 에너지 효율의 즉각적인 보상이 진핵생물로 하여금 복잡성의 오르막을 오르도록 부추겼을지도 모른다.

   아직 몇 가지 수수께끼가 나를 괴롭히고 있지만 나는 이 수수께끼가 설명될 수 있다고 생각한다. 첫째, 큰 동물은 여전히 작은 동물보다 더 많이 먹어야만 한다는 이유로 에너지 효율은 종종 자연선택의 대상에서 제외된다. 에너지 효율은 세포 단위, 또는 질량을 그램 단위로 따졌을 때만 명백히 드러난다. 비평가는 자연선택이 일반적으로 개체 수준에서 작용하며 무게를 기준으로 작용하지는 않는다는 것을 곧바로 지적한다. 이는 분명한 사실이지만 환경과 생물체의 요구는 그래도 크기와 연관이 있다. 우리는 쥐가 사람에 비해 일곱 배 더 배고픔을 느낀다는 것을 확인했다. 몸집의 크기와 비교했을 때 쥐는 우리보다 일곱 배나 많은 먹이를 찾아 먹어야만 한다. 그러나 쥐는 주위 환경과 비교했을 때 우리보다 더 빠르지도, 강하지도 않다. 비교는 객관적이다. 쥐는 분명히 들소를 잡을 수 없다. 그러나 인간이나 그 어떤 동물도 쥐만큼 작아진다면 할 수 없는 일이다. 동물이 살아가는 세계는 그들의 규모에 맞게 정해진다. 우리만의 세계에서 우리는 늘 쥐보다 7분의 1만 먹으며 살아간다. 같은 근거에서 우리는 음식이나 물이 없을 때 쥐보다 일곱 배 오래 견딜 수 있다. 몸무게에 비해 얼마나 많이 먹어야 하는지를 따져보면 이득의 범위가 더 명확하게 보일 수도 있다. 쥐는 굶어 죽지 않으려면 날마다 몸무게의 절반에 해당하는 먹이를 먹어야 한다. 반면 우리는 몸무게의 2퍼센트에 해당하는 양만 있으면 된다. 확실히 사람이 유리하다. 그렇다고 크기가 큰 것이 늘 유리하게 작용한다는 말은 아니다. 어떤 상황에서는 작은 크기가 훌륭한 장점으로 작용해 다른 방향으로 진화가 일어날 수도 있다. 그러나 크기에 따른 에너지 효율이 진핵생물의 진화 방향에 큰 영향을 끼쳐온 것으로 추측된다.

나를 괴롭히는 두 번째 수수께끼는 에너지 우월성이 널리 영향을 미친다는 것과 연관이 있다. 4부에서 우리는 포유류와 파충류를 주로 다루었다. 이들의 에너지 효율을 요소별로 분석해본 결과, 에너지 효율성은 단지 프랙털 공급망으로 억압을 받는 게 아니라 진정한 기회를 제공한다는 결론에 이르렀다. 한편 세균은 표면적 대 부피의 비율에 따라 크기의 제약을 받으며 이것이 세균에게 기회가 아니라 억압으로 작용한다는 것도 지적했다. 아메바 같은 단세포 진핵생물이 크기가 커지면서 정말 이득을 얻었을까? 나무나 새우도 그럴까? 여기서 우리는 보편상수를 부정함으로써 포유류의 범주를 넘어 일반화할 권리마저 함께 포기한 것은 아닐까?

그럴 것 같지는 않다. 내게는 해답이 불분명하기 때문에 미처 소개하지 못한 몇 가지 예가 있으며 이 예들은 포유류나 파충류에 비해 주목을 받지 못했다. 그러나 나는 단세포 생물을 포함해 모든 생명체가 똑같은 이득을 얻었다는 것을 어렴풋이 짐작한다. 이런 이득은 묶음으로 사면 값이 싸지는 대량생산에 의한 원가절감 효과처럼 크기가 큰 동물에서 눈에 잘 띈다. 사회에서처럼 이 이득은 설치비용, 생산비용, 유통비용으로 결정되며 이런 모든 비용은 원가절감에 따른 외적인 범위에 영향을 미친다. 그러나 이 범위 안에서는 이득이 폭넓게 적용되어야 한다. 유기체는 에너지 소모를 최소화하기 위해 대단히 조심스럽게 작동하는 경향을 띠기 때문이다. 특히 유기체는 항상 일정한 구성단위가 모여 이루어진다. 단세포 생물, 다세포 생물 할 것 없이 모두 기능단위가 조합되어 만들어진다. 다세포 생물에서는 기관이 해독작용이나 호흡 같은 특별한 기능을 독립적으로 수행한다. 세포에서는 미토콘드리아 같은 세포소기관이 독립된 기능을 수행한다. 세포 하나에 들어 있는 규격화된 세포소기관의 일에는 유전물질의 전사, 단백질 합성, 생체막 합성, 염분배출, 신호 감지하고 반응하기, 에너지 생산, 운동, 물질 수송 따위가 있다. 세포소기관이라는 기능단위로 구성된 단세포 생물도 다세포 생물처럼 원가절감에 따른 이득이 적용될 수 있을 것이다.

이는 다시 유전자 수에 대한 의문으로 우리를 안내한다. 우리는 복잡한 생명체일수록 유전자가 더 많이 필요하다는 것에 주목했고, 성(性)이 생겨남으로써 복잡성으로 들어가는 문이 열려 유전자의 축적이 가능해졌다는 마크 리들리의 주장도 살펴보았다. 그러나 우리는 성이 복잡성의 문을 열지 않았을 수도 있으며, 세균이나 단세포 진핵생물에서 유전자 수의 경계는 확실하지 않다는 사실을 확인했다. 세포가 커질수록 에너지 효율이 증가한다는 것이 진핵생물의 유전자 축적을 더 잘 설명할 수 있지는 않을까? 세포가 커지면 보통 핵이 커진다. 세포 주기 동안 균형 잡힌 성장을 하려면 세포 부피 대 핵 부피의 비율이 기본적으로 일정해야 하는 것으로 추측된다. 지금까지와는 다른 거듭제곱의 법칙이다! 이는 진화가 일어나는 동안 핵의 크기와 그 안의 DNA 내용물이 최적의 기능을 유지하기 위해 세포의 크기가 변화하는 것에 맞춰 조절된다는 뜻이다. 따라서 세포의 크기가 커지면 핵에서는 DNA의 양을 늘리고 핵의 부피를 증가시킨다. 그렇다고 증가한 DNA가 유전자를 더 많이 암호화하는 데 필요한 것도 아니다. 이것으로써 1장에서 다루었던 C값 역설이 설명되며 더불어 암호화된 유전자는 얼마 없지만 DNA는 사람보다 200배나 많았던 아메바 두비아의 예까지 설명된다.

여분의 DNA는 종종 쓰레기 DNA로 단순히 자리만 차지하고 있기도 하지만 염색체를 구성하기 위한 발판을 마련하는 것부터 많은 유전자의 활성을 조절하는 결합부위 구실을 하는 것까지 다양한 일에 이용되기도 한다. 복잡성의 기초가 되는 새로운 유전자를 위한 재료도 이 여분의 DNA에서 만들어진다. 많은 유전자 서열에서 그 유래가 쓰레기 DNA라는 것이 드러나고 있다. 복잡성도 처음에는 단순한 것에서부터 시작되지 않았을까? 진핵세포는 미토콘드리아를 통해 힘을 얻는 순간부터 몸집이 커지면서 자연선택에서 우위를 차지하게 되었다. 세포가 커지면서 DNA가 더 필요했고, 이 세포에는 유전자 수와 복잡성을 증가시키는 데 필요한 원료가 있었다.

이 점에서 진핵세포는 세균과 완전히 다르다는 점을 주목해야 한다. 세균은 유전자가 소실되는 쪽으로 강한 선택압을 받은 데 비해, 진핵세포는 유전자를 얻는 쪽으로 압박을 받았다. 리들리의 주장대로 성이 돌연변이에 의한 파멸을 늦춰준다면 크기가 더 커지는 데 필요한 DNA 증가의 필요성이 성 자체를 이루어낸 근본적인 선택압일 수도 있다.

 진핵세포가 미토콘드리아를 얻은 일은 생명이 이룰 수 있는 가능성의 한계를 정복한 것이다. 미토콘드리아는 세균의 세계에서는 상상할 수 없을 정도로 몸집이 커지는 현상을 가능하게 했다. 몸집이 커지면서 복잡성도 따라서 증가했다. 그러나 당연히 미토콘드리아와 숙주세포 사이의 충돌이 가져온 불이익도 있다. 이 오랜 싸움의 결과, 생명에는 영원히 깊은 상처의 흔적이 남았다. 지금까지도 이 상처의 흔적은 창조와 파괴의 힘을 간직하고 있다. 미토콘드리아가 없었다면 세포자살도 없었겠지만 다세포 '개체'도 존재할 수 없다. 노화도 없고 성도 없다. 미토콘드리아의 어두운 일면에는 생명의 역사를 다시 쓸 수 있는 능력이 도사리고 있다.

5

타살 또는 자살:
개체의 불안한 탄생

11 몸 안의 충돌
12 개체의 형성

몸속에 있는 세포는 기운을 다하거나 손상을 입으면 자살을 강요당하는데 이를 아포토시스라고 한다. 아포토시스가 일어나면 세포에 돌기가 돋고 응축과 재흡수가 일어난다. 만약 아포토시스의 조절과정이 제대로 작동하지 않으면 암에 걸리게 된다. 세포와 전체 개체 사이에 이익 다툼이 일어나는 것이다. 아포토시스는 다세포 생물 개체 전체의 보존과 결속을 위해 꼭 필요한 것으로 보인다. 그러나 어떻게 한때 독립된 존재였던 세포가 더 큰 이득을 위해 죽음을 받아들이게 되었을까? 오늘날 아포토시스는 미토콘드리아가 관장하며 세균 조상에서 유래한 죽음의 장치는 죽음의 역사를 암시한다. 그렇다면 개체의 결속은 격렬한 싸움 속에서 싹 텄다는 것일까?

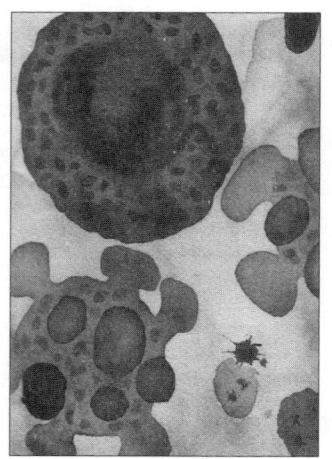

아포토시스에 의한 죽음—미토콘드리아는 세포를 살릴 것인지 자살을 강요해 죽음에 이르게 할 것인지를 결정한다.

데카르트의 "나는 생각한다. 고로 나는 존재한다"라는 말은 "그런데 정확히 나란 무엇인가?"라는 화두로 연결된다. 개체의 특성은 오랫동안 철학자들과 과학자들의 관심 밖에 있다가 이제야 겨우 집중을 받게 되었다. 개체는 유전적으로 동일한 세포로 구성된 유기체라고 말할 수 있다. 세포는 유기체 전체의 이익을 위해 다양한 일을 하도록 분화되었다. 진화론적 관점에서 볼 때 이 세포들이 이기적인 관심을 뒤로하고 이렇게 이타적인 협동을 하는 이유가 궁금하다. 유전자나 세포소기관이나 세포 같은 유기체를 조직하는 다양한 수준의 구성단계 사이에는 반드시 충돌이 있다. 그러나 역설적이게도 이렇게 치열한 충돌이 없었다면 개체를 만들어낸 강한 결속력은 절대 진화되지 못했을지도 모른다. 마치 사회에서 질서를 유지하기 위해 법체계를 준수하게 하듯이, 이런 충돌은 이기적인 관심을 억제하도록 분자 '경찰력'의 진화에 박차를 가했다. 몸속에서 일어나는 충돌을 억제하는 과정의 중심에는 예정된 세포 죽음인 아포토시스가 있다. 오늘날 아포토시스가 미토콘드리아에 의해 일어난다는 사실이 밝혀지면서 미토콘드리아가 개체 진화의 열쇠를 쥐고 있을지도 모른다는 가능성이 제기되었다. 5부에서는 안개 속 같은 진화의 시간으로 돌아가 미토콘드리아가 정말 다세포 개체의 진화와 깊은 연관이 있는지를 살펴볼 것이다.

그동안 점잖은 과학계는 이기적 유전자, 이타주의, 자연선택의 한계에 대한 불쾌감을 점잖지 못할 정도로 드러내왔다. 이런 수많은 논란의 바탕이 된 것은 단순한 문제였다. 바로 유전자, 개체, 개체군(혈연집단 따위), 종 전체에서 자연선택의 구실은 무엇인지에 대한 문제였다. 1962년 베로 윈 에드워즈Vero Wynne-Edwards는 동물 행동에 관한 설득력 있는 논문, 「사회적 행동과 연관된 동물 분포」로 이목을 집중시켰다. 그는 많은 사회적 행동양상에 대한 자연선택이 다윈이 추측한 것처럼 개체 수준에서 일어나는 게 아니라 종 수준에서 일어난다고 생각했다. 이를테면 노화는 개체에게 어쨌든 이득이 없어 보인다(노화와 죽음으로 우리가 얻는 게 뭐가 있겠는가?). 그러나 종 전체로 보면 개체군을 회전시켜 개체수를 조절하고 제한된 자원이 낭비되는 것을 억제하는 효과가 있다. 마찬가지로 성도 개체에게 별 의미가 없어 보인다. 그렇기 때문에 강력한 성적 쾌감으로 우리를 매수한 것이 분명하다. 아마 부드러운 만족으로는 충분치 않았을 것이다. 세균처럼 단순히 이분법으로 번식하면 모세포 하나에서 딸세포 두 개가 만들어지지만, 유성생식을 하면 한 번 자손을 얻기 위해 양쪽 부모가 필요하다. 짝을 찾기 위해 고생하는 것은 둘째치고 무성생식에 비해 두 배의 비용이 들게 된다. 게다가 유성생식은 부모의 성공을 보장했던 바로 그 유전자가 선택될 가능성을 무작위로 만드는 불안한 상황을 초래한다. 유성생식의 가장 큰 장점은 변이를 빠르게 전파시켜 개체군 전체가 환경에 적응하는 데 유리하다는 것이다. 곧, 종에게 이익이 된다.

  이 개념에 대한 반응은 조금 폄하의 뜻이 담긴 초다윈주의(ultra-Darwinism)라는 모호한 말로 치부되곤 했다. 당연히 종 수준에서는 자연선택이 어떻게 작용할지 궁금할 것이다. 여러 가능성이 있다. 이를테면 개체군 회전이 빨라지면 진화속도가 빨라지고 진화속도가 빠른 종은 주변 상황이 급변할 때 (지구온난화가 빠르게 진행되는 상황이나 운석충돌이 일어난 뒤 같은 상황에서) 다른 종에 비해 이득을 볼 수도 있다. 다른 가능성으로는 리처드 도킨스가 '진화 가능성(evolvability)의 진화'라고 부른 종의 유전적 '유연성(flexibility)'과 연관이 있다. 어떤 종은 다른 종에 비해 형태와 행동에서 더 진화될 여지를 보인다. 그러나 대부분의 경우에서 진화의 맹목성은 이런 종 수준의 선택이 일어날 수 없음을 의미한다. 성은 아주 복잡하므로 하룻밤 사이에 진화된 것이 아니다. 만일 유일한 혜택이 종 수준에만 있고 실질적인 성의 진화가 일어날 때까지 그 혜택이 미루어진다면, 그동안은 어떤 일이 벌어질까? 개체군 안에서 어떤 개체가 성을 향해 나아가는 작은 시도를 한다면 그 시도는 실패로 돌아가고 결국 개체는 자연선택에 의해 제거될 것이다. 이 개체는 유성생식이라는 두 배의 비용을 감당해야 하고 어떤 혜택이 모습을 드러낼 때까지 어렵게 얻은 유익한 형질마저 유성생식을 하면 선택될 확률이 무작위가 되기 때문이다. 마찬가지로, 노화가 일어나지 않는 개체는 더 오래 살아남아 더 많은 자손을 남기면서 노화방지 유전자를 물려줄 것이고 개체군에서 우위를 차지하게 될 것이다. 따라서 어떻게 보면 종 수준에서 선택이 작용하는 경우가 거의 없어 보이지만, 한편으로는 스스로를 제거하는 숭고한 형질은 (그 당시) 종 수준에서 일어나는 선택이 아니면 설명이 되지 않는다.

1960년대 이후, 윌리엄 해밀턴William Hamilton, 조지 C. 윌리엄스George C. Williams, 존 메이너드 스미스 외 많은 과학자들은 개체나 혈연집단이나 유전자 수준의 선택을 이용해 이타주의적 형질을 명백하게 설명하기 위한 방법을 탐색하기 시작했다. 새로운 탐색은 결국 포괄적응도(inclusive fitness)라는 수학적 문제로 귀결되었다. J. B. S. 홀데인은 이 개념을 술자리에서 멋지게 표현했다. "형제를 구하기 위해 내 생명을 버릴 수 있을까? 그렇게는 못 하지만 나는 형제 둘과 조카 넷과 사촌 여덟을 구할 수 있어."(그의 유전자는 형제들과 50퍼센트가 같고, 조카들과는 25퍼센트, 사촌들과는 12.5퍼센트가 같기 때문에 자신을 구하면 결국 그렇게 된다는 얘기다.) 잇달아 '이기적' 같은 용어에 신랄한 비난이 집중되었다. 생물학에서 이기적이라는 용어는 특정 의미로 쓰이지만 일반적인 뜻 때문에 감정적인 여운이 느껴진다. 특히 리처드 도킨스의 『이기적 유전자The Selfish Gene』는 찬바람이 쌩쌩 도는 결말을 누구나 이해할 수 있으리만치 잘 쓰는 바람에, 어떤 독자에게는 깊은 감동을 주었지만 어떤 독자에게는 성질을 돋우게 만들었다. 『이기적 유전자』의 결론은 생명체란 유전자가 잠깐 쓰다 버리는 생존기계이자 꼭두각시이며 이 꼭두각시를 움직이는 실질적인 주인은 영원히 사라지지 않는 유전자라는 것이다. 도킨스의 말에 따르면, 진화를 논리적으로 바라보는 유일한 방법은 자신의 모습만 바라보던 시선을 버리고 유전자의 시선에서 개체군 변화를 바라보는 것이다.

'선택의 단위'가 유전자라는 개념에 대한 반론이 다양하게 제기되었다.

가장 일반적인 반론은 자연선택에서 유전자가 눈에 보이지 않는다는 주장이다. 유전자는 단백질이나 RNA를 만들기 위한 암호가 들어 있는 문자의 나열일 뿐이다. 더 나아가 유전자와 그 유전자로 암호화된 단백질 사이의 관계는 불분명하다. 같은 유전자라도 다른 방식으로 나뉠 수 있고 그렇게 되면 다른 단백질을 만드는 암호가 된다. 또 많은 단백질이 하나 이상의 기능을 수행한다는 사실이 밝혀졌다. 유전자도 어떤 몸속에 있는지에 따라 매우 다른 효과를 낼 수 있다. 이를테면 변형된 헤모글로빈 유전자는 하나만 있으면(이형접합체[heterozygote]가 되면) 말라리아에 대한 저항성을 나타내지만 두 개를 모두 갖게 되면(동형접합체[homozygote]가 되면) 겸상적혈구빈혈증(sickle cell anaemia)을 일으킨다. 이는 옳은 말이기는 하지만 유전자를 중심으로 진화의 흐름을 설명하고자 하는 접근법의 권위를 깎아내리지는 못한다. 선택의 대상은 개체일지 모르지만 다음 세대로 전달되는 것은 오로지 유전자뿐이다. 개체는 유성생식을 통해서 다음 세대까지 살아남지 못한다는 것이 이기적 유전자의 핵심이다. 세포 하나, 심지어 염색체 하나도 다음 세대에 전달되지 못한다. 몸은 한 줌의 먼지가 되어 덧없이 사라진다. 도킨스의 말에 따르면, 오직 유전자만 산처럼 오랜 세월 동안 뒤얽혀 살아남는다. 진화기간 전체에 걸쳐 개체군을 볼 때 유전자 빈도(gene frequency)의 변화는 진화의 양을 판단할 수 있는 가장 좋은 수단이다. 이는 어느 정도 복잡한 문제를 수학적으로 뒷받침해주는 버팀목이 되지만 불쾌한 것도 사실이다.

이기적 유전자의 관점에서 볼 때 개체의 진화는 중요하지 않다. 우리가 몸이라고 부르는 세포 덩어리가 다음 세대에 성공적으로 유전자를 전달하면 이 유전자는 자신의 길에 협조하지 않는 유전자를 희생시키면서 번성하게 될 것이다. 몸이란 이기적인 목적을 위해 서로 협동하는 유전자의 산물이며, 유전자의 목적은 더 많이 복제되는 것이다. 도킨스는 이 점을 분명히 설명했다. "어떤 사람들은 몸을 세포집단으로 비유해 설명하기도 한다. 나라면 몸은 **유전자**의 집단이고 세포는 유전자의 화학산업을 위한 편리한 작업단위라고 생각하겠다."

이기적 유전자의 핵심은 한 세대에서 다음 세대로 전달될 수 있는 것은 유전자밖에 없기 때문에 유전자가 가장 안정된 진화의 단위라는 것이다. 다시 말해 유전자가 '복제자(replicator)'인 것이다. 도킨스는 이 시각이 유성생식을 하는 생물, 곧 (전부가 아닌) 대부분의 진핵생물에 한정된다는 점을 분명히 했다. 이 시각은 무성생식을 하는 세균에게는 동일하게 적용되지 않는다. 무성생식을 할 경우에는 세포 하나하나가 한 세대에서 다음 세대까지 살아남는다고 말할 수 있는 반면, 돌연변이의 축적은 유전자 자체가 변한다는 의미다. 사실 물리적인 스트레스를 받는 환경에서 세균은 유전자의 돌연변이 속도를 증가시키기까지 한다. 그러므로 세균의 경우에는 선택의 '대상'이 유전자인지 세포 전체인지 판단을 내리기 어렵다. 여러 면에서 볼 때 세균의 경우에는 세포가 복제자다.

유전자의 돌연변이가 꼭 표현형(phenotype, 겉으로 나타나는 유기체의 모습이나 기능)을 변화시킬 필요는 없다. 그러나 정의에 따르면 돌연변이는 유전자 자체를 변화시킨다. 어쩌면 영원히 알아볼 수 없을 정도로 서열을 뒤섞어놓을 수도 있다. 대부분의 돌연변이는 기능에 미치는 효과가 아주 미미하거나 아예 없기 때문에 자연선택어 영향을 주지 않고 계속 축적된다. 이런 돌연변이를 '중립 돌연변이(neutral mutation)'라고 한다. 사람들 사이의 유전자 차이는 평균 DNA 염기 1,000개당 하나꼴이며, 전체적으로 따지면 수백만 개에 이른다. 이 차이는 대부분 중립 돌연변이의 결과일 가능성이 크다. 완전히 서로 다른 종을 고려할 때는 두 종의 유전자 서열이 너무 다르기 때문에 어떤 관계를 발견하기 위해서는 좀더 연관성이 있는 중간형태의 유전자 서열을 참고해야 한다. 그러면 겉보기에는 아무 연관성이 없어 보이는 유전자도 실제로는 연관성이 있다는 것을 발견할 수도 있다. 완전히 서로 다른 유전자에 암호화된 단백질에서 아미노산의 구성은 대부분 다르지만 물리적인 구조와 기능은 두드러지게 비슷한 경우도 있다. 단백질의 구조와 기능은 선택의 대상인 반면, 유전자 서열은 상대적으로 변형이 잘 되는 게 분명하다. 마치 한때 근무했던 회사로 다시 돌아와보니 함께 일했던 옛 동료들은 아무도 없지만 일의 형태나 분위기나 경영구조는 희미한 과거 기억과 정확히 일치하는 것과 비슷하다.

유전자는 변하지만 세포와 그 구성성분은 본질적으로 변하지 않기 때문에 세균의 경우에는 세포가 유전자보다 좀더 안정적인 진화의 단위로 생각될 수 있다. 이를테면 시아노박테리아(광합성을 '발명한' 세균)는 진화를 거듭하면서 분명히 유전자가 바뀌었을 것이다. 그러나 화석증거가 믿을 만하다면 시아노박테리아의 표현형은 수억 년 동안 거의 변하지 않았다. 만약 도킨스의 주장대로 이기적 유전자의 가장 큰 적이 같은 유전자의 경쟁형태(다형성이나 변형)라면 중립 돌연변이는 이기적 유전자의 **치명적인** 교란자(scrambler)다. 중립 돌연변이가 축적되면 시간이 흐를수록 유전자 서열이 분기된다. 같은 유전자가 여러 다른 종에서 다양한 정도로 뒤섞여 수백만 가지 다양한 형태로 나타날 수도 있으며 이것이 유전자 계보의 토대가 된다. 그러므로 진화란 자신과 정확히 똑같은 유전자를 복제하고 '싶어' 하는 유전자의 이기적인 욕구와 유전자의 욕구를 무작위로 만들려는 돌연변이의 능력 사이에 벌어지는 경쟁이다. 돌연변이는 유전자 서열을 끊임없이 뒤섞어 이기적 유전자가 과거 자신의 모습을 가장 큰 적으로 돌리고 미워하게 만든다.

몇 가지 다른 고찰이 세균에서 유전자를 '선택의 단위'로 보는 시각에 불리한 영향을 미쳤다. 무성생식을 할 때는 모든 유전자가 한꺼번에 전달되기 때문에 유전자의 운명과 세포의 운명 사이에는 아무런 차이가 없다고 한다. 이는 사실과 거리가 멀다. 세균은 유전자를 맞바꾸기도 하고 이기적인 DNA 꾸러미를 싣고 다니는 바이러스인 박테리오파지bacteriophage의 희생양이 되기도 한다. 그러나 진핵생물에는 이기적인 복제를 하는 '기생' DNA(유기체의 이익보다 자신의 이익만을 위해 복제하는 DNA 서열)가 가득한 반면, 세균은 유전체의 크기가 작고 기생 DNA도 없다. 3부에서 본 것처럼 세균은 불필요한

DNA라면 기능 유전자까지 버리고 복제속도를 증가시킨다. 만약 이 유전자가 '이기적'이라면 규칙적으로 험한 세상에 강제로 버려지는 것은 형벌이다. 세균에서 일어나는 유전자 수평이동이 유전자 쪽에서 취하는 이기적인 방어수단이라는 생각도 일리가 있지만 일반적으로 이런 유전자 수평이동은 세포에 추가 유전자가 필요할 때만 일어나며 이렇게 얻은 유전자는 쓸모가 없어지면 여느 유전자처럼 다시 버려진다. 나는 이기적 유전자의 시각에서 이 모든 것을 해석할 수 있다는 것을 의심하지는 않지만, 이런 습성은 유전자보다 세포 자체의 비용과 이익의 관점에서 더 잘 설명된다.

적어도 세균에서만큼은 유전자보다 세포를 이기적 단위로 판단하는 게 옳을지도 모른다는 또 다른 의견이 있다. 세포는 유전자에 암호화되어 있지 않다는 것이다. 유전자에는 세포를 구성하는 단백질과 RNA를 만들기 위한 암호가 들어 있어 필요하면 무엇이든 만들 수 있다. 대단치 않은 차이라고 느낄 수도 있지만 실은 그렇지 않다. 세균을 포함해 모든 세포는 그 구조가 매우 정교하다. 세포의 구조를 연구하면 할수록 세포의 기능은 구조에 의해 결정된다는 생각이 든다. 2부에서 확인한 것처럼 세포는 효소가 가득 담긴 주머니가 아닌 것은 분명하다. 흥미롭게도 세포의 구조가 암호화된 유전자는 전혀 없는 것으로 보인다. 이를테면 막 단백질을 특별한 막으로 보내는 서열은 잘 알려져 있지만, 이 막을 어떻게 처음 만드는지를 알려주거나 어디에 만들어야 할지를 결정하는 서열은 전혀 없다. 이미 존재하는 막에 지질과 단백질이 더해질 뿐이다. 마찬가지로 새로운 미토콘드리아는 원래 있던 미토콘드리아로부터 만들어진다. 완전히 처음부터 만들어지는 미토콘드리아는 없다. 중심소체(centriole, 세포골격을 구성하는 세포소기관) 같은 세포의 다른 구성요소도 마찬가지다.

그렇다면 세포 수준에서는, 후천성과 선천성이 서로 의존하는 것이다. 다시 말해서 유전자의 능력은 이미 존재하던 세포구조에 완전히 의존하며 세포는 유전자의 작용을 통해서만 영원히 지속될 수 있다. 따라서 유전자는 언제나 세균이나 난자 같은 세포 안에 있는 채로 전달되며 따로 떨어진 유전자 꾸러미로는 전달되지 않는다. 따로 떨어진 유전자 꾸러미를 갖고 있는 바이러스도 살아 있는 세포기관에 들어가야만 활성을 나타낼 수 있다. 2부에서 등장했던 미생물학자 프랭클린 해럴드는 오랫동안 이 문제를 깊이 연구했다. 다음은 그가 약 20여 년 전에 쓴 글이지만 지금도 상황이 그다지 달라지지 않았다.

유전체는 유전정보의 유일한 저장소이며 궁극적으로 형태를 결정할 것이다. 이렇게 결정된 형태는 환경에 의해 조절된다. 그러나 유전체의 작용을 깊이 파고들면 들수록 상자더미만 나올 뿐이다. 상자를 열면 작은 상자가 나오고, 그 상자를 열면 더 작은 상자가 나오다 가장 깊숙한 곳에서 나오는 것은 결국 빈 상자다······. 유전자의 산물은 앞서 존재하던 유전자의 산물로 만들어진 토대 위에서 만들어지며 유전자의 기능은 어디로 가는지와 어떤 신호를 받는지에 따라 다르게 발현된다. 형태는 정보를 명쾌하게 판독해서 만들어지는 게 아니라 특별한 구조적인 배경과의 조화 속에 이미 내재되어 있다. 결국 세포에서 세포가 만들어진다.

여러 정황으로 볼 때 결국 세균의 이기적 진화단위는 유전자가 아니라 세포다. 어쩌면 도킨스의 말처럼 진핵생물이 유성생식을 시작하면서 모든 것이 바뀌었을지도 모른다. 그러나 더 깊은 진화의 흐름을 이해하고 싶다면 우리는 홀로 20억 년 동안 지구를 지배했던 세균을 살펴봐야 한다.

이런 시각 차이는 린 마굴리스 같은 미생물학자가 이기적 유전자의 가장 두드러진 비평가가 된 이유를 이해하는 데 도움이 된다. 사실 마굴리스는 수학적인 신다원주의(neo-Darwinism)를 대놓고 비판해온 인물이다. 심지어 마굴리스는 신다원주의가 머리뼈의 형태와 범죄성향을 연결 짓는 빅토리아 시대의 망상이었던 골상학을 그리워하는 것이며 골상학과 같은 운명을 겪으리라고 단정하기도 했다.

한쪽에서 마굴리스가 이기적 유전자 개념에 밀린다고 생각하는 사이, 실제로 세균은 서로 '잡아먹기'보다는 조화롭게 어울려 집단을 형성하면서 점잖게 살고 있었다. 세균이 단지 병을 일으킬 뿐이라는 생각은 잘못된 고정관념이다. 마굴리스의 주장에 따르면, 진화는 대부분 세균 사이에서 일어난 사건이며 세균 사이의 상호협력을 통해서 설명될 수 있다. 여기에는 진핵세포의 기초가 된 세포내공생도 포함된다. 이런 협력관계는 포식성과는 잘 맞지 않기 때문에 주로 세균 사이에서 일어난다. 3부에서 본 것처럼, 막을 통해 호흡을 하게 되면 다른 세포를 물리적으로 집어삼킬 수 있는 능력(식세포작용)이 있는 크고 에너지가 풍부한 세균은 사실상 자연선택에서 제외된다. 세균은 어쩔 수 없이 힘의 크기가 아니라 번식속도를 경쟁하며 살아갈 수밖에 없다. 식량이 부족한 세균 생태계의 현실에서는 같은 자원을 두고 싸우기보다는 서로의 부산물로 살아가는 편이 훨씬 이득이다. 한 세균이 포도당을 발효시켜 젖산을 내놓으면 다른 세균은 이 젖산을 산화시켜 이산화탄소를 만들고, 또 다른 세균은 이 이산화탄소를 메탄으로 바꾸면서 살아가고, 그렇게 계속 이어진다. 끝없이 재활용을 하며 살아가는 세균의 생활방식은 협력관계를 통해 이룰 수 있었다.

협력관계는 협력을 하는 것이 서로에게 유익할 때만 지속될 수 있다는 것을 명심해야 한다. '성공'을 세포의 생존으로 평가하든 유전자의 생존으로 평가하든 우리는 생존자들, 곧 스스로를 가장 성공적으로 복제했던 유전자나 세포만 볼 수 있다. 세포가 극단적으로 이타적이면 다른 세포를 위해 흔적도 없이 사라질 수밖에 없다. 수많은 젊은 전쟁영웅이 나라를 위해 싸우다 자식 하나 남기지 못하고 죽는 것과 비슷하다. 내 이야기의 요점은 협력이 꼭 이타적일 필요는 없다는 것이다. 그래도 서로 협력하는 세상은 터니슨의 표현처럼 "이빨과 발톱이 피로 물든 포악한 자연"이라는 자연에 대한 고정관념과는 거리가 멀다. 협력은 이타적이지는 않을지 몰라도 입가에서 피를 뚝뚝 떨어뜨리는 모습이 연상될 정도로 '공격적'이지도 않다.

이런 모순이 생기게 된 데는 도킨스 같은 신다윈주의자와 마굴리스 사이에서 시작된 불화에 어느 정도 책임이 있다. 앞에서 살펴본 것처럼, 도킨스의 이기적 유전자 개념은 세균에게는 잘 적용되지 않는다(도킨스는 적용하려는 시도조차 하지 않았다). 그러나 마굴리스에게 진화는 세균 사이의 협동으로 잘 짜여진 한 폭의 그림이다. 세균은 단순히 콜로니를 형성하는 게 아니라 개체의 몸과 마음의 바탕을 이루고, 심지어 뇌 속에 있는 실처럼 가느다란 미세소관의 조직망을 통해 우리 의식까지 책임진다는 것이다. 더 나아가 마굴리스는 서로 협력하는 세균으로 이루어진 전체적인 생물권을 상상하고, 제임스 러브록James Lovelock과 함께 가이아Gaia 이론을 개척했다. 아들 도리언 세이건Dorion Sagan과 함께 쓴 최근작『유전체의 획득: 종의 기원에 관한 이론Acquiring Genomes: A Theory of the Origins of Species』에서 마굴리스는 식물과 동물이 새로운 종을 형성하는 방법도 다윈이 생각한 점진적인 분기가 아니라 세균처럼 유전체를 융합하는 방식이라고 주장했으며 많은 생물학자들이 이 개념을 받아들였다. 유전체 융합에 관한 이 가설은 들어맞는 경우도 있지만 대부분이 1세기에 걸쳐 이루어진 면밀한 유전학적 분석결과에 어긋난다. 마굴리스는 신다윈주의를 무시하면서 대다수의 주류 진화론자를 자극했다.[17]

최근 작고한 에른스트 마이어Ernst Mayr처럼 침착성을 잃지 않고 현명하게 자신의 의견을 펼친 사람은 얼마 되지 않았다. 그는 마굴리스의 책에 기고한 추천사를 통해 세균의 진화를 바라보는 그녀의 통찰력을 높이 사면서 동시에 마이어의 전문 분야인 조류 9,000종을 포함해 압도적인 대다수 다세

---

17) 이 생각은 열렬한 추종자들을 혹하게 했다. 이런 생각에 끌리던 추종자들 중에는 린 마굴리스의 선견지명이 학계 전체의 오류를 증명한 적이 있기 때문에 그녀가 무조건 옳다고 믿는 사람도 있었다. 내가 존경하는 또 다른 인물인 피터 미첼은 생화학계에 변혁을 일으켰지만 말년에는 그의 이론이 몇 가지 측면에서 완전히 틀렸다는 것이 증명되었다. 마찬가지로 마굴리스가 신다윈주의를 현실성이 없다고 비난한 것은 명백한 잘못이 아닐까 염려스럽다.

포 생물에는 마굴리스의 개념이 적용되지 않는다는 점을 독자들에게 주지시켰다. 유전자가 염색체 위에서 자리를 차지하기 위해 경쟁을 해야 한다는 것이 유성생식의 실체다. 진핵생물에서 포식성이 나타났다는 것은 진핵생물 수준에서 자연은 정말 이빨과 발톱이 피로 물들었다는 의미다. 우리가 진정 바라는 것은 그 반대일지도 모르지만 말이다.

마굴리스와 도킨스의 관점에는 확연한 시각차가 드러나지만 흥미롭게도 개체 수준으로 가면 우리가 생각하는 것처럼 그리 많이 다르지 않다. 도킨스는 개체를 서로 협동하는 유전자의 집단으로 보았으며 마굴리스는 서로 협동하는 세균의 집단이라고 생각했다. 두 시각을 결합하면 개체란 서로 협동하는 세균 유전자의 집단으로 볼 수 있다. 두 시각 모두 개체를 기본적으로 협동하는 존재로 본 것이다. 도킨스는 그의 탁월한 책 『조상 이야기』에서 이렇게 밝혔다. "나의 첫 책인 『이기적 유전자』는 글자 하나 바꾸지 않고도 『협동하는 유전자 The Cooperative Gene』라는 제목으로 고쳐 부를 수 있다……. 이기적인 것과 협동하는 것은 다윈주의에서 동전의 양면과 같다. 유전자는 저마다 이기적인 행복을 추구한다. 유전자는 유성생식을 통해 뒤섞인 유전자 급원이라는 환경 속에서 다른 유전자와 협동하면서 함께 몸을 이루어나간다."

그러나 이 협동에 대한 이상은 개체를 구성하는 다양한 이기적인 실체 사이의 충돌, 특히 세포와 세포 안에 들어 있는 미토콘드리아 사이의 충돌이 주는 영향력을 제대로 평가하지 못했다. 다양한 이기적인 존재들 사이의 충돌은 도킨스의 생각과 완전히 일치했지만, 그는 『이기적 유전자』에서 이 개념을 더 발전시키지 않았다. 이 개념은 그의 후속작인 『확장된 표현형 The Extended Phenotype』과, 1980년대와 1990년대에 예일 대학 생물학자 레오 버스 Leo Buss와 다른 학자들의 주요 연구로 이어졌다. 이런 충돌과 그 해결책 덕분에 오늘날 진화생물학자들은 세포(또는 유전자)의 집단을 진정한 개체가 아닌 조금 느슨한 연합의 형태로 평가한다. 이 연합에서 세포는 여전히 저마다 독립적인 행동을 할 수도 있다. 이를테면 해면 같은 세포군체는 종종 여러 조각으로 나뉘면 조각마다 새로운 군체를 형성하기도 한다. 세포 하나하나의 운명이 세포군체의 운명과 단단히 엮이지 않았기 때문에 어떤 공동목표도 별 의미가 없다.

이기적 이익이 공동목표의 하위에 놓이는 진짜 개체가 되면 이런 오만한 행동은 무자비하게 억눌린다. 생식을 위해 일찌감치 생식세포주(germ-cell line)를 따로 분리하는 일을 포함해 다양한 수단이 개체의 공동목표를 이루기 위해 동원된다. 그 결과 몸을 구성하는 대부분의 세포(일명 체세포[somatic cell])는 자신의 유전자를 직접 전달하지 못하고 말하자면 구경만 하면서 번식을 도울 수밖에 없다. 이렇게 유전자 전달을 바라보는 것만으로 만족을 얻는다는 것은 몸을 이루는 세포 하나하나가 똑같은 유전자로 결속되어 있지 않다면 제대로 작용할 수 없을 것이다. 이들은 모두 하나의 모세포인 수정란(접합자[zygote])에서 출발했거나 무성생식을 통해 복제되어 만들어진다. 체세포의 유전자가 곧바로 다음 세대로 전달되는 것은 아니더라도 생식선 세포(germ-line cell)는 체세포와 똑같이 복제된 유전자를 전달한다. 이는 직접적인 유전자 전달과 별 차이가 없는 차선책이지만 당근만으로는 부족하므로 채찍도 써야 한다. 유전적으로 동일한 세포들이지만 이 세포들 사이의 이기적인 충돌을 막으려면 스탈린 시대의 구소련을 연상시키는 경찰국가를 도입하는 수밖에 없다. 범죄를 저지르면 재판도 없이 바로 처형된다.

이런 가혹한 체제를 확립한 결과, 개체를 구성하는 세포 사이에서는 자연선택이 중단되었다. 이제 자연선택은 좀더 새롭고 높은 단계, 곧 개체들 사이의 경쟁에서 작용하기 시작했다. 겉으로는 아무 문제가 없어 보이는 개체라도 반대자의 외침은 늘 있게 마련이다. 이런 외침은 개체의 단합이 대단히 어렵게 이루어졌고 단숨에 모든 것이 무너질 수 있다는 것을 깨닫게 한다. 과거에 대한 이런 외침은 암으로 나타나기도 한다. 이 외침으로부터 우리는 어떤 교훈을 얻을 수 있는지 다음 장에서 살펴보자.

11

몸 안의 충돌

세포의 삶과 죽음이 시트크롬 c의 위치와 함께 작용하는 물질에 달려 있다면 이 둔자들이 미토콘드리아에서 방출되는 특별한 메커니즘에 초점이 맞추어지는 것은 당연한 현상이다. 이 문제의 해답 역시도 복잡하지만 내부적인 경로와 외부적인 경로를 통한 아포토시스 사기의 관계를 명확히 밝히는 데 도움이 된다. 몇 가지 예외를 제외하면 연구결과는 두 가지 형태의 세포 죽음의 중심에 미토콘드리아가 있다는 쪽으로 모아진다고 생각할 수 있다. 거의 모든 경우에서 기본적인 죽음의 장치는 미토콘드리아에 의해 조절된다. 미토콘드리아에서 어떤 한계를 넘어설 정도로 죽음의 단백질이 충분히 흘러나오면 세포는 여지없이 스스로를 죽음으로 몰아가는 과정을 시작한다.

개체 안에서 암은 싸늘한 충돌의 유령이다. 한 세포가 신체의 중앙통제를 벗어나 한 마리의 세균처럼 증식을 하는 것이다. 분자 수준에서 사건의 순서를 살펴보면 자연선택이 작용하는 과정이 시각적으로 잘 드러난다. 어떤 일이 벌어지는지 간단히 살펴보자.

대개 암은 유전자 돌연변이의 결과로 일어나지만 늘 그런 것은 아니다. 단 한 번의 돌연변이로 암이 일어나는 경우는 드물다. 전형적으로 세포는 어느 특정한 유전자에 8~10회의 돌연변이가 축적되어야만 악성세포로 변할 수 있다. 그렇게 변화된 세포는 몸 전체보다 자신만의 이익을 추구하게 된다. 나이가 들수록 유전자의 돌연변이는 무작위로 축적되는 경향이 있지만 대부분 암이 발병하려면 종양형성 유전자(oncogene)와 종양억제 유전자(tumour-suppressor gene)로 알려진 두 종류의 특별한 유전자에서 돌연변이가 일어나야만 한다. 두 종류의 유전자에 암호화된 단백질은 모두 몸속 어딘가에서 오는 신호에 반응해 세포를 증식시키거나 죽이는 방법으로 정상적인 '세포주기'를 조절한다. 종양형성 유전자에서 생성되는 물질이 보내는 정상적인 신호는 특별한 자극에 대한 반응으로(이를테면 감염으로 죽은 세포를 대치하기 위해) 세포가 분열을 하게 한다. 그러나 암에 걸리면 이 유전자는 항상 '켜짐' 상태가 된다. 거꾸로 종양억제 유전자에서 생성되는 물질이 하는 정상적인 기능은 세포분열을 중단시키는 것이다. 이 유전자는 세포증식을 멈추라는 신호를 보내 세포의 활성을 억제하거나 세포자살을 감행하도록 명령한다. 암에 걸리면 종양억제 유전자는 '꺼짐' 상태가 되는 경향이 있다. 세포에는 억제와 균형을 위한 장치가 수없이 많기 때문에 한 세포가 암세포로 변형되기까지는 평균 8~10회의 돌연변이가 축적되어야만 한다. 가족 중에 암 환자가 있는 사람은 부모에게서 암을 유발하는 돌연변이 유전자를 일부 물려받았을 가능성이 있으므로 암에 걸리기 위해 축적되어야 하는 '새로운' 돌연변이의 수가 줄어든다.

변형된 세포는 더 이상 몸의 지시에 정상적으로 반응하지 않는다. 이 세포가 증식하면 종양이 형성된다. 그러나 양성종양과 악성종양은 엄청난 차이가 있으므로 암이 커지려면 아직 많은 변화가 더 일어나야만 한다. 무엇보다 먼저 2밀리미터 크기 이상으로 자라려면 종양의 표면을 통해 천천히 일어나는 흡수로는 어림도 없기 때문에 종양세포는 혈액공급을 필요로 하게 된다. 혈액을 공급받으려면 종양은 새로운 혈관이 종양 내로 자라도록 자극하는 적절한 화학물질(성장인자)을 충분히 생산해야 한다. 게다가 성장을 하려면 종양이 차지할 공간을 마련하기 위해 주위의 조직을 분해해야 하므로 종양세포는 세포조직을 와해시키는 강력한 효소도 분비해야 한다. 아마 가장 무시무시한 단계는 몸의 다른 장소로 옮겨가기 위해 도약하는 전이(metastasis)단계일 것이다. 전이가 일어나려면 특별하고도 상반된 특성이 요구된다. 우선 이 세포는 종양 덩어리에서 빠져나올 만큼 미끄럽지만 몸속 어디에서나 혈관벽에 잘 달라붙을 정도로 끈끈해야 한다. 또 혈관이나 림프계를 따라 이동할 때 면역체계를 교묘히 피하기 위해 종종 미끄러운 세포끼리 서로 달라붙어 세포 덩어리로 된 '피난처'를 만들 수 있어야 한다. 목적지에 도착하는 순간 세포는 혈관벽에 구멍을 뚫고 뒤편에 있는 안전한 조직으로 넘어갈 수 있어야 한다. 거기서 끝이 아니다. 이 세포는 홀로 위험한 여행을 하는 내내 증식능력을 유지해야만 다른 기관이라는 신대륙에 암세포를 퍼트리기 위한 전초기지를 세울 수 있다.

다행히도 이렇게 전이암을 일으키는 데 필요한 변증법적 특성을 갖춘 세포는 극소수에 지나지 않는다. 그러나 우리 가운데 암의 위험을 비켜갈 수 있는 사람은 많지 않다. 자신이 아니더라도 가족이나 친지나 친구 중에서 암에 걸린 사람을 쉽게 볼 수 있을 것이다. 그렇다면 어떻게 세포는 필요한 특성을 모두 얻을까? 그 해답은 암세포가 자연선택에 의해 진화된다는 것이다. 일생 동안 우리 세포에서는 수백 번의 돌연변이가 일어나며 어떤 돌연변이는 세포주기를 조절하는 종양형성 유전자와 종양억제 유전자에 영향을 줄지도 모른다. 단약 세포 하나가 증식을 억제하는 정상적인 속박에서 자유로워지면 이 세포는 증식을 한다. 곧, 이 세포는 하나가 아니라 군체를 이루고 분주하게 새로운 돌연변이를 축적한다. 이 돌연변이들 대부분은 중립 돌연변이지만 가끔씩 손상을 입히는 녀석도 있을 것이다. 때가 되면 그 돌연변이 가운데 일부가 세포 하나를 악성종양으로 가는 다음 단계로 이끌며 그다음, 또 그다음 단계로 계속 진행될 것이다. 그때마다 이 세포들은 증식을 한다. 하나의 돌연변이체였던 세포는 이제 계속 불어나 집단이 되며 이 집단 역시 다음 단계에 적응하는 세포 하나에 자리를 내어준다. 몇 년, 경우에 따라서는 몇 달 만에 몸은 암투성이가 된다. 암세포에게 기대할 만한 미래 따위는 없다. 우리가 그렇듯이 암세포도 죽을 운명을 타고났다. 암세포가 할 수 있는 일은 그저 자라고 변화하며 변이와 선택의 냉혹하고 맹목적인 논리에 따라 나아가는 것이다.

암에서 선택의 단위는 무엇일까? 유전자일까, 아니면 세포일까? 암도 세균처럼 세포를 이기적 단위로 보는 것이 더 적절할 것 같다. 이 세포들은 유성생식이 아니라 세균처럼 무성생식을 통해 번식한다. 유전자는 세포의 표현형보다 빠르게 변화할 것이다. 세포는 적어도 한동안은 현미경으로 봐도 기원을 알아볼 수 있을 정도의 모습을 유지한다. 심지어 전이암에서도 그 기원이 드러난다. 허파에 발생한 종양을 면밀히 조사하면 이 종양이 허파세포에서 시작된 '원발성' 종양(primary tumour)인지, 유방 같은 다른 조직에서 전이된 '이차성' 종양(secondary tumour)인지 확인할 수 있다. 이렇게 확인이 가능한 이유는 유방조직에서 유래한 종양세포가 호르몬 생산 같은 '유방' 세포의 격세유전적 형질을 어느 정도 유지하기 때문이다. 동시에 암세포는 유전적으로 불안정하기로도 악명이 높다. 암세포의 염색체는 소실되거나 망가지거나 조잡하게 끼워 맞춰져 엉망진창이 된다. 그러므로 겉으로는 예전의 모습을 어느 정도 유지하는 반면 유전자는 돌연변이와의 재배치를 통해 알아볼 수 없을 정도로 뒤섞이게 된다. 만약 '이기적인' 진화의 단위가 있다면 그것은 분명 세포일 것이다. 모든 장애를 뛰어넘어 마침내 자신의 주인을 죽이는 세포의 여정은 가혹한 운명에 괴로워하는 맥베스 이야기를 닮았다.

암에서 '이기적'이라는 단어는 공허하다. 악성종양은 아무리 자유로워지려고 애를 써도 절대 성공하지 못한다. 이는 단지 기계 속에 깃든 망령이며, '개체'가 진화하기 이전의 형태, 세포들이 제 할 일을 하던 시절로 돌아가려는 부질없는 역행이다. 이런 관점에서 보면 암은 진화가 완전히 공허하고 무의미하다는 인식을 심어준다. 세포는 복제를 하고 가장 잘 복제한 세포가 가장 많은 자손을 남긴다. 그게 전부다. 암에서 더 심오한 다른 의미를 찾기란 어렵다. 아무 의미도 없는 과정, 그 이상은 없다. 이는 미시적 세계에서 드러나는 다른 진화의 모습인 세균감염과는 대조적이다. 세균감염에서는 복제를 하기 위한 모든 수단에는 여전히 어떤 의도가 있다는 느낌을 강하게 풍긴다. 세균감염이 끔찍할 수도 있지만 세균에게는 생활주기, 미래, 어떤 '목적'의 의미가 있음을 우리는 인정한다. 세균은 파멸하지 않고 다른 개체를 감염시키기 위해 이동한다(이는 당연히 인위적인 차이다. 세균도 암세포처럼 아무런 '목적'이 없기는 마찬가지다. 다만 암세포는 몸을 벗어나 살 수 없는 게 명백한데도 짧은 기간 동안이나마 자가복제에 성공하려는 무모함이 빤히 드러나는 좋은 본보기다).

무의미하다고는 하지만 적어도 암은 개체를 결속시키기 위해 극복해야 하는 장애물이 무엇인지 잘 보여준다. 오늘날에도 우리는 멋대로 날뛰는 암에 여전히 굴복하고 있지만 최초의 개체는 어떤 희망을 품었을까? 결속이 단단하지 않던 시절에는 세포가 이탈하면 세균처럼 홀로 살아갈 수 있는 길이 있었을 것이다. 이탈이 해가 될 일은 없었다. 어떻게 최초의 개체는 세포들의 강한 이탈욕구를 억누를 수 있었을까? 아마 오늘날 우리가 하는 것과 비슷한 방법을 썼을 것이다. 이탈자는 예정된 세포 죽음, 곧 아포토시스라는 과정을 통해 처형되었을 것이다. 의견이 다른 세포를 억지로 자살시키는 것이다. 독립생활과 세포군체를 이루는 생활을 번갈아하는 세포에서도 아포토시스가 일어난다. 아포토시스는 어떻게 그리고 왜 단세포 유기체에서 진화했을까? 왜 독립생활을 할 수 있었던 세포가 스스로를 죽이는 데 암묵의 '동의'를 했을까?

우리가 이해하고 있는 아포토시스의 특성 대부분은 암 연구를 통해 밝혀졌다. 연구를 계속할수록 미토콘드리아가 아포토시스의 주인공이라는 확신을 얻게 된다. 진화기간을 거슬러 올라가며 우리가 지나온 길을 추적해보면 아포토시스가 미토콘드리아와 그 숙주인 최초의 진핵생물 사이의 교묘한 줄다리기에서 시작되었다는 사실이 드러난다. 세포군체에 규칙이란 없던 시절의 이야기다.

예언된 죽음의 연대기

세포의 죽음은 크게 괴사(necrosis)와 아포토시스, 이렇게 두 가지로 나눌 수 있다. 격렬하고도 갑작스러운 죽음인 괴사는 양탄자에 핏자국을 남긴다. 조용히 계획적으로 일어나는 청산가리 음독처럼 아포토시스에서는 모든 행위의 증거가 사라진다. 이런 쥐도 새도 모르는 처형은 전체주의 국가에서나 어울릴 법한 이야기다. 이와 달리 심한 염증반응을 일으키는 괴사에 의한 죽음은 요란한 경찰수사에 비길 수 있다. 시체가 추가로 발견되고 소동이 잠잠해지려면 오랜 시간이 걸린다.

역사적으로 생물학자들은 이상할 정도로 아포토시스의 중요성을 완전히 인정하는 것을 꺼려왔다. 어쨌든 생물학은 생명을 연구하는 학문이므로 생명이 없는 상태인 죽음은 생물학의 범주에서 벗어난다는 인식도 있다. 최초의 예정된 세포 죽음에 대한 관찰은 깊은 뜻 없이 호기심에서 이루어졌다. 아포토시스는 1842년에 독일의 석학이자 유물론 철학자인 카를 포크트Karl Vogt가 처음 관찰했다. 카를 포크트는 정치적 견해 때문에 제네바로 피신을 해야 했으며 나폴레옹 3세와의 관계는 훗날 그를 카를 마르크스Karl Marx의 유명한 정치논평, 『포크트 씨Herr Vogt』의 표적이 되게 했다(1860). 포크트는 산파두꺼비(midwife toad)의 변태를 올챙이부터 성체가 될 때까지 꼼꼼하게 연구한 사람으로 기억하는 게 더 나을 것이다. 특히 그는 올챙이의 원시적인 등뼈인 척색(notochord)이 사라지는 과정을 현미경으로 추적했다. 척색세포는 성체 두꺼비의 척주(spinal column)로 변했을까? 아니면 척주를 이루는 새로운 세포가 들어올 자리를 비켜주기 위해 사라졌을까? 훗날 그 해답이 밝혀졌다. 척색세포는 현재 우리가 알고 있는 아포트시스를 통해 사라지고 새로운 세포가 그 자리를 채웠다.

변태와 연관된 19세기의 관찰은 또 있다. 진화생물학의 위대한 선구자인 독일의 아우구스트 바이스만August Weismann은 1860년대에 개벌레가 나방으로 변하는 과정에서 많은 세포가 조용히 죽어 사라지는 현상에 주목했다. 그러나 이상하게도 바이스만은 이 발견을 훗날 그를 유명하게 만든 노화와 죽음에 관한 주제와 연관 지어 검토하지 않았다. 순서에 따라 일어나는 세포 죽음에 대한 후속 연구는 역시 발생 중에 일어나는 변화를 연구하는 학문인 발생학에서 주로 나왔다. 가장 충격적인 것은 어류와 병아리의 배胚를 이루는 뉴런(신경세포) 전체가 죽는 현상이었다. 우리 인간에게도 똑같은 현상이 일어난다. 뉴런은 배 발생이 일어나는 기간 동안 주기적으로 나타났다 사라지기를 반복한다. 뇌의 어떤 부분에서는 발생 초기에 만들어진 뉴런의 80퍼센트 이상이 출생 전에 사라진다! 세포의 죽음으로 뇌의 '배선'은 대단히 정밀해진다. 특수한 뉴런 사이에 기능적인 연결이 이루어져 신경망이 형성된다. 그러나 발생학 전반에 걸쳐 발생을 조각의 관점에서 보는 시각이 널리 퍼졌다. 조각가가 대리석 덩어리를 조금씩 깎아나가면서 예술작품을 만들듯이 생명체가 만들어지는 과정도 덧붙이기보다는 조각을 하듯 빼나가는 과정이라는 것이다. 이를테면 우리 손가락과 발가락도 어떤 '밑동'에서 가지가 뻗듯 갈라져 나와 만들어진 것이 아니라 손가락 발가락 사이에서 정해진 순서에 따라 세포의 죽음이 일어나면서 형성된 것이다. 오리의 물갈퀴 같은 것은 발을 이루는 세포 일부가 죽지 않고 남아서 만들어진 것이다.

아포토시스가 발생과정에서 중요한 구실을 한다는 사실이 알려진 뒤에도 성체에서의 작용이 제대로 평가되기까지는 오랜 시간이 걸렸다. '쇠퇴(falling off)'를 뜻하는 아포토시스라는 이름을 처음 붙인 사람은 에버딘 대학의 존 커John Kerr, 앤드루 와일리Andrew Wyllie, 알래스터 커리Alastair Currie며, 이 이름을 제안한 사람은 같은 대학의 그리스어 교수인 제임스 코맥James Cormack이었다. 이들은 영국암학회지에 발표된 이들의 논문, 「아포토시스: 조직역학과 광범위하게 연관된 기본적인 생물학적 현상」에서 처음으로 아포토시스라는 용어를 소개했다. 그리스어에서는 두 번째 p가 묵음이 되므로 '아포토시스'라고 발음해야 한다. 아포토시스는 고대 그리스 시대부터 쓰이던 낱말이다. 원래 히포크라테스는 아포토시스를 '뼈의 탈락'이라는 의미로 썼다. 뼈의 탈락이란 붕대를 감은 골절부위가 괴사되어 뼈가 소실되는 현상 전체를 뭉뚱그린 표현이다. 훗날 갈레노스는 '상처딱지의 탈락'까지 그 의미를 확장했다.

현대에 들어와 존 커는 쥐의 간 크기가 고정되어 있지 않고 혈류에 따라 유동적으로 변한다는 사실을 발견했다. 만약 어떤 간엽으로 들어가는 혈류가 줄어들면, 아포토시스가 일어나 그 혈류의 영향을 받는 간엽의 크기가 몇 주에 걸쳐 점차 작아지면서 줄어든 혈류와 균형을 맞춘다. 반대로 혈류가 증가하면 그와 연결된 간엽의 무게가 다시 몇 주에 걸쳐 증가하고 세포는 이에 맞춰 증식된다. 이런 균형유지 작용은 일상적으로 일어난다. 매일 사람의 몸에서는 약 100억 개의 세포가 죽고 새로운 세포로 대체된다. 이 세포들은 예기치 못한 공격을 받아 죽는 게 아니라 아포토시스에 의해 소리 없이 제거되며 죽음의 흔적은 이웃한 세포들에 모두 먹혀 사라진다. 이는 아포토시스가 우리 몸에서 세포분열과 균형을 이룬다는 의미다. 따라서 아포토시스도 정상적인 생리현상에서 세포분열만큼 중요한 위치를 차지한다.

1972년 논문에서 커와 와일리와 커리는 서로 연관성이 없는 수많은 상황에서 세포 죽음의 형태가 비슷하다는 증거를 내놓았다. 이런 상황에 속하는 것은 기형발생(teratogenesis, 배胚의 기형)을 포함하는 모든 발생과정, 건강한 성인의 조직이나 암이나 종양에서 일어나는 퇴화, 쓰지 않거나 노화가 원인이 되어 일어나는 조직의 퇴축退縮(기관이 퇴행성 변화를 일으키는 현상: 옮긴이) 따위가 포함된다. 아포토시스는 면역기능에도 결정적인 구실을 한다. 우리 몸에서 조직을 구성하는 것과 반대작용을 하는 면역세포는 발생이 일어나는 동안 아포토시스를 일으켜 면역체계가 '자신'과 '자신이 아닌 것'을 구별할 수 있게 한다. 그 뒤 면역세포는 다양한 방법을 통해 손상되거나 감염된 세포가 스스로 아포토시스를 일으키게 한다. 면역세포는 이런 방어작용을 이용해 암세포가 증식할 기회를 얻기 전에 미리 제거한다.

아포토시스 과정은 엄밀하게 정해진 순서에 의해 일어난다. 먼저 세포가 수축되면서 그 표면에는 거품 같은 수포가 생기기 시작한다. 그다음으로는 DNA와 핵 속에 있는 단백질(염색질[chromatin])이 핵막 부근에 응축된다. 마지막으로 세포는 막으로 둘러싸인 작은 구조인 아포토시스체(apoptotic body)로 산산조각이 난 뒤 면역세포에 의해 흡수된다. 결국 세포는 한 입 크기로 잘게 쪼개져 소리 없이 잡아먹히는 것이다. 이렇게 정해진 아포토시스 과정이 제대로 일어나려면 ATP 형태의 에너지원이 필요하다. ATP가 없으면 세포는 아포토시스를 할 수 없다. 그러므로 그 과정은 예기치 못한 갑작스런 세포 죽음인 괴사와 매우 다르다. 괴사의 특징은 팽창과 파열이다. 아포토시스는 다른 여파가 없다는 점에서도 괴사와 차이가 난다. 특히 염증을 일으키지 않는다. 세포가 사라진 자리에는 아무 흔적도 남지 않는다. 아포토시스는 예언된 죽음이자 잊혀지는 죽음이다.

사형집행자

10년이 넘도록 앤드루 와일리를 비롯한 소수의 학자들만이 아포토시스 전도사의 명맥을 유지해왔을 뿐 전반적인 생물학계의 반응은 냉담했다. 와일리는 아포토시스가 일어날 때 염색체가 작은 조각으로 부서지는데 이를 생화학적으로 분석하면 독특한 사다리 무늬가 나타난다는 자신의 발견을 바탕으로 믿음이 없는 이들을 전도하기 시작했다. 이 발견으로 아포토시스는 실험실에서 분석을 할 수 있게 되었고, 끈질기게 제기되었던 전자현미경 조작이라는 의혹에서 벗어날 수 있었다. 1980년대 중반 아포토시스 연구는 진정한 전환점을 맞게 된다. 보스턴 MIT의 밥 호로비츠Bob Horovitz가 선충류인 예쁜꼬마선충(Caenorhabditis elegans)에서 아포토시스를 담당하는 유전자를 분리해낸 것이다. 그는 이 연구로 2002년에 노벨상을 받았다. 현미경으로만 볼 수 있는 아주 작은 벌레인 예쁜꼬마선충은 아포토시스를 연구하는 데 몇 가지 큰 장점이 있다. 첫째, 몸이 투명하므로 세포 하나하나의 죽음을 현미경으로 관찰할 수 있다. 둘째, 이 선충을 구성하는 1,090개의 체세포(몸을 이루는 세포, 생식세포와 구분된다) 가운데 배 발생을 하는 동안 아포토시스가 일어나는 131개로 이루어진 작은 세포집단을 예측할 수 있다. 셋째, 예쁜꼬마선충의 수명은 평균 20일에 지나지 않기 때문에 실험실에서 발생과정을 쉽게 추적할 수 있다.

    호로비츠와 동료 연구진은 선충류에서 세포 죽음을 실행시키는 물질이 암호화된 유전자, 곧 죽음의 유전자를 몇 개 발견했다. 이 발견 하나만으로도 훌륭하지만 이들은 정확히 대등한 유전자가 초파리와 포유류와 심지어 식물에도 있다는 뜻밖의 발견을 하는 성과를 거두었다. 당시 암 연구자들은 이미 이 유전자에 대해 얼마간 알고 있었지만 암과 어떤 연관이 있는지, 왜 연관이 있는지는 알지 못했다. 선충류에서 이 유전자를 발견한 것은 이 유전자의 기능을 확실하게 하는 동시에 기본적인 생명의 동질성을 보여주는 또 다른 증거가 되었다. 인간의 유전자는 선충의 유전자와 의심의 여지 없이 연관성이 있을 뿐 아니라 심지어 유전공학적 방법으로 선충의 유전자를 치환해도 똑같이 작용할 수 있다! 죽음의 유전자를 무력하게 만드는 돌연변이가 일어나면 선충의 131개 세포에서는 평소처럼 제대로 아포토시스가 일어나지 못한다. 암의 원리도 단순하다. 만약 같은 돌연변이가 사람에게도 같은 효과를 나타낸다면 암의 발단이 된 최초의 세포도 마찬가지로 자살감행에 실패하고 대신 증식을 계속해 종양을 형성할 것이다.

1990년대 초반이 되자 학자들은 앞에서 암을 유발하는 원인으로 지목되었던 종양형성 유전자와 종양억제 유전자가 아포토시스 효과를 통해 정갈로 세포 죽음을 조절한다는 사실을 깨닫기 시작했다. 다시 말해서 암을 일으키는 세포는 죽음의 유전자에서 돌연변이가 일어나 아포토시스를 통해 자살할 능력을 잃은 세포다. 죽음의 유전자란 세포에서 정상적으로 아포토시스가 일어나게 하는 유전자로, 종양형성 유전자와 종양억제 유전자가 여기에 포함된다. 이 두 유전자는 몸 전체의 이익을 위해 세포에게 죽음을 명령한다. 와일리는 그 순간을 이렇게 표현했다. "암 면허는 아포토시스 면허와 함께 딸려온다. 아포토시스 면허가 취소되면 암을 일으키게 된다."

예정된 세포 죽음을 담당하는 사형집행자는 **카스파제**caspase로 알려져 있다(생화학자들이 지은 본래 이름은 '시스테인 의존 아스파라긴산염 특이적 단백질 분해효소[cysteine-dependent aspartate-specific proteases]'로 카스파제가 그나마 기억하기 쉽다). 1) 여 가지가 넘는 카스파제가 동물에서 발견되었고, 그중 11개는 인간에게도 효과를 나타낸다. 이들은 모두 원칙적으로 같은 방식으로 작동한다. 카스파제는 단백질을 작은 조각으로 쪼개고 이 쪼개진 단백질 가운데 일부가 활성화되어 DNA 같은 세포의 다른 구성성분을 손상시킨다. 흥미롭게도 카스파제는 필요할 때마다 만들어지는 게 아니라 끊임없이 생산되어, 쓰일 때까지 비활성화 상태로 대기하고 있다. 카스파제는 왕이 되고자 하는 자의 머리 위에서 한 가닥 실에 의지해 매달려 있는 '다모클레스의 칼'처럼 세포를 위협한다. 거의 모든 진핵세포가 이 소리 없는 죽음의 장치를 항상 품고 있다고 생각하면 등골이 오싹하다.

다행히 우리 머리 위에 매달린 칼과 연결된 실은 튼튼한 편이다. 한번 카스파제가 활성화되면 이전으로 다시 되돌릴 희망은 거의 없지만 이 고대의 장치가 작동을 시작하기까지는 많은 억제와 균형이 방아쇠로 작용해야만 한다. 이 작용에 대해 20여 년 가까이 집중적인 연구가 이루어졌고 최고의 학자들이 연구에 매진하고 있지만 수많은 명칭과 약어는 우리를 정신없게 한다. 같은 유전자지만 다른 생물에서 발견되어 오랫동안 별개의 이름으로 불리는 것도 상황을 어렵게 만든다. 이런 상황은 같은 곡에 다른 제목이 몇 개씩 붙어 있거나 곡조는 다른데 제목은 같은 켈트족 음악을 연상시킨다. 이를테면 유전학에서는 선충류의 유전자 ced 3을 부르는 이름이 생쥐의 경우는 nedd 2, 초파리의 경우는 dcp 1, 사람의 경우는 ICE, 또는 인터루킨 1 베타 전환효소(interleukin-1 beta converting enzyme)다(한때 ICE가 면역을 전달하는 인터루킨 1 베타의 산물과 연관이 있다고 생각되었다). ICE는 선충류에게서 그 중요성이 발견된 뒤 인간에게서도 역시 카스파제의 원형으로 드러났으며 인간의 아포토시스에서 하는 작용은 그리 대단치 않아 보이지만 카스파제 1로 불리게 되었다. 비슷한 카스파제 효소와 이와 연관되어 파라카스파제와 메타카스파제라는 이름이 붙은 효소들이 균류, 녹색식물, 조류, 원생동물, 심지어 해면동물에서까지 발견되었다. 이 유전자가 사실상 모든 진핵생물에 고루 존재하는 것으로 보아 그 조상이 약 15억 년에서 20억 년 전에 살았던 최초의 진핵생물에도 존재했을 것이라는 추측이 가능하다.

여기서는 자세한 내용까지 파고들 필요는 없다. 아포토시스는 한 카스파제가 다음 카스파제를 활성화시키고 마침내 세포를 분해하는 작은 사형집행자 부대를 모두 활성화시키기까지 여러 단계로 이루어진 복잡한 과정이라는 것을 아는 데 만족하자.[18] 사실 이 모든 단계는 다른 단백질을 통해 견제됨으로써 살상의 시한폭탄이 잘못 켜지는 일을 방지하고 있다.

죽음의 천사 미토콘드리아

지금까지의 이야기는 약 10년 전인 1990년대 중반에 알려진 사실이다. 이 가운데 반론이 제기된 것은 아직까지 없었다. 그 뒤 혁명이라고 부를 만한 시각변화가 일어나 핵이 세포와 자신의 운명을 조절하는 중심기관이라는 패러다임을 완전히 뒤엎었다. 핵 중심적 패러다임이 여러 측면에서 진실인 것은 분명하지만 아포토시스에서만큼은 그렇지 않다. 신기하게도 핵이 제거된 세포에서도 여전히 아포토시스가 일어날 수 있다. 세포를 살릴지 죽일지 그 운명을 결정하는 것이 미토콘드리아라는 파격적인 연구결과가 나온 것이다.

죽음의 장치가 작동하는 방법은 두 가지다. 이 두 방법은 완전히 달라 보이지만 최근 연구에서는 어떤 공통적인 특징이 있음이 밝혀지고 있다. 첫 번째 방법은 세포막 바깥쪽에 있는 '죽음수용체(death receptor)'를 통해 시작되는 외부적인 경로다. 가령 활발한 면역세포가 종양괴사인자(tumour necrosis factor) 같은 화학신호를 생산하면 이 화학신호는 초기 암세포의 표면에 있는 죽음수용체와 결합한다. 죽음수용체는 카스파제를 활성화시키라는 신호를 세포에 전달해 아포토시스를 일으킨다. 아직 자세한 과정은 더 밝혀져야 하지만 전체적인 윤곽은 단순해 보였다. 그러나 눈곱만큼도 그렇지 않았다!

아포토시스를 일으키는 두 번째 방법은 내부적인 경로다. 이름에서 알 수 있듯이 자살을 촉진하는 신호는 내부에서 나오며 대개 그 원인은 세포손상이다. 이를테면 자외선을 쪼여 DNA가 손상되면 외부적인 신호 없이 세포 안에서 아포토시스 과정이 활성화되는 것이다. 내부적으로 아포토시스를 촉발시킨다고 밝혀진 원인은 지금까지 수백 가지에 이른다. '죽음수용체'를 통하지 않고 직접 세포를 손상시키는 이 원인들은 깜짝 놀랄 정도로 다양

---

18) 카스파제는 효소작용에 의한 신호에 의해 봇물이 터지듯 증폭된다. 효소는 촉매처럼 자신은 변하지 않으면서 기질을 활성화시키기 때문에 소량으로 많은 기질에 작용할 수 있다. 기질 자체가 효소일 경우에는 첫 번째 효소에 의해 활성화가 일어나면 단계가 올라갈수록 반응이 증폭된다. 만약 첫 단계에서 효소 하나가 100개의 효소를 활성화시키면, 두 번째 단계에서도 효소 하나하나가 100개씩의 효소를 활성화시키게 된다. 그러면 모두 1만 개의 효소로 이루어진 강력한 사형집행자 부대가 조직되는 것이다.

하다. 많은 독소와 오염물질이 원인으로 작용하기도 하고 암 치료 화학요법에 쓰이는 약물 중에도 같은 효과를 일으키는 것이 있다. 바이러스와 세균이 직접적인 원인이 되기도 하는데 가장 악명 높은 예는 바로 면역세포의 아포토시스를 일으키는 AIDS일 것이다. 추위나 더위, 염증이나 산화작용 같은 물리적인 스트레스가 원인으로 작용하기도 한다. 심장마비나 뇌졸중, 또는 장기이식 때문에 일어날 수도 있다. 이 모든 다양한 원인들이 제각각 독립적으로 카스파제의 연쇄적인 활성화라는 같은 반응을 일으키고 세포는 아포토시스를 일으켜 비슷한 유형의 죽음을 맞는다. 이유는 모르겠지만 이 신호들은 똑같은 '스위치'를 작동시키는 것으로 추측된다. 모두 어떤 과정을 거쳐 마치 열쇠로 자물쇠를 열듯 비활성화 상태인 카스파제를 활성화 상태로 전환시키는 특별한 생화학적 임무가 수행되는 것이다. 그러나 도대체 어떻게 그렇게 각양각색의 신호를 인식하고 그 힘을 측정해 자물쇠를 열기 위해 카스파제 열쇠를 돌리는 단 하나의 동일한 경로로 통합할 수 있을까?

1995년, 빌쥐프에 위치한 프랑스 국립과학연구원의 귀도 크뢰머Guido Kroemer 연구팀에 속한 나우팔 잠자미Naoufal Zamzami와 동료 연구진이 처음으로 그 해답을 일부 내놓았다. 이들의 연구결과는 두 개의 논문으로 나뉘어 『실험의학 학회지Journal of Experimental Medicine』에 발표되었고 의학논문 가운데 가장 많이 인용되는 논문이 되었다. 이미 미토콘드리아가 아포토시스에서 어떤 구실을 할지도 모른다는 추측을 할 만한 요소는 많았지만 크뢰머의 연구진은 미토콘드리아가 아포토시스 과정을 실제로 일으킨다는 것을 증명했다. 특히 이들은 아포토시스가 일어날 때 미토콘드리아 내막에 탈분극 현상이 일어난다는 사실을 밝혔다. 호흡을 통해 만들어진 양성자 기울기가 아포토시스의 시작을 알리는 중요한 방아쇠 중 하나인 것이다. 만약 미토콘드리아 내막에 일정기간 동안 전위가 사라지는 현상이 일어나면 세포는 어김없이 아포토시스를 시작했다. 두 번째 논문에서 크뢰머의 연구진은 이 과정이 두 단계에 거쳐 일어남을 증명했다. 최초의 막 탈분극이 산소 자유라디칼 폭발에 뒤이어 일어나, 자유라디칼 생성이 아포토시스를 다음 단계로 진행시키기 위한 필수과정으로 추측되었다.

미토콘드리아에서 일어나는 두 단계, 막 탈분극 현상과 자유라디칼 방출은 사실상 모든 본능적인 자극에 반응한다. 다시 말해서 미토콘드리아는 다양한 세포손상을 감지하는 장치이자 변환장치로 작용하는 것이다. 아포토시스를 일으키는 미토콘드리아를 정상세포에 옮겨놓으면 세포는 핵이 분해되면서 아포토시스를 일으킨다. 반대로 미토콘드리아에서 아포토시스를 일으키는 두 단계를 차단하면 아포토시스가 지연되거나 심지에 멈추기까지 한다. 그러나 의혹은 아직 남아 있다. 아포토시스를 일으키는 미토콘드리아는 어떻게 세포의 다른 부분과 소통을 하는 것일까? 특히 어떻게 카스파제 효소를 활성화시키는 것일까?

그 해답은 1996년 조지아 주 애틀랜타에 있는 에모리 대학의 왕샤오동王小東 연구팀에서 나왔으며 한 전문가의 말처럼 원인으로 지목된 물질은 '모두를 깜짝 놀라게' 했다. 그 물질은 바로 **시토크롬 c**였다. 우리는 2부에서 시토크롬 c에 대해 알아보았다. 1930년에 데이비드 케일린이 발견한 시토크롬 c는 호흡연쇄를 구성하는 단백질 복합체로 호흡연쇄에서 복합체 III과 복합체 IV 사이를 오가며 전자를 전달하는 일을 맡고 있으며 평소에 미토콘드리아 내막 바깥쪽에 있는 막간 공간 근처에 매여 있다(124쪽 그림 5 참조). 왕의 연구진은 아포토시스가 일어날 때 시토크롬 c가 미토콘드리아에서 떨어져 나오는 것을 발견했다. 미토콘드리아에서 빠져나온 시토크롬 c는 다른 물질들과 결합해 복합체(아포토좀apoptosome)를 형성한 뒤, 최후의 사형집행자 가운데 하나인 카스파제 3을 활성화시킨다. 미토콘드리아에서 시토크롬 c가 한번 방출되면 세포는 돌이킬 수 없는 죽음의 길로 치닫는다. 건강한 세포에도 시토크롬 c를 주입하면 같은 결과가 나온다. 다시 말해서 세포 죽음을 책임지는 아포토시스의 필수요소가 살아가는 데 필요한 에너지를 생산하는 호흡연쇄의 필수구성요소로 밝혀진 것이다. 세포의 삶과 죽음이 한낱 분자가 세포 안에서 어디에 위치하는지에 달려 있었다. 생물학에서 이처럼 야누스의 얼굴을 가진 것은 다시없을 것이다. 삶과 죽음, 그 둘 사이의 거리는 겨우 100만분의 2밀리미터였다.

시토크롬 c 말고도 미토콘드리아가 내놓는 단백질은 더 있다. 여러 종류의 단백질이 이런 식으로 분비되어 아포토시스를 일으킨다. 어떤 때는 이런 단백질이 아포토시스에서 시토크롬 c보다 훨씬 두드러지는 작용을 하기도 한다. 어떤 단백질은 카스파제 효소를 활성화시키기도 하고, 어떤 단백질 (AIF, 아포시스 유도인자[apoptosis-inducing factor] 같은 경우)은 카스파제 효소와 상관없이 DNA 같은 다른 단백질을 공격하기도 한다. 생화학이 대부분 그렇듯이 세부적인 내용은 끝도 없이 복잡한 것 같지만 근본원리는 아주 간단하다. 미토콘드리아 내막에서 탈분극 현상이 일어나고 자유라디칼이 형성되면 시토크롬 c와 다른 단백질이 세포질에 방출되고 세포를 난도질하는 효소의 작동이 시작되는 것이다.

삶과 죽음의 싸움

세포의 삶과 죽음이 시토크롬 c의 위치와 함께 작용하는 물질에 달려 있다면 이 분자들이 미토콘드리아에서 방출되는 특별한 메커니즘에 초점이 맞추어지는 것은 당연한 현상이다. 이 문제의 해답 역시도 복잡하지만 내부적인 경로와 외부적인 경로를 통한 아포토시스 사이의 관계를 명확히 밝히는 데 도움이 된다. 몇 가지 예외를 제외하면 연구결과는 두 가지 형태의 세포 죽음의 중심에 미토콘드리아가 있다는 쪽으로 모아진다고 생각할 수 있다. 거의 모든 경우에서 기본적인 죽음의 장치는 미토콘드리아에 의해 조절된다. 미토콘드리아에서 어떤 한계를 넘어설 정도로 죽음의 단백질이 충분히 흘러나오면 세포는 여지없이 스스로를 죽음으로 몰아가는 과정을 시작한다.

스톡홀름에 있는 카롤린스카연구소의 스텐 오레니우스Sten Orrenius와 동료 연구진의 최신 연구에 따르면 시토크롬 c의 분비는 두 단계를 거쳐 일어난다. 첫 단계에서는 시토크롬 c가 막으로부터 모인다. 시토크롬 c는 보통 미토콘드리아 내막에서 지질(그중에서도 카르디올리핀cardiolipin)과 느슨하게 결합하고 있으며 이 지질이 산화되었을 때만 방출된다. 이로써 아포토시스가 일어나려면 자유라디칼이 필요하다는 사실이 분명해진다. 자유라디칼은 내막을 구성하는 지질을 산화시켜 시토크롬 c를 빠져나오게 한다. 그러나 아직 과정은 절반밖에 이루어지지 않았다. 시토크롬 c는 막간 공간으로 방출되지만 외막의 투과성이 더 커지기 전에는 미토콘드리아 밖으로 나갈 수 없다. 단백질인 시토크롬 c는 분자의 크기가 커서 정상적인 상황에서는 막을 통과할 수 없다. 시토크롬 c가 미토콘드리아 밖으로 나가려면 외막에 작은 구멍이 형성되어야만 한다.

미토콘드리아 외막에 형성되는 이 구멍의 특성은 10년이 넘도록 학자들을 당혹스럽게 했다. 아마 환경에 따라 몇 가지 서로 다른 메커니즘을 거쳐 그 결과로 최소 두 가지 종류의 구멍이 생기는 것으로 추측된다. 이 메커니즘 가운데 하나는 미토콘드리아 자체의 대사 스트레스와 연관이 있으며 대사 스트레스는 자유라디칼을 과도하게 생성시킨다. 스트레스가 증가하면 **투과성 전이세공**(permeability transition pore)이라는 외막의 구멍이 열리게 되며 이 구멍은 시토크롬 c의 배출과 함께 외막의 팽창과 파열을 유도한다.

일반적으로 더 중요할지도 모르는 다른 구멍은 bcl 2 단백질군이라고 알려진 대규모의 단백질군과 연관이 있다. 현재는 거의 무의미해진 bcl 2라는 이름은 'B 세포 림프종/백혈병 2(B cell lymphoma/leukaemia-2)'라는 뜻인데, 암 연구자들이 1980년대에 발견한 종양형성 유전자를 가리키던 이름이다. 그 뒤 연관된 유전자가 21개 이상 밝혀졌는데 이 유전자들에는 그 단백질군에 속하는 단백질들이 암호화되어 있다. 이 단백질들은 크게 두 집단으로 나뉘며 이들 사이에 일어나는 싸움은 아주 복잡할뿐더러 명확하게 밝혀지지 않은 부분이 많다. 아포토시스를 방어하는 단백질 집단은 미토콘드리아 외막에서 발견되며 막에 구멍이 생기는 것을 방해함으로써 시토크롬 c 같은 단백질이 세포질로 나오지 못하게 막는 구실을 하는 것으로 보인다. 다른 집단은 완전히 정반대로 막에 구멍을 형성하는 일을 한다. 이 구멍은 한눈에 봐도 시토크롬 c가 미토콘드리아를 금방 빠져나갈 수 있을 정도로 크다. 그렇게 해서 이 단백질 집단은 아포토시스를 돕는다. 이들은 세포 어디에서나 볼 수 있으며 어떤 신호를 받으면 미토콘드리아로 이동한다. 세포가 아포토시스를 하느냐 마느냐를 최종적으로 결정하는 것은 미토콘드리아 막에 있는 두 단백질의 수적인 균형과 이 싸움에 연관된 미토콘드리아 수다. 가령 아포토시스를 일으키는 단백질이 수적으로 우세한 미토콘드리아가 많으면 구멍이 열리고 죽음의 단백질이 미토콘드리아에서 쏟아져 나오게 된다. 그리고 세포는 자살을 향해 나아간다.

   대립하는 bcl 2 단백질군의 존재는 내부적인 경로와 외부적인 경로라는 서로 다른 두 아포토시스 유형 사이의 연관성을 이해하는 데 도움이 된다. 여러 다양한 신호가 미토콘드리아에서 일어나는 이 싸움의 균형점을 달라지게 함으로써 아포토시스가 일어나게 하기도 하고 일어나지 않게 하기도 한다. 이를테면 세포 밖에서 온 '죽음'의 신호(외부적인 경로)와 세포 안에서 나온 '손상'의 신호(내부적인 경로)는 모두 아포토시스와 연관된 단백질군의 균형을 변화시킨다.[19]

   따라서 bcl 2 단백질은 세포 안팎의 다양한 신호들을 하나로 통합하고 미토콘드리아에서 이들의 강도를 결정한다. 만약 균형이 죽음 쪽으로 치우치

---

19) 죽음수용체를 매개로 일어나는 외부적인 경로의 아포토시스 중에는 미토콘드리아와 전혀 상관이 없는 유형도 있지만 이런 아포토시스도 미토콘드리아와 연관이 있었던 원래 경로가 개량된 것일 가능성이 크다. 그렇지 않으면 대부분의 외부적인 경로가 미토콘드리아와 연관된 이유를 달리 설명할 길이 없다.

면 막에 구멍이 뚫리고 시트크롬 c와 다른 단백질이 흘러나와 카스파제가 연쇄적으로 활성화된다. 따라서 마지막에 일어나는 사건은 대부분 같다.

두 가지 형태의 아포토시스에서 모두 미토콘드리아가 중심에 있다는 것은 오래전부터 그래 왔을 가능성을 의심하게 한다. 앞서 우리는 세균과 암세포가 자신의 이익을 위해 독립적으로 활동하며 그 때문에 '선택의 단위'로 보일 수 있다는 사실을 알아보았다. 자연선택은 한꺼번에 그리고 동시에 세포 수준과 개체 수준에서 작용할 수 있다. 미토콘드리아는 한때 독립생활을 하던 세균이었다. 진핵세포에 합병되었을 때, 아마 적어도 한동안은 독립적인 세포로 작용할 수 있는 능력을 유지했을 것이다. 미토콘드리아는 더 큰 생명체 속에서 살아가는 독립적인 세포였기 때문에 암세포와 같은 방식으로 반란을 일으켰을 수도 있다.

만약 오늘날 미토콘드리아가 숙주세포의 죽음을 불러온다면 맨 처음부터 미토콘드리아가 자신의 이익을 위해 숙주세포를 죽였을 가능성도 있지 않을까? 바꿔 말하면 아포토시스의 기원이 개체를 위한 이타주의적 행동이 아니라 미토콘드리아의 이기적인 행동이라는 것이다. 이 생각이 옳다면 아포토시스는 자살이 아니라 타살이 된다. 또 그렇다면 단세포 생물이 자살을 감행하는 이유도 명확해진다. 바로 내부로부터 파괴공작을 당한 것이다. 그렇다면 미토콘드리아가 진핵생물 합병과 더불어 죽음의 장치도 함께 가져왔다는 증거는 있을까? 과연 그 증거가 있었다.

기생생물 전쟁?

우리는 시토크롬 c의 유전자가 진핵생물 합병이 일어날 때 미토콘드리아로부터 들어왔으며 나중에 숙주세포의 핵으로 옮겨졌다는 것을 알고 있다(3부 참조). 우리가 이 사실을 아는 까닭은 그 유전자 서열이 알파프로테오박테리아의 유전자 서열과 거의 일치하며 진핵생물 합병에 가장 크게 이바지한 호흡연쇄의 일부분이기 때문이다. 다만 시토크롬 c가 아포토시스의 초기 진화에서 얼마나 중요했는지는 확실치 않다. 시토크롬 c는 포유류의 아포토시스에서는 확실히 중요한 구실을 하며 어쩌면 식물의 경우에도 해당할 가능성이 있지만 초파리나 선충류의 아포토시스에서는 필요하지 않다. 전천후 재주꾼이 아닌 것은 분명하다. 그러나 한때 아포토시스에서 중추적인 구실을 하다 몇몇 종에서 대체되었을 수도 있고, 훨씬 최근에 들어와서야 식물과 포유류 내에서 독립적으로 결정적인 구실을 하게 되었을지도 모른다. 가장 원시적인 진핵생물 내에서 아포토시스가 어떻게 작용하는지 알기 전에는 어느 것이 진실에 가까운지 알 수 없다.

그러나 앞서 확인했듯이 시토크롬 c는 아포토시스가 일어나는 동안 미토콘드리아에서 나오는 숱한 단백질들 가운데 하나일 뿐이다. 미토콘드리아에서는 Smac/DIABLO, Omi/HtrA2, 엔도뉴클레아제endonuclease G, AIF 같은 이름도 낯선 수많은 단백질이 나온다(초파리의 리퍼Reaper, 그림Grim, 시클Sickle은 섬뜩한 느낌마저 든다). 이 단백질들에 대해 자세히 알 필요는 없지만, 이들 가운데 일부는 경우에 따라서 시토크롬 c보다 더 중요한 구실을 하기도 한다는 사실에 주목해야 한다. 이 단백질들 대부분은 21세기에 들어와서야 겨우 확인이 되었지만 세계적으로 활발하게 진행되고 있는 유전체 서열 연구로 그 기원을 조금 짐작할 수 있다. 결과는 충격적이었다. 유일하게 AIF(아포토시스 유도인자)를 제외하고 미토콘드리아에서 방출되어 아포토시스를 유발한다고 알려진 모든 단백질은 세균에서 유래했으며 고세균과는 관계가 없었다(1부 83쪽을 다시 떠올리면 숙주세포는 고세균에서, 미토콘드리아는 세균에서 유래한 것으로 추정된다). 세균에서 유래했다는 것은 이 단백질들이 만들어지는 데 숙주세포는 아무런 기여를 하지 않았다는 뜻이다. 숙주세포는 죽음의 장치를 거의 가지고 있지 않았다. 이 단백질들이 모두 진핵세포 연합과 함께 미토콘드리아로부터 온 것은 아니다. 일부는 좀더 근래에 다른 세균으로부터 유전자 수평이동을 통해 진핵세포 안으로 들어온 것으로 추측된다. 그러나 고세균 숙주세포로부터 온 것은 AIF가 유일하며 이마저도 고세균의 경우에는 세포를 죽이는 작용을 하지 않는다.

세균에서 유래한 단백질은 또 있었다. 카스파제 효소 역시 진핵세포 연합과 함께 세균에서 유래한 것이 거의 확실해 보인다. 그러나 세균의 카스파제는 치명적이지 않다. 이 카스파제는 단백질을 분해하지만 세포를 죽음에 이르게 하지는 않는다. 더 흥미로운 것은 bcl 2 단백질군의 조상이다. 이들의 유전자 서열은 세균, 그세균 모두와 별로 공통점이 없지만, 단백질의 3차 구조에서 세균 단백질과의 연관성이 살짝 드러난다. 이들과 연관이 있을 것으로 추측되는 단백질은 디프테리아 같은 감염성 세균에서 발견되는 독소의 한 종류다. bcl 2 단백질군에서 아포토시스를 일으키는 단백질처럼 이 독소도 숙주세포의 막에 구멍을 내며 때로는 아포토시스를 유도하기까지 해서 기능적인 연관성을 의심하게 한다.

모든 발견을 종합했을 때, 죽음의 장치 대부분은 진핵세포 연합이 일어날 때 미토콘드리아 조상으로부터 왔다는 것을 짐작케 한다. 자살이라기보다는 정말 얹혀살던 손님이 은혜도 모르고 저지른 타살처럼 보인다. 1997년, 독일 마스틴리드에 있는 막스플랑크 정신의학연구소의 호세 프라데José Frade와 테오로고스 미카엘리디스Theologos Michaelidis는 이 개념을 설득력 있는 가설로 발전시켰다. 앞서 다르었던 대부분의 증거는 이들의 연구를 뒷받침하는 것으로 보인다.

프라데와 미카엘리디스는 성병인 임질을 일으키는 임균(Neisseria gonorrhoeae)이라는 오늘날 세균의 행동과 진핵생물 연합이 일어나던 초기에 원시 미토콘드리아가 했을 것으로 여상되는 행동 사이의 유사성을 도출해냈다. 임균은 백혈구를 타고 다니며 요도와 자궁경부의 세포를 감염시킨다. 한번 백혈구 속으로 들어가면 임균은 잔인한 술수를 발휘한다. 임균은 막에 구멍을 내는 작용을 하는 PorB라는 단백질을 생산한다(이 단백질은 미토콘드리아의 bcl 2 단백질군과 비슷하다). PorB 단백질은 숙주세포인 백혈구의 막뿐 아니라 벽혈구 안에서 임균을 에워싸고 있는 액포의 막에도 끼워진다. 이 구멍들은 숙주세포의 ATP와 임균이 상호작용을 하는 동안 굳게 닫힌 상태를 유지한다. 이 점도 역시 bcl 2 단백질군과 유사하다. 그러나 숙주세포의 ATP가 바닥나면 구멍이 열린다. 구멍이 열리면 숙주세포를 죽음에 이르게 하는 아포토시스 과정이 시작된다. 이 과정에서 임균은 살아남는다. 임균은 숙주세포에서 양분으로 쓸 만한 것을 모두 그러모은 뒤 그것을 이용해 허물어져가는 숙주세포로부터 빠져나온다. 결국 임균은 (풍부한 연료를 의미하는) ATP 생산력을 숙주세포가 얼마나 잘 유지하는지를 살피다가 숙주세포가 건강할 때까지는 그 안에서 산다. 그러나 ATP 생산이 감소하기 시작해 쓸모가 다하면 곧바로 죽여버리고 새로운 숙주세포로 옮겨간다. 아주 악질이다!

프라데와 미카엘리디스는 이렇게 교활한 술수를 쓰는 세균이 임균만이 아니라는 데 주목했다. 1부에서 나왔던, 세균을 잡아먹는 무시무시한 세균 델로비브리오는 다른 세균의 몸속에 있을 때 이와 비슷한 전술을 쓴다. 델로비브리오 역시 내부로부터 먹이를 게걸스럽게 먹어치우기 전에 한동안 먹이가 탄탄하게 대사작용을 하는지 살핀다. 린 마굴리스는 델로비브리오를 미토콘드리아의 조상일 가능성이 있는 세균으로 지목하기도 했다. 1부와 3부에서 다루었던 또 다른 미토콘드리아 후보 경쟁자, 리케차 프로와제키이도 다른 세포의 몸속에 사는 기생생물이다. 이 세균들은 숙주세포에 기생하며 살아간다는 공통점이 있다. 이런 생화학적인 고고학을 재구성해보면 최초의 진핵생물에서 미토콘드리아와 숙주세포 사이의 관계도 기생관계였을 것이라는 추측이 가능하다. 어쩌면 원시미토콘드리아는 한 고세균의 몸속에 들어가 한동안 건강상태를 살피다 죽음에 이르면 잔해를 게걸스럽게 먹어치운 뒤 다른 숙주로 옮겨 다니는 기생생물이었을지도 모른다.

만약 아포토시스가 훗날 진핵세포로 하나가 되는 세포들 사이의 피 튀기는 싸움에서 비롯되었다면 진핵생물 연합은 기생생물이 숙주를 죽이고 다른 숙주로 옮겨가는 관계로부터 시작되었을 것이다. 이것이 린 마굴리스와 일부 학자들의 생각이다. 결국 이 관계는 진핵세포와 함께 죽음의 장치도 남겼으며 훗날 이 죽음의 장치는 다세포 생물에서 예정된 세포자살이라는 훨씬 '이타적인' 목적에 쓰이게 된다. 그러나 기생생물의 전쟁이라는 가정은 1부에서 생각했던 진핵세포의 기원과는 사뭇 다른 이야기다. 1부에서는 두 원핵생물이 일종의 물질대사 협약을 맺고 평화롭게 협력하며 어울려 사는 이야기를 했다. 증거를 신중히 고려해 두 세포 사이의 관계가 기생관계일 가능성을 배제했다. 그러나 지금 다른 각드에서 바라보자 그 시각이 위협을 받게 되었다. 이런 종류의 과학에서 확실한 것이란 없다. 문제와 조금이라도 연관된 단편적인 증거가 얼마나 비중이 있는지를 평가하는 게 전부라고 할 수 있다. 그리고 이 증거는 이 문제와 확실히 연관이 있다. 그렇다면 이 증거는 지금까지의 추측을 모두 뒤엎는 것일까? 그럼 나는 처음으로 돌아가 1부를 다시 써야 하는 건가? 무엇보다도 그렇게 될까봐 두렵다.

# 12

개체의 형성

자유라디칼 신호의 분출과 함께 미토콘드리아에서 터져 나오는 독립적인 유성생식에 대한 충동 역시도 산화환원 신호로 나타난다. 세포군체에서는 손상된 세포가 다른 세포와 유성생식을 시도하면 세포군체 전체의 생존을 위태롭게 하며 혼란만 일으킬 뿐이다. 유성생식을 위한 신호는 바로 세포손상을 자백하는 신호다. 더 이상 정상적인 임무를 수행할 수 없다고 말하는 것과 마찬가지다. 몸을 이루는 체세포에서 성을 위한 산화환원 신호를 죽음의 신호로 바꾸는 데 강한 선택압이 작용했을 것이다. 결국 대의를 위해 손상된 세포를 선택적으로 제거하는 아포토시스를 일으켜 공동목표를 유지하고 개체의 진화를 향한 길을 닦았다.

다세포 생물 개체를 구성하는 세포들은 더 큰 이익을 위해 서로 힘을 합친다. 그렇다고 해서 이 협력이 세포들 사이의 사랑의 측제는 아니다. 이 협력은 강압에 의한 것으로 어떤 세포라도 옛날 생활방식으로 돌아가고자 이탈하려는 시도를 하면 죽음의 형벌이 내려진다. 때때로 발각되지 않고 죽음의 형벌을 용케 피하는 이기적인 세포도 있는데, 그 결과는 암으로 나타난다. 암세포는 몸 전체의 이익보다는 자신의 이익을 위해 마구잡이로 복제를 하고 결국 서서히 건강을 해친다. 암세포는 잠깐 동안 죽음을 피하기 위해 옛 주인을 죽음으로 몰아넣고 스스로도 최후를 맞는다.

  암이 존속될 수 있는 이유는 젊은 개체에서는 잘 발병하지 않기 때문이다. 만약 세포집단이 생식세포주를 형성해 스스로를 복제하기 위한 설계를 하기도 전에 몸이 내부적인 충돌로 산산조각 났다면 개체는 유전자를 물려주지 못했을 테고 이기적 유전자도 개체군에서 사라졌을 것이다. 그러나 다세포 생물 유기체가 처음 나타났던 시절, 다세포 개체의 몸을 구성하던 이 이기적인 세포는 독립적으로 생존할 수 있는 기회가 훨씬 많았다. 암세포와 달리 이들은 홀로 살아갈 수 있었고 새로운 세포집단을 이룰 수 있는 잠재력을 유지하고 있었다. 이와 같은 독립생활은 오늘날에도 해면동물이나 그 밖의 단순한 동물에서 볼 수 있다. 그러나 이런 자유방임적인 공존원칙은 이들이 고도로 복잡한 다세포 동물로 나아가는 것을 방해했다. 진정한 다세포 생물의 생활방식으로 나아간다는 것은 희생을 요구한다. 결국 더 큰 이익을 위한 죽음을 약속하는 것이다. 그런데 어떻게 홀로 살아갈 수 있었던 세포들에게 죽음의 형벌이 먹힐 수 있었을까?

  오늘날 **아포토시스**라는 세포 사형을 집행하는 것은 미토콘드리아다. 미토콘드리아는 여러 출처에서 오는 신호를 감지해 세포가 손상을 입거나 자신의 이익을 위해 행동할 즈음이 보이면 조용히 죽음의 장치를 가동시킨다. 사람의 몸에서는 일사분란하게 아무 낌새도 없이 일어나는 아포토시스에 의해 날마다 약 100억 개의 세포가 죽고, 건강하고 어린 세포가 대신 그 자리를 채운다. 죽음의 장치를 구성하는 단백질 대부분은 미토콘드리아에서 세포로 방출되어 잠자고 있던 죽음의 효소 카스파제를 활성화시킨다. 카스파제는 세포를 내부에서부터 분해해 그 내용물을 다른 세포가 재활용할 수 있도록 작은 꾸러미로 만든다. 아무것도 버려지지 않는다.

사실상 미토콘드리아로부터 방출되는 죽음의 단백질 전부는 카스파제 효소와 함께 진화가 일어나던 아득한 시절에 미토콘드리아의 세균 조상을 따라 진핵세포로 들어왔다. 지금도 미토콘드리아는 독립생활을 하거나 기생생활을 하는 세균과 비슷한 구석이 아주 많다. 특히 기생세균을 많이 닮았다. 오늘날 세균에서 죽음의 단백질은 대부분 죽음과 관계없는 비교적 '순한' 다른 용도에 쓰인다. 그런가 하면 세균의 포린porin(세포막에 투과공을 형성하는 단백질을 통틀어 부르는 이름: 옮긴이)이라는 단백질군은 다른 세포를 겨냥한 전쟁용 살상무기지 풍요로운 협동을 위한 도구는 아니다. 이런 단백질은 예로부터 그래 왔을 거라는 의심을 불러일으킨다. 옛날 옛적 기생생물인 미토콘드리아의 세균 조상이 포린 같은 단백질을 이용해 내부로부터 숙주세포를 공격하고 조각내 그 잔존물을 먹고살다 다른 세포로 옮겨갔을지도 모른다.

이 추측이 타당성이 있는지 없는지는 세균 포린의 진짜 정체에 의해 결정된다. 오늘날 기생생물은 막을 통해 숙주세포로 침입하여 숙주세포가 기생생물의 물질대사 요구에 보조를 맞추는 게 불가능할 정도로 힘이 빠진 기색을 보이면 무자비하게 사형을 집행한다. 세균의 포린은 겉으로 보면 신기할 정도로 미토콘드리아의 포린과 비슷하지만, 유전학적 유사성은 없다. 미토콘드리아의 포린인 bcl 2 단백질은 미토콘드리아 막에 투과공을 만들어 죽음의 장치를 활성화시킨다. 이는 훗날 미토콘드리아로 길들여지는 세포 내 기생생물과 그 기생생물의 공격으로부터 살아남는 법을 배운 숙주세포 사이의 전쟁이라는 시련 속에서 진핵생물이 탄생했다는 의미를 내포한다.

이 이야기는 아주 간단한 것 같지만 한 가지 문제점을 안고 있다. 1부에서 우리는 진핵세포의 기원에 대한 학설들을 살폈다. 특히 미토콘드리아가 리케차 같은 세균에서 유래했다는 '기생생물 모형'과 서로 대사이익을 보면서 협력이 생겼다고 주장하는 수소가설을 집중적으로 다루었다. 수소가설에서 협력을 하는 두 세포는 상대방의 물질대사 과정에서 나오는 노폐물로 살아간다. 1부에서 나는 지금까지의 증거가 기생생물 모형보다는 수소가설을 뒷받침한다고 말했다. 그러나 앞에서 나온 기생생물의 이야기는 평화로운 물질대사 연합을 맺는다는 수소가설과는 앞뒤가 맞지 않는다. 기생생물에게는 숙주를 죽이고 다른 숙주로 옮겨가는 것이 이익일지 모르지만 대사산물에 중독이 된 경우에는 그 공급자를 죽이면 별로 득 될 게 없다. 다른 대사산물 공급자를 찾을 길이 없을 경우에는 더더욱 그렇다. 그러므로 기생생물 이야기는 수소가설의 정당성을 훼손하거나, 명백한 설득력이 있음에도 사실이 될 수는 없거나 둘 중 하나다. 어떻게 하면 두 가설을 모두 만족시킬 수 있을지 나로서는 알 길이 없다. 과연 어느 가설이 옳을까?

이 질문의 답을 찾기 위해 먼저 우리가 해야 할 일은 명백히 진실로 밝혀졌거나 적어도 반박이 없는 증거와 정교한 추측을 구분하는 것이다. 이는 그리 어렵지 않다. 미토콘드리아가 죽음의 장치 대부분을 공급한다는 사실은 명백하다. 미토콘드리아는 오늘날 아포토시스의 중추이며 그 진화에 일조했다는 것도 거의 확실하다. 그러나 11장 끝부분에서 다루었던 임균 같은 세균 포린과 bcl 2 단백질군의 연관성은 정교한 추측으로 분류되어야 한다. 이들의 구조적인 유사성은 확실히 흥미롭지만 진화론적인 관계에 대한 검증은 이루어지지 않았다.

bcl 2 단백질군과 세균 포린 사이의 유사성은 오늘날 알려진 사실을 토대로 볼 때 크게 세 가지 가능성을 생각할 수 있다. 첫째, 수렴진화의 결과로 유사성이 나타났을 가능성이다. 다시 말해서 임균과 미토콘드리아는 저마다 독립적으로 비슷한 목적에 비슷한 모양의 단백질을 고안해낸 것이다. 이 가능성을 배제할 만한 유전자 서열은 아직 발견되지 않았다. 그리고 분자 수준에서 수렴진화의 능력에 대해 회의적인 독자가 있다면 사이먼 콘웨이 모리스의 『생명의 해법Life's Solution』을 읽어보기를 권한다. 수렴진화의 결과로 유사성이 나타났다면 bcl 2 단백질군과 세균 포린 사이에서는 유전학적 연관성을 발견할 수 없을 것이다. 이들의 진화는 출발선부터 다르기 때문이다. 그러나 구조적인 유사성은 용도가 비슷하기 때문에 발견된 것이다. 지질막에 큰 구멍을 만들 수 있는 방법은 한정되어 있으므로 이 단백질들의 3차 구조는 비슷할 수밖에 없다. 서로 다른 두 종류의 세포가 둘 다 큰 구멍을 낼 도구가 필요하다면 이들은 어쩔 수 없이 비슷한 무언가를 만들어내야만 할 것이다.

둘째, 11장에서 프라데와 미카엘리디스가 제안한 것처럼 미토콘드리아가 세균 조상으로부터 bcl 2 단백질을 정말 물려받았을 가능성이 있다. 이 가능성은 유전자 서열의 유사성에 의해서만 증명될 수 있는데 지금까지는 별다른 성과가 없다. 더 나아가 비슷한 서열이 미토콘드리아 조상으로 알려진 알파프로테오박테리아의 표본에서도 발견되어야만 한다. 그렇지 않으면 나중에 유전자 수평이동이 일어났을 가능성을 배제할 수 없다. 나중에 유전자 수평이동이 일어난 것이 확실하다면 미토콘드리아와 숙주세포 사이의 초기 관계에 대해 알 수 있는 것은 아무것도 없다. 그러므로 알파프로테오박테리아를 통한 좀더 체계적인 유전자의 표본조사가 이 가설을 뒷받침해줄지도 모르지만 확실한 결과를 알 때까지는 이 구조적인 유사성은 고작 암시 정도로만 해석할 수밖에 없다.

마지막으로 임균과 다른 기생세균이 미토콘드리아로부터 포린을 얻었을 가능성이 있다. 숙주세포에서 기생생물로 유전자가 이동하는 일은 흔하다. 만약 이것이 사실이라면 미토콘드리아와 기생세균의 유전자 서열에서 어떤 유사성이 발견되리라는 기대를 할 수 있을 것이다. 이렇게 유전적인 유사성이 나타나지 않는 이유가 단지 시도가 부족했기 때문일 수도 있다. 좀더 많은 유전자 서열을 연구하면 유사성이 발견될지도 모른다. 아니면 유전자 서열의 유사성이 시간이 흐르면서 다른 공통조상의 증거들과 함께 휩쓸려 사라졌을 수도 있다. 이는 완전히 허황된 이야기는 아니다. 숙주세포와 기생생물 사이의 진화전쟁이 끊임없이 계속되는 상황에서 기생생물의 유전자는 변화가 심하기로 유명하기 때문이다. 게다가 세균 포린은 그 자체만으로는 아포토시스 전 과정을 일으킬 수 없다. 세균 포린은 그저 숙주세포에 이미 존재하고 있는 죽음의 장치에 접속할 따름이다. 사실상 이 세균들은 숙주세포의 아포토시스 장치가 시작되게 하는 휴대용 '작동' 스위치를 지니고 다니는 것에 불과하다. 따라서 오늘날 세포 죽음을 일으키는 기생세균의 습성은 원시미토콘드리아가 했을 것으로 추측되는 작용과 비교할 수 없다. 원시미토콘드리아는 죽음의 장치 일습을 지니고 다니면서 숙주세포 속에서 자신은 죽지 않고 아포토시스 장치를 가동했을 것이기 때문이다(말할 필요도 없이 오늘날의 미토콘드리아는 숙주세포가 죽으면 함께 죽는다).

지금까지의 증거를 토대로 볼 때, 이 세 가지 가능성 안에서 해결책을 찾는 것은 불가능하다. 그러나 프라데와 미카엘리디스가 예상한 기생생물 전쟁의 묘사는 적어도 일관성이 있고 그럴 듯해 보이기는 한다. 그렇다면 이것이 사실일까? 이들의 묘사에는 상당히 해결하기 어려운 문제점이 몇 가지 있다. 먼저 가장 중요한 문제점은 미토콘드리아가 독립적으로 세포를 복제하지 못한다는 것이다. 미토콘드리아는 유전자를 숙주세포의 핵으로 이동시키면서 독립성을 잃었을 가능성이 크다. 몇몇 결정적인 유전자를 숙주세포에게 볼모로 붙들린 데부터 미토콘드리아는 숙주세포가 죽으면 모든 것을 잃게 되었다. 더는 독립적으로 살아갈 수 없기 때문이다. 미토콘드리아와 숙주세포가 공동운명체가 된 것이다. 이는 미토콘드리아가 숙주를 조종해 얻을 것이 없다는 이야기가 아니라 숙주를 완전히 죽이면 아무것도 얻을 수 없다는 뜻이다. 이와 달리 우리가 다루었던 기생세균은 아주 작은 리케차조차도 독립성을 잃지 않았다. 이 세균들은 생활주기와 자원을 스스로 조절하는 능력을 온전히 유지하고 있기 때문에 미련 없이 숙주를 죽이고 떠날 수 있지만 미토콘드리아는 그럴 수 없다.

미토콘드리아가 자신의 미래를 지배할 능력을 잃게 된 시기가 언제인지는 확실치 않지만 진핵생물 진화의 초창기 즈음이었을 가능성이 크다. 이를테면 미토콘드리아로부터 ATP를 내보내는 ATP 외수송 단백질의 진화를 보기로 들어보자(225쪽 참조). 맨 처음 진핵생물이 미토콘드리아로부터 ATP 형태로 에너지를 뽑아내는 것을 가능하게 만든 것이 바로 ATP 외수송 단백질이다(이 단백질이 생기기 전에는 미토콘드리아라고 부르기 어렵다). 이 단백질이 생기는 순간 이 공생자는 더 이상 자신의 에너지 자원을 스스로 조절할 수 없게 되었다. 미토콘드리아가 자신의 주권을 잃게 된 것이다. 미토콘드리아의 처지에서 보면 공생관계에서 노예상태로 전락한 시기가 되는 것이다. 우리는 여러 다양한 진핵생물군의 ATP 외수송 단백질 유전자를 비교함으로써 이 유전자가 미토콘드리아에서 핵으로 옮겨간 시기를 상당히 정확한 수준까지 추정할 수 있다. 특히 이 ATP 외수송 단백질은 식물, 동물, 균류, 조류, 원생동물을 포함해 모든 진핵생물에서 발견된다. 이 사실로부터 분류군이 나뉘기 전, 진핵세포 역사의 시발점부터 이 단백질이 있었다는 사실을 알 수 있다. 다세포 생물의 진화가 일어나기 훨씬 전의 일이라는 것은 말할 필요도 없다. 화석증거에 따르면 수억 년 전의 일이다.

그렇게 되면 시간적인 격차가 생긴다. 미토콘드리아는 진정한 다세포 생물로 진화되기 훨씬 전부터 자치권을 잃은 것이 된다. 이 기간 동안 미토콘드리아는 독립적으로 살아갈 수 없기 때문에 숙주세포를 죽이면 아무 이득이 없다. 아직 다세포 생물이 만들어지기 전이므로 숙주세포 또한 죽임을 당하는 게 이득이 없기는 마찬가지다. 그러므로 다세포 생물에게는 무자비한 경찰국가를 유지하는 오늘날 아포토시스의 장점이 적용될 수 없다.

여기에 모순이 있다. 죽음의 장치는 숙주세포와 미토콘드리아 양쪽의 활동에 모두 해로웠을 것이다. 이 정도면 이 장치는 자연선택에 의해 버려질 만도 한데 지금까지 유지되고 있다. 또 죽음의 장치 대부분이 숙주세포에서 전해지거나 훨씬 근래에 만들어진 것이 아니라 미토콘드리아에서 유래되었다. 결국 나는 수소가설로 돌아왔다. 수소가설에서는 평화롭게 협동하는 두 세포 사이의 대사연합으로부터 진핵세포가 시작되므로 상대방이 죽으면 아무 이득이 없다. 내 추론은 막다른 골목에 이른 것 같다. 협동하는 세포는 평화로운 연합을 이루면서 완전한 죽음의 장치도 함께 지녔고 이 죽음의 장치가 가동되면 양쪽 모두 해를 입지만 우연히 쓰임새가 생길 때까지 수억 년 동안 꿋꿋하게 존속되어왔다는 것이다. 이게 말이나 되는 이야기인가? 한 발짝 물러나 죽음의 장치가 항상 죽음을 일으키는 것은 아니라고 한다면 말이 되는 이야기가 될 수도 있다. 아주 오래전, 이 장치는 성性의 기원이 되었다.

성과 죽음의 기원

먼저 수소가설에 의해 제안된 평화로운 공존의 관점에서부터 최초의 진핵생물을 생각해보자. 우리는 5부를 시작하면서 자연선택이 작용하는 다양한 단계를 알아보았다. 전체적인 개체, 개체를 구성하는 세포, 세포 속에 들어 있는 미토콘드리아, 그리고 당연히 유전자 단계에 대해서도 다루었다. 세균처럼 무성생식으로 번식하는 세포에서는 유전자 수준에서 작용하는 자연선택이 유용할 필요는 없다는 것을 확인했다. 대신 이 경우에는 진정한 복제단위인 세포 수준에서 주로 선택이 작용한다. 이 배경은 매우 중요한데, 그 이유는 진핵생물 연합 초기에는 숙주세포와 미토콘드리아의 이익을 따로따로 고려해야 하기 때문이다. 당시에는 미토콘드리아와 숙주세포를 분리된 세포로 생각할 수 있었다(여러 면에서 아직은 미토콘드리아와 숙주세포를 이렇게 생각하는 게 도움이 된다는 사실을 다음 몇 장을 통해 알게 될 것이다).

그렇다면 도대체 원시미토콘드리아와 숙주세포의 사적인 이익이란 무엇이었을까? 불편한 상호의존과 자치권이 결합한 상황에서 이들은 어떻게 자신의 이익을 위해 행동할 수 있었을까? 이 문제에 대한 아주 흥미로운 해답이 1999년에 제시되었다. 답을 내놓은 사람은 노던일리노이 대학의 닐 블랙스톤Neil Blackstone과 라호야 샌디에이고 캘리포니아 주립대학의 더글러스 그린Douglas Green이다. 닐 블랙스톤은 진화론적 생화학 분야에서 가장 독창적인 학자에 속하며 더글러스 그린은 아포토시스 과정에서 방출되는 시토크롬 c 연구의 선구자 가운데 한 사람이다.

다른 모든 세포들처럼 미토콘드리아도 번식에 관심이 많다. 자신의 미래가 숙주세포의 미래에 얽매이게 되자마자 미토콘드리아는 숙주세포를 죽이고 다른 숙주세포로 옮겨가면 아무것도 얻을 수 없게 되었다. 미토콘드리아는 한순간도 야생에서 살 수 없게 된 것이다. 숙주세포 내에서 번식할 수 있는 미토콘드리아 수도 한계가 있었다. 숙주세포 안에서 미토콘드리아 '암'이 발생하면 세포 전체에 해가 되고 미토콘드리아도 함께 죽고 만다. 그러므로 미토콘드리아가 성공적으로 번식하는 유일한 방법은 숙주세포에 순응하는 길뿐이었다. 숙주세포가 분열을 할 때마다 미토콘드리아도 숙주세포의 딸세포에게 필요한 미토콘드리아를 공급하기 위해 분열을 해야 했다. 숙주세포에게도 분열만큼 좋은 게 없다는 것은 두말할 나위가 없는 만큼, 그것으로 숙주세포와 미토콘드리아는 이익을 공유하게 된다. 그렇지 않다면 이런 배치가 20억 년 동안 안정된 관계를 유지할 수 있을지 무척 의심스럽다. 분명히 일찌감치 갈가리 찢어져 우리는 어떤 지적인 존재로 여기에 있지 못했을 것이다.

그러나 미토콘드리아와 숙주세포가 항상 이익을 공유하는 것은 아니다. 만약 어떤 이유에서 숙주세포가 분열을 거부하면 무슨 일이 벌어질까? 분명 숙주세포는 물론이고 미토콘드리아도 번식을 할 수 없을 것이다(어쩌면 미토콘드리아는 번식을 할 수 있지만 어느 선까지만 가능할 것이다. 만약 미토콘드리아가 번식을 계속해 세포 안에 미토콘드리아 '암'이 생기면, 숙주세포에게 해가 될 것이고 미토콘드리아 자신에게도 마찬가지다). 결과는 숙주세포가 분열을 거부한 이유에 따라 달라질 수 있다. 가장 흔한 이유는 식량부족이다. 세균은 엄청난 복제능력이 있지만 일생 대부분을 정지상태에서 보낸다는 것을 3부에서 확인했다. 초기 진핵생물도 마찬가지였을 것이다. 그렇다면 먹이를 손에 넣고 번식을 시작할 수 있을 때까지 배고픈 시기를 견디는 것 말고는 다른 도리가 없었을 것이다. 이 경우에도 미토콘드리아와 숙주세포의 이익은 같다. 만약 미토콘드리아가 충분한 자원이 없는 상태에서 숙주세포의 분열을 강요한다면 둘 다 자멸하고 말 것이다. 남은 자원은 더위, 추위, 자외선 조사照射 같이 굶주리는 동안 마주칠 수 있는 물리적인 스트레스에 대항하기 위해 비축해두는 편이 낫다. 이런 조건에서 세포는 내성포자(resistant spore)를 형성하고 다시 풍족한 시기가 돌아와 활력을 찾을 때까지 휴면상태로 기다리는 경우가 보통이다.

숙주세포의 분열을 방해하는 다른 이유로는 손상, 특히 DNA가 들어 있는 핵 손상을 들 수 있다. 드디어 여기서 숙주세포와 미토콘드리아의 사정이 달라지기 시작한다. 양분은 풍족한데 숙주세포가 분열을 할 수 없다고 해보자. 철창에 갇힌 미토콘드리아가 쇠창살 사이로 얼굴을 내밀고 "날 내보내줘! 이렇게 갇혀 있는 건 부당해!" 하고 소리를 지르는 그림이 그려질 것이다. 옆에서는 다른 세포가 여유 있게 웃으며 분열을 하고 그 속에 사는 미토콘드리아는 즐겁게 수를 불린다. 미토콘드리아는 이 난관을 어떻게 헤쳐나가야 할까? 숙주세포를 죽여봐야 얻을 것은 아무것도 없고 자신도 곧 죽게 될 것이다. 그러나 만약 숙주세포가 다른 세포와 **융합**하고 DNA를 재조합한다면 소득이 있을지도 모른다. DNA 재조합은 세균에게는 흔히 있는 일이며 진핵생물의 경우에는 바로 성의 본질이다. 융합을 통해 세포는 새로운 생명을 얻고 미토콘드리아는 새로운 터전을 얻는 것이다.

두 배의 비용을 들여가며 진핵생물에서 성이 진화한 기유에 대해서는 지금도 의견이 분분하다. 여기에는 몇 가지 요인이 복합적으로 작용하는 것으로 추측된다. 유성생식은 DNA 손상을 감추는 경향이 있는데, 손상된 유전자가 손상되지 않은 유전자와 짝을 이룰 수 있기 때문이다. 게다가 유전자의 재조합을 통해 다양성이 생기면 기생생물과의 경쟁에서도 우위를 차지할 것이다. 이 가설은 빌 해밀턴Bill Hamilton이 내놓았다. 최근 자료를 통해 짐작할 수 있는 것은 어떤 추론도 그 하나만으로는 모든 상황에서 성의 진화를 충분히 강력하게 설명하지 못한다는 것이다. 그러나 이 추론들이 서로 대립하지 않으므로 성의 혜택이 다방면으로 나타났을 가능성이 있다. 반면 성의 기원은 신비에 싸여 있다. 세균은 유전자 재조합만 일어나고 **세포융합**은 일어나지 않는다. 그러나 대조적으로 대부분의 진핵생물에서 일어나는 유성생식에서는 먼저 두 세포가 융합한 뒤 핵융합이 일어나고 마지막으로 유전자가 재조합된다. 세포융합이 유전자 재조합보다 더 주된 작용이다. 진핵세포를 처음 융합하게 한 것은 무엇이었을까? 세균의 경우 거추장스러운 세포벽이 사라진 게 융합이 일어나기 훨씬 좋은 조건이 된 것은 분명하지만, 그렇다고 그 조건이 실질적으로 융합을 **추진**했다고 보기는 어렵다. 세포가 항상 융합하는 게 아니므로 세포벽 소실 자체에는 융합을 일으킬 만한 요소가 전혀 없다. 초기 진핵세포가 자신의 미토콘드리아에 의해 융합을 조종당한 것은 아닐까? 만약 그렇다면 미토콘드리아의 조종으로 성적 융합의 기원을 설명할 수 있을까? 1부에서 등장했던 톰 캐벌리어 스미스는 초기 진핵생물의 경우 세포융합은 흔히 일어났던 현상이라고 추측했다. 그의 주장에 따르면, 염색체 수가 두 배가 되었다가 다시 절반으로 줄어드는 생식세포분열(감수분열[meiosis]) 형태는 세포융합이 일어난 뒤 핵과 유전자의 수를 원래대로 유지하기 위해 몇 가지 단순한 단계를 거쳐 서서히 진화되었다. 이 경우 미토콘드리아가 융합을 부추겼을 것이다. 융합은 어쨌든 일어날 과정이었다.

미토콘드리아가 숙주세포를 조종할 수 있는지에 관한 문제는 간단치 않다. 오늘날에는 당연히 미토콘드리아가 숙주세포를 조종하고 아포토시스를 일으킨다. 지금 그렇다고 진핵세포 진화가 일어나던 초기에도 그랬다는 법이 있을까? 닐 블랙스톤은 미토콘드리아가 했을 법한 독창적인 가설을 하나 내놓았다. 그 가설은 융합의 추진과 아포토시스의 진화 모두를 설명해준다.

자유라디칼 신호

호흡연쇄를 생각해보자. 우리는 3부에서 자유라디칼 누출에 대해 알아보았다. 자유라디칼의 누출비율은 얼핏 생각하면 호흡속도에 비례할 것 같지만 역설적이게도 이용할 수 있는 산소와 전자(양분으로부터 나온다)의 양으로 결정된다. 산소와 전자라는 요소는 끊임없이 변화하기 때문에 자유라디칼의 생산도 상황에 따라 변한다. 갑작스럽게 자유라디칼 생산이 증가하면 세포에 악영향을 줄 수도 있다.

만약 세포의 성장과 분열이 빨라져 양분수요가 증가하면(그리고 요구를 충족시킬 정도로 양분이 넉넉하면) 호흡연쇄에서 산소로 이어지는 전자의 흐름이 빨라진다. 이런 상황에서는 호흡연쇄로부터 자유라디칼 누출이 상대적으로 적다. 그 이유는 저항이 가장 적은 곳을 따라 전자가 호흡연쇄의 전자수용체로 흐르다 마침내 산소로 전달되기 때문이다. 블랙스톤은 이런 호흡연쇄를 절연이 잘 되어 전류가 잘 흐르는 전선으로 묘사한다. 따라서 성장이 빨라져 영양분의 소비가 많아지면 자유라디칼의 누출이 적어진다.

굶주리고 있을 때는 어떨까? 양분이 적어지면 사실상 호흡연쇄에는 전자의 흐름이 멈춘다. 산소는 풍부하겠지만 옆길로 빠져나가 자유라디칼을 만들 만한 전자가 없다. 호흡연쇄를 작은 전선에 비유한다면 굶는 것은 송전망을 통한 전력공급이 중단되는 것과 같다. 본선에서 전력공급이 끊긴 마당에 감전이 일어나는 일은 불가능하다. 전자의 흐름이 전혀 없기 때문에 자유라디칼 누출은 아주 적다.

그렇다면 이번에는 세포가 손상을 입어 주위에 양분이 풍부한데도 더 이상 분열을 할 수 없게 되었다고 생각해보자. 그 세포 속에 사는 미토콘드리아는 꼼짝없이 갇힌 신세가 된다. 세포분열이 일어나지 않기 때문에 ATP의 요구량은 줄어들고 세포 내 물질은 자꾸 쌓이게 될 것이다. 호흡연쇄에서 전자가 흐르는 속도는 ATP 소모량으로 결정된다. ATP 소모가 빨라지면 전자의 흐름도 빨라지는 것이다. 그러나 ATP의 수요가 없어지면 호흡연쇄는 멈추고 남은 전자는 갈 곳이 없어진다. 산소는 남은 전자를 모두 소비하고도 남을 정도로 풍부하다. 이제 자유라디칼의 비율이 급격히 높아진다. 호흡연쇄는 피복이 벗겨진 전선처럼 쉽게 감전을 일으킨다. 그러므로 숙주세포가 손상을 입어서 양분이 풍부한데도 성장이나 분열을 하지 않으면 미토콘드리아는 숙주세포 내부에서 전기충격을 일으킨다. 다시 말해 자유라디칼이 갑자기 증가하는 것이다.[20]

자유라디칼이 증가하면 미토콘드리아의 막지질이 산화되고 시토크롬 c가 막간 공간으로 방출된다. 호흡연쇄는 필수요소인 시토크롬 c가 없어졌기 때문에 전자의 흐름이 완전히 중단된다. 호흡연쇄에서 시토크롬 c가 빠져나가는 것은 전류가 흐르고 있는 전선을 잘라내는 것과 같다. 전자로 꽉 막힌 호흡연쇄의 말단에서는 계속 자유라디칼이 누출된다. 잘라진 전선에서 계속 전기가 흘러나와 감전을 일으키는 것과 비슷하다. 그러나 전자의 흐름이 중단되면 결국 막전위는 사라진다(양성자 누출로 더 이상 양성자를 수송해 균형을 맞출 수 없기 때문이다). 스트레스가 증가할수록 미토콘드리아 외막에 구멍이 뚫리고 시토크롬 c를 포함해 아포토시스를 일으키는 단백질들이 세포 내부로 쏟아져 나오게 된다. 다시 말해서 이 상황은 아포토시스의 첫 단계와 흡사하다.

이 모든 것이 우리에게 미치는 영향은 무엇일까? 대부분의 경우 미토콘드리아와 숙주세포의 이익은 일치한다. 둘 다 증식을 할 때는 만사가 순조롭고 아주 좋다. 세포는 환원(산화의 반대)상태지만 자유라디칼 누출은 최소가 된다. 거꾸로 자원이 부족해지면 둘 다 번식을 할 수 없게 된다. 세포는 어려운 시기를 견디면서 내성을 강화하기 위해 최선을 다할 것이다. 이제

---

20) 4부에서 확인한 것처럼 호흡연쇄가 중단되었을 때 자유라디칼의 생성을 줄이는 방법은 ATP 생산과 전자의 흐름에 짝풀림을 일으키는 것이다(2부 146쪽도 참조). 양성자 기울기는 열로 흩어지고 자유라디칼의 생성은 줄어들게 된다. 이 현상은 내온성의 진화에도 일조를 한 것으로 추측된다.

세포는 산화된 상태이며 자유라디칼 누출은 역시 최소가 된다. 그러나 숙주 세포가 손상을 입어 양분이 많은데도 분열을 할 수 없게 되면, 미토콘드리아는 분노의 자유라디칼을 누출시키며 심기가 불편하다는 신호를 보낸다. 블랙스톤의 말에 따르면, 자유라디칼은 세포핵 속에 있는 DNA를 공격하기 때문에 중요한 의미가 있다(그리고 세포질 속에 시토크롬 c가 있으면 실제로 그곳에서 자유라디칼 형성을 유발한다). 효모 같은 단순한 진핵생물에서 DNA 손상은 유성생식을 통해 유전자 재조합을 하라는 신호다. 심지어 공 모양에 아름다운 초록빛을 발하는 원시 다세포 조류인 볼복스 카르테리volvox carteri는 자유라디칼이 형성되면 성 유전자의 활성이 두 배로 증가하고, 뒤이어 새로운 생식세포(배우자[gamete])를 형성한다. 결정적으로 호흡연쇄가 막혔을 때 이런 현상이 일어날 수 있다. 따라서 블랙스톤의 가설에는 명확한 실례가 있다. 간추리면 이런 이야기가 된다. 아포토시스의 처음 몇 단계가 단세포 진핵생물에서 불러오고자 한 것은 죽음이 아니라 유성생식인 것이다.

개체를 향한 첫 걸음

블랙스톤의 가설은 수소가설과 완벽하게 조화를 이룬다. 이 가설에는 처음 진핵생물로 융합한 세포들이 평화롭게 공존하면서도 자신의 이익을 유지한다는 뜻이 담겨 있기 때문이다. 미토콘드리아의 경우는 숙주세포를 죽여야 양쪽 모두 얻을 게 없기 때문에 숙주세포가 유성생식을 통해 유전자를 재조합하도록 조종하는 데 관심을 기울였다. 더 나아가 이렇게 조용한 조종 관계는 양쪽의 이익과 대부분 맞아떨어지기 때문에 아포토시스 장치가 단세포 생물에서 족히 수억 년 동안 살아남을 수 있었던 이유가 이해된다. 유성생식은 손상된 숙주세포와 미토콘드리아 모두에게 이득이 된다. 그렇기 때문에 자연선택에 의해 버려질 수 없었을 것이다.

그러나 아직 의문이 가시지 않는다. 성이 어떻게 죽음으로 바뀐 것일까?

미토콘드리아가 죽음의 장치 대부분을 지니고 있으며, 이 장치를 이용해 자신의 숙주세포를 죽인다는 것은 확실하다. 아포토시스 장치의 본래 의도가 죽음이 아니라 성이었다는 사실을 받아들인다 해도 이렇게 무시무시한 방향으로 의도가 바뀌게 한 것은 무엇이었을까? 성을 일으키는 장치가 죽음의 형벌을 주는 장치가 된 것은 언제쯤이며 그 이유는 무엇일까?

성과 죽음은 복잡하게 얽혀 있다. 어느 정도까지는 두 가지 모두 같은 목적을 향해 나아간다. 효모와 볼복스에서 DNA가 손상될 때 유전자 재조합이 일어나는 이유를 생각해보자. 유전자를 재조합하면 아마 손상된 DNA가 복구될 것이다. 이와 비슷하게 자유라디칼은 세균에서 유전자 수평이동(다른 세포나 환경으로부터 유전자를 얻는 현상)을 일으킨다. 이번에도 손상된 유전자는 복구되거나 감춰진다. 그렇다면 예정된 세포 죽음이란 무엇인가? 다세포 생물에서 아포토시스는 손상의 복구를 의미한다. 손상된 세포를 고치는 대신 아포토시스를 이용해 몸에서 제거하고 새로운 세포로 대치하면 들이는 비용에 비해 큰 효과를 볼 수 있다. 오늘날의 '일회용' 문화는 이렇게 시작되었다. 성은 손상된 세포를 복구하고 아포토시스는 손상된 몸을 복구한다.

블랙스톤의 견해에 따르면, 아포토시스 장치는 원래 재조합을 통해서 손상을 복구하기 위해 세포에게 보내는 융합신호였다. 훗날 다세포 생물에서는 이 장치가 죽음의 장치로 쓰이게 되었다. 원칙적으로는 새로운 단계만 하나 더 끼워 넣기만 하면 된다. 그 새로운 단계가 바로 카스파제 연쇄반응이다. 앞서 카스파제 효소는 알파프로테오박테리아에서 유래했다고 이야기한 바 있다(아마 미토콘드리아 연합을 통해 들어왔을 것이다). 그러나 세균의 경우에는 카스파제가 일부 단백질을 분해하는 데 쓰이며 세포를 죽음에 이르게 하지는 않는다. 이런 점에서 볼 때, 서로 다른 진핵생물군에서 완전히 다른 카스파제 효소를 이용해 예정된 세포 죽음을 일으킨다는 사실은 무척 흥미롭다. 이를테면 식물에서는 세포 죽음을 일으키는 데 메타카스파제라는 단백질이 쓰이며 포유류에서는 카스파제 연쇄반응(caspase cascade)이 작용한다.

그러나 둘 다 세포 죽음의 시작을 유도하는 단백질은 다른 단백질들과 함께 미토콘드리아에서 방출되는 시토크롬 c다. 이는 아포토시스라는 죽음의 장치가 진핵생물에서 적어도 한 번 이상 독립적으로 나타났다는 의미를 내포한다. 그 결과 공통된 신호(자유라디칼이나 스트레스를 받은 미토콘드리아가 방출하는 단백질 따위)와 공통된 선택압에 반응해 다세포 생물에서 손상된 세포를 제거한 것이다.

만약 아포토시스가 다세포 경찰국가의 필요와 연관이 있고 다세포 생물의 진화가 한 번 이상 독립적으로 이루어졌다면 아포토시스가 일어나는 방법이 생물군마다 다른 것은 놀랄 일이 아니다. 얼핏 생각하면 공통점이 너무 많다는 것, 어느 정도 비슷한 장치가 한 번 이상 만들어졌다는 게 오히려 놀랄 일이다. 왜 그랬을까?

이번에도 블랙스톤이 답을 내놓았다. 그는 바다에서 세포군체를 이루고 사는 히드라충류(유성생식도 할 수 있고 무성생식도 할 수 있는 세포군체) 같은 원시적인 동물을 오랫동안 연구했다. 그의 주장에 따르면, 세포군체를 이루면 단세포로 있을 때보다 이득이 많지만 세포군체를 이루는 세포가 분화되기 시작하면 이야기가 달라진다. 세포가 분화되면 어떤 세포는 세포군체를 이동시키는 운동수단 같은 하찮은 일을 수행하는데, 어떤 세포는 자실체子實體를 형성해 자신의 유전자를 전달한다. 여기서 긴장상태가 생길 수밖에 없다. 하찮은 '노예' 세포의 불만을 잠재울 방법은 무엇일까?

세포군체를 이루는 세포들은 유전적으로 동일하지만(적어도 한동안은), 똑같은 기회를 얻지는 못한다. 일종의 '신분'제도가 생겨 어떤 세포는 다른 세포들에게 폐를 끼쳐가며 특별한 지위에 오른다. 블랙스톤의 주장에 따르면 해류와 국지적인 환경변화와 세포군체에서 차지하는 위치(표면에 있는가, 다른 세포 밑에 파묻혀 있는가)에 따라 세포마다 먹이와 산소의 공급이 달라진다. 먹이와 산소의 공급이 다르면 산화환원 기울기가 달라진다. 어떤 세포는 산소와 영양분을 풍부하게 공급받는 반면, 어떤 세포는 조금씩 덜 받기 때문에 결국 산화환원 상태의 차이가 커지게 된다. 세포의 분화는 산화환원 상태에 따라 조절되며 그 신호는 미토콘드리아로부터 나온다. 앞서 이미 살핀 바와 같이 미토콘드리아는 굶주림 때문에 호흡에 필요한 전자가 부족하면 스트레스에 저항하는 신호를 내놓는다.

자유라디칼 신호의 분출과 함께 미토콘드리아에서 터져 나오는 독립적인 유성생식에 대한 충동 역시도 산화환원 신호로 나타난다. 세포군체에서는 손상된 세포가 다른 세포와 유성생식을 시도하면 세포군체 전체의 생존을 위태롭게 하며 혼란만 일으킬 뿐이다. 유성생식을 위한 신호는 바로 세포손상을 자백하는 신호다. 더 이상 정상적인 임무를 수행할 수 없다고 말하는 것과 마찬가지다. 몸을 이루는 체세포에서 성을 위한 산화환원 신호를 죽음의 신호로 바꾸는 데 강한 선택압이 작용했을 것이다. 결국 대의를 위해 손상된 세포를 선택적으로 제거하는 아포토시스를 일으켜 공동목표를 유지하고 개체의 진화를 향한 길을 닦았다. 따라서 감금된 미토콘드리아의 자유를 향한 외침이 한때 단세포 생물에서는 유성생식을 부추겼지만 다세포 생물에서는 손상된 숙주세포와 더불어 자신의 죽음까지 초래하게 된 것이다.

이 해답은 여러 세포 사이의 이해관계와 이 이해관계가 시간이 흐르면서 어떻게 변했는지를 아주 잘 보여준다. 최후의 결과는 세포가 처한 환경에 의해 결정될지도 모른다. 최초의 진핵세포에서 숙주세포와 그 안에 살던 미토콘드리아의 관심사는 각자의 이득이었다. 대부분 둘의 이득은 서로 일치했지만 늘 그렇지는 않았다. 특히 숙주세포의 유전자가 손상을 입어 분열을 할 수 없게 되면 더 이상 독립생활을 할 수 없게 된 미토콘드리아는 사실상 갇힌 처지가 되었다. 미토콘드리아가 이 상황을 벗어날 수 있는 유일한 길은 유성생식을 통한 세포융합뿐이었다. 유성생식을 하면 미토콘드리아는 다른 세포로 곧바로 이동할 수 있기 때문이다. 단세포 생물에서 미토콘드리아는 단순히 세포융합을 위한 신호로 자유라디칼을 방출시켰고 결국 이 방법으로 숙주세포를 조종할 수 있었다.

숙주세포가 세포군체를 형성하면서 상황이 바뀌기 시작했다. 구성세포들이 독립생활로 돌아갈 수 있는 가능성을 유지한 채 원시적인 세포군체를 형성하고 사는 것은 여러 면에서 이득이 많았다. 그러나 그 이득은 서포군체가 진정한 다세포 생물 개체로 나아가는 과정에서 걸림돌로 작용했다. 모든 다세포 생물 개체에서 아포토시스가 일어난다는 것은 세포 스스로 대열을 이탈하면 사형을 받아들이겠다는 의미다. 그런데 이 세포들이 왜 그랬을까? 아마 손상된 세포는 자신의 미토콘드리아에 의해 발각되었을 것이다. 미토콘드리아에서 나오는 자유라디칼 신호는 결국 손상을 자백하는 것과 마찬가지다. 손상된 세포는 세포군체 전체의 미래를 위협하므로 이 세포가 제거되어야 다수의 다른 세포에게 해가 없다. 그래서 미토콘드리아와 숙주세포의 관계로부터 세포군체를 이루는 세포들 사이의 관계로 전쟁의 양상이 바뀌면서 마침내 우리에게 좀더 친숙한 다세포 생물 개체와 비슷한 모양이 만들어졌다.

이제 이 시나리오는 세포군체 전체의 생식방법에 대한 의문을 불러일으킨다. 세포군체를 구성하는 세포 가운데 유성생식을 '원하는' 세포가 제거된다면 세포군체는 일반적이고 합의를 이룰 수 있는 생식방법을 찾아야 한다는 압력을 받는다. 오늘날 개체는 태어나기 전부터 따로 생식세포주를 분리해 생식만 전담하는 세포를 생산한다. 이렇게 분리가 된 이유와 그 방법은 수수께끼다. 그러나 성에 대한 형벌이 죽음이라면 단 하나의 예외를 두는 게 여러 예외를 두는 것보다 훨씬 쉬웠을 것이다. 이 결단이 놀라운 결과를 가져왔을지도 모른다. 틀림없이 분리된 생식세포주는 강한 선택압을 받았을 것이다. 한번 생식세포주가 따로 분리되어 확립되자 다세포 개체는 오직 유성생식을 이용해서만 복제를 할 수 있었을 것이다. 개체는 더 이상 세대를 거듭해 살아남지 못하게 되었다. 개체를 이루는 세포뿐 아니라 염색체도 마찬가지였다. 몸은 산산이 분해되어 한 줌 먼지로 흩어진다. 어디서 많이 듣던 이야기 같을 것이다. 내가 5부를 시작하면서부터 반복한 이야기다. 이 상황을 한마디로 요약하면 이기적 유전자의 탄생이다. 개체를 구성하는 세포들 사이의 기나긴 싸움으로 결국 다세포 생물이 만들어졌지만 어부지리 격으로 최후의 승자가 된 것은 뜻밖에도 유전자였다.

    원시적인 세포군체는 성과 죽음의 경계에 서 있으면서 동시에 이기적 세포와 이기적 유전자의 경계에도 서 있다. 연구가 더 진척되면 원시적인 세포군체의 행동으로부터 더 많은 사실이 밝혀질 것이다. 또 단세포 생물에서 미토콘드리아가 보내는 유성생식 신호도 좀더 알게 될 것이다. 미토콘드리아의 바람으로 유성생식이 일어나 두 세포가 융합하게 되면 새로운 충돌이 일어나게 된다. 융합하는 두 세포로부터 유래된 두 미토콘드리아 사이에서 충돌이 일어나는 것이다. 이 미토콘드리아들은 서로 기원이 다르기 때문에 경쟁이 일어날 가능성이 있다. 오늘날 유성생식을 하는 유기체는 두 어버이 세포 중 한쪽의 미토콘드리아가 들어오는 것을 엄격히 차단하고 있다. 분자 수준에서 볼 때 두 부모 가운데 한쪽으로부터만 미토콘드리아가 유래되는 특성은 성을 정의하는 데 이용하는 속성 가운데 하나다. 미토콘드리아는 한때 유성생식을 부추겼고 우리에게 두 종류의 성을 남겼다.

6

양성 간의 전쟁: 고인류학과 성의 본질

13 성의 불균형
14 고인류학이 알려준 성의 일면
15 양성이 있어야만 하는 이유

남성은 정자가 있고 여성은 난자가 있다. 정자와 난자는 모두 자신의 핵 속에 있는 유전자를 전달하지만 정상적인 상황에서 다음 세대에 미토콘드리아를 전달하는 것은 오직 난자뿐이며 미토콘드리아와 함께 그 안에 들어 있는 작지만 중요한 유전체도 전달된다. 모계를 따라 유전되는 미토콘드리아 DNA의 특성을 이용해 지금부터 17만 년 전에 살았던 모든 인류의 조상, '미토콘드리아 이브'를 추적하기도 했다. 최근 미토콘드리아의 모계유전 원칙에 도전장을 내미는 자료들이 나왔지만, 오히려 미토콘드리아가 주로 모계를 따라 유전되는 이유를 새로운 시각에서 파악하게 해주었다. 이 새로운 시각은 두 가지 성이 진화되어야만 했던 이유를 이해하는 데 도움이 될 것이다.

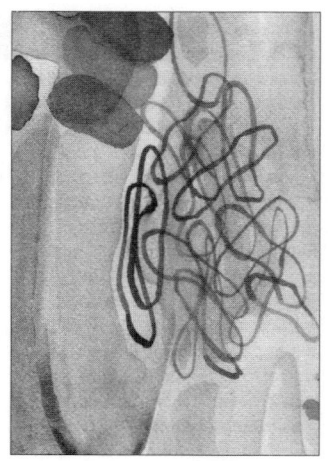

미토콘드리아 DNA—모계를 따라 유전되는 미토콘드리아 속에 들어 있는 작은 고리 모양 DNA.

남성과 여성의 가장 큰 생물학적 차이는 무엇일까? 아마 대부분 Y 염색체라고 생각하겠지만 실은 그렇지 않다. Y 염색체가 성 발달에서 중요한 몫을 담당하고 있다는 주장이 있지만 아직 Y 염색체의 실체는 인간의 경우에조차 확실치 않다. 약 6만 명 중 한 명꼴로 Y 염색체를 지니는 여성이 있는데 이들의 유전자 조합은 전형적인 남성과 같은 XY지만 외모는 여성과 같다. 안타까운 사례를 하나 들면, 에스파냐 출신의 60미터 허들 챔피언인 마리아 파티노Maria Patino는 1985년 성별검사에서 떨어져 공개적인 망신을 당하고 메달을 박탈당했다. 파티노는 명백히 남자도 아니었고 금지된 약물을 쓴 것도 아니었다. 그녀에게는 '안드로겐 내성(androgen resistant)'이 있었다(안드로겐은 스테로이드계 남성 호르몬의 총칭임: 옮긴이). 테스토스테론testosteron(남성 호르몬의 일종: 옮긴이)에 몸이 정상적으로 반응하지도 못하기 때문에 처음부터 여성의 몸으로 발달한 것으로, 호르몬이나 근육 면에서 어떤 '부정한' 이득도 없었다. 3년여의 법정 싸움 끝에 국제육상경기연맹은 파티노의 명예를 회복해주었다. 국제육상경기연맹은 1992년에 이 검사를 모두 폐지했고 국제올림픽위원회는 2004년 5월에 열린 아테네 올림픽에 성전환자도 출전할 수 있도록 결정을 내렸다. 성전환자도 호르몬에 따른 이득이 없기 때문이다.

흥미롭게도 올림픽에 출전한 여자 육상선수는 500명 중 한 명꼴로 Y 염색체를 갖고 있다. 이것으로 볼 때, 호르몬이 없어도 Y 염색체가 체격적으로 어떤 이득이 된다는 것을 알 수 있다. 모델과 여배우 중에는 Y 염색체 하나만을 지닌 사람이 일반인에 비해 상대적으로 많다. 모순되게도 Y 염색체가 이성애자 남성의 마음을 설레게 하는 다리가 길고 늘씬한 체형을 만드는 것 같다. 거꾸로 X 염색체만 두 개 있고 Y 염색체는 없는 남성도 있다. 이런 경우에는 보통 한쪽 X 염색체에 결합된 작은 Y 염색체 조각이 남성으로 발생이 일어나도록 자극하는 전형적인 성 결정 유전자 구실을 하지만 항상 그렇지는 않다. Y 염색체가 전혀 없이 남성으로 태어나는 경우도 있기 때문이다. 성염색체 이상의 비교적 흔한 예(출생하는 남성 500명 중 1명)로는

XXY 염색체 조합을 갖는 클라인펠터 증후군이 있다. 신기하게도, 이 유전자 조합을 가진 남성이 파티노를 실격시킨 그 검사에 합격해 여자 올림픽 종목 출전 자격을 얻은 적도 있다. X 염색체가 두 개 있기 때문에 조직학적으로 여성으로 인정되었지만 사실은 그렇지 않았다. 그 밖에도 다양한 비정상적인 유전자 조합이 있으며, 어떤 경우에는 난소와 정소를 모두 지니고 있는 자웅동체 현상(hermaphroditism)이 나타나기도 한다.

여러 동물에서 성 결정방법을 살피다 보면 Y 염색체가 얼마나 불안정한지 잘 알 수 있다. 원칙적으로 포유류는 모두 X/Y 염색체 체계를 갖고 있지만 몇 가지 예외가 있다. 언론에서 한 번씩 떠드는 것처럼 Y 염색체는 끊임없이 쇠퇴하는 중이다. Y 염색체는 재조합 가능성이 없다(남자는 보통 Y 염색체가 하나밖에 없다). 주형이 될 만한 '깨끗한' 유전자가 없기 때문에 돌연변이를 바로잡기가 어렵다. 그 결과 여러 세대에 걸쳐 돌연변이가 축적되며 Y 염색체에는 그 돌연변이에 의해 붕괴될 가능성이 내재되어 있다. 아시아에 사는 '두더지들쥐'의 일종인 엘로비우스 탄크레이*Ellobius tancrei*와 엘로비우스 루테스켄스*Ellobius lutescens* 같은 일부 종에서는 Y 염색체의 퇴화가 상당히 진행된 상태다. E. 탄크레이는 양성 모두 X 염색체를 하나씩만 지니고 있으며 E. 루테스켄스는 암컷, 수컷 모두 한 쌍의 X 염색체를 갖고 있다. 이들의 성이 어떤 방법으로 결정되는지는 아직 정확히 모르지만 Y 염색체의 퇴화가 확실히 남성의 종말을 예견하지 않는 것만으로도 안도가 된다.

여러 생물군의 성 결정방법을 살펴보면 X 염색체와 Y 염색체가 보편적인 의미가 아니라는 사실을 알게 된다. 이를테면 조류의 성염색체는 포유류와 조합이 다르며 W와 Z로 나타낸다. 이를 통해 조류의 성염색체는 포유류와는 독립적으로 진화되었음을 알 수 있다. 조류의 성염색체 유전방식은 포유류와 반대다. 수컷이 두 개의 Z 염색체를 지니며 암컷은 W나 Z 염색체 가운데 하나만을 지닌다. 흥미롭게도 진화상으로 볼 때 조류와 포유류의 조상인 파충류에는 종류에 따라 두 가지 성염색체 체계가 모두 나타난다. 변온동물인 파충류에서 가장 놀라운 점은, 성별이 성염색체에 의해서만 결정되는 게 아니라 알이 부화되는 온도에 의해서도 결정된다는 것이다. 악어는 알이 부화되는 온도가 약 섭씨 34도 이상이면 수컷이 되고 그보다 낮은 온도인 약 섭씨 30도에서는 암컷이 된다. 온도가 그 중간이면 암수가 섞여 나온다. 이 규칙은 파충류마다 달라서 바다거북의 경우는 암컷이 더 높은 온도에서 부화된다. 파충류조차도 이 풍성한 성 결정요소를 다 이용하지는 못한 것이다.

벌목(Hymenoptera)에 속하는 개미, 말벌, 꿀벌 따위는 수정이 안 된 난자에서 수컷이 발생하는 경우가 종종 있다. 반면 암컷은 수정란에서 발생한다. 그러므로 여왕벌이 수벌과 교배를 해서 얻는 자손은 X/Y나 W/Z 염색체 체계에서처럼 절반이 아닌 4분의 3의 유전자를 나눠 갖게 된다. 이런 유전적 유사성 때문에 개체 수준을 넘어 군집 수준에서 자연선택이 유리하게 작용해 손쉽게 진사회성 구조(euscocial structure)가 진화했을지도 모른다(진사회성 구조에서는 생식력이 없는 개체군을 대신해 특별히 분화된 계급이 생식을 담당한다).

일부 갑각류에서는 성이 고정되어 있지 않고 유동적이어서 개체가 성변화를 겪기도 한다. 가장 기묘한 예는 올바키아*Wolbachia*라는 세균에 감염된 다양한 종류의 절지동물 중에서 볼 수 있다. 올바키아는 수컷을 암컷으로 바꿔 난자를 통해 유전된다(올바키아는 정자를 통해서는 전달되지 않는다). 다시 말해서 세균감염에 의해 성이 결정되는 것이다. 성 유동성의 다른 예는 감염과 연관이 없다. 많은 열대어들이 성을 바꾸는데, 산호초에 사는 알록달록한 경골어류(뼈의 일부 또는 전체가 뜨딱한 뼈로 된 가장 일반적인 형태의 어류)가 가장 대표적인 예다. 이 이야기를 활용하면 〈니모를 찾아서〉에 완전히 새로운 차원의 이야기를 첨가할 수도 있다. 사실 대부분의 자리돔과 어류는 일생에 한 번 이상 성을 바꾼다. 성을 바꾸지 않는 소수의 물고기는 거만한 자웅이체(gonochorist)로 분류되고 그 나머지는 열심히 성전환을 한다. 수컷은 암컷이 되고 암컷은 수컷이 되는 것이다. 어떤 경우에는 양방향으로 모두 성전환이 일어나기도 하고, 동시에 양성을 갖는 경우도 있다(자웅동체[hermaphrodite]).

이렇게 제각각인 성 결정체계에 어떤 규칙이 있다 해도, 그 규칙이 Y 염색체는 아닐 것이다. 진화론적인 관점에서 볼 때 성은 만화경처럼 변화무쌍하고 우연한 사건처럼 보인다. 그나마 두 가지 성이 있다는 것이 성을 지탱하는 몇 안 되는 불변의 사실 가운데 하나다. 일부 균류에 나타나는 예외(뒤에서 살펴볼 것이다)를 제외하면 성의 종류가 둘보다 많은 예는 찾기 어렵다. 그러나 그보다 더 궁금한 것은 성의 필요성이다. 두 가지 성이 있으면 교배를 할 짝의 수가 절반으로 줄어드는 문제점이 있다. 하나의 성만 있어서 성이 전혀 없는 상황이 되면 안 되는 걸까? 그러면 누구나 짝을 선택할 기회가 두 배로 늘어날 테고 동성애자와 이성애자의 차별도 사라질 것이다. 그럼 모두 행복해질 수 있겠지만 안타깝게도 그럴 수는 없다. 6부에서 우리는 좋든 나쁘든 두 가지 성을 운명으로 받아들여야 함을 알게 될 것이다. 그 원인은 말할 것도 없이 미토콘드리아다.

13

성의 불균형

여성은 크고 운동성 없는 난자를 생산하는 반면 남성은 작고 운동성 있는 정자를 생산한다. 이런 불균형이 일어난 이유는 무엇일까? 가장 설득력 있는 해석은 양과 질, 곧 소수의 큰 배우자와 다수의 작은 배우자 사이의 줄다리기라는 것이다. 수정란에는 유전자뿐 아니라 새로운 생명체가 자라는 데 필요한 양분과 세포질(미토콘드리아를 포함해)도 공급되어야 하기 때문이다. 좋은 조건에서 생명을 시작하기 위해 자손은 풍부한 양분과 세포질을 공급받고 '싶어한다.' 반면 부모는 가능한 한 적은 희생을 들이고 더 많이 수정하고 '싶어한다.' 현미경으로나 볼 수 있는 작은 생명체라면 이런 희생에 따르는 타격이 더 크다. 10억 년 전 최초로 성의 진화가 일어났을 무렵이 그런 경우였다.

성에는 두 가지 기본적인 측면이 있다. 첫째는 꼭 교배를 해야 한다는 것이고, 둘째는 특별히 분화된 교배형(mating type)이 필요하다는 것이다. 분화된 교배형이란 말하자면 두 가지 성을 갖는 것이다. 우리는 5부에서 교배의 필요성에 대해 알아보았다. 성이 있으면 번식을 하기 위해 두 배의 비용을 감당해야 하는 어처구니없는 상황이 벌어진다. 한 자손을 얻기 위해 두 어버이가 필요하기 때문이다. 반면 클론복제나 단위생식(parthenogenic reproduction)을 하면(이 경우 유기체는 완벽히 자신과 똑같은 자손을 복제한다) 동일한 두 개체를 만들기 위해 한 어버이만 있으면 된다. 급진적인 페미니스트나 진화론자라면 남성이 사회적으로 심각한 비용낭비라는 데 동의할 것이다.

대부분의 진화론자들은 성의 장점이 서로 다른 DNA를 재조합하는 데 있다고 믿는다. DNA를 재조합하면 손상된 유전자를 제거하고 다양성을 촉진해 환경조건의 급작스러운 변화와 무궁무진하게 모습을 바꾸는 기생생물보다 한발 앞서 나갈 수 있을지도 모른다(그러나 실험을 통해 증명된 것은 아무것도 없다). 재조합을 하려면 적어도 둘 이상의 어버이가 필요하다. 그러나 유전자 재조합과 교배의 필요성을 받아들인다 해도 왜 아무하고나 교배를 할 수 없는지에 대한 문제가 남는다. 분화된 성이 왜 필요했을까? 모두 똑같은 성별을 갖거나, 수정이라는 방법이 꼭 필요하다면 한 몸에 양성의 기능을 모두 갖춘 자웅동체가 될 수도 있지 않았을까?

자웅동체의 생활방식을 잠시 살펴보면 이 문제에 대한 답이 나온다. 자웅동체로 살아가기란 결코 수월하지 않다. 여자를 아주 싫어했던 독일의 철학자 아르투어 쇼펜하우어Arthur Schopenhauer는 남자들끼리는 서로 사이좋게 지내는 것 같은데 여자들은 왜 심술궂게 으르렁대는지 의문을 품은 적이 있다. 쇼펜하우어가 내린 결론은 모든 여자가 같은 일을 하기 때문이라는 것이다. 아마 그 일은 남자를 차지하는 일일 것이다. 반면 남자는 자신만의 일이 있기 때문에 서로 그렇게 헐뜯고 싸울 필요가 없다는 것이다. 우선 나는 이 이야기에 동의하지 않는다는 것을 확실히 밝혀둔다. 그러나 쇼펜하우어의 말은 자웅동체로 살아가는 생물이 왜 그렇게 적은지(식물은 제외) 이해하는 데 도움이 된다. 자웅동체는 모두 서로 같은 도구로 경쟁을 해야 한다.

이것이 얼마나 힘겨운지는 바다에 사는 편형동물인 슈도비케로스 베드포르디Pseudobiceros bedfordi를 통해 가늠할 수 있다. 이들의 교배는 실로 전쟁을 방불케 한다. 저마다 두 개씩 갖춘 음경으로 칼싸움을 하면서 상대방에게 정자를 묻히려고 시도하는 동시에 자신은 수정이 되지 않도록 한다. 사정된 정액은 상대방의 피부에 구멍을 뚫는데, 때로는 구멍이 너무 커서 몸이 둘로 갈라지기도 한다. 문제는 이 편형동물이 모두 수컷만 되고 싶어한다는 것이다. 암컷은 자손을 위해 자원을 더 많이 투자해야 할 게 뻔하므로 다른 개체들을 수정시키면서 자신은 수정되지 않아야 유전자를 더 많이 전달할 수 있다는 의미다. 따라서 정자를 마구 흩뿌리면서 임신을 피하는 것이다. 남근 선망은 그저 심리학에서만 등장하는 이야기가 아니다. 벨기에의 진화생물학자 니코 미셸Nico Michiels에 따르면, 정자를 뿌려대는 남성의 교배전략이 모든 종에 적용되어 편형동물의 음경 칼싸움 같은 기이한 교배충돌을 일으킨다. 성이 둘로 분화되면 이 문제에서 벗어날 방법이 생긴다. 암컷과 수컷은 언제 누구와 교배를 할지 자신만의 생각을 갖고 더 예리하고 신중하게 상대를 선택한다. 그 결과 저마다 일종의 진화론적 군비경쟁이 일어나 더 적합한 짝짓기 상대가 되기 위해 더 황당한 교배전략으로 대항한다. 자웅동체 생활방식은 개체군의 밀도가 낮거나 이동성이 적을 때처럼 짝을 찾을 확률이 적을 때 잘 작용하는 편이다(왜 식물에 자웅동체가 많은지 이해가 된다). 반면 자웅이체는 개체군의 밀도가 높거나 이동성이 클 때 발달한다.

지금까지는 그럭저럭 순조롭지만 더 큰 불가사의가 남아 있다. 바로 남성과 여성의 역할 사이에 불균형이 생기게 된 유래다. 나는 암컷이 자손을 위해 자원을 더 투자해야 하는 것이 '뻔하다'고 말했다. 아버지는 자유롭게 떠날 수 있다는 뜻이 담긴 남성 우월주의자의 발언처럼 들릴 수도 있겠지만 그런 뜻은 아니다. 유성생식을 하는 대다수의 생물에서 자식을 돌보는 정도의 차이는 성별과 크게 연관이 없다. 이를테면 체외수정을 하는 양서류와 어류는 대개 알이나 새끼를 돌보지 않는다. 일부 갑각류는 수컷이 어린 새끼들을 돌본다. 해마 수컷의 몸속에는 알주머니가 있어 150여 마리의 새끼를 부화될 때까지 품어 돌본다. 사실상 임신을 하는 것이나 다름없다. 그래도 생식세포 수준에서 볼 때 난자와 정자 사이에는 여전히 근본적인 투자의 불균형이 분명히 존재한다. 정자는 작고 쉽게 버려진다. 일반적으로 수컷은 작은 정자를 많이 생산하고 암컷은 훨씬 큰 난자를 아주 조금만 생산한다. 성염색체를 통해서는 남성과 여성의 차이를 가늠하기 힘들었던 것과 달리 이 차이는 너무나 또렷하다. 여성은 크고 운동성 없는 난자를 생산하는 반면 남성은 작고 운동성 있는 정자를 생산한다.

이런 불균형이 일어난 이유는 무엇일까? 다양한 해석이 나왔지만 가장 설득력 있는 해석은 양과 질, 곧 소수의 큰 배우자와 다수의 작은 배우자 사이의 줄다리기라는 것이다. 수정란에는 유전자뿐 아니라 새로운 생명체가 자라는 데 필요한 양분과 세포질(미토콘드리아를 포함해)도 공급되어야 하기 때문이다. 좋은 조건에서 생명을 시작하기 위해 자손은 풍부한 양분과 세포질을 공급받고 '싶어한다.' 반면 부모는 가능한 한 적은 희생을 들이고 더 많이 수정하고 '싶어한다.' 현미경으로나 볼 수 있는 작은 생명체라면 이런 희생에 따르는 타격이 더 크다. 10억 년 전 최초로 성의 진화가 일어났을 무렵이 그런 경우였다.

수정란의 성공이 넉넉한 자원공급과 조금이라도 연관이 있다면, 부모의 손실은 최소가 되고 자손의 이익은 최대가 되도록 양쪽 부모로부터 같은 양의 자원을 받는 것을 자연선택이 선호할 것이라고 생각하는 순수한 사람이 있을지도 모르겠다. 이런 기준에 의하면 정자는 자신의 유전자 말고는 다음 세대를 위해 보태주는 것이 아무것도 없기 때문에 자연선택에 의해 제거되어야 '마땅하다.' 사실 정자의 행태는 기생생물과 비슷해서 아무것도 내놓지 않고 필요한 것을 모두 챙긴다. 많은 경우에서 기생행태가 발달할 수 있겠지만 왜 정자는 항상 기생형태를 나타내는 것일까? 물속에서 떠다니는 알을 낳는 양서류와 어류의 경우는 수백만 개의 작은 정자가 '담요'처럼 뒤덮는 미덕을 발휘하면 더 많은 난자를 수정시킬 수 있다는 것이 그 해답이 될 수 있다. 그러나 체내수정을 할 때도 정자와 난자는 극단적인 크기 차이를 나타낸다. 이제 수백만 개의 작은 정자는 바닷물 속에 흩어져 있는 수천 개의 알이 아니라 수란관 속에 갇혀 있는 한두 개의 난자를 향해 나아간다. 그저 변화가 일어나기에는 너무 늦었거나 귀찮아서 그런 것일까? 아니면 극단적인 크기 차이가 나야 하는 더 근본적인 어떤 이유가 있는 것일까? 근본적인 이유에 대한 격렬한 논쟁이 벌어지고 있다.

한 부모 유전

양성 간의 근원적 차이를 알아보려면 해조류와 균류 같은 원시진핵생물을 탐구해야 한다. 원시진핵생물 가운데는 배우자(생식세포) 사이의 뚜렷한 차이가 없는데도 두 가지 성을 갖고 있는 종류가 있다. 이를 생식세포의 크기가 같다는 의미로 **동형배우자**(isogamous)라고 부른다. 사실 이들의 두 가지 성은 모든 면에서 똑같아 보인다. 기본적으로 이 둘은 같기 때문에 성이라기보다는 교배형이라고 부르는 편이 더 옳다. 그러나 이 두 교배형 사이에 차이가 없다는 사실이 오히려 이들이 여전히 둘이라는 사실을 더 도드라지게 한다. 이 개체들은 전체 개체군의 절반과만 교배를 하도록 제한을 받는 것이다. 이 분야를 개척한 로렌스 허스트Laurence Hurst와 윌리엄 해밀턴의 지적에 따르면, 만약 짝을 찾는 일이 문제를 일으키면 개체군 크기가 절반으로 감소되는 심각한 제약을 받게 된다. 개체군에 돌연변이 교배형이 나타나 양쪽 교배형과 모두 교배를 할 수 있게 되었다고 상상해보자. 이 제3의 교배형은 짝을 선택할 기회가 두 배 더 많기 때문에 빠르게 번식할 것이다. 세 가지 교배형과 모두 교배를 할 수 있는 새로운 돌연변이도 비슷한 이점을 얻게 될 것이다. 그러면 교배형의 종류는 무한히 많아져야만 한다. 흔히 볼 수 있는 치마버섯(Schizophyllum commune)은 2만 8,000개의 교배형이 있다. 성이 없는 것(모두 같은 성을 갖는 것)이 충분하지 않다면 가능한 한 많은 성을 갖는 게 더 타당하다. 두 가지 성은 모든 가능성 가운데 최악이다.

그렇다면 동형배우자로 생식하는 많은 종에서 여전히 두 종류의 교배형을 갖는 이유는 무엇일까? 만약 양성 사이에 깊은 불균형이 정말로 존재해 그 불균형의 씨앗으로부터 다른 모든 불균형이 자랐다면 조류와 균류로 시선을 돌려 살펴봐야 한다.

그 해답을 통해 사랑의 모임처럼 보이는 성 전쟁의 저변에 깔린 근본적인 무자비함이 드러난다. 원시조류인 갈파래(Vulva)를 예로 들어보자. 갈파래는 단 두 겹의 세포층으로 이루어져 두께는 얇지만 길이는 1미터에 이르며 나뭇잎처럼 생긴 다세포 조류다. 갈파래는 생김새도 똑같고 엽록체와 미토콘드리아를 모두 갖고 있는 동형배우자를 생산한다. 갈파래의 두 배우자와 핵은 완전히 정상적인 방식으로 서로 융합하지만 융합이 끝난 뒤에는 세포소기관들 사이에서 잔혹한 전쟁이 벌어진다. 융합이 일어나고 두어 시간 안에 한쪽 배우자에서 유래된 미토콘드리아와 엽록체는 부풀어 흐물흐물해지고 이내 모두 분해된다.

이것은 극단적인 예지만 일반적으로도 그런 경향이 있다. 공통적으로 양쪽 부모 중 한쪽으로부터 유래된 세포소기관을 무자비하게 제거하지만 제거방법은 아주 다양하다. 단적인 보기로는 단세포 녹조류인 클라미도모나스 라인하르티 Chlamydomonas reinhardtii를 들 수 있다. 처음 보면 클라미도모나스는 이 공통적인 경향에 들어맞지 않는 것처럼 보인다. 잔혹한 폭력을 휘두르면서 엽록체의 절반을 파괴하는 대신 엽록체들은 평화롭게 융합한다. 그러나 면밀한 생화학적 분석을 통해 밝혀진 결과에 따르면 클라미도모나스는 자신의 사촌들에 비해 결코 너그럽지 않다. 오히려 무자비함을 더 세련되게 갈고닦아 마치 나치처럼 행동한다. 점잖아 보이지만 정확하고 꽤 섬뜩한 방법을 써서 클라미도고나스는 '선택적 입막음'을 시행한다. 세포소기관의 겉껍데기는 그대로 놔둔 채 그 안에 있는 DNA만 제거하는 것이다. 양쪽 부모로부터 유래된 세포소기관의 DNA들은 치명적인 DNA 소화효소를 이용해 서로를 공격한다. 한 보고에 따르면 95퍼센트의 세포소기관 DNA가 이 공격으로 분해되며 분해속도가 조금 더 빠른 쪽이 살아남아 '모계' DNA가 된다.

결론은 핵융합과 재조합은 순조롭게 이루어지지만 엽록체나 미토콘드리아 같은 세포소기관은 거의 예외 없이 한쪽 부모로부터만 유전된다는 것이다. 문제는 세포소기관이 아니라 그 속에 있는 DNA 때문에 발생한다. 이 DNA에 가혹한 운명을 겪게 하는 뭔가가 있는 것이다. 두 세포가 융합하지만 세포소기관의 DNA를 전달할 수 있는 것은 한 세포뿐이다.

양성 간의 가장 깊은 차이는 여기에 있다. 여성은 세포소기관을 전달하지만 남성은 그럴 수 없다. 이 결과를 한 부모 유전(uniparental inheritance)이라고 하며, 미토콘드리아 같은 세포소기관이 일반적으로 모계를 따라서만 유전된다는 의미다. 미토콘드리아가 모계를 따라서만 유전된다는 사실을 알게 된 것은 그리 오래전 일이 아니다. 이 사실은 1974년 유전학자이자 재즈 피아니스트인 노스캐롤라이나 대학의 클라이드 허치슨Clyde Hutchison 3세와 동료 연구진이 말과 당나귀의 교잡을 통해 처음 확인했다.

이것이 정말 양성 간의 가장 깊은 차이일까? 진실을 규명할 길을 찾는 가장 좋은 방법은 원칙에 대한 명백한 예외를 살펴보는 것이다. 우리는 앞서 2만 8,000가지의 교배형이 있는 치마버섯의 예를 살펴보았다. 이들의 상동 염색체 위에 암호화된 두 '불화합성' 유전자(incompatibility gene, 서로 만났을 때 수정이 되지 못하는 성질인 불화합성을 유발하는 유전자: 옮긴이)는 아주 다양한 대립유전자(allele)를 갖고 있다. 한쪽 염색체에는 300개가 넘는 대립 유전자 가운데 하나가 유전되고, 다른 쪽 염색체에는 90개가 넘는 대립 유전자 가운데 하나가 유전되어 전체 2만 8,000가지의 조합이 생긴다. 두 세포가 같은 대립 유전자를 갖고 있을 때는 교배를 할 수 없다. 이는 자가수정과 다름없는 경우가 되기 쉽기 때문에 다른 대립 유전자와 교배를 하도록 압력을 받는다. 그러나 만약 배우자가 염색체의 같은 위치에 서로 다른 대립 유전자를 갖고 있기만 하면, 우리처럼 겨우 개체군의 50퍼센트와만 교배를 하는 것이 아니라 개체군의 99퍼센트 이상과 자유롭게 교배를 할 수 있다.

그런데 이렇게 성이 많은 치마버섯은 세포소기관의 정보를 도대체 어떻게 유지할까? 치마버섯에서도 양쪽 어버이의 것 중 하나만 전달될까? 만약 그렇다면 2만 8,000개의 성 가운데 어느 쪽이 '엄마'인지 어떻게 구분할까? 사실 이들은 아주 까다로운 교배방법을 통해 이 문제를 해결했다. 가히 사랑 없는 버섯 사이의 체위라고 할 만하다. 치마버섯은 열렬하게 체액을 섞는 법이 없다. 치마버섯에게 섹스란 한 세포 안에 두 개의 핵이 들어가는 것이 전부다. 그리고 세포질은 이 연합에서 전혀 섞이지 않는다. 곧, 세포융합이 일어나지 않는 것이다. 다시 말하면 치마버섯은 싸움을 비켜감으로써 모든 성 문제를 회피한다. 2만 8,000개의 다른 성이 있다기보다는 성이 전혀 없다고 보는 편이 옳다. 대신 치마버섯에는 불화합성만 있을 뿐이다.

흥미롭게도 불화합성은 같은 개체 내에서 성과 함께 공존할 수 있다. 이는 실제로 이 유전자가 다른 기능을 수행한다는 의미다. 가장 좋은 예는 속씨식물에서 확인할 수 있다. 앞서 나온 것처럼 꽃이 피는 식물 중에는 자웅동체(한 개체 안에 암술과 수술을 모두 갖추고 있는 것)가 많기 때문에 원칙적으로 식물은 자가수정이 되거나 근친교배가 가능하다. 사실 한자리에 뿌리를 박고 있어 널리 퍼지는 것이 어려운 식물로서는 이런 현상이 있음직한 이야기다. 근친교배가 일어나면 교배를 통해 얻을 수 있는 유전적 다양성이라는 이익이 모두 사라진다는 문제가 발생한다. 많은 속씨식물에서 이 문제를 해결하기 위해 성과 함께 불화합성을 갖춰 타가수정이 일어나도록 한다.

한 부모 유전을 유지하면서 두 종류 이상의 성을 갖는 것은 원칙적으로 가능하다. 원시진핵생물 중에서도 이런 예를 찾아볼 수 있다. 특히 변형균류(Slime moulds)는 세포들이 한데 융합해 원형질에 수많은 핵이 들어 있는 하나의 거대한 세포를 이룬다. 균류와 비슷하게 생긴 변형균류는 일정한 형태가 없는 덩어리로 낙엽이 쌓인 곳이나 풀밭에서 잘 자란다. 밝은 노란색이 도는 종류는 개의 토사물과 비슷하다. 우리에게 중요한 점은 핵뿐 아니라 배우자 전체가 서로 융합하는데도 변형균류의 성이 둘 이상이라는 점이다. 가장 잘 알려진 예인 황색망사점균(Physarum polycephalum)은 최소 13종의 성이 있으며 매트A라는 서로 다른 대립 유전자에 암호화되어 있다. 겉보기에는 똑같아 보이지만 이들의 성은 동등하지 않다. 미토콘드리아 DNA 사이에 서열이 있어서 배우자의 융합이 일어나면 서열이 높은 미토콘드리아 DNA는 살아남지만 서열이 낮은 미토콘드리아 DNA는 분해되어 두어 시간 만에 완전히 사라진다. 속이 텅 비어버린 미토콘드리아 껍데기는 융합이 일어나고 사흘 안에 제거된다. 그러므로 성의 종류가 많아도 한 부모 유전은 유지된다. 아마 이 서열은 한없이 늘어나지는 않을 것이다. 다시 말해서 치마버섯의 2만 8,000가지 성이 모두 일사분란하게 서열을 유지한다고 상상하기는 어렵다는 것이다. 게다가 실제로도 성이 둘보다 많은 경우는 그리 흔치 않다.

일반적인 결론을 내리자면 성의 작용은 핵융합을 수반한다고 말할 수 있지만 제대로 된 성별은 세포질이 섞일 때만 나뉠 수 있다. 다시 말해서 핵뿐 아니라 세포질의 융합까지 일어나야만 성이 나타난다. 그 과정에서 여성은 세포소기관의 일부를 전달하고 남성은 세포소기관이 모두 소멸되는 것을 받아들여야 한다. 성의 종류가 많아져도 미토콘드리아의 한 부모 유전은 어김없이 지켜진다.

이기적인 경쟁

왜 한 부모 유전이 이렇게 중요할까? 또한 성이 다양해질수록 교배기회가 늘어나며, 기술적으로도 성의 다양화가 가능한데 왜 다양한 성을 갖는 경우는 이렇게 드문 것일까? 1981년에 하버드 대학의 레다 코스미데스Leda Cosmides와 존 투비John Tooby는 이 문제에 대해 가장 널리 받아들여진 해답을 설득력 있는 가설로 발전시켰다. 이들은 두 세포의 세포질이 합쳐지면 서로 다른 세포질 유전체 사이에 충돌이 일어날 기회가 만들어진다는 주장을 펼쳤다. 세포질 유전체에는 미토콘드리아 유전체와 엽록체 유전체뿐 아니라 바이러스, 세균, 세포내공생체 따위와 같이 세포질에 사는 '손님'의 유전체도 포함된다. 이 손님들이 유전적으로 동일하다면 이들 사이에는 어떤 경쟁도 없겠지만 차이가 나기 시작하는 순간부터 배우자에게 들어갈 기회를 얻기 위해 다툼이 벌어지게 된다.

이를테면 서로 다른 두 미토콘드리아 집단이 있다고 가정해보자. 한쪽 미토콘드리아 집단이 상대편에 비해 번식속도가 빨라 그 수가 훨씬 많아진다면 배우자에게 들어갈 기회는 다수의 미토콘드리아 집단에게 먼저 돌아가게 된다. 다른 쪽 미토콘드리아는 제거되지 않기 위해 좀더 분발해서 복제를 할 테고 결과적으로 자신의 소임인 에너지 생산은 사실상 뒷전이 될 게 뻔하다. 3부에서 살펴보았듯이 복제속도를 증가시키는 가장 쉬운 방법은 '불필요한' 유전자를 버리는 것이기 때문이다. 미토콘드리아의 복제에 불필요한 유전자는 두말할 것도 없이 세포 전체를 위해 에너지를 생산하는 데 필요한 유전자들이다. 그러므로 진화론적 군비경쟁을 이끌어야 할 미토콘드리아 유전체 사이의 경쟁에서 자신의 이기적인 욕심이 숙주세포 전체의 이익보다 우선하게 되는 것이다.

미토콘드리아 유전체 사이에 경쟁이 일어나면 어쩔 수 없이 피해를 보는 것은 숙주세포다. 결국 이런 경쟁을 예방하기 위해 모든 미토콘드리아가 동일해지는 방향으로 핵 속에 있는 유전자에 강한 선택압이 작용한 것이다. 미토콘드리아 유전체 사이의 경쟁을 방지하는 방법으로 클로미도모나스처럼 한쪽 집단에 '선택적 입막음'을 할 수도 있지만, 일반적으로 가장 안전한 방법은 다른 세포질 유전체가 들어올 기회를 처음부터 차단하는 것이다. 그러므로 이 이론에서 두 성이 발달한 이유는 이기적인 세포질 유전체 사이의 경쟁을 막는 가장 효과적인 수단이기 때문이라고 할 수 있다.

웅성雄性 미토콘드리아는 자신의 제거를 순순히 받아들이지 않는다. 이 미토콘드리아들을 제거하려는 시도는 강한 저항에 부딪힌다. 속씨식물에서는 미토콘드리아의 이기적 행태가 여실히 드러난다. 자웅동주雌雄同株 식물의 미토콘드리아는 웅성 생식기관의 일부가 되지 않기 위해 갖은 애를 쓴다. 꽃가루가 되는 것은 자신의 유전체를 전달할 수 없는 막다른 끝에 다다르는 것이기 때문이다. 이들은 꽃가루가 되어 사라지는 것을 피하기 위해 웅성 생식기관을 불임으로 만들며 그 결과는 보통 꽃가루 발생이 부진해지는 현상으로 나타난다. 당연히 농업에 중요한 영향을 미치는 이 현상은 다윈도 상세하게 연구한 바 있는데, 훗날 웅성 세포질 불임(male cytoplasmic sterility)이라는 다소 기분 나쁜 이름으로 알려지게 된다. 웅성 생식기관을 불임으로 만듦으로써 미토콘드리아는 자웅동주 식물을 자성雌性으로 바꿔 자신의 유전체를 다음 세대로 안전하게 전달하려 한다. 그러나 이 현상은 개체군 전체의 성비균형을 깨뜨려 이제 개체군이 자웅동주와 암꽃만 맺는 개체로 구성되는 결과를 초래한다. 그 결과 번식력을 온전하게 되돌리기 위해 이기적인 미토콘드리아의 활동을 억제하는 다양한 핵 유전자가 자연선택을 받았다. 이 전쟁은 지금도 진행 중이다. 이기적인 미토콘드리아의 돌연변이에 남아 있는 흔적을 보면 이런 자성전환이 반복적으로 일어났으며, 그때마다 핵의 억제 유전자에 의해 억제되어왔음을 알 수 있다. 오늘날 유럽에서는 속씨식물 가운데 7.5퍼센트가 자화이주(gynodioecious)다. 다윈이 만들어낸 용어인 자화이주雌花異株는 동일 종의 개체군 안에 암꽃만 맺는 개체와 자웅동주가 동시에 있는 경우를 일컫는다.

같은 개체에 있는 암꽃을 통해서는 미토콘드리아가 유전될 가능성이 있기 때문에 자웅동주는 웅성 불임이 일어나기가 더 쉽다. 그러나 자웅이주

(암꽃과 수꽃이 다른 개체에 있는 식물)에서조차도 미토콘드리아가 수꽃을 손상시켜 성비를 왜곡하려는 시도의 흔적을 볼 수 있다. 미토콘드리아 DNA의 돌연변이로 일어나는 레버씨유전성시신경병증(Leber's hereditary optic neuropathy)은 여성보다 남성의 발병률이 높다. 이는 앞서 나왔던 올바키아가 절지동물 체내에서 하는 행동과 비슷하다. 갑각류는 올바키아에 감염되면 수컷이 암컷으로 바뀌고 말지만 많은 곤충류에서는 그 효과가 더 강력해 수컷은 여지없이 죽는다. 올바키아의 '목적'은 개체군 전체를 여성으로 바꿔 자신의 알이 다음 세대로 전달될 확률을 높이는 데 있다. 마찬가지로 미토콘드리아도 여성 생식세포에 있으면 자신의 유전이 보장되기 때문에 남성 생식세포를 제거한다. 그러나 미토콘드리아는 올바키아와 달리 목적을 달성할 확률이 극히 낮다. 그 이유는 이런 이기적 미토콘드리아를 제거하기 위한 자연선택이 강하게 작용하기 때문인 것으로 추측된다. 제 기능을 다하는 미토콘드리아는 우리 생존과 건강을 위해 꼭 필요하지만 이기적 돌연변이는 호흡의 효율성을 저하시키기 쉽다. 따라서 이런 돌연변이는 도태될 가능성이 크다. 이와 달리 올바키아는 성비를 왜곡시키는 것 말고는 다른 손상을 일으키지 않는다. 따라서 이들의 도태는 상대적으로 낮은 선택압을 받는다.

성비를 뒤엎으려고 온갖 시도를 다하는 미토콘드리아와 다른 세포질 구성요소, 이를테면 엽록체나 올바키아 따위는 오직 난세포를 통해서만 전달된다. 규칙에 순응하려는 압력은 정자와 난자 사이에 이미 존재하던 차이를 더 확실하게 벌어지게 만들었다. 가령 이기적인 미토콘드리아에 가해진 선택압은 정자와 난자의 극단적인 크기 차이에 한몫을 했을 것이다. 이기적인 미토콘드리아에 대항해 상황을 유리하게 돌리기 위한 가장 쉬운 방법은 싸움에서 이길 가망성을 차곡차곡 쌓아나가는 것이다. 사람의 난자에는 약 10만 개의 미토콘드리아가 있지만 정자에는 100개 남짓 들어 있다. 만약 정자에 있던 미토콘드리아가 난자에 조금 들어가더라도(인간을 포함해 많은 종에서 이런 일이 일어난다) 이 미토콘드리아들은 그냥 묻혀버린다. 그러나 이것만으로 끝이 아니다. 정자 미토콘드리아를 수정란에서 모두 몰아내거나 영원히 조용히 시키기 위한 수많은 장치가 진화되어왔다. 생쥐와 인간의 남성 미토콘드리아에 꼬리표처럼 달려 있는 유비퀴논이라는 단백질은 이 미트콘드리아가 난자에 들어갔을 때 파괴시키기 위한 표지로 작용한다. 다른 종에서도 남성 미토콘드리아는 모두 난자에 들어가지 못하며 심지어 가재와 일부 식물에서는 정자에도 들어가지 못한다.

남성 미토콘드리아를 차단하는 방법 중에서 가장 기이한 경우는 아마 일부 초파리(Drosophila) 종에서 볼 수 있는 거대 정자일 것이다. 이 거대 정자를 곧게 펴면 그 길이가 수컷의 전체 몸길이보다 열 배나 더 길다. 이런 매머드급 정자를 생산해야 하는 정소가 성체 초파리에서 차지하는 비율은 전체 질량의 10퍼센트나 된다. 이들의 진화론적 의도는 아직 확실히 알려지지 않았다. 이 엄청난 정자가 난자에 보태는 세포질의 양은 일반적인 경우에 비해 훨씬 많다. 게다가 이 정자는 꼬리 부분이 난자 속에 남아서 그 운명에 대한 궁금증을 더한다. 뉴욕 시러큐스 대학의 스콧 피트닉Scott Pitnick과 시카고 대학의 티모시 카Timothy Karr에 따르면, 정자가 만들어지는 동안 미토콘드리아들은 서로 융합해 정자의 꼬리 부분 전체 길이에 달하는 엄청난 크기의 미토콘드리아 두 개를 형성한다. 이 거대 미토콘드리아는 전체 정자 부피의 50~90퍼센트를 차지한다. 이들은 난자에서 분해되지 않고 수정란이 발생하는 동안 격리되어 있다가 결국 중장中腸(midgut)에 남게 된다. 이 정자 꼬리는 알을 까고 나온 애벌레의 중장에서도 계속 관찰되다가 출생 직후 곧바로 배설된다. 괴상하고 복잡한 방법이기는 하지만 한 부모 유전 원칙에는 잘 부합된다.

판이하게 다른 다양한 방법을 통해 남성 미토콘드리아가 제거되어왔다는 사실에서 한 부모 유전이 비슷한 선택압에 반응하면서 반복적으로 진화되어왔음을 알 수 있다. 따라서 한 부모 유전은 하다 안 하다를 반복해왔으며 나중에는 그 방법이 무엇이든 당시 가장 쉽게 이용할 수 있는 방법에 의해 일어났음을 알 수 있다. 내 짐작으로는 한 부모 유전을 하지 않는다고 해서 생존에 위협을 받는 경우는 드문 것 같다. 실제로 미토콘드리아가 섞이는 헤테로플라즈미heteroplasmy 현상은 일부 균류나 속씨식물에서 일어나기도 한다. 295종의 속씨식물을 폭넓게 연구한 결과, 조사된 종의 약 20퍼센트에서 양쪽 부모의 미토콘드리아가 모두 발견되는 헤테로플라즈미 현상이 나타났다. 흥미롭게도 박쥐에게서도 종종 헤테로플라즈미 현상을 볼 수 있다. 박쥐는 수명이 길고 활동적인 포유류다. 그렇기에 박쥐가 헤테로플라즈미 때문에 타격을 입지 않는 모습은 참으로 호기심을 자아낸다. 이와 연관된 선택압이나 상황에 대해서는 알려진 바가 별로 없지만 비행에 필요한 근육에 가장 적합한 미토콘드리아를 찾기 위한 어떤 선택이 일어났을지도 모른다는 추측이 있다.

난세포질 이식 같은 일부 보조 생식기술을 통해 인류는 스스로에게 미토콘드리아 헤테로플라즈미 현상을 일으켰다. 난세포질 이식을 하려면 건강한 공여자의 난세포질을 불임 여성의 난자에 주입해야 하는데, 이때 미토콘드리아도 함께 주입되므로 두 여성의 미토콘드리아는 서로 섞이게 된다. 우리는 서론에서 이 기술이 「한 아버지와 두 어머니 사이에서 태어난 아기」라는 제목의 신문기사로 세상에 알려졌다는 내용을 다룬 적이 있다. 난세포질 이식기술은 '상한 우유에 신선한 우유를 섞어 되돌려보겠다는 것과 비슷하다'는 신랄한 비난을 받고 있지만 이 기술을 통해 30명이 넘는 건강한 아기가 태어났다. 자연상태에서는 두 미토콘드리아 집단의 혼합을 그렇게 피하고자 애를 쓴다는 것에 대한 깊은 불안감과 유산으로 이어지는 높은 기형아 발생률이 뒤섞여 미국에서는 이 기술의 활용이 중단된 상태다. 그러나 편견 없는 회의론자에게 가장 놀라운 발견은 이 기술이 조금은 효과가 있다는 사실일 것이다. 헤테로플라즈미에는 분명 약화가 우려되는 면이 있기는 하지만 문제가 될 정도는 아니다.

지금까지 확인된 것으로 볼 때, 양성 간의 가장 큰 차이가 생식세포주에서 미토콘드리아의 전달을 제한하는 것과 연관이 있다면 양성을 가르는 이 장벽은 이상할 정도로 위태로워 보인다. 책이나 잡지에서 흔히 볼 수 있는 내용은 '한 부모 이상에서 유래된 세포소기관은 다음 세대에서 견뎌낼 수 없다'는 식의 충돌에 대한 단언들뿐이다. 훨씬 더 일상적인 현실세계에서는 두 종류의 성이 분화되어 전체 개체군의 절반과만 교배하도록 만드는 상황이 끊임없이 붕괴와 재편성을 반복하고 있다. 미토콘드리아의 헤테로플라즈미가 해로운 영향을 끼친 경우는 놀라우리만치 적어 충돌의 흔적은 별로 없는 것으로 추측된다. 그러므로 미토콘드리아가 양성 진화의 중심에 있다는 것을 암시하는 증거가 있지만 유전체 충돌이 그 전부가 아닐 가능성도 있다. 더 미묘하고 어쩌면 더 광범위하며 근본적인 또 다른 이유가 있을 가능성이 최근 연구를 통해 제기되고 있다.

이런 새로운 견해는 뜻밖에 전혀 생각지도 못한 연구 분야에서 나왔다. 바로 인간 미토콘드리아 유전자 추적을 이용하는 고인류학과 인류의 이동을 연구하는 분야였다. 고인류학에서는 네안데르탈인과 현생 인류 사이의 관계를 밝히는 연구 같은 인상적인 연구에서 미토콘드리아 DNA를 이용한다. 이 연구는 미토콘드리아 DNA가 정확히 모계를 따라 유전되며 혼입은 결코 용납되지 않는다는 것을 전제로 한다. 활발한 연구가 이루어지고 있던 이 분야에서 최근 논란이 된 자료는 이 전제의 타당성에 대한 의문을 불러일으켰다. 그러나 한때 단단한 틀로 여겨졌던 결론의 일부가 이제 조금 삐거덕거리는 것처럼 보인다면 이를 통해 성의 기원뿐 아니라 예전에는 이해할 수 없었던 불임의 특성에 대해서도 새로운 통찰을 얻게 될 것이다. 다음 두 장을 통해서 그 방법을 알아보자.

14

고인류학이 알려준 성의 일면

모두 한데 복잡하게 뒤얽힌 관계는 미토콘드리아 유전자가 정말 자연선택의 대상임을 보여준다. 에너지 효율, 체내 열 생산, 자유라디칼 누출, 전반적인 건강과 생식력에 영향을 미치는 모든 것, 다양한 기후와 환경에 적응하는 능력 따위가 적절히 작용해 미토콘드리아의 자연선택을 일으키는 것으로 추측된다. 미토콘드리아 유전자는 드물기는 하지만 양쪽 부모로부터 모두 유전될 수 있고, 역시 드물지만 재조합이 되기도 하며, 환경에 따라 다양한 돌연변이를 일으켜, 미토콘드리아를 통한 연대측정의 정확성에 의문이 들게 한다. 또 의심할 여지없이 자연선택의 대상이 되기도 한다.

1987년, 버클리의 레베카 칸Rebecca Cann과 마크 스톤킹Mark Stoneking과 앨런 윌슨Allan Wilson은 인류의 과거에 대한 이해에 일대 변혁을 일으킨, 역사에 길이 남을 논문을 『네이처』지에 발표했다. 이들은 화석기록이나 핵 유전자를 탐구하는 대신 지리적으로 떨어진 다섯 인종에서 선발한 살아 있는 사람 147명의 미토콘드리아 DNA 표본을 분석했다. 이들은 이 표본을 통해 모든 인류가 가까운 유연관계가 있으며 20만 년 전 아프리카에 살았던 한 여성에서 유래했다는 결론을 내렸다. 이 여성은 '아프리카 이브' 또는 '미토콘드리아 이브'로 알려지게 되었고 지금까지 알려진 바에 따르면 오늘날 지구에 사는 사람은 모두 이 여성의 후손이다.

이 파격적인 결론의 특성은 균형 있는 시각에서 볼 필요가 있다. 고인류학계의 두 계파 사이에는 결론을 내리지 못한 오랜 논쟁이 있다. 한쪽에서는 현생 인류가 비교적 최근에 아프리카에서 나와 네안데르탈인이나 호모 에렉투스Homo erectus 같은 초기 인류의 자리를 대신했다고 믿고 있으며, 한쪽에서는 현생 인류가 아프리카뿐 아니라 아시아에서도 적어도 100만 년 동안 살고 있었다고 믿고 있다. 만약 후자의 시각이 옳다면 초기 인류로부터 현생 인류로 이어지는 해부학적 변화는 구대륙인 유럽, 아시아, 아프리카 여러 곳에서 동시에 진행되었어야만 한다.

이 두 관점에는 중요한 정치적 문제가 담겨 있다. 모든 현생 인류가 불과 20만 년 전에 아프리카에서 유래했다면 결국 우리는 모두 다를 게 없다. 진화론적 관점에서 보면 우리가 분기되어 나올 시간적 여유는 거의 없었지만 네안데르탈인 같은 가장 가까운 친족의 멸종에 책임이 있을지도 모른다. 이 가설은 '아프리카 기원설(Out of Africa)'로 알려져 있다. 한편 만약 인류의 진화가 동시다발적으로 진행되었다면 인종 간의 차이는 생각보다 커질 것이며 확실한 생물학적 근거를 바탕으로 종족과 문화 간에 평등을 지향하는 이상이 위태로워질 수 있다. 두 가설 모두 상호교배가 일어나 어느 정도 상쇄되었을 수도 있다. 이런 어려움을 잘 보여주는 좋은 예가 네안데르탈인의 운명이다. 네안데르탈인은 멸종으로 내몰린 독립된 아종亞種이었을까? 아니면 해부학적으로 현생 인류와 같으며 약 4만 년 전에 유럽에 정착한 크로마뇽인(Cro-Magnons)과 잡종교배를 했을까? 단도직입적으로 말해서 현생 인류가 계획적인 대량학살을 저질렀거나 이유 없는 성관계를 가졌다는 것일까? 참담하지만 오늘날 우리는 두 가지 가능성이 모두 있으며 경우에 따라서는 이 두 가지가 동시에 일어났을 것으로 보고 있다.

화석을 끼워 맞추는 것으로는 지금까지 결론에 이르지 못했다. 아주 동떨어진 다른 시대에 걸쳐 점점이 흩어져 있는 소량의 화석으로는 어떤 장소에서 한 개체군이 번성했는지 멸종했는지, 다른 지역에서 온 개체군에 의해 대치되었는지, 두 개체군 사이에 교잡이 정말 일어났는지 판단을 내리기가 극히 어렵기 때문이다. 지난 세기 동안 발견된 수많은 화석이 빠져 있는 연결고리가 되어 원숭이를 닮은 조상으로부터 인류가 진화했다는 가능성에 대해 증명해왔지만 대부분의 창조론자들은 믿으려 들지 않았다. 이를테면 뇌의 크기는 지난 400만 년 동안 이어지는 고인류의 화석을 볼 때 세 배 이상 증가했다. 그러나 약 300만 년 전에 살았던 루시Lucy(에티오피아 북부에서 발견된 오스트랄로피테쿠스 아파렌시스Australopithecus afarensis 화석에 붙여진 이름: 옮긴이) 같은 오스트랄로피테쿠스류(Australopithecine)로부터 호모 에렉투스를 거쳐 마침내 호모 사피엔스로 이어지는 현재의 진화계보에는 풀리지 않은 문제들이 가득하다. 발견된 화석이 우리 조상인지, 비슷하게 생긴 절멸한 종인지 어떻게 확신할 수 있을까? 루시는 진짜 우리 직계조상일까? 아니면 그저 지금은 멸종한 직립 원숭이였을까? 확실하게 말할 수 있는 것이라고는 형태학적으로 인간과 원숭이의 중간단계에 속한다는 것이다. 우리 조상자리를 내주기는 어렵더라도 많은 비밀을 감추고 있는 것은 사실이다. 그 옛날 골격의 형태를 따라 선사시대를 기록하려는 시도는 아무리 정확히 하려 해도 불확실할 수밖에 없다.

더 최근 조상을 보더라도 화석기록이 답답하기는 마찬가지다. 우리는 네안데르탈인과 이종교배를 했을까? 만약 그렇다면 언젠가는 강인한 네안데르탈인과 가냘픈 호모 사피엔스의 특징이 고루 들어간 중간단계의 골격이 발견될지도 모른다. 간간히 이런 주장이 나오고 있지만 학계에서 받아들여진 일은 거의 없다. 이런 경우에 대한 이언 태터솔Ian Tattersall의 친절한 논평이 하나 있다. "그 분석은…‥ 용감하고 상상력이 풍부한 해석이다. 그래도 대다수의 고인류학자들이 문제가 완전히 해결되었다고 생각할 가능성은 거의 없다."

고인류학의 가장 큰 문제점 가운데 하나는 지나치게 형태학적 증거에 의존한다는 것이다. 남아 있는 화석의 양이 아주 적다는 점을 참작할 때 이는 당연한 문제다. DNA를 분리하면 큰 도움을 얻을 수도 있겠지만 이는 불가능한 경우가 대부분이다. 사실상 거의 모든 화석골격은 DNA가 서서히 산화되어 6만 년이 지나면 거의 남지 않는다. 비교적 최근의 화석조차도 추출할 수 있는 핵 DNA의 양이 너무 적어서 서열분석을 신뢰하기 어렵다. 그러므로 현재까지는 화석기록만으로 우리 과거를 밝히기는 사실상 불가능해 보인다.

다행히 우리에게는 다른 방법이 있다. 원칙적으로 우리 몸속에서 과거의 기록을 찾아낼 수 있다. 모든 유전자는 시간이 흐를수록 돌연변이를 축적하고 그 결과 '염기'서열이 천천히 분기된다. 분기가 일어난 지 오래된 집단일수록 유전자 서열에 축적된 차이가 더 크기 때문에 사람들의 유전자 서열을 비교하면 이들이 얼마나 가까운지 상대적인 관계를 대강 따질 수 있다. 서열 차이가 적은 사람은 차이가 큰 사람에 비해 더 가까운 관계가 되는 것이다. 1970년대 무렵 유전학자들은 인간 개체군 연구에 몰두하기 시작해 서로 다른 인종 간의 유전자 차이를 자세히 조사했다. 그 결과 인종 간의 유전자 차이는 의외로 적게 나타났다. 인종 안에서의 차이가 인종 간의 차이보다 더 크다는 실험결과는 우리 모두가 비교적 최근에 살았던 공통조상에서 갈라져 나왔음을 암시한다. 더 나아가 아프리카 사하라 남부에서 가장 오래전에 일어났던 분기가 발견되었다. 이것이 의미하는 바는 모든 인류의 최근 공통조상이 정말 아프리카인이며 비교적 최근에 살았고 그 시기는 100만 년 전을 넘지 않는다는 사실이다.

불행히도 이 접근법에는 여러 문제점이 있다. 핵 속에 있는 유전자는 돌연변이가 축적되는 속도가 아주 느려서 수백만 년에 걸쳐 진행되기 때문에 지금도 인간의 DNA 서열은 침팬지의 서열과 95~99퍼센트 정도 유사하다(서열을 비교할 때 암호화되지 않은 DNA 서열을 포함시키는지 여부에 따라 비율이 달라진다). 인간과 침팬지의 유전자 서열도 거의 차이가 없으므로 인종 간의 차이를 구별하려면 더 정밀한 측정법을 써야 할 것이다. 또 다른 문제점으로는 자연선택을 들 수 있다. 유전자가 안정된 속도(자연스러운 진화의 흐름)로 자유롭게 분기하는 것은 어느 정도까지이며 자연선택이 특별한 유전자를 선호해 변화속도를 제한하는 것은 언제일까? 이 문제의 답은 유전자뿐 아니라 유전자들 사이의 상호작용, 환경변화, 영양상태, 감염, 이동 같은 여러 환경요소로 결정된다. 간단히 답이 나오는 일은 거의 없다.

그러나 핵 유전자와 연관된 문제점 가운데 무엇보다 심각한 것은 역시 유성생식이다. 근본적으로 유성생식은 서로 다른 유전자를 재조합하기 때문에 우리를 유전적으로 유일한 존재로 만든다(일란성 쌍둥이와 복제인간은 제외). 그 결과 우리 계보를 결정하기가 어려워진다. 사회에서는 자세한 기록을 간직하는 것이 우리가 정복자 윌리엄의 후손인지, 노아의 후손인지, 칭기즈칸의 후손인지를 알 수 있는 유일한 방법이다. 어느 정도까지는 성姓이 혈통을 나타내지만 유전자에는 성姓이란 없다. 유전자는 사실 어디서든 유래될 수 있기 때문에 서로 다른 두 유전자는 서로 다른 두 조상에게서 유래된 것이 거의 확실하다. 우리는 5부에서 다루었던 『이기적 유전자』의 문제로 되돌아간다. 유성생식을 하는 종에서 개체는 덧없이 스쳐지나가는 그저 먼지와 같은 존재이며 유전자만 영속한다. 그러므로 우리는 유전자의 역사와 개체군 내에서 유전자 빈도를 밝힐 수 있지만 한 가계의 족적을 따라가기는 어렵고 연대를 결정하는 것은 더욱 어려운 일이다.

모계를 따라서

그래서 칸과 스톤킹과 윌슨이 20여 년 전에 미토콘드리아 DNA 연구를 시작하게 되었다. 이들은 미토콘드리아의 특이한 유전형태가 핵 유전자로 해결할 수 없었던 많은 문제를 해결했다고 지적했다. 미토콘드리아와 핵 유전자의 차이는 인간계보의 추적뿐 아니라 연대측정 시도도 가능하게 했다.

먼저 미토콘드리아 DNA와 핵 DNA의 가장 결정적인 차이는 돌연변이 속도다. 표본으로 쓰인 유전자에 따라 실제 속도는 다양하게 나타나지만, 평균적으로 미토콘드리아 DNA의 돌연변이 속도는 핵 DNA보다 거의 20배가량 빠르다. 이렇게 돌연변이 속도가 빠른 것은 진화속도가 빠른 것으로 볼 수 있다(그러나 이 둘이 항상 같다는 생각은 경계해야 하는데 그 이유는 뒤에서 알아볼 것이다). 미토콘드리아 DNA의 진화속도가 빠른 이유는 미토콘드리아 DNA가 세포호흡 과정에서 형성되는 자유라디칼과 가까운 곳에 있기 때문이다. 그 결과, 인종 간의 차이가 크게 확대된다. 핵 DNA는 인간이나 침팬지나 큰 차이가 없는 반면 미토콘드리아의 분자시계는 빠르게 움직여 수만 년이면 축적된 차이가 드러난다. 이 정도면 인류의 선사시대를 조사하기에 적당한 빠르기다.

칸과 스톤킹과 윌슨이 밝힌 두 번째 차이는 인간의 미토콘드리아가 모계를 따라 유전되며 무성생식을 한다는 점이다. 한 개체 속에 있는 미토콘드리아는 모두 한 난자에서 유래되었으며, 개체발생이 일어나는 동안과 일생동안 세포분열을 통해서만 복제되므로 이론적으로는 모두 정확히 일치해야 한다. 말하자면 간에서 추출한 미토콘드리아 DNA 표본과 뼈에서 추출한 미토콘드리아 DNA 표본은 정확히 똑같아야만 한다. 또 그 어머니에게서 무작위로 뽑은 표본과도 일치해야 하며 그 어머니의 어머니, 또 그 어머니의 어머니로 계속 거슬러 올라가도 일치해야만 한다. 다시 말해서 미토콘드리아 DNA는 모계의 성姓이며 수백 년이라는 세월의 회랑을 따라 늘어선 개체들을 이어주는 끈 같은 구실을 하는 것이다. 세대가 바뀔 때마다 이리저리 뒤섞이는 핵 유전자와 달리 미토콘드리아 유전자는 개체와 그 선조들의 운명을 추적하게 해준다.

버클리 연구진이 꼽은 미토콘드리아 DNA의 세 번째 차이는 안정된 진화 속도다. 미토콘드리아의 돌연변이 속도는 빠르기는 해도 수천, 수백만 년 동안 거의 일정하게 유지되었다. 이는 중립진화(neutral evolution) 때문으로 여겨진다. 중립진화설이란 제한적이고 하찮은 목적을 수행하는 미토콘드리아 유전자에는 선택압이 거의 작용하지 않는다는 가설이다(따라서 논란이 계속되고 있다). 다시 말해 몇 세대에 걸쳐 드문드문 무작위로 일어나는 돌연변이가 꾸준히 일정한 속도로 축적되어 이브의 딸들 사이에 점진적인 분기가 일어나도록 했다는 것이다. 이 가설은 의문의 여지가 있으며, 훗날 '조절부위(control region)'에서 집중적인 기술개선이 이루어졌다. 조절부위는 1,000개의 염기서열로 이루어진 DNA 가닥으로, 단백질을 합성하는 암호가 없기 때문에 자연선택의 대상이 아니라고 생각했다(이 가정에 대해서는 나중에 다시 살펴볼 것이다).[21]

그렇다면 미토콘드리아 시계는 얼마나 빨리 가고 있을까? 비교적 최근(뉴기니는 3만 년 전, 호주는 4만 년 전, 아메리카 대륙은 1만 2,000년 전) 개체군이 형성되던 대략적인 시기를 바탕으로, 윌슨과 동료 연구진은 분기율(divergence rate)이 100만 년마다 약 2~4퍼센트라고 계산했다. 이 수치는 약 600만 년 전에

---

21) 브라이언 사이키스Bryan Sykes의 『이브의 일곱 딸들The Seven Daughters of Eve』에는 이런 대목이 있다. "조절부위는 특별한 기능이 없기 때문에 돌연변이가 정확히 제거되지 않는다. 조절부위의 돌연변이는 중립 돌연변이다. 이 DNA 부위는 미토콘드리아가 정확히 분리될 수 있도록 하기 위해 존재하지만 정확한 서열은 그다지 중요하지 않은 것으로 보인다."

시작된 침팬지와의 분기를 기초로 산정한 비율과도 일치한다.

만약 이 속도가 정확하게 계산된 것이라면 147개의 미토콘드리아-DNA 표본에서 실제로 측정된 차이는 가장 최근 공통조상이 약 20만 년 전에 살았음을 알려줄 것이다. 게다가 핵 DNA 연구에 따라 아프리카 개체군 연구를 통해 인류의 공통조상이 정말 아프리카인이라는 것을 암시하는 가장 오래된 분기가 발견되었다. 1987년 논문의 세 번째 중요한 결론은 이동형태와 연관이 있다. 아프리카 외에 다른 곳에 사는 개체군은 '다중 기원(multiple origin)'을 갖는다. 다시 말해서 같은 장소에 사는 사람들이라도 미토콘드리아 DNA 서열이 다르며 이는 여러 지역에서 이주가 반복되었음을 의미한다. 결국 윌슨의 연구진이 내린 결론은 미토콘드리아 이브가 비교적 최근에 아프리카에 살았으며 아프리카 대륙으로부터 세계 곳곳으로 개체군의 이동이 되풀이되었다는 것으로, '아프리카 기원설'을 뒷받침했다.

당연히 이 놀라운 발견은 새로운 연구 분야의 탄생을 가져왔고 1990년대 계보학(genealogy) 연구에서 미토콘드리아 유전자는 중요한 자리를 차지하게 되었다. 골격의 형태학적 연구, 언어와 문화 연구, 인류학, 집단유전학에서 등장한 미해결문제에 대해 적어도 '견고한' 과학적 객관성이 있는 답을 기대할 수 있었다. 여러 정교한 기술이 새롭게 소개되어 재측정을 통해 연대가 수정되기도 했다(현재 미토콘드리아 이브의 연대는 17만 년 전으로 수정되었다). 그래도 윌슨과 그의 연구진이 세운 기본원칙은 전체적인 체계의 밑바탕을 이루고 있다. 안타깝게도 윌슨은 그의 영향력이 가장 지대했던 1991년에 백혈병으로 세상을 떠났다. 당시 그의 나이는 56세였다.

윌슨은 분명 자신의 발견이 학계에 크게 이바지한 점을 자랑스럽지 생각했을 것이다. 미토콘드리아 DNA는 영원히 해결될 것 같지 않던 많은 문제에 해법을 제시했다. 저 멀리 태평양 폴리네시아 군도에 사는 사람들의 기원도 그런 문제 가운데 하나다. 노르웨이의 유명한 탐험가인 토르 헤위에르달Thor Heyerdahl은 폴리네시아 사람들이 남아메리카에서 이동해왔다고 생각했다. 그는 이를 증명하기 위해 발사balsa(열대 아메리카산의 벽오동과에 속하는 가볍고 단단한 나무: 옮긴이)나무로 만든 전통뗏목인 콘티키Kon-Tiki를 만들어 1947년 다섯 명의 동료와 함께 페루를 출발해 101일 만에 8,000킬로미터 떨어진 투아모투 섬(폴리네시아 동쪽의 산호초 섬: 옮긴이)에 도착했다. 항해가 가능하다는 것을 보였다고 해서 실제로 그런 항해가 있었다고 단언할 수는 없다. 미토콘드리아 DNA의 서열을 분석한 결과, 폴리네시아 사람들은 서쪽에서 적어도 세 차례에 걸쳐 이동한 것으로 나타났으며 이는 초기의 언어학적 연구결과와도 일치한다. 실험에 참여한 폴리네시아 사람의 약 94퍼센트가 인도네시아와 타이완 사람과 DNA 서열이 유사했다. 3.5퍼센트는 바누아투와 파푸아뉴기니에서, 0.6퍼센트는 필리핀에서 유래했다. 흥미롭게도 0.3퍼센트는 남아메리카 원주민 부족과 미토콘드리아 DNA가 일치하는 것으로 보아 남아메리카와 선사시대에 어떤 접촉이 있었을 가능성이 조금은 남아 있다.

명백하게 해결된 또 다른 까다로운 문제로는 네안데르탈인의 정체성이 있다. 1856년 뒤셀도르프 근처에서 발견된 미라상태의 네안데르탈인 유해에서 추출한 미토콘드리아 DNA는 현생 인류의 미토콘드리아 DNA 서열과 차이를 보였으며, 호모 사피엔스에서는 네안데르탈인 DNA 서열의 흔적이 전혀 발견되지 않았다. 이는 네안데르탈인이 별개의 아종이며 현생 인류와 교배가 이루어지지 않고 멸종했음을 의미한다. 네안데르탈인과 인간의 가장 최근 공통조상은 약 50만~60만 년 전에 살았던 것으로 추정된다.

이는 미토콘드리아 DNA의 도움으로 선사시대 연구에서 얻어낸 수많은 성과 가운데 일부에 불과하다. 그러나 빛이 있으면 그림자도 있는 게 당연하다. 미토콘드리아에 대한 관점은 지나치게 단순화되어 끝없이 반복되는 주문이 되어버렸다. 이 주문은 언제나 간단했고 예외나 다른 조건은 주문을 반복하다 무시되고 말았다. 주문이 되어버린 원칙은 다음과 같다. 미토콘드리아 DNA는 오직 모계를 따라 유전되며 재조합은 일어나지 않는다. 미토콘드리아 유전자는 하찮은 일을 담당하며 양도 얼마 없기 때문에 자연선택의 대상이 되는 일이 거의 없다. 미토콘드리아 유전자의 돌연변이 속도는 그럭저럭 일정하다. 미토콘드리아 유전자는 변화무쌍한 유전자가 아니라 개체의 유전을 반영하기 때문에 여러 민족 사이의 진정한 계보를 알려준다.

이 원칙은 처음부터 불안한 기색이 있었다. 다만 그 실체가 최근에 드러났을 뿐이다. 특히 모계와 부계 미토콘드리아 사이에 유전자 재조합이 일어나며, 미토콘드리아 '시계'의 움직임 또한 정확하지 않으며, '중립적'이라고 여겨졌던 조절부위를 포함해 일부 미토콘드리아 유전자에 강한 선택압이 작용한다는 증거가 나오고 있다. 이런 예외는 과거를 향한 우리 추론이 옳은지 의심이 들게도 하지만 양성 간의 진정한 차이를 이해하는 데 큰 도움이 된다.

미토콘드리아 재조합

만약 미토콘드리아가 모계를 따라서만 전해진다면 재조합이 일어날 가능성은 거의 없어 보인다. 유성생식에 의한 재조합이란 새로운 염색체를 만들기 위해 동등한 두 염색체 사이에서 일어나는 무작위적인 DNA 교환을 가리킨다. 새로운 염색체는 두 염색체에서 유래된 유전자의 혼합체다. 적어도 서로 다른 두 원천, 곧 부모로부터 유래된 DNA가 있어야만 재조합이 가능하며 의미가 있다. 서로 똑같은 두 염색체 사이의 유전자 교환은 한쪽 염색체가 손상을 입었을 때를 빼고는 무의미하며, 앞으로 알게 되겠지만 심각한 문제를 일으킬 수도 있다. 그러나 일반적으로 유성생식을 하는 동안 핵 속에 있는 염색체 쌍은 부모와 조부모의 유전자를 뒤섞어 새로운 유전자 집단을 형성하기 위해 재조합이 일어난다. 그러나 미토콘드리아 DNA는 모두 모계에서만 유래했기 때문에 이런 일이 일어나지 않는다. 그러므로 정설에 따르면 미토콘드리아 DNA는 재조합이 일어나지 않고 으레는 양쪽 어버이로부터 유래된 미토콘드리아가 섞인 것을 볼 수 없다.

그러나 효모 같은 일부 원시진핵생물에서는 미토콘드리아의 융합과 미토콘드리아 DNA의 재조합이 일어난다는 사실이 10년 전에 알려졌다. 당연히 인류학자들은 효모를 인간과 비교하는 것은 무리라고 할 것이며 이 정도로 당대의 지배적인 정설에 도전하기는 어렵다. 그 밖에 홍합 같은 종류에서도 재조합의 증거가 나와 호기심을 더했지만, 이 역시도 인간의 진화와 비교하기에는 부적절하다는 이유로 쉽게 묵살되었다. 미네소타 대학의 바스카 티아가라잔Bhaskar Thyagarajan과 동료 연구진은 쥐에게서도 미토콘드리아 DNA의 재조합이 일어난다는 사실을 발견했다. 쥐는 포유류다. 안심을 하기에는 인간에 가까운 편이다. 그러다 2001년에 사람의 심장근에서도 미토콘드리아 DNA의 재조합이 일어난다는 사실이 발견되었다.

이 연구결과도 재조합이 한정된 범위에서만 일어났기 때문에 큰 문제를 일으키지 않았다. 대부분의 미토콘드리아에는 자유라디칼에 의한 손상에 대비해 똑같은 염색체가 5~10개 정도씩 들어 있다. 모든 염색체에서 똑같은 유전자 부위가 손상되는 일은 거의 없기 때문에 정상적인 단백질 생산을 계속할 수 있다. 그러나 여분의 염색체를 축적하는 방법만으로는 손상에 효과적으로 대처할 수 없다. 누더기가 된 염색체에서 정상과 비정상 단백질이 뒤섞여 생산될 수 있기 때문이다. 손상을 더 효과적으로 복구하기 위해 보통 세균에서 이용하는 방식은 손상되지 않은 염색체 조각을 재조합해 정상적인 작용을 할 수 있는 염색체를 다시 만드는 것이다. 한 미토콘드리아 안의 동등한 염색체 사이에서 일어나는 이런 재조합을 '상동 재조합(homologous recombination)'이라고 하는데, 이는 한 부모 유전 원칙을 위배하지는 않는다. 방금 이야기했듯 한 미토콘드리아 안에서 일어나는 손상을 복구하는 방법일 뿐이다. 그러므로 미토콘드리아가 서로 융합되고 서로 다른 미토콘드리아 DNA에서 재조합이 일어난다고 해도 모두 한 어머니에서 유래되었다는 사실에는 변함이 없다.

그래도 아버지 쪽에서 유래된 미토콘드리아가 난자에서 어렵사리 살아남는다면 적어도 이론적으로는 부계와 모계의 미트콘드리아가 재조합될 가능성이 있다. 우리는 인간의 몸에서 부계 미토콘드리아가 난자에 들어갈 수 있다는 사실을 안다. 이 중에서 더러 살아남을 가능성도 있을 것이다. 정말 이런 일이 일어날까? 직접적인 증거가 없는 상황에서 여러 연구진이 미토콘드리아 재조합의 흔적을 찾던 중 마침내 그 증거를 찾았다. 최초의 증거는 1999년 서섹스 대학의 애덤 에이어 월커Adam Eyre-Walker, 노엘 스미스 Noel Smith, 존 메이너드 스미스가 발견했다. 이들의 발견은 본래 통계학적이었다. 이들의 주장에 따르면, 만약 미토콘드리아 DNA가 정말 복제를 한다면 새로운 돌연변이가 추가되기 때문에 다른 개체군에서는 이들의 서열이 계속 분기되어야만 한다. 사실 이런 현상은 항상 일어나지는 않는다. 때때로 조상의 유전자형을 엄청 닮은 '격세유전적' 서열이 나타나기도 한다. 이런 일이 일어날 수 있는 방법은 두 가지뿐이다. 거의 일어날 확률이 없어 보이지만 우연히 원래의 서열로 '역逆' 돌연변이가 일어나거나, 원래의 서열을 유지하고 있던 다른 염색체와 재조합이 일어나는 것이다. 이렇게 뜻밖의 서열이 다시 나타나는 현상을 성인적 상동成因的 相同(homoplas.)이라고 하며, 에이어 월커의 연구진은 우연이라고 보기 어려울 정도로 많은 성인적 상동을 발견했다. 이들은 이를 재조합의 증거로 채택했다.

에이어 월커 연구진의 논문은 일대 파란을 일으켰고 주류 인사들로부터 공격을 받았다. 주류 인사들이 오류를 발견한 부분은 통계학적 기법이 아니라 표본으로 쓰인 DNA 서열이었다. 이 오류들을 제거하자 재조합의 증거는 발견되지 않았다. 옥스퍼드 대학의 빈센트 매컬리Vincent Macauley와 동료 연구진들은 '놀랄 것 없다'며 반박했고 학계는 단체로 안도의 한숨을 내쉬었다. 거대한 체계는 건재했다. 에이어 월커와 동료 연구진은 일부 표본추출에 오류가 있음을 인정했지만 주장을 굽히지는 않았다. 이들은 심지어 오류를 무시하고 이 자료가 여전히 재조합을 암시한다며 이렇게 말했다. "대수롭지 않게 생각할 사람도 있겠지만 우리가 그렇게 오랫동안 매달린 가설은 확실한 가능성이 있기 때문에 그것이 틀리다는 게 진짜 놀랄 일이다."

같은 해인 1999년에(게다가 『영국왕립학회지Proceedings of the Royal Society』의 같은 호에), 옥스퍼드 대학의 전前 연구원이었던 에리카 하겔베르크Erika Hagelberg와 동료 연구진은 야심 찬 논문을 발표했다. 이들의 논문은 희귀한 돌연변이가 반복되는 것 말고는 전혀 연관이 없는 태평양 바누아투 군도에 있는 구나 섬 주민들의 기묘한 현상을 기초로 했다. 이들의 미토콘드리아 DNA는 명백히 별개의 조상으로부터 전해졌지만 동일한 돌연변이가 반복적으로 나타났다. 따라서 두 가지 가능성을 생각할 수 있다. 하나는 이 돌연변이가 여러 곳에서 독립적으로 나타난 것인데 이 가능성은 아주 낮기 때문에 돌연변이가 단 한 번만 나타난 뒤 재조합을 통해 주위의 다른 개체군으로 전달되었을 가능성을 증명하는 것처럼 보였다. 좀더 면밀한 조사를 통해 또다시 체계를 수호할 수 있었다. 이번에 오류가 발생한 곳은 서열분석장치였다. 무슨 이유에서인지 염기 열 개마다 오류가 발생했다. 오류를 바로잡자 기묘한 현상은 사라졌다. 하겔베르크는 논문을 철회하라는 압력을 받았고 그 후 이 불행한 사건을 자신의 '수치스러운 실수'로 돌렸다.

2001년이 되자 재조합의 증거는 아무래도 뚜렷해 보이지 않았다. 두 주요 연구가 모두 불신임을 받았다. 논문의 저자들은 오류가 있는 부분을 제외한 나머지 자료가 여전히 재조합이 일어난다는 의혹을 불러일으킨다는 태도를 유지했지만 그건 어디까지나 희망사항이었다. 이들은 만신창이가 된 자신의 명예를 지켜야만 했다. 중립적 시각에서 볼 때 재조합은 일어나지 않는다고 증명된 것으로 보였다.

그러던 2002년, 새로운 난제가 하나 등장했다. 코펜하겐 대학병원의 마리안 슈와르츠Marianne Schwartz와 존 비싱John Vissing은 28세 된 한 환자의 미토콘드리아 질환을 학계에 보고했다. 그 환자는 일부 미토콘드리아 DNA를 아버지로부터 물려받았고, 따라서 모계와 부계 미토콘드리아 DNA가 혼합되는 헤테로플라즈미 현상이 의심되었다. 혼합은 모자이크 방식으로 일어났다. 이를테면 근육세포는 부계에서 90퍼센트, 모계에서 10퍼센트가 유래되었지만, 혈구세포는 거의 100퍼센트 모계에서 유래되었다. 이 환자는 인간에게서도 부계 미토콘드리아가 유전될 수 있음을 명백하게 보여준 첫 사례였다. 어느 정도 부계 DNA가 난자로 '침입'하는 것은 분명 가능하지만 이 경우는 질환을 일으킨다는 점에서 눈에 띄었다. 그러나 이 연구는 중요한 의문을 하나 불러일으켰다. 아버지와 어머니로부터 유래된 두 종류의 미토콘드리아가 한 사람 안에 존재하면 이들이 재조합을 할까?

이 문제의 답은 '재조합을 한다'로 밝혀졌다. 하버드 대학의 콘스탄틴 크라프코Konstantin Khrapko 연구진이 2004년 『사이언스』지에 발표한 내용에 따르면, 이 환자의 근육세포에서 서로 다른 미토콘드리아 DNA의 0.7퍼센트가 재조합을 했다. 그러므로 기회가 주어지면 인간의 미트콘드리아 DNA도 정말 재조합을 한다는 사실이 밝혀진 것이다. 그렇다고 이것이 재조합의 유전을 뜻하는 것은 아니다. 근육에서 DNA의 재조합이 조금 나타난다고 유전이 되지는 않는다. 자손에게 영향을 주려면 수정란에서 재조합이 일어나야만 한다. 그래야만 재조합이 일어난 DNA가 유전될 수 있다. 지금까지 수정란에서 재조합이 일어났다는 증거는 없다. 그러나 이것은 아주 적은 집단을 조사한 부분적인 결과일 뿐이다. 이 모든 것을 고려할 때, 개체근 조사를 통한 통계학적인 증거는 재조합이 극히 드문 현상임을 암시한다. 대단히 드물게 일어나는 이런 재조합이 체계 전체를 뒤흔들지는 못하겠지만 유전 과정에서 일어나는 불가사의한 현상을 설명할지도 모를 일이다.

그러나 내가 분명히 하고 싶은 것은 진화기간 동안 어느 정도 재조합이 확실히 일어났다는 사실이다. 재조합은 어쩌다 우연히 일어난 사건일까? 아니면 더 깊은 의미가 있는 것일까? 우리는 나중에 다시 이 문제로 돌아갈 것이다. 지금은 먼저 주문처럼 반복된 원칙의 다른 예외를 따져보자. 이 예외 역시도 문제를 안고 있다.

정확한 시계

미토콘드리아 DNA는 선사시대의 재구성뿐 아니라 법의학에도 이용된다. 특히 신원이 불분명한 시신의 신원을 확인하는 데 자주 쓰인다. 이런 법의학 연구의 이면에도 정확히 같은 가정이 깔려 있다. 누구나 모계를 따라 같은 형태의 미토콘드리아 DNA를 물려받는다는 것이다. 가장 유명한 법의학 사례로는 1918년에 가족과 함께 총살을 당한 러시아의 마지막 차르인 니콜라이 2세의 경우를 들 수 있다. 1991년 러시아인들은 아홉 명의 유골이 묻힌 시베리아의 한 무덤을 발굴했다. 그 유골 중에 니콜라이 2세의 유골이 있는 것으로 추정되었다.

문제는 두 구의 시신이 사라졌다는 것이다. 뭔가 흥미로운 사건이 있었거나 무덤을 잘못 찾은 게 분명했다. 문제를 해결하기 위해 미토콘드리아 DNA가 동원되었지만 살아 있는 차르의 친척들과 일치하지 않았다. 혹시 차르의 미토콘드리아 DNA가 헤테로플라즈미일지도 몰랐다. 만약 그렇다면 그의 신원은 정확히 파악할 수 없다. 이 문제를 해결하기 위해 차르의 동생인 게오르기 로마노프Georgij Romanov 대공의 시신이 발굴되었다. 로마노프 대공은 1899년 결핵으로 죽었기 때문에 그의 무덤은 정확히 알려져 있었다. 로마노프 대공과 니콜라이 2세는 정확히 똑같은 미토콘드리아 DNA를 모계로부터 물려받아야만 하므로 이 둘의 DNA가 정확히 일치한다면 차르의 신원은 의심할 여지없이 확실해진다. 결과는 일치했다. 차르와 대공 모두 헤테로플라즈미였다.

이 사건으로 미토콘드리아 DNA 분석법의 실용성이 입증되었지만, 한편으로는 골치 아프고도 실질적인 문제가 대두되었다. 특히 헤테로플라즈미가 정확히 얼마나 흔한지가 문제였다. 미토콘드리아의 헤테로플라즈미는 언제나 부계 미토콘드리아의 난자 '침입'에 의해서만 일어나는 게 아니라 미토콘드리아 돌연변이에 의해서도 발생할 수 있다. 만약 미토콘드리아 하나가 돌연변이를 일으키면 이 돌연변이 미토콘드리아는 발생이 일어나는 동안 정상 미토콘드리아와 함께 증식해 성체 안에서 혼합 현상을 초래한다. 이런 혼합현상은 병을 일으킬 때만 겉으로 드러나고 문제가 없을 때는 그냥 지나치기 때문에 정확한 발생빈도를 알기 어렵다. 이 법의학적 조사는 몇몇 연구진이 헤테로플라즈미 현상을 면밀히 연구하는 데 중요한 동기가 되었다. 서로 다른 연구진들의 발견은 일치했으며 그 결과는 놀라웠다. 적어도 10~20퍼센트의 인간에게서 헤테로플라즈미가 나타나는 것으로 추정된 것이다. 헤테로플라즈미 대부분은 부계 미토콘드리아의 침입보다는 새로운 돌연변이에 의해 나타난다.

이 발견에는 두 가지 중요한 의미가 있다. 첫째로 헤테로플라즈미는 생각보다 훨씬 흔하며 성의 '이기적' 미토콘드리아 모형에 대해서도 중요한 의미를 지닐 것이다. 만약 우리 몸속에서 두 미토콘드리아 집단이 서로 경쟁을 하는데도 (대부분 특별한 병에 걸리지 않고) 별 탈 없이 잘 산다면 미토콘드리아 사이의 충돌은 어느 정도 과장되어왔던 것이 분명하다. 둘째, 미토콘드리아의 돌연변이 속도는 예상보다 훨씬 빠르다. 먼 친척들 사이의 서열을 비교해 돌연변이 속도를 측정해보면 여러 증거들이 제시하는 돌연변이 속도는 40~60세대마다 한 번이라는 결론에 도달한다. 다시 말해서 800~1,200년에 한 번꼴로 돌연변이가 일어난다는 뜻이다. 이와 달리 이미 알려진 이동시기와 화석증거를 근거로 한 분기율은 6,000~1만 2,000년에 한 번꼴로 돌연변이가 일어났다는 계산이 나온다. 둘 사이의 격차는 엄청나다. 만약 빠른 시계를 이용해 가장 최근 조상의 연대를 계산하면 미토콘드리아 이브는 약 6,000년 전에 살았다는 결론이 나온다. 성경책에 나오는 이브에게나 어울리는 연대다. 이 연대가 옳지 않다는 것은 분명하지만 그래도 두 연대 사이의 엄청난 차이는 어떻게 설명해야 할까?

호주 남서부에서 발견된 중요한 화석이 이 문제를 해결하는 데 실마리가 될지도 모른다. 형태학적으로 볼 때 현생 인류의 것인 이 화석은 세계에서 가장 오래된 미토콘드리아 DNA 자료로 유명하다. 이 화석은 1969년에 멍고 호수 근처에서 발견되었으며 연대는 약 6만 년 전으로 조심스럽게 추정되었다. 2001년에 호주 연구진이 보고한 이 화석의 미토콘드리아 DNA 서열은 큰 충격을 불러왔다. 살아 있는 사람에게서는 한 번도 발견된 적이 없는 서열이었다. 이들은 멸종하고 만 것이다.[22]

이 현상은 몇 가지 깊은 의문을 일게 한다. 우리는 앞서 미토콘드리아 DNA가 절멸했다는 사실을 근거로 네안데르탈인을 멸종된 다른 아종으로 분류했다. 그런데 마찬가지로 미토콘드리아 DNA가 절멸했는데 형태적으로는 현생 인류와 똑같은 화석이 나타난 것이다. 같은 원칙을 적용하면 이 화석 역시도 멸종된 아종으로 분류되어야 마땅하지만 해부학적인 형태로 볼 때 핵 유전자가 현생 인류와 같은 게 분명했다. 현생 인류와 이들 사이에 어떤 유전적인 연속성이 있다는 의미다. 이 모순을 해결하는 가장 간단한 방법은 미토콘드리아 서열이 항상 개체군의 역사를 기록하지는 않는다고 결론을 내리는 것이다. 그러나 이 결론은 미토콘드리아 서열만으로 과거를 해석하는 연구방법에 의문을 제기하게 한다.

무슨 일이 있었던 것일까? 한번 상상해보자. 해부학적으로 현생 인류와 같은 개체군이 호주에 살고 있다. 이들이 아프리카를 떠나온 때는 적어도 10만 년 전이다. 그 후 새로운 개체군이 당도했고 두 개체군 사이에 제한적으로 교배가 일어난다. 새로 정착한 여성과 먼저 정착한 남성 사이에서 건강한 딸이 태어났다고 해보자. 이 딸의 미토콘드리아 DNA는 (재조합이 일어나지 않는다고 가정할 때) 100퍼센트 새로 이주한 어머니에게서 물려받지만, 핵 유전자는 양쪽 부모로부터 반반씩 물려받을 것이다. 만약 모든 사

---

[22] 비슷한 서열이 현대 인류의 핵 유전자에 있기는 하다. 이는 아주 오래전에 미토콘드리아에서 핵으로 전이된 넘트(205쪽 참조)에서 나타났다. 이 넘트 서열은 화석의 DNA 서열과 비슷한데, 핵의 돌연변이 속도가 미토콘드리아의 돌연변이 속도에 비해 약 20배 정도 느리기 때문에 서열이 거의 변하지 않은 채 남아 있었다.

람이 이 딸의 가계에서 벗어나지 못한다면 먼저 정착한 개체군의 미토콘드리아 DNA는 사라지게 되지만 적어도 핵 유전자는 일부나마 존속된다. 다시 말해서 개체군 사이의 교배로 미토콘드리아 DNA의 계보가 끊어질 수도 있으므로 미토콘드리아 DNA 하나만으로 역사를 재구성하고자 하면 그릇된 결론을 내릴 가능성이 있다. 이는 네안데르탈인에게도 똑같이 적용되므로 흔적도 없이 사라지는 미토콘드리아 DNA만으로는 아무 결론도 내릴 수 없다(리처드 도킨스도 『조상 이야기』에서 다른 고찰을 통해 비슷한 결론을 내렸다). 그러나 딸들로 이어지는 단 하나의 계통만 존속된다는 의미를 담고 있는 이 시나리오는 과연 실제로 있었던 일일까? 아니면 그저 가능성일 뿐일까? 먼저 정착한 개체군의 미토콘드리아를 이어받은 자손은 모두 그렇게 쉽게 절멸되고 말았을까?

그랬을 것이다. 나는 미토콘드리아 DNA가 한 가문의 성姓과 같은 구실을 한다고 했다. 대代가 끊어지는 일은 쉽게 볼 수 있다. 빅토리아 시대의 박식한 학자인 프랜시스 골턴Francis Galton은 1869년에 그의 책 『유전되는 천재성 Hereditary Genius』에서 이를 처음 지적했다. 성姓의 평균 '수명'은 겨우 200년 정도로 추정된다. 영국에서 정복자 윌리엄의 후손이라고 주장하는 가문은 약 300개나 되지만 그중 어느 곳도 부계를 통해 끊이지 않고 내려왔다는 것을 증명하지 못한다. 1086년 둠즈데이 북Domesday Book(영국의 윌리엄 1세 때 작성된 전국적인 토지대장: 옮긴이)에 올라 있는 5,000명의 중세 기사작위는 현재 모두 사라졌으며 중세에 작위세습이 이어진 기간은 평균적으로 3대에 불과했다. 호주에서는 1912년 인구조사에서 전체 어린이의 절반이 남자의 9분의 1과 여자의 7분의 1로부터 태어났다는 사실이 밝혀졌다. 인구문제에 정통한 호주의 짐 커민스Jim Curcmins는 전체 인구에서 번식 성공도가 극단적으로 치우쳐 있다고 지적했다. 대부분의 가계가 절멸했으며 이는 미토콘드리아 DNA에도 똑같이 적용된다.

이는 단지 자연적인 흐름일까? 아니면 자연선택이 개입된 것일까? 다시 멍고 호수의 화석이 그 실마리를 제공한다. 2003년, 이 화석을 처음 발굴한 사람 중 하나인 제임스 보울러James Bowler와 동료 연구진은 6만 년이라는 연대가 틀렸음을 밝혀냈다. 이들은 좀더 완벽한 지층분석을 통해 연대를 4만 년으로 수정했다. 새로 수정된 시기는 흥미롭게도 기후변화 시기와 일치했다. 당시는 호수와 강이 마르고 호주 서남부 지역 대부분이 불모의 사막으로 변하던 시기였다. 다시 말해서 멍고 화석의 미토콘드리아 DNA는 선택압이 변하던 시기에 절멸한 것이다.

그 결과 미토콘드리아 유전자에도 자연선택이 작용한다는 생각이 일기 시작했다. 그때까지의 설에 따르면 미토콘드리아 유전자에는 자연선택이 작용하지 않아야 한다. 서열변화가 수천 년에 걸쳐 천천히 축적되며 전체적인 변화의 궤적이 현생 인류의 유전체와 비교해 추적이 가능하다면 어떤 중간단계의 변화도 자연선택에 의해 제거될 수 없다. 전체적인 일련의 변화는 무작위적인 중립 돌연변이여야 하지만, 이는 빠른 돌연변이 속도와 낮은 분기율 사이의 차이를 설명하지 못한다. 그러나 자연선택이 있으면 가능하다. 가장 빨리 진화된(말하자면 가장 많이 분기된) 계통이 자연선택에 의해 제거되면 남은 생존자들 사이의 차이는 작아질 것이다. 앞에서 나는 빠른 돌연변이 속도를 빠른 진화속도로 혼동해서는 안 된다는 이야기를 했다. 이 경우가 바로 그런 예다. 돌연변이 속도는 빠르지만 진화속도는 느리다. 돌연변이가 부정적인 결과를 가져와 자연선택에 의해 제거되었기 때문이다. 자연선택이 차이를 해결한다.

멍고 호수 화석의 경우에서 미토콘드리아 DNA의 절멸이 자연선택 때문이라면 이는 미토콘드리아의 주문을 거스른 것일 수도 있다. 자연선택이 이에 걸맞은 답을 줄 수 있을까? 이제 미토콘드리아 유전자에 자연선택이 작용한다는 확실한 증거를 알아보자.

미토콘드리아 선택

2004년, 미토콘드리아 유전학의 권위자 더글러스 월리스Douglas Wallace와 어바인 캘리포니아 주립대학의 연구진은 자연선택이 정말 미토콘드리아 유전자에 작용한다는 매우 흥미로운 증거를 발표했다. 월리스는 20년 동안 애틀랜타의 에모리 대학에서 인간 개체군의 미토콘드리아 유형을 연구한 선구자였다. 1980년대에 이루어진 그의 초기 연구는 14장을 시작하면서 다루었던 칸과 스톤킹과 윌슨의 1987년 『네이처』지 논문의 밑바탕이 되었다. 월리스는 전 세계적인 유전계보를 통해 여러 미토콘드리아의 계통을 밝혔다. 그가 **하플로그룹**haplogroup이라고 명명한 이 미토콘드리아 계통은 훗날 이브의 딸들로 알려진다. 그는 하플로그룹을 알파벳 문자로 분류했으며 이 분류법을 에모리 분류법(Emory classfication)이라고 한다. 훗날 옥스퍼드 대학의 브라이언 사이키스는 유럽인의 계통만을 다룬 대중적인 베스트셀러 『이브의 일곱 딸들』에서 이 알파벳 분류법을 토대로 등장인물의 이름을 붙였다.

월리스는 미토콘드리아 집단유전학뿐 아니라 미토콘드리아 질환 연구에서도 선구자다(무슨 이유에서인지 사이키스의 책에는 월리스에 대한 언급이 없다). 미토콘드리아에 들어 있는 유전자는 아주 소량이지만 그로 인한 질환은 수천수만 가지에 이르며 대개 미토콘드리아 서열의 아주 작은 변이가 원인이 되어 나타난다. 당연히 월리스는 이런 변이가 건강에 미치는 영향이 예사롭지 않은 데 흥미를 느꼈고 미토콘드리아 유전자가 자연선택의 대상일 것이라는 의심을 오랫동안 품어왔다. 미토콘드리아의 변이가 심각한 질환의 원인이 된다면 분명 자연선택에 의해 제거될 가능성이 높을 것이다. 월리스와 동료 연구진은 1990년대 초반에 '정화 선택(purifying selection)'에 대한 통계학적 증거로 처음 주목을 받았다. 그 뒤 10년 동안 월리스는 이 생각을 심중에 간직하고 있었다. 많은 미토콘드리아 유전학 연구에서 그가 계속 주목한 점은 인간 개체군에서 미토콘드리아 유전자의 지리적 분포가 중립 표류 이론(theory of neutral drift)에서 예측한 것처럼 무작위적으로 나타나는 게 아니라 특정 장소에서 특정 유전자가 번성해 자연선택이 작용한다는 증거가 종종 드러난다는 것이다. 이를테면 아프리카에서 나온 수많은 미토콘드리아 DNA 계통 중에서 검은 대륙을 아주 떠난 계통은 극히 소수이며 대다수가 직계 아프리카인들에게 남아 있었다. 나머지 세계 다른 곳에서는 미토콘드리아 유전자의 위대한 다양성이 단 몇 개의 선택된 집단으로부터 꽃을 피운 것이다. 이와 비슷하게 아시아 대륙에서는 겨우 몇 종류만 시베리아에 정착했으며 훗날 아메리카 대륙으로 이동했다. 월리스는 특정 미토콘드리아 유전자가 특정 환경에 적응해 다른 유전자들이 불리한 상황에서 더 잘 번성한 것으로 추측했다.

2002년이 되자 월리스와 동료 연구진은 이 문제를 더 진지하게 파고들기 시작했다. 일부 진지한 논문을 통해 자신의 견해를 알렸고 마침내 2004년에 증거가 발견되었다. 이들의 견해는 놀라우리만치 단순하지만 인간의 진화와 건강에 대한 중요한 의미가 담겨 있다. 월리스는 미토콘드리아가 하는 두 가지 중요한 일이 에너지 생산과 열 생산이라고 말했다. 에너지 생산과 열 생산 사이에는 다양한 균형점이 있기 때문에 실제로 어떤 상태에 놓이느냐에 따라 우리 건강에 결정적인 영향을 끼친다. 그 이유는 다음과 같다.

우리 몸속에서 만들어지는 대부분의 열은 미토콘드리아 막을 통해 양성자 기울기가 분산되면서 생산된다(277쪽 참조). 양성자 기울기가 ATP와 열을 동시에 생산할 수 없기 때문에 우리는 선택을 해야만 한다. 열을 생산하기 위해 분산된 양성자는 ATP 생산에 쓰일 수 없다(2부에서 본 것처럼 양성자 기울기에는 다른 중요한 기능도 있지만 이 논의에서는 그 기능이 일정하며 영향을 미치지 않는다고 가정한다). 만약 30퍼센트의 양성자 기울기가 열을 생산하는 데 쓰였다면 ATP 생산은 70퍼센트밖에 하지 못하는 것이다. 월리스의 연구진은 이 균형 상태가 기후에 따라 그럴 듯하게 변한다는 것을 깨달았다. 열대지방인 아프리카에 사는 사람들은 기온이 높아 체내에서 열을 생산할 필요가 적기 때문에 ATP 생산량이 많다. 반면 이누이트는 체내에서 더 많은 열을 생산해야 하기 때문에 상대적으로 ATP 생산량이 적을 수밖에 없다. 이들은 적은 ATP 생산량을 보상하기 위해 더 많이 먹어야만 한다.

월리스는 열 생산과 ATP 생산의 균형에 영향을 미치는 미토콘드리아 유전자를 찾기 시작했고, 전자의 흐름과 양성자 펌프의 짝풀림을 유도해 열 생산에 영향을 미치는 다양한 유전자 몇 가지를 발견했다. 예상대로 열을 가장 많이 생산하는 유전자는 극지방에서 선호되었으며, 반면 아프리카에서 발견된 유전자는 열을 가장 조금 생산했다.

이 내용은 상식 수준을 벗어나지 않는 것처럼 보이지만, 그 안에는 미스터리 살인사건에 비길 만한 반전이 감추어져 있다. 4부를 다시 떠올려보자 (277쪽). 자유라디칼의 형성속도는 호흡속도가 아니라 호흡연쇄에 전자가 얼마나 가득 찼는지에 따라 결정된다. 만약 에너지 수요가 적어 전자의 흐름이 아주 느려지면 전자는 호흡연쇄에 쌓이다가 결국 자유라디칼을 형성해 빠져나온다. 4부에서 확인한 것처럼 호흡연쇄에서 전자의 흐름이 계속 유지되면 자유라디칼의 형성속도가 느려지므로 이 전자의 흐름을 만들기 위해 양성자 기울기가 열 생산으로 분산된다. 우리는 이 상황을 배수로를 통해 범람을 막는 수력발전용 댐에 비교했다. 양성자 기울기를 낮추려는 절박한 필요가 낭비를 무시하고 내온성을 일으켰는지도 모른다. 마치 범람을 막기 위해서 배수로를 통해 물을 흘려버리는 것과 같은 이치다. 정리하면, 체내에서 열 생산이 증가하면 휴식을 취할 때 자유라디칼 형성이 줄어드는 반면, 체내에서 열 생산이 감소하면 휴식을 취할 때 자유라디칼이 만들어질 위험이 증가한다는 것이다.

그럼 아프리카인과 이누이트에게 무슨 일이 일어날지 생각해보자. 아프리카인은 이누이트보다 체내에서 생산하는 열의 양이 적기 때문에 자유라디칼 생산량이 많아야만 한다. 특히 과식을 했을 때 그렇다. 월리스에 따르면, 아프리카인은 이누이트처럼 많은 양의 음식물을 연소시킬 수 없기 때문에 너무 많이 먹게 되면 자유라디칼을 더 많이 생산하게 된다. 이는 이들이 당뇨병이나 심장병처럼 자유라디칼 손상과 연관이 있는 질환에 걸리기가 더 쉽다는 뜻이며 실제로도 그렇다. 미국에 살면서 미국식 식사를 하는 아프리카인들은 당뇨병 같은 질환에 아주 취약하다. 반대로 이누이트는 열을 내기 위해 많은 양의 음식을 연소시켜야만 하므로 당뇨병이나 심장병에 걸릴 위험이 훨씬 적다. 이것도 역시 사실로 밝혀졌다. 다른 이유(등 푸른 생선 섭취 따위)도 있기 때문에 단정적으로 결론을 내릴 수는 없다. 그러나 이 개념이 어느 정도 타당성이 있다면 이에 따른 또 다른 추론도 사실일 가능성이 있으며, 그렇다는 단서도 있다. 극지기후에 적응해 사는 사람은 누구나 남성 불임이 될 확률이 더 높아야만 한다는 것이다.

    원리는 정확히 같다. 극지방에 사는 사람은 양분이 에너지보다는 열로 더 많이 전환된다. 대부분의 상황에서 이는 별 문제가 되지 않지만 단 한 가지 문제가 되는 경우가 있다. 바로 정자의 운동성이다. 정자는 난자로 헤엄쳐 가는 동력을 미토콘드리아에서 얻는다. 세포마다 적어도 100개의 미토콘드리아가 있지만 특별히 정자는 몇 안 되는 미토콘드리아의 효율성에 의지해야 하므로 에너지 결핍이 일어나기 쉽다. 만약 이 미토콘드리아의 에너지가 찔끔찔끔 열로 새나가면 정자는 운동성에 문제가 생기고 이 남성에게는 **정자무력증**(asthenozoospermia)이 나타난다. 이것으로 볼 때 남성의 생식력을 결정하는 것은 남성 유전자가 아니라 모계를 통해 내려오는 미토콘드리아 유전자라고 생각할 수 있다. 다시 말해서 남성 불임은 적어도 부분적으로 모계를 통해 유전되며 미토콘드리아 하플로그룹에 따라 변한다는 것이다. 최근 한 연구를 통해서 이 내용이 유럽인에게 들어맞는다는 게 확인되었다. 정자무력증은 하플로그룹 J를 가진 사람(남부 유럽에 많다)보다 하플로그룹 T를 가진 사람(북부 스웨덴에 많다)에게서 더 많이 나타났다. 안타깝게도 이누이트의 정자무력증 발병률에 대한 자료는 찾지 못했기 때문에 여기에 이누이트도 들어맞는지 확인할 길은 없다.

    모두 한데 복잡하게 뒤얽힌 관계는 미토콘드리아 유전자가 정말 자연선택의 대상임을 보여준다.[23] 에너지 효율, 체내 열 생산, 자유라디칼 누출, 전반적인 건강과 생식력에 영향을 미치는 모든 것, 다양한 기후와 환경에 적응하는 능력 따위가 적절히 작용해 미토콘드리아의 자연선택을 일으키는 것으로 추측된다.

우리가 이 장에서 다루었던 색다른 발견들을 생각하면 정통학설의 권위가 손상되는 것처럼 보인다. 미토콘드리아 유전자는 드물기는 하지만 양쪽 부모로부터 모두 유전될 수 있고, 역시 드물지만 재조합이 되기도 하고, 환경에 따라 다양한 돌연변이를 일으켜, 미토콘드리아를 통한 연대측정의 정확성에 의문이 들게 한다. 또 의심할 여지없이 자연선택의 대상이 되기도 한다. 만약 이 예기치 못한 발견이 선사인류학의 체계를 뒤흔들지는 않는다 해도 적어도 미토콘드리아 유전을 이해하는 데는 도움이 되지 않을까? 구체적으로 말해서 이 발견으로 우리는 양성이 있어야만 하는 이유를 알 수 있을까?

---

23) 여기에는 중립 조절부위로 추정되는 곳도 포함된다. 만약 재조합이 일어나지 않는다면 미토콘드리아 유전체 전체는 하나의 단위가 되며, 이 조절부위 서열은 선택의 대상이 되는 부분과 연결되어 있기 때문에 선택적으로 제거될 수 있다. 사실 미토콘드리아 단백질 전사를 담당하는 인자와 결합하는 조절부위가 직접적인 선택의 대상이 아니라면 그게 더 놀랄 일이다. 조절부위의 존재는 전사인자만큼 중요하므로 만약 필요할 때 제 기능을 하지 못한다면 없는 편이 더 나을 것이다. 2004년 월리스와 동료 연구진은 어떤 조절부위의 돌연변이가 정말 해로운 결과를 가져올지도 모른다는 것을 증명했다. 이는 알츠하이머병과도 일부 연관이 있다.

15

양성이 있어야만 하는 이유

이중 유전체 조절장치가 미토콘드리아와 핵 유전자 사이의 긴밀한 조화를 요구하기 때문에 양성이 필요하다고 말할 수 있다. 세대마다 가능한 한 완벽한 조화를 보장하기 위해 미토콘드리아 유전자 한 벌과 핵 유전자 한 벌을 시험해볼 필요가 있다. 만약 미토콘드리아가 양쪽 부모에게서 유래된다면 두 벌의 미토콘드리아 유전자가 한 벌의 핵 유전자와 짝을 이루어야만 한다. 이는 마치 체격이 다른 두 여자와 한 남자가 짝을 이루어 셋이 함께 왈츠를 추는 것과 같다. 제대로 된 물질대사 왈츠를 추려면 미토콘드리아 유전자 한 벌과 핵 유전자 한 벌이 짝을 이루어야만 한다.

13장에서 우리는 남성과 여성 사이의 깊은 생물학적 차이가 미토콘드리아의 유전과 연관이 있음을 확인했다. 여성은 크고 운동성이 없는 난자에 미토콘드리아가 공급되도록 분화되었다(인간의 경우 약 10만 개). 반면 남성은 작고 운동성이 있는 정자에서 미토콘드리아가 제거되도록 분화되었다. 우리는 이렇게 이상한 습성이 나타나는 이유를 자세히 살폈고, 유전적으로 서로 다른 미토콘드리아 집단 사이의 충돌을 막기 위한 작용이라고 추측했다. 미토콘드리아 사이의 충돌을 방지하기 위해 미토콘드리아는 보통 부모 중 한쪽을 통해서만 유전된다. 그러나 이 단순한 규칙에서도 많은 예외가 나타났다. 예외는 균류, 나무, 박쥐, 심지어 우리 인간에게서도 나타났다. 14장에서는 인간에 대한 풍부한 자료가 충돌이론을 얼마나 잘 뒷받침하는지를 알아보기 위해 우리 자신을 자세히 들여다보았다. 이 자료는 인류의 선사시대를 다루기 때문에 높은 관심을 불러일으키며 한편으로는 논란의 여지가 있지만, 그 논란에서 서서히 드러난 선명한 그림은 남성과 여성의 차이에 대한 근본적인 이유를 꿰뚫어볼 수 있는 통찰력을 선사한다. 15장에서 우리는 이런 통찰들을 모두 끌어내 양성에 얽힌 수수께끼를 풀기 위한 더 만족스러운 해답을 찾아볼 것이다.

충돌 주장의 핵심은 서로 다른 미토콘드리아 집단이 자신의 유전자를 전달하기 위해 경쟁을 한다는 것이며, 이런 충돌을 막는 유일한 방법은 수정란을 통해 전달되는 모든 미토콘드리아가 똑같은 유전자를 지니도록 보장하는 것이다. 미토콘드리아가 똑같은 유전자를 지닐 수 있도록 보장하는 유일한 방법은 이 미토콘드리아가 모두 같은 공급원, 곧 같은 쪽 부모로부터만 오도록 하는 것이다. 섞이는 것은 위험하다. 미토콘드리아의 혼합(헤테로플라즈미)은 용납될 수 없다는 믿음이 인간 미토콘드리아 집단유전학의 기본원칙이 되었다. 이 원칙에 따르면 남성의 미토콘드리아는 난자에서 즉각 제거되며 다음 세대로 전달되지 않는다. 이는 미토콘드리아가 오직 무성생식에 의해 모계를 따라 전달된다는 것을 의미한다. 따라서 미토콘드리아 DNA는 재조합이 일어날 가능성이 없기 때문에 원칙적으로 변하지 않는다. 그래도 이따금씩 일어나는 중립 돌연변이가 수천수만 년에 걸쳐 축적되기 때문에 다양한 개체군과 인종에서 미토콘드리아 DNA 서열은 서서히 분기한다. 축적된 차이는 아마 유전체 안에서 확고하게 자리잡고 있을 것이다. 미토콘드리아 유전자에는 아예 자연선택이 작용하지 않거나 적어도 단백질 합성 암호가 없는 '조절부위'만큼은 작용하지 않는다고 하기 때문이다. 자연선택에 의해 제거되지 않는 이 돌연변이들은 유전체 안에서 정리되지 않은 채 영원히 머물러 있으면서 지금까지 흘러온 역사를 소리 없이 증언한다.

인류의 진화 연구는 이 모든 믿음을 혼란스럽게 하고 더 심오한 작동원리가 있을 것이라는 추측을 불러일으켰다. 이는 유전체 사이의 충돌이 모두 잘못되었다는 뜻이 아니라 다만 일부 오류가 있다는 것이다. 이제 그 혼란 속으로 들어가 보자. 우리는 미토콘드리아에서 재조합이 일어나는 것을 확인했다. 미토콘드리아의 재조합은 효모나 홍합 같은 종에서는 흔히 일어나며 아주 드물기는 하지만 인간 미토콘드리아에서도 일어난다. 한때 생각처럼 인간 미토콘드리아의 재조합은 불가능한 일이 아니다. 더 나아가 재조합의 조건인 헤테로플라즈미(서로 다른 미토콘드리아의 혼합)가 인간의 10~20퍼센트에서 발견되며 다른 많은 종에서도 흔히 볼 수 있다. 우리는 미토콘드리아 유전자의 변화속도의 차이도 확인했다. 미토콘드리아 DNA의 돌연변이는 친족 안에서는 800~1,200년마다 한 번꼴로 일어나지만, 오랜 시간에 걸쳐 일어나는 종족 간의 분기에서는 6,000~1만 2,000년에 한 번꼴로 일어나는 것으로 계산된다. 자연선택이 일어나 많은 돌연변이체가 제거된다고 가정하면 이 차이가 설명될 수 있다. 늘 따르던 원칙을 거스르자 이제 자연선택이 교묘하고도 광범위하게 정말 미토콘드리아 유전자에 작용하고 있다는 확실한 증거가 드러난다.

그렇다면 성은 왜 둘일까? 미토콘드리아를 한번 생각해보자. 미토콘드리아는 독립된 존재가 아니라 세포라는 큰 체계의 일부다. 미토콘드리아에는 서로 다른 두 유전체에 암호화된 단백질이 들어 있다. 핵 유전자에는 약 800개라는 엄청난 수의 단백질 정보가 있지만 미토콘드리아 유전자에 들어 있는 단백질 정보는 겨우 13개에 불과하다. 이 13개의 단백질은 모두 호흡연쇄에 들어가는 커다란 단백질 복합체의 결정적인 구성단위다. 미토콘드리아에 암호화된 단백질은 호흡에 필수적인 단백질인 것이다. 미토콘드리아와 핵, 그 속에 있는 두 유전체 사이의 피할 수 없는 상호작용은 성이 필요한 이유를 설명한다. 그 이유를 알아보자.

미토콘드리아의 기능을 결정하는 것은 핵에 암호화된 단백질과 미토콘드리아에 암호화된 단백질의 상호작용이다. 이 이중제어장치는 우연히 생긴 것이 아니다. 이 장치는 그렇게 진화했으며 끊임없이 적절하게 활용되고 있다. 이것이 세포의 이익과 맞아떨어지는 가장 효과적인 방법이기 때문이다. 3부에서 확인한 것처럼 미토콘드리아가 소량의 유전자만 유지하는 데는 그만한 이유가 있다. 효율적인 호흡을 유지하기 위해 신속히 반응할 수 있는 미토콘드리아 유전자가 꼭 필요하기 때문이다. 반면 핵으로 전이될 수 있었던 유전자는 핵에 전이되었다. 유전자를 핵에 두면 여러모로 편리하지만, 무엇보다도 미토콘드리아라는 골치 아픈 기생자의 독립을 억누를 수 있다는 것이 가장 큰 장점이다.

핵에서 만들어지는 단백질과 미토콘드리아에서 만들어지는 단백질 사이에 제대로 협력이 이루어지지 않으면 최악의 결과를 초래할 수도 있다. 미토콘드리아 기능의 미묘한 조절은 에너지 효율뿐 아니라 생사와 연관된 다른 문제, 이를테면 아포토시스, 생식력, 성, 내온성, 질병, 노화에도 영향을 미친다. 그런데 이중 유전체 조절장치는 어떻게 순조롭게 작동하는 것일까? 아기는 자연의 놀라운 조화를 보여주는 기적에 가까운 증거지만 이런 기적을 얻으려면 상당한 대가를 치러야만 한다. 많은 부부들이 몇 해 동안 아이를 가지려고 노력하지만 불임인 경우가 허다하다. 심지어 아이를 가진 부부에게도 예외라고 보기 어려울 만큼 초기 유산이 많다(대개 증세가 없다).

70~80퍼센트의 태아가 임신 첫 주에 자연적으로 유산되며 예비 부모들은 눈치조차 채지 못할 것이다. 초기 유산이 이렇게 많은 이유는 아직 분명히 밝혀지지 않았다.

문제는 주로 두 유전체의 상호작용, 다시 말해서 미토콘드리아 유전자 산물과 함께 작용을 해야 하는 핵 유전자 산물의 요구와 연관이 있을 것으로 추측된다. 포유류에서 미토콘드리아의 돌연변이 속도는 핵에 비해 평균 20배 정도 빠르며, 50배나 빠른 경우도 있다. 미토콘드리아 DNA는 자유라디칼이 누출되는 호흡연쇄 근처에 있는 탓에 돌연변이가 잘 일어난다. 그뿐이 아니다. 핵에서는 유성생식을 통해 세대마다 유전자가 섞인다. 미토콘드리아 단백질이 암호화된 유전자들은 서로 다른 염색체 위에 있기 때문에 이 단백질들을 다루는 솜씨는 세대마다 달라진다. 그 결과 단백질 조합이 어긋나 심각한 문제가 일어날 수도 있다. 호흡연쇄에 쓰이는 단백질은 나노 수준에서 정밀하게 결합된다. 보기를 하나 들자면, 시토크롬 c(핵에 암호화되어 있다)는 시토크롬 산화효소(미토콘드리아에 암호화되어 있다)의 중요한 구성단위와 결합해야만 전자를 전달할 수 있다. 이 결합이 정확하게 이루어지지 않으면 전자가 전달되지 않아 호흡이 멈추게 된다. 전자는 호흡연쇄를 따라 전달되지 않으면 자유라디칼을 형성한다. 이 자유라디칼은 막지질을 산화시키고 시토크롬 c를 방출해 아포토시스를 일으킨다. 이렇게 보면 아포토시스가 일어날 때 시토크롬 c가 담당하는 뜻밖의 작용은 필연적인 것처럼 느껴진다. 비효율적인 호흡이 일어나면서 시토크롬 c는 세포를 빠르게 죽음으로 몰아간다. 그 원인은 핵과 미토콘드리아 유전자가 제대로 짝을 이루지 못했기 때문이다.

정확한 결합을 하려면 미토콘드리아와 핵 유전자가 동시에 **상호적응**(co-adaptation)을 하는 것이 중요하다. 그렇지 않으면 호흡이 제대로 작용하지 않는다. 원칙적으로 상호적응이 실패하면 곧바로 아포토시스가 일어나고 때이른 죽음으로 이어진다. 상호적응의 직접적인 증거는 점점 늘어나고 있다.

만약 생쥐의 미토콘드리아 DNA를 집쥐의 것으로 바꾸면 단백질 전사는 정상적으로 진행되지만 호흡은 정지한다. 집쥐의 미토콘드리아 단백질이 생쥐의 핵에서 만들어지는 단백질과 적절한 상호작용을 할 수 없기 때문이다. 다시 말해서 DNA의 전사나 새로운 단백질의 합성보다 호흡이 훨씬 엄격하게 조절된다는 것을 알 수 있다. 종 안에서 발생하는 다른 근소한 차이는 대수롭지 않게 넘어가지만 미토콘드리아 유전자와 핵 유전자 사이의 조합은 조금만 어긋나도 호흡의 속도와 효율에 영향을 미친다. 중요한 것은 시토크롬 c의 진화속도와 시토크롬 산화효소의 진화속도가 비슷하다는 것이다. 기본적으로 미토콘드리아와 핵 유전자의 진화속도는 약 20배 정도 차이가 난다. 아마 호흡의 효율이 낮은 새로운 변이체가 나타나면 자연선택에 의해 제거되는 것으로 보인다. 남아 있는 서열변화 대부분이 단백질 서열을 변화시키지 않는 **중립치환**(neutral substitution)이라는 것에서도 선택의 흔적이 드러난다. '의미 있는' 치환에 비해 중립치환의 비율이 미토콘드리아 유전자에서 정상보다 훨씬 높게 나타나는 것만 봐도 의미가 바뀐 돌연변이는 자연선택에 의해 제거되었음을 알 수 있다. 어떤 일이 있어도 의미를 지킨다는 것을 보여주는 또 다른 증거가 있다. 트리파노소마*Trypanosoma* 같은 일부 원생동물은 DNA 서열이 변해도 원래 의미를 유지하기 위해 자신의 RNA 서열을 편집하기까지 한다. 마찬가지로 미토콘드리아에 보편적인 유전암호의 예외가 있다는 사실도 DNA 서열이 바뀌어도 원래의 의미를 유지하려는 시도로 설명될 수 있다.

이 모든 것을 고려하면 이중 유전체 조절장치가 미토콘드리아와 핵 유전자 사이의 긴밀한 조화를 요구하기 때문에 양성이 필요하다고 말할 수 있다. 만약 조화가 잘 되지 않으면 호흡이 제대로 이루어지지 않아 아포토시스와 기형발생이 일어날 위험성이 높아진다. 이 조화의 정확도를 끊임없이 불안하게 하는 두 가지 요소는 미토콘드리아 DNA의 훨씬 높은 돌연변이 속도와 세대마다 유성생식에 의해 무작위적으로 뒤섞이는 핵 유전자다. 세대마다 가능한 한 완벽한 조화를 보장하기 위해 미토콘드리아 유전자 한 벌과 핵 유전자 한 벌을 시험해볼 필요가 있다. 이로써 미토콘드리아가 왜 한쪽 부모에게서만 와야 하는지가 이해된다. 만약 미토콘드리아가 양쪽 부모에게서 유래된다면 두 벌의 미토콘드리아 유전자가 한 벌의 핵 유전자와 짝을 이루어야만 한다. 이는 마치 체격이 다른 두 여자와 한 남자가 짝을 이루어 셋이 함께 왈츠를 추는 것과 같다. 이들은 1대 1로 춤을 추는 데 익숙할 테니 3인조로 춤을 추다간 걸려 넘어지기 십상이다. 제대로 된 물질대사 왈츠를 추려면 미토콘드리아 유전자 한 벌과 핵 유전자 한 벌이 짝을 이루어야만 한다.

이 해답에는 두 가지 중요한 의미가 담겨 있다. 먼저 이 해답은 기존 모형을 잘 포용하면서 인류의 진화 연구에서 주목한 기이한 현상을 설명한다. 미토콘드리아 유전체 하나와 핵 유전체 하나가 조화를 이루려면 (일반적으로) 미토콘드리아 유전체가 한쪽 부모로부터만 유전되어야 하므로 한 부모 유전 경향이 설명된다. 만약 양쪽 부모로부터 미토콘드리아가 모두 유전된다면 이 두 미토콘드리아 집단은 핵 유전자라는 한 파트너를 놓고 춤을 춰야 하기 때문에 호흡능률이 떨어지기 쉽다. 이기적인 충돌이론처럼 서로 다른 미토콘드리아 유전체가 경쟁을 벌이기라도 하면 상황은 더 악화된다. 그러나 주목할 것은 유전체끼리 잘 조화가 된다면 어느 정도의 헤테로플라즈미와 재조합이 허용된다는 점이다. 헤테로플라즈미, 재조합, 자연선택같이 미토콘드리아에서 발견된 예기치 못한 현상은 이렇게 설명될 수 있다. 가장 중요한 점은 미토콘드리아 집단의 '순수성'이 아니라 미토콘드리아 유전자가 핵 유전자를 바탕으로 얼마나 효과적으로 작용하는지 여부다.

두 번째로, 이중 유전체 조절장치 가설은 자연선택의 긍정적인 토대를 제공한다. 이기적 충돌이론의 문제점은 자연선택이 유전체 충돌로 인한 부정적인 결과를 제거하는 작용밖에 할 수 없다는 것이다. 그러나 속씨식물과 일부 균류와 박쥐의 경우처럼 두 유전체 사이의 뚜렷한 경쟁 없이 헤테로플라즈미가 존재하는 상황도 많다는 사실을 확인했다. 만약 서로 다른 유전체 사이의 경쟁에 따른 해로운 영향이 미미하다면 자연선택이 한 부모 유전을 널리 선호한 까닭은 무엇일까? 가끔 해로울 때가 있기는 하지만 한 부모 유전이 대체로 긍정적인 이득을 주기 때문일 것이다. 이중 유전체 조절장치 가설은 왜 이런 현상이 일어나는지 합당한 이유를 제공한다. 가장 적응을 잘한 개체는 일반적으로 모계를 통해서만 미토콘드리아 DNA를 물려주는데, 그래야만 핵과 미토콘드리아 유전체 사이에 최적의 조화를 이룰 수 있기 때문이다. 자신의 미토든드리아 유전체를 한쪽 부모에게서만 굴려받는 개체가 가장 적응을 잘하는 경향이 나타나면 양성을 위한 조건이 만족된다. 여성은 미토콘드리아를 전달하는 쪽이 되며, 남성은 전달하지 않는 쪽이 되는 것이다.

그러면 핵과 미토콘드리아 유전자 사이의 조화를 보장하기 위한 자연선택은 언제 어떻게 일어나게 될까? 그 답은 여자아기의 태아가 발생하는 동안 엄청난 수의 난자가 아포토시스를 일으킨다는 사실에서 찾을 수 있다. 가장 적합한 난자만 당당히 병목을 통과하여 미토콘드리아 기능을 위해 선택되는 것이다. 이 병목이 어떻게 작용하는지는 알려진 바가 별로 없지만 대강의 윤곽은 이중 유전체 조절장치 가설의 예측과 전체적으로 부합한다. 난자는 핵과 미토콘드리아 기능이 얼마나 잘 어울리는지를 기초로 선택되는 것으로 추측된다.

미토콘드리아의 병목

수정된 난자(수정란)에 들어 있는 약 10만 개의 미토콘드리아 중 99.99퍼센트가 모계에서 유래한다. 발생 초기 2주 동안, 수정란은 난할을 거듭해 배胚를 형성한다. 분열을 할 때마다 미토콘드리아도 할구割球(발생 초기 수정란의 세포분열로 생기는 세포: 옮긴이)에 나뉘어 들어가지만 스스로 적극적으로 분열을 하지는 않는다. 그러므로 임신이 되고 처음 2주 동안은 수정란에서 전해진 10만 개의 미토콘드리아만 이용해 발생이 일어나는 것이다. 세포마다 들어 있는 미토콘드리아의 수가 약 200개로 줄어들면 미토콘드리아는 마침내 분열을 시작한다. 만약 미토콘드리아가 발생에서 제 기능을 다하지 못하면 태아는 죽게 된다. 초기 유산의 원인에서 에너지 문제가 차지하는 비중은 정확히 알려지지 않았지만 에너지가 부족하면 세포분열을 하는 동안 염색체가 제대로 분리되지 못하는 일이 자주 일어나게 되고 그 결과 삼염색체성 (trisomy, 상동 염색체가 둘이 아니라 셋이 되는 현상) 같은 염색체 수 이상이 발생한다. 사실상 염색체 수 이상이 생기면 태아는 만삭이 될 때까지 살아남기 어렵다. 삼염색체성 21(21번 염색체가 세 개인 현상) 정도만 출생으로 이어지며 이런 염색체 수 이상을 지닌 채 태어난 아기는 다운증후군을 앓게 된다.

수정이 되고 2~3주가 지나면 최초의 난자(원시적인 난원세포)를 처음으로 알아볼 수 있다. 난원세포에 얼마나 많은 미토콘드리아가 들어 있는지는 논란이 되고 있지만 어림잡아 최소 열 개에서 최대 200개까지 추산된다. 가장 신뢰할 수 있는 결과는 호주의 불임 전문가 로버트 잰슨Robert Jansen이 조사한 것으로, 그는 열 개 정도의 미토콘드리아가 남을 것으로 추정한다. 미토콘드리아 수에 관계없이 이 시기는 최고의 미토콘드리아를 선택하기 위한 병목의 시작점이 된다. 만약 어머니에게서 물려받은 모든 미토콘드리아가 정확히 똑같다는 생각에 집착하고 있다면 이런 과정을 거친다는 사실이 잘 이해되지 않을 것이다. 그러나 실제로는 같은 난소에서 나온 난자들의 미토콘드리아 서열은 놀라울 정도로 다양하다. 뉴저지 세인트바나버스 의료원의 제이슨 배리트Jason Barritt와 동료 연구진은 한 연구에서 정상적인 여성의 미성숙 난자 절반 이상이 변형된 미토콘드리아 DNA를 포함하고 있다는 것을 증명했다. 이런 변이는 대부분 유전되므로 발생 중인 여자아기 태아의 미성숙 난자에도 분명히 존재할 것이다. 게다가 이 정도의 변이가 선택이 일어난 뒤에 남은 것이라면 선택이 일어나는 동안, 다시 말해서 발생과정에서는 미토콘드리아 서열에 변이가 훨씬 더 많을 것이다.

선택은 어떻게 일어나는 것일까? 세포마다 소수의 미토콘드리아만 남게 되면 미토콘드리아의 유전자 서열은 모두 똑같아질 가능성이 커진다. 미토콘드리아의 수만 적은 게 아니다. 보통은 미토콘드리아마다 대여섯 개씩 들어 있는 염색체의 복사본도 하나밖에 없다. 이런 제한에 의해 부족한 기능을 보상할 길이 차단되어 어떤 결함이라도 적나라하게 드러나기 때문에 금방 눈에 띄어 제거된다. 다음 단계는 병목의 제한에서 빠져나오기 위해 증폭이 되는 단계다. 복제된 미토콘드리아 하나와 핵 유전자가 직접 짝을 이루기 위해서는 얼마나 조화를 잘 이룰 수 있는지 시험을 해보는 과정이 꼭 필요하다. 그러려면 세포와 그 속의 미토콘드리아가 분열을 해야 하며 이 과정은 미토콘드리아 유전자와 핵 유전자의 상호작용에 의해 일어난다. 이때 미토콘드리아의 행동을 전자현미경으로 보면 정말 놀랍다. 미토콘드리아는 마치 구슬목걸이처럼 핵 주위를 에워싼다. 이런 놀라운 배치는 확실히 미토콘드리아와 핵 사이에 어떤 소통이 있다는 증거다. 그러나 현재 우리로서는 그다음에 어떤 일이 일어나는지 아무것도 알지 못한다.

난자의 복제는 임신기간 전반기에 일어나며, 그 수는 임신 3주쯤에는 100개였다가 5개월이 넘어서면 700만 개로 증가한다(약 2^{18}배 증가). 미토콘드리아의 수는 난자 하나당 1만 개로 증가하며 난자 전체를 합치면 모두 350억 개에 이르는(약 2^{29}배 증가), 엄청난 미토콘드리아 유전체의 증폭이 일어난다. 그리고 일종의 선택이 뒤따른다. 이 선택이 어떻게 작용하는지는 알려진 바가 없지만 출생 순간 난자의 수는 약 700만 개에서 200만 개로 떨어지게 된다. 전체의 4분의 3에 달하는 500만 개라는 엄청난 수의 난자가 버려지는 것이다. 출생 이후 소실되는 비율이 줄어들기는 하지만 월경이 시작될 무렵이 되면 난자는 겨우 30만 개만 남는다. 난자의 수정능력이 급격히 감소하는 40세에 이르면 2만 5,000개가 남게 되며 그 이후에는 급격히 감소해 폐경을 맞게 된다. 태아 시절에 지니고 있던 수백만 개의 난자 중에서 가임기간 동안 배란되는 난자는 200개에 불과하다. 자연스럽게 어떤 형태의 경쟁이 계속되고 있다는 추측을 할 수 있다. 가장 뛰어난 세포만 난자로 성숙되어 배란되는 것이다.

이는 정화를 위한 선택이 정말 작용한다는 것을 보여준다. 앞서 정상적인 여성의 난소에 있는 미성숙 난자의 절반이 미토콘드리아 서열에 오류가 있다는 이야기를 했다. 이 미성숙 난자 중에서 일부만 성숙이 되며 이 중에서도 극소수만이 수정에 성공해 배를 형성한다. 최고의 난자를 선택하는 방법은 모르지만 발생 초기에 오류가 있는 미토콘드리아가 차지하는 비율은 약 25퍼센트로 떨어진다. 미토콘드리아 오류의 절반이 제거되었다는 사실은 일종의 선택이 일어났음을 암시한다. 또 대부분의 배가 성숙에 실패하는데(많은 태아가 임신 초기 몇 주 내에 죽는다), 그 이유 역시 정확히 알려지지 않았다. 그럼에도 신생아의 미토콘드리아에서 발견되는 돌연변이 비율이 배 발생 초기에 비하면 현저하게 줄어들기 때문에 미토콘드리아의 오류가 정말 제거되었음을 확신할 수 있다. 미토콘드리아 선택에 대한 간접증거는 또 있다. 이를테면 난자에서의 선택이 성체에서 일어나는 자연선택을 대신하는 작용을 함으로써 성체가 되는 데 드는 비용투자를 피할 수 있다면, 선택된 소수의 자손에게 자신이 가진 자원을 집중시킬 수 있다. 따라서 최고의 '거름장치'를 이용해 우수한 난자를 얻으려 하는지도 모른다. 시행착오를 겪지 않기 위해 대다수를 버리는 것이다. 실제로도 그렇게 보인다. 한배에 낳는 새끼 수가 적은 종일수록 발생과정에서 미토콘드리아의 병목도 좁으며(미성숙 난자에 들어 있는 미토콘드리아 수가 적다) 난자의 선별도 엄격하다.

이런 선택이 어떤 과정을 거쳐 일어나는지는 모르지만 도태된 난자는 아포토시스에 의해 죽게 되며 그 과정이 미토콘드리아와 연관이 있다는 것만은 분명하다. 곧, 아포토시스가 일어날 난자라도 미토콘드리아만 조금 주입해주면 보존이 가능하다. 이는 360쪽에서 다루었던 난세포질 이식기술의 토대가 된다. 이런 간단한 조치만으로 아포토시스를 막을 수 있다는 사실은 난자의 운명이 에너지 효율성과 실제로 연관이 있음을 암시한다. 게다가 정상적인 발생 가능성과 ATP 수치는 일반적으로 상관관계가 있다. 에너지 수준이 충분치 못하면 시토크롬 c가 미토콘드리아에서 방출되어 난자는 아포토시스를 당한다.

무엇보다 중요한 것은 미토콘드리아와 핵 유전자의 이중 유전체 조절장치를 통해 난자에서 선택이 일어나고 있다는 흥미로운 암시가 수없이 많지만 아직까지 직접적으로 증명된 것은 하나도 없다는 사실이다. 그러나 만약 난자가 핵 유전자에 대한 미트콘드리아의 성능을 시험하는 장이라는 사실이 증명된다면, 미토콘드리아와 핵 사이의 완벽한 조화를 보장하기 위해 양성이 존재함을 보여주는 훌륭한 증거가 될 것이다. 미토콘드리아 성능을 기준으로 엄선된 난자가 마련된 상태에서, 이제 마지막으로 남은 일은 다른 핵을 배경으로 적응한 정자 미토콘드리아를 대량 주입시켜 이 특별한 관계를 엉망으로 만드는 것이다.[24]

난자 안의 미토콘드리아와 핵의 관계에는 아직 밝혀지지 않은 것이 많다. 그러나 난자보다 나이가 많은 세포의 미토콘드리아와 핵 사이에 벌어지는 현상에 대해서는 좀더 잘 알고 있다. 노화가 일어나면 세포에서는 미토콘드리아 유전자에 새로운 돌연변이가 축적되고 이중 유전체 조절체계가 와해되기 시작한다. 호흡기능은 쇠퇴하고 자유라디칼 누출이 늘어나면 미토콘드리아는 아포토시스를 진행시키기 시작한다. 이런 미묘한 변화는 나이가

---

24) 예리한 독자라면 여기에 모순이 있음을 눈치 챘을 것이다. 산타바바라 캘리포니아 주립대학의 이언 로스Ian Ross는 이 모순을 정확히 지적했다. 미토콘드리아는 수정되지 않은 난자의 핵을 배경으로 적응한다. 그러나 난자가 수정되어 남성의 유전자가 들어오게 되면 상황이 변한다. 핵 유전자에 대한 미토콘드리아의 적응성이 사라지지 않게 하려면 모계의 핵 유전자는 부계의 핵 유전자를 지배해야만 한다. 이 과정을 각인(imprinting)이라고 한다. 많은 유전자가 모계로부터 각인되지만 이들 중 어떤 것이 미토콘드리아 단백질을 암호화하고 있는지는 확실하게 밝혀지지 않았다. 이것을 예측한 로스는 균류를 대상으로 미토콘드리아의 각인을 연구하고 있다.

들수록 점점 늘어난다. 에너지가 감소하고 모든 질병에 대해 저항력이 떨어지며 장기는 위축된다. 7부에서는 생명이 시작하는 순간뿐 아니라 끝나는 순간에도 그 중심에 미토콘드리아가 있다는 사실을 확인하게 될 것이다.

7

생명의 시계: 미토콘드리아와 노화

16 미토콘드리아 노화이론
17 자가조정장치의 소멸
18 노화의 치료법?

대사율이 높은 동물일수록 노화가 빨리 진행되고 암 같은 퇴행성 질환에 쉽게 굴복하는 경향이 있다. 그러나 조류는 대사율이 높으면서도 수명이 길고 이런 질병에도 잘 걸리지 않는다. 이런 예외적인 현상이 나타나는 이유는 조류의 미토콘드리아가 자유라디칼을 더 적게 누출하기 때문이다. 그렇다면 얼핏 보기에는 미토콘드리아와 별로 연관이 없어 보이는 퇴행성 질환이 어째서 자유라디칼 누출에 영향을 받는다는 것일까? 역동적이고도 새로운 현상이 서서히 모습을 드러내고 있다. 손상된 미토콘드리아와 핵 사이의 신호는 세포의 운명을 결정하고 아울러 우리의 운명까지 결정한다.

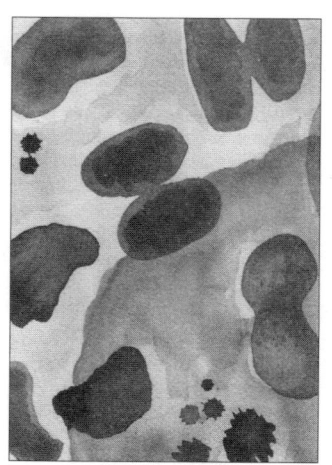

노화와 죽음—분열을 하거나 죽음을 맞는 미토콘드리아. 미토콘드리아의 생사는 핵과의 관계로 결정된다.

역사에 길이 남을 톨킨Tolkein의 서사시 『반지의 제왕The Lord of the Rings』에는 불사신 엘프가 등장한다. 엘프는 불사신이라지만 보통 사람 못지않게 잘 죽는다. 전쟁터에서 떼를 지어 죽는다. 엘프들은 죽지 않는 게 아니라 늙지 않는 것이다. 이 소설에 등장하는 리벤델의 왕 엘론드의 나이는 수천 살로, 성경 속 인물들의 나이를 무색하게 한다. 톨킨은 엘론드의 얼굴을 이렇게 묘사했다. "나이를 가늠할 수 없는 젊지도 늙지도 않은 모습 속에 수많은 희로애락의 기억이 고스란히 남아 있었다. 그의 머리카락은 새벽녘의 그림자처럼 검었다……."

이는 단지 풍부한 상상력에서 나온 기발한 생각일까? 꼭 그렇지만은 않다. 서구세계에서는 노화와 퇴행성 질환이 죽음의 원인이라고 보지만 그것이 자연계의 보편적인 현상은 아니다. 많은 아름드리 거목이 수천 년을 산다. 어찌 보면 나무는 대부분 죽은 조직이 지탱하고 있기 때문에 우리와는 거리가 먼 감이 있으므로 좀더 가까운 장수 생물을 찾으면 조류를 예로 들 수 있겠다. 앵무새의 수명은 100년이 넘고 알바트로스는 150년 이상을 산다. 갈매기는 보통 70~80년씩 살지만 눈으로 확인할 수 있을 정도로 주렷한 노화의 징후가 거의 나타나지 않는다. 이런 특징이 잘 드러나는 보기로, 스코틀랜드의 동물학자 조지 던넛George Dunnet이 오크니 제도에서 잡아 표식을 한 풀마갈매기(fulmar petrel)와 함께 찍은 사진 두 장을 들 수 있다. 첫 번째 사진은 1952년에 찍은 것으로 멋진 청년이던 던넛 교수와 근사한 새의 모습이 담겨 있다. 30년이 흐른 1982년, 던넛 교수는 같은 장소인 오크니 제도에서 똑같은 표식을 한 풀마갈매기를 우연히 다시 잡게 되자 사진을 찍었다. 사진 속 던넛 교수의 모습에는 세월의 흔적이 그대로 드러났지만 새는 조금도 늙지 않았다. 적어도 육안으로 봤을 때는 그랬다. 나는 본 적이 없지만 던넛 교수는 지병으로 세상을 떠나기 2년 전인 1992년에 같은 풀마갈매기와 세 번째 사진을 찍었다. 삼가 고인의 명복을 빈다.

아마 우리 인간도 100년, 또는 그 이상도 살지 않느냐고 생각할지 도른다. 그런데 새가 그 정도 산다고 뭐가 그리 대단할까? 대사율로 볼 때 새들은 '살 수 있는' 것보다 훨씬 더 오래 산다는 점이 대단하다. 대사율과 비교했을 때, 우리가 작은 비둘기만큼 살 수 있다면 별로 아프지도 않고 수백 년을 너끈히 행복하게 살 수 있다. 그런데 왜 그럴 수 없는 것일까? 정말 왜 못하는 것일까! 윤리적인 문제를 정치적으로 극복하고자 하는 의지만 있다면 생물학적으로 못할 것은 없어 보인다. 우리가 원숭이와 갈라져 나와 600만 년 동안 진화해오면서 이미 우리의 최대 수명은 20~30세에서 약 120세로, 대여섯 배가량 늘었다.[25]

진화과정을 묘사하는 그림처럼 두 팔을 늘어뜨린 원숭이에서 두 발로 서는 호모 사피엔스로 진화되면서 우리는 신장과 체중이 증가했고 대사율은 낮아졌다. 이 모두는 자연선택이 유전자를 변화시켜 이루어낸 성과다. 만약 우리 스스로가 이렇게 유전자를 조작한다면 엄청난 비난을 받을 것이다. 유전자를 조작해서라도 영원한 생명을 얻고 싶은 허영심은 갖지 않는다 하더라도, 윤리적으로 납득할 수 있는 한도에서 진화의 교훈을 적용하는 것이 많은 이들을 고통스럽게 하는 노년의 퇴행성 질환에 대처하는 최고의 방법이다.

앞서 나는 '대사율과 비교했을 때'라고 했다. 4부를 다시 떠올려보자. 포유류와 조류에서 체질량과 대사율은 상관관계가 있다. 일반적으로 몸집이 큰 종은 대사율이 낮다. 이를테면 쥐의 세포는 사람의 세포에 비해 대사율이 일곱 배나 높다. 쥐가 수명이 짧은 것은 우연이 아니다. 대사율과 수명의 관계는 초파리 같은 곤충에서 더욱 명확하게 나타난다. 초파리의 경우는

---

[25] 세계에서 가장 오래 산 사람은 1997년 122세를 일기로 사망한 잔 칼망Jeanne Calment이다. 법정 상속인이 없던 칼망은 90세이던 1965년에 한 변호사와 계약을 맺었다. 이 변호사는 집세를 내주는 대신 칼망이 죽은 뒤 10년치 집세와 맞먹는 유산을 상속받기로 했다. 이 운 없는 변호사는 30년 동안 집세를 지불하다 1995년에 세상을 떠났고 그 뒤에는 그의 아내가 계속 집세를 냈다.

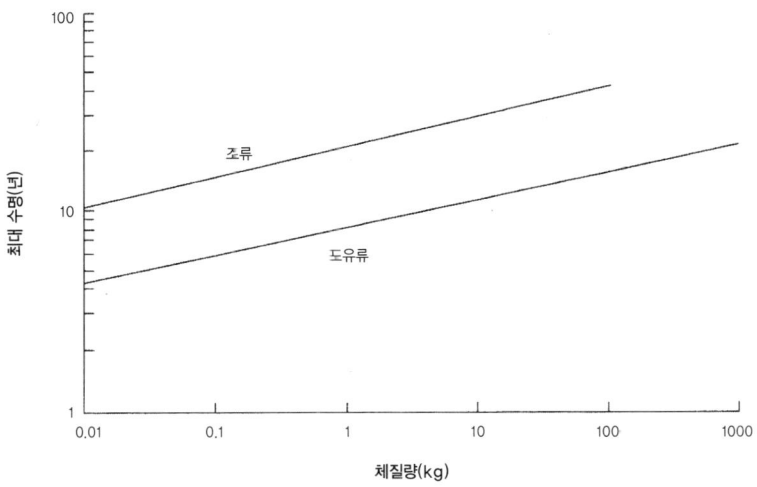

그림 14 조류와 포유류에서 수명과 체질량 사이의 관계를 나타내는 그래프. 덩치가 큰 동물일수록 대사율이 낮고 더 오래 산다. 이는 포유류와 조류에 모두 해당되는 사실이며, 로그-로그 그래프의 기울기도 아주 유사하게 나타난다. 그러나 두 생물군 사이에는 차이가 있다. 체질량과 대사율이 비슷할 때 조류는 포유류보다 서너 배가량 더 오래 산다.

주위 온도에 따라 대사율이 결정되므로 온도가 섭씨 10도 증가할 때마다 대사율은 약 두 배씩 증가한다. 이와 함께 초파리의 수명도 한 달에서 2주 이하로 줄어든다.

  비교적 기온변화를 잘 견디는 정온동물인 포유류는 체질량과 대사율과 수명이 전체적으로 상관관계를 나타낸다. 덩치가 크고 대사율이 낮은 동물이 역시 더 오래 사는 편이다. 그래프를 통해 비슷한 관계를 조류에서도 확인할 수 있지만, 동시에 흥미로운 차이도 발견할 수 있다(그림 14). 일반적으로 **안정** 시 대사율이 비슷하면, 다시 말해서 **생명의 속도**가 비슷하면, 조류가 포유류에 비해 서너 배 더 수명이 길며 경우에 따라서는 훨씬 큰 차이를 보이기도 한다. 안정 시 대사율이 비슷한 비둘기와 쥐의 수명을 비교하면 비둘기는 35년인 반면 쥐는 겨우 3~4년에 불과해 열 배 정도의 차이가 난다. 우리 역시도 대사율에 비해 '살아야 하는' 수명보다 더 오래 산다. 대사율이 비슷한 다른 포유류와 비교할 때 인간도 조류나 박쥐처럼 약 서너 배 정도 더 오래 산다. 내가 인간의 수명이 수백 년으로 연장될 수 있다고 했던 것은, 대사율에 비해 우리보다 수명이 두세 배 정도 긴 비둘기와 비교했을 때 그렇다는 것이다. 바꿔 말하면, 비둘기가 쥐에 비해 그렇게 오래 사는 것은 생명의 속도가 느리기 때문이 아니다. 생명의 속도가 정확히 똑같은데 비둘기는 쥐보다 열 배나 더 오래 사는 것이다. 분명 조건은 없다.

늘 그렇지는 않지만 보통 노화는 질병과 연관이 있다는 점에서 중요하다. 쥐도 우리처럼 비만, 당뇨, 암, 심장질환, 실명, 관절염, 뇌졸중, 치매 같은 온갖 노환에 걸린다. 그러나 쥐에게 이런 병이 발병하는 데 걸리는 기간은 수십 년이 아니라 2~3년이다. 조류 역시 비슷한 질병에 걸리지만 항상 생명의 위협을 받는 것은 아니다. 노화와 퇴행성 질환 사이에 연관성이 있는 것은 의심의 여지 없이 사실이지만 이 연결고리의 특성은 아직 자세히 알려지지 않았다. 그러나 확실하게 알려진 특성 가운데 첫째는 이 연결고리가 연대순이 아니라는 점이다. 이는 일정한 시간경과에 의해 결정되는 것이 아니라 해당 생명체의 수명과 연관이 있다. 이 연결고리를 결정하는 것은 시간이 아니라 수명이며 노화속도는 대체로 종에 따라 고정되어 있다. 평균값을 중심으로 많은 변이가 있기는 하지만, 여전히 이 세상에서 우리에게 허락된 시간은 70년에서 크게 벗어나지 않는다. 이 시간은 우리 체내에서 결정된 것이다. 식사나 전반적인 건강상태에 따라 조금 달라질 수도 있지만 주로 유전자에 의해 조절된다. J. B. S. 홀데인은 진화에 대한 확신을 뒤엎을 만한 발견에는 무엇이 있겠느냐는 질문을 받자 '선캄브리아기의 토끼'라고 대답했다. 마찬가지로 나도 100살 먹은 쥐를 만난다면 내 생각을 포기하겠다. 언젠가는 쥐의 수명이 100살이 될 날이 올지도 모른다. 그러나 먼저 유전자에 많은 변화가 와야 할 테니, 그 생물은 더 이상 우리가 아는 쥐가 아닐 것이다.

노화와 질병 사이의 연결고리에서 생각해야 할 두 번째 특성은 퇴행성 질환이 노화의 피할 수 없는 부분이 아니라는 것이다. 일부 바닷새는 노화로 인한 질병이 모두 비켜가 우리처럼 '병리학적인' 노화가 일어나지 않는다. 건강하게 오래 사는 엘프들처럼 어찌된 일인지 불행한 노년을 겪지 않는다. 이 새들의 사인死因이 무엇인지는 정확히 알려지지 않았지만 나이가 들수록 착지할 때 충돌이 잦아지기 때문으로 추측된다. 퇴행성 질환이 발병하지 않아도 근력과 근육의 조절력은 나이가 들수록 떨어질 것이다. '최장수 노인'들을 보면 그런 사실을 짐작할 수 있다. 특별한 퇴행성 질환을 겪지 않고도 100살 넘게 산 노인들은 특정 질병보다는 근력이 다해 사망하는 경향이 있다.

인간의 노화를 밝히고자 하는 가설은 수백 가지나 된다. 나는 이미 『산소』에서 그 가운데 일부를 진화론적 관점에서 폭넓게 다루었기 때문에 여기서는 간단히 노화의 원인으로 지목된 많은 추론들이 순환논법과 인과관계의 덫에 걸리고 말았다는 이야기만 하는 정도로도 충분할 것이다. 이를테면 어떤 학자는 성장 호르몬 같은 호르몬 수치가 떨어지는 것을 노화의 원인으로 지목한다. 가능성은 있다. 그런데 호르몬 수치를 떨어지게 하는 원인은 무엇일까? 어떤 학자는 면역 체계의 기능이 쇠퇴하면서 노화가 일어난다고 주장한다. 면역기능의 쇠퇴가 노화의 원인으로 작용하는 것은 확실하지만 면역기능이 쇠퇴하기 시작하는 이유는 무엇일까? 여러 해에 걸쳐 손상이 축적되어 노화가 일어난다는 주장도 있다. 이 해답은 대중적이기는 하지만 실효성은 없다. 왜 인간과 쥐에서 손상이 축적되는 비율이 이렇게 다른 걸까? 100년을 사는 터무니없는 행운이 쥐에게는 마구 쏟아지면 안 되는 것일까? 절대 안 되는 일이다! 노화속도는 쥐의 체내에서 결정된다. 우리는 모두 몸속에 시계를 하나씩 지니고 있으며 그 시계가 똑딱이는 속도를 결정하는 것은 자신의 유전자다. 한마디로 말해서 노화는 내인적이며 점진적이다. 내부에서 시작되며 시간이 흐를수록 조금씩 더 진행된다는 뜻이다. 노화이론은 이런 특징을 모두 설명해줄 수 있어야 한다.

생명의 시계로 지목된 대부분의 후보는 시간이 잘 맞지 않았다. 이를테면 텔로메어telomere(염색체 끝에 위치하며 일생에 걸쳐 일정한 비율로 닳아 없어진다)는 종에 따라 닳아 없어지는 속도가 제각각이므로 노화의 일차적인 원인으로 보기 어렵다. 나는 앞서 대사율을 생명의 시계로 고려한 적이 있다. 대사율 역시 일반적으로 생명의 시계에서 제외되는데, 수명이 길면서 대사율도 높은 비둘기의 경우처럼 대사율과 노화의 관계가 아주 왜곡되는 경우도 있기 때문이다. 그러나 텔로미어와 달리 이런 왜곡은 노화의 근본특성을 파악하는 데 큰 도움이 된다. 조금 오차가 있기는 하지만 대사율은 미토콘드리아의 호흡연쇄에서 누출되는 자유라디칼의 비율을 알려준다. 많은 포유류에서 자유라디칼의 누출비율은 대사율에 비례하지만 그 관계가 늘 일정하지는 않다. 대사율이 자유라디칼 누출과 일치하지 않는다는 것을 보여주는 예는 수없이 많다. 이런 예외는 새의 장수뿐 아니라 운동의 역설까지 설명할 수 있는 가능성이 있다. 운동의 역설이란 운동선수들이 방 안에서 텔레비전만 보며 뒹구는 사람보다 훨씬 더 많은 산소를 소비하지만 오히려 노화는 더 천천히 진행된다는 것이다.

노화의 원인이 미토콘드리아에서 일어나는 자유라디칼 누출 때문이라는 설명에는 논란의 여지가 많다. 이 설명이 확신을 얻으려면 극복해야 할 모순이 많다. 그 극복은 지금도 계속되고 있다. 미토콘드리아 노화이론은 처음 제시된 30년 전과 비교해 그 형태가 엄청나게 바뀌었다. 최근 이 이론은 노화의 전반적인 개요뿐 아니라 근육소모, 계속적인 염증, 퇴행성 질환 같은 여러 일면들도 함께 설명한다. 마지막 7부에서는 노화의 주원인이 미토콘드리아이며, 이 책에서 우리가 살펴본 특징들로 볼 때 반드시 그래야만 한다는 사실을 알게 될 것이다. 그리고 엘프처럼 우아하게 나이가 들고자 노력하는 과정에서 우리는 무엇을 이룰 수 있는지도 알게 될 것이다.

16

미토콘드리아 노화이론

복잡한 사정이 많은 미토콘드리아 돌연변이도 이런 현실과 조화를 이루기 어렵다. 그래도 얼핏 보면 미토콘드리아 유전자가 노화와 질병을 더 잘 설명할 듯하다. 여기에는 두 가지 이유가 있다. 첫째, 앞 장에서 확인한 것처럼 미토콘드리아 돌연변이는 핵 돌연변이보다 훨씬 빨리 축적된다. 따라서 한 사람의 일생 동안 충분히 축적되기 쉽고 이론적으로 노화로 인한 쇠퇴비 율과 일치할 수 있다. 둘째, 미토콘드리아 돌연변이는 생명을 잠식할 능력이 있다. 미토콘드리아 돌연변이는 하찮은 단역배우가 아니다. 미토콘드리아 질환을 보면 이 돌연변이가 얼마나 파괴적인지 잘 알 수 있다.

미토콘드리아 노화이론은 1972년에 자유라디칼 연구의 선구자인 데넘 하먼 Denham Harman이 처음 내놓았다. 하먼의 요점은 간단하다. 우리 몸속의 미토콘드리아에서 산소 자유라디칼이 발생한다는 것이다. 이 자유라디칼은 DNA, 단백질, 막지질, 탄수화물 같은 다양한 세포 구성성분을 공격한다. 세포가 자유라디칼에 의해 손상을 입으면 대개는 구성성분을 교환하는 것으로 복구가 되지만, 손상의 진원지인 미토콘드리아가 손상을 입었을 때는 단순히 항산화제를 이용하는 것만으로는 막아내기 어렵다. 하먼은 미토콘드리아에서 누출되는 자유라디칼이 노화속도와 퇴행성 질환의 발병을 결정하며 손상을 막거나 복구하는 세포 고유의 능력과도 연관이 있다고 주장했다.

하먼이 주요 논거로 삼은 것은 포유류에서 수명과 대사율의 상관관계다. 그는 미토콘드리아를 '생체시계(biological clock)'라고 불렀다. 본질적으로 그의 주장은 대사율이 높아지면 산소 소모량이 늘어나므로 결국 자유라디칼 생산이 많아진다는 것이다. 그러나 우리는 하먼의 주장이 대체로 옳지만 **항상 그렇지는 않다**는 사실을 알게 되었다. 별것 아닐 수도 있는 이 조건은 30년 동안 학계 전체를 혼란에 빠트렸다. 하먼의 가정은 완벽한 타당성을 갖추었지만 진실이 아닌 것으로 증명되었다. 불행하게도 이 가정은 하먼의 전반적인 이론에서 걸림돌로 작용했다. 가정 하나가 틀린 것으로 증명되었다고 해서 전반적인 이론이 틀렸음을 증명하지는 않지만 이 경우에는 그의 예측 가운데 가장 중요하고 널리 알려진 내용이 뒤집히게 된다. 바로 항산화제가 생명을 연장시킬 것이라는 예측이다.

이런 혼란을 불러온 하먼의 가정은 미토콘드리아의 호흡연쇄에서 누출되는 자유라디칼의 **비율**이 일정하다는 것이었다. 그의 추측에 따르면, 자유라디칼 누출은 기본적으로 통제할 수도 없고 피할 수도 없는 세포호흡 과정의 부산물이며 호흡연쇄를 따라 이동하는 전자의 흐름과 산소분자의 요구가 일치할 때 생긴다. 당연히 이 이론은 전자의 일부가 빠져나와 산소와 곧바로 반응해 해로운 자유라디칼을 형성한다는 방향으로 흘렀다. 만약 자유라디칼의 누출비율이 일정하다면, 이를테면 전체 처리량의 1퍼센트라면, 전체 자유라디칼 누출량은 산소 소모량의 비율로 결정된다. 자유라디칼의 실제 누출비율이 전혀 바뀌지 않더라도 대사율이 높을수록 전자와 산소의 흐름도 빨라지므로 결국 자유라디칼 누출도 많아진다. 그러므로 대사율이 높은 동물은 자유라디칼을 빨리 생산하므로 수명이 짧은 반면, 대사율이 낮은 동물은 자유라디칼을 천천히 생산하므로 수명이 길다는 것이다.

4부에서 우리는 대사율이 체질량의 2/3제곱에 비례한다는 사실을 확인했다. 질량이 클수록 세포 하나당 대사율은 낮아진다. 이 관계는 주로 유전자와 관계없이 생물학의 거듭제곱 법칙에 의해 결정된다. 만약 자유라디칼의 누출이 오직 대사율로만 결정된다면 **대사율에 비례해서 종의 수명을 연장시키는 유일한 방법은 항산화제의 도움을 받는 것이다**. 그러므로 미토콘드리아 노화이론은 장수하는 생물은 체내에 더 좋은 항산화제가 들어 있다는 예측을 내포하고 있다. 그렇다면 수명이 긴 새는 항산화제를 몸속에 더 많이 비축하고 있을 것이다. 따라서 우리는 더 오래 살고 싶다면 항산화제 구실을 할 만한 물질을 찾아야만 한다. 하먼은 오랜 세월 동안(1972년부터) 항산화제 요법을 써도 수명을 연장시키기 어려운 이유는 단 하나, 항산화제가 정확히 미토콘드리아에 작용하기 어렵기 때문이라고 생각했다. 항산화제 요법은 30여 년 동안 부단히 실패를 거듭해왔지만 지금도 많은 사람들이 이 견해를 지지하고 있다.

내 생각으로는 하먼의 견해가 그럴 듯하기는 하지만 허점이 있다. 그의 견해는 미토콘드리아 노화이론의 발목을 잡고 있다. 특히 항산화제가 우리 수명을 연장시킬지도 모른다는 생각은 그의 주장을 뒷받침할 만한 확실한 증거가 거의 없는데도 수십억 달러 규모의 투자를 유치하는 산업으로 성장했다. 성경에 나오는 모래 위에 지은 집과 달리 이 집은 어느 정도 잘 서 있다. 30년이 넘도록 의학 연구자와 노화현상 연구자(나 자신을 포함해)들이 다양한 종류의 죽어가는 생물에 항산화제를 투입하는 실험을 했으나 아무런 효과도 발견하지 못했다. 항산화제가 영양부족을 식이적으로 바로잡아주거나 특정 질병을 예방하는 데 효과가 있을지 모르지만 생명연장에는 아무 영향도 끼치지 못했다.

반증을 해석하는 것은 언제나 어렵다. '증거가 없다는 것이 사실이 아니라는 증거는 아니다'라는 것을 늘 염두에 두어야 한다. 만약 항산화제가 작용하지 않는다는 것이 사실이라 해도, 그것이 항상 약물 표적화(targeting, 환부에 약물을 효과적으로 도달시키는 작용: 옮긴이)가 어렵기 때문만은 아닐지도 모른다. 1회 복용량에 문제가 있을 수도 있고, 항산화제의 종류나 농도에 문제가 있을 수도 있다. 아니면 투약시기에 문제가 있을 수도 있다. 무슨 근거로 "이것은 약리학적인 문제가 아니다. 항산화제는 아무 작용도 없다"고 단정 지어 말할 수 있을까? 사람의 성격에 따라 그 답은 다르겠지만 일부 유명 연구자들 중에도 아직 생각을 바꾸지 않은 사람들이 있다. 그러나 학계의 전반적인 분위기는 1990년대에 들어서면서 달라지기 시작했다. 유명한 자유라디칼 연구의 권위자 존 거터리지John Gutteridge와 배리 할리웰Barry Halliwell은 몇 해 전 이렇게 말했다. "1990년대에 항산화제가 노화와 질병의 만병통치약이 아니라는 사실이 명확해졌는데도 아직도 이 개념을 돈벌이에 이용하는 일부 제약회사가 있다."

항산화제의 존립을 위협하는 더 강력한 근거가 비교 연구를 통해서 등장했다. 앞서 나는 오래 사는 동물은 항산화제 수치가 높을 것이라는 예측을 언급했다. 한동안 이 예측은 통계학적인 자료가 조작되면서 사실처럼 보였다. 리처드 커틀러Richard Cutler가 1980년대에 볼티모어의 국립노화학회에 발표한 한 연구보고서는 오래 사는 동물이 일반 동물에 비해 더 많은 항산화제를 품고 있다는 오해를 불러일으켰다. 커틀러는 자신의 자료와 대사율의 상관관계를 나타내면서 대사율과 수명 사이에 연관성이 있어 보이게 자료를 조작했다. 다시 말해서 쥐는 인간에 비해 항산화제 수치가 낮지만, 이는 항산화제 농도를 대사율로 나누었을 때만 그렇다. 인간에 비해 쥐의 대사율은 일곱 배나 높기 때문이다. 당연히 불쌍한 쥐는 아주 희망이 없어 보인다. 이런 교묘한 조작이 항산화제 수치와 수명의 진정한 관계를 가늠하지 못하게 만들었다. 사실 쥐는 세포 하나당 들어 있는 항산화제의 양이 인간에 비해 훨씬 많다. 그 뒤 10여 건의 독자적인 연구를 통해 항산화제 수치와 수명 사이에 **반비례관계**가 있다는 사실이 확인되었다. 곧, 항산화제 농도가 높을수록 수명은 짧아진다는 것이다.

어쩌면 이 생각지도 못한 관계에서 가장 호기심을 자아내는 일면은 대사율과 항산화제 수치가 어떻게 밀접한 연관을 맺는지에 대한 것이다. 항산화제는 세포의 산화를 예방하는 작용을 하는 것으로 추측된다. 만약 대사율이 높아지면 항산화제 수치가 따라서 높아질 것이고 수명은 짧아진다. 역으로 대사율이 낮으면 세포에서 산화가 일어날 위험이 낮기 때문에 항산화제 수치도 낮고 수명은 길어진다. 우리 몸에서 필요 이상의 항산화제를 생산하느라 시간과 에너지를 낭비하지는 않을 것으로 추측된다. 항산화제는 그저 세포에서 산화환원 상태의 균형을 유지하는 데 쓰인다(세포 기능을 최적으로 유지하기 위해 산화된 분자와 환원된 분자가 동적 평형상태를 유지한다는 뜻이다).[26]

동물의 수명에 관계없이 세포는 비슷하게 유동적인 산화환원 상태를 유지하기 위해 생산되는 자유라디칼의 비율만큼 항산화제 농도를 조절한다. 어쨌든 수명은 항산화제 농도에 영향을 받지 않고, 결국 노화와 항산화제는 연관성이 없다는 결론에 이를 수밖에 없다.

이 개념들은 조류 연구를 통해 나오게 되었다. 조류는 대사율에 비해 훨씬 수명이 길다. 원래 미토콘드리아 노화이론에 다르면, 조류는 항산화제

---

[26] 이 상태를 유지하는 것은 조직의 산소 농도와도 연관이 있다. 4부에서 우리는 조직의 산소가 동물계 전체에서 3~4킬로파스칼 수준을 유지한다는 것에 주목했다. 이는 산소 수치와 항산화제 수치가 균형을 이루어 세포 안에서 어느 정도 일정한 산화환원 상태를 유지함을 의미한다. 그 이유는 7부 후반부에서 알아보자.

수치가 높아야 하지만 이 역시도 사실과 다르다. 일반적으로는 조류의 항산화제 수치는 포유류에 비해 낮아 예측과는 상반된 결과가 나온다. 다른 실험적인 예로는 열량제한을 들 수 있다. 지금까지 쥐와 생쥐 같은 포유류에서 수명을 연장시키는 것으로 증명된 유일한 방법은 열량제한밖에 없다. 열량제한이 정확히 어떻게 수명에 영향을 미치는지는 논의가 되고 있지만 다른 종에서는 항산화제 수치와의 관계가 불분명하다. 어떨 때는 항산화제 수치가 올라가고 어떨 때는 내려가서 일정한 관계를 명확히 확인할 수 없다. 초파리에게 항산화제 효소의 수치가 높아지도록 유전자 조작을 가하면 수명이 길어진다고 제안한 1990년대 초의 한 유망한 연구조차도 원래 연구자들에 의해 재현되지 않는 것으로 밝혀졌다(이 연구자들은 초파리의 품종을 수명이 긴 것과 수명이 짧은 것으로 구분했다. 항산화제 수치가 높아지면 수명이 짧은 초파리 품종의 수명이 연장될지도 모른다. 다시 말해서 유전적 결함이 교정된 것일 수도 있다). 만약 이 모든 것에서 어떤 명확한 결론이 나온다 해도, 높은 항산화제 수치가 건강하고 영양상태가 좋은 포유류의 수명을 연장시킨다는 결론은 결코 아닐 것이다.

우리는 단순한 이유 하나 때문에 항산화제에 홀려 헤매왔다. 호흡연쇄에서 누출되는 자유라디칼 비율은 일정하지 않다. 하먼의 맨 처음 가정이 잘못된 것이다. 자유라디칼의 누출이 산소 소모량을 반영하기는 하지만 이는 고정적이지 않다. 다시 말해서 자유라디칼 누출은 세포호흡에서 불가피하게 발생하는 통제할 수 없는 부산물이 아니라, 조절도 되고 대부분 피할 수도 있다. 이 분야의 선구자인 마드리드 콤플루텐세 대학의 구스타보 바르하Gustavo Barja와 동료 연구진에 따르면, 조류가 오래 사는 이유는 처음부터 호흡연쇄에서 자유라디칼 누출이 적기 때문이다. 따라서 조류는 많은 양의 산소를 소비하지만 항산화제가 그렇게 많이 필요하지 않다. 중요한 것은 열량제한도 비슷한 작용을 모른다는 사실이다. 다양한 유전적인 변화 가운데 가장 주목할 만한 변화는 산소 소모량이 비슷해도 미토콘드리아에서 누출되는 자유라디칼은 적다는 것이다. 다시 말해서 장수하는 조류와 포유류는 모두 호흡연쇄에서 누출되는 자유라디칼의 비율이 줄어든다.

이 해답은 그렇게 거부감이 들지는 않지만 기존 노화에 관한 진화론적 이론의 허점을 적나라하게 드러낸다는 난처한 면이 있다. 문제는 이렇다. 장수하는 동물은 미토콘드리아에서 자유라디칼 누출이 제한되어 오래 산다. 유전자가 노화의 비율을 조절하기 때문에 조류의 경우는(어느 정도는 인간도) 자유라디칼의 누출비율을 낮추는 쪽으로 자연선택을 받아왔다. 여기까지는 좋다. 그러나 만약 자유라디칼이 단지 손상만을 일으킨다면 쥐는 왜 자유라디칼 누출을 제한해 더 오래 살지 않는 것일까? 그렇게 하는 데 비용이 더 드는 것도 아니고 오히려 산화를 막기 위한 항산화제 생산이 줄어들 테니 비용이 덜 들게 될 것이다. 오래 살면 더 많은 자손을 퍼트릴 수 있기 때문에 확실히 얻는 게 더 많다. 그러므로 쥐는, 그리고 같은 원리에서 우리 인간도, 자유라디칼 누출을 저한하기만 하면 공짜로 더 오래 살 수 있다.

그렇다면 쥐와 인간은 왜 그렇지 못할까? 눈에 보이지 않는 다른 비용이 있는 것일까? 아니면 노화를 바라보는 우리 생각을 철저하게 재검토해야만 하는 것일까? 보통 장수를 하면 번식에 어느 정도 장애가 된다고들 한다. 뉴캐슬 대학의 톰 커크우드Tom Kirkwood가 처음 제안한 마모설(disposable soma theory)에 따르면, 장수와 다산은 상반된 관계가 있다. 수명이 긴 동물은 수명이 짧은 동물에 비해 한배에 낳는 새끼의 수도 적으며 터울도 훨씬 길다. 이는 적어도 지금까지 알려진 대부분의 경우를 볼 때 명백한 사실이다. 그러나 그 원인은 그다지 분명하지 않다. 커크우드는 세포나 조직마다 이용할 수 있는 자원의 양과 연관이 있을 거라고 생각했다. 다시 말해서 성적으로 성숙하고 새끼를 낳고 기르기 위해 자원이 전환되느라 오래 사는 데 필요한 DNA 수선, 항산화제 효소, 스트레스에 대한 저항력 따위를 줄이는 것이다. 자원은 한정되어 있으므로 여러 갈래로 나누어 이용하는 수밖에 없다는 것이다. 바르하의 자료는 이 견해와는 다르다. 자유라디칼 누출을 제한한다고 해서 생식기능을 희생시키지는 않는다. 스트레스에 대한 저항력을 높이지 않고도 세포손상이 제한되기 때문이다. 따라서 마모설에서 제기된 희생은 필요 없다. 그러므로 마모설이 옳다면 자유라디칼 누출에 저항하기 위한 보이지 않는 비용이 있어야만 한다. 우리는 마지막 장에서 과연 그 보이지 않는 비용이 정말 있는지, 그리고 그 비용이 생명연장의 길을 찾아나선 우리에게 중요한 의미를 알려주는지를 확인할 것이다.

그 이유를 알기 위해 우리는 하먼의 미토콘드리아 이론이 제시한 다른 예측도 살펴볼 필요가 있다. 역시 논란을 일으킨 이 예측에 의하면 일반적으로 자유라디칼은 항산화제에 의해 제거되기 때문에 세포손상을 꼭 일으키지는 않지만 미토콘드리아를 손상시키는 것은 확실하며 특히 미토콘드리아의 DNA를 손상시킨다. 사실 하먼은 지나가는 이야기로 미토콘드리아 DNA를 언급했지만 훗날 그것이 그의 이론에서 기본원리가 되었다. 이제 서서히 드러나고 있는 아주 살풍경한 현실과 예측 사이의 차이를 살펴보자.

미토콘드리아 돌연변이

하먼은 자유라디칼이 반응성이 매우 크기 때문에 주로 미토콘드리아 자체에 영향을 줄 것이라고 주장했다. 자유라디칼은 생성장소에서 멀리 떨어진 곳에서보다는 바로 그 장소에서 손상을 일으킨다. 게다가 하먼은 나이가 들면서 일어나는 미토콘드리아의 점진적인 쇠퇴가 '부분적으로 미토콘드리아 DNA 기능이 변질되면서 일어나는 것은 아닌가 하는' 예리한 의문도 품었다. 그런 쇠퇴작용은 다음과 같은 일련의 과정을 거쳐 일어날 것이다. 자유라디칼이 호흡연쇄에서 빠져나와 근처에 있는 미토콘드리아 DNA를 공격하면 돌연변이가 일어나 미토콘드리아 기능은 서서히 감퇴된다. 미토콘드리아의 기능이 약해지면 전체적인 세포의 능률도 서서히 떨어지면서 노화의 특징이 나타난다.

하먼의 예리한 의문은 몇 해 뒤 스페인 알리칸테 대학의 하이메 미켈Jaime Miquel과 그의 동료들에 의해 더욱 명쾌하게 탐구되었다. 이들이 1980년에 세운 체계는 오늘날까지도 가장 널리 받아들여지는 미토콘드리아 노화이론이다. 그러나 관찰결과와 정확히 일치하지 않는 면도 몇 가지 있다. 이들의 이론은 대충 이렇다. 단백질과 탄수화물과 지질 따위가 손상되면 복구가 가능하고, 손상이 아주 빠르게 진행되는 경우(이를테면 방사선 중독이 일어나는 경우)가 아니라면 그리 위험하지 않다. 그러나 DNA는 다르다. DNA 손상도 복구될 수 있지만, DNA의 손상이 원래 서열과 돌연변이가 일어난 서열을 뒤죽박죽으로 만들어버리는 경우도 있다. 돌연변이가 일어나 변화된 DNA 서열은 유전된다. 무작위로 역돌연변이가 일어나 원래 서열로 되돌아가거나 돌연변이가 일어나지 않은 DNA 서열과 재조합이 일어나지 않는 한, 원래 서열로 회복될 가능성은 전혀 없다. 돌연변이라고 모두 단백질의 구조와 기능에 영향을 미치는 것은 아니지만, 일부 돌연변이는 확실히 그런 작용을 한다. 흔히 생각하는 것처럼 돌연변이가 심하면 해로운 변화도 더 커진다.

이론적으로 미토콘드리아의 돌연변이는 시간이 흐를수록 축적된다. 그 결과 전체적인 체계의 능률도 떨어진다. 불완전한 설계도로 완전한 단백질을 만드는 것은 불가능하기 때문에 어느 정도 비효율성이 드러나게 된다. 게다가 돌연변이가 미토콘드리아 호흡연쇄에 영향을 미치면 자유라디칼의 누출비율이 증가하고 악순환은 점점 더 빠르게 되풀이된다. 이런 명확한 피드백은 궁극적으로 '오류파국(error catastrophe)'을 일으키고, 오류파국이 일어나면 세포는 조절력을 모두 잃는다. 어떤 조직에서 구성세포 대부분이 이런 운명을 맞게 되면 그 기관은 제 기능을 상실하며 남아 있는 기관은 더 큰 부담을 떠안게 된다. 그러다 마침내 노화와 죽음이라는 피할 수 없는 결과를 맞는다.

그렇다면 돌연변이가 호흡연쇄 단백질에 영향을 미칠 가능성은 어떨까? 그 가능성은 대단히 높다. 우리는 13개의 핵심 호흡 단백질이 암호화된 미토콘드리아 DNA가 호흡연쇄와 아주 가까이 있다는 사실을 알고 있다. 어떤 자유라디칼도 이 DNA 쪽으로 튀어나갈 수 있다. 돌연변이가 일어나는 것은 시간문제다. 그리고 미토콘드리아에 암호화된 단백질이 핵에 암호화된 단백질과 긴밀한 상호작용을 한다는 사실도 알고 있다. 한쪽에서 변화가 일어나면 둘 사이의 긴밀한 관계에 문제가 생기고 호흡연쇄 전체 기능에도 영향을 미친다.

그러나 아직 끔찍하다고 생각하기는 이르다. 연이어 발견된 끔찍한 결과는 전체적인 장치가 마치 생화학이라는 악마가 저지르는 나쁜 소행처럼 보이게 만들었다. 미토콘드리아 DNA는 소각로 옆에 쌓여 있을 뿐 아니라 기본적인 방어수단조차 없다. 미토콘드리아 DNA는 히스톤 단백질에 싸여 보호되고 있지 않기 때문에 손상을 입어 산화되었을 때 회복할 수 있는 능력이 별로 없다. 게다가 완충작용을 하는 '쓰레기' DNA도 없이 유전자가 너무 촘촘하게 배열되어 있기 때문에 어디에서 돌연변이가 일어나든 대재앙을 초래하기 쉽다. 이 끔찍한 시나리오에 특별한 목적은 없다. 미토콘드리아 유전자 대부분은 이미 핵으로 전이되었고 아주 소량의 유전자만이 재수 없게 그 장소에 남은 것뿐이다. 이 분야에서 가장 독창적이며 활발한 연구를 하는 학자인 오브리 드 그레이Aubrey de Grey는 나머지 미토콘드리아 유전자를 모두 핵으로 옮기면 노화를 막을 수 있다는 제안을 하기도 했다. 그의 요지는 쉽게 알 수 있지만 나는 그 생각에 동의하지 않는다. 그 이유는 앞으로 나오게 될 것이다.

도대체 왜 이런 어리석은 체계가 생겨난 것일까? 그것은 진화를 바라보는 시각에 따라 다르다. 스티븐 제이 굴드는 그가 생물학의 '적응주의 프로그램(adaptationist program)'이라고 부른 가설에 대해 불만을 드러내곤 했다. 이 가설은 모든 것은 적응이며 만물에는 이유가 있다고 본다. 그러나 기능은 없을 수도 있으며 자연선택 과정을 통해 형성된다는 것이다. 오늘날까지도 생물학자들은 자연이 아무것도 하지 않는다는 것을 마지못해 믿는 쪽과 직접적인 조절 뒤에 뭔가 목적이 있다고 믿는 쪽, 이렇게 두 부류로 갈라진다. '쓰레기' DNA는 정말 쓰레기일까? 아니면 우리가 모르는 다른 목적이 있는 것은 아닐까? 우리가 확신할 수 있는 것은 아무것도 없으며, 누구에게 질문을 던지는가에 따라 해답은 달라진다. 마찬가지로 노화의 '의미'도 논란의 대상이다. 가장 널리 받아들여지고 있는 시각은 나이가 들수록 재생이 덜 일어나 훗날 생명체 내에서 손상의 원인이 되는 유전자 돌연변이를 조금밖에 제거하지 못하게 된다는 것이다. 나이가 들수록 생명체는 미토콘드리아 DNA에서 일어난 돌연변이로 구성되므로 자연선택은 그 돌연변이를 효과적으로 제거하지 못한다. 천적이 없는 섬에 격리된 동물이나 날아서 도망갈 수 있는 새들이나 큰 두뇌와 사회구조를 이용하는 사람의 경우처럼 예정된 수명이 증가할 때만 자연선택은 생명을 연장시키는 작용을 한다. 만약 이 관점에 동의한다면, 아무런 보호장치도 없이 소각장 옆에 미토콘드리아 유전자를 두는 이 어리석은 짓이 진화사에서 우연히 일어난 일에 지나지 않게 되는 것이다.

이런 허무주의적 관점이 과연 옳을까? 내 생각은 다르다. 문제는 추론과정이 너무 화학적으로 경직되어 있고 생물학적인 역동성을 반영하지 않았다는 것이다. 이것이 어떤 차이를 만드는지는 나중에 알아볼 것이다. 그럼에도 이 이론은 탄탄하며 몇 가지 명백하게 실험 가능한 예측을 담고 있다는 대단히 큰 장점이 있다. 이 예측에는 두 가지 특징이 있다. 하나는 미토콘드리아 돌연변이가 이 유감스러운 노화과정 전체를 초래할 수 있을 만큼 충분히 파괴적이어야 한다는 점이다. 이는 충분히 가능성이 있다. 그러나 미토콘드리아 돌연변이가 나이가 들수록 축적되어야 한다는 두 번째 예측만큼은 그렇지 않다. 적어도 내가 볼 때는 그렇다. 미토콘드리아 돌연변이가 축적되면 결국 '오류파국'이 일어나야만 한다. 그런데 그런 현상이 일어난다고 할 수 있을 만큼 강력한 증거는 별로 없다. 비밀은 거기에 있다.

미토콘드리아 질환

미토콘드리아 질환을 앓고 있는 환자가 처음 보고된 때는 1959년으로, 미토콘드리아 DNA가 발견되기 몇 해 전 일이었다. 환자는 27세의 스웨덴 여성으로, 호르몬의 균형은 완전히 정상인데도 보통 사람보다 대사율이 월등하게 높았다. 이 환자는 미토콘드리아 조절에 문제가 있는 것으로 밝혀졌다. 이 환자의 미토콘드리아에서는 필요 없을 때도 전력을 다해 ATP가 생산되었다. 그 결과 그녀는 엄청나게 먹었지만 항상 말랐으며 한겨울에도 땀을 뻘뻘 흘렸다. 안타깝게도 의사는 도울 길이 없었고 그녀는 10년 뒤 자살하고 말았다.

그 뒤 20여 년 동안 다수의 환자들이 임상기록을 통해서나 여러 특별한 검사를 통해 미토콘드리아 질환이라는 진단을 받았다. 많은 경우 미토콘드리아 기능이 제대로 이루어지지 않아 휴식을 취할 때조차 혈관에 젖산(혐기성 호흡산물)이 축적되는 현상이 나타났다. 이런 근육조직을 현미경으로 관찰하면 일부 근육섬유가 심각하게 손상된 모습을 확인할 수 있다. 병리학적 검사를 하면 이 근육세포는 붉은색으로 염색되기 때문에 '불균일 적색 근섬유(ragged red fiber)'로 불린다. 생화학적 검사를 하면 이런 근섬유에 있는 미토콘드리아는 호흡연쇄의 최종 효소인 시토크롬 산화효소가 부족해 호흡을 할 수 없다는 것을 알 수 있다.

임상의학의 관점에서 보면, 이런 경우는 이따금씩 과학적 호기심을 자극하는 사례에 지나지 않았다. 그러나 1981년 케임브리지 대학의 프레드 생어와 동료 연구진이 인간 미토콘드리아 유전체의 완벽한 서열을 밝혀 두 번째 노벨상을 수상하면서 분위기가 반전되기 시작했다. 1980년대와 1990년대에는 서열분석기술이 크게 향상되면서 미토콘드리아 질환으로 의심되는 여러 환자들의 미토콘드리아 서열분석이 가능해졌다. 결과는 놀라웠다. 미토콘드리아 질환은 5,000명에 한 명꼴로 타고날 정도로 흔한 데다 아주 기묘하기까지 했다. 미토콘드리아 질환은 정상적인 유전법칙을 경멸하듯 괴

상한 방식으로 유전되며 멘델의 유전법칙을 따르지 않는 경우도 종종 있다.[27)]

증상의 발현시기가 수십 년 차이가 나기도 하고 때르는 (이론적으로는) 유전이 '되어야 하는' 사람들에게서 증세가 모두 사라지기도 한다. 일반적으로 미토콘드리아 질환은 나이가 들수록 점점 더 진행되기 때문에 20대에는 조금 불편한 정도였다가 40대가 되면 아주 심각해지게 된다. 그러나 이것을 제외하면 미토콘드리아 질환에서 일반화할 만한 내용은 거의 찾아보기 어렵다. 다양한 조직이 같은 돌연변이의 영향을 받을 수도 있고, 같은 조직에서 다른 돌연변이가 일어날 가능성도 있다. 마음 편히 살고 싶다면 미토콘드리아 질환에 관한 책은 읽지 말기를 권한다.

미토콘드리아 질환을 분류하는 일은 총체적인 어려움이 있지만 몇몇 일반적인 원리가 그 현상의 요점을 설명하는 데 도움이 된다. 이 원리들은 모두 노화와 연관이 있다. 6부의 내용을 떠올려보면, 미토큰드리아는 주로 모계를 따라 유전되며 난자세포에서 일어나는 미토콘드리아 DNA의 변이는 놀라울 정도로 다양하다. 정상적인 가임 여성의 난소에서 나온 난자의 약 절반에서 헤테로플라즈미(유전적으로 다른 미토콘드리아가 섞이는 현상)가 어느 정도 발견된다는 사실도 확인했다. 이런 변이는 미토콘드리아가 기능을 수행하는 데 크게 영향을 미치지 않기 때문에 발생하는 동안 제거되지 않는다.

그런데 이 결함은 왜 발생과정에서는 영향을 미치지 않는 것일까? 여기에는 다양한 가능성이 있다. 먼저 결함이 있는 미토콘드리아의 수가 적은

[27)] 멘델의 법칙은 '정상적인' 핵 유전자의 유전형태를 결정한다. 개체는 부모로부터 같은 유전자 두 개 중에서 무작위로 하나씩 물려받는다. 따라서 누구나 같은 유전자가 두 개씩 있기 때문에 어떤 형질이나 유전병을 물려받을 가능성을 확률로 계산할 수 있다. 어떤 미토콘드리아 질환은 멘델의 법칙을 따르기도 하는데 그 이유는 미토콘드리아 기능에 이상을 일으킨 단백질이 핵 유전자에 암호화되어 있으면서 미토콘드리아에 작용하기 때문이다.

경우가 있다. 모든 미토콘드리아 질환은 헤테로플라즈미다. 다시 말해서 정상과 비정상 미토콘드리아가 섞여서 나타난다. 난자로 전달된 10만 개의 미토콘드리아 중에서 비정상이 15퍼센트밖에 안 된다면 나머지 건강한 대다수의 미토콘드리아에 가려지게 될 것이다. 아니면 돌연변이가 일어난 미토콘드리아의 비율이 높더라도, 이를테면 약 60퍼센트라도 돌연변이가 별로 해롭지 않을 가능성도 있다. 그렇다면 돌연변이 미토콘드리아가 많더라도 태아는 여전히 정상적으로 발생할 수 있다. 이제 분리의 문제가 생긴다. 세포가 분열을 하면 미토콘드리아는 무작위로 두 딸세포에 나뉘어 들어간다. 결함이 있는 미토콘드리아가 한쪽 딸세포에만 들어가고 다른 쪽 딸세포에는 하나도 들어가지 않을 수도 있고, 두 딸세포에 고루 섞여 들어갈 수도 있다. 발생과정에서 미토콘드리아가 들어가는 조직세포는 저마다 요구되는 대사능력이 서로 다르다. 만약 근육, 심장, 뇌처럼 수명이 길고 대사작용이 활발한 조직으로 발생하는 세포가 결함이 있는 미토콘드리아를 다수 물려받게 되면 발생은 실패할 것이다. 그러나 만약 결함이 있는 미토콘드리아가 피부세포나 백혈구처럼 수명이 짧고 대사작용이 덜 활발한 세포로 들어간다면 발생은 정상적으로 진행될 것이다. 이렇게 출발점부터 다르기 때문에 미토콘드리아 질환이 미치는 영향은 수명이 길고 대사작용이 활발한 조직, 특히 근육과 뇌에서 더 크게 나타난다.

여기에 노화가 병행된다. 결함이 있는 미토콘드리아는 모두 난자로부터만 물려받는 것이 아니다. 일부는 살아가는 동안 정상적인 대사과정에서 형성되는 자유라디칼에 의해 축적된다. 이런 미토콘드리아들이 한데 섞여 세포에 악영향을 끼친다. 그다음에 어떤 일이 생기는지는 세포의 종류에 달렸다. 만약 이 세포가 성인의 줄기세포(조직을 생산하는 일을 담당하는 세포)라면 손상된 미토콘드리아가 분열해 늘어날 가능성이 있다. 이 현상은 일부 근육세포에서 일어나 전형적인 미토콘드리아 질환인 '불균일 적색 근섬유'를 형성하기도 하지만 '정상적인' 노화가 진행되기도 한다. 거꾸로 심장근세포나 뉴런처럼 더 이상 분열하지 않는 수명이 긴 세포에서 돌연변이가 일어난다면 이 돌연변이는 다른 세포로 번지지 못한다. 그렇다면 세포가 다르면 다른 돌연변이가 나타나 갖가지 미토콘드리아 기능이 '모자이크'를 형성하게 되는 모양을 관찰할 수 있으리라고 예상할 수 있다.

미토콘드리아 질환의 다른 일면은 정상적인 노화와 연관이 있다는 것이다. 미토콘드리아 질환은 나이가 들수록 더 발전하는(몸을 쇠약하게 하는) 경향이 있다. 그 이유는 조직과 세포의 대사효율과 연관이 있다. 병의 증세는 기관의 수행능력이 특정 한계 이하로 떨어질 때만 나타난다. 이를테면 한쪽 신장이 없어도 정상적으로 살 수 있지만 나머지 신장마저 그 기능을 상실하면 투석이나 이식수술을 하지 않고는 살 수 없는 것과 비슷하다. 모든 작업에는 에너지가 들기 때문에 어떤 기관의 한계는 그 기관의 대사 요구량에 의해 결정된다. 만약 영향을 받는 조직이 피부처럼 대사 요구량이 낮은 곳이면 미토콘드리아 질환은 그리 심각하지 않지만 근육세포처럼 활동적인 세포라면 더 나쁜 결과가 초래된다. 세포의 노화가 진행되는 조직에서 일어나는 과정도 이와 비슷하다. 어린 근육세포에서는 85퍼센트의 미토콘드리아가 '정상'이므로 젊을 때는 에너지 요구량을 다 감당할 수 있다. 그러나 나이가 들면서 미토콘드리아가 감소하면 남은 정상 미토콘드리아에 대한 에너지 요구량이 증가하고 점차 물질대사 한계에 다다르게 된다. 결국 돌연변이 미토콘드리아 집단에 의한 손상은 점점 더 정체를 드러내고 우리는 늙게 된다.

그런데 미토콘드리아 돌연변이가 유감스러운 노화과정 전체를 초래할 만큼 그렇게 해로운 것일까? 일부 돌연변이는 충분히 그럴 만하다. 겉보기에는 정상적인 아기들이 출생 직후 미토콘드리아 DNA가 줄어들면서 간과 콩팥 기능을 순식간에 상실하는 끔찍한 경우도 있다. 이 질환에 걸리면 심한 경우 95퍼센트의 미토콘드리아 DNA가 사라질 수도 있으며 발병한 아기는 출생 당시에는 정상으로 보였더라도 몇 주에서 몇 개월 안에 죽게 된다. 더 흔한 질환으로는 심각한 장애를 일으키고 결국 죽음을 초래하는 컨스 세이어 증후군(Kearns Sayre syndrome)과 피어슨 증후군(Pearson's syndrome)이 있다. 시안화물 같은 대사성 독소에 의한 만성중독이 원인인 두 증후군은 전형적인 증세가 비슷하며 근육조절력의 상실(조화운동 불능), 발작, 운동장애, 실명, 청력상실, 뇌졸중 유사증세, 근육퇴화가 함께 일어난다. 어떤 미토콘드리아 돌연변이는 X 증후군과 유사한 질병과도 연관이 있었는데, X 증후군은 고혈압, 당뇨, 높은 수치의 콜레스테롤과 트리글리세리드triglyceride(콜레스테롤과 함께 동맥경화를 일으키는 혈중 지방성분: 옮긴이)가 결합된 치명적인 질병으로 4,700만 명의 미국인이 앓고 있는 질환이다. 확실히 미토콘드리아 유전자의 돌연변이는 노화의 근거가 될 정도로 충분히 심각한 영향을 미칠 수 있다. 그러나 이 밖에 다른 미토콘드리아 질환은 별로 심각하지 않다는 데 문제가 있다.

어떤 미토콘드리아 질환에서 병증의 정도는 돌연변이 미토콘드리아의 비율과 돌연변이 미토콘드리아가 발견되는 조직의 비율에 의해 결정되며 미토콘드리아 돌연변이의 종류도 영향을 미친다. 돌연변이가 특정 단백질의 유전자에 영향을 미칠 때, 그 영향은 파국을 초래할 수도 있고 아닐 수도 있다. 오히려 이익이 될 수도 있다. 그러나 돌연변이가 RNA를 암호화하는 유전자에 영향을 미친다면 대체로 그 결과는 심각하다. RNA의 종류에 따라 돌연변이가 합성되는 모든 미토콘드리아 단백질이나 단백질을 구성하는 특정 아미노산을 바꿔놓을 수도 있다. 조절부위의 돌연변이도 심각한 결과를 초래할 가능성이 있는데, 요구변화에 따라 반응하는 미토콘드리아 DNA 복제와 단백질 합성의 활성을 전체적으로 바꿔놓을 수 있기 때문이다.

핵에 암호화된 미토콘드리아 단백질에서 돌연변이가 일어나도 비슷한 결과가 발생한다(이 돌연변이는 양쪽 부모로부터 유전자가 하나씩 전해지므로 전형적인 멘델의 유전법칙을 따를 것으로 예상된다. 419쪽 각주 참조). 만약 핵 돌연변이가 일어난 부위가 미토콘드리아 단백질 합성을 조절하는 미토콘드리아 전사인자라면 그 영향이 미치는 범위는 원칙적으로 몸속의 모든 미토콘드리아가 될 수 있다. 그런가 하면 어떤 미토콘드리아 전사인자는 특정 조직이나 특정 호르몬에만 활성을 나타내기도 한다. 이런 유전자에서 일어난 돌연변이는 조직특이적 효과(tissue-specific effect)를 나타내는 경향이 있다.

이 모든 것을 종합해서 생각해보면 미토콘드리아 질환의 극단적인 이질성(heterogeneity)이 이해된다. 돌연변이가 한 단백질에만 영향을 미칠 수도 있고 특정 아미노산을 포함하는 모든 단백질에 영향을 미칠 수도 있다. 미토콘드리아 단백질 전체에 영향을 줄 수도 있고 요구변화에 따라 일어나는 단백질 합성속도에 영향을 줄 수도 있다. 특정 조직에만 효과를 나타낼 수도 있고 몸 전체에 효과를 나타낼 수도 있다. 만약 돌연변이가 일어난 곳이 핵 유전자라면 전형적인 멘델의 유전법칙을 따를 것이고, 미토콘드리아 유전자라면 모계를 따라서만 유전될 것이다. 미토콘드리아 유전자에서 돌연변이가 일어났다면 병증의 정도는 영향을 받는 미토콘드리아의 비율과 함께 발생과정에서 세포분열이 일어날 때 미토콘드리아가 어떻게 나뉘는지에 따라서도 결정된다.

이질성이 이 정도다 보니 미토콘드리아 질환의 범위가 너무 넓다는 것이 문제가 된다. 우리를 죽음에 이르게 하는 퇴행성 질환은 사람마다 그 조합이 다른 경향이 있지만 노화가 일어나는 기본적인 과정은 모두 비슷하다. 인간은 그렇다 치고 노화속도가 완전히 딴판인 다른 동물들까지 모두 이런 근본적인 유사성을 어떻게 공유하는 것일까? 나이가 들면서 미토콘드리아 돌연변이가 불규칙하게 축적된다면 왜 노화가 일어나는 방식과 속도는 미토콘드리아 질환처럼 다양하고 불규칙하지 않을까? 그 해답을 돌연변이가 축적되는 성질에서 찾을 수도 있지만 곧 두 번째 문제가 나타난다. 축적되는 돌연변이의 규모와 유형은 노화를 일으키기에 충분치 않아 보인다. 어떻게 된 일일까?

노화에 나타나는 미토콘드리아 돌연변이의 역설

노화에서 유전적인 돌연변이가 하는 일은 실망스러운 것으로 증명되었다. 평생 동안 축적되는 핵 돌연변이가 노화의 주범이라고 주장하는 학설이 촉망받던 때도 있었다. 핵 유전자의 돌연변이가 노화와 특히 암 같은 질환을 일으키는 데 중요한 구실을 한다는 것을 아무도 의심하지 않았지만 수명과 핵 돌연변이의 축적 사이에는 전혀 관계가 없기 때문에 일차적인 원인이 될 수 없다.

널리 받아들여지고 있는 노화에 관한 진화이론은 J. B. S. 홀데인과 피터 메더워Peter Medawar에 의해 처음 주장되었으며 돌연변이를 주제로 한다. 자연선택은 노년기에 발현되는 유해한 유전자를 제거할 능력이 없기 때문에 그런 돌연변이가 여러 대에 걸쳐 축적된다는 것이다. 이런 현상의 전형적인 예는 헌팅턴병으로, 유전자를 자녀에게 전달할 수 있을 만큼 성적 성숙이 일어난 뒤에야 증세가 나타나는 경우가 많아 자연선택에 의해 제거되지 못한다. 헌팅턴병이 특히 더 끔찍하기는 하지만 이처럼 뒤늦게 발현되는 유전자가 얼마나 될까? 홀데인의 주장에 따르면, 노화란 늦게 발현되는 돌연변이 유전자의 쓰레기통에 지나지 않으며 수백, 수천 개에 이르는 이런 돌연변이는 자연선택에 의해 제거되지 못하므로 여러 세대에 걸쳐 축적된다. 이 주장은 어떤 면에서 분명 타당성이 있지만, 내 생각에는 자연에서 관찰되는 노화의 다양한 모습과 잘 들어맞지 않는 것 같다. 20여 년에 걸친 유전학 연구를 통해 수명은 놀라울 정도로 연장될 수 있음이 증명되었다. 심지어 어떤 포유류는 결정적인 점 돌연변이(point mutation, 유전자의 아주 작은 부분에서 일어나는 돌연변이: 옮긴이) 한 번으로 수명이 연장되기도 했다. 만약 노화가 수백, 수천 개의 유전자 **서열**에 실제로 기록되어 있다면 이런 현상은 일어날 수 없을 것이다. 결정적인 유전자 하나가 많은 다른 유전자의 활성을 조절한다 해도 그 유전자들은 여전히 돌연변이 상태다. 문제는 활성이 아니라 유전자 서열이다. 그 서열을 고쳐 수명에 영향을 미치려면 동시에 수천 개의 돌연변이가 적절한 유전자에서 일어나야 하고, 그러면 적어도 몇 세대가 걸릴 게 틀림없다. 이유야 어떻든 동물계 전체를 통틀어 수명은 놀라울 정도로 잘 조절되고 있다는 것은 사실이다.

복잡한 사정이 많은 미토콘드리아 돌연변이도 이런 현실과 조화를 이루기 어렵다. 그래도 얼핏 보면 미토콘드리아 유전자가 노화와 질병을 더 잘 설명할 듯하다. 여기에는 두 가지 이유가 있다. 첫째, 앞 장에서 확인한 것처럼 미토콘드리아 돌연변이는 핵 돌연변이보다 훨씬 빨리 축적된다. 따라서 한 사람의 일생 동안 충분히 축적되기 쉽고 이론적으로 노화로 인한 쇠퇴비율과 일치할 수 있다. 둘째, 미토콘드리아 돌연변이는 생명을 잠식할 능력이 있다. 미토콘드리아 돌연변이는 하찮은 단역배우가 아니다. 미토콘드리아 질환을 보면 이 돌연변이가 얼마나 파괴적인지 잘 알 수 있다.

그렇다면 미토콘드리아 돌연변이는 얼마나 빨리 축적될까? 몇 세대에 걸쳐 일어나는 진화속도는 자연선택의 영향을 받기 때문에 확실하게 말하기 어렵다. 미토콘드리아 유전자는 대부분 진화속도가 핵 유전자에 비해 약 10~20배가량 빠르지만 조절부위에서는 50배 정도 더 빠를 수도 있다. 돌연변이는 큰 손상을 일으키지 않는다면(아니면 선택에 의해 제거되지 않는다면) 유전체 속에 그냥 '고정'되어 있기 때문에 실제 진화속도는 분명히 더 빠를 것이다. 이 변화가 실제로 얼마나 빠른지 알아보기 위해 호주 모나쉬 대학의 앤서니 린넨Anthony Linnane과 일본 나고야 대학의 공동 연구진은 효모를 관찰한 유명한 논문을 1989년 『란셋』지에 발표했다. 양조업자라면 누구나 알듯, 효모는 산소에만 의존하지는 않는다. 효모는 발효를 통해 알코올과 이산화탄소를 생산하기도 한다. 발효는 미토콘드리아에서 일어나지 않기 때문에 효모는 미토콘드리아에 심각한 손상을 입어도 살아갈 수 있다. 이렇게 손상을 입고 성장이 저해된 채 살아가는 '프티petite' 효모 균주는 1940년대에 처음 발견되어 주목을 받기 시작했다. 이 프티 돌연변이는 미토콘드리아 DNA 대부분이 삭제되어 호흡능력을 상실한 돌연변이체가 되는 것으로 밝혀졌다. 결정적으로 이 프티 돌연변이는 세포배양 과정에서 자연적으로 갑자기 발생하는데 그 비율은 효모의 종류에 따라 1/10~1/1,000까지로 나타난다. 대조적으로 핵 돌연변이는 효모든 고등한 동물이든 모두 극히 드물어 세포 약 100만 개당 한 번꼴로 나타난다. 다시 말해서 효모는 미토콘드리아 돌연변이가 핵 돌연변이에 비해 10만 배까지 빠르다는 것이다. 이렇게 빠른 돌연변이 속도가 동물에도 똑같이 적용된다면 노화가 확실하게 설명될 수 있다. 오히려 우리가 이렇게 오래 사는 이유를 설명하는 게 더 어려울 지경이다.

인간과 동물의 조직에서 미토콘드리아 돌연변이가 얼마나 빨리 축적되는지에 대한 연구가 이어졌다. 이 분야는 논란이 계속되고 있으며 이제 겨우 합의가 이루어지기 시작했다고 말할 수 있다. 문제는 돌연변이를 측정하는 기술과 일부 연관이 있다. DNA 염기서열을 밝히는 기술은 때때로 돌연변이가 일어난 서열을 '정상적인' 서열의 확장으로 해석해 손상의 한계를 정하는 것을 어렵게 만든다. 결국 연구소마다 실험결과는 극단적으로 다를 수밖에 없었고 어떤 경우는 그 오차범위가 1만 배에 이르렀다. 어디서나 그렇듯이 미토콘드리아 돌연변이를 발견하고 싶어하는 사람은 발견을 했고 의심하는 사람들은 거의 발견하지 못했다. 이렇게 된 이유는 연구자들이 의도적으로 자료를 조작해서라기보다는 관점의 문제일 것이다. 발견한 사람이나 발견하지 못한 사람이나 모두 자신의 연구에 충실했을 것이다.

이런 배경을 거스르면서 어떤 단언을 하는 것은 어쩌면 경솔한 행동일지도 모른다. 이제 막 모습이 드러나기 시작한 새로운 현상을 보면 사실상 양쪽 모두 옳다는 것을 알 수 있다. 돌연변이 미토콘드리아의 운명은 돌연변이의 위치에 따라 달라지는 것으로 추측된다. 다시 말해서 돌연변이가 조절부위에 있느냐 단백질이 암호화된 부위에 있느냐에 따라 다른 양상이 나타난다.

조절부위(미토콘드리아 DNA 복제를 담당하는 인자들이 결합되는 곳)에서 일어나는 돌연변이는 아무 문제가 없으며 심지어 조직 전체로 퍼지기까지 한다. 이 돌연변이는 기능적인 면에서 그리 큰 피해를 주지 않는다. 미토콘드리아 DNA 서열 연구의 선구자 중 한 사람인 주세페 아타르디Giuseppe Attardi가 동료 연구진과 함께 1999년 『사이언스』 지에 발표한 선구적인 연구에서 지적한 내용에 따르면, 노인의 조직에서는 조절부위의 돌연변이가 전체 미토콘드리아 DNA의 50퍼센트가 넘게 축적되는 반면, 젊은 사람의 조직에서는 거의 나타나지 않는다. 이것으로부터 우리는 특정 유형의 돌연변이가 나이가 들수록 더 많이 축적된다는 사실을 알 수 있다. 그러나 이 돌연변이는 단백질이 암호화된 유전자에 영향을 끼치는 것이 아니기 때문에 해로운지에 대해서는 단적으로 말할 수 없다. 이 돌연변이 전체가 모두 해롭지 않다는 것은 확실하다. 2003년에 아타르디의 연구진이 발표한 다른 중요한 연구에 따르면, 조절부위에서 일어난 한 돌연변이는 이탈리아인의 **수명연장**과 실제로 연관이 있었다. 염기서열이 하나 변화된 이 돌연변이는 100세 이상의 장수노인에게서 다섯 배나 더 많이 나타나 생존에 유리한 작용을 할지도 모른다는 암시를 주었다.

대조적으로 기능 단백질과 RNA가 암호화된 부위에서 일어나는 돌연변이는 1퍼센트 수준 이상 축적되는 일이 드물다. 이 정도면 심각한 에너지 부족을 일으키기에는 턱없이 낮은 수준이다. 흥미롭게도 시토크롬 산화효소 결함 같은 기능적인 미토콘드리아 돌연변이는 특정 **세포**에서 분열이 잘 일어나 결과적으로 돌연변이체가 우세해지기도 한다. 이런 현상이 일어나는 세포는 일부 뉴런, 심장근세포, 노화된 근육에 나타나는 불균일 적색 근섬유 같은 곳이다. 그러나 전체적으로 볼 때 조직에서 이런 돌연변이체가 차지하는 비율이 1퍼센트를 넘는 경우는 드물다. 여기에는 두 가지 가능성이 있다. 하나는 세포마다 축적되는 돌연변이가 달라 아무리 특별한 돌연변이라도 빙산의 일각에 불과하다는 것이다. 또 다른 가능성은 노화가 일어나는 조직에서 미토콘드리아 돌연변이가 대부분 고도로 축적되지 않는다는 것이다. 어쩌면 놀라울 수도 있지만 두 번째 설명이 더 진실에 가깝다. 몇몇 연구에서 밝혀진 바에 따르면, 노화된 조직에 있는 대부분의 미토콘드리아는 조절부위를 제외하고는 기본적으로 정상적인 DNA를 가지고 있으며 더 나아가 정상적인 호흡능력을 갖추고 있다. 미토콘드리아 질환이 일어나는 데 필요한 돌연변이의 비율이 60퍼센트라는 것을 감안할 때, 겨우 몇 퍼센트의 돌연변이만으로 노화를 설명하기는 충분치 않아 보인다. 적어도 기존 미토콘드리아 이론의 신조에서는 그렇다.

그렇다면 어떻게 된 일일까? '우리가 정말 효모와 그렇게 다를까?' 나는 바보 같은 의문에 빠지고 말았다. 이 의문이 여러 독자들을 얼떨떨하게 하지 않을까 걱정은 되지만 꼭 필요한 의문이다! 효모는 미토콘드리아 돌연변이를 빠르게 축적하지만 우리는 대개 그렇지 않다. 에너지 생산 면에서 볼 때 우리는 효모와 비슷한 방법으로 살아간다. 유일한 차이라면 우리는 미토콘드리아에 의존하지만 효모는 그렇지 않다는 것이다. 어쩌면 이런 필요성의 차이가 문제의 실마리가 될지도 모르겠다. 예컨대 조절부위에서 돌연변이가 축적되는 이유가 단지 별 문제가 되지 않기 때문이라고 해보자. 6부에서 다루었던 인간 유전 연구에서 암시된 것처럼 이 돌연변이는 기능에 미치는 영향은 미미하지만, 대부분의 기능적인 돌연변이는 문제가 **되기** 때문에 축적이 되지 **않는** 것이다. 무척 그럴싸한 이 추론에는 최고의 미토콘드리아에 대한 선택이 조직(심장과 뇌 세포처럼 수명이 긴 세포로 구성된 조직에서까지도)에서 일어나고 있다는 의미가 내포되어 있다. 그렇다면 우리는 두 가지 가능성과 마주친다. 미토콘드리아 노화이론이 전적으로 틀렸거나 미토콘드리아 돌연변이가 효모와 비슷한 비율로 일어나지만 최고의 미토콘드리아를 위해 조직 내에서 선택에 의한 제거가 일어난 것이다. 만약 그렇다면 미토콘드리아의 기능은 원래 미토콘드리아 노화이론이 생각했던 것보다 훨씬 더 역동적이어야만 한다. 과연 어느 쪽일까?

17

자가조정장치의 소멸

중요한 점은 조절부위의 돌연변이는 전체 조직이 '이어받는' 단계로 넘어가는 경우가 많아 같은 돌연변이가 사실상 모든 세포에서 발견된다고 할 수 있다. 이와 달리 미토콘드리아 유전체의 암호부위에서 일어나는 돌연변이는 특정 세포에서는 번질 수 있지만 전체 조직에서는 1퍼센트를 넘는 경우가 매우 드물다. 나는 이 현상에 대해 조직에서 선택이 일어난다는 의심이 짙게 풍긴다고 했다. 자유라디칼의 신호전달 작용을 해로운 미토콘드리아 돌연변이를 제거하는 작용과 연관 지을 수는 없을까? 가능성이 있으며, 이것이 바로 '새로운' 미토콘드리아 노화이론의 핵심이다.

앞 장을 읽고 미토콘드리아 노화이론이 허튼소리라는 생각이 들었다 하더라도 이해할 수 있을 듯하다. 어쨌든 이 이론의 예측 대부분이 완전히 잘못된 것처럼 보인다. 항산화제가 최대 수명을 연장시켜주리라는 예측도 사실이 아닌 것 같다. 미토콘드리아 DNA 돌연변이가 노화와 함께 축적될 것이라는 예측은 실제 일어나는 현상이기는 하지만 별로 대수롭지 않다. 호흡연쇄에서 누출되는 자유라디칼의 비율이 일정하기 때문에 수명이 대사율에 따라 변한다는 예측은 일반적으로는 옳지만 조류와 인간과 박쥐와 운동의 역설(운동선수가 소파에 앉아 텔레비전만 보는 사람보다 더 많은 산소를 소모하지만 노화는 더 느리다는 사실) 같은 예외를 설명하지는 못한다. 이 이론에서 유일하게 옳은 것이라고는 미토콘드리아가 세포에서 자유라디칼을 만들어내는 주요 공급원이라는 사실밖에 없는 듯하다. 강력하고 탄탄한 이론의 특징과는 거리가 멀다.

이제 앞 장에서 한쪽에 미루어두었던 생각으로 돌아갈 차례다. 호흡연쇄에서 누출되는 자유라디칼은 그 비율이 일정하지도 않고 불가피한 것도 아니며 자연선택의 대상일 뿐이라는 생각이다. 진화를 통해 자유라디칼 누출 속도는 종마다 최적의 수준으로 맞추어졌다. 수명이 긴 동물은 대사율이 높으면서도 상대적으로 자유라디칼의 누출이 적은 반면, 수명이 짧은 동물은 대사율이 높고 자유라디칼의 누출도 많으며 이와 함께 항산화제가 다량 만들어진다. 우리는 이런 의문을 제기했다. 미토콘드리아에서 자유라디칼의 누출을 줄이려면 어떤 비용이 들까? 왜 쥐는 미토콘드리아에서 자유라디칼 누출을 막아 항산화제 소비가 줄어드는 이득을 보려고 하지 **않을까**? 도대체 무엇을 잃는 것일까?

3부로 돌아가 미토콘드리아 DNA의 존재에 대한 존 앨런의 설명을 떠올려보자(219~221쪽 참조). **모든 종에서** 산소호흡을 담당하는 핵심 유전자가 미토콘드리아에 남아 있는 것은 우연이 아니라는 앨런의 주장을 기억할 것이다. 그는 그 이유를 호흡을 안정된 상태로 유지하기 위해서라고 보았다. 호흡연쇄의 구성요소들 사이에 불균형이 생기면 호흡능률이 떨어지고 자유라디칼이 누출되기 때문이다. 우리는 요구에 관계없이 미토콘드리아 전체를 일괄 조절하는 핵 우전자를 통한 관료주의적인 연합보다는 특정 미토콘드리아의 한 지점에서 필요한 요구를 해결하는 데는 가까운 곳에 유전자를 두는 게 필요하다는 사실을 확인했다. 미토콘드리아 유전자가 그 자리에 있는 이유가 불이익에 비해 이익이 더 갖기 때문이라는 것이 얼런이 주장하는 바의 핵심이다.

미토콘드리아는 어떻게 호흡연쇄 구성요소를 더 생산하라는 신호를 보낼까? 이제 우리는 21세기의 과학으로 들어가려고 하는데 아직까지 알려진 바가 거의 없다. 3부 내용에 따르면, 앨런은 호흡연쇄에서 생산되는 자유라디칼 비율의 변화가 신호로 작용한다고 생각했다. 자유라디칼 자체가 호흡복합체를 더 생산하라는 신호라는 것이다. 이로써 쥐가 자유라디칼 누출을 제한하는 데 실패한 이유가 곧바로 이해된다. 신호의 강도가 약해지면 더 정밀한 탐지체계가 필요했을 것이다. 앞으로 우리는 새가 어떻게 이 문제를 비켜갔는지, 그리고 왜 쥐에게는 그 방법이 소용이 없었는지를 알아볼 것이다.

특정 미토콘드리아에 시토크롬 산화효소가 충분하지 않으면 무슨 일이 벌어질까? 이 상황에 대해서는 8장에서 다루었다. 호흡이 일부 중단되고 전자가 호흡연쇄를 따라 역류하면서 반응성이 더 커진다. 호흡으로 소모되는 양이 줄어들기 때문이 산소량이 증가한다. 산소량이 증가하면서 전자의 흐름이 느려진다는 것은 자유라디칼 생산이 늘어남을 의미한다. 앨런에 따르면, 이는 정확히 더 많은 복합체를 만들어 결함을 바로잡으라는 신호가 된다. 미토콘드리아가 자유라디칼 누출 증가를 어떻게 간파하는지는 알려지지 않았지만 아주 다양한 가능성이 존재한다. 이를테면 단백질 합성을 개시하는 미토콘드리아 전사인자가 자유라디칼에 의해 활성화될 수 있고 RNA의 안정성이 자유라디칼의 공격에 영향을 받을 수도 있다. 두 가지 모두 사례가 있지만, 어느 것도 미토콘드리아 내에서 일어난다는 사실이 증명되지는 않았다. 두 가지 모두 자유라디칼 누출 증가가 미토콘드리아 DNA에서 만들어지는 핵심 호흡 단백질의 증가로 이어지도록 해야만 한다. 이 단백질이 내막에 끼워 넣어지면 다른 단백질이 모이는 장소를 표시하는 구실을 하게 되고 핵 유전자에 암호화된 단백질이 여기에 덧붙여진다. 완전한 복합체가 형성되면 호흡의 장애물이 사라진다. 자유라디칼 누출은 다시 줄어들고 이 체계는 작동이 중단된다. 전체적으로 이 체계는 자동 온도조절장치와 같은 원리로 작동한다. 자동 온도조절장치는 실내온도가 떨어지면 보일러를 돌아가게 하고 실내온도가 올라가면 보일러의 가동을 중단시켜 실내온도를 일정한 범위 내에서 조절한다. 그러나 실내온도가 오르락내리락하지 않으면 온도조절장치는 전혀 작동하지 않는다. 마찬가지로 호흡연쇄에서 누출되는 자유라디칼의 비율이 오르내리지 않으면 적절한 호흡복합체의 수가 자동적으로 조절되지 못한다.

자유라디칼 신호체계가 작동하지 않으면 무슨 일이 벌어질까? 미토콘드리아 유전자가 새로운 호흡 단백질을 합성하지 못해 자유라디칼이 누출되면 내막을 구성하는 카르디올리핀 같은 지질이 산화된다. 카르디올리핀은 5부에서 시토크롬 산화효소와 결합하는 물질로 소개되었다(315쪽 참조). 그러므로 카르디올리핀이 산화되면 시토크롬 산화효소가 방출된다. 이어서 호흡연쇄를 따라 흐르던 전자의 흐름이 모두 정지하고 호흡은 멈추게 된다. 지속적인 전자의 흐름이 사라지면 막전위는 붕괴되고 아포토시스를 일으키는 단백질이 세포로 방출된다. 만약 이런 사건이 미토콘드리아 하나에서만 발생한다면 세포는 아포토시스를 일으키지 않는다. 아포토시스가 일어나려면 어떤 한계에 도달해야만 한다. 죽는 미토콘드리아가 겨우 몇 개에 불과하면 아포토시스 신호가 세포를 죽음에 이르게 할 정도로 충분히 강하지 않기 때문에 해당 미토콘드리아만 사라지고 만다. 대조적으로 다수의 미토콘드리아에서 동시에 아포토시스를 일으키는 물질을 방출하면 전체적으로 한계에 다다른 세포는 아포토시스를 일으킨다.

이런 유연한 신호체계는 원래 미토콘드리아 노화이론의 정신과는 판이하게 다르다. 원래 이론에 따르면 자유라디칼은 전적으로 해로워야만 한다. 진화과정에서 우연히 미토콘드리아에 남은 DNA가 자유라디칼에 의해 손상되면 우리는 조금씩 조절기능을 잃고 퇴화가 일어나 처량하게 늙어야 하는 것이다. 다행히 이제 자유라디칼은 전적으로 해롭기만 한 게 아니라 세포와 신체의 건강을 위해 중요한 신호를 전달하는 구실을 담당하는 존재가 되었다. 미토콘드리아 DNA도 별난 요행 때문이 아니라 실질적인 필요에 의해 그 자리에 남아 있는 것이다. 게다가 미토콘드리아는 생각했던 것보다 자유라디칼에 의한 손상으로부터 더 잘 보호를 받고 있었다. 미토콘드리아 DNA는 복사본이 여러 개 있을 뿐 아니라(보통 미토콘드리아마다 5~10개의 복사본이 있다), 손상으로부터 자신의 유전자를 복구할 능력이 충분하며, (6부에서 확인한 것처럼) 손상된 유전자를 복구하기 위해 재조합을 할 수 있다는 사실이 최근 연구를 통해 밝혀졌다.

그렇다면 미토콘드리아 노화이론은 모두 어떻게 되었을까? 어쩌면 뜻밖일 수도 있겠지만 이 이론은 사라지지도, 사장되지도 않고 다만 그 모습이 파격적으로 바뀌었다. 새로운 이론은 잿더미에서 다시 살아나는 불사조처럼 미토콘드리아에서 만들어지는 자유라디칼로 무장하고 다시 나타났다. 이 새로운 이론은 특별히 한 가지 생각에 의존하지 않고 서서히 여러 연관 분야의 연구성과를 차곡차곡 쌓아나갔다. 여러 연구자료와 일치할 뿐 아니라 노년에 겪는 질환의 특성과 그 질환을 치료하기 위한 의약품 개발을 어떻게 시작해야 할지에 대한 깊은 통찰을 제공한다는 큰 장점이 있다. 결정적으로 이 질환들을 정복하기 위한 최선의 방법은 현재 의학 연구에서 하듯 각각의 질환을 따로따로 접근하는 것이 아니라 동시에 모든 질환을 표적으로 삼는 것이다.

역행반응

우리는 미토콘드리아에서 민감한 피드백 체계가 작동되고 있음을 확인했다. 이 체계에서 자유라디칼의 누출은 조절과 오류수정을 위한 신호로 작용한다. 그러나 자유라디칼이 미토콘드리아 기능에서 중요한 자리를 차지한다고 해서 독성이 없다는 뜻은 아니다. 건강잡지에서 호들갑스럽게 떠드는 것만큼은 아니더라도 자유라디칼에 독성이 있는 것은 분명하다. 수명은 호흡연쇄에서 누출되는 자유라디칼의 비율과 연관이 있다. 연관성이 크다고 꼭 인과관계가 성립하는 것은 아니지만 전혀 관계가 없다고 주장하기는 어렵다. 만약 두 요소가 어떻게든 연관이 되지 않는다면 한 요소가 다른 요소의 '원인'이 되기는 힘들다. 또 효모, 선형동물, 곤충, 파충류, 조류, 포유류같이 근본적으로 다른 생물군 사이에서는 수명과 연관 있는 어떤 요소를 찾아보기 힘들다. 논의의 실마리를 찾기 위해 자유라디칼이 노화의 원인이 된다고 가정해보자. 어떻게 하면 신호를 전달하는 자유라디칼의 작용을 독성에 대한 기존 개념과 부합시키면서 현재까지 발견된 증거와도 일치시킬 수 있을까?

효모에서는 미토콘드리아 돌연변이가 핵 돌연변이에 비해 최소 10만 배 더 많이 축적된다. 사람도 나이가 들면서 특정 유형의 미토콘드리아 돌연변이가 축적되는데, 특히 '조절'부위에서 두드러지게 나타난다. 중요한 점은 조절부위의 돌연변이는 전체 조직이 '이어받는' 단계로 넘어가는 경우가 많아 같은 돌연변이가 사실상 모든 세포에서 발견된다고 할 수 있다. 이와 달리 미토콘드리아 유전체의 암호부위에서 일어나는 돌연변이는 특정 세포에서는 번질 수 있지만 전체 조직에서는 1퍼센트를 넘는 경우가 매우 드물다. 나는 이 현상에 대해 조직에서 선택이 일어난다는 의심이 짙게 풍긴다고 했다. 자유라디칼의 신호전달 작용을 해로운 미토콘드리아 돌연변이를 제거하는 작용과 연관 지을 수는 없을까? 가능성이 있으며, 이것이 바로 '새로운' 미토콘드리아 노화이론의 핵심이다.

만약 미토콘드리아 DNA에서 우연히 돌연변이가 일어난다면 미토콘드리아 기능은 어떻게 보정될 수 있을까? 하나씩 차근차근 생각해보자. 돌연변이가 조절부위에서 일어난다면 유전자 서열에는 영향을 주지 않지만 전사인자나 복제인자가 결합하는 데 영향을 줄 가능성은 있다. 만약 그 영향이 온전히 중립적이지 않다면 돌연변이 미토콘드리아는 동일한 자극에 대해 유전자를 더 복제하거나 덜 복제할 수 있다. 그렇다면 어떤 결과가 나타날까? 만약 돌연변이가 일어난 미토콘드리아가 임무수행에 '태만'해지면 복제신호에 대한 반응이 느려지므로 이런 돌연변이 미토콘드리아는 전체 미토콘드리아 무리에서 그냥 사라져버리기 쉽다. 분열신호를 감지하면 '정상' 미토콘드리아는 분열을 하게 되겠지만 돌연변이 미토콘드리아는 별 반응이 없을 것이다. 이런 미토콘드리아 집단은 정상 미토콘드리아에 비해 쇠퇴하다가 결국 세포 구성요소의 정상적인 재편성과정에서 모두 사라지게 될 것이다.

반대로 돌연변이가 일어난 미토콘드리아가 동일한 신호에 더 빨리 반응하게 되면 그 미토콘드리아의 DNA는 증가될 것이라는 예상을 할 수 있다. 이런 돌연변이 미토콘드리아는 분열신호를 감지할 때마다 활발하게 분열해 결국 '정상' 미토콘드리아를 밀어내게 될 것이다. 이런 돌연변이가 줄기세포(조직에서 세포의 교환이 일어나게 하는 세포)에서 일어난다면, 줄기세포가 분열할 때마다 이 돌연변이체가 전달될 가능성이 크고 결국 조직 전체에 퍼지게 될 것이다. 여기서 주목해야 할 중요한 점은, 이 돌연변이가 미토콘드리아 기능에 특별히 해가 되지 않는다면 조직의 재편성을 초래하기 쉽다는 것이다. 이 현상은 호흡복합체 자체에 이상이 없기 때문에 실제로 일어날 가능성이 크다. 에너지 생산은 필요한 만큼 정상적으로 계속된다. 앞서 나온 것처럼(427쪽) 주세페 아타르디의 연구진은 어떤 조절부위의 돌연변이가 실제로 이득이 되기도 한다는 사실을 밝히기도 했다.

그렇다면 유전자가 암호화된 부위에서 돌연변이가 일어나면 무슨 일이 벌어질까? 왜 이런 돌연변이는 세포에서는 일어나도 조직 전체를 뒤바꾸지는 못하는 걸까? 이번에는 미토콘드리아 기능이 바뀔 가능성이 크다. 가령 돌연변이가 시토크롬 산화효소에 영향을 미친다고 해보자. 서로 다른 구성단위 사이의 상호작용이 일어나기 위해서 나노 수준의 정밀도가 필요하다는 것을 고려하면 호흡은 제대로 이루어지지 않고 전자는 호흡연쇄를 따라 역류하게 될 가능성이 크다. 자유라디칼 누출이 증가하고 이것이 신호가 되어 새로운 호흡연쇄 구성물질이 만들어진다. 그러나 새로 만들어지는 복합체 역시 기능장애가 있기 때문에 문제를 해결하지 못한다(손상의 크기가 작더라도 도움이 되지는 않을 것이다). 그다음에는 어떤 일이 일어날까? 흥미롭게도 미토콘드리아는 원래 이론에서 제안했던 오류파국을 일으키는 게 아니라 열심히 구조신호를 보낸다. 결함이 생긴 미토콘드리아는 세포가 그 결함을 복구할 수 있도록 '역행반응(retrograde response)'이라는 피드백 경로를 통해 핵에 신호를 보낸다.

역행반응은 효모에서 처음 발견되었으며, 핵에서 세포의 다른 부분으로 전달되는 정상적인 명령체계와 반대로 일어난다고 해서 그런 이름이 붙여졌다. 역행반응에서 핵의 작용을 바꾸기 위한 신호를 보내는 것은 미토콘드리아다. 핵이 아니라 미토콘드리아가 계획을 세우는 것이다. 역행반응이 효모에서 처음 발견된 뒤 비슷한 생화학적 경로가 고등한 진핵생물에게서도 잇달아 발견되었으며 인간에게서도 발견되었다. 신호의 자세한 부분과 그 의미는 거의 다르지만 전반적으로 대사결함을 바로잡고자 한다는 공통된 의도를 지니고 있다. 역행신호는 에너지 생산방법을 발효 같은 혐기성 호흡으로 바꾸고 장기적으로 더 많은 미토콘드리아를 생산하도록 자극한다. 또한 세포가 스트레스에 저항할 수 있는 능력을 강화해 앞으로 더 큰 시련에서 살아남을 수 있게 한다. 효모는 미토콘드리아에 의존해 살아가지 않기 때문에 역행반응이 활성화되면 더 오래 살 수 있다. 그러나 미토콘드리아에 의존해 살아가는 우리 인간의 경우는 역행반응을 통해 미토콘드리아의 결함을 바로잡는다는 비슷한 이익이 동등하게 적용되기는 어려워 보인다. 그러나 내 생각으로는 인간은 이 작용 덕분에 수명이 연장된다. 이 작용이 없다면 우리의 수명은 확실히 '짧아질' 것이다.

역설적이게도 세포가 장기적으로 에너지 결함을 바로잡는 방법은 더 많은 미토콘드리아를 생산하는 것밖에 없다. 만일 미토콘드리아에 결함이 있는데 더 많은 미토콘드리아를 생산해 문제를 해결하려고 하면 결함이 있는 미토콘드리아가 세포에서 '우세해지는' 경우가 생긴다. 몇 년 동안은 손상이 가장 적은 미토콘드리아를 선별해 그 수를 불릴 수 있다. 전체적인 미토콘드리아 집단은 어쩌면 몇 주가 될 수도 있는 교체기간 동안 끊임없이 변화한다. 미토콘드리아는 에너지 결함이 대단하지 않을 때는 계속 분열을 하기도 하고 죽기도 한다. 죽은 미토콘드리아가 분해되면 그 내용물은 세포에서 재활용된다. 이는 손상된 미토콘드리아가 끊임없이 미토콘드리아 집단에서 제거된다는 것을 의미한다. 이런 방법으로 세포는 자신의 결함을 계속 바로잡으면서 수명을 거의 무한히 연장시킬 수 있다. 이를테면 우리 뉴런의 나이는 대개 우리 나이와 맞먹는다. 뉴런은 교체되는 일이 거의 없으며 오류파국을 맞아 급속도로 기능이 조절력을 잃는다기보다는 알아차릴 수 없을 정도로 서서히 쇠퇴한다. 그러나 젊음을 되돌리는 것은 불가능하다. 가장 심각한 미토콘드리아 돌연변이는 세포에서 제거될 수 있지만 그 미토콘드리아를 아예 이용하지 않는다면 모를까 원래 기능을 되돌릴 방법은 없다(난자와 일부 성체 줄기세포는 바로 이런 방법을 이용해 생체시계를 초기화한다).

세포가 손상된 미토콘드리아에 더 의지할수록 세포 내부는 더 산화된 상태가 된다(여기서 산화란 전자를 잃기 쉬운 경향을 의미한다). 그러나 '산화'되었다고 해서 세포가 내부환경을 조절할 능력을 상실한다는 의미는 아니다. 세포는 스스로 기능을 조절해 새로운 안정상태를 되찾는다. 대부분의 단백질과 지질과 탄수화물과 DNA는 이런 변화에 영향을 받지 않는다. 이 점도 산화가 축적된다고 예측했던 원래 미토콘드리아 이론과 일치하지 않는다. 산화가 축적된다는 증거를 찾고자 하는 많은 시도가 있었지만 젊은 조직과 노화된 조직 사이에서 뚜렷한 차이를 발견하지 못했다. 영향을 받는 것은 다양한 유전자였으며 유전자에서 이런 변화를 확인할 수 있는 수많은 증거가 나왔다. 유전자의 변화는 전사인자의 활성에 달렸으며 가장 중요한 전사인자는 대개 산화환원 상태에 의해(다시 말해서 산화되었는지 환원되었는지, 또는 전자를 잃었는지 얻었는지에 따라) 활성이 좌우된다. 전사인자는 보통 자유라디칼에 의해 산화되고 특정 효소에 의해 환원된다. 곧, 두 상태의 동적 평형에 의해 활성이 결정된다.

이 작용의 원리는 탄광에서 유해기체가 있는지 알아보기 위해 먼저 갱도로 카나리아를 내려 보내는 것과 비슷하다. 만약 카나리아가 죽은 채로 올라오면 광부들은 방독면을 쓰는 따위의 적절한 예방책을 세울 수 있다. 산화환원 상태에 민감한 전사인자도 카나리아처럼 절박한 위험에 처했다는 경고를 해서 세포가 위험을 피할 수 있게 한다. **죽음을 일으킬 만한 산화가 세포를 구성하는 구조 전체에서 일어나기 전에 '카나리아' 전사인자가 먼저 산화되는 것이다.** 전사인자가 산화되면 산화가 더 진행되는 것을 방지하는 데 필요한 변화가 일어난다. 이를테면 새로운 미토콘드리아를 만드는 데 필요한 유전자의 발현을 조정하는 전사인자인 NRF 1과 NRF 2('핵 호흡인자 [nuclear respiratory factor]')는 산화환원 상태에 따라 DNA와의 결합력이 달라진다. 세포가 더 산화된 상태가 되면 NRF 1은 균형을 되돌리기 위해 새로운 미토콘드리아의 생성을 자극한다. 게다가 덤으로 다른 유전자까지 발현시켜 한동안 받게 될 스트레스를 대비하게 한다. 반대로 NRF 2는 '환원' 상태에서 더 활성화되고 산화되면 활성이 사라진다.

세포 내부가 더 산화된 상태가 되면 산화환원에 민감한 전사인자 집단은 핵 유전자가 활성화되는 범위를 변화시킨다. 그 결과 정상적인 '살림살이'를 하는 유전자에서 스트레스로부터 세포를 보호하는 유전자로 유전자의 활성이 변한다. 여기에는 면역세포와 염증세포의 도움을 요청하는 일부 매개체(mediator)의 유전자도 포함된다. 나는 『산소』에서 이런 활성이 관절염이나 동맥경화증 같은 노인성 질환의 토대가 되는 가벼운 만성염증을 이해하는 데 도움이 된다고 주장했다. 활성화된 유전자의 정확한 범위는 조직마다 차이가 있고 스트레스 정도에 따라서도 다양하지만, 일반적으로 조직이 새로운 '안정상태'로 균형을 잡으면 그 상태를 유지하는 데 많은 자원이 들기 때문에 원래 임무에 쓰이는 자원은 줄어들 수밖에 없다. 이런 상황은 수십 년을 갈 수도 있다. 우리는 힘이 없다든지 가벼운 질환이 오랫동안 낫지 않는다든지 따위의 증상을 느낄 수도 있지만 죽을병에 걸린 것은 아니다.

종합하면 이런 이야기가 된다. 특정 미토콘드리아 내부가 산화되면 미토콘드리아의 유전자는 호흡복합체를 더 만들기 위해 활발하게 전사된다. 이렇게 해서 상황이 해결되면 만사가 잘되는 것이다. 그러나 상황이 해결되지 않고 세포가 전체적으로 더 산화상태가 된다면 NRF 1 같은 전사인자가 활성화된다. 전사인자가 활성화되면 작동하는 핵 유전자의 범위가 변화되면서 새로운 미토콘드리아의 생산을 자극하고 세포를 스트레스에서 보호한다. 새로운 상태가 염증에 취약할 수도 있지만 세포에 다시 안정을 가져오게 된다. 그러나 세포와 조직의 구조에서 산화가 일어나는 정도가 적다면 가장 손상이 적은 미토콘드리아만 증식이 일어나는 경향이 있기 때문에 미토콘드리아 돌연변이와 손상을 알리는 명백한 신호가 거의 없다. 다시 말해서 원래 미토콘드리아 이론에서 예측된 나선형으로 증가하다가 파국을 불러오는 손상을 우리가 감지하지 못하는 이유가 자유라디칼이 위험을 알리는 신호로 이용된다는 것으로 설명된다. 그리고 세포에 항산화제가 많이 축적되지 않는 이유도 설명된다. 항산화제는 딱 정량만 필요하며 그래야 전사인자의 산화환원 상태 변화에 민감하게 반응할 수 있기 때문이다. 이것이 내가 초반에 생물학이란 아주 역동적이며 '단순한' 자유라디칼 화학이 아니라고 말한 이유다. 여기서 우연히 벌어지는 일은 거의 없다. 엇나가려는 세포대사에 끊임없이 적응하는 현상이라고 보는 편이 옳다.

그렇다면 마지막 순간 미토콘드리아가 어떻게 우리를 죽음에 이르게 할까? 이윽고 세포에서는 정상적인 미토콘드리아가 모두 소진될 것이다. 이런 세포는 미토콘드리아를 더 생산하라는 요구를 받으면 손상된 미토콘드리아를 복제하는 수밖에 별 도리가 없다. 따라서 세포에는 손상된 미토콘드리아가 분열된 집단이 우세해진다. 그런데 왜 나이가 많은 사람의 조직에서조차 손상된 미토콘드리아가 있는 세포가 한꺼번에 많이 나타나지 않는 것일까? 이제 다음 단계의 신호가 기다리고 있기 때문에 그렇다. 마침내 이 단계에 다다르면 세포는 손상된 미토콘드리아와 함께 아포토시스에 의해 제거되기 때문에 우리는 노화된 조직에서 미토콘드리아 돌연변이를 많이 관찰할 수 없다. 그러나 이렇게 정화를 하는 데는 많은 비용이 든다. 그 비용은 점진적으로 조직기능이 상실되면서 노화와 죽음에 이르는 것으로 치르게 된다.

질환과 죽음

궁극적으로 세포의 운명은 정상적인 에너지 수요에 대처하는 능력으로 결정되며 에너지 수요는 조직의 대사 요구량에 따라 다양하다. 미토콘드리아 질환을 앓을 때, 만약 세포가 정상적인 활성을 지니고 있다면 어떤 중대한 미토콘드리아 결함이라도 아포토시스에 의해 순식간에 처리될 것이다. 아포토시스 신호가 정확히 어떻게 구성되는지는 확실치 않으며 이번에도 조직에 의존하지만 미토콘드리아의 두 가지 요소와 연관이 있을 것으로 추측된다. 그 요소는 손상된 미토콘드리아의 비율과 세포 전체의 ATP 수준이다. 당연히 이 두 요소는 연관성이 있다. 제 기능을 발휘하지 못하는 미토콘드리아가 많아지면 분명 수요에 맞춰 ATP를 생산하기 어려울 것이다. 대부분의 세포에서는 ATP 수치가 특정 한계 이하로 떨어지면 가차 없이 아포토시스가 일어난다. 결함이 있는 미토콘드리아가 있는 세포는 스스로 제거되기 때문에 노인의 조직에서도 미토콘드리아 돌연변이를 많이 관찰하기 어려운 것이다.

조직의 생사와 전체적인 기관의 기능을 결정하는 것은 기관을 구성하는 세포의 종류다. 만약 오염되지 않은 미토콘드리아를 포함한 줄기세포가 분열해 세포를 대체할 수 있다면 아포토시스로 세포가 사라진다 해도 균형상태가 교란되지는 않는다. 세포집단에서 동적인 평형상태가 유지되기 때문이다. 그러나 만약 죽음에 이르는 세포가 뉴런이나 심장근세포처럼 어느 정도 대체가 되지 않는 세포라면 그 조직은 기능적인 세포가 부족해지고, 나머지 세포들은 더 큰 긴장상태에 놓이므로 각자의 대사한계에 가까워지게 된다. 그러면 사소한 요소가 세포를 한계에 다다르게 해 특별한 질환을 일으킬 수도 있다. 다시 말해 나이가 들면서 세포가 한계에 가까이 갈수록 다양하고 불규칙한 요소가 세포를 아포토시스의 나락으로 밀어 넣기 쉽다는 것이다. 이런 요소에는 흡연이나 감염 같은 외부적인 공격과 심장마비 같은 생리적 외상뿐 아니라 질병과 연관된 유전자도 포함된다.

대사한계와 질병 사이의 이런 연결고리는 아주 중요하다. 이 연결고리는 미토콘드리아가 어떻게 온갖 질환의 원인이 될 수 있는지를 설명하며 심지어 전혀 연관성이 없어 보이는 질환에서조차도 연관성이 나타난다. 이 관계를 파악하면 쥐는 수년 안에 노화에 굴복하는데 인간은 수십 년이 걸리는 이유를 알 수 있다. 더 나아가 새는 나이가 들어도 특별한 '병리학적' 경로를 따르지 않는 이유와 인류의 질환을 단번에 고칠 수 있는 방법을 이해할 수 있다. 짧게 말해서 엘프에 가까워질 수 있는 방법을 알려준다.

나는 기존 미토콘드리아 노화이론이 지니고 있던 문제점을 하나씩 열거해왔다. 여기 문제점이 하나 더 있다. 바로 근본적인 노화과정과 노화와 연관된 질환의 발생을 연관 짓기가 아주 어렵다는 것이다. 이 이론에서는 자유라디칼 발생과 질병의 시작 사이에 확실한 연관성이 있다고 가정했다. 이를 액면 그대로 받아들이면 노화가 모두 자유라디칼 때문에 발생한다는 예측을 할 수밖에 없다. 이는 명백히 사실이 아니다. 의학 연구로 밝혀진 바에 따르면 노화는 대부분 유전적인 요소와 환경적인 요소가 서로 복합적으로 작용해 일어난다. 그리고 이런 요소들이 자유라디칼이나 미토콘드리아와 직접적으로 연관이 되는 경우는 아주 드물다. 이 이론을 내놓은 연구자들은 유전자와 자유라디칼 생산 사이의 특별한 연관성을 찾고자 몇 년 동안 노력했지만 별 성과를 거두지 못했다. 일부 유전자에서 일어나는 돌연변이가 자유라디칼 생산과 연관이 있기는 하지만 이는 예외적인 경우다. 이를테면 망막 퇴화의 원인으로 작용하는 유전적인 결함은 100여 가지가 넘게 알려졌지만, 그중 자유라디칼 생산과 연관이 있는 것은 겨우 몇 개에 불과하다.

에든버러의 앨런 라이트Alan Wright와 동료 연구진은 2004년 『네이처 제네틱스』지에 발표한 탁월한 논문을 통해 그 해결책을 내놓았다. 내 개인적인 견해로는, 이 논문은 불합리하며 비생산적인 현재의 패러다임을 대체해야 할 정도로 노년에 대한 새롭고도 통합된 체계를 세운 중요한 고찰이다.

오늘날 의학 연구는 대부분 유전자 중심적인 패러다임에 바탕을 둔다. 맨처음 유전자에 초점을 맞추고 그 유전자가 무엇인지, 어떻게 작용하는지를 밝힌다. 그다음에는 문제를 해결할 어떤 약리적인 방법을 생각해내고 마지막으로 그 약리적인 해결책을 적용한다. 이 패러다임은 불합리하다. 현재 문제가 제기되고 있는 관점을 바탕으로 하기 때문이다. 이 관점은 노화는 뒤늦게 작용하는 유전자 돌연변이의 쓰레기통에 불과하며, 돌연변이는 광범위하게 독립적으로 작용하기 때문에 하나하나의 돌연변이를 표적으로 삼아야 한다는 것이다. 기억이 나겠지만 이는 홀데인과 메더워의 가설이다. 나는 앞서 노화가 훨씬 더 유연성이 있다는 최근의 유전학 연구결과를 근거로 이 가설의 오류를 지적했다. 수명은 연장되고 노화와 연관된 **모든** 질환은 무기한은 아니더라도 연장된 수명만큼은 늦춰졌다. 초파리와 선충과 생쥐에서 40여 가지 이상의 돌연변이가 수명을 연장시켰고 퇴행성 질환의 발병시기를 늦추었다. 다시 말해서 노환은 일차적으로 노화과정과 연관이 있으며 어느 정도 유동성이 있다. 그러므로 이 질환들을 다스리는 최선의 방법은 그 저변에 깔린 노화 자체를 표적으로 삼는 것이다.

라이트와 동료 연구진은 특정한 퇴행성 신경질환의 위험을 증가시킨다고 알려진 유전자의 돌연변이를 연구했다. 이들은 이 유전자가 어떤 작용을 하는지보다 같은 돌연변이가 수명이 다른 다양한 생물 종에서 나타나면 어떤 현상을 일으키는지에 관심을 가졌다. 당연히 같은 돌연변이는 자주 발견되었고 이는 단지 우연이 아니다. 동물모형을 이용한 실험은 의학 연구에서 필수요소이며 오늘날에는 주로 동물모형을 이용해 유전질환을 연구하고 있다. 그러므로 라이트와 동료 연구진이 할 일은 동물모형에서 같은 유전자 돌연변이가 같은 퇴행성 신경질환을 일으켰는지 자료를 철저하게 조사하는 것뿐이었다. 아무것도 다른 점은 없었다. 연구진은 수명이 다양한 다섯 가지 종(생쥐, 쥐, 개, 돼지, 인간)에서 질병을 일으키는 돌연변이 열 개를 발견했다. 이 열 가지 돌연변이는 제각각 다른 질환의 원인이지만 같은 돌연변이는 종마다 같은 질환을 일으켰다. 결정적으로 다른 것은 시기였다. 생쥐의 경우에는 돌연변이가 병을 일으키는 데 1~2년의 시간이 걸렸는데 사람의 경우는 정확히 똑같은 질환이 일어나는 데 약 100배 더 시간이 걸렸다.

중요한 것은 이 열 가지 돌연변이가 모두 핵 DNA를 통해 유전되는 돌연변이라는 사실이다. 이 돌연변이 가운데 어떤 것도 미토콘드리아나 자유라디칼과는 연관이 없다. 라이트와 동료 연구진이 연구한 돌연변이는 헌팅턴병의 HD 유전자, 파킨슨병의 SNCA 유전자, 알츠하이머병의 APP 유전자와 실명에 이르게 하는 망막의 퇴행성 질환 유전자 몇 가지가 포함된다. 제약업계에서는 연구마다 수십억 달러의 자본을 투자하면서 효과적인 치료법 개발로 해마다 수십억 달러를 회수하게 되기를 기대하고 있다. 오늘날에는 이 분야로 진출하는 인재가 항공우주과학 분야보다 더 많다. 그러나 치료가 된다든지, 증세가 나타나는 시기를 몇 달 또는 몇 년 뒤로 늦춘다든지 하는 진짜 의미 있는 성과를 거둔 사례는 하나도 없었다. 라이트와 동료 연구진은 이 점을 설명하면서 절제된 표현을 썼다. "신경퇴행의 속도를 서로 다른 종 사이에서 나타나는 차이만큼 충분히 변화시킬 수 있는 상황은 별로 없다." 곧, 약물을 통해서는 병의 진행속도를 다른 종 사이에서 자연적으로 나타나는 차이만큼 늦출 수 없다는 것이다.

라이트와 동료 연구진은 동물마다 나타나는 발병시기와 가벼운 증세에서 극심한 통증까지 병의 진행을 조사했다. 이들은 병의 진행과 미토콘드리아의 자유라디칼 누출속도 사이에 아주 밀접한 관계가 있다는 사실을 발견했다. 다시 말해서 자유라디칼 누출과 병의 진행 사이에는 직접적인 연관이 없는데도 자유라디칼이 빠르게 누출되는 종은 퇴행성 신경질환이 일찍 나타나고 빨리 진행된다. 반대로 자유라디칼 누출속도가 느린 종은 발병시기도 몇 배 정도 늦고 질환의 진행도 훨씬 느리다. 이 관계를 우연이라고 보기에는 연관성이 너무 크다. 확실히 병의 발생은 수명을 조절하는 생리학적인 인자와 어느 정도 연관이 있다. 모든 경우마다 돌연변이는 정확히 일치했고 생화학적 경로가 보존되었기 때문에 이 관계의 원인을 유전자 차이로 보기는 어렵다. 대부분의 유전자가 자유라디칼 누출에 직접적인 영향을 주지 않기 때문에 일반적으로 자유라디칼에 기인한다고 볼 수도 없다. 그리고 대사율의 다른 특징과 연관성을 찾기도 어려운데, 조류와 박쥐, 결정적으로 인간을 포함한 많은 동물에서 대사율이 수명과 연관이 없기 때문이다.

라이트의 말에 따르면, 이 상호관계를 설명하는 가장 그럴싸한 이유는 모두 퇴행성 질환 자체에 있다. 퇴행성 질환은 아포토시스에 의해 세포를 상실하며 자유라디칼 형성은 아포토시스 한계에 영향을 준다. 유전적 결함 하나하나가 세포에 스트레스가 되고 그 스트레스가 정점에 이르면 세포에서는 아포토시스가 일어난다. 아포토시스가 일어날 확률은 전체적인 스트레스 정도와 대사 요구량을 충족시키는 세포의 능력으로 결정된다. 대사 요구량을 충족시키지 못하면 세포는 아포토시스를 감행한다. 그리고 충족시키지 못할 가능성은 세포의 전체적인 대사상태로 결정되며 이 상태는 우리가 확인한 것처럼 미토콘드리아의 자유라디칼 누출로 가늠할 수 있다. 세포가 역행반응을 활성화시키고 ATP 부족을 초래하는 손상된 미토콘드리아를 복제하는 속도를 결정하는 것은 자유라디칼 누출속도다. 자유라디칼이 급속도로 누출되는 종은 한계에 더 근접하게 되고 아포토시스가 일어나 세포가 사라지기가 더 쉬워진다.

당연히 이 모든 것이 연관이 있고 인과관계를 증명하는 일은 쉽지 않다. 그러나 정말 인과관계가 있다는 것을 보여주는 한 연구가 2004년 『네이처』 지에 발표되었다. 이 연구는 몇몇 선배 과학자들의 신임을 얻었다. 그중에는 생명과학 연구 분야에서 데카르트상을 수상한 스톡홀름 카롤린스카연구소의 닐스 예란 라숀Nils-Göran Larsson과 하워드 제이콥스Howard Jacobs도 있다. 이 연구진은 변이 유전자를 삽입해 유전자 주입 생쥐(knock-in mouse)를 만들었다(일반적으로 특정 유전자를 적출한 생쥐[knock-out mouse]가 연구에 주로 쓰이는 것과 달리 이 생쥐의 유전체에는 기능성 유전자가 삽입된다). 이 실험에서 주입된 유전자는 교정효소(proof-reading enzyme)라는 효소의 유전자다. 교정효소란 DNA 복제가 일어나는 동안 생긴 오류를 마치 편집자처럼 교정하는 효소다. 그러나 이 연구에서는 이용된 효소의 유전자는 변이가 있기 때문에 오히려 오류를 저지르기 쉬웠다. 이렇게 오히려 오류를 유발하는 교정효소는 실력 없는 편집자처럼 평소보다 더 많은 오류를 만들어낸다. 이 실험에 삽입된 교정효소 유전자는 미토콘드리아에만 특이적으로 작용하기 때문에 결국 핵보다 미토콘드리아에 더 많은 오류가 생겼다. 덤벙거리는 편집자 같은 이 돌연변이 교정효소가 일을 하면 평소보다 일곱 배 많은 오류, 곧 돌연변이가 생긴다. 여기에는 두 가지 흥미로운 결과가 있다. 신문의 머리기사를 장식한 것은 이 유전자를 주입한 생쥐가 수명이 줄어들고 몇 가지 노화와 연관된 증상이 일찍 나타났다는 결과였다. 이 증상에는 체중감소, 탈모, 골다공증, 척추후만증(등이 구부러지는 증세), 생식력 감퇴, 심부전이 포함된다. 그러나 이 연구에서 무엇보다도 흥미로운 것은 돌연변이의 수가 생쥐의 나이에 비례해 증가하지 않았다는 점이다. 나이가 들어도 생쥐의 신체조직에서 나타나는 미토콘드리아 돌연변이의 수는 비교적 일정했다. 인간도 마찬가지로 노화가 일어나는 동안 돌연변이가 크게 증가하지 않는다.

그 이유는 정확히 확인되지 않았지만 쓸모없는 돌연변이가 가득한 세포는 아포토시스에 의해 제거되기 때문에 나이가 들면서 미토콘드리아 돌연변이가 축적되지 않는 느낌을 주는 게 아닌가 하는 생각을 해본다. 전반적으로 이 연구는 노화에서 미토콘드리아 돌연변이가 차지하는 중요성을 증명한다. 그러나 미토콘드리아 돌연변이가 대규모로 축적되어 '오류파국'을 맞게 될 것이라는 기존 미토콘드리아 노화이론에서 기대했던 예측과는 잘 부합하지 않는다. 대신 이 연구결과는 자유라디칼 신호와 아포토시스가 돌연변이를 제거하는 책임을 맡고 있다는 조금 다른 미토콘드리아 이론을 뒷받침한다.

이 개념으로부터 결정적으로 중요한 몇 가지 추론을 이끌어낼 수 있다. 첫째, 미토콘드리아 돌연변이는 아포토시스로 제거되어 눈에 잘 띄지는 않지만 노화와 퇴행성 질환이 일어나는 데 분명히 일조를 하는 것으로 추측된다. 둘째, 특정 질병과 연관된 그 밖의 유전자는 세포가 받는 전체적인 스트레스를 증가시켜 아포토시스가 더 잘 일어나게 한다. 앨런 라이트의 연구에서 암호화된 유전자나 혹시 있을지도 모르는 특정 돌연변이는 그다지 큰 차이가 없음을 확인할 수 있다. 종 사이의 차이를 고려한다면 세포가 죽는 시기와 방식은 사실상 유전자 자체와는 관계가 없으며 아포토시스 한계에 얼마나 가까이 갔는지로 결정된다. 이는 특정 돌연변이나 유전자에 초점을 맞추려는 임상 연구의 시도가 무의미하며 의학 연구 전체가 어긋난 방향으로 향하고 있다는 뜻이기도 하다. 셋째, 아포토시스는 그저 망가진 세포를 말끔하게 처리하는 유용한 작용일 뿐이기 때문에 아포토시스 차단을 목표로 삼는 연구전략도 실효를 거두기 어렵다. 아포토시스를 차단한다고 해서 세포가 더 이상 제구실을 하지 못한다는 근본문제가 해결되지는 않는다. 만일 제구실을 하지 못하게 된 세포가 아포토시스를 일으키지 않으면 괴사가 일어나게 되고 문제만 더 복잡해질 뿐이다. 마지막으로 가장 중요한 것은, 미토콘드리아에서 자유라디칼 누출속도가 느려지기만 하면 모든 노년의 퇴행성 질환은 진행속도가 엄청나게 느려지거나, 어쩌면 모두 사라질 수도 있다는 것이다. 만약 의학 연구에 투자된 수십억 달러 중 일부가 자유라디칼 누출 연구에 쓰인다면 노화와 함께 일어나는 모든 질병을 단번에 고칠 수 있게 될지도 모른다. 심지어 보수적인 시각에서조차 항생제 발견 이후 의약계에서 일어난 가장 위대한 혁명이라고 일컬을지도 모른다. 그렇다면 이런 일이 실현될 수 있을까?

18

노화의 치료법?

만약 더 오래 살면서 노환으로부터 해방되고 싶다면, 미토콘드리아 수를 늘리면 되겠지만 아마 더 정교한 자유라디칼 누출탐지장치도 필요할 것이다. 이는 골칫거리가 될 수도 있으며 의학 연구자들은 분명 머리를 맞대고 이 문제를 연구하게 될 것이다. 그러나 조건이 비슷한 다른 포유류에 비해 인간의 수명은 이미 몇 배나 더 길다. 내 추론이 옳다면 우리는 안정 시 대사율이 비슷한 다른 포유류에 비해 미토콘드리아 수가 훨씬 많아야 한다. 여유공간도 더 많아야 하며 더불어 더 민감한 자유라디칼 탐지장치도 있어야만 한다. 인간의 경우는 조류와는 다른 이유에서 이런 정교한 장치가 가치 있었을 것이다.

노화와 노환의 원인은 미토콘드리아에서 누출되는 자유라디칼에서 찾을 수 있다. 불행히도, 아니 어쩌면 다행일 수도 있겠지만, 미토콘드리아에서 누출되는 자유라디칼과 신체의 거래는 우리가 믿었던 순진한 기존 미토콘드리아 노화이론보다 훨씬 더 복잡하다. 자유라디칼은 단순히 손상과 파괴만 일으키는 게 아니라 필요에 갖춰 호흡을 조절하며 호흡에 문제가 생겼다는 신호를 핵에 보내는 중요한 작용을 한다. 이런 작용이 가능한 이유는 미토콘드리아에서 누출되는 자유라디칼의 비율이 계속 변하기 때문이다. 자유라디칼 수치가 올라가 호흡에 문제가 생겼다는 신호를 보내면 미토콘드리아 유전자의 활성이 적절하게 변화되어 문제를 바로잡는다. 만약 문제를 바로잡지 못해 미토콘드리아 유전자가 호흡을 다시 안정시키지 못하면 자유라디칼이 지나치게 증가해 막지질이 산화되고 결국 막전위가 붕괴된다. 막전위가 붕괴된 미토콘드리아는 사실상 '죽음'에 이르러 순식간에 파괴되고 분해된다. 결국 자유라디칼이 손상된 미토콘드리아를 세포에서 제거하는 것이다. 이보다 손상이 덜한 미토콘드리아는 자신의 자리에서 복제를 계속한다.

이 미묘한 자가교정 과정(self-correcting mechanism)이 없다면 미토콘드리아와 세포 전체의 작용은 심각하게 위태로웠을 것이다. 미토콘드리아 DNA의 돌연변이가 갑자기 증가하면 세포기능은 통제력을 잃고 '오류파국'을 맞게 된다. 반대로 수십 년 동안 장수하는 세포에서는 손상된 미토콘드리아가 제거되면 손상되지 않은 미토콘드리아가 그 자리를 대신하면서 자유라디칼의 신호작용이 호흡기능을 적절하게 유지한다. 그러나 수명이 긴 세포에서도 손상되지 않은 미토콘드리아가 마침내 다 소진되면 새로운 신호가 다음 단계를 이어받는다.

만약 동시에 너무 많은 미토콘드리아에서 호흡에 문제가 생기면 세포에서는 자유라디칼의 수가 늘어나 정상적인 호흡에 문제가 생겼다는 신호를 핵에 보내게 된다. 이런 산화상태는 핵 유전자의 활성을 여러모로 변화시켜 문제를 바로잡는다. 핵 유전자의 활성을 미토콘드리아가 조절한다고 해서 이를 역행반응이라고 부른다. 세포는 이렇게 스트레스를 견디면서 여러 해를 살아가게 될지도 모른다. 에너지 생산력은 제한되지만 스트레스가 너무 강하지만 않으면 그럭저럭 지낼 수 있다. 그러나 이런 세포는 작은 스트레스에도 쉽게 위태로워지고 기관의 기능을 어느 정도 약화시킨다. 대개 이 다음 단계로 수많은 노인성 질환의 원인이 되는 만성염증을 일으킨다.

노화된 기관에서 손상이 많이 진행된 세포는 호흡기능이 쇠퇴하면서 자유라디칼 신호의 작용으로 제거된다. 세포의 ATP 수준이 결정적인 한계 이하로 떨어지면 세포는 아포토시스를 감행해 스스로 자취를 감춘다. 이런 방법으로 손상된 세포가 제거되면 노화된 기관이 점점 위축되기도 하지만 동시에 제 기능을 하지 못하는 세포를 제거함으로써 최적의 기능을 위해 세포를 선택하는 것이기도 하다. 여기에는 만약 자유라디칼이 단지 파괴적인 임무만 담당했다면 불가피하게 일어났을 갑작스러운 붕괴도 없고 연쇄적인 오류파국도 없다. 마찬가지로 처참한 최후를 맞는 괴사를 일으키지 않고 아포토시스를 통해 조용히 세포를 제거하는 것도 조직 전체를 염증으로부터 보호하므로 결국 수명을 연장시키게 된다.

그러므로 대사 요구량을 맞추지 못하면 세포는 아포토시스를 일으킨다. 따라서 세포가 소실될 가능성은 어느 정도 기관의 대사 요구량과 연관이 있다. 대사작용이 활발한 뇌와 심장과 골격근 같은 경우는 아포토시스가 일어나기 쉽다. 아포토시스가 일어나는 정확한 시기는 일반적으로 스트레스 정도에 따라 결정된다. 5부에서 확인한 것처럼 아포토시스는 미토콘드리아에 의해 조정되며 이 조정과 연관된 한 가지 중요한 요소가 자유라디칼의 축적이다. 그 결과 수명이 긴 동물은 생의 후반부에 노화와 연관된 질환을 겪게 되며 수명이 짧은 동물은 그 시기가 조금 더 이르다. 일반적으로 세포의 스트레스 수치를 증가시키는 요인으로는 특별히 유전되거나 획득된 돌연변이, 낙상이나 심장마비 같은 각종 질환에 따른 생리적인 외상, 흡연에 노출되는 현상 따위가 있다. 우리는 이것으로부터 대단히 중요한 결론을 이끌어 낼 수 있다. 만약 노환에 기여하는 유전적이고 환경적인 요인이 모두 미토콘드리아에 의해 조절된다던 우리는 이런 질환을 단번에 치료하거나 발병시기를 늦출 수 있다. 그러나 지금처럼 이 질환을 개별적으로 정복하려고만 시도하면 효과를 거두기 어렵다. 우리에게 필요한 것은 일생 동안 자유라디칼 누출비율을 낮게 유지하는 것뿐이다.

바로 여기에 문제점이 있다. 세포의 생존단계마다 미토콘드리아와 전체적인 세포의 생리기능은 자유라디칼 신호에 의존한다. 무턱대고 다량의 항산화제를 투여해 자유라디칼 생산을 억제하려는 시도는 제대로 작동한다 해도 상황을 더 악화시키기 쉽다. 나는 『산소』에서 필요 이상의 항산화제가 몸에 해롭다는 개념을 제안했다(나는 이 개념에 '이중간첩' 이론[double-agent theory]이라는 이름을 붙였다). 우리 몸은 불필요한 항산화제를 제거한다. 항산화제가 민감한 자유라디칼 신호를 교란시킬 가능성이 있기 때문이다. 과장이 너무 보편화된 현실을 바로잡기 위한 것이라고 해도 내가 항산화제의 효용성을 조금 얕잡아본 것은 아닌지 모르겠다. 항산화제가 여러모로 우리에게 유익할 수도 있지만 영양의 불균형을 바로잡는 것 이상의 기능을 할 수 있다는 점에는 솔직히 회의적이다. 건강하게 오래 살고 싶다면, 내 생각에는 항산화제의 유혹을 뿌리치고 다른 길을 생각해보는 게 나을 듯하다.

그렇다면 우리는 어떻게 해야 할까? 포유류에 비해 조류는 자유라디칼의 누출속도가 느리다. 조류와 포유류의 차이를 연구하면 노화를 극복하는 최선의 방법에 대한 혜안을 얻게 될지도 모른다. 그러면 우리 수명이 새의 수명에 근접할 수 있을까? 그 해답은 새들에게 달렸다.

바르하의 선구적인 연구에 따르면, 자유라디칼 누출 대부분은 호흡연쇄의 복합체 I에서 시작된다. 호흡연쇄 저해제(respiratory-chain inhibitor)를 이용한 단순하지만 기발한 일련의 실험과정을 통해, 바르하와 동료 연구진은 40개가 넘는 복합체 I의 구성단위 중에서 정확히 누출이 일어나는 자리를 찾아냈다. 그리고 또 다른 학자들이 다른 실험방법을 통해 이들의 연구결과를 재확인했다. 복합체 I의 공간적인 위치를 보면 자유라디칼이 미토콘드리아와 아주 근접한 내부기질로 누출된다는 사실을 알 수 있다. 자유라디칼의 누출을 억제하려는 시도를 하려면 고도로 정밀하게 복합체 I을 표적으로 삼아야만 한다. 의심할 여지 없이 항산화제 요법은 실패할 수밖에 없다! 항산화제가 신호체계를 파괴할 가능성이 있다는 사실은 제쳐두고라도 이렇게 작은 공간을 겨냥해 항산화제를 정확히 집중시킨다는 것은 사실상 불가능하다. 어쨌든 미토콘드리아 하나에는 1만여 개의 호흡복합체가 있으며 일반적으로 세포 하나에 들어 있는 미토콘드리아의 수는 수백 개에 이른다. 그리고 인간의 몸에는 줄잡아 50조 개의 세포가 있다. 다행히도 우리는 항산화제 수치가 아주 낮은 조류를 연구하는 과정에서 이 방법이 옳지 않다는 교훈을 얻었다. 그렇다면 조류는 자유라디칼의 누출을 어떻게 감소시키는 걸까?

이 문제에 대한 답은 확실치 않지만 몇 가지 가능성이 있다. 조류의 경우에는 이 가능성들이 조금씩 복합적으로 나타날 수도 있다. 첫 번째 가능성은 미토콘드리아 유전자 서열에 나타나는 차이다. 이 가능성의 기반이 된 증거는 공교롭게도 인간 미토콘드리아 DNA 연구에서 나왔으며 그중 가장 고무적인 연구가 일본에서 나왔다. 1998년 다나카 마사시田中雅嗣의 연구진이 『란셋』지에 발표한 연구결과에 따르면, 일본의 100세 이상 장수노인 가운데 약 3분의 2는 복합체 I의 구성단위가 암호화된 유전자에서 똑같은 염기 하나가 변화되는 미토콘드리아 유전자 돌연변이가 나타났다. 이 돌연변이가 전체 인구의 약 45퍼센트에서 나타나는 것에 비하면 단연 높은 수치다. 다시 말해서 만약 그 염기에서 돌연변이가 일어나면 100세까지 살 확률이 50퍼센트 증가하는 것이다. 게다가 인생의 후반부에 어떤 이유에서든 병원에 갈 확률이 절반으로 줄어들며 **어떤 질환이든 노화와 연관된 질환을** 앓게 될 확률도 줄어든다. 다나카와 동료 연구진은 이 서열변화가 자유라디칼 누출비율을 조금 감소시키는 경향이 있다는 사실을 증명했다. 그 이익은 단시간 동안에는 작지만 일생 동안 서서히 증가해 마침내 확연한 차이가 나게 된다. 이는 노화와 연관된 모든 질환이 간단한 과정 하나로 개선될 수 있다는 이론을 확립하는 데 꼭 필요한 증거다. 반면 이 서열변화는 일본 밖에서는 좀처럼 발견되지 않는다는 문제점도 있다. 일본인의 예외적인 장수를 설명하는 데는 도움이 될지 몰라도 다른 나라 사람들에게는 그다지 큰 도움이 되지 않는다. 당연히 이 새로운 소식은 비슷한 효과를 나타내는 다른 미토콘드리아 염기서열변화도 있을 것이라는 추측을 불러일으켜 전 세계적으로 유전자 수색을 부추겼다. 그러나 스스로 유전자 서열을 조작해 유전자를 변형시킬 수 있다면 이는 우리 모두에게 똑같이 적용되는 문제가 된다. 엄청난 보상을 생각하면 충분한 가치가 있지만 태아선별처럼 윤리적으로 용납할 수 없는 한계에 위험할 정도로 가까이 가게 된다. 그러므로 사회에서 인간의 유전자 변형(genetic modification, GM)을 바라보는 시각이 완전히 바뀌지 않는 한, 현재로서 할 수 있는 이야기라고는 이 모든 연구결과가 과학적으로 아주 흥미롭다는 것뿐이다.

그러나 유전자 변형만이 유일한 가능성은 아니다. 새들은 호흡연쇄의 짝풀림 현상을 이용해 자유라디칼 누출비율을 낮춘다. 짝풀림이란 ATP 생산과 전자의 흐름을 분리시켜 호흡이 열에너지로 분산되는 현상을 일컫는다. 자전거에서 체인이 풀리면 페달을 아무리 밟아도 앞으로 나가지 못하고 땀만 빼는 것과 같은 이치다. 짝풀림 현상의 막대한 이득은 전자의 흐름을 계속 유지해 자유라디칼 누출을 감소시킨다는 데 있다(마찬가지로 체인이 풀린 자전거의 페달을 계속 밟으면 여분의 에너지를 연소시킬 수 있다는 장점이 있다. 우리는 이런 자전거를 헬스용 자전거라고 부른다). 자유라디칼의 다량누출이 노화와 질병 둘 다와 연관이 있기 때문에 짝풀림이 자유라디칼 누출을 감소시킨다면 확실히 수명을 연장시킬 가능성이 있다. 자전거처럼 호흡에서도 부분적으로 짝풀림이 일어나게 하는 것이 가능하다(자전거에서는 이를 기어를 바꾼다고 한다). 그래서 한쪽에서는 ATP 합성을 계속할 수 있지만 일부 에너지는 열로 흩어진다(바람을 가르며 언덕을 내려갈 때 페달은 돌아가지만 체인과는 무관한 것과 같은 이치다). 이 이야기를 간추리면 이렇게 된다. 호흡연쇄를 따라 전자가 지속적으로 흐르면 짝풀림이 일어나 자유라디칼의 누출을 막는다는 것이다.

우리는 4부에서 짝풀림이 일어난 생쥐가 대사율이 높으며 짝풀림이 일어나지 않는 대조군에 비해 오래 산다는 것에 주목했다(277~278쪽). 또 6부에서는 아프리카인과 이누이트의 취약한 질병이 다른 것도 짝풀림과 연관이 있을지 모른다는 사실도 알아보았다. 같은 맥락에서 조류가 비슷한 크기의 포유류에 비해 짝풀림이 더 많이 일어날 가능성은 충분하며 이로써 조류의 수명이 더 긴 이유가 설명될지도 모른다. 방금 확인한 것처럼 짝풀림은 열을 생산한다. 그러므로 정말 조류에서 짝풀림이 더 많이 일어난다면 조류는 포유류에 비해 열을 더 많이 생산해야만 한다. 이 생각을 뒷받침하듯 실제로 조류는 포유류에 비해 체온이 더 높아 섭씨 37도가 아니라 섭씨 39도를 유지한다. 이것이 짝풀림이 더 많이 일어난 결과일지도 모른다는 추측이 있었지만 직접적인 측정결과는 이와 달랐다. 조류와 포유류의 호흡연쇄에서는 비슷한 정도로 짝풀림이 일어나는 것으로 밝혀졌고, 따라서 체온 차이는 열 손실과 단열의 차이에서 비롯된 것으로 추측된다. 깃털이 털가죽보다 단열효과가 좋은 것이다.

그렇다고 짝풀림이 도움이 되지 않는다는 뜻은 아니다. 원칙적으로 짝풀림은 도움이 될 수 있다. 자유라디칼 누출을 줄이고 수명을 연장시킬 수 있을 뿐 아니라 남아도는 칼로리를 태워 체중을 줄이는 것도 가능할 것이다. 노화로 인한 질병과 비만이 한 번에 해결될지도 모른다! 안타깝게도 비만치료제에 국한된 실험은 무척 유감스럽다. 이를테면 호흡연쇄 짝풀림 물질인 디니트로페놀dinitrophenol이 비만치료제로 시험되었지만 많은 용량을 투여했을 때는 독성이 있는 것으로 밝혀졌다. 다른 짝풀림 물질로는 환각제로 널리 알려진 엑스터시ecstasy가 있다. 엑스터시는 짝풀림 물질의 잠재적인 위험성을 잘 보여준다. 짝풀림은 열을 발생시키기 때문에 약에 취한 사람 가운데는 등에 물통을 매달고 물을 뿌리며 춤을 추는 사람이 생기기도 한다. 그렇다고 이렇게 발생한 열 때문에 죽는 사람이 거의 없는 것을 보면 확실히 좀더 치밀한 연구가 필요하다. 흥미로운 것은 아스피린에도 약한 짝풀림 효과가 있다는 사실이다. 아직 밝혀지지 않은 짝풀림의 작용이 얼마나 무궁무진할지 무척 궁금하다.

바르하의 연구결과에 따르면, 조류는 환원상태를 낮추어 복합체 I에서 자유라디칼 누출을 감소시킨다. 분자가 '환원'되면 전자를 얻고 산화되면 전자를 잃는다는 것을 생각해보자. 환원상태가 낮다는 것은 조류가 상대적으로 적은 수의 전자를 복합체 I에 전달하는 경향이 있다는 뜻이다. 앞에서 미토콘드리아마다 수만 개의 호흡연쇄가 있으며 그 호흡연쇄마다 자유라디칼을 누출시키는 복합체 I이 있다는 것을 확인했다. 만약 호흡연쇄의 환원상태가 낮다면 호흡연쇄는 일부만 전자를 지니고 있고 나머지는 가난한 사람의 찬장처럼 텅 비어 있을 것이다. 호흡연쇄를 따라 흐르는 전자가 적어지면 전자가 빠져나가 자유라디칼을 형성할 가능성도 적어진다. 바르하의 주장에 따르면, 이 과정은 현재까지 유일하게 포유류의 수명을 연장시키는 것으로 증명된 열량제한에서도 일어난다. 가장 안정된 변화는 역시 산소 소모량은 거의 변하지 않아도 환원상태로 떨어지는 것이다. 운동선수는 보통 사람들보다 더 많은 산소를 소모하지만 노화가 더 빨리 진행되지는 않는다는 운동의 역설도 이런 개념에서 설명이 가능하다. 운동은 전자의 흐름을 가속시키고 전자의 흐름이 빨라지면 복합체 I의 환원상태가 낮아진다. 전자는 다시 복합체 I을 빠져나가기 위해 더 빠르게 흐르고 복합체 I은 반응성이 더 적어진다. 이로써 규칙적인 운동이 꼭 자유라디칼 누출속도를 증가시키는 것이 아니며 단련된 운동선수는 실제로 자유라디칼 누출이 적을 가능성이 있다는 이유가 설명된다.

이 모든 경우에서 공통적인 특징은 환원상태가 낮다는 것이다. 운동선수의 상태를 찬장에 비유하면 어느 정도는 차 있지만 더 담을 공간이 있는 여유 있는 찬장이라고 할 수 있다. 그러나 조류의 여유공간은 운동과 짝풀림(에너지 분산)의 경우와는 다르다는 것이 중요하다. 운동과 짝풀림의 경우에서 자유라디칼 누출이 제한되는 이유는 호흡연쇄를 따라 전자가 계속 흘러 한 복합체에서 전자가 빠져나가면 그 복합체는 다른 전자를 받을 수 있는 공간이 생기기 때문이다. 따라서 이는 없는 공간을 확보해 자유라디칼 누출을 줄이는 것이다. 그러나 대사율과 짝풀림 정도가 비슷한 포유류와 비교했을 때 조류의 여유공간은 비어 있는 상태로 유지된다. 다시 말해서 다른 조건이 모두 같을 때 조류는 포유류보다 여유공간이 더 많기 때문에 자유라디칼의 누출이 적고, 자유라디칼의 누출이 적기 때문에 더 오래 사는 것이다.

바르하의 주장이 옳다면(일부 학자들은 그의 해석에 동의하지 않는다), 장수의 해답은 여유공간에 있다. 그렇다면 조류는 어떻게, 그리고 왜 여유공간을 보유하게 된 것일까? 그 답을 이해하기 위해 작업량이 들쭉날쭉한 어떤 공장이 있다고 가정해보자. 경영진이 생각할 수 있는 전략은 둘 중 하나다(경영진은 고민이 훨씬 많겠지만 여기서는 두 가지 가능성만 집중적으로 고려하자). 노동자를 조금만 고용해 작업량이 많을 때면 작업강도를 높여 일을 많이 시키든가, 노동자를 많이 고용해 작업량이 많을 경우 쉽게 대처할 수 있게 하지만 평소에는 빈둥거리게 하는 것이다. 이제 노동자들의 근로의욕을 생각해보자. 적은 수의 노동자를 고용하면 이 노동자들은 작업량이 많아져 장시간 일을 해야 할 때마다 솔직히 반감이 생길 것이다. 반감이 생긴 노동자는 홧김에 고의로 작업장비를 손상시킬지도 모른다. 그러나 이들은 그리 마음에 담아두지 않고 맥주 몇 잔에 분기를 삭이고 다시 열심히 일을 한다. 경영진은 장비가 조금 손상되어도 인건비를 아끼는 게 훨씬 이득이라는 계산을 할 것이다. 그렇다면 노동력이 많을 때는 근로의욕이 어떨까? 더 많은 일이 도착해도 노동자가 많기 때문에 일을 완수하는 데 어려움이 없고, 이들은 여전히 근로의욕이 높을 것이다. 하지만 평소에는 일감이 너무 없어 따분하게 느낄 것이다. 불만은 크지 않겠지만(좀 지루해도 일이 있는 게 나을 테니까) 그래도 이 노동자들은 조금 덜 지루한 일을 찾고 기회가 닿으면 바로 직장을 옮길 위험이 있다.

그렇다면 이 이야기가 조류와 호흡연쇄에는 어떻게 적용될까? 조류는 노동자를 많이 고용하는 전략을 쓴 것이다. 경영진은 높은 인건비와 노동자가 감소될 위험을 택하는 대신 설비가 손상되지 않는 것에 가치를 두었다. 게다가 이 경영진은 일을 더 많이 따내면 노동력을 더 많이 가동시킬 필요가 있을 것이라는 야망도 있다. 이것을 생물학적으로 해석하면 다음과 같다. 조류는 저마다 수많은 호흡연쇄가 들어 있는 미토콘드리아를 엄청나게 많이 유지하고 있는 것이다. 조류는 잠재적인 작업능력이 높지만 대부분의 시간을 여유 있게 보낸다. 분자 수준에서 볼 때, 복합체 I의 환원상태는 낮고 호흡연쇄로 들어온 전자는 넓은 공간을 차지한다. 반면 포유류는 완전히 다른 전략을 쓴다. 포유류는 노동자를 적게 고용하는 고용주와 비슷하다. 다시 말해서 보유하고 있는 미토콘드리아와 호흡연쇄의 수가 적다는 뜻이다. 포유류에서는 작업량이 적을 때조차도 전자가 어느 정도 조밀하게 호흡연쇄에 쌓여 있다. 작업량을 감당하기 어려운 노동자가 공장 설비에 화풀이를 하듯 자유라디칼이 세포구조를 파괴한다. 이렇게 손상을 입으면 공장이 완전히 문을 닫는 것은 오로지 시간문제다.

덧붙여 노동자들의 반발, 곧 설비를 손상시키는 정도는 스트레스를 받고 반감을 느낄 때까지 과로한 기간에 의해 결정된다는 사실에 주목해야 한다. 이런 반감은 작업강도에 따라 달라지는데, 작업강도를 생물학적으로 따지면 대사율이라고 볼 수 있다. 대사율이 높은 쥐 같은 동물은 작업강도가 높기 때문에 코끼리처럼 대사율이 낮은 포유류에 비해 여유공간이 적다. 따라서 이렇게 대사율이 높은 동물은 자유라디칼을 빠르게 누출시킨다. 거의 항상 작업강도가 높기 때문에 손상이 빠르게 축적되며 노화와 죽음 또한 빠르게 진행된다. 이 관계는 조류에도 똑같이 적용된다. 단, 조류의 경우는 포유류에 비해 여유공간이 더 많다는 차이가 있다. 작은 조류는 비슷한 조건의 포유류에 비해 수명이 길지만 큰 조류에 비해서는 수명이 짧다.

노동자의 반발 개념은 선충류, 초파리의 수많은 '장수' 유전자와 열량제한의 이득을 이해하는 데도 도움이 된다. 열량제한의 경우는 노동자 수는 변함이 없지만 노동량을 줄이는 것이라고 볼 수 있다(대사율이 낮아져 여유공간이 증가한다). 장수 유전자의 경우는 같은 양의 작업을 계속하더라도(여유공간의 변화가 없다) 반감이 누그러지도록 노동자를 달래는 것이라고 할 수 있다. 이런 관점에서 볼 때 그 효과는 마르크스가 대중의 아편이라고 일컬은 종교와 비슷하다. 장수 유전자의 행동은 노동자의 폭동을 막으려고 공짜 아편을 제공하는 경영정책에 비유할 수 있다. 노동량을 감소시키거나 노동자들에게 아편을 제공하거나 모두 비용이 든다. 장수 유전자의 비용을 생물학적으로 따지면 주로 생식력이 줄어드는 것으로 나타난다. 다른 자원을 이용해 대사율을 비슷하게 유지하면서 수명이 길어질 수는 있지만 그 대가로 생식력은 삭감되는 것이다.

조류는 이런 생식력의 감소 같은 장애 없이 미토콘드리아에 여유공간을 유지한다. 그렇다면 조류는 어떻게 여유공간을 그토록 많이 유지하게 된 것일까? 나는 그 해답을 비행능력에서 찾을 수 있다고 생각한다. 조류가 힘차게 날아다니려면 가장 운동능력이 뛰어난 포유류조차도 따라올 수 없을 정도로 높은 호기성 용량이 요구된다. 더 높이 날기 위해서 조류는 더 많은 미토콘드리아와 더 많은 호흡연쇄가 필요하다. 조류는 미토콘드리아가 부족하면 비행능력을 아예 잃거나 날아도 잘 날 수 없게 될 것이다. 경영전략의 관점에서 볼 때 이 공장이 작업을 완수하기 위해 필요한 것은 많은 노동력뿐이므로 경영진으로서는 선택의 여지가 없다. 경영진은 일감이 적을 때도 감원의 위험을 무릅쓰지 못한다. 그러므로 조류는 쉬고 있을 때는 대사율이 느려지면서 여유공간도 넓어진다. 전문적으로 말하자면 복합체 I이 덜 환원되는 것이다. 정확히 똑같은 추론을 박쥐에도 적용할 수 있다. 박쥐도 날기 위해서 높은 호기성 용량을 유지해야 한다.

조류와 박쥐의 비행근육과 심장에는 포유류에 비해 미토콘드리아가 더 많으며 호흡연쇄도 아주 조밀한 것을 보면 이것이 단지 이론으로 끝나지 않음을 알 수 있다. 그런데 다른 기관도 그럴까? 어쨌든 안정 시 대사율의 대부분을 차지하는 것은 근육이 아니라 기관이라는 것을 4부에서 확인했다. 의외로 박쥐와 조류의 기관에 들어 있는 미토콘드리아의 수는 잘 알려지지 않았다. 그러나 박쥐와 조류의 전체적인 생리기능이 최대 호기성 운동능력 (maximal aerobic performance)에 맞춰졌기 때문에 땅에 사는 포유류에 비해서 기관에도 미토콘드리아가 더 많을 것으로 추측된다. 보기를 하나 들면 벌새의 장에는 포도당 운반체가 포유류에 비해 월등히 많다. 에너지 소모가 많은 정지비행을 하려면 포도당을 아주 빨리 흡수해야 하기 때문이다. 포도당 운반체가 많으면 동력을 공급하는 미토콘드리아도 많아야 한다. 그러므로 겉보기에는 비행능력과 연관이 없는 기관도 낮은 안정 시 대사율에 걸맞지 않게 호기성 용량은 무척 높을 것으로 예상된다.

보통 조류와 박쥐는 포식자를 피해 날아서 도망갈 수 있기 때문에 오래 산다고들 한다. 그런 면이 있다는 것을 부인할 수는 없지만 야생에서 죽을 확률이 높은 작은 새들도 여전히 상대적으로 수명이 길다. 나는 이 문제의 답이 비행에 요구되는 높은 에너지 소모량과 직접적인 연관이 있다고 제안했다. 높은 에너지 소모량에 닿추려면 심장과 비행근육뿐 아니라 다른 기관의 미토콘드리아도 조밀하게 보충해야만 감당할 수 있다. 이는 내온성의 기원으로 가정된 호기성 용량 가설과 유사하지만(4부 참조) 힘차게 날 때는 전력질주를 할 때보다 훨씬 높은 호기성 용량이 요구되므로 더욱 강력한 보충이 필요하다. 미토콘드리아의 밀도가 높기 때문에 안정 시 대사능력에 여유가 많아 복합체 I의 환원상태도 낮게 유지된다. 따라서 필연적으로 자유라디칼 누출이 적어지고 수명이 길어지는 결과를 가져왔다.

그렇다면 박쥐를 제외한 포유류에게는 무슨 일이 벌어졌을까? 왜 다른 포유류는 미토콘드리아 수를 늘려 여유 있게 공간을 확보하지 못했을까? 가장 가까운 구멍에 숨는 것이 천적을 피하는 최선의 방법이라면 대부분의 포유류가 미토콘드리아와 호기성 용량을 늘려 얻을 수 있는 이득이 그다지 크지 않기 때문일 가능성이 있다. 이는 용불용用不用의 특성이다. 틀림없이 쥐는 불필요한 미토콘드리아를 유지비용이 많이 드는 짐으로 여기고 버렸을 것이다. 그러나 곧바로 호흡복합체가 줄어 복합체 I의 환원상태가 높아지는 문제가 발생한 것이다. 결국 자유라디칼이 더 많이 누출되어 노화가 빨라지고 일찍 죽는다. 아니면 다른 가능성이 있을까?

만약 쥐가 미토콘드리아를 더 많이 축적해 호기성 용량을 얻지 못한다면 다른 이득이 있어야만 한다. 미토콘드리아를 많이 **축적했던** 쥐가 있었다면 여유공간이 많아 더 오래 살았을 것이다. 자유라디칼 누출이 적어지고 항산화제나 스트레스 효소를 더 축적할 필요도 없고 결과적으로 마모설(413쪽 참조)의 조건에 따른 형벌을 받을 필요도 없다. 미토콘드리아도 많고 호기성 용량도 높은 쥐들은 체력도 뛰어나고 다른 쥐들에게 성적인 매력도 있었을 테니 생물학적으로 '적합'해 짝짓기 경쟁에서도 우월해야만 한다. 따라서 이들의 유전자는 장수와 강한 생물학적 적합성이 맞물려 널리 퍼져야만 한다. 그러나 이 가운데 어떤 일도 일어나지 않았다. 쥐는 여전히 쥐며 여전히 수명이 짧다. 다른 뭔가가 있는 것일까? 내 생각으로는 다른 뭔가가 있으며, 그 뭔가는 우리에게도 결정적으로 중요한 문제다. 혹시라도 성적 매력과 장수가 결합된 유전자를 얻기를 바란다면 그 문제를 알아야 하기 때문이다.

문제는 이렇다. 자유라디칼 누출이 적다는 것은 호흡의 효율성을 유지하는 데 더 민감한 탐지장치가 필요하다는 뜻이다. 우리가 미토콘드리아에 유전자를 보유하는 이유도 이와 연관이 있다(219쪽 참조). 치밀한 장치를 진화시키는 데 필요한 비용을 생각하면 왜 쥐가 자유라디칼 누출을 제한하지 않았는지 이해될 것 같다. 민감한 탐지장치에 공을 들이려면 비용이 많이 들며 여유공간을 유지하는 데 드는 비용도 만만치 않다. 이 두 가지 비용은 쥐에게 너무 버거울 것이다. 그러나 조류의 경우는 더 민감한 탐지장치를 구축하는 데 드는 진화비용이 비행능력을 개선해 자연선택에서 큰 이점을 얻는 것으로 상쇄된다. 비행은 비용이 많이 들지만 되돌아오는 혜택이 크기 때문에 조류는 더 많은 미토콘드리아를 조직에 축적해 이익을 보고, 그 결과 휴식을 취할 때 여유공간이 풍부해진 것이다. 조류는 많은 노동력을 확보해 이득을 보고 그 이득의 일부를 최신 장비에 투자한 것이다. 조류에게 여유공간이란 휴식을 취할 때 자유라디칼의 누출이 적고 수명이 길어지지만 더 민감한 탐지장치가 요구된다는 의미로 해석된다. 그러나 조류의 경우는 비행의 장점이 생존과 번식으로 환산된 비용보다 더 중요하다.

그러므로 만약 더 오래 살면서 노환으로부터 해방되고 싶다면, 미토콘드리아 수를 늘리면 되겠지만 아마 더 정교한 자유라디칼 누출탐지장치도 필요할 것이다. 이는 골칫거리가 될 수도 있으며 의학 연구자들은 분명 머리를 맞대고 이 문제를 연구하게 될 것이다. 그러나 조건이 비슷한 다른 포유류에 비해 인간의 수명은 이미 몇 배나 더 길다. 내 추론이 옳다면 우리는 안정 시 대사율이 비슷한 다른 포유류에 비해 미토콘드리아 수가 훨씬 많아야 한다. 여유공간도 더 많아야 하며 더불어 더 민감한 자유라디칼 탐지장치도 있어야만 한다. 인간의 경우는 조류와는 다른 이유에서 이런 정교한 장치가 가치 있었을 것이다. 인간에게 장수는 호기성 용량이 아니라 친족집단 간의 사회적 응집력에 도움이 되었을 가능성이 크다. 부족의 연장자는 자신의 경험과 지식을 부족민들에게 전했고 이것이 다른 부족과의 경쟁에서 우위를 차지하는 데 도움이 되었을 것이다. 게다가 연장자는 더 매력적이었을 것이다. 정말 우리가 이런 과정을 지나왔을까? 확실치는 않지만 흥미로운 가설이며 검증도 쉽다. 대사율이 비슷한 포유류의 기관과 미토콘드리아 밀도를 비교하고, 조금 까다롭지만 자유라디칼 신호체계의 민감도를 알아보기만 하면 된다.

이런 맥락에서 장수를 위한 조작을 가능하게 할 수도 있는 흥미로운 연구결과가 있다. 17장을 시작하면서 나는 미토콘드리아 조절부위에서 일어나는 한 염기의 변화가 100세 이상의 노인에게 다섯 배나 더 많다는 것이 인구의 횡단면 분석을 통해 밝혀졌다는 이야기를 했다. 이 돌연변이는 미토콘드리아 생성에 반응하는 신호를 좀더 자극하는 것으로 추측된다. 그러므로 이 신호가 당도하면 '미토콘드리아, 분열해라!' 하고 명령하는 것이며, 돌연변이가 있는 사람은 보통 사람이 미토콘드리아를 100개 만드는 동안 110개를 만들게 될 것이다. 그 효과로 우리는 좀더 조류에 가까워질지도 모른다. 휴식을 취할 때도 여유공간이 훨씬 넉넉해질 것이다. 이론적으로는 전혀 유전자 조작을 하지 않고 약리학적으로 신호를 조금 증폭시켜 이와 비슷한 효과를 거둘 수 있다. 미토콘드리아에서 분열신호가 나올 때마다 그 신호를 이를테면 10퍼센트씩 증폭시킬 수도 있다는 뜻이다. 두 가지 방법을 통해 미토콘드리아가 추가로 만들어지면 미토콘드리아 하나가 떠맡는 부담은 줄어들 것이다. 복합체의 환원상태는 낮아지고 자유라디칼의 누출도 줄어들 것이다. 아주 민감한 장치지만 지금 100세 이상의 장수노인들이 하는 것처럼 탐지장치만 충분히 잘 작동한다면, 우리는 노환에 대한 걱정을 덜고 훨씬 더 오래 건강한 삶을 누릴 수 있을 것이다.

에필로그

10년도 훨씬 전, 나는 이식할 신장을 보존할 방법을 찾느라 많은 시간을 연구실에서 살다시피 했다. 거부반응이 훨씬 흥미로운 연구 분야이기는 하지만 내 일은 더 중요한 문제와 연관이 있었다. 신장이나 다른 장기는 몸에서 제거하자마자 생체시계가 미친 듯이 돌아가기 시작한다. 신장의 경우는 이틀 안에 이식을 하지 않으면 부패되어 쓸 수 없게 된다. 심장이나 폐나 간이나 그 밖의 다른 장기의 경우는 그 시간이 더 짧아 하루를 넘기지 못한다. 거부반응이라는 최악의 가능성은 문제를 더 어렵게 만든다. 공여자의 장기와 수혜자 간의 면역특성을 맞추는 일은 글자 그대로 생사가 달린 문제다. 수술 도중 사람들이 보는 앞에서 급성 거부반응이 일어날 수도 있으니까. 그래서 적합한 수혜자를 찾아 수백 킬로미터 밖까지 장기를 수송하는 일도 자주 있다. 이식할 장기가 절대적으로 부족한 상황에서 어떤 식으로든 장기를 낭비하는 것은 범죄라고 할 수 있다. 가장 적합한 수혜자를 찾고 수송을 조정하고 지역 수술 팀을 동원하기까지 장기를 좀더 오래 보존하는 기술을 한 걸음 더 진보시키는 게 장기의 낭비를 줄이는 길일 것이다. 거꾸로 만약 어떤 장기가 제 기능을 하지 못하게 되는 시점을 정확히 알 수만 있다면 돌이킬 수 없이 손상된, 말하자면 심장이 멈춘 공여자로부터 적출한 장기까지도 구할 수 있을 것이다.

아무리 조직검사를 하고 현미경으로 자세히 관찰한다 해도 장기만 보고 이식한 뒤에 제 기능을 할지 안 할지를 판단하기란 사실 어렵다. 신체에서 적출된 장기는 특수용액을 이용해 혈액을 제거하고 얼음에 채워 저장된다. 아무 이상이 없어 보여도 겉모습은 믿을 게 못 된다. 겉으로 보기에는 정상처럼 보였던 장기가 이식을 하고 보니 돌이킬 수 없이 손상된 경우도 있다. 역설적이지만 이런 손상의 원인 역시도 산소 때문이라고 생각된다. 저장기간 동안에 미토콘드리아의 호흡연쇄에서 산소 자유라디칼이 생성되며 이는 이식도중 재앙에 가까운 기능상실을 일으킨다.

어느 날 나는 수술실에서 신장에 탐침을 고정시키고 있었다. 나는 물리적으로 표본을 떼어내지 않고 장기내부에서 무슨 일이 일어나고 있는지 알아내고자 했다. 우리는 아주 정교한 근적외선 분광기를 이용했다. 기계는 적외선을 쬐어 몇 센티미터 두께의 조직에 통과시키고 반대편으로 나오는 적외선 양을 측정했다. 이 결과를 가지고 흡수되거나 반사된 광선은 얼마나 되고 통과한 광선은 얼마나 되는지 복잡한 연산을 거쳐 계산해냈다. 분자에 따라 흡수하는 파장이 다르기 때문에 정확한 적외선 파장을 선택하는 일은 아주 중요하다. 파장을 잘 선택하면 헴복합체(haem compound)에 초점을 맞출 수 있다. 헴복합체는 헴기(haem group)라는 화학적 구조와 단백질이 결합된 물질로, 헤모글로빈과 시토크롬 산화효소가 여기에 속한다. 그러므로 산화헤모글로빈과 탈산화헤모글로빈의 농도를 모두 알아낼 수 있을 뿐 아니라 시토크롬 산화효소의 산화환원 상태를 계산할 수도 있다. 다시 말해서 산화된 시토크롬 분자와 환원된 시토크롬 분자의 비율을 알 수 있으며 그 순간 호흡연쇄에 들어 있는 전자의 비율을 알 수 있다는 것이다. 우리는 이 기술을 NADH의 산화환원 상태를 밝힐 수 있는 관련 분광학에 접목했다. NADH는 호흡연쇄로 들어가는 전자를 공급하는 복합체다. 두 기술의 결합을 통해 우리는 신장을 절개하지 않고도 호흡연쇄 기능의 역동적인 변화를 실시간으로 확인하게 되기를 희망했다. 그렇게만 된다면 수술을 하는 동안 이루 헤아릴 수 없이 큰 도움이 될 것이다.

아마 이 모든 과정이 고도로 정교하게 이루어지는 것처럼 느껴질지도 모르겠지만 사실 이것을 해석하는 일은 아주 악몽 같은 일이다. 헤모글로빈은 엄청나게 많은 반면, 시토크롬 산화효소의 양은 겨우 검출이 가능한 정도다. 설상가상으로 서로 다른 헴복합체가 흡수하는 적외선의 파장은 서로 중복되기도 하고 합쳐지기도 한다. 어떤 것이 어떤 것인지 판단하기란 무척 어렵다. 심지어 기계조차도 갈팡질팡한다. 기계가 시토크롬 산화효소의 산화환원 상태가 변했다고 판단한 것이 실제로는 헤모글로빈 수치에 변화가 일어난 것일 수도 있다. 우리는 이 기계장치에서 유용한 정보를 얻겠다는 생각을 포기하기 시작했다. 도움이 되지 않기는 NADH 수치도 마찬가지였다. 대부분 이식 전에는 농도가 높다는 뜻의 또렷한 피크가 기계에 감지되다가 이식을 하고 난 뒤에는 흔적도 없이 사라지고 그걸로 끝이다. 서류상으로는 별것 아닌 듯 보이지만 실제 연구에서는 해석이 불가능한 일이 허다했다.

그러다 미토콘드리아가 세상을 지배한다는 사실을 처음으로 어렴풋이 깨닫게 된 순간이 찾아왔다. 그 계기가 된 것은 마취제로 쓰이는 펜토바르비탈나트륨이었다. 이 마취제의 혈중 농도는 변동이 심했는데 우리는 가끔 기계에서 그런 변동을 감지했다. 산화헤모글로빈과 탈산화헤모글로빈의 수치는 변함이 없었지만 호흡연쇄에서는 역동적인 변화가 기록되었다. NADH의 피크가 다시 나타나고(NADH가 더 환원되고), 반면 시토크롬 산화효소는 더 산화되었다. 이 현상은 늘 있던 기계적인 착오가 아니라 '진짜'인 것 같았다. 헤모글로빈 수치에 변함이 없었기 때문이다. 무슨 일이 일어나고 있었던 걸까?

그 이유는 펜토바르비탈나트륨이 호흡연쇄에서 복합체 I의 저해제로 작용하기 때문인 것으로 밝혀졌다. 펜토바르비탈나트륨의 혈중 농도가 올라가면 호흡연쇄에서 전자의 흐름이 일부 차단되었고 그 결과 전자의 역류현상이 일어났다. NADH가 포함된 앞부분은 더 환원된 반면, 시토크롬 산화효소가 포함된 뒷부분은 전자를 산소에 전달하면서 더 산화되었다. 그런데 이렇게 멋진 반응은 왜 늘 일어나지 않는 걸까? 우리는 곧 그 이유가 장기의 상태와 연관이 있음을 깨달았다. 신선하고 기능이 양호한 장기에서는 변동이 쉽게 감지되었다. 그러나 만약 장기의 손상이 심각하다면 측정이 사실상 불가능했다. 우리는 피크가 모두 사라져 다시 나타나지 않는 현상을 숱하게 보았다. 이런 장기의 미토콘드리아는 여과기처럼 전자가 빠져나가기 쉬워 호흡연쇄로 들어온 전자가 끝까지 가는 일이 거의 없다는 것밖에 달리 설명할 길이 없었다. 이렇게 빠져나간 전자는 모두 자유라디칼이 된다.

조직표본을 만들어 그 표본으로 면밀한 생화학적 분석을 하지 않으면 그 미토콘드리아에서 진짜 무슨 일이 일어나고 있는지 정확히 알 수 없다. 그러나 한 가지는 확실히 말할 수 있다. 손상된 장기는 이식을 한 뒤 몇 분 안에 미토콘드리아가 통제력을 잃게 되며 그때는 손쓸 도리가 전혀 없다는 것이다. 미토콘드리아의 기능을 개선해보고자 온갖 항산화제를 이용했지만 아무 소용이 없었다. 처음 몇 분 동안의 미토콘드리아 상태는 몇 주 후의 결과를 미리 알려준다. 처음 몇 분 동안 미토콘드리아가 제대로 활동하지 않으면 신장도 제 기능을 하지 못한다. 처음 몇 분 동안 미토콘드리아가 소생할 기미를 보이면 이 신장은 살아남아 제 기능을 다하게 될 가능성이 크다. 나는 신장의 삶과 죽음을 관장하는 주체가 미토콘드리아였으며 미토콘드리아는 외부의 조작을 극도로 거부한다는 사실을 깨달았다.

그 뒤 다양한 분야의 연구를 두루 참고해 마침내 나는 호흡연쇄의 원동력을 깨달을 수 있었다. 그 시절 내내 그렇게 측정하고자 애썼던 호흡연쇄의 원동력은 단순히 신장의 생사만이 아니라 생명의 궤적 전체를 관장하는 결정적인 진화의 원동력이었다. 그 핵심 규칙은 단순하다. 피터 미첼은 생명의 기원 자체와 함께 시작되었을지도 모르며 사실상 모든 세포에서 에너지 생산을 담당하는 이 규칙을 화학삼투, 곧 양성자 동력이라고 명명했다. 이 책의 모든 장에서 우리는 화학삼투의 결과를 고찰했으며 특히 구체적인 일면에 함축된 더 큰 의미를 집중적으로 살폈다. 마지막 몇 쪽에서는 이 모든 것을 한데 엮어 생명의 기원부터 시작해 복잡한 세포와 다세포 개체의 탄생을 거쳐 성과 노화와 죽음에 이르는 심원한 진화의 길이 어떻게 한 줌밖에 안 되는 이런 단순한 규칙에서 도출되었는지를 밝히고자 한다.

화학삼투는 생명의 기본적인 특성이다. 아마 DNA, RNA, 단백질보다 더 오래전에 시작되었을 것이다. 화학삼투 현상을 일으킨 최초의 세포는 철-황 무기염류로 이루어진 미세한 거품으로부터 저절로 만들어졌을 것이다. 이 거품은 지각 깊은 곳에서 스며 나온 지하수와 그 위의 해수가 섞이는 구역에서 형성된다. 이런 무기세포는 살아 있는 세포의 특징을 어느 정도 지니고 있었으며 태양의 산화력만 있으면 만들어질 수 있었다. DNA 복제를 통한 유전의 기원을 앞서는 복잡한 진화적 신기성이 요구되지도 않는다. 무기세포는 표면을 통해 전자가 이동할 수 있으며 이런 전자의 흐름이 양성자를 막 주위로 끌어당겨 막을 사이에 두고 전위차가 형성된다. 다시 말해서 세포 주위에 역장이 생기는 것이다. 이 막전위로 세포의 공간적인 차원은 바로 생명의 구조와 연결된다. 가장 단순한 세균에서 인간에 이르기까지 지금도 모든 생명체는 막을 통해 양성자를 수송하면서 에너지를 생산한다. 그리고 이때 생긴 전위차를 이용해 운동을 하고 ATP와 열을 만들어내며 필요한 양분을 흡수한다. 소수의 예외도 이 일반적인 규칙을 증명할 따름이다.

오늘날의 세포에서는 호흡연쇄의 특정 단백질을 통해 전자가 전달되며 호흡연쇄는 이 전자의 흐름을 이용하여 막을 통해 양성자를 수송한다. 양분으로부터 얻어낸 전자는 호흡연쇄를 통해 전달되고 산소와 같은 목적을 수행하는 다른 분자와 반응한다. 모든 기관은 호흡연쇄를 따라 이동하는 전자의 흐름을 조절해야 한다. 전자의 흐름이 너무 빠르면 에너지가 헛되이 낭비되며 흐름이 너무 느리면 에너지를 필요한 만큼 생산할 수 없다. 호흡연쇄는 살짝 금이 간 배수관과 비슷하다. 이런 배수관은 흐름이 정상일 때는 아무 문제가 없지만 중간에서든 맨 끝에서든 흐름이 막히면 금이 간 곳을 통해 물이 새기 쉽다. 호흡연쇄도 흐름이 막히면 전자가 누출되며 누출된 전자는 자유라디칼을 형성한다. 전자의 흐름이 차단될 수 있는 이유는 많지 않으며 그 흐름을 되돌릴 수 있는 방법은 더 적다. 그러나 내가 신장을 보존하면서 어려움을 겪었던 문제인 에너지 생산과 자유라디칼 형성 사이의 균형은 알려지지는 않았더라도 가장 중요한 생물학 법칙의 일부다.

먼저 전자의 흐름이 차단되는 첫 번째 이유는 호흡연쇄의 물리적인 완전성에 어떤 결함이 있기 때문이다. 호흡연쇄는 거대한 기능적인 복합체를 형성하는 수많은 단백질 구성단위가 모여 이루어졌다. 진핵생물에서는 구성단위 유전자의 대부분이 핵에 암호화되어 있으며 미토콘드리아에는 소수의 유전자만이 암호화되어 있다. 모든 세포에서 미토콘드리아 유전자가 존속되고 있는 현상은 하나의 역설이다. 그 유전자가 핵으로 전이될 만한 그럴싸한 이유는 많지만 그렇게 되지 못한 까닭을 딱히 설명할 실질적인 이유가 적어도 몇몇 종에서는 나타나지 않았기 때문이다. 미토콘드리아 유전자의 존속을 설명할 가장 그럴싸한 이유는 미토콘드리아가 유전자를 유지할 때 얻는 자연선택의 이점을 들 수 있으며 이 이점은 에너지 생산과 연관이 있다. 만약 호흡연쇄 두 번째 부분을 이루는 복합체의 수가 부족해 전자의 흐름이 차단되고 호흡연쇄의 앞부분에 전자가 쌓여 자유라디칼이 누출되었다고 해보자. 원칙적으로 미토콘드리아는 자유라디칼 누출을 감지해 부족한 두 번째 부분의 복합체를 새로 만들라는 신호를 유전자에 보내 문제를 바로잡을 수 있다.

그 일의 성공 여부는 유전자의 위치로 결정된다. 유전자가 핵에 있을 경우, 세포는 새로운 복합체가 필요한 유전자와 그렇지 않은 다른 많은 유전자를 구분할 방법이 없다. 모든 미토콘드리아에 획일적으로 적용되는 관료주의적인 핵의 반응은 어떤 미토콘드리아도 만족시키지 못한다. 그 결과 세포는 에너지 생산에 대한 통제력을 잃고 죽음을 맞는다. 미토콘드리아마다 소량의 유전자가 유지되기만 하면, 동시에 수많은 미토콘드리아에서 에너지 생산이 조절될 수 있다. 핵에 암호화된 부가적인 구성단위들은 미토콘드리아에서 만들어진 핵심 구성단위 주위에 조립된다. 말하자면 미토콘드리아의 핵심 구성단위가 복합체를 구성하기 위한 표지 겸 뼈대 구실을 하는 것이다.

이 체계의 영향력은 매우 중요하다. 외막을 통해 양성자를 수송하는 세균은 기하학적인 한계에 부딪혀 크기의 제약을 받게 된다. 표면적 대 부피의 비율이 감소하면 에너지 생산량도 함께 감소하기 때문이다. 이와 달리 진핵생물은 세포 속에 있는 미토콘드리아를 이용해 에너지를 생산함으로써 세균이 처한 제약에서 자유로워질 수 있었다. 이 차이 때문에 세균은 형태학적으로 단순한 세포로 남아 있는 반면, 진핵생물은 세균보다 수천 배 몸집을 키우고 수천 배 더 많은 DNA를 축적하고 진정한 다세포 생물의 복잡성을 발전시켜 생명이 탄생한 이래로 가장 위대한 분수령을 만들어낼 수 있었다. 그런데 왜 세균은 진핵생물처럼 에너지 생산을 내면화하지 못했을까? 한 세균이 다른 세균의 몸속에 공생하면서 안정된 관계를 유지하는 세포내공생이 일어나야만 올바른 유전자를 알맞은 자리에 배치할 수 있는데, 이 세포내공생이 세균의 경우에는 잘 일어나지 않는다. 적절하게 맞아떨어지는 상황이 잇달아 벌어지면서 진핵생물이 탄생했으며 이 사건은 지구 생명의 역사를 통틀어 단 한 번만 일어났던 것으로 추측된다.

미토콘드리아는 세균의 세계를 뒤집어놓았다. 일찍이 세포는 넓은 범위의 내막을 통해 에너지 생산을 조절할 능력을 얻었고 이 세포들은 공급망에 의해 결정되는 한계 내에서 원하는 만큼 몸집을 불릴 수 있었다. 세포들은 크기를 키울 만한 능력을 갖추기도 했지만 커질 만한 이유도 충분했다. 우리 사회에서 대량생산을 하던 원가가 절감되는 것처럼 세포의 크기가 커질수록, 다세포 생물이 될수록 에너지 효율도 좋아졌다. 몸집이 커진 데 따른 이익은 순 생산비용의 감소로 되돌아왔다. 진핵세포가 더 커지면서 복잡해지는 경향이 나타난 것은 이런 단순한 사실을 통해 설명될 수 있다. 크기와 복잡성이 연관된 것은 뜻밖의 현상이었다. 큰 세포는 거의 예외 없이 핵도 크며, 커다란 핵은 세포주기를 통한 균형 잡힌 성장을 보장한다. 그러나 핵이 커지면 더 많은 DNA가 핵 속에 채워지고 더 많은 유전자를 만들기 위한 재료가 공급되어 결국 세포는 더 복잡해진다. 작은 채로 남아 있어야만 하고 기회가 닿을 때마다 불필요한 유전자를 버려야만 하는 세균과 달리, 진핵생물은 엄청난 양의 DNA와 유전자를 갖추고 필요한 만큼 에너지를 생산할 수 있는 거대하고 복잡한 전함 같은 세포가 되었다(게다가 세포벽도 더 이상 필요 없었다). 이런 특징 덕분에 먹이를 포획해 세포 안에서 소화시키는 새로운 생활방식이 가능해졌다. 세균은 꿈도 꾸지 못할 일이었다. 미토콘드리아가 없었다면 자연은 결코 이빨과 발톱을 피로 물들이지 않았을 것이다.

만약 복잡한 진핵세포가 세포내공생에 의해 형성될 수밖에 없다면 서로 의지하며 살아가는 두 세포에 미치는 영향은 똑같이 중요했을 것이다. 물질대사의 조화가 규칙이었을지도 모르지만 여기에는 중요한 예외가 있으며 이 예외도 호흡연쇄 때문에 나타난다. 전자의 흐름이 차단되는 이차적인 원인은 수요의 부족이다. ATP의 소비가 없으면 전자의 흐름은 멈춘다. ATP는 DNA가 복제를 하거나 세포가 분열할 때, 또는 단백질이나 지질이 합성될 때 필요하다. 사실상 세포의 모든 살림살이에 필요하다고 볼 수 있다. 그러나 그 요구는 세포분열이 일어날 때 최고에 달한다. 그다음에는 세포를 구성하는 물질 전체가 두 배로 늘어나야만 한다. 살아 있는 모든 세포의 꿈은 둘이 되는 것이다. 한때 독립생활을 하던 미토콘드리아도 진핵생물 연합을 이룬 숙주세포만큼이나 둘로 나뉘고 싶어한다. 만약 숙주세포가 유전자 손상으로 분열을 할 수 없게 되면 더 이상 홀로 살아갈 수 없는 미토콘드리아는 숙주세포 안에 갇히게 된다. 그리고 숙주세포가 분열을 할 수 없으면 ATP도 거의 쓰이지 않는다. 전자의 흐름이 느려지고 호흡연쇄가 차단되어 자유라디칼이 누출된다. 그러면 새로운 호흡복합체를 만드는 것만으로는 문제가 해결되지 않는다. 결국 미토콘드리아는 자유라디칼을 폭발시켜 내부적으로 숙주세포를 처형한다.

이 단순한 시나리오는 성과 다세포 개체의 기원이라는, 생명이 이루어낸 두 가지 중요한 발전의 근원이 된다. 다세포 개체를 구성하는 모든 세포는 같은 목적을 공유하며 같은 곡조에 맞춰 춤춘다.

성은 불가사의다. 다양한 해석이 등장했지만 그중 어느 것도 막대한 진화비용과 위험을 무릅쓰면서까지 서로 융합하려는 진핵세포의 근원적인 충동을 설명하지 못했다. 세균은 이런 방식으로 서로 융합하지 않는다. 대신 항상 유전자 수평이동을 통해 유전자를 조합하여 유성생식의 목적과 똑같은 효과를 달성한다. 세균과 단순한 진핵생물은 다양한 형태의 물리적인 스트레스를 받으면 종종 유전자 재조합을 통해 새로운 활력을 얻는다. 스트레스는 모두 자유라디칼 형성과 연관이 있다. 자유라디칼의 누출은 원시적인 형태의 유성생식과 연관이 있을 가능성이 다분하다. 녹조류인 볼복스 같은 유기체는 호흡연쇄에서 유성생식을 하라는 자유라디칼 신호가 나온다. 초기 진핵세포에서 미토콘드리아는 숙주세포가 유전자 손상을 입어 분열할 수 없을 때마다 서로 융합해 유전자를 재조합하도록 조종했을 것이다. 재조합은 숙주세포로 볼 때는 유전자의 손상을 바로잡거나 감출 수 있어 이익이고, 미토콘드리아로 볼 때는 기존 숙주를 죽이지 않고 새로운 터전으로 들어갈 통로를 확보할 수 있어 이익이다.

단세포 생물에게는 유성생식이 숙주세포와 미토콘드리아 둘 다에게 이익이 될 수 있지만 다세포 생물이 되면 더 이상 그렇지 않다. 모든 구성세포가 같은 목적을 공유하는 다세포 생물이 되면 구성세포 사이의 불필요한 융합은 불리한 결과를 초래한다. 이번에는 유성생식을 하라는 똑같은 자유라디칼 신호를 보내는 일이 숙주세포의 유전자 손상을 밝히는 꼴이 되므로 죽음의 형벌이 돌아온다. 이 작용이 예정된 세포 죽음인 아포토시스의 기원으로 추측되며 아포토시스는 다세포 생물 개체를 안전하게 관리하기 위해 꼭 필요하다. 세포의 반란을 죽음으로 다스리지 못했다면 세포군체는 하나의 목적을 공유하는 특징을 갖는 진정한 개체로 발전하지 못했을 것이다. 아마 이기적인 전쟁을 통해 암을 형성하여 뿔뿔이 흩어졌을 것이다. 오늘날 아포토시스를 일으키는 장치와 신호는 한때 유성생식을 해달라고 사정하던 그 장치, 그 신호다. 이 장치 대부분은 진핵생물 연합이 일어날 때 미토콘드리아가 들여온 것이다. 오늘날의 아포토시스 과정은 당연히 훨씬 더 복잡하지만 그 결정적인 신호의 중심에는 아직도 호흡연쇄가 막히면서 발생하는 자유라디칼의 폭발이 자리잡고 있다. 자유라디칼의 폭발은 미토콘드리아 내막의 탈분극을 일으키고 시토크롬 c와 다른 '죽음' 단백질을 세포로 방출시킨다. 오늘날에도 손상된 미토콘드리아를 건강한 세포에 주입하는 것만으로도 충분히 세포를 죽음에 이르게 할 수 있다.

전자의 흐름이 멈출 때마다 이 무시무시한 형벌을 받지 않도록 호흡연쇄에서 전자의 흐름을 조절하는 방법이 몇 가지 있다. 가장 중요한 것은 **짝풀림**이다(그러므로 전자의 흐름이 ATP 생산과 결부되지 않는다). 짝풀림이 일어나려면 양성자에 대한 막 투과성이 더 좋아야 하고 양성자는 ATP 효소(ATP 생산을 담당하는 효소 '모터')가 아니라 막을 통해 들어온다. 그 효과는 수력발전용 댐에서 수요가 적을 때 범람을 막기 위해 수위조절용 수문을 열어 물을 내보내는 것과 비슷하다. 양성자가 지속적으로 순환되어 '수요'에 관계없이 호흡연쇄에서 전자의 흐름이 계속 유지되면 호흡연쇄에 전자가 축적되는 현상을 방지해 결국 자유라디칼 누출이 제한된다. 그러나 양성자 기울기의 분산은 어쩔 수 없이 열을 생산하는데 이 열이 진화에서 유용한 작용을 했다. 대부분의 미토콘드리아에서는 양성자 동력의 약 4분의 1이 열로 분산된다. 포유류나 조류의 조직처럼 미토콘드리아의 수가 충분하다면 이때 생산되는 열은 외부온도에 관계없이 체내의 온도를 충분히 높게 유지할 수 있다. 조류와 포유류의 내온성, 다시 말해서 진정한 정온화의 기원은 이런 열의 분산으로 이루어질 수 있었다. 양성자 기울기를 이용한 열의 분산은 훗날 조류와 포유류의 활동영역을 극지방에서 열대지방까지 확장시켰으며 밤에도 활발한 활동이 가능하게 했다. 이로써 우리 조상은 환경의 지배에서 벗어날 수 있었다.

열 생산과 ATP 생산 사이의 균형은 여전히 우리 건강에 놀라운 영향을 미친다. 열대지방에서는 호흡연쇄의 짝풀림이 제한된다. 기온이 높은 상태에서 체내에서도 열을 많이 생산하면 체온이 너무 높아져 사망에 이를 수도 있기 때문이다. 그러나 이는 '수위조절용 수문'이 일부 막혀 있다는 뜻이 되므로 특히 고지방 식사를 하면 휴식을 취할 때 더 많은 자유라디칼이 생산된다. 그러므로 아프리카인이 기름진 서양식 식사를 할 경우 심장병과 당뇨병같이 자유라디칼 손상과 연관이 있는 질환에 더 취약하다. 거꾸로 추운 극지방에 사는 이누이트는 열을 더 많이 생산하기 위해 양성자 기울기를 분산시키기 때문에 이런 질환에 걸릴 확률이 낮다. 따라서 이누이트는 휴식을 취할 때 누출되는 자유라디칼이 비교적 적고 퇴행성 질환에 걸릴 위험도 낮다. 그러나 정자는 소수의 미토콘드리아의 에너지 효율에 의지해 움직여야 하기 때문에 에너지가 열로 분산되면 정자의 움직임이 느려진다. 그래서 극지방에 사는 사람들은 남성 불임이 일어날 확률이 더 높다.

이 모든 상황을 종합해볼 때 자유라디칼은 변호의 신호다. 호흡연쇄의 작동원리는 온도조절장치와 비슷하다. 온도조절장치에서 온도변화가 보일러를 켜고 끄는 스위치로 작동하는 것처럼 자유라디칼 누출이 증가하면 몇 가지 메커니즘 중 하나가 관여해 자유라디칼 수치를 다시 낮은 상태로 되돌리고 스스로 작동을 멈춘다. 호흡연쇄에서는 ATP 수치 같은 세포의 전체적인 '건강상태'를 나타내는 다른 지표들을 종합해 자유라디칼이 거의 정확하게 탐지된다. 그러므로 만약 ATP 수치가 낮은데 자유라디칼 누출이 많다면 호흡연쇄에 새로운 구성단위를 만들라는 신호가 된다. 또 ATP 수치도 높고 자유라디칼 누출도 많다면, 이때 자유라디칼은 짝풀림을 증가시키라는 신호로 작용하며 단세포 진핵생물의 경우에는 유성생식을 하라는 신호가 될 수도 있다. 자유라디칼 누출이 계속 늘어나 돌이킬 수 없는 수준에 이르고 세포의 ATP 수치가 낮아진다면 이는 다세포 개체에서 세포 죽음의 신호가 된다. 모든 경우마다 자유라디칼 누출이 오르내리는 것은 온도조절장치에서 나타나는 온도변화처럼 피드백 작용이 일어나는 데 불가결한 요소다. 자유라디칼은 생명유지에 더없이 중요한 요소다. 그러므로 항산화제 같은 것으로 자유라디칼을 제거하려는 시도는 어리석은 짓이다. 이 단순한 사실로부터 생명에서 다른 중요한 현상들이 새롭게 등장했다. 그것은 바로 양성의 기원과 유기체의 쇠퇴에 따른 노화와 죽음이다.

자유라디칼은 반응성이 크기 때문에 세포손상과 돌연변이를 일으키며 특히 인접한 미토콘드리아 DNA에 큰 피해를 준다. 효모 같은 하등한 진핵생물에서 미토콘드리아 DNA의 돌연변이 속도는 핵 DNA에 비해 줄잡아 10만 배 빠르다. 효모가 이렇게 빠른 돌연변이 속도를 견딜 수 있는 이유는 에너지 생산을 미토콘드리아에 의존하지 않기 때문이다. 인간 같은 고등한 진핵동물은 에너지 생산을 전적으로 미토콘드리아에 의존하기 때문에 돌연변이 속도가 훨씬 느리다. 미토콘드리아 DNA의 돌연변이는 심각한 질환의 원인이 되므로 자연선택에 의해 제거되는 경향이 있다. 그것을 감안해도, 수천 년 또는 수백만 년 정도의 장기간에 걸친 미토콘드리아 유전자의 돌연변이 속도는 핵 유전자의 돌연변이 속도에 비해 10~20배 정도 빠르다. 게다가 핵 유전자는 세대마다 새로운 유전자를 전달하기 위해 다시 뒤섞인다. 이런 미토콘드리아 유전자와 핵 유전자 사이의 차이는 큰 부담이 된다. 호흡연쇄의 구성단위는 미토콘드리아 유전자와 핵 유전자에 나뉘어 암호화되어 있으므로 양쪽 유전자의 상호작용이 일어나 제 기능을 다하려면 나노 수준의 정밀도가 요구된다. 조금이라도 유전자 서열이 어긋나면 구성단위의 구조와 기능에 변화가 올 수 있고 그 결과 전자의 흐름이 차단될 가능성이 있다. 효율적인 에너지 생산을 보장하는 유일한 방법은 미토콘드리아 유전자 한 세트와 핵 유전자 한 세트를 조합시켜놓고 시험가동을 해보는 것이다. 만약 시험가동이 실패하면 그 조합은 제거된다. 만약 시험가동이 순조롭게 이루어지면 이 세포는 다음 세대로 전달되기에 알맞은 세포로 선택된다. 그러나 세포는 핵 유전자 한 세트와 시험할 미토콘드리아 유전자 한 세트를 어떻게 선택할까? 간단하다. 미토콘드리아는 부모 중 한쪽 것만 유전된다. 결과적으로 여성은 커다란 난자를 통해 미토콘드리아를 전달하는 반면 남성은 미토콘드리아를 전달하지 못한다. 정자가 작은 것도, 정자 속에 있는 소량의 미토콘드리아가 보통 파괴되는 것도 이런 이유 때문이다. 따라서 양성의 기원과 양성 사이의 깊은 생물학적인 차이는, 다시 말해서 성이 전혀 없거나 무한히 많지 않고 단 두 개의 성을 갖는 중요한 이유는 세대에서 세대로 미토콘드리아가 전달되는 방식과 연관이 있다.

비슷한 문제는 성인에게도 발생한다. 이 문제는 종종 황혼기에 먹구름을 드리우는 노화와 그와 연관된 퇴행성 질환의 밑바탕이 된다. 미토콘드리아는 시간이 지남에 따라 돌연변이를 축적한다. 돌연변이는 특히 활발히 움직이는 조직에 많이 축적되며 점차 그 조직의 대사능력을 잠식해나간다. 결국 세포는 미토콘드리아를 더 많이 생산해 떨어진 에너지 공급을 다시 끌어올리는 수밖에 없다. 그러다 싱싱한 미토콘드리아가 고갈되면 어쩔 수 없이 세포는 유전자가 손상된 미토콘드리아를 복제한다. 심각하게 손상된 미토콘드리아가 크게 불어난 세포는 에너지 위기를 맞고 결국 명예롭게 죽음을 택한다. 아포토시스를 일으키는 것이다. 손상된 세포는 제거되기 때문에 미토콘드리아 돌연변이가 노화된 조직을 구성하지는 않지만 조직 자체는 점차 질량이 줄어들고 기능이 쇠퇴한다. 그리고 남아 있는 건강한 세포는 조직의 요구에 부응하기 위해 엄청난 스트레스를 받게 된다. 게다가 핵 유전자의 돌연변이, 흡연, 감염 따위의 부가적인 스트레스를 받으면 세포는 아포토시스가 일어날 한계 수준으로 내몰리기 쉽다.

아포토시스의 위험성은 나이가 들수록 증가하며 이것을 전체적으로 조정하는 것은 미토콘드리아다. 젊은 세포에서는 가벼운 스트레스만 일으키는 유전적인 결함도 노화된 세포에서는 훨씬 큰 스트레스로 작용한다. 노화가 될수록 아포토시스 한계에 가까이 가기 때문이다. 그러나 여기서 노화는 나이로 결정되는 것이 아니라 자유라디칼 누출로 결정된다. 쥐같이 자유라디칼 누출이 빠르게 일어나는 종은 수명이 짧지만 그 짧은 기간 동안 노화와 연관된 질병에 걸려 죽는다. 조류같이 자유라디칼 누출이 느리게 일어나는 종은 쥐에 비해 수명이 열 배나 길며 그 긴 시기 동안 퇴행성 질환에 걸리지 않는다. 조류는 퇴행성 질환이 걸리기 전에 다른 원인(이를테면 추락사고 따위) 때문에 죽음을 맞는 일이 많다. 확실히 조류(그리고 박쥐)는 '생명의 속도'를 희생시키지 않으면서 더 오래 산다. 이들의 대사율은 포유류와 비슷하지만 수명은 열 배나 길다. 같은 핵 유전자의 돌연변이는 서로 다른 종에서 똑같은 노환을 일으킨다. 그러나 질환의 진행속도는 엄청난 차이를 보이며 이는 기본적인 자유라디칼 누출속도와 일치한다. 결론적으로, 노환을 치료하거나 적어도 지연시킬 수 있는 최선의 방법은 호흡연쇄에서 자유라디칼의 누출을 제한하는 것이다. 이런 접근은 모든 노환을 한 번에 고칠 수 있는 잠재력이 있다. 질환 하나하나에 따로 매달리는 현재의 접근법은 의미 있는 의학적인 약진을 이루지 못했으며 아마 이는 영원히 이루지 못할 꿈이 아닐까 싶다.

    뜻밖에도 미토콘드리아는 숙주세포의 믿음을 저버리면서 우리 생명과 우리가 사는 세상의 모습을 만들어냈다. 이 모든 진화적 혁신은 호흡연쇄에서 전자의 흐름을 지배한 간단한 규칙에서 시작되었다. 놀랍게도 우리는 완전한 적응을 이룬 지 20억 년이 지난 오늘날 이 모든 사실을 밝힐 수 있었다. 그 이유는 미토콘드리아가 변화를 겪으면서도 자신의 독특한 천성을 유지했기 때문이다. 이런 미토콘드리아의 특징이 실마리가 되어 이 책에서 추적해간 이야기의 윤곽을 만들어낼 수 있었다. 이 책에는 근래에 나온 그 어떤 학자의 추정보다도 광범위하고 포괄적인 내용을 담았다. 이는 별난 공생에 대한 이야기도 아니며 생명의 산업혁명이랄 수 있는 생체 에너지에 대한 이야기도 아니다. 이 이야기는 지구뿐 아니라 우주 어디에서나 나타날 수 있는 생명 자체에 대한 이야기를 통해 복잡한 형태의 모든 생명체의 진화를 관장하는 운영체계를 알려준다.

인류는 별을 올려다보며 왜 우리가 이곳에 있는지, 이 우주에는 우리밖에 아무도 없는지 늘 궁금해했다. 우리는 왜 이 세상에 동식물이 가득한지, 다른 기회는 없었는지 의문을 품는다. 우리는 어디에서 왔는지, 우리 조상은 누구인지, 우리에게는 어떤 운명이 마련되어 있는지 알고 싶어한다. 생명과 우주와 만물에 대한 해답이 더글러스 애덤스Douglas Adams의 말처럼 42는 아니지만(더글러스 애덤스의 소설 『은하수를 여행하는 히치하이커를 위한 안내서The Hitch Hiker's Guide to the Galaxy』에 등장하는 이야기: 옮긴이), 그처럼 난해하고도 간단하다. 그 해답은 바로 **미토콘드리아**다. 미토콘드리아는 지구에서 어떻게 무생물이 생명으로 용솟음쳤는지, 세균이 왜 그렇게 오래도록 지구를 지배했는지 알려준다. 미토콘드리아는 이 외로운 우주에서 왜 세균이 진화의 정점이 되기 쉬운지를 일러준다. 미토콘드리아는 진정한 복잡성을 갖춘 최초의 세포가 어떻게 나타났는지, 그리고 그 후 지구의 생명이 우리 주위를 둘러싼 거대한 존재의 사슬을 향해 어떻게 복잡성의 비탈을 올라갔는지 알려준다. 어떻게 환경의 속박을 벗어나 정온동물이 등장할 수 있었는지, 왜 우리는 성을, 그것도 두 종류의 성을 갖게 되었는지, 왜 사랑에 빠져야만 하는지를 깨닫게 해준다. 왜 우리가 세상에서 살날은 정해져 있는지, 왜 끝내 늙고 죽어야만 하는지도 알려준다. 그리고 미토콘드리아는 인간다움에 대한 저주라고 할 수 있는 노년의 비참한 고통을 피해 더 나은 황혼기를 보낼 수 있는 방법이 있다고 넌지시 일러준다. 우리에게 생명의 참뜻을 드러내지는 않는다 해도 적어도 그 모습을 어느 정도 짐작할 수 있게 해준다. 만약 이것이 참뜻이 아니라면 생명의 참뜻은 과연 무엇일까?

옮긴이의 말

생물학과 출신이라는 이유 하나만으로 미토콘드리아에 대한 책을 번역해보겠느냐는 제의를 받았을 때, 두툼한 책 두께와 빽빽한 글씨를 보고도 별로 고민하지 않았다. 미토콘드리아에 대해 꽤 알고 있다고 생각했기 때문이다. 미토콘드리아는 세포 내 호흡을 담당하는 기관으로 ATP를 생산하고 DNA가 있으며 과거에는 독립된 생명체였다. 지금은 다 잊어버렸지만 전자전달계며 TCA 회로 따위도 지겹게 외웠다. 너무 지겨워서 더 궁금할 것도 없었다. 그런데 더 알 것도 없다고 생각했던 그 미토콘드리아가 생로병사의 열쇠를 쥐고 있으며 성의 기원과 더 나아가 진핵생물의 기원과도 관련이 있다고 한다. 뜻밖이었다. 서론을 읽는 동안에도 '미토콘드리아를 통해 삶의 의미를 꿰뚫어보게 될 것'이라는 지은이의 장담이 허풍처럼 느껴졌다. 그러나 책을 읽어나갈수록 지은이의 주장에 고개를 끄덕이게 되었다. 방대한 자료를 토대로 생명의 기원이라는 수수께끼를 풀 실마리를 하나씩 찾아내 퍼즐을 맞추듯 해답을 추론하는 과정은 한 편의 추리소설을 읽는 것처럼 흥미진진했다.

미토콘드리아에서 에너지를 생산하는 과정의 핵심이랄 수 있는 화학삼투 현상은 지금까지 발견된 모든 생명체에서 확인할 수 있다. 지은이는 이를 근거로 최초의 생명체가 화학삼투 현상을 이용해 에너지를 생산했을 것으로 예측하고, 화학삼투 현상을 일으키면서 생성과정은 비교적 단순한 무기세포를 최초의 세포 후보로 지목했다. 오늘날 생체막이 지질과 단백질로 이루어져 있다는 것을 생각하면 무기세포 기원설은 대단히 충격적이지만 독창적이고도 충분한 설득력을 갖추고 있다. 지은이의 말처럼 "여기서부터 세균까지 이어지는 진화의 길은 아득히 멀지만 이 정도면 첫 걸음으로 만족할 만하다."

생물의 에너지 생산과정에는 막이 꼭 필요하다. 세균이 에너지 효율 때문에 세포의 크기를 키울 수 없는 사이, 미토콘드리아를 획득한 진핵생물은 세포막의 크기 제한에서 자유로워지고 다세포 생물로 진화할 수 있었다. 다시 말해서 미토콘드리아가 없었다면 눈에 보이지 않는 미생물 외에 다른 생물은 지구상에 출현하지 못했을 것이다. 게다가 미토콘드리아를 획득한 사건은 '희망적인 괴물'의 출현이라고 부를 수 있을 만큼 우연한 사건이었기 때문에, 같은 조건 아래에서도 반복적으로 일어날 확률이 매우 낮다. 따라서 지은이는 생명이라는 영화를 처음부터 다시 돌리면 다세포 생물이 나타날 가능성이 희박하며 지구 외의 다른 행성에서도 지적인 생명체를 만날 가능성이 대단히 적을 것이라는 조금 쓸쓸한 예측도 내놓는다.

진핵생물이 미토콘드리아를 획득하는 과정에 관한 두 가설을 비교하는 것도 흥미롭다. 이 과정에서 여러 미생물이 조상 후보로 거론된다. 평소에는 별 관심도 없던 이런 미생물이 우리 조상일지도 모른다는 가능성을 염두에 두고 책을 읽다보면, 다윈과 동시대인들이 느꼈을 당황스러움이 조금이나마 짐작된다.

미토콘드리아에서는 산소호흡이 일어난다. 산소가 한때 지구의 쓰레기였다는 것을 생각하면 우리 진핵생물은 변화하는 환경에 획기적으로 잘 적응한 것이다. 그런데 알고 보니 생로병사와 엄청난 생식비용을 적응의 대가로 치르고 있었다. 역시 세상에는 공짜가 없다. 미토콘드리아에서 정상적인 세포호흡이 일어나는 과정에서 생성되는 자유라디칼이 바로 생로병사의 원인이었다. 원인을 찾았으니 생로병사에서 벗어날 방법이 있지 않을까? 지은이는 현재 노화 연구의 문제점을 제시하고, 연구방향을 바꾸면 희망이 보일 것이라는 예측을 조심스럽게 내놓는다.

중학교 2학년 때쯤, 아버지가 『코스모스Cosmos』라는 제목이 박힌 두툼한 책 한 권을 선물이라며 건네주셨다. 코스모스를 꽃 이름으로만 알고 있던 어린 나는 이전에는 상상조차 하지 못했던 세계를 만났고, 그 세계에 넋을 잃어 책이 너덜너덜해져 한 장 한 장 떨어질 때까지 보고 또 보았다. 지금 돌이켜보면 내용의 절반도 제대로 이해하지 못했던 것 같다. 어쨌든 논리적인 사고와는 거리가 멀었던 나는 내 나름의 방식대로 과학을 좋아하게 되었고, 그 뒤로 그 책은 창고처럼 쓰이는 작은방 어딘가에 처박혀 다른 헌책들과 함께 먼지를 뒤집어쓴 채로 내 기억에서 잊혀졌다.

이 책을 옮기면서 예전의 감상이 되살아났고, 20여 년 넘게 까맣게 잊고 있던 그 『코스모스』가 떠올랐다. 『코스모스』가 우주를 주제로 천문학뿐 아니라 물리학·생물학·고고학·과학사 같은 여러 학문을 두루 넘나들었던 것처럼, 이 책에서는 세포학·진화론·고인류학·생화학·생리학·발생학·미생물학·의학 같은 여러 영역의 이론들이 미토콘드리아를 연결고리로 삼아 한데 어우러진다.

두 책의 지은이는 모두 타고난 이야기꾼들이다. 본문에서 여러 차례 언급됐던 린 마굴리스의 첫 남편인 칼 세이건이 쓴 『코스모스』를 읽다보면 가늠하기 어려울 정도로 드넓은 우주공간에 압도되어 알 수 없는 외로움과 두려움을 느끼게 된다. 『미토콘드리아』는 공간보다는 시간의 규모가 엄청나다. 지구의 나이에 해당하는 45억 년의 시간을 넘나들면서 가깝게는 생명의 신비를 밝히려고 애썼던 여러 과학자들의 모습을 두루 살피고, 수만 년 전에 살았던 원시인류와 20억 년 전 최초의 진핵생물을 이루었던 두 세균과 그로부터 다시 수십억 년을 거슬러 올라가 스스로 에너지를 생산하는 최초의 세포를 만난다. 그리고 마지막으로 인류가 나아갈 길을 짐작해본다. 마치 수십억 년의 시간을 넘나들며 시간여행을 하듯 이야기에 빠져들게 된다.

내게 두 책은 모두 새로운 흥미를 불러일으켰다. 『코스모스』가 과학 자체에 대한 흥미를 느끼게 해준 책이라면 『미토콘드리아』는 그동안 무관심했던 진화론을 다시 생각하게 해주었다. 최신 진화론은 유전체학과 분자생물학을 토대로 관찰증거를 갖추고 실험적으로 검증이 가능한 탄탄한 과학이었다. 개인적으로는 새로운 배움을 얻는 즐거움이 있었지만, 배경지식이 부족한 상태에서 번역을 했다는 점이 독자들에게 면구스러울 따름이다.

진화론 외에도 이 책에는 하루가 다르게 큰 발걸음을 옮기며 발전을 거듭하고 있는 여러 생명과학 이론이 소개된다. 본문을 읽다보면 지은이가 이런 최신 이론을 독자들에게 이해하기 쉽게 전달하고자 대단히 공을 들인 흔적이 곳곳에 드러난다. 내 어설픈 의욕이 원문의 의미를 무뎌지게 하지는 않을까 조심스러웠지만 지은이의 의도를 좇아 최선을 다해 쉽게 풀어쓰고자 노력했다.

첫머리에서 지은이는 책을 쓰는 일이 무한한 공간을 홀로 여행하는 것 같다고 했다. 이 책을 옮기면서 번역은 산을 오르는 일과 흡사하다는 생각이 들었다. 힘겹기는 하지만 안내서도 있고 이정표도 있으며 정상이라는 종착점이 어딘지도 잘 알고 있다. 그렇게 정상에 올랐을 때의 기쁨과 보람은 이루 말할 수 없다. 이번 산행은 두척 버거웠지만 힘들어 주저앉고 싶은 순간마다 많은 분들이 일으켜주고 함께 길동무를 해주었다.

바쁘신 중에도 제자의 질문에 빠짐없이 답을 주신 성신여대 박경숙 교수님, 꼼꼼한 지적을 해주신 심성아 교수님, 의학적인 내용에 대해 친절한 조언을 해주신 성가복지병원의 이승훈 선생님께 감사를 전한다. 번역가의 길을 열어주신 강주헌 선생님과 어려운 문장을 함께 고민해준 펍헙번역그룹 식구들에게도 특별한 고마움을 전한다. 시도 때도 없는 질문에 귀찮은 기색 하나 없이 친절하게 답해준 조정란 언니에게는 고마운 마음과 미안한 마음을 함께 전하고 싶다. 변변한 경력도 없는 내게 선뜻 번역을 맡겨주시고 따뜻한 격려를 해주신 뿌리와이파리 식구들께도 인사를 전한다. 마지막으로 항상 걱정하고 참아준 가족들에게 내 마음을 전한다. 엄마 노릇, 아내 노릇, 딸 노릇, 며느리 노릇, 어느 것 하나 제대로 해내지 못했지만 모두 내게 최고의 아이들, 남편, 부모님이 되어주었다. 정말 고마운 일이다.

그리고 무엇보다 고마운 일은 이렇게 흥미로운 내용에다 재미까지 겸비한 멋진 책이 내게 와준 것이다. 이 책의 첫 독자로서 내가 느꼈던 재미와 생명과학에 대한 새로운 관심을 많은 독자들도 함께 경험했으면 한다.

김정은

용어풀이

고세균 진핵생물, 세균과 함께 생물을 분류하는 세 가지 큰 영역 중 하나. 고세균은 현미경으로 관찰하면 세균과 비슷하다. 그러나 고세균의 분자구조는 복잡한 진핵세포와 비슷한 점이 많다.

공생 종이 다른 두 생물체가 서로 이익을 주고받는 관계.

난세포 난자라고도 한다. 여성의 생식세포이며, 몸을 이루는 체세포에 비해 염색체 수가 절반이다.

단백질 여러 종류의 아미노산이 서로 결합해 사슬을 이루는 물질로, 형태와 기능이 거의 무한하다. 단백질은 생명활동에 꼭 필요한 장치인 효소, 전사인자, DNA 결합 단백질, 호르몬, 수용체, 항체 따위를 만든다.

대사율 세포와 전체 유기체의 포도당 산화비율이나 산소 소비량으로 측정하는 에너지 소비율.

돌연변이 유전이 되는 DNA 서열변화, 생물체의 기능에 좋은 영향이나 나쁜 영향을 끼칠 수도 있고 아무 영향을 주지 않을 수도 있다. 자연선택은 DNA의 돌연변이에 차별적으로 작용해 특별한 작업을 할 수 있도록 단백질 기능을 다듬었다.

돌연변이 속도 보통 몇 세대로 정해진 단위시간 동안 DNA에서 돌연변이가 일어나는 횟수. 진화속도를 참조하라.

무성생식 모세포와 정확히 똑같은 세포를 만들어내는 단세포 생물의 복제방법.

미토콘드리아 ATP 생산과 세포자살을 조절하는 세포소기관. 알파프로테오박테리아의 세포내 공생에서 유래했다고 알려져 있으나 정확한 기원은 아직 밝혀지지 않았다.

미토콘드리아 돌연변이 후손에게 유전되는 미토콘드리아 DNA의 서열변화

미토콘드리아 유전자 미토콘드리아 DNA에 암호화된 유전자. 인간 미토콘드리아 유전자에는 단백질 합성에 필요한 RNA 유전자와 함께 13개의 단백질 유전자가 암호화되어 있다.

미토콘드리아 이브 모계를 따라 유전되며 분기되는 속도가 느린 미토콘드리아 DNA로 판단할 때 오늘날 모든 인류의 공통조상.

미토콘드리아 질환 미토콘드리아 DNA, 또는 핵 유전자 가운데 미토콘드리아를 표적기관으로 하는 단백질 유전자의 돌연변이나 결실缺失에 의한 질환.

미토콘드리아 DNA 미토콘드리아에서 발견되는 염색체. 보통 한 미토콘드리아에 똑같은 고리 모양 DNA가 5~10개씩 있으며 세균의 DNA와 비슷하다.

발효 산화환원 작용 없이 당분을 화학적으로 분해해 알코올이나 다른 산물을 만드는 작용. ATP를 합성하는 데 충분한 에너지가 방출된다.

배우자 정자와 난자 같은 생식세포.

산화 분자나 원자가 전자를 잃는 현상.

산화환원 신호전달 산화나 환원이 일어나 전사인자의 활성이 변화되는 현상으로 주로 자유라디칼에 의해 일어난다. 활성화된 전사인자는 새로운 단백질을 형성하는 유전자의 발현을 조절한다.

산화환원 반응 한 분자가 산화되면서 동시에 다른 분자가 환원되는 반응.

세포 자가복제와 독립된 물질대사를 할 수 있는 가장 작은 생물학적 단위.

세포골격 세포 안에 그물처럼 얽혀 세포의 형태를 유지하는 단백질 섬유. 일부 세포에서는 세포골격을 이용해 형태를 바꾸거나 이동을 하기도 한다.

세포내공생 한 세포가 더 큰 다른 세포의 몸속에 살며 서로 이익을 주고받는 관계.

세포내공생체 서로 이익을 주고받으며 다른 세포의 몸속에서 살아가는 세포.

세포막 세포를 둘러싸고 있는 얇은 지질층으로 진핵세포의 복잡한 구조를 형성한다.

세포벽 세균과 고세균과 일부 진핵세포의 바깥쪽을 둘러싸고 있는 '껍질'로, 단단하지만 투과성이 있다. 물리적인 조건이 달라져도 세포의 형태를 유지하는 구실을 한다.

세포소기관 미토콘드리아나 엽록체처럼 세포 안에서 특별한 기능을 수행하는 작은 기관.

세포액 미토콘드리아나 막구조 같은 세포소기관은 제외한 세포질의 액체 부분.

세포질 핵을 제외한 세포막 안쪽에 있는 물질.

수소가설 물질대사의 공생관계를 이룬 두 원핵세포의 공생으로 진핵세포가 만들어졌다는 가설.

시토크롬 산화효소 호흡연쇄의 복합체 Ⅳ의 다른 이름. 여러 개의 구성단위로 이루어진 시토크롬 산화효소는 세포호흡의 마지막 단계에서 시토크롬 c로부터 전자를 받아 산소를 물로 환원시킨다.

시토크롬 c 미토콘드리아 호흡연쇄의 복합체 Ⅲ과 복합체 Ⅳ 사이에서 전자를 전달하는 단백질. 시토크롬 c가 미토콘드리아에서 방출되면 예정된 세포 죽음인 아포토시스를 일으키는 물질로 작용한다.

식세포작용 세포가 모양을 바꾸거나 위족을 뻗어 먹이를 물리적으로 둘러싸는 현상. 먹이는 세포 안에 있는 식포에서 소화된다.

아케조아 미토콘드리아가 없는 단세포 진핵생물군. 적어도 일부는 미토콘드리아를 전혀 가진 적이 없다고 생각했으나, 지금은 모두 한때 미토콘드리아가 있었지만 그 뒤 사라진 것으로 보고 있다.

아포토시스 예정된 세포 죽음. 정교하고 신중하게 조절되는 메커니즘인 아포토시스는 다세포 생물에서 손상되거나 불필요한 세포를 제거한다.

암호화되지 않은 DNA(쓰레기 DNA) 단백질이나 RNA가 암호화되지 않은 DNA 서열.

양성자 수소원자의 핵, +1가의 전하량을 띤다.

양성자 기울기 막을 사이에 두고 일어나는 양성자의 농도차

양성자 누출 양성자가 거의 투과할 수 없는 막을 통해 양성자가 조금씩 역류하는 현상.

양성자 동력 막을 사이에 두고 양성자 기울기에 의해 형성된 위치에너지. 전위차와 pH(수소이온 농도)차가 함께 나타난다.

양성자 수송 양성자를 막의 다른 쪽으로 보내는 현상.

염색체 DNA로 이루어진 긴 분자로 보통 히스톤 같은 단백질에 둘러싸여 있다. 세균과 미토콘드리아의 염색체는 고리 모양이며 진핵세포의 핵 속에 들어 있는 염색체는 직선 모양이다.

엽록체 광합성을 하는 식물의 세포에 있는 세포소기관. 세포내공생을 하던 시아노박테리아에서 유래했다.

원핵생물 핵이 없는 단세포 생물군. 세균과 고세균이 여기에 속한다.

유성생식 배우자, 곧 두 생식세포가 융합해 번식하는 방법. 생식세포에는 부모의 유전자가 무작위로 나뉘어 절반씩 들어가므로 생식세포가 융합해 만들어진 배胚는 양쪽 부모로부터 같은 수의 유전자를 물려받는다.

유전암호 단백질을 이루는 아미노산의 서열이 암호화된 DNA 문자. 낱낱의 아미노산이나 '시작'과 '멈춤'으로 해석되는 문자의 조합이다.

유전자 단백질 하나를 만들기 위한 뉴클레오티드 문자서열이 암호화된 DNA의 일정구간.

유전자 수평이동 모세포로부터 딸세포가 만들어지는 수직 유전과는 달리, 유전자가 들어 있는 DNA 조각이 세포 사이에서 무작위로 옮겨지는 현상.

유전체(게놈) 한 생명체의 전체 유전자 한 묶음. 유전체에는 암호화되지 않은(다시 말해 유전과 관계없는) DNA 구간도 포함된다.

자연선택 한 개체군 안에서 생물학적 적응도 차이에 따라 개체가 생존과 번식에서 차별을 받는 현상.

자유라디칼 짝을 이루지 않은 전자가 있는 원자나 분자단. 자유라디칼은 물리적으로 불안정한 상태이므로 화학반응성이 매우 높다.

자유라디칼 누출 전자전달자가 산소와 직접 반응해 미토콘드리아의 호흡연쇄에서 자유라디칼이 만들어지는 현상.

재조합 어떤 유전자 급원의 한 유전자가 다른 유전자 급원의 대등한 유전자와 교차나 치환이 일어나는 현상. 유성생식이나 유전자 수평이동을 할 때, 또는 여분의 복사본을 이용해 손상된 염색체를 복구할 때 일어난다.

전사인자 DNA 서열과 결합해 유전자를 RNA로 전사하라는 신호를 보내는 단백질. 이 과정이 단백질 합성의 첫 단계다.

전자 음전하를 띠는 아주 작은 파동입자. 양전하를 띠는 원자핵 주위에서 일정한 궤도를 따라 움직인다.

조절부위 미토콘드리아 유전체에 있는 암호화되지 않은 DNA 영역으로 미토콘드리아 유전자의 발현을 조절하는 인자들이 결합하는 자리다.

지수 어떤 수의 오른쪽 위에 덧붙여 쓰여 그 수를 거듭제곱한 횟수를 나타내는 숫자이며, 로그-로그 그래프에서 기울기에 해당한다.

지질 기다란 탄화수소 사슬의 형태를 이루는 지방분자. 생체막과 저장된 양분에서 관찰할 수 있다.

진핵생물 진핵세포로 이루어진 단세포 생물이나 다세포 생물.

진핵세포 '진짜' 핵이 있는 세포. 모든 진핵세포에는 미토콘드리아가 있거나 한때 있었다.

진화속도 여러 세대를 거치면서 DNA 서열이 변화되는 속도. 돌연변이 속도에 자연선택의 제거효과가 결합된 것과 같다. 자연선택이 해로운 돌연변이를 제거하므로 진화속도는 돌연변이 속도보다 느리다.

짝풀림 ATP 합성과 호흡이 분리되는 현상. 양성자 기울기가 ATP를 합성하는 동력으로 쓰이지 않고 막에 있는 구멍을 통해 양성자를 역류시키면 양성자 기울기가 분산되면서 열이 발생한다. 호흡연쇄의 짝풀림 현상은 자전거에서 체인이 풀려 페달을 밟아도 앞으로 나아가지 못하는 현상과 비슷하다.

짝풀림 단백질 막에 있는 단백질 통로. 막을 통해 양성자를 이동시켜 양성자 기울기를 열로 분산시킨다.

짝풀림 물질 양성자를 막에서 이리저리 이동시켜 양성자 기울기를 없애는 화학물질로, 호흡과 ATP 합성의 짝풀림을 일으킨다.

클론복제 무성생식의 다른 이름.

하이드로게노솜 몇몇 혐기성 진핵세포에서 볼 수 있는 세포소기관. 유기물을 발효시켜 에너지를 얻는 과정에서 수소기체를 발생시킨다. 현재 미토콘드리아와 함께 공통조상으로 알려져 있다.

한 부모 유전 미토콘드리아(또는 엽록체)의 유전. 부모 가운데 한쪽으로부터, 정확히 말하면 모계를 따라 유전된다.

항산화제 생물학적 산화과정을 막아주는 화합물. 직접 다른 분자를 대신해 산화되기도 하고, 간접적으로 생체에서 만들어지는 산화제를 분해하는 과정에서 촉매작용을 하기도 한다.

핵 둥글고 막으로 둘러싸인 진핵세포의 중앙통제기관. DNA와 단백질로 이루어진 염색체가 들어 있다.

헤테로플라즈미 양쪽 부모로부터 받은 미토콘드리아(또는 다른 세포소기관)가 섞이는 현상.

화학삼투 막을 사이에 두고 양성자 기울기가 형성되는 현상. 특별한 통로(ATP 효소복합체)를 통해 양성자를 역류시켜 ATP를 합성한다.

화학삼투 짝지움 막을 사이에 둔 양성자 기울기를 이용해 호흡과 ATP 합성이 함께 일어나는 현상. 산화작용으로 만들어진 에너지를 써서 막을 통해 양성자를 수송하고, ATP 효소의 구동장치를 거쳐 막으로 역류되는 양성자는 ATP를 합성하는 데 쓰인다.

환원 분자나 원자가 전자를 얻는 현상.

환원상태 전체 분자 가운데 산화된 분자에 대한 환원된 분자의 비율. 가령 복합체 I이 70퍼센트 환원되었다는 것은 70퍼센트 복합체가 호흡에 필요한 전자를 얻었고(환원되었고), 30퍼센트는 산화되었다는 뜻이다.

효소 생화학반응의 속도를 높이는 작용을 하는 단백질 촉매. 종류가 수없이 많으며 한 가지 반응에만 특이적으로 작용한다.

히스톤 DNA와 결합하는 아주 독특한 구조의 단백질. 메탄생성고세균 같은 몇몇 고세균과 진핵세포에서만 볼 수 있다.

ADP 아데노신이인산. ATP의 전구체.

ATP 아데노신삼인산. 생명체의 에너지 통화로 ADP(아데노신이인산)와 인산이 결합해 만들어진다. ATP가 분해될 때 나오는 에너지는 근육수축에서 단백질 합성까지 다양한 형태의 생화학반응에 쓰인다.

ATP 효소 미토콘드리아 안에 있는 효소 도터. 양성자의 흐름을 이용해 ADP와 인산으로 ATP를 합성한다. 'ATP 합성효소'라고도 한다.

DNA 디옥시리보핵산, 유전에 관여하는 분자. 뉴클레오티드 문자가 서로 짝을 짓는 이중나선 구조를 이루고 있으며 상대 DNA는 전처 DNA 분자를 정확히 다시 복제할 수 있는 주형이 된다. 뉴클레오티드 문자서열에는 단백질을 구성하는 아미노산 서열이 암호화되어 있다.

DNA 서열 DNA에서 뉴클레오티드 문자가 늘어선 순서. 이 서열은 단백질을 이루는 아미노산의 서열이나 전사인자가 결합하는 서열, 또는 무의미한 서열로 판독된다.

NADH 니코틴아미드 아데닌 디뉴클리오티드. 포도당에서 최종적으로 만들어지는 전자와 양성자를 호흡에 이용될 수 있도록 호흡연쇄의 복합체 I에 전달하는 분자.

RNA 리보핵산. 전령 RNA(한 유전자의 정확한 DNA 서열을 복제해 세포질로 운반하는 RNA), 리보솜 RNA(세포질에 있는 단백질 합성장소인 리보솜의 일부를 이루는 RNA), 운반 RNA(뉴클레오티드 암호를 특정 아미노산과 결합시키는 RNA)를 비롯해 종류가 다양하다.

더 읽을거리

서론

주요 참고도서

Fruton, J. *Proteins, Enzymes, Genes: The Interplay of Chemistry and Biology*. Yale University Press, New Haven, USA, 1999.

Margulis, Lynn. *Origin of Eukaryotic Cells*. Yale University Press, Yale, USA, 1970.

―― Gaia is a tough bitch. In John Brockman (ed.), *The Third Culture: Beyond the Scientific Revolution*. Simon & Schuster, New York, USA, 1995.

Sapp, Jan. *Evolution by Association: A History of Symbiosis*. Oxford University Press, Oxford, UK, 1994.

Wallin, Ivan. *Symbionticism and the Origin of Species*. Bailliere, Tindall and Cox, London, UK, 1927.

미토콘드리아의 특성

Attardi, G. The elucidation of the human mitochondrial genome: A historical perspective. *Bioessays* 5: 34-39; 1986.

Baldauf, S. L. The deep roots of eukaryotes. *Science* 300: 1703-1706; 2003.

Cooper, C. The return of the mitochondrion. *The Biochemist* 27(3): 5-6; 2005.

Dyall, S. D., Brown, M. T., and Johnson, P. J. Ancient invasions: From endosymbionts to organelles. *Science* 304: 253-257; 2004.

Griparic, L., and van der Bliek, A. M. The many shapes of mitochondrial membranes. *Traffic* 2: 235-244; 2001.

Kiberstis, P. A. Mitochondria make a comeback. *Science* 283: 1475; 1999.

Sagan, L. On the origin of mitosing cells. *Journal of Theoretical Biology* 14: 225-274; 1967.

Schatz, G. The tragic matter. *FEBS (Federation of European Biochemical Societies) Letters* 536: 1-2; 2003.

Scheffler, I. E. A century of mitochondrial research: achievements and perspectives. *Mitochondrion* 1: 3-31; 2000.

제1부

주요 참고도서

Dawkins, Richard. *The Ancestor's Tale: A Pilgrimage to the Dawn of Life*. Weidenfeld & Nicolson, London, UK, 2004.

de Duve, Christian. *Life Evolving: Molecules, Mind, and Meaning*. Oxford University Press, New York, USA, 2002.

Gould, Stephen Jay. *Wonderful Life. The Burgess Shale and the Nature of History*. Penguin, London, UK, 1989.

Knoll, Andrew H. *Life on a Young Planet: The First Three Billion Years of Evolution on Earth*. Princeton University Press, Princeton, USA, 2003.

Lane, Nick. *Oxygen: The Molecule that Made the World*. Oxford University Press, Oxford, UK, 2002.

Margulis, Lynn. *Origin of Eukaryotic Cells*. Yale University Press, Yale, USA, 1970.

Mayr, Ernst. *What Evolution Is*. Weidenfeld & Nicolson, London, UK, 2002.

Morris, Simon Conway. *Life's Solution: Inevitable Humans in a Lonely Universe*. Cambridge University Press, Cambridge, UK, 2003.

진핵세포의 기원

Martin, W., Hoffmeister, M., Rotte, C., and Henze, K. An overview of endosymbiotic models for the origins of eukaryotes, their ATP-producing organelles (mitochondria and hydrogenosomes) and their heterotrophic lifestyle. *Biological Chemistry* 382: 1521-1539; 2001.

Sagan, L. On the origin of mitosing cells. *Journal of Theoretical Biology* 14: 255-274; 1967.

Vellai, T., and Vida, G. The origin of eukaryotes: The difference between prokaryotic and eukaryotic cells. *Proceedings of the Royal Society of London B: Biological Sciences* 266: 1571-1577; 1999.

파국적인 세포벽 소실

Cavalier-Smith, T. The phagotrophic origin of eukaryotes and phylogenetic classification of Protozoa. *International Journal of Systematic and Evolutionary Microbiology* 52: 297-354; 2002.

Maynard-Smith, John, and Szathmáry, Eörs. *The Origins of Life*, Chapter 6: The Origin of

Eukaryotic Cells. Oxford University Press, Oxford, UK, 1999.

세균의 세포골격

van den Ent, F., Amos, L. A., and Lowe, J. Prokaryotic origin of the actin cytoskeleton. *Nature* 413: 39-44; 2001.

Jones, L. J., Carballido-Lopez, R., and Errington, J. Control of cell shape in bacteria: Helical, actin-like filaments in *Bacillus subtilis*. *Cell* 104: 913-922; 2001.

고세균의 발견

Keeling, P. J., and Doolittle, W. F. Archaea: Narrowing the gap between prokaryotes and eukaryotes. *Proceedings of the National Academy of Sciences of the USA* 92: 5761-5764; 1995.

Woese, C. R., and Fox, G. E. Phylogenetic structure of the prokaryotic domain: The primary kingdoms. *Proceedings of the National Academy of Sciences of the USA* 74: 5088-5090; 1977.

아케조아

Cavalier-Smith, T. A 6-kingdom classification and a unified phylogeny. In H. E. A. Schenk and W. Schwemmler (eds.), *Endocytobiology II*, pp. 1027-1034. Walter de Gruyter, Berlin, Germany, 1983.

—— Eukaryotes with no mitochondria. *Nature* 326: 332-333; 1987.

—— Archaebacteria and Archezoa. *Nature* 339: 100-101; 1989.

미토콘드리아의 조상, 리케차

Andersson, J. O., and Andersson, S. G. A century of typhus, lice and *Rickettsia*. *Research in Microbiology* 151: 143-150; 2000.

Andersson, S. G., Zomorodipour, A., Andersson J. O., Sicheritz-Ponten, T., Alsmark U. C., Podowski, R. M., Naslund, A. K., Eriksson, A. S., Winkler, H. H., Kurland, C. G. The genome sequence of *Rickettsia prowazekii* and the origin of mitochondria. *Nature* 396: 133-140; 1998.

Andersson, S. G. E., Karlberg, O., Canback, B., and Kurland, C. G. On the origin of mitochondria: A genomics perspective. *Philosophical Transactions of the Royal Society of London B: Biological Sciences* 358: 165-179 2003.

아케조아의 붕괴

Clark, C. G., and Roger, A. J. Direct evidence for secondary loss of mitochondria in *Entamoeba hitolytica*. *Proceedings of the National Academy of Sciences of the USA* 92: 6518-6521; 1995.

Keeling, P. J. A kingdom's progress: Archezoa and the origin of eukaryotes. *Bioessays* 20: 87-95; 1998.

숙주세포 메탄생성고세균

Martin, W., and Embley, T. M. Early evolution comes full circle. *Nature* 431: 134-136; 2004.

Pereira, S. L., Grayling, R. A., Lurz, R., and Reeve, J. N. Archaeal nucleosomes. *Proceedings of the National Academy of Sciences of the USA* 94: 12633-12637; 1997.

Rivera, M., Jain, R., Moore, J. E., and Lake, J. A. Genomic evidence for two functionally distinct gene classes. *Proceedings of the National Academy of Sciences of the USA* 95: 6239-6244; 1998.

Rivera, M. C., and Lake, J. A. The ring of life provides evidence for a genome fusion origin of eukaryotes. *Nature* 431: 152; 2004.

수소가설

Akhmanova, A., Voncken, F., van Alen, T., van Hoek, A., Boxma, B., Vogels, G., Veenhuis, M., and Hackstein, J. H. A hydrogenosome with a genome. *Nature* 396: 527-528; 1998.

Boxma, B., de Graat, R. M., and van der Staay, G. W., et al. An anaerobic mitochondrion that produces hydrogen. *Nature* 434: 74-79; 2005.

Embley, T. M., and Martin, W. A hydrogen-producing mitochondrion. *Nature* 396: 517-519; 1998.

Gray, M. W. Evolutionary biology: The hydrogenosome's murky past. *Nature* 434: 29-31; 2005.

Martin, W., and Müller, M. The hydrogen hypothesis for the first eukaryote. *Nature* 392: 37-41; 1998.

────── Russell, M. J. On the origins of cells: A hypothesis for the evolutionary transitions from abiotic geochemistry to chemoautotrophic prokaryotes, and from prokaryotes to nucleated cells. *Philosophical Transactions of the Royal Society of London B* 358: 59-85; 2003.

Müller, M., and Martin, W. The genome of *Rickettsia prowazekii* and some thoughts on the origin of mitochondria and hydrogenosomes. *Bioessays* 21: 377-381; 1999.

혐기성 미토콘드리아

Horner, D. S., Heil, B., Happe, T., and Embley, T. M. Iron hydrogenases—ancient enzymes in modern eukaryotes. *Trends in Biochemical Sciences* 27: 148-153; 2002.

Sutak, R., Dolezal, P., Fiumera, H. L., Hardy, I., Dancis, A., Delgadillo-Correa, M., Johnson, P. J., Mujller, M., and Tachezy, J. Mitochondrial-type assembly of FeS centers in the hydrogenosomes of the amitochondriate eukaryote *Trichomonas vaginalis*. *Proceedings of the National Academy of Sciences of the USA* 101: 10368-10373; 2004.

Theissen, U., Hoffmeister, M., Grieshaber, M., and Martin, W. Single eubacterial origin of eukaryotic sulfide: Quinone oxidoreductase, a mitochondrial enzyme conserved from the early evolution of eukaryotes during anoxic and sulfidic times. *Molecular Biology and Evolution* 20(9): 1564-1574; 2003.

Tielens, A. G., Rotte, C., van Hellemond, J. J., and Martin, W. Mitochondria as we don't know them. *Trends in Biochemical Sciences* 27: 564-572; 2002.

Van der Giezen, M., Slotboom, D. J., Horner, D. S., Dyal, P. L., Harding, M., Xue, G. P., Embley, T. M., and Kunji, E. R. Conserved properties of hydrogenosomal and mitochondrial ADP/ATP carriers: A common origin for both organelles. *EMBO (European Molecular Biology Organization) Journal* 21: 572-579; 2002.

해양화학

Anbar, A. D., and Knoll, A. H. Proterozoic ocean chemistry and evolution: A bioinorganic bridge? *Science* 297: 1137-1142; 2002.

Canfield, D. E. A new model of Proterozoic ocean chemistry. *Nature* 396: 450-452; 1998.

—— Habicht K. S., and Thamdrup B. The Archean sulfur cycle and the early history of atmospheric oxygen. *Science* 288: 658-661; 2000.

제2부

주요 참고도서

de Duve, Christian. *Life Evolving: Molecules, Mind, and Meaning*. Oxford University Press, New York, USA, 2002.

Harold, Franklin M. *The Way of the Cell. Molecules, Organisms, and the Order of Life*. Oxford

University Press, New York, USA, 2001.

―― The Vital Force: A Study of Bioenergetics. W. H. Freeman and Co., New York, USA, 1986.

Lane, Nick. Oxygen: The Molecule that Made the World. Oxford University Press, Oxford, UK, 2002.

Nicholls, David, and Ferguson, Stuart J. Bioenergetics 3. Academic Press, Oxford, UK, 2002.

Prebble, John, and Weber, Bruce. Wandering in the Gardens of the Mind―Peter Mitchell and the Making of Glynn. Oxford University Press, Oxford, UK, 2003.

Wolpert, Lewis and Richards, Alison. Passionate Minds: The Inner World of Scientists. Oxford University Press, Oxford, UK, 1997.

에너지 생산과 태양

Schatz, G. The tragic matter. FEBS (Federation of European Biochemical Societies) Letters 536: 1-2; 2003.

라부아지에와 호흡의 발견

Jaffe, Bernard. Crucibles. Newton Publishing Co., New York, USA, 1932.

Lavoisier, A. Elements of Chemistry. Dover Publications Inc., New York, USA, 1965.

Morris, R. The Last Sorcerers: The Path from Alchemy to the Periodic Table. Joseph Henry Press, Washington DC, USA, 2003.

호흡연쇄의 발견

Gest, H. Landmark discoveries in the trail from chemistry to cellular biochemistry, with particular reference to mileposts in research on bioenergetics. Biochemistry and Molecular Biology Education 30: 9-13; 2002.

Keilin, D. The History of Cell Respiration and Cytochrome. Cambridge University Press, Cambridge, UK, 1966.

―― Cytochrome and respiratory enzymes. Proceedings of the Royal Society of London B: Biological Sciences 104: 206-252; 1929.

Lahiri, S. Historical perspectives of cellular oxygen sensing and responses to hypoxia. Journal of Applied Physiology 88: 1467-1473; 2000.

Warburg, O. The Oxygen-Transferring Ferment of Respiration. In Nobel Lectures, Physiology or Medicine 1922-1941, Nobel Lecture, 1931. Elsevier Publishing Company, Amsterdam,

Holland, 1965 (and available online at the Nobel e-Museum).

발효

Buchner, E. *Cell-Free Fermentation.* In *Nobel Lectures, Chemistry 1901-1921*, Nobel Lecture, 1907. Elsevier Publishing Company, Amsterdam, Holland. 1966 (and available online at the Nobel e-Museum).

ATP의 발견

Engelhardt, W. A. Life and Science. Autobiography. *Annual Review of Biochemistry* 51: 1-19; 1982.

Fruton, J. *Proteins, Enzymes, Genes: The Interplay of Chemistry and Biology.* Yale University Press, New Haven, USA, 1999.

Gest, H. Landmark discoveries in the trail from chemistry to cellular biochemistry, with particular reference to mileposts in research on bioenergetics. *Biochemistry and Molecular Biology Education* 30: 9-13; 2002.

ATP 생산속도

Rich, P. The cost of living. *Nature* 421: 533; 2003.

모호한 물결무늬

Gest, H. Landmark discoveries in the trail from chemistry to cellular biochemistry, with particular reference to mileposts in research on bioenergetics. *Biochemistry and Molecular Biology Education* 30: 9-13; 2002.

Harold, F. M. The 1978 Nobel Prize in Chemistry. *Science* 202: 1174-1176; 1978.

피터 미첼과 화학삼투압

Chappell, J. B. Nobel Prize: Chemistry. *Trends in Biochemical Sciences* 4: N3-N4; 1979.

Harold, F. M. The 1978 Nobel Prize in Chemistry. *Science* 202: 1174-1176; 1978.

Matzke, M. A, and Matzke, A. J. M. Kuhnian revolutions in biology: Peter Mitchell and the chemiosmotic theory. *Bioessays* 19: 91-93; 1997.

Mitchell, P. *David Keilin's Respiratory Chain Concept and its Chemiosmotic Consequences.* In *Nobel Lectures in Chemistry 1971-1980*, Nobel Lecture, 1978, Sture Forsén (ed.), World Scientific Publishing Company, Singapore, 1993 (and available online at the Nobel e-

Museum).

—— Coupling of phosphorylation to electron and hydrogen transfer by a chemi-osmotic type of mechanism. *Nature* 191: 144-148; 1961.

Orgel, L. E. Are you serious, Dr Mitchell? *Nature* 402: 17; 1999.

Prebble, J. Peter Mitchell and the ox phos wars. *Trends in Biochemical Sciences* 27: 209-212; 2002.

Schatz, G. *Efraim Racker*. In *Biographical Memoirs*, vol. 70. National Academies Press, Washington DC, USA, 1996.

야겐도르프-우리베 실험

Jagendorf, A. T., and Uribe, E. ATP formation caused by acid-base transition of spinach chloroplasts. *Proceedings of the National Academy of Sciences USA* 55: 170-177; 1966.

—— Chance, luck and photosynthesis research: An inside story. *Photosynthesis Research* 57: 215-229; 1998.

ATP 효소의 구조

Walker, J. E. *ATP Synthesis by Rotary Catalysis*. In *Nobel Lectures in Chemistry 1996-2000*, Nobel Lecture, 1997, Ingmar Grenthe (ed.), World Scientific Publishing Company, Singapore, 2003 (and available online at the Nobel e-Museum).

양성자 흐름의 폭넓은 기능

Harold, Franklin M. *The Way of the Cell. Molecules, Organisms, and the Order of Life*. Oxford University Press, New York, USA, 2001.

—— Gleanings of a chemiosmotic eye. *Bioessays* 23: 848-855; 2001.

생명의 기원

Martin, W., and Russell, M. J. On the origins of cells: A hypothesis for the evolutionary transitions from abiotic geochemistry to chemoautotrophic prokaryotes, and from prokaryotes to nucleated cells. *Philosophical Transactions of the Royal Society of London B: Biological Sciences* 358: 59-85; 2003.

Russell, M. J., and Hall, A. J. The emergence of life from iron monosulphide bubbles at a submarine hydrothermal redox and pH front. *Journal of the Geological Society of London* 154: 377-402; 1997.

────── Cairns-Smith, A. G., and Braterman, P. S. Submarine hot springs and the origin of life. *Nature* 336: 117; 1988.

Wächtershäuser, G. Groundworks for an evolutionary biochemistry: The iron-sulphur world. *Progress in Biophysics and Molecular Biology* 58: 85-201; 1992.

제3부

주요 참고도서

Dennett, Daniel. *Darwin's Dangerous Idea*. Penguin, London, UK, 1995.

Maynard Smith, John, and Szathmáry, Eörs. *The Origins of Life*. Oxford University Press, Oxford, UK, 1999.

Monod, Jacques. *Chance and Necessity*. Penguin, London, UK, 1997 (first published in English 1971).

Prescott, L. M., Harley, J. P., and Klein, D. A. *Microbiology* (5th edition). McGraw-Hill Education, Maidenhead, UK, 2001.

Ridley, Mark. *Mendel's Demon*. Weidenfeld & Nicolson, London, UK, 2000.

세균의 증식속도

Jensen, P. R., Loman, L., Petra, B., van der Weijden, C., and Westerhoff, H. V. Energy buffering of DNA structure fails when *Escherichia coli* runs out of substrate. *Journal of Bacteriology* 177: 3420-3426; 1995.

Koedoed, S., Otten, M. F., Koebmann, B. J., Bruggeman, F. J., Bakker B. M., Snoep, J. L., Krab, K., van Spanning, R. J. M., van Verseveld, H. W., Jensen, P. R., Koster, J. G., and Westerhoff, H. V. A turbo engine with automatic transmission? How to marry chemicomotion to the subtleties and robustness of life. *Biochimica et Biophysica Acta* 1555: 75-82; 2002.

O'Farrell, P. H. Cell cycle control: Many ways to skin a cat. *Trends in Cell Biology* 2: 159-163; 1992.

토양세균의 유전체 크기

Konstantinidis, K. T., and Tiedje, J. M. Trends between gene content and genome size in prokaryotic species with larger genomes. *Proceedings of the National Academy of Sciences USA* 101: 3160-3165; 2004.

리케차의 유전체

Andersson, J. O., and Andersson, S. G. A century of typhus, lice and *Rickettsia*. *Research in Microbiology* 151: 143-150; 2000.

Andersson, S. G., Zomorodipour, A., Andersson, J. O., Sicheritz-Ponten, T., Alsmark, U. C., Podowski, R. M., Naslund, A. K., Eriksson, A. S., Winkler, H. H., and Kurland, C. G. The genome sequence of *Rickettsia prowazekii* and the origin of mitochondria. *Nature* 396: 133-140; 1998.

Gross, L. How Charles Nicolle of the Pasteur Institute discovered that epidemic typhus is transmitted by lice: Reminiscences from my years at the Pasteur Institute in Paris. *Proceedings of the National Academy of Sciences USA* 93: 10539-10540; 1996.

유전자 소실과 유전자 수평이동

Frank, A. C., Amiri, H., and Andersson, S. G. E. Genome deterioration: Loss of repeated sequences and accumulation of junk DNA. *Genetica* 115: 1-12; 2002.

Vellai, T., Takács, K., and Vida, G. A new aspect to the origin and evolution of eukaryotes. *Journal of Molecular Evolution* 46: 499-507; 1998.

―――― Vida, G. The origin of eukaryotes: The difference between prokaryotic and eukaryotic cells. *Proceedings of the Royal Society of London B: Biological Sciences* 266: 1571-1577; 1999.

세균에서 '종' 정의가 어려운 점

Doolittle, W. F., Boucher, Y., Nesbo, C. L, Douady, C. J., Andersson, J. O., and Roger, A. J. How big is the iceberg of which organellar genes in nuclear genomes are but the tip? *Philosophical Transactions of the Royal Society of London B: Biological Sciences* 358: 39-58; 2003.

Martin, W. Woe is the Tree of Life. In J. Sapp (ed.), *Microbial Phylogeny and Evolution: Concepts and Controversies.* Oxford University Press, New York, USA, 2005.

Maynard Smith, J., Feil, E. J., and Smith, N. H. Population structure and evolutionary dynamics of pathogenic bacteria. *Bioessays* 22: 1115-1122; 2000.

Spratt, B. G., Hanage, W. P., and Feil, E. J. The relative contributions of recombination and point mutation to the diversification of bacterial clones. *Current Opinion in Microbiology* 4: 602-606; 2001.

유전체 크기와 호흡의 효율성

Konstantinidis, K., and Tiedje, J. M. Trends between gene content and genome size in prokaryotic species with larger genomes. *Proceedings of the National Academy of Sciences USA* 101: 3160-3165; 2004.

Vellai, T., Takács, K., and Vida, G. A new aspect to the origin and evolution of eukaryotes. *Journal of Molecular Evolution* 46: 499-507; 1998.

거대 세균

Schulz, H. N., Brinkhoff, T., Ferdelman, T. G., Hernández Mariné, M., Teske, A., and Jørgensen, B. B. Dense populations of a giant sulfur bacterium in Namibian shelf sediments. *Science* 284: 493-495; 1999.

세포벽이 없는 세균

Ruepp, A., Graml, W., Santos-Martinez, M. L., Koretke, K. K., Volker, C., Mewes, H. W., Frishman, D., Stocker, S., Lupas, A. N., and Baumeister, W. The genome sequence of the thermoacidophilic scavenger *Thermoplasma acidophilum*. *Nature* 407 508-513; 2000.

Taylor-Robinson, D. *Mycoplasma genitalium*—an update. *International Journal of STD and AIDS* 13: 145.151; 2002.

핵으로 전이된 유전자

Bensasson, D., Feldman, M. W., and Petrov, D. A. Rates of DNA duplication and mitochondrial DNA insertion in the human genome. *Journal of Molecular Evolution* 57: 343-354; 2003.

Huang, C. Y., Ayliffe, M. A., and Timmis, J. N. Direct measurement of the transfer rate of chloroplast DNA into the nucleus. *Nature* 422: 72-76; 2003.

Martin, W. Gene transfer from organelles to the nucleus: Frequent and in big chunks. *Proceedings of the National Academy of Sciences USA* 100: 8612-8614; 2003.

Turner, C., Killoran, C., Thomas, N. S., Rosenberg, M., Chuzhanova, N. A., Johnston, J., Kemel, Y., Cooper, D. N., and Biesecker, L. G. Human genetic disease caused by de novo mitochondrial-nuclear DNA transfer. *Human Genetics* 112: 303-309; 2003.

핵의 기원

Martin, W. A. briefly argued case that mitochondria and plastids are descendents of endosymbionts but that the nuclear compartment is not. *Proceedings of the Royal Society of London B: Biological Sciences* 266: 1387-1395; 1999.

Berry, S. Endosymbiosis and the design of eukaryotic electron transport. *Biochimica et Biophysica Acta* 1606: 57-72; 2003.

최초의 진핵생물인 균류

Martin, W., Rotte, C., Hoffmeister, M., Theissen, U., Gelius-Dietrich, G., Ahr, S., and Henze, K. Early cell evolution, eukaryotes, anoxia, sulfide, oxygen, fungi first (?), and a tree of genomes revisited. *IUBMB (International Union of Biochemistry and Molecular Biology) Life* 55: 193-204; 2003.

미토콘드리아에 지금까지 유전자가 남아 있는 이유

Allen, J. F. Control of gene expression by redox potential and the requirement for chloroplast and mitochondrial genes. *Journal of Theoretical Biology* 165: 609-631; 1993.

—— The function of genomes in bioenergetic organelles. *Philosophical Transactions of the Royal Society of London B: Biological Sciences* 358: 19-38; 2003.

—— Raven, J. A. Free-radical-induced mutation vs redox regulation: Costs and benefits of genes in organelles. *Journal of Molecular Evolution* 42: 482-492; 1996.

Chomyn, A. Mitochondrial genetic control of assembly and function of complex I in mammalian cells. *Journal of Bioenergetics and Biomembranes* 33: 251-257; 2001.

Race, H. L., Herrmann, R. G., and Martin, W. Why have organelles retained genomes? *Trends in Genetics* 15: 364-370; 1999.

ATP 전달자의 발달사

Andersson, S. G. E., Karlberg, O., Canbäck, B., and Kurland, C. G. On the origin of mitochondria: A genomics perspective. *Philosophical Transactions of the Royal Society of London B: Biological Sciences* 358: 165-179; 2003.

Löytynoja, A., and Milinkovitch, M. C. Molecular phylogenetic analyses of the mitochondrial ADP-ATP carriers: The plantae/fungi/metazoa trichotomy revisited. *Proceedings of the National Academy of Sciences USA* 98: 10202-10207; 2001.

세균이 여전히 세균인 이유

Lane, N. Mitochondria: Key to complexity. In W. Martin (ed.), *Origins of Mitochondria and*

Hydrogenosomes. Springer, Heidelberg, Germany, 2006.

제4부

주요 참고도서

Ball, Philip. *The Self-Made Tapestry*. Oxford University Press, Oxford, UK, 1999.

Gould, Stephen Jay. *Full House*. Random House, New York, USA, 1997.

Haldane, J. B. S. *On Being the Right Size*, ed. John Maynard-Smith. Oxford University Press, Oxford, UK, 1985.

Mandelbrot, Benoit. *The Fractal Geometry of Nature*. W. H. Freeman, New York, 1977.

Ridley, Mark. *Mendel's Demon*. Weidenfeld & Nicolson, London, UK, 2000.

생물학의 거듭제곱 법칙

Bennett, A. F. Structural and functional determinates of metabolic rate. *American Zoologist* 28: 699-708; 1988.

Heusner, A. Size and power in mammals. *Journal of Experimental Biology* 160: 25.54; 1991.

Kleiber, M. *The Fire of Life*. Wiley, New York, USA, 1961.

프랙털 기하학과 비례관계

Banavar, J., Damuth, J., Maritan, A., and Rinaldo, A. Supply-demand balance and metabolic scaling. *Proceedings of the National Academy of Sciences USA* 99: 10506-10509; 2002.

West, G. B., Brown J. H., and Enquist B. J. A general model for the origin of allometric scaling in biology. *Science* 276: 122-126; 1997.

——— ——— ——— The fourth dimension of life: Fractal geometry and allometric scaling of organisms. *Science* 284: 1677-1679; 1999.

——— Woodruff, W. H., and Brown, J. H. Allometric scaling of metabolic rate from molecules and mitochondria to cells and mammals. *Proceedings of the National Academy of Sciences USA* 99: 2473-2478; 2002.

보편상수에 대한 의문

Dodds, P. S., Rothman, D. H., and Weitz, J. S Re-examination of the '3/4-law' of metabolism. *Journal of Theoretical Biology* 209: 9-27; 2001.

White, C. R., and Seymour. R. S. Mammalian basal metabolic rate is proportional to body mass$^{2/3}$. *Proceedings of the National Academy of Sciences USA* 100: 4046-4049; 2003.

안정 시 대사율과 최대 대사율

Bishop, C. M. The maximum oxygen consumption and aerobic scope of birds and mammals: Getting to the heart of the matter. *Proceedings of the Royal Society of London B: Biological Sciences* 266: 2275-2281; 1999.

해양 무척추동물과 포유류 조직의 산소 농도

Massabuau, J. C. Primitive and protective, our cellular oxygenation status? *Mechanisms of Ageing and Development* 124: 857-863; 2003.

포유류에서 대사율의 구성요소

Porter, R. K. Allometry of mammalian cellular oxygen consumption. *Cellular and Molecular Life Sciences* 58: 815-822; 2001.

Rolfe, D. F. S., and Brown, G. C. Cellular energy utilization and molecular origin of standard metabolic rate in mammals. *Physiological Reviews* 77: 731-758; 1997.

대사율의 비례

Darveau, C. A., Suarez, R. K., Andrews, R. D., and Hochachka, P. W. Allometric cascade as a unifying principle of body mass effects on metabolism. *Nature* 417: 166-170; 2002.

Hochachka, P. W., Darveau, C. A., Andrews, R. D., and Suarez, R. K. Allometric cascade: A model for resolving body mass effects on metabolism. *Comparative Biochemistry and Physiology A: Molecular and Integrative Physiology* 134: 675-691; 2003.

Storey, K. B. Peter Hochachka and oxygen. In R. C. Roach et al. (eds.), *Hypoxia: Through the Lifecycle*. Kluwer Academic/Plenum Publishers, New York, USA, 2003.

Weibel, E. R. The pitfalls of power laws. *Nature* 417: 131-132; 2002.

내온성의 진화

Bennett, A. F., and Ruben, J. A. Endothermy and activity in vertebrates. *Science* 206: 649-653; 1979.

—— Hicks, J. W., and Cullum, A. J. An experimental test for the thermoregulatory hypothesis for the evolution of endothermy. *Evolution* 54: 1768-1773; 2000.

Hayes, J. P., and Garland, T., Jr. The evolution of endothermy: Testing the aerobic capacity hypothesis. *Evolution* 49: 836-847; 1995.

Ruben, J. The evolution of endothermy in mammals and birds: From physiology to fossils. *Annual Review of Physiology* 57: 69-85; 1995.

도마뱀과 포유류의 기관과 근육에 들어 있는 미토콘드리아

Else, P. L., and Hulbert, A. J. An allometric comparison of the mitochondria of mammalian and reptilian tissues: The implications for the evolution of endothermy. *Journal of Comparative Physiology B: Biochemical, Systemic, and Environmental Physiology* 156: 3-11; 1985.

Hulbert, A. J., and Else, P. L. Evolution of mammalian endothermic metabolism: Mitochondrial activity and cell composition. *American Journal of Physiology* 256: R63-R69; 1989.

양성자 누출

Brand, M. D., Couture, P., Else, P. L., Withers, K. W., and Hulbert, A. J. Evolution of energy metabolism: Proton permeability of the inner membrane of liver mitochondria is greater in a mammal than in a reptile. *Biochemical Journal* 275: 81-86; 1991.

Brookes, P. S., Buckingham, J. A., Tenreiro, A. M., Hulbert, A. J., and Brand, M. D. The proton permeability of the inner membrane of liver mitochondria from ectothermic and endothermic vertebrates and from obese rats: Correlations with standard metabolic rate and phospholipid fatty acid composition. *Comparative Biochemistry and Physiology* 119B: 325-334; 1998.

Speakman, J. R., Talbot, D. A., Selman, C., Snart, S., McLaren, J. S., Fedman, P., Krol, E., Jackson, D. M., Johnson, M. S., and Brand, M. D. Uncoupled and surviving: Individual mice with high metabolism have greater mitochondrial uncoupling and live longer. *Aging Cell* 3: 87-95; 2004.

캥거루의 에너지 특성

Bennett, M. B., and Taylor, G. C. Scaling of elastic strain energy in kangaroos and the benefits of being big. *Nature* 378: 56-59; 1995.

세포 부피, 핵 부피, DNA 성분

Cavalier-Smith, T. Economy, speed and size matter: Evolutionary forces driving nuclear genome miniaturization and expansion. *Annals of Botany* 95: 147-175; 2005.

제5부

주요 참고도서

Buss, Leo. *The Evolution of the Individual*. Princeton University Press, New Jersey, USA, 1987.

Dawkins, Richard. *The Selfish Gene*. Oxford University Press, Oxford, UK, 1976.

Dawkins, Richard *The Extended Phenotype*. Oxford University Press, Oxford, UK, 1984.

―― *The Ancestor's Tale: A Pilgrimage to the Dawn of Life*. Weidenfeld & Nicolson, London, UK, 2004.

Harold, Franklin. *The Vital Force: A Study of Bioenergetics*. W. H. Freeman and Co., New York, USA, 1986.

Klarsfeld, André, and Revah, Frédéric. *The Biology of Death: Origins of Mortality*. Cornell University Press, Ithaca, USA, 2004.

Margulis, Lynn. Gaia is a tough bitch. In John Brockman (ed.), *The Third Culture: Beyond the Scientific Revolution*. Simon & Schuster, New York, USA, 1995.

Maynard-Smith, John, and Szathmáry, Eörs. *The Major Transitions of Evolution*. W. H. Freeman, San Francisco, USA, 1995.

자연선택의 단위

Blackstone, N. W. A units-of-evolution perspective on the endosymbiont theory of the origin of the mitochondrion. *Evolution* 49: 785-796; 1995.

Maynard-Smith, J. The units of selection. *Novartis Foundation Symposium* 213: 203-211; 1998.

Mayr, E. The objects of selection. *Proceedings of the National Academy of Sciences USA* 94: 2091-2094; 1997.

아포토시스와 다세포성의 진화

Huettenbrenner, S., Maier, S., Leisser, C., Polgar, D., Strasser, S., Grusch, M., and Krupitza, G. The evolution of cell death programs as prerequisites of multicellularity. *Mutation Research* 543: 235-249; 2003.

Michod, R. E., and Roze, D. Cooperation and conflict in the evolution of multicellularity. *Heredity* 86: 1-7; 2001.

아포토시스의 발견

Featherstone, C. Andrew Wyllie: From left field to centre stage. *The Lancet* 351: 192; 1998.

Kerr, J. F. History of the events leading to the formulation of the apoptosis concept. *Toxicology* 181.182: 471-474; 2002.

────── Wyllie A. H., and Currie A. R. Apoptosis: A basic biological phenomenon with wideranging implications in tissue kinetics. *British Journal of Cancer* 26: 239-257; 1972.

카스파제 효소

Barinaga, M. Cell suicide: By ICE, not fire. *Science* 263: 754-756; 1994.

Horvitz, H. R. Nobel lecture: Worms, life and death. *Bioscience Reports* 23: 239-303; 2003.

────── Sulston, J. E. Joy of the worm. *Genetics* 126: 287-292; 1990.

Wiens, M., Krasko, A., Perovic, S., and Muller, W. E. G. Caspase-mediated apoptosis in sponges: cloning and function of the phylogenetic oldest apoptotic proteases from Metazoa. *Biochimica et Biophysica Acta* 1593: 179-189; 2003.

아포토시스와 미토콘드리아의 연관성

Brown, G. C. Mitochondria and cell death. *The Biochemist* 27(3): 15-18; 2005.

Zamzami, N., Marchetti, P., Castedo, M., Zanin, C., Vayssière, J. L., Petit P. X., and Kroemer G. Reduction in mitochondrial potential constitutes an early irreversible step of programmed lymphocyte death in vivo. *Journal of Experimental Medicine* 181: 1661-1672; 1995.

────────── Decaudin, D., Macho, A., Hirsch, T., Susin, S. A., Petit, P. X., Mignotte, B., and Kroemer, G. Sequential reduction of mitochondrial transmembrane potential and generation of reactive oxygen species in early programmed cell death. *Journal of Experimental Medicine* 182: 367-377; 1995.

────── Susin, S. A., Marchetti, P., Hirsch, T., Gómez-Monterret, I., Castedo, M., and Kroemer, G. Mitochondrial control of nuclear apoptosis. *Journal of Experimental Medicine* 183: 1533-1544; 1996.

시토크롬 c의 방출

Balk, J., and Leaver, C. J. The PET-1-CMS mitochondrial mutation in sunflower is associated with premature programmed cell death and cytochrome c release. *The Plant Cell* 13: 1803-1818; 2001.

Kluck, R. M., Bossy-Wetzel, E., Green, D. R., and Newmeyer, D. D. The release of cytochrome c from mitochondria: A primary site for bcl 2 regulation of apoptosis. *Science*

275: 1132-1136; 1997.

Liu, X., Kim, C. N., Yang, J., Jemmerson, R., and Wang, X. Induction of apoptotic program in cell-free extracts: Requirement for dATP and cytochrome c. *Cell* 86: 147-157; 1996.

Ott, M., Robertson, J. D., Gogvadze, V., Zhitotovsky, B., and Orrenius, S. Cytochrome c release from mitochondria proceeds by a two-step process. *Proceedings of the National Academy of Sciences USA* 99: 1259-1263; 2002.

Yang, J., Liu, X., Bhalla, K., Kim, C. N., Ibrado, A. M., Cai, J., Peng, T. I., Jones, D. P., and Wang, X. Prevention of apoptosis by bcl 2: Release of cytochrome c from mitochondria blocked. *Science* 275: 1129-1132; 1997.

그 외 미토콘드리아에 있는 아포토시스 단백질

Candé, C., Cecconi, F., Dessen, P., and Kroemer, G. Apoptosis-inducing factor (AIF) pathway: Key to the conserved caspase-independent pathways of cell death? *Journal of Cell Science* 115: 4727-4734; 2002.

van Gurp, M., Festjens, N., van Loo, G., Saelens, X., and Vandenabeele, P. Mitochondrial intermembrane proteins in cell death. *Biochemical and Biophysical Research Communications* 304: 487-497; 2003.

bcl 2 단백질군

Adams, J. M., and Cory, S. Life-or-death decisions by the bcl 2 protein family. *Trends in Biochemical Sciences* 26: 61-66; 2001.

Orrenius, S. Mitochondrial regulation of apoptotic cell death. *Toxicology Letters* 149: 19-23; 2004.

Zamzami, N., and Kroemer, G. Apoptosis: Mitochondrial membrane permeabilization—the (w)hole story? *Current Biology* 13: R71-R73; 2003.

아포토시스의 내부적인 경로와 외부적인 경로의 연관성

Sprick, M. R., and Walczak, H. The interplay between the bcl 2 family and death receptormediated apoptosis. *Biochemica et Biophysica Acta* 1644: 125-132; 2004.

세균에서 유래된 아포토시스 유전자

Ameisen, J. C. On the origin, evolution, and nature of programmed cell death: A timeline of four billion years. *Cell Death and Differentiation* 9: 367-393; 2002.

Koonin, E. V., and Aravind, L. Origin and evolution of eukaryotic apoptosis: The bacterial connection. *Cell Death and Differentiation* 9: 394-404; 2002.

아포토시스 진화에서 공생관계

Blackstone, N. W., and Green, D. R. The evolution of a mechanism of cell suicide. *Bioessays* 21: 84-88; 1999.

────── Kirkwood, T. B. L. Mitochondria and programmed cell death: 'Slave revolt' or community homeostasis? In P. Hammerstein (ed.), *Genetic and Cultural Evolution of Cooperation*. MIT Press, Cambridge MA, USA 2003.

Frade, J. M., and Michaelidis, T. M. Origin of eukaryotic programmed cell death: A consequence of aerobic metabolism? *Bioessays* 19: 827-832; 1997.

Müller, A., Günther, D., Düx, F., Naumann, M., Meyer T. F., and Rudel, T. Neisserial porin (PorB) causes rapid calcium influx in target cells and induces apoptosis by the activation of cysteine proteases. *EMBO (European Molecular Biology Organization) Journal* 18: 339-352; 1999.

Naumann, M., Rudel, T., and Meyer T. Host cell interactions and signalling with *Neisseria gonorrhoeae*. *Current Opinion in Microbiology* 2: 62-70; 1999.

자유라디칼과 재조합

Brennan, R. J., and Schiestl, R. H. Chloroform and carbon tetrachloride induce intrachromosomal recombination and oxidative free radicals in *Saccharomyces cerevisiae*. *Mutation Research* 397: 271-278; 1998.

Filkowski, J., Yeoman, A., Kovalchuk O., and Kovalchuk, I. Systemic plant signal triggers genome instability. *Plant Journal* 38: 1-11; 2004.

Nedelcu, A. M., Marcu, O., and Michod, R. E. Sex as a response to oxidative stress: A twofold increase in cellular reactive oxygen species activates sex genes. *Proceedings of the Royal Society of London B: Biological Sciences* 271: 1591-1592; 2004.

죽음의 기원과 성

Blackstone, N. W., and Green, D. R. The evolution of a mechanism of cell suicide. *Bioessays* 21: 84-88; 1999.

────── Redox control and the evolution of multicellularity. *Bioessays* 22: 947-953; 2000.

제6부

주요 참고도서

Ridley, Mark. *Mendel's Demon: Gene Justice and the Complexity of Life*. Phoenix, London, UK, 2001.

Sykes, Bryan. *The Seven Daughters of Eve*. Corgi, London, UK, 2001.

성의 진화

Charlesworth, B. The evolution of chromosomal sex determination. *Novartis Foundation Symposium* 244: 207-224; 2002.

Whitfield, J. Everything you always wanted to know about sexes. *PLoS (Public Library of Science) Biology* 2: 0718-0721; 2004.

한 부모 유전

Birky, C. W., Jr. Uniparental inheritance of mitochondrial and chloroplast genes: Mechanisms and evolution. *Proceedings of the National Academy of Sciences USA* 92: 11331-11338; 1995.

Hoekstra, R. E. Evolutionary origin and consequences of uniparental mitochondrial inheritance. *Human Reproduction* 15 (suppl. 2): 102-111; 2000.

이기적 경쟁

Cosmides, L. M., and Tooby, J. Cytoplasmic inheritance and intragenomic conflict. *Journal of Theoretical Biology* 89: 83-129; 1981.

Hurst, L., and Hamilton, W. D. Cytoplasmic fusion and the nature of sexes. *Proceedings of the Royal Society of London B: Biological Sciences* 247: 189-194; 1992.

Partridge, L., and Hurst, L. D. Sex and conflict. *Science* 281: 2003-2008; 1998.

식물의 웅성 불임

Budar, F., Touzet, P., and de Paepe, R. The nucleo-mitochondrial conflict in cytoplasmic male sterilities revisited. *Genetica* 117: 3-16; 2003.

Sabar, M., Gagliardi, D., Balk, J., and Leaver, C. J. ORFB is a subunit of F1F(O)-ATP synthase: Insight into the basis of cytoplasmic male sterility in sunflower. *EMBO (European Molecular Biology Organization) Reports* 4: 381-386; 2003.

초파리의 거대 정자

Pitnick, S., and Karr, T. L. Paternal products and by-products in Drosophila development. *Proceedings of the Royal Society of London B: Biological Sciences* 265: 821-826; 1998.

속씨식물의 헤테로플라즈미

Zhang, Q., Liu, Y., and Sodmergen. Examination of the cytoplasmic DNA in male reproductive cells to determine the potential for cytoplasmic inheritance in 295 angiosperm species. *Plant Cell Physiology* 44: 941-951; 2003.

난세포질 이식

Barritt, J. A., Brenner, C. A., Malter, H. E., and Cohen, J. Mitochondria in human offspring derived from ooplasmic transplantation. *Human Reproduction* 16: 513-516; 2001.

St John, J. C. Ooplasm donation in humans: The need to investigate the transmission of mitochondrial DNA following cytoplasmic transfer. *Human Reproduction* 17: 1954-1958; 2002.

미토콘드리아 DNA와 인류의 진화

Ankel-Simons, F., and Cummins, J. M. Misconceptions about mitochondria and mammalian fertilisation: Implications for theories on human evolution. *Proceedings of the National Academy of Sciences USA* 93: 13859-13863; 1996.

Cann, R. L., Stoneking, M., and Wilson, A. C. Mitochondrial DNA and human evolution. *Nature* 325: 31-36; 1987.

Krings, M., Stone, A., Schmitz, R. W., Krainitzki, H., Stoneking, M., and Pääbo, S. Neanderthal DNA sequences and the origin of modern humans. *Cell* 90: 19.30; 1997

미토콘드리아 재조합

Eyre-Walker, A., Smith, N. H., and Smith, J. M. How clonal are human mitochondria? *Proceedings of the Royal Society of London B* 266: 477-483; 1999.

Hagelberg, E. Recombination or mutation rate heterogeneity? Implications for Mitochondrial Eve. *Trends in Genetics* 19: 84-90; 2003.

Kraytsberg, Y., Schwartz, M., Brown, T. A., Ebralidse, K., Kunz W. S., Clayton, D. A., Vissing, J., and Khrapko, K. Recombination of human mitochondrial DNA. *Science* 304: 981; 2004.

미토콘드리아 시계의 측정

Gibbons, A. Calibrating the mitochondrial clock. *Science* 279: 28-29; 1998.

Cummins, J. Mitochondria DNA and the Y chromosome: Parallels and paradoxes. *Reproduction, Fertility and Development* 13: 533-542; 2001.

멍고 호수의 화석

Adcock, G. J., Dennis, E. S., Easteal, S., Huttley, G. A., Jermiin, L. S., Peacock, W. J., and Thorne, A. Mitochondrial DNA sequences in ancient Australians: Implications for modern human origins. *Proceedings of the National Academy of Sciences USA* 98: 537-542; 2001.

Bowler, J. M., Johnston, H., Olley, J. M., Prescott, J. R., Roberts, R. G., Shawcross, W., and Spooner, N. A. New ages for human occupation and climatic change at Lake Mungo, Australia. *Nature* 421: 837-840; 2003.

미토콘드리아 선택

Coskun, P. E., Ruiz-Pesini, E., and Wallace, D. C. Control region mtDNA variants: Longevity, climatic adaptation, and a forensic conundrum. *Proceedings of the National Academy of Sciences USA* 100: 2174-2176; 2003.

—— Beal, M. F., and Wallace, D. C. Alzheimer's brains harbor somatic mtDNA controlregion mutations that suppress mitochondrial transcription and replication. *Proceedings of the National Academy of Sciences USA* 101: 10726-10731; 2004.

Ruiz-Pesini, E., Mishmar, D., Brandon, M., Procaccio, V., and Wallace, D. C. Effects of purifying and adaptive selection on regional variation in human mtDNA. *Science* 303: 223-226; 2004.

—— Lapeña, A. C., Díez-Sánchez, C., Pérez-Martos, A., Montoya, J., Alvarez, E., Díaz, M., Urriés, A., Montoro, L., López-Pérez, M. J., and Enríquez J. A. Human mtDNA haplogroups associated with high or reduced spermatozoa motility. *American Journal of Human Genetics* 67: 682-696; 2000.

이중 유전체 조절체계

Ballard, J. W. O., and Whitlock, M. C. The incomplete natural history of mitochondria. *Molecular Ecology* 13: 729-744; 2004.

Blier, P. U., Dufresne, F., and Burton, R. S. Natural selection and the evolution of mtDNAencoded peptides: Evidence for intergenomic co-adaptation. *Trends in Genetics* 17:

400-406; 2001.

Ross, I. K. Mitochondria sex and mortality. *Annals of the New York Academy of Sciences* 1019: 581-584; 2004.

미토콘드리아의 병목현상

Barritt, J. A., Brenner, C. A., Cohen, J., and Matt, D. W. Mitochondrial DNA rearrangements in human oocytes and embryos. *Molecular Human Reproduction* 5: 927-933; 1999.

Cummins, J. M. The role of mitochondria in the establishment of oocyte functional competence. *European Journal of Obstetrics and Gynecology and Reproductive Biology* 115S: S23-S29; 2004.

Jansen, R. P. S. Germline passage of mitochondria: Quantitative considerations and possible embryological sequelae. *Human Reproduction* 15 (suppl. 2): 112-128; 2000.

Krakauer, D. C., and Mira, A. Mitochondria and germ-cell death. *Nature* 400: 125-126; 1999.

Perez, G. I., Trbovich, A. M., Gosden, R. G., and Tilly, J. L. Mitochondria and the death of oocytes. *Nature* 403: 500-501; 2000.

제7부

주요 참고도서

Halliwell, B., and Gutteridge, J. *Free Radicals in Biology and Medicine*. Oxford University Press, Oxford, UK, 1999.

Holliday, Robin. *Understanding Ageing*. Cambridge University Press, Cambridge, UK, 1995.

Lane, Nick. *Oxygen: The Molecule that Made the World*. Oxford University Press, Oxford, UK, 2002.

수명과 대사율

Barja, G. Mitochondrial free-radical production and aging in mammals and birds. *Annals of the New York Academy Sciences* 854: 224-238; 1998.

Brunet-Rossinni, A. K., and Austad, S. N. Ageing studies on bats: A review. *Biogerontology* 5: 211-222; 2004.

Skulachev, V. P. Mitochondria, reactive oxygen species and longevity: Some lessons from the Barja group. *Ageing Cell* 3: 17-19; 2004.

Speakman, J. R., Selman, C., McLaren, J. S., and Harper, E. J. Living fast, dying when? The link between ageing and energetics. *Journal of Nutrition* 132 (suppl. 2): 1583S-1597S; 2002.

노화에 관한 미토콘드리아 이론

Harman, D. The biologic clock: The mitochondria? *Journal of the American Geriatrics Society* 20: 145-147; 1972.

Miquel, J., Economos, A. C., Fleming, J., and Johnson, J. E., Jr. Mitochondrial role in cell ageing. *Experimental Gerontology* 15: 575-591; 1980.

항산화제의 실패

Barja, G. Free radicals and aging. *Trends in Neurosciences* 27: 595-600; 2004.

Cutler, R. G. Antioxidants and longevity of mammalian species. *Basic Life Sciences* 35: 15-73; 1985.

Orr, W. C., Mockett, R. J., Benes J. J., and Sohal, R. S. Effects of overexpression of copperzinc and manganese superoxide dismutases, catalase, and thioredoxin reductase genes on longevity in *Drosophila melanogaster*. *Journal of Biological Chemistry* 278: 26418-26422; 2003.

미토콘드리아 질환

Chinnery, P. F., DiMauro, S., Shanske, S., et al. Risk of developing a mitochondrial DNA deletion disorder. *Lancet* 364: 591-596; 2004.

Fernández-Moreno, M., Bornstein, B., Petit, N., and Garesse, R. The pathophysiology of mitochondrial biogenesis: Towards four decades of mitochondrial DNA research. *Molecular Genetics and Metabolism* 71: 481-495; 2000.

Marx, J. Metabolic defects tied to mitochondria gene. *Science* 306: 592-593; 2004.

Schapira, A. Mitochondrial DNA and disease. *The Biochemist* 27(3): 24-27; 2005.

Wallace, D. C. Mitochondrial diseases in man and mouse. *Science* 283: 1482-1488; 1999.

노화와 미토콘드리아 돌연변이

Coskun, P. E., Ruiz-Pesini, E., and Wallace, D. C. Control region mtDNA variants: Longevity, climatic adaptation, and a forensic conundrum. *Proceedings of the National Academy of Sciences USA* 100: 2174-2176; 2003.

Lightowlers, R. N., Jacobs, H. T., and Kajander, O. A. Mitochondrial DNA. all things bad? *Trends in Genetics* 15: 91-93; 1999.

Linnane, A. W., Marzuki, S., Ozawa, T., and Tanaka, M. Mitochondrial DNA mutations as an important contributor to ageing and degenerative diseases. *Lancet* 1 (8639): 642-645; 1989.

Michikawa, Y., Mazzucchelli, F., Bresolin, N., Scarlato, G., and Attardi, G. Aging-dependent large accumulation of point mutations in the human mtDNA control region for replication. *Science* 286: 774-779; 1999.

Zhang, J., Asin-Cayuela, J., Fish, J., Michikawa, Y., Bonafè, M., Olivieri, F., Passarino, G., De Benedictis, G., Franceschi, C., and Attardi, G. Strikingly higher frequency in centenarians and twins of mtDNA mutation causing remodeling of replication origin in leukocytes. *Proceedings of the National Academy of Sciences USA* 100: 1116-1121; 2003.

미토콘드리아의 산화환원 신호

Allen, J. F. Control of gene expression by redox potential and the requirement for chloroplast and mitochondrial genes. *Journal of Theoretical Biology* 165: 609-631; 1993.

—— The function of genomes in bioenergetic organelles. *Philosophical Transactions of the Royal Society of London B: Biological Sciences* 358: 19-38; 2003.

Landar, A. L., Zmijewski, J. W., Oh, J Y., and Darley Usmar, V. M. Message from the cell's powerhouse. *The Biochemist* 27(3): 9-14; 2005.

역행반응

Butow, R. A., and Avadhani, N. G. Mitochondrial signaling: The Retrograde response. *Molecular Cell* 14: 1-15; 2004.

De Benedictis, G., Carrieri, G., Garastro, S., Rose, G., Varcasia, O., Bonafè, M., Franceschi, C., and Jazwinski, S. M. Does a retrograde response in human aging and longevity exist? *Experimental Gerontology* 35: 795-801; 2000.

아포토시스와 퇴행성 신경질환

Coskun, P. E., Ruiz-Pesini, E., and Wallace, D. C. Control region mtDNA variants: Longevity, climatic adaptation, and a forensic conundrum. *Proceedings of the National Academy of Sciences USA* 100: 2174-2176; 2003.

Wright, A. F., Jacobson, S. G., Cideciyan, A. V., Roman, A. J., Shu, X., Vlachantoni, D., McInnes, R. R., and Riemersma, R. A. Lifespan and mitochondrial control of neurodegeneration. *Nature Genetics* 36: 1153-1158; 2004.

생쥐의 교정효소

Balaban, R. S., Nemoto, S., and Finkel, T. Mitochondria, oxidants, and aging. *Cell* 120: 483-495; 2005.

Trifunovic, A., Wredenberg, A., Falkenberg, M., Spelbrink, J. N., Rovio, A. T., Bruder, C. E., Bohlooly-Y, M., Gidlof, S., Oldfors, A., Wibom, R., Tornell, J., Jacobs, H. T., and Larsson, N. G. Premature ageing in mice expressing defective mitochondrial polymerase. *Nature* 429: 417-423; 2004.

복합체 I에서 누출의 원인

Herrero, A., and Barja, G. Localization of the site of oxygen radical generation inside complex I of heart and nonsynaptic brain mammalian mitochondria. *Journal of Bioenergetics and Biomembranes* 32: 609-615; 2000.

Kushnareva, Y., Murphy, A. N., and Andreyev, A. Complex I-mediated reactive oxygen species generation: Modulation by cytochrome c and NAD(P)$^+$ oxidation state. *Biochemical Journal* 368: 545-553; 2002.

일본의 100세 이상 장수노인

Tanaka, M., Gong, J. S., Zhang, J., Yoneda, M., and Yagi, K. Mitochondrial genotype associated with longevity. *Lancet* 351: 185-186; 1998.

――――― Yamada, Y., Borgeld, H. J., and Yagi, K. Mitochondrial genotype associated with longevity and its inhibitory effect on mutagenesis. *Mechanisms of Ageing and Development* 116: 65-76; 2000.

짝풀림, 노화와 비만

Ruiz-Pesini, E., Mishmar, D., Brandon, M., Procaccio, V., and Wallace, D. C. Effects of purifying and adaptive selection on regional variation in human mtDNA. *Science* 303: 223-226; 2004.

Speakman, J. R., Talbot, D. A., Selman, C., Snart, S., McLaren, J. S., Redman, P., Krol, E., Jackson, D. M., Johnson, M. S., and Brand, M. D. Uncoupled and surviving: Individual mice with high metabolism have greater mitochondrial uncoupling and live longer. *Aging Cell* 3: 87-95; 2004.

운동의 역설

Herrero, A., and Barja, G. ADP-regulation of mitochondrial free-radical production is different with complex I—or complex II—linked substrates: Implications for the exercise paradox and brain hypermetabolism. *Journal of Bioenergetics and Biomembranes* 29: 241-249; 1997.

열량제한과 자유라디칼 누출

Gredilla, R., Barja, G., and López-Torres, M. Effect of short-term caloric restriction on H_2O_2 production and oxidative DNA damage in rat liver mitochondria and location of the free radical source. *Journal of Bioenergetics and Biomembranes* 33: 279-287; 2001.

생존 대 성

Kirkwood, T. B., and Rose, M. R. Evolution of senescence: Late survival sacrificed for reproduction. *Philosophical Transactions of the Royal Society of London B: Biological Sciences* 332: 15-24; 1991.

조류의 호기성 능력

Maina, J. N. What it takes to fly: The structural and functional respiratory refinements in birds and bats. *Journal of Experimental Biology* 203: 3045-3064; 2000.

찾아보기

[인명]

[ㄱ]

갈릴레이 250, 255, 266
거터리지, 존 410
골드슈미트, 리처드 55~56
골턴, 프랜시스 379
굴드, 스티븐 제이 44, 95, 173, 232~233, 416
그린, 더글러스 330

[ㄴ]

놀, 앤드루 102
니콜, 샤를 181
니콜라이 2세, 차르, 신원확인 16, 376

[ㄷ]

다나카, 마사시 452
다니엘리, 제임스 33
다르보, 샤를 앙투안 267
다윈, 찰스 112, 127, 168~169, 232, 287, 296, 357
던넛, 조지 401
데닛, 데니얼 173
도즈, 피터 254
도킨스, 리처드 46, 63, 288~292, 294, 296~297, 379
드 그레이, 오브리 416
드 뒤브, 크리스티앙 51~52, 54, 151

[ㄹ]

라부아지에, 앙투안 로랑 115~117, 125
라손, 닐스 예란 445
라이트, 앨런 9, 442~444, 446
라커, 에프라임 130~131, 134, 138~139, 142, 160
러브록, 제임스 296
러셀, 마이크 157~160, 162~163
레닌저, 앨버트 31, 116
로만, 카를 127
로스, 이언 397
로스먼, 댄 254
로저, 앤드루 80
루벤, 존 272~274
루브너, 막스 242~245, 254
리들리, 마크 176, 233~234, 282~283
리베라, 마리아 82
리스, 마틴 43
리케츠, 하워드 181
리프만, 프리츠 128
린넨, 앤서니 425

[ㅁ]

마굴리스, 린 56, 63~64, 77, 87, 193, 294~297, 320
마르크스, 카를 304
마이어, 에른스트 296

마이어호프, 오토 126
마틴, 빌 64~65, 88, 90, 155, 157, 159 172, 206~207
만델브로, 브누아 246
매컬리, 빈센트 373
맥문, 찰스 119~120
메더워, 피터 424, 442
메레슈코프스키, 콘스탄틴 173~174
메이너드 스미스, 존 173, 175, 187, 289 373
모노, 자크 168
모이얼, 제니퍼 141
뮐러, 미클로스 88~90, 93~95, 172
미셸, 니코 349
미첼, 피터 21, 112~113, 134, 136~143, 145, 156, 191
미카엘리디스, 테오로고스 319~320, 326~327
미켈, 하이메 415
밀러, 스탠리 152

【ㅂ】

바르부르크, 오토 120~123, 154
바르하, 구스타보 412~413, 451, 455~456
바이스만, 아우구스트 305
반 덴 엔트, 푸시니타 68
배리트, 제이슨 394
버스, 레오 297
베넷, 앨버트 272~274
베히터스호이저, 귄터 159 162
벤더, 칼 30
벨러리, 티보르 184, 189, 197~198
보울러, 제임스 380
부흐너, 에두아르트 125~126, 133

브라운, 제임스 245, 247, 250
브랜드, 마틴 277
브로디, 새뮤얼 242, 254
블랙스톤, 닐 330, 332~333, 335~337
비더, 가보르 184, 189, 198
비숍, 찰스 258
비싱, 존 374

【ㅅ】

사이키스, 브라이언 368, 381
사트마리, 외르스 175
새프, 잔 31
생어, 프레드 418
세이건, 도리언 296
세이건, 칼 33
세이모어, 로저 255
쇼펜하우어, 아르투어 348
슈와르츠, 마리안 374
스미스, 노엘 373
스톤킹, 마크 363, 367, 381
스피크먼, 존 277
슬레이터, 빌 139

【ㅇ】

아타르디, 주세페 427, 435
안데르손, 시브 77~78, 84, 181~183
알트만, 리하르트 29~31
앤바, 에이리얼 102
앨런, 존 9, 160, 214, 222~223, 430
야겐도르프, 안드레 142, 160
에이버리, 오스왈드 55
에이어 월커, 애덤 373
엔퀴스트, 브라이언 245, 247, 250

찾아보기 517

엘스, 폴 274
엠블리, 마틴 89
엥겔하르트, 블라디미르 127~128
오겔, 레슬리 112, 145
오레니우스, 스텐 315
오일러, 한스 폰 126
오초아, 세베로 128
와일리, 앤드루 306~307, 309
왓슨, 제임스 24, 110~112
왕, 샤오동 313
우드러프, 윌리엄 250
우리베, 어니스트 142, 160
우스, 칼 69~70, 74
월리스, 더글러스 381~383
월린, 이반 32
웨스트, 제프리 245, 247, 250~252, 255, 263, 268
웨이츠, 조수아 254
윈 에드워즈, 베로 287
윌리엄스, 조지 C. 289
윌슨, 앨런 363
윌슨, E. B. 33
유리, 해럴드 152

【ㅈ】

자코브, 프랑수아 178
자페, 버나드 115
잠자미, 나우팔 312
잰슨, 로버트 394
제이콥스, 하워드 445
존스, 로라 68
줄, 제임스 프리스콧 117

【ㅋ】

카, 티모시 359
칸, 레베카 363, 367, 381
칼망, 잔 402
칼카르, 헤르만 128
캐벌리어 스미스, 톰 64~65, 67, 71~73, 171, 332
커, 존 306
커리, 알래스터 306
커민스, 짐 379
커크우드, 톰 413
커틀러, 리처드 410
케네디, 유진 31, 116
케일린, 데이비드 120~124, 136, 313
코맥, 제임스 306
코스미데스, 레다 356
콘스탄티니디스, 콘스탄티노스 179
콘웨이 모리스, 사이먼 44, 46
크라프코, 콘스탄틴 375
크레브스, 핸스 122
크뢰머, 귀도 312
크릭, 프랜시스 24, 26, 110, 112
클라이버, 막스 244, 248, 254
클라크, 그레이엄 80
킹스베리, B. F. 31

【ㅌ】

타카치, 크리스티너 184
태터솔, 이언 365
터너, 클레슨 206
톰슨, 윌리엄(켈빈 경) 117
투비, 존 356
티미스, 제레미 205

티아가라잔, 바스카 372
티제, 제임스 179

【ㅍ】

파라켈수스 115
파스퇴르, 루이 125, 153
파티노, 마리아 343
포르티에, 폴 32
포크트, 카를 304
폭스, 조지 69
프라데, 호세 319~320, 326~327
프로바제크, 스타니슬라우스 폰 182
플뤼거, 에두아르트 116
피트닉, 스콧 359

【ㅎ】

하겔베르크, 에리카 374
하든, 아서 126
하먼, 데넘 408~409, 412 414~415

하크슈테인, 요하네스 89
할리웰, 배리 410
해럴드, 프랭클린 147, 163, 294
해밀턴, 윌리엄 289, 351
허스트, 로렌스 351
허치슨, 클라이드, 3세 353
헉슬리, 줄리언 265
헐버트, 토니 274
헤밍슨, A. M. 255
헤위에르달, 토르 369
헬름홀츠, 헤르만 폰 117
호로비츠, 밥 308
호카치카, 피터 267~268
홀, 앨런 160
홀데인, J. B. S 235~237, 240, 260, 265~266, 289, 404, 424, 442
화이트, 크레이그 255
후세인, 사담, 신원확인 16

찾아보기 519

[기타]

1/4지수 비례(클레이버 법칙) 244~245, 248, 251

ADP(아데노신이인산), 96, 124, 127~130, 139, 142, 144, 162, 215~216, 220, 223, 277, 334

ATP(아데노신 삼인산) 참조 84, 93, 124, 127~134, 138, 140~141, 143~148, 160, 179, 189~190, 193~194, 197, 215~216, 224~226, 277, 307, 320, 328, 333, 382~383, 397, 418, 440, 445, 450, 453~454

ATP 펌프, 진핵생물의 진화 100

ATP 효소(ATP 합성효소) 124, 131~132, 138~139, 141~148, 156, 160, 194, 198, 215~216, 223, 277

   ATP 합성 메커니즘 144

   양성자 동력 139

   합성과정의 역전 144, 147~148

   ATP 효소의 구조 144

ATP(아데노신삼인산):

   '고에너지' 결합 129~130

   ATP 합성 메커니즘 129~134, 147~148

   발효산물 127~128

   광합성 산물 129

   호흡의 산물 128

   위치에너지의 저장소 129~130

C값 역설 57, 282

C값(전체 DNA 내용물) 57

DNA 16, 24~28, 33~34, 55~61, 71, 80~83, 94, 104, 110, 131, 145, 148, 150~151, 169~170, 178~180, 182~185, 188~189, 196, 198, 204~206, 210~211, 282~283, 291~293, 307, 309, 311, 314, 331, 335~336, 342, 348, 353, 355, 358, 361, 363, 365~380, 382, 387~388, 390~391, 393~394, 408, 413~419, 421~422, 425~428, 430, 432~433, 435, 438, 443, 445, 449, 452

   미토콘드리아 DNA 참조

LUCA(최초의 보편적 공통조상) 154~157

RNA 27~28, 33, 150~151, 154, 156, 158, 162, 184, 186, 222, 290, 293

[ㄱ]

고세균(원핵생물) 52, 69~73, 78, 82~83, 87~88, 97, 155~157, 159, 164, 167, 193~195, 207~209, 318~321

   메탄생성고세균 참조

공급망:

   프랙털 모형 248, 250, 253, 255~258, 274

   공급망과 조직의 수요 261~263

공생 31, 33, 35~36, 83, 87~88, 96, 98, 173, 175, 200, 203, 206, 231

광합성 143, 153, 205, 235

그람음성균 191

극소진핵생물 37, 56

근육:

   증가된 호기성 용량 272~276

   근육의 세기 대 몸무게의 비율 259~260

근육수축, ATP의 필요성 127~128

기생생활 181, 183, 192, 194~195, 324

기생충 감염, 진핵생물 기원 가능성 76~79

기아르디아 람블리아(장내 기생충) 75

【ㄴ】

난세포질 이식 17, 360, 396
난자, 발생과정 중의 도태 395~397
남성 불임(정자무력증) 384
내온성:
  장점 270~272
  호기성 용량 가설 273, 275, 459
  조류와 포유류 273~274
  자유라디칼 형성 위험 276~277
  에너지 비용 271~272
  양성자 누출에 의한 열 생산 278~279
  내온성과 대사율 270~279
넘트(핵-미토콘드리아 서열) 205~206, 378
네안데르탈인 16, 361, 363~365, 370, 378~379
노화:
  세포 소실 450
  운동의 역설 406, 430, 455
  자유라디칼 누출 406, 408~409, 412~413, 449~462
  대사율 240, 401~404, 406
  미토콘드리아 돌연변이 376, 414, 417, 421~428, 434, 437, 439~440, 445~446
  미토콘드리아 노화이론 16, 407~408
  노화와 연관된 (퇴행성) 질환 16, 404~405, 439~444
  수명 참조

【ㄷ】

다세포 개체:

진화 47~49
세포 죽음의 형벌 322
아포토시스, 진핵생물의 진화 참조
다윈의 진화개념 168~175
다윈주의, 신다윈주의, 초다윈주의 170, 172~175, 297
단백질 24, 26~28, 31, 34~35, 56~59, 61, 63, 80, 82~83, 90, 93, 110, 122~123, 137, 144, 147, 150~151, 160, 169, 172, 182, 190, 196, 198, 207, 209, 210~214, 220~222, 224~225, 240, 281, 290~291, 293, 300, 307, 309~310, 313~320, 324~326, 328, 334, 336~337, 359, 368, 372, 385, 388~391, 397, 408, 415~416, 422~423, 426~427, 431~432, 437
당뇨병, 취약체질 239, 383~384
대변이 55~56
대사율:
  노화와 대사율 240, 401~404, 406
  조류 401~405
  체질량과 대사율 239~245, 256~258, 266~267
  생태학적 영향 242
  진화론적 영향 242
  열 손실과 대사율 243~245
  수명과 대사율 401~406
  공급망과 대사율 245~253, 274(각주 14)
  안정 시 대사율과 최대 대사율의 관계 256~258
  유대류 255, 279
  쥐와 인간의 비교 239~240
  '보편상수' 253~255, 278, 281
델로비브리오 97, 320

찾아보기 521

【ㄹ】

로도박터 93~94, 103
리보자임 151
리보솜 28, 34, 60~61, 71, 74, 186
리케차 프로와제키이(발진티푸스의 원인균) 77, 181, 320

【ㅁ】

마이코플라즈마, 세포벽 소실 192~195
막:
   능동수송체계 136~139
   막의 진화 156~158, 160~164, 207~209
   무기염류로 이루어진 막 157~162, 207~209
   지질 157
   양성자 동력에 이용되는 막 145~146
멍고 호수 화석 380
메탄생성고세균 52~54, 69~70, 82~85, 88, 90~91, 94, 96~100, 102~103, 193, 209
멘델의 유전법칙 419, 422~423
면역기능과 아포토시스 307
모세혈관 밀도, 조직의 수요 261~263
미토콘드리아 돌연변이:
   미토콘드리아 돌연변이와 노화 424~428, 440, 447
   미토콘드리아 돌연변이로 인한 질환 381, 418~423
   미토콘드리아 기능의 효과 434~440
   미토콘드리아 돌연변이와 자유라디칼 손상 414~417
   미토콘드리아 돌연변이와 수명 452~454
   돌연변이 속도 368, 371, 377, 424~428

미토콘드리아 유전자 34~35
   핵 유전자와 상호적응 390~393
   자연선택의 효과 381~385
   핵으로 유전자 이동 35, 80, 203~204
   유전체 충돌 356~361
   인간 미토콘드리아 유전체 서열 418
   진화속도 35
   특정 유전자의 보유 203, 210~212, 219~223
미토콘드리아 이브 15, 22, 363, 369, 377
미토콘드리아 헤테로플라즈미 360~361, 374, 376~377, 387~388, 392, 419~420
미토콘드리아 DNA:
   서열의 절멸 378~380
   인간 개체군 유형 381~384
   돌연변이 속도 368, 371, 377, 424~428
   재조합 368, 371~376
   연구 367~371
미토콘드리아:
   호기성 용량 증가와 미토콘드리아 274~276
   '혐기성' 미토콘드리아 91~94
   아포토시스 실행 18, 285~287, 303, 304~320, 450
   세균 조상 18, 324, 326
   화학삼투 21, 112, 137~138
   분열과 융합 29, 332, 435
   내막을 통한 전류형성 141~142
   진핵세포 안의 미토콘드리아 48~49
   진핵생물의 진화에서 미토콘드리아 19~20, 37~38, 48~49
   크기와 복잡성의 진화에서 미토콘드리아 227

법의학에 이용되는 ㅁ 토콘드리아 16
376~377
자유라디칼 누출과 노화 399, 406~414
자유라디칼 신호의 피드백 체계 219~
221
미토콘드리아의 기능 13, 15, 31
열과 에너지 생산 382~385
독립성의 상실 328
포유류 기관 속에 있는 미토콘드리아
275~276
숙주세포의 조종 329~332
모계유전 15~16, 353, 361, 367~368 370
~371, 375~376, 384, 393, 397, 419, 423
이름의 유래 30
양성의 필요성 20, 347~361, 391~393
다양한 세포 속의 수치 13, 16, 28~29
내막을 경계로 한 pH 농도차 142~143
기생생물 조상 가능성 326~328
미토콘드리아의 존재에 대한 증거 29~
31
하이드로게노솜과의 관계 88~93
알파프로테오박테리아와의 관계 82
~85
역행반응 434, 436, 445, 450
성적 융합의 시초 333~340
크기와 구조 13, 16, 28~29
여유공간과 노화 456~462
생명의 이야기에서 21~23
공생자 31~36
한 부모 유전 351, 353~355, 359~360,
372, 392~393
호흡: 호흡연쇄 참조
미포자충류(기생 진핵생물) 74~75, 80~81

【ㅂ】

바이러스 110, 181, 231, 292, 294, 312, 356
박쥐, 비행에 필요한 에너지 458~459
발효 125~129
  진화 152~156
  식세포작용과 발효 198
  ATP 합성 127~129
배, 미토콘드리아 유전자의 선택 395~397
복잡성, 진화에서 229~237
분자생물학과 생명의 기원 41
분자유전학과 미토콘드리아 21
분자의 곁합에너지 118
불임 389~390
  웅성 세포질 불임 357
  남성 불임(정자무력증) 384
  난세포질 이식 17, 360, 396
블랙 스모커(열수분출공) 42, 158~159
비행능력의 진화 44~45, 458~459, 461
뼈, 강도 대 체중의 비율 265~266

【ㅅ】

산화 31, 101~102, 109, 116~118, 123, 131,
    133~134, 152, 158 160, 162~163, 196,
    198, 217, 219, 295, 315, 334~335, 365, 390,
    411, 413, 416, 432, 437~439, 449, 455
산화환원 기울기, 세포군체에서 337
산화환원 반응 117
  심해에서 158
생기론 118, 126
생체에너지학 20~21 130, 136~137, 142~
    143
성性:
  성의 장점 348

찾아보기 523

종 수준의 이득　288~289
　　성과 복잡성　237
　　성의 진화　288, 329~332
　　성 결정요소　343~346
성적인 융합:
　　초기 진핵생물에서　329~332
　　자유라디칼 생산의 시작　333~340
　　진화에 대한 시각　43~47
세계무역센터, 희생자 신원확인　16
세균(원핵생물):
　　독립영양　42
　　선택단위로서의 세포　290~298
　　진핵세포와의 공통점　61
　　경쟁을 부추기는 선택압　203
　　C값(전체 DNA 내용물)　57
　　죽음의 단백질　323~328
　　진핵생물과의 차이점　56~62
　　복잡성이 없는 다양성　170
　　DNA　24~26, 57~58, 179~180
　　에너지 공급원　145
　　유전자 수평이동을 통한 유전자 획득 185~188
　　유전자 소실　180~188
　　유전체 크기　57, 179, 188~189
　　다른 세균 속에 사는 세균　97~98
　　양성자 동력을 이용한 운동　147
　　세포벽 소실　67~68, 191~195
　　막 수송체계　136~139
　　양성자 동력　145~148
　　이기적 유전자 개념　289~297
　　크기와 복잡성의 한계　189~192
　　세균의 크기　56
　　종의 정의　186
　　세포분열 속도　178~180
　　세균의 구조　61~62
　　황산염환원세균　53~54
　　표면적 대 부피의 비율　189~190
　　극한 환경에서 사는 세균　42~43
세포 죽음, 괴사　287, 303~309, 313~314, 327, 336~337
　　아포토시스 참조
세포골격, 일부 세균에 존재하는　67~68
세포군체　47
　　생식방법　339~340
　　아포토시스의 필요성　335~340
　　산화환원 기울기　337
　　생식세포주 구축　339
세포내공생　98, 171, 174, 226, 231, 295
세포막, 진화　156~164, 207~209
세포벽, 소실　60~62, 67~70, 191~197
세포생물학　23, 28, 33
세포소기관, 공생자　25, 28, 31, 35, 59~61, 63~64, 74, 80, 88, 100, 171, 189, 205, 209, 213, 222, 231, 281, 287, 293, 352~355, 361
세포질 유전　33
세포학　24~28
소행성, 유기물질의 급원　152~153
수렴진화　44, 46, 64, 94, 325~326
수명:
　　항산화제와 수명　408~413
　　마모설　413~414, 460
　　수명연장　427
　　생식력과 수명　414
　　대사율과 수명　402~406, 408~411
　　열량제한과 수명　412, 455, 458
　　노화 참조

수소가설(진핵생물의 선조)　64, 83~89,
　　94~95, 98, 100~101, 104, 172~173, 203,
　　207, 225, 325, 329, 335
스타워즈, '미디클로리안'(미토콘드리아)
　　18
시아노박테리아　61, 155, 292
시토크롬　24, 120~121, 123, 192, 222
시토크롬 산화효소　123~124, 219~221,
　　390~391, 418, 427, 431~432, 436
시토크롬 c　123~124, 139, 313~318, 330,
　　334~335, 337, 390~391, 397
식세포작용　62, 67, 72~74, 76, 78, 81, 83,
　　97, 171~172, 195, 197~198, 202, 209, 226,
　　295
심장병, 취약체질　383~384

【ㅇ】

아메바 두비아　57, 189, 282
아메바　23, 32, 57, 62, 74~75, 77, 79, 101,
　　172, 209, 281
아미노산　27
아질산균　199
아케조아(미토콘드리아가 없는 단세포 진
　　핵생물)　72~76, 78~81, 84, 88
아포토시스(예정된 세포 죽음)　18~19,
　　287, 303~320, 323, 325, 327~328, 330,
　　332, 334~339, 389~391, 393, 396~397,
　　432, 440~441, 444~446, 450
　　세포분열과의 균형　306
　　카스파제　309~310, 311(각주 18), 312~
　　　314, 317, 319, 324, 336
　　미토콘드리아에 결함이 생긴 세포　440
　　미토콘드리아에 의한 조절　18, 304, 311

　　~317
　　죽음의 유전자　308~310
　　배 발생　305, 308, 396
　　암과 아포토시스　18, 300~304
　　인간의 몸　323
　　면역기능과 아포토시스　301, 307
　　세포융합의 신호로 쓰인 장치　335~338
　　용어의 기원　306
　　아포토시스 단백질의 기원　318
　　시토크롬 c의 작용　313~318, 390
　　아포토시스 과정　305~307
　　아포토시스 한계　441, 446
　　아포토시스의 유발　311~314
아프리카 이브　15, 363
알츠하이머병　385, 443
알파프로테오박테리아　35, 81~85, 89, 93~
　　95, 97~100, 317, 326, 336
암　18, 300~304, 323
양성:
　　양성 간의 불균형　349~351
　　하나 이상의 성이 필요한 이유　20,
　　　348~361, 391~392
　　기관의 한 부모 유전　352~353
양성자 누출, 열 생산　276, 334
양성자 동력　112, 138, 140~142, 145~148,
　　156
양성자 펌프　143~146, 148, 156, 160, 164,
　　191, 383
에너지 생산:
　　세균　109
　　인간　109
　　산화환원 반응　117
　　태양　109

ATP, 양성자 동력 참조
에너지 효율과 크기의 관계 264~268
에너지를 필요로 하는 일 117
에모리 분류법 381
엔타메바 히스톨리티카(아메바성 이질의
   발병원인) 75
열역학 117~118, 151, 159, 163
염색체 25~26, 30, 34, 38, 58, 62~63, 69, 71,
   99, 206, 208, 282, 290, 297, 302, 308, 332,
   339, 343~346, 350, 353~354, 371~373,
   390, 394~395, 406
    X와 Y 염색체의 조합 343~346
    염색체 수 이상 394
엽록소, 흡수 스펙트럼 120~121
엽록체 31, 34, 36, 38, 60~61, 63~64, 142,
   145, 155, 205, 208, 213, 219, 222, 352~353,
   356, 358
예쁜꼬마선충(선충류) 308
올바키아(성 결정 기생생물) 345, 358
외온동물 270
원시수프 가설 152, 156
원핵생물 고세균 56~57, 69~71, 73, 173,
   175, 192~195, 321
    세균 참조
유비퀴논 124, 139, 359
유전자 25~27
   축적과 크기 증가 282~283
   소실 182~185
   돌연변이 27, 291~292, 300~302
   미토콘드리아 유전자 참조
유전자 서열:
   아케조아 72~74, 76, 78~81, 84, 88
   원시진핵생물의 탐색 81~83

유전자 수:
   무성생식의 한계 234
   성과 유전자 수 234, 282
유전자 이동:
   세균으로부터 숙주세포로 96~101
   미토콘드리아로부터 핵으로 35~36,
   203~204
   진핵생물의 기원 96~101
   핵의 기원 207
유전자, 선택의 단위 287~289
유전체(게놈) 27
   복제 또는 연합 170~173, 295~296
   무작위적인 변이 형성 169~170
   인간유전체계획 111, 205
   인간 미토콘드리아 유전체 35, 210~
   215, 219~223, 418
   유전자의 증가 169~170
이소프레노이드 209
이소프렌 157, 209
   핵-미토콘드리아 서열, 넘트 참조
인간의 진화:
   미토콘드리아 DNA 연구 367~371
   아프리카 기원설 363~366, 369
   개체군 유전학 연구 365~366
임균(임질의 원인균) 186, 319~320, 325~
   326

【ㅈ】

자연선택 168~170
   미토콘드리아 유전자에 대한 자연선택
   381~385
   이기적 유전자 개념 289~297
   종 수준의 자연선택 288~289

자웅동체 생활방식 348~349, 357
자유라디칼 16~17, 146, 210, 218~219. 220, 225, 262, 277~278, 313~315, 333~334, 336~339, 367, 372, 383~384, 390, 406, 408, 410~413, 415~416, 420, 430~431, 433~434, 438~439, 441~443, 446, 449~450, 452, 454, 457, 460~462
   형성 218~219, 276~277
   미토콘드리아 돌연변이와 자유라디칼 414~417, 434~440
자유라디칼 탐지장치 219~220, 460~461
자유라디칼 누출 17, 333~335, 385, 397, 406, 408~409, 412~414, 430~432, 436, 444~445, 447, 451, 453~456, 459~461
   미토콘드리아 피드백 신호 431~432, 449~451
   미토콘드리아 여유공간과 자유라디칼 누출 456~458
   유성생식 융합의 신호 343~340
   아포토시스 한계 446
장기이식, 미토콘드리아 기능 312, 463~466
정온성, 내온성 참조
조류藻類, 진화 19, 25, 47, 54, 155, 255
조류鳥類:
   퇴행성 질환 404~405
   비행에 필요한 에너지 458~461
   수명과 대사율 402~404
   자유라디칼 누출의 감소 453~457
조직의 산소수치 262~263, 411(각주 26)
조효소 122~123
조효소 Q 124
종양, 성장과 전이 300~302

주변세포질 60, 191, 193, 195, 199, 209
쥐:
   노화와 퇴행성 질환 404~405, 413
   미토콘드리아 여유공간의 부족 460~461
   대사율 239~241
   인간과 닮은 점 239
지구 생명체의 기원 41~42, 52~54, 162~164
지능의 진화 44~45
진핵생물의 진화 47~49
   크기와 복잡성을 향한 노력 196~199, 229~237
   융합신호로 이용된 자유라디칼 333~339
   유전자 이동 96~100
   포식성 196~197
   선택압 95, 101~104
   진핵생물의 기원 39, 203~209
   병목가설 51~54
   세균과의 공통점 64
   숙주세포의 융합 329~332
   진핵생물 확인에 이용된 유전자 서열 79~82
   수소가설 64, 88~89, 94~95, 98, 100~101, 104, 172~173, 203, 207, 225, 325, 329, 335
   죽음의 장치 314~321
   기원에 관한 주류적 시각 64, 67~85
   미토콘드리아와 진핵생물 18~20
   미토콘드리아의 조종 330~332
   '산소-독소' 가설 77~79, 84~85
   최초의 진핵세포 모홍 83~85

초기 세균 연합 가능성 76~78
메탄생성고세균 기원 가능성 83~85
기생충 감염에 의한 기원 가능성 76~78
죽음의 장치가 기원한 곳 317~321
진핵세포:
   세포막 207~209
   C값 57
   세균의 세포와 다른 점 24~27
   DNA 서열 58
   복잡성에 따른 에너지 비용 57
   고세균 지질의 유전자 208~209
   유전체 크기(전체 유전자 수) 57
   내부 세포골격 61~62
   내부의 막구조 59~62
   핵막 59~60
   핵 56
   세포소기관 60~61
   크기 56
   구조 25~28
진화:
   우주의 친생명적 특성 43
   우연 대 수렴 44~46
   유전자 중심적인 접근 289~297
   대변이 55
   다세포 생물 47~49
   목적론 167~168
   종교적 시각 167, 232
   운동의 역설 (노화에서) 406, 455
짝풀림, 호흡연쇄의 짝풀림 참조
짝풀림에 의한 열 생산 146, 277~278, 382~383, 453~455

【ㅊ】

철의 촉매작용 119~120
철-황 무기염류와 최초의 세포 158~164
초기 생명체에서 효소로 작용하는 무기염류 151, 158~161
초파리의 대사율 402~403
촉매 27, 119, 126, 151, 155, 158~161, 164, 311
   효소(생물학적 촉매) 126
친생명적인 우주 43

【ㅋ】

카스파제 309~310, 311(각주 18), 312~ 314, 317, 319, 324, 336
코프의 법칙 235
크레브스 회로 38, 122
클라이버 법칙 245

【ㅌ】

태양, 생명의 기원에서 중요성 162~163
택솔(항암제) 209
테르모플라즈마, 세포벽 소실 69, 193~195
테르페노이드(테르펜) 209
퇴행성 질환, 노화와 연관된 (퇴행성) 질환 참조
트리코모나스 바지날리스(질염의 원인균) 75
티오마르가리타 나미비엔시스(거대한 황세균) 191

【ㅍ】

파킨슨병 443

팰리스터 홀 증후군 206
포도당, 산화과정 90, 96, 98~99, 109, 115
　~116, 118, 121~122, 128, 133~134, 139~
　140, 193, 198, 216, 223, 295, 459
포린 324~327
포식성 171~173, 195, 295, 297
폴리네시아인, 기원 369~370
프랙털 모형, 공급망 참조
프로티시티(양성자 전류) 138

【ㅎ】
하이드로게노솜 88~90, 92~93, 213, 222~
　223
한 부모 유전 351, 353~355, 359~360, 372,
　392~393
항생제, 세균에 대한 효과 67, 71
해양의 황화수소 층 형성 102~103
핵 25
　핵 속의 미토콘드리아 유전자 35, 80~
　81, 203~204
　핵의 기원 206~209
헌팅턴병 424, 443
헤모글로빈 색소 119~121
호기성 능력 가설(내온성의 진화) 272~
　279, 334
호기성 범위 256~258
호열성 미생물 159
호흡:
　호흡의 화학삼투 가설 137~144

이중저어 가설 389~393
호흡의 진화 154~156
ATP 생산 127~128
호흡고-생명의 기원 154~156
양성자 동력 112, 138, 140~142, 145~
　148, 156
산화환원 평형 221, 223
막의 구실 133, 136~143
호흡이 일어나는 장소에 대한 연구
　115~118
호흡속도 215~219
호흡 색소 119~120
호흡연쇄 121~124
　자유라디칼 형성 218~220, 333~335,
　408~409, 412~413, 431~432, 453~454
　막을 통한 양성자 수송 138~148
　짝풀림 133~134, 140~142, 146, 277~
　278, 334, 383, 453~456
화산활동과 생명의 기원 162
화학삼투 8, 21, 112, 137~138, 140~142,
　150, 157, 160, 163~164, 175~176, 193~195
환원 102, 116~117, 123, 131, 153, 159~160,
　163, 217, 411, 438, 458
황산염환원세균 53~54, 102~103
흑해, 층 형성 103
흡수 스펙트럼, 호흡 색소 119~121
히스톤 26~27, 34, 53~59, 63, 71, 82~83,
　209, 416

〈뿌리와이파리 오파비니아〉를 내며

지금부터 5억 년 전, 생물의 온갖 가능성이 활짝 열린 시대가 있었다. 우리는 그것을 캄브리아기 대폭발이라 부른다. 우리가 아는 대부분의 생물은 그때 열린 문들을 통해 진화의 길을 걸어 오늘에 이르렀다.

그러나 그보다 많은 문들이 곧 닫혀버렸고, 많은 생물들이 그렇게 진화의 뒤안길로 사라졌다. 흙을 잔뜩 묻힌 화석으로 발견된 그 생물들은 우리의 세상을 기고 걷고 날고 헤엄치는 생물들과 겹치지 않는 전혀 다른 무리였다. 학자들은 자신의 '구둣주걱'으로 그 생물들을 기존의 '신발'에 밀어 넣으려고 안간힘을 썼지만, 그 구둣주걱은 부러지고 말았다.

오파비니아. 눈 다섯에 머리 앞쪽으로 소화기처럼 기다란 노즐이 달린, 마치 공상과학영화의 외계생명체처럼 보이는 이 생물이 구둣주걱을 부러뜨린 주역이었다.

뿌리와이파리는 '우주와 지구와 인간의 진화사'에서 굵직굵직한 계기들을 짚어보면서 그것이 현재를 살아가는 우리에게 어떤 뜻을 지니고 어떻게 영향을 미치고 있는지를 살피는 시리즈를 연다. 하지만 우리는 익숙한 세계와 안이한 사고의 틀에 갇혀 그런 계기들에 섣불리 구둣주걱을 들이밀려고 하지는 않을 것이다. 기나긴 진화사의 한 장을 차지했던, 그러나 지금은 멸종한 생물인 오파비니아를 불러내는 까닭이 여기에 있다.

진화의 역사에서 중요한 매듭이 지어진 그 '활짝 열린 가능성의 시대'란 곧 익숙한 세계와 낯선 세계가 갈라지기 전에 존재했던, 상상력과 역동성이 폭발하는 순간이 아니었을까? 〈뿌리와이파리 오파비니아〉는 두 개의 눈과 단정한 입술이 아니라 오파비니아의 다섯 개의 눈과 기상천외한 입을 빌려 우리의 오늘에 대한 균형 잡힌 이해에 더해 열린 사고와 상상력까지를 담아내고자 한다.

상상력을 자극하는 흥미로운 과학의 세계로! 〈뿌리와이파리 오파비니아〉

생명 최초의 30억 년 — 지구에 새겨진 진화의 발자취

오스트랄로피테쿠스, 공룡, 삼엽충……. 이러한 화석들은 사라진 생물로 가득한 잃어버린 세계의 이미지를 불러내는 존재들이다. 하지만 생명의 전체 역사를 이야기할 때, 사라져버린 옛 동물들은, 삼엽충까지 포함한다 하더라도 장장 40억 년에 걸친 생명사의 고작 5억 년에 불과하다. CNN과 『타임』지가 선정한 '미국 최고의 고생물학자' 앤드루 놀은 갓 태어난 지구에서 탄생한 생명의 씨앗에서부터 캄브리아기 대폭발에 이르기까지 생명의 기나긴 역사를 탐구하면서, 다양한 생명의 출현에 대한 새롭고도 흥미진진한 설명을 제공한다. **과학기술부 인증 우수과학도서!**

앤드루 H. 놀 지음 | 김명주 옮김

눈의 탄생 — 캄브리아기 폭발의 수수께끼를 풀다

동물 진화의 빅뱅으로 불리는 캄브리아기 대폭발! 이 엄청난 사건의 '실체'와 '시기'에 관해서는 그동안 잘 알려져 있었으나 그 '원인'에 관해서는 지금까지 수많은 가설과 억측이 난무했다. 왜 그때에 진화의 '빅뱅'이 일어났던 걸까? 무엇이 그 사건을 촉발시켰을까? 앤드루 파커가 제시하는 놀라운 설명에 따르면, 바로 이 시기에 눈이 진화해서 적극적인 포식이 시작되었다는 것. 이 책은 영향력을 넓히면서 더욱 인정받아가는 그 이론을 본격적으로 탐사하며 소개한다. 생물학, 역사학, 지질학, 미술 등 다양한 분야를 포괄한 과학적 탐정소설 형식의 『눈의 탄생』은 대중과학서의 고전으로 자리잡기에 손색없다.
한국출판인회의 선정 이달의 책! 과학기술부 인증 우수과학도서!

앤드루 파커 지음 | 오숙은 옮김

대멸종 — 페름기 말을 뒤흔든 진화사 최대의 도전

지금부터 2억 5,100만 년 전, 고생대의 마지막 시기인 페름기 말에 대격변이 일어났다. 육지와 바다를 막론하고 무려 90퍼센트가 넘는 동물종이 감쪽같이 사라지고 말았다. 지금은 희미한 화석으로간 겨우 알아볼 수 있는 갖가지 동물군들이 펼쳐냈던 장엄한 페름기의 생태계가 순식간에 몰락해버렸다. 생명의 역사상 그처럼 엄청난 대멸종의 회오리를 일으킬 만한 것이 대체 무엇이었을까? 운석이 충돌했던 것일까? 초대륙 판게아에서 대규모로 화산활등이 일어났던 것일까? 이러한 숱한 궁금증들을 풍부한 정보와 함께 치밀하게 그려낸 책. 과학기술부 인증 우수고·학도서!

마이클 벤턴 지음 | 류운 옮김

삼엽충 — 고생대 3억 년을 누빈 진화의 산증인

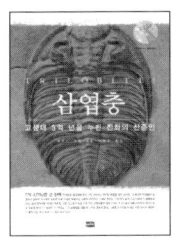

삼엽충은 5억 4,000만 년 전에 홀연히 등장하여 무려 3억 년이라는 장구한 세월을 살다가 사라졌다. 리처드 포티는 고대 바다 밑에 우글거렸던 이 동물들을 30년 넘게 연구한 학자이다. 그는 징그럽게 보일 수도 있는 이 동물들이 우리에게 경이롭고 사랑스럽고 대단히 많은 교훈을 전한다그 말한다. 이 책에는 그가 삼엽충을 대할 떠 느끼는 흥분과 열정, 그리고 그들을 연구하면서 얻은 지식이 고스란히 녹아 있다. 리처드 포티는 이 색다른 동물들의 이야기 속에 진화가 어떻게 이루어졌으며, 과학이 어떤 식으로 발전하고, 얼마나 많은 괴짜 과학자들이 활약했는지를 흥미진진하게 풀어낸다.
한국간행물윤리위원회 선정 이달의 읽을 만한 책!

리처드 포티 지음 | 이한음 옮김

최초의 인류 — 인류의 기원을 찾아나선 140년의 대탐사

인간은 어디서 왔을까? 최초의 인류는 언제, 어디서 생겨났을까? 다윈 이후 인간의 기원을 찾기 위한 탐색은 화석인류의 발견으로 이어졌다. 최초의 조상인류로서 영광을 누리던 화석들은 머지않아 더 오래된 화석의 발견으로 그 지위에서 쫓겨나기를 반복했다. 『사이언스』지 진화 담당기자였던 앤 기번스는 이 책에서 인류의 기원을 밝히기 위한 과학자들의 노력과 연구, 인간적인 협력과 경쟁관계를 매우 사실적이고 공정하게 추적한다. 자바원인의 발견부터, 세계적인 고인류학 탐사대 4개 팀을 중심으로 한 최근의 발견 이야기까지, 기번스는 학자의 저서에서는 보기 힘든 객관적인 관점과 능숙한 솜씨로 최초의 인류를 둘러싼 과학자들의 휴먼 스토리를 생생하게 들려준다.

앤 기번스 지음 | 오숙은 옮김

노래하는 네안데르탈인 — 음악과 언어로 보는 인류의 진화

인간은 왜 음악을 만들고 들을까? 스티븐 미슨은 이 의문을 추적하면서 음악과 언어의 밀접한 관계, 음악이 인류 진화에 미친 영향을 찾아나선다. 스티븐 미슨에 따르면, 현생 인류에게 비교적 최근에 언어능력이 생기기 전까지, 음악은 이성을 유혹하고 아기를 달래고 챔피언에게 환호를 보내고 사회적 연대를 다지는 구실을 했다고 한다. 음악을 인류의 진화과정에서 생긴 쓸모없는 부산물로 치부하는 학자도 있지만, 『노래하는 네안데르탈인』은 언어에 가려 상대적으로 간과되어왔던 음악의 진화적 지위를 되찾아 줄 것이다.

스티븐 미슨 지음 | 김명주 옮김

미토콘드리아
박테리아에서 인간으로, 진화의 숨은 지배자

2009년 1월 23일 초판 1쇄 펴냄
2025년 3월 25일 초판 20쇄 펴냄

지은이 닉 레인
옮긴이 김정은

펴낸이 정종주
편집 박윤선
마케팅 김창덕
디자인 조용진 이선희

펴낸곳 도서출판 뿌리와이파리
등록번호 제10-2201호 (2001년 8월 21일)
주소 서울시 마포구 월드컵로 128-4(월드빌딩, 2층)
전화 02)324-2142~3
전송 02)324-2150
전자우편 puripari@hanmail.net

종이 화인페이퍼
인쇄 및 제본 영신사
라미네이팅 금성산업

값 28,000원
ISBN 978-89-90024-88-6 (03450)